环境治理与经济高质量发展研究

陈中飞　周梦玲　著

科 学 出 版 社

北 京

内 容 简 介

本书是陈中飞及其团队成员的成果集锦。本书以当前的生态环境为现实依据，采用理论和定量分析法全面介绍环境问题的驱动因素、环境问题的社会影响及环境治理的有效策略。全书分成四个篇章，主要内容包括：生态环境状况分析，环境问题的生产性诱因识别，环境问题的非生产性诱因识别，环境问题引发的经济效应和健康成本分析，环境问题对个体行为的影响，如何借助制度建设、环境规制、交通管控和绿色金融政策措施降低环境问题的负面效应。基于此，提炼适合我国生态环境治理的有效经验。

本书适合作为具有经济学和管理学专业相关背景的本科生和研究生的辅助学习资料，也可以作为社会人士了解我国生态环境治理实践的参考用书。

图书在版编目（CIP）数据

环境治理与经济高质量发展研究/陈中飞，周梦玲著. —北京：科学出版社，2023.7

ISBN 978-7-03-076031-9

Ⅰ. ①环… Ⅱ. ①陈… ②周… Ⅲ. ①环境综合整治—研究—中国 ②中国经济—经济发展—研究 Ⅳ. ①X321.2 ②F124

中国国家版本馆 CIP 数据核字（2023）第 134969 号

责任编辑：陈会迎/责任校对：贾娜娜
责任印制：赵 博/封面设计：有道设计

科学出版社 出版
北京东黄城根北街 16 号
邮政编码：100717
http://www.sciencep.com
北京厚诚则铭印刷科技有限公司印刷
科学出版社发行 各地新华书店经销
*
2023 年 7 月第 一 版 开本：720×1000 1/16
2024 年 1 月第二次印刷 印张：31 3/4
字数：640 000
定价：198.00 元
（如有印装质量问题，我社负责调换）

前　言

工业革命以来，西方国家经济迅速发展，但也导致了一系列环境问题。1952年，伦敦出现了严重的大气污染，造成大范围人员死亡。伦敦烟雾事件后，世界各地突发环境事件频发。1962 年，美国作家蕾切尔·卡逊出版了《寂静的春天》（*Silent Spring*）一书，对环境问题进行了反思，呼吁大家对环境进行保护，之后各地环境运动此起彼伏。此后，西方许多国家出台了大量的法规政策对环境问题进行治理，形成了"先污染后治理"的模式。然而，"先污染后治理"的模式并不适合中国。我国经历了 40 多年的高速发展，取得了举世瞩目的经济改革成就，但与此同时，积累下来的生态环境问题依然严峻，不仅降低了人们的生活质量，还对我国经济的可持续发展形成了巨大挑战。生态环境是关系党的使命宗旨的重大政治问题，也是关系民生的重大社会问题。国家高度重视环境保护，把生态文明建设放在突出地位。如何形成环境保护和经济发展双赢的发展模式是加快经济发展方式转型中的一个重要问题。

在广东省自然科学基金杰出青年项目"粤港澳大湾区环境污染治理和经济高质量发展研究"（编号：2021B1515020103）的支持下，本书结合当前环境问题的一般特征和我国环境污染的实际情况，旨在识别生产链条和非生产链条上的环境污染驱动因素及其机制，以期破解目前的绿色发展困境，弥补环境污染识别视角下的缺失，推动经济和环境交叉学科的融合发展。全文分为四个部分，第一部分概述环境状况，为讨论环境治理与经济的高质量发展奠定事实基础。第二部分介绍环境问题的生产性诱因和非生产性诱因两个板块。第三部分包含了环境问题的影响，涵盖经济效应、健康成本和个体行为三个板块，主要分析环境问题的负面影响。第四部分包含了制度建设、环境规制、交通管控、绿色金融和相关应用实践，主要讨论环境问题的有效治理和治理经验展望。具体展开来看有如下内容。

第一，总结中国当前的污染排放和生态状况、典型特征和发展趋势，梳理经济建设时期环境问题产生、影响与治理的理论与实证研究。首先，探讨污染产生的生产性因素。鉴于工业生产是污染排放的主要来源，而我国的工业化与城市化进程齐头并进，此部分以城市化和基础设施建设为切入点，探讨城市化和基础设施建设对环境污染的影响，并进一步厘清其中机理。其次，探讨污染产生的非生产性因素。环境污染问题不仅属于生产性经济范畴，也属于行政管理体系问题。制度建设作为政治建设中的重要部分，它影响环境等公共物品的供给。此部分在系统梳理制度对环境治理影响的基础上，进一步阐明其对生态文明建设的重要性。

第二，讨论环境问题带来的社会经济影响。首先，量化环境导致的经济效应，包括二氧化碳排放影响下的航空企业效率问题，以及"双碳"背景下的气候风险问题。其次，量化空气污染导致的健康成本。污染的健康成本是环境规制的一个重要政策参数。估计空气污染对生理健康、心理健康和医疗支出的影响，旨在全面核算空气污染带来的健康成本，为环境政策提供依据。最后，考察空气污染对行为决策的影响。污染除了对健康产生危害，也会驱动一些行为决策。一方面，个体需要对空气污染进行预防，重点考察医疗保险购买行为。另一方面，污染会通过影响个体的认知能力进而影响决策，此部分重点考察个体在信贷市场上的表现。通过这些分析，进一步核算空气污染的社会成本。

第三，关注环境问题的有效治理策略。其一，刻画制度建设与污染治理之间的关系。制度建设是环境治理成果得以维持的重要保障。此部分以反腐败运动为制度建设的准自然实验，分析破除腐败后环境质量的提升路径。此外，进一步考察制度建设在碳排放过程中发挥的作用，为生态文明建设提供理论依据。其二，讨论环境规制和企业绿色创新之间的关系，检验波特假说。以碳排放权交易试点政策为切入点，分析市场型环境政策对企业创新的影响，并梳理其中的机制机理，总结企业绿色创新所需要的外部环境。其三，分析交通政策对空气污染的影响。交通运输是污染排放的重要来源。拥堵导致的城市问题可以通过限行等交通政策进行缓解，因而该政策客观上也对污染治理产生了一定效果。此部分重点考察各地限行政策对污染治理的效果，同时以疫情作为一个外生冲击，考察限行带来的客观环境收益。接着，讨论企业绿色债券的市场价值。企业绿色行为存在很大的不确定性，如果没有足够的收益，企业可能难有绿色投入，以企业发行绿色债券为例，分析企业市场价值的变化。研究结果能为企业绿色行为决策提供参考。其四，针对环境治理进行应用实践。讨论环境规制下，企业的行为决策和外部环境的变化。从企业角度分析环境规制带来的经济成本，为环境政策制定提供参考。其五，针对我国当前的环境治理经验进行总结与展望，以期为经济高质量发展提供更多助力。

本书试图从研究内容和研究对象两个方面进行创新。从研究内容上看，以往研究通常单一地从某一方面，如污染的来源或污染的影响来考察环境污染，本书更加系统和全面地探索环境污染的来源、影响及其治理策略，形成完整的研究路径。从研究对象上看，本书在政府-企业-个人的多方参与和交互渗透下评估政府政策的成本与收益，通过考察不同的制度性安排如何激发企业和个人力量在环境治理中的作用，为政府环境治理政策的选择和实行提供依据。

　　本书试图厘清我国在快速发展过程中经济增长与生态环境之间的关系，破解当前经济发展过程中的环境困境。由于作者学识和精力有限，研究难免有所疏漏，深度和广度亦有提升空间，望读者和同仁不吝赐教。

　　最后，感谢侯小娟博士等在本书的审阅、校稿中付出的辛苦工作。

陈中飞　　周梦玲

2022 年 6 月于广州

目　录

生态环境状况篇

回望改革开放以来的发展进程,中国的经济发展取得了举世瞩目的成就,工业化和城市化进程明显加快。然而,经济快速发展的同时,尽管生态治理取得一定程度的成就,但环境问题依旧不容乐观,主要表现在水土流失、垃圾污染、大气污染、噪声污染等方面。虽然我国在生态问题治理上做出了巨大的努力,但是生态赤字却在一定程度上逐渐扩大。严重的空气污染不仅威胁人们的身体健康,导致大量移民迁移,而且损害工业产出效率,制约中国经济的长期可持续发展。因此,中国空气污染治理迫在眉睫。快速提高治理效果要求政府政策因地制宜,而采取何种方式和何种力度的治理手段,理应结合当地空气污染的状况,只有这样才能有效提高政府的空气治理水平。由此看来,准确地刻画中国环境污染的状况是非常有必要的。

本篇给出一份探讨中国空气污染的状况研究。该研究提供一种测算地区空气污染时间持续性的分整模型,并以北京、上海、广州、深圳为研究对象,分析这四大城市在 2013 年 9 月 28 日至 2015 年 12 月 12 日空气污染的长期分数依赖性,不仅为我国这四大城市污染防治工作提供重要且宝贵的政策参考,也为我国政府描述其他地区空气污染持续性提供方法上的借鉴,使其更好地把握治理工作的力度和方向。

中国四个超大城市空气污染的持续性

一、引　言

自 1978 年以来的四十多年里，中国经历了快速的经济发展阶段。然而，在这个过程中，中国也曾经历过严重的空气污染时期，尤其是在城市化进程加快的地区（Zheng et al.，2015）。由于担心空气质量恶化对健康的影响，中国的空气污染已经成为公众和学者讨论的热门话题（Chen et al.，2013；Feng and Liao，2016；Matus et al.，2012；Shi et al.，2014）。目前，学者一致认为空气污染加重了人类所面临的健康风险（Guo et al.，2016；Tanaka，2015）。此外，空气污染也阻碍了中国经济的长期可持续发展（Liu et al.，2015；Zheng et al.，2015）。据世界银行的估计，空气污染每年造成的经济损失可能高达中国 GDP 的 1.2%（Zheng et al.，2015）。空气质量的恶化也是导致大量移民产生的一个非常重要的因素。然而，如何有效地减少空气污染仍然是一个有待解决的重要问题。

近年来，大量实证研究也证实了空气污染的确对健康产生了不利影响（Almond et al.，2009；Chen et al.，2013；Tanaka，2015）。然而，现有文献很少关注空气污染的持续性（Liu et al.，2015），即空气污染的时间特征。本文将揭示空气污染的持续性及其在中国不同地区的差异。同时，对这种持续性的深刻理解也将为政府在污染物排放监管方面提供重要的政策启示。这也是本文的第二个重要动机。根据持续性的程度，政府可以采取不同的政策措施。持续性的程度由与数据相关的模型决定，包括均值回归、单位根和长期记忆（Smyth，2013）。由于北京、上海、深圳和广州是中国的超大城市，也是中国经济增长的引擎，我们首先研究中国这四个超大城市的空气污染物排放的持续性，并采用创新性的分整模型和自回归模型对 2013～2015 年的时间序列进行分析。在允许分数值的情况下，这些序列的动态规范将显示出更丰富的灵活性。

尽管空气污染对人类健康以及长期发展构成了巨大威胁，但以往的大多数研究仅关注特定类型的污染，如 $PM_{2.5}$ 或二氧化硫（SO_2），而没有区分不同种类的空气污染物并对所有这些污染物进行系统分析。此外，以往研究还忽略了不同种类的空气污染物随时间和地区的动态变化。由于空气污染水平是由空气污染物的复杂混合物浓度决定的，因此，SO_2、NO_2、CO、O_3、$PM_{2.5}$ 和 PM_{10} 被定义为全球量化空气污染水平的六种标准污染物。在本文中，我们将填补现有文献的空白，分别考察中国不同地区的不同空气污染物。

本文剩余部分安排如下：第二节介绍中国四个超大城市的空气污染背景；第三节为文献综述；第四节介绍本文的研究方法和模型；第五节为数据和实证结果；第六节总结全文。

二、中国空气污染背景

（一）中国的空气污染

根据国家统计局网站（www.stats.gov.cn）的数据，2014 年中国消耗的能源相当于 38.4 亿吨煤，相当于 1978 年中国能源消费总量的 6.74 倍。与此同时，2014 年煤炭消费量达到了 24.7 亿吨，约为 1978 年煤炭消费量的 6.11 倍。中国在过去几十年中一直依赖传统的化石燃料能源，产生了大量的"经济奇迹"副产品，这些副产品被认为是中国空气污染的主要人为因素（Chan and Yao，2008；Chen et al.，2013）。

虽然政府早在 1989 年就颁布了环境保护法（Feng and Liao，2016），但中国的空气污染问题依旧严峻，特别是在经济增长放缓的背景下，随着中国许多城市开始出现严重的雾霾污染，政府制定了更严格的污染物限值标准以预防和控制中国的空气污染（表 1），该标准此前曾在 1996 年和 2000 年进行了修订。此外，与 2000 年的旧标准相比，2012 年的《环境空气质量标准》将污染物 $PM_{2.5}$ 纳入其范围。这远远高于欧洲和美国的空气质量标准。

表 1　《环境空气质量标准》（GB 3095—2012）中基本污染物浓度限值（单位：毫克/米^3）

污染物	频率	一级	二级
SO_2	日	0.05	0.15
	年	0.02	0.06
NO_2	日	0.08	0.08
	年	0.04	0.04
CO	日	4	4
	小时	10	10
O_3	日（日最大 8 小时）	0.1	0.16
	小时	0.16	0.2

续表

污染物	频率	一级	二级
PM_{10}	日	0.05	0.15
	年	0.04	0.07
$PM_{2.5}$	日	0.035	0.075
	年	0.015	0.035

尽管中国建立的空气污染立法、规划和政策体系在控制空气质量方面发挥了重要作用（Feng and Liao，2016），近几年的空气污染浓度有所下降，但包括 SO_2、颗粒物（PM）和氮氧化物（NO_x）在内的空气污染物排放量仍处于较高水平（图1）。

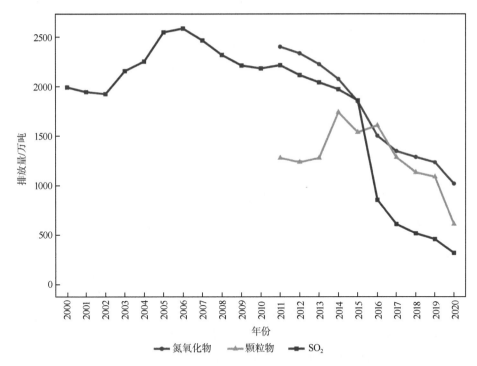

图 1　2000～2020 年中国 SO_2、颗粒物和氮氧化物排放量

资料来源：《中国环境统计年鉴》

此外，自 2010 年以来，我国烟尘排放急剧增加，这或许可以揭示为什么近年来中国许多城市持续出现严重雾霾。同时，与世界其他国家相比，中国的 $PM_{2.5}$ 年均暴露量自 1990 年以来远高于其他国家（图2），且年均暴露量在 2011 年增加

到 70 毫克/米³ 以上，远远高于我国历史水平。

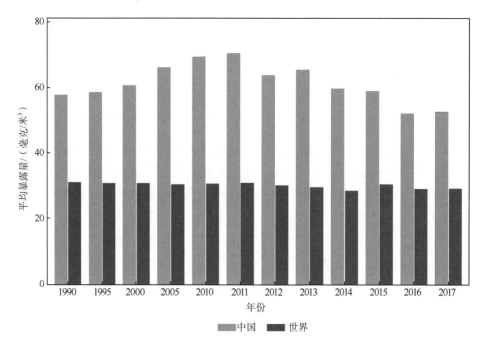

图 2　中国和世界 PM$_{2.5}$ 的年均暴露量

资料来源：世界银行数据库

（二）中国四个超大城市的发展

众所周知，北京、上海、广州和深圳是中国的超大城市。它们不仅是中国经济增长的重要引擎，而且也是人口的重要集聚地。2014 年，北京、上海、广州和深圳的地区生产总值达到 3.72 万亿元，约占全国 GDP 的 58.48%，同时其总人口在 2014 年达到 696.4 亿。这四个城市均跻身世界前三十大城市之列。

由于超大城市有更多的就业机会，且平均工资也远远高于其他小城市或农村地区（Harris and Todaro，1970），因此，许多人涌入北京、上海、广州和深圳等大城市。如今，这四个超大城市人口十分拥挤，机动车林立。基于以上原因，这些超大城市成为人们活动的中心且产生了大量污染物。聚集的副作用使得这些超大城市的空气质量变得相对糟糕（Wang et al.，2010），这也证明了我们目前研究的必要性。

三、文　献　综　述

　　一定程度的持续性和长记忆性表明空气污染物浓度具有自组织临界性（Chelani，2016），研究空气污染物排放的动态变化可能有助于获得额外的信息，以协助政策决策。为此，近几十年来出现了大量关于空气污染持续性的研究（Raga and Le Moyne，1996；Windsor and Toumi，2001）。同时，时间序列可能受到非平稳性、趋势和非线性的影响从而导致有偏估计，因此文献提出了许多创新方法以考虑这些潜在的特征并改进传统的模型（Meraz et al.，2015）。例如，Windsor 和 Toumi（2001）使用 Sigma-T、Hurst 重标度极差和峰度三种方法来研究英国 O_3、PM_{10} 和 $PM_{2.5}$ 逐时观测值的统计特征。Meraz 等（2015）采用重标度极差分析研究了 1999 年至 2014 年在墨西哥城市中心监测站获得的 O_3、NO_2、SO_2 和颗粒物的小时观测数据的时间序列，以揭示墨西哥城空气污染物的统计持久性。一些作者认为，与重标度极差方法相比，去趋势波动分析（detrended fluctuation analysis，DFA）具有一些优势，DFA 可以识别看似非平稳的时间序列中的长期相关性，以及非平稳的伪迹中体现的虚假长期相关性（Kantelhardt et al.，2001；Lu et al.，2014；Matsoukas et al.，2000）。因此，DFA 方法在学者中非常流行，例如，Varotsos 等（2005）利用 DFA 来检验雅典 1987 年至 2003 年 O_3、氮氧化物和颗粒物的空气污染时间序列。Chelani（2012，2013）也将此方法应用于德里的空气污染物浓度研究。

　　如上所述，许多相关研究讨论了世界其他城市的空气污染持续性（Chelani，2012，2013，2016；Meraz et al.，2015；Windsor and Toumi，2001）。而另一些文献则聚焦于识别空气污染的空间分布和因果效应。同时，有相当大一部分文献关注中国的空气污染及其对人类健康的影响，或空气污染与中国城市化进程的关系，但现有研究很少关注空气污染的持续性特征。Liu 等（2015）使用 DFA 和多重分形方法描述了上海三个污染指数（NO_2、SO_2 和 PM_{10}）和每日空气污染指数的时间波动特征。Shi（2014）应用 DFA 对香港一个典型交通路口的车辆排放颗粒物进行了分析。

　　与上述用于分析空气污染的持续性或长期记忆的方法相比，分整法已被广泛用于应用计量经济学。分整法允许我们从一个非常普遍的视角来研究时间序列属性及其分解成分，包括趋势对 $I(0)$ 平稳性、单位根和分整的统一处理，而无须进行初步差分即可保持序列平稳性（Barros et al.，2016a）。分整法尚未来研究空气污染的持久性，特别是在中国背景下（Barros et al.，2016b；Cuñado et al.，2005；Gil-Alaña，2003；Gil-Alaña and Robinson，1997，2001）。

四、研　究　方　法

本文使用的方法基于长记忆或长距离依赖的概念，其特征是频谱密度函数在给定频率（通常为 0）下是无界的，或者也可以用时域来表示，因为自协方差的无限和是无限的。长记忆的一个特例是分整或 $I(d)$ 过程。这些过程表明，使序列 $I(0)$ 稳定所需的差值可能是分数值 d，这个参数非常重要，不仅是因为它允许序列的动态规范具有更大程度的灵活性，还因为它能表明序列中的冲击将是短暂的还是永久的。若用数学公式来表示，我们说一个时间序列在以下情况下被称为 d 阶的整合：

$$(1-L)^d x_t = u_t, \quad t = 1, 2, \cdots \tag{1}$$

当 $x_t = 0$，$t \leqslant 0$ 时，u_t 是一个 $I(0)$ 过程，定义为频谱密度函数为正且有限的协方差平稳过程，L 是后向转移算子（$Lx_t = x_{t-1}$）。d 为实数的情况下，式（1）中左侧的多项式可以根据其二项式展开，使得对于所有实数 d：

$$(1-L)^d = \sum_{j=0}^{\infty} \psi_j L^j = \sum_{j=0}^{\infty} \binom{d}{j}(-1)^j L^j = 1 - dL + \frac{d(d-1)}{2}L^2 - \cdots$$

因此：

$$(1-L)^d x_t = x_t - dx_t + \frac{d(d-1)}{2}x_{t-2} - \cdots$$

在这种情况下，d 作为衡量该序列的依赖程度指标有着至关重要的作用。因此，d 的值越大，两个观察值之间的关联程度就越高。式（1）中 $d>0$ 的过程显示出长记忆的性质，这是因为时间距离较长的观测之间有很强的关联度。这些过程的特点是自相关以缓慢的速度呈双曲线衰减，且谱密度函数在原点无界。若 $d=0$，则该序列为 0 阶单整，即 $I(0)$。若 $0<d<0.5$，则该序列平稳且存在长记忆性；如果 $d>0.5$，则该序列是非平稳的；如果 $d=1$，则该序列是一阶单整的，或表示为 $I(1)$。需要注意的是，如果时间序列是 $I(d)$，且 $d<0$，那么该序列等价于均值回归，即影响该序列的冲击会在长期内消失。[①]相反，如果系列是 $I(d)$ 且 $d \geqslant 1$，则不是均值回归，冲击的影响最终可能永远留在序列中。

现有文献中存在几种用于估计和测试分数差分参数 d 的方法。其中，部分方法是参数的，部分是半参数的。在本文中，我们使用参数频域 Whittle 估计方法（Dahlhaus，1989）以及测试程序（Robinson，1994），该方法基于拉格朗日乘数（Lagrange multiplier，LM）原理，并在频域中使用 Whittle 函数[②]。

---

① 一些学者，例如 Phillips 和 Xiao（1999）认为，在 d 在区间[0.5,1]的情况下，考虑到过程的非平稳性质，均值回归的概念是错误的。

② Robinson（1994）的方法具有在非平稳（$d \geqslant 0.5$）过程中仍然有效的优点。

五、数据以及回归结果

本文数据来源于网站：www.tianqihoubao.com/aqi，此网站提供了中国不同城市每天的空气质量数据，包括 SO_2（单位：微克/米^3）、NO_2（单位：微克/米^3）、CO（单位：毫克/米^3）、$PM_{2.5}$（单位：微克/米^3）和 PM_{10}（单位：微克/米^3）。由于我国于 2013 年底才开始披露 $PM_{2.5}$ 的监测数据，因此本文选择的样本期为 2013 年 9 月 28 日至 2015 年 12 月 12 日。原始时间序列的描述性统计见表 2。此外，由于人口密度和经济活动的集聚，大城市的空气污染比其他小城市严重得多，因此我们选择了北京、上海、广州和深圳四个超大城市作为本文的样本城市。根据表 2，中国的北方城市北京是样本中污染最严重的城市，除 SO_2 外四种污染物的平均值是四个城市中最高的。上海的污染水平居中，而深圳和广州是典型的南方城市，是污染最轻的城市，五种污染物的平均值较低。此外，与其他污染物相比，$PM_{2.5}$ 和 PM_{10} 的变化幅度较大，这一点可以从近年来中国许多城市暴发高频率雾霾这一现象中得到证实。

表 2 变量的描述性统计表

城市	变量	数量	均值	标准差
北京	CO	784	1.25	0.94
	NO_2	784	50.49	23.87
	SO_2	784	16.86	19.59
	PM_{10}	784	104.82	73.09
	$PM_{2.5}$	784	78.50	66.74
上海	CO	784	0.86	0.32
	NO_2	784	45.23	21.24
	SO_2	784	18.40	13.15
	PM_{10}	784	75.64	47.41
	$PM_{2.5}$	784	55.54	39.46
深圳	CO	784	1.01	0.23
	NO_2	784	32.94	12.26
	SO_2	784	8.08	4.07
	PM_{10}	784	55.37	28.36
	$PM_{2.5}$	784	32.83	20.65

城市	变量	数量	均值	标准差
	CO	784	0.99	0.26
	NO_2	784	45.46	18.09
广州	SO_2	784	14.67	7.17
	PM_{10}	784	65.91	31.73
	$PM_{2.5}$	784	44.38	24.73

我们建立了以下模型来进行实证分析：

$$y_t = \alpha + \beta_t + x_t, \ (1 - L)dx_t = u_t \tag{2}$$

在表 3 中，我们假设 $I(0)u_t$ 的误差为白噪声，而在表 4 中，我们通过使用 AR(1)过程来允许一定程度的自相关[①]。在这两种情况下，我们考虑了三种标准情况：①无回归因子[在式（2）中假设 α 和 β 先验为 0]；②仅有截距（α 未知，β 被设定为 0）；③有截距和线性时间趋势（即两个参数被视为未知数）。

表 3 白噪声干扰情况下的 d 估计

城市	类别	无回归因子	仅有截距	有截距和线性时间趋势
	CO	0.51（0.44,0.60）	0.49（0.41,0.58）	0.49（0.41,0.58）
	NO_2	0.52（0.46,0.60）	0.46（0.39,0.56）	0.46（0.39,0.56）
北京	SO_2	0.51（0.46,0.57）	0.49（0.44,0.56）	0.48（0.43,0.56）
	PM_{10}	0.49（0.41,0.59）	0.47（0.38,0.58）	0.47（0.38,0.58）
	$PM_{2.5}$	0.53（0.44,0.64）	0.53（0.43,0.65）	0.53（0.43,0.65）
	CO	0.53（0.48,0.59）	0.46（0.40,0.54）	0.46（0.40,0.54）
	NO_2	0.59（0.53,0.67）	0.55（0.48,0.64）	0.55（0.48,0.64）
上海	SO_2	0.57（0.51,0.62）	0.53（0.47,0.60）	0.53（0.47,0.60）
	PM_{10}	0.49（0.43,0.56）	0.45（0.38,0.53）	0.44（0.37,0.53）
	$PM_{2.5}$	0.46（0.40,0.53）	0.42（0.36,0.50）	0.42（0.35,0.50）
	CO	0.72（0.67,0.77）	0.59（0.53,0.66）	0.59（0.53,0.66）
	NO_2	0.51（0.45,0.57）	0.44（0.37,0.51）	0.44（0.37,0.51）
深圳	SO_2	0.63（0.57,0.70）	0.61（0.54,0.68）	0.61（0.54,0.68）
	PM_{10}	0.72（0.66,0.80）	0.71（0.63,0.79）	0.71（0.63,0.79）
	$PM_{2.5}$	0.73（0.66,0.81）	0.71（0.64,0.80）	0.71（0.64,0.80）

① 选择 AR(1)模型是因为它的简单性和它与随机一阶差分方程的关系。

续表

城市	类别	无回归因子	仅有截距	有截距和线性时间趋势
广州	CO	0.60（0.55,0.66）	0.50（0.45,0.58）	0.50（0.45,0.58）
	NO_2	0.64（0.58,0.72）	0.61（0.54,0.70）	0.62（0.54,0.70）
	SO_2	0.61（0.55,0.68）	0.57（0.50,0.66）	0.58（0.51,0.66）
	PM_{10}	0.63（0.56,0.70）	0.60（0.53,0.68）	0.61（0.54,0.68）
	$PM_{2.5}$	0.63（0.58,0.71）	0.61（0.54,0.69）	0.61（0.55,0.69）

注：括号中汇报 d 的非拒收值的95%置信区间

表4 AR(1)扰动情况下的 d 估计

城市	类别	无回归因子	仅有截距	有截距和线性时间趋势
北京	CO	0.24（0.20,0.32）	0.20（0.15,0.26）	0.20（0.14,0.26）
	NO_2	0.31（0.25,0.37）	0.20（0.15,0.26）	0.18（0.11,0.25）
	SO_2	0.39（0.34,0.44）	0.35（0.31,0.40）	0.32（0.27,0.38）
	PM_{10}	0.13（0.06,0.21）	0.09（0.04,0.15）	0.05（0.00,0.13）
	$PM_{2.5}$	0.10（0.03,0.18）	0.08（0.02,0.14）	0.07（0.01,0.14）
上海	CO	0.39（0.35,0.44）	0.26（0.21,0.32）	0.25（0.20,0.32）
	NO_2	0.40（0.35,0.46）	0.31（0.26,0.37）	0.31（0.25,0.37）
	SO_2	0.47（0.41,0.53）	0.39（0.33,0.46）	0.37（0.31,0.45）
	PM_{10}	0.30（0.24,0.36）	0.21（0.15,0.27）	0.18（0.11,0.26）
	$PM_{2.5}$	0.30（0.24,0.36）	0.21（0.16,0.28）	0.19（0.13,0.26）
深圳	CO	0.64（0.58,0.70）	0.45（0.39,0.49）	0.41（0.34,0.48）
	NO_2	0.38（0.31,0.44）	0.23（0.17,0.30）	0.22（0.16,0.29）
	SO_2	0.47（0.41,0.56）	0.37（0.27,0.49）	0.37（0.26,0.49）
	PM_{10}	0.45（0.36,0.54）	0.35（0.26,0.46）	0.35（0.25,0.46）
	$PM_{2.5}$	0.47（0.39,0.56）	0.39（0.32,0.49）	0.39（0.31,0.49）
广州	CO	0.50（0.44,0.56）	0.33（0.28,0.39）	0.32（0.27,0.38）
	NO_2	0.41（0.34,0.49）	0.29（0.21,0.38）	0.28（0.20,0.38）
	SO_2	0.42（0.32,0.53）	0.27（0.17,0.38）	0.11（0.01,0.37）
	PM_{10}	0.43（0.35,0.53）	0.31（0.22,0.41）	0.30（0.20,0.42）
	$PM_{2.5}$	0.44（0.35,0.54）	0.32（0.24,0.42）	0.31（0.22,0.43）

注：括号中汇报 d 的非拒收值的95%置信区间

我们首先观察到，在所有情况下，截距似乎足以描述该序列的确定性组成成分。事实上，虽然没有报告，但在所有情况下，时间趋势系数（β）在统计上都是不显著的，这可能是由于我们的样本时间跨度较小。这也表明，在 2013～2015 年里，中国四个超大城市的这五种空气污染并没有恶化。我们在表 3 和表 4 中报告了 d 的估计值及其相应的 95% 的置信区间。

对于白噪声误差（表 3），我们发现虽然在所有情况下，都拒绝了单位根零假设（即 $d=1$）而支持分整，但 d 的估计值仍在 0.42（上海的 $PM_{2.5}$）到 0.71（深圳的 PM_{10} 和 $PM_{2.5}$）之间。在这种情况下，四个超大城市的这五类污染不再是协方差平稳的。然而，这仍然是一个均值回归过程，且冲击的影响在长期内会逐渐消失。此外，与其他两个城市相比，深圳和广州的一体化程度相对较高，尤其表现在 PM_{10} 和 $PM_{2.5}$ 方面，这意味着冲击消失所需要的时间较长。

允许误差自相关（通过 AR(1) 过程）的 d 值要小得多且都在平稳区域内[数值大小在 0.08（北京的 $PM_{2.5}$）和 0.45（深圳的 CO）之间]。这些值小于表 3 中报告的值，但仍与 0 至 1 有显著差异。换言之，当扰动是弱自相关的时候，不同空气污染也观测到了均值回归行为。与上述 $I(0)$ 情况相比，冲击会在更短的时间内消失，特别是对北京而言。

六、结　　论

本文分析了 2013 年 9 月 28 日至 2015 年 12 月 12 日期间中国四个超大城市的污染的持续性。本文首先用白噪声扰动对单位根和分整假设进行了检验，然后用 AR(1) 干扰项对单位根和分整假设进行了检验。结果显示，分整阶数与 0 和 1 的分整阶数有显著的不同，从而表明了中国四个不同的超大城市的空气污染的长记忆持续性。分整阶数小于 1 表明尽管需要很长的时间，但污染冲击长期内将自行消失，并随着时间的推移收敛到一个平均值。这对四个超大城市的五种不同的污染物都是成立的。因此，除非采取相应的控制措施，否则污染将持续存在。与其他关于中国的研究不同，本文发现中国四个超大城市的空气污染在 2013～2015 年中没有恶化。此外由于识别的持久性程度不同，因此对于不同的城市和不同的空气污染物，应该采取不同的政策措施。本文的异质性体现在空气污染物的平均水平上。北京和上海的五种空气污染物的平均值较大，这表明北京和上海的空气质量相对较差，且 d 值较小。同时，广州和深圳的平均观测值较低，表明其空气质量较好，且广州和深圳的 d 值较大，表明空气污染冲击的持久性水平较高。这说明政府需要采取更积极的措施来抵消广州和深圳的空气污染的外部冲击，以保持广州和深圳的高空气质量，特别是 PM_{10} 和 $PM_{2.5}$。由于这两个城市位于中国南部沿海地区，水电资源丰富，而且制造业较为发达，因此政府应该对制造业和运输业进行监测，使其遵守新的严格的污染物排放标准。此外，极端空气污染的暴发也亟待进一步研究。北京和上海的空气污染较为稳定且具有长期记忆性。然而，为了减少污染物的排放，北京和上海仍需要进行结构性改革，包括发展可再生能源，关闭高污染和高能耗的工厂，提高节能投资、减少空气污染物排放等，从而降低空气污染的平均水平。由于政府和公众都比较关注中国的空气污染问题，中国 2016 年出台的《"十三五"生态环境保护规划》强调了在中国不同地区对空气污染的不同监管和标准。同时，鉴于 PM_{10} 和 $PM_{2.5}$ 独特的持久性特征，《国家环境保护标准"十三五"发展规划》还制定了控制全国 PM_{10} 和 $PM_{2.5}$ 浓度的目标。未来可进一步扩展到中国的其他小城市，以验证本文的研究。

参 考 文 献

Almond D，Chen Y Y，Greenstone M，et al. 2009. Winter heating or clean air? Unintended impacts of China's Huai River policy. American Economic Review，99（2）：184-190.

Anh V，Duc H，Azzi M. 1997. Modeling anthropogenic trends in air quality data. Journal of the Air & Waste Management Association，47（1）：66-71.

Barros C P，Gil-Alana L A，de Gracia F P. 2016b. Stationarity and long range dependence of carbon dioxide emissions：evidence for disaggregated data. Environmental and Resource Economics，63（1）：45-56.

Barros C P，Gil-Alana L A，Wanke P. 2016a. Energy production in Brazil：empirical facts based on persistence，seasonality and breaks. Energy Economics，54：88-95.

Chan C K，Yao X H. 2008. Air pollution in mega cities in China. Atmospheric Environment，42（1）：1-42.

Chelani A. 2016. Long-memory property in air pollutant concentrations. Atmospheric Research，171：1-4.

Chelani A B. 2012. Persistence analysis of extreme CO，NO_2 and O_3 concentrations in ambient air of Delhi. Atmospheric Research，108：128-134.

Chelani A B. 2013. Study of extreme CO，NO_2 and O_3 concentrations at a traffic site in Delhi：statistical persistence analysis and source identification. Aerosol and Air Quality Research，13（1）：377-384.

Chen Y Y，Ebenstein A，Greenstone M，et al. 2013. Evidence on the impact of sustained exposure to air pollution on life expectancy from China's Huai River policy. Proceedings of the National Academy of Sciences of the United States of America，110（32）：12936-12941.

Cuñado J，Gil-Alana L A，de Gracia F P . 2005. A test for rational bubbles in the NASDAQ stock index：a fractionally integrated approach. Journal of Banking & Finance，29（10）：2633-2654.

Dahlhaus R. 1989. Efficient parameter estimation for self-similar processes. The Annals of Statistics，

17（4）：1749-1766.

Fang M，Chan C K，Yao X H. 2009. Managing air quality in a rapidly developing nation：China. Atmospheric Environment，43（1）：79-86.

Feng L，Liao W J. 2016. Legislation，plans，and policies for prevention and control of air pollution in China：achievements，challenges，and improvements. Journal of Cleaner Production，112：1549-1558.

Gil-Alaña L A. 2003. Testing of fractional cointegration in macroeconomic time series. Oxford Bulletin of Economics and Statistics，65（4）：517-529.

Gil-Alaña L A，Robinson P M. 1997. Testing of unit root and other nonstationary hypotheses in macroeconomic time series. Journal of Econometrics，80（2）：241-268.

Gil-Alaña L A，Robinson P M. 2001. Testing of seasonal fractional integration in UK and Japanese consumption and income. Journal of Applied Econometrics，16（2）：95-114.

Guo Y M，Zeng H M，Zheng R S，et al. 2016. The association between lung cancer incidence and ambient air pollution in China：a spatiotemporal analysis. Environmental Research，144：60-65.

Harris J R，Todaro M P. 1970. Migration，unemployment and development：a two-sector analysis. The American Economic Review，60（1）：126-142.

Kantelhardt J W，Koscielny-Bunde E，Rego H H A，et al. 2001. Detecting long-range correlations with detrended fluctuation analysis. Physica A：Statistical Mechanics and Its Applications，295（3/4）：441-454.

Liu Z H，Wang L L，Zhu H S. 2015. A time-scaling property of air pollution indices：a case study of Shanghai，China. Atmospheric Pollution Research，6（5）：886-892.

Lu W Z，Xue Y，He H D. 2014. Detrended fluctuation analysis of particle number concentrations on roadsides in Hong Kong. Building and Environment，82：580-587.

Matsoukas C，Islam S，Rodriguez-Iturbe I. 2000. Detrended fluctuation analysis of rainfall and streamflow time series. Journal of Geophysical Research：Atmospheres，105（D23）：29165-29172.

Matus K，Nam K M，Selin N E，et al. 2012. Health damages from air pollution in China. Global Environmental Change，22（1）：55-66.

Meraz M，Rodriguez E，Femat R，et al. 2015. Statistical persistence of air pollutants（O_3，SO_2，NO_2 and PM_{10}）in Mexico City. Physica A：Statistical Mechanics and its Applications，427：202-217.

Raga G B，Le Moyne L. 1996. On the nature of air pollution dynamics in Mexico City—I. nonlinear analysis. Atmospheric Environment，30（23）：3987-3993.

Robinson P M. 1994. Efficient tests of nonstationary hypotheses. Journal of the American Statistical Association，89（428）：1420-1437.

Shi H，Wang Y T，Huisingh D，et al. 2014. On moving towards an ecologically sound society：with special focus on preventing future smog crises in China and globally. Journal of Cleaner Production，64：9-12.

Shi K. 2014. Detrended cross-correlation analysis of temperature，rainfall，PM_{10} and ambient dioxins in Hong Kong. Atmospheric Environment，97：130-135.

Smyth R. 2013. Are fluctuations in energy variables permanent or transitory? A survey of the literature on the integration properties of energy consumption and production. Applied Energy，104：371-378.

Tanaka S. 2015. Environmental regulations on air pollution in China and their impact on infant mortality. Journal of Health Economics，42：90-103.

Varotsos C，Ondov J，Efstathiou M. 2005. Scaling properties of air pollution in Athens，Greece and Baltimore，Maryland. Atmospheric Environment，39（22）：4041-4047.

Wang H K，Fu L X，Zhou Y，et al. 2010. Trends in vehicular emissions in China's mega cities from 1995 to 2005. Environmental Pollution，158（2）：394-400.

Windsor H L，Toumi R. 2001. Scaling and persistence of UK pollution. Atmospheric Environment，35（27）：4545-4556.

Xiao Z J, Phillips P C B. 1999. Efficient detrending in cointegrating regression. Econometric Theory，15（4）：519-548.

Zheng S M，Yi H T，Li H. 2015. The impacts of provincial energy and environmental policies on air pollution control in China. Renewable and Sustainable Energy Reviews，49：386-394.

环境问题的来源篇

党始终高度重视生态文明建设工作。目前，我国水污染和固体废弃物治理的市场化机制逐渐形成，大气污染排放量明显降低，环境治理综合水平得到显著提升。随着生态文明建设和污染防治工作的持续推进，治理红利在不断减小，而复杂性和艰难性在不断增加，环境质量改善的幅度持续收窄。区域性以及流域性污染问题可能再次频发，生态文明建设任务依然十分艰巨，推进我国环境治理能力现代化迫在眉睫。中央生态环境保护督察工作领导小组组长韩正指出"坚持系统谋划、源头治理"[1]。只有摸清污染源头，精准防控，才能取得生态环境治理工作质效，实现生态环境根本好转，为建设生态文明和美丽中国提供有力保障。

为此，本篇从生产性诱因和非生产性诱因两方面，进行环境问题（空气污染）的来源性分析。生产性诱因方面，本篇重点考察为中国经济增长做出巨大贡献的交通基础设施建设和城市化对污染排放的影响，并解释其中的潜在机制。非生产性诱因方面，本篇则提供了制度质量的视角，探究各国制度质量对空气污染的影响，验证环境库兹涅茨曲线、污染天堂假说和波特假说的存在性。本篇的结论不仅有助于分析我国空气污染的生产性和制度性来源，为未来我国政府污染防治工作提供方向性的指引，而且有助于协调我国经济发展和生态文明建设，实现人与自然和谐共生，社会全面发展。

---

[1]《韩正在中央生态环境保护督察工作领导小组会议上强调：坚持系统谋划源头治理 持续改善生态环境质量》，http://cpc.people.com.cn/n1/2021/1120/c64094-32287351.html，2021 年 11 月 20 日。

生产性诱因

投资驱动是我国多年以来经济增长的"三驾马车"之一，而城市化与交通设施建设成为我国拉动投资的重要抓手。本部分关注生产性诱因（交通发展与城市化）的污染效应。虽然生产性活动极大改善居民出行的条件，提供大量的就业机会，扩大经济循环的内需，但是生产性活动所产生的污染气体成为城市空气污染的主要来源，严重威胁人们的健康安全。深入分析生产性诱因的污染效应有利于全面识别和摸清环境污染，特别是空气污染的生产来源，有效实现生产过程中的节能减排，实现经济增长与生态健康双赢局面。

本部分将提供三项针对性的研究。首先，城市化以及城市人口和产业的聚集速度在国民经济发展中起着关键性作用，但城市化引起了许多问题，如汽车尾气排放增加、水污染、空气质量下降等。两项研究均运用跨国面板数据，分别解答城市化对二氧化碳、$PM_{2.5}$的影响。目前我国城市化率与发达国家依然有不少差距，研究希望借助国外的经验证据，为我国处理城市化与环境污染之间的关系建言献策。其次，中国的航空运输业取得了蓬勃发展，航线运输量逐年上升，是我国交通设施发展的典型代表。然而，航空飞行的燃料消耗以及产生的污染气体却日益增加，必须引起广泛重视。因此，第三项研究使用我国59个机场的飞机起降月度数据，探究机场与空气污染的关系，并解析航班频率加大污染排放的作用渠道。

城市化如何影响二氧化碳排放：一组跨国面板数据分析

一、引　　言

自 20 世纪 80 年代起，随着全球经济的高速发展，能源的需求急剧上升。因此，气候变化，特别是温室效应，成为世界各国面临的新的挑战之一。《联合国气候变化框架公约》（United Nations Framework Convention on Climate Change, UNFCCC）为解决气候问题建立了全球合作的基本框架。此后，《京都议定书》于 1997 年通过，以控制温室气体的浓度，实现了《联合国气候变化框架公约》的目标。2009 年在哥本哈根举行了联合国气候变化会议。然而，《哥本哈根协议》并没有法律约束力。2015 年，约有 200 个缔约方签署了《巴黎协定》，其目标是将全球平均气温升幅控制在工业化前水平以上低于 2℃之内，并努力将气温升幅限制在工业化前水平以上 1.5℃之内。二氧化碳是人类活动释放的主要温室气体。二氧化碳排放已成为环境经济学和能源经济学领域关注的一个重要问题。此外，政府还关注世界范围内的碳减排。本文试图找出决定碳排放的因素，这有助于阐明政策含义。这是本文的第一个研究动机。

自 1978 年以来，改革开放使中国在经济和社会发展方面取得了重大进展。作为世界第二大经济体和最大的发展中国家，中国正经历着快速的城市化、工业化和繁荣发展。从 1997 年到 2014 年，中国 GDP 的平均增长率达到 9.7%[①]，被称为"中国经济奇迹"。与此同时，中国的二氧化碳排放量相当大，自 2005 年以来一直是全球最大的二氧化碳排放国。1980 年，中国能源消费产生的二氧化碳排放总量为 14.48 亿吨。2012 年的排放量增加到 81.06 亿吨[②]。为实现可持续发展，中国计划到 2020 年，单位 GDP 二氧化碳排放量比 2005 年减少 40%～45%，到 2030 年减少 60%～65%[③]。此外，中国政府承诺在 2030 年左右达到二氧化碳排放峰值。

---

① 详情请参见《中国统计年鉴 2015》。

② 资料来源：国际能源署。

③ 详情请参见《强化应对气候变化行动——中国国家自主贡献》。

同时，中国早在 2012 年就计划推动城市化进程，以刺激经济增长，避免陷入中等收入陷阱（middle-income trap，MIT）。为了有效、科学地制定政策，从而完成中国实现碳减排的重要任务，对二氧化碳排放的驱动因素进行研究是不可或缺的。这是本文的另一个研究动机。

在一个国家的发展过程中，人口现象中最引人注目的事实之一就是人口从农村向城市的快速且史无前例地流动。到 2015 年，有 39.43 亿人居住在城市，占世界人口的一半以上（53.86%）[①]。然而，城市化与二氧化碳排放之间的关系仍是一个学术难题。许多实证文献，如 Parikh 和 Shukla（1995）、Martínez-Zarzoso 和 Maruotti（2011），以及 Al-mulali 等（2012）得出了相似的结果，即城市化对二氧化碳排放有正向影响。然而，Sharma（2011）提出了相反的观点，Sadorsky（2014）和 Rafiq 等（2016）甚至发现城市化对二氧化碳排放的影响并不显著。

综合现有文献，有三个问题亟须解决。首先，指数分解分析（index decomposition analysis，IDA）和结构分解分析（structural decomposition analysis，SDA）是研究影响二氧化碳排放因素的两种主要方法，参见 Duarte 等（2013）、Xu 和 Ang（2014）、Ang 和 Wang（2015）以及 Andreoni 和 Galmarini（2016）的研究，然而，这两个系列的方法忽略了能源消耗系统以外的影响。它们对考虑随机冲击和统计推断没有帮助，而这两个方法总是被用于评估政策影响。其次，以往的研究大多采用单一国家框架或在少数国家进行调查（Lin et al.，2009；Sadorsky，2014）。考虑到发展中国家和发达国家之间的差异，关注范围广的跨国框架的研究仍然有限。最后，现有文献展示了城市化对空气污染的线性影响方面广泛的研究（Jones，1991；Cole and Neumayer，2004），然而，城市化结构是否会影响二氧化碳排放的问题尚未得到解答。

为了解决第一个问题，本文采用了 Dietz 和 Rosa（1997）提出的 STIRPAT（stochastic impacts by regression on population, affluence, and technology，回归对人口、富裕和技术的随机影响）框架，以此来衡量城市化和碳排放强度之间的关系。该模型以 IPAT（impact population, affluence, and technology，影响人口、富裕和技术）模型为基础，考虑了随机的影响。此外，为了解决第二个问题，本文构建了 141 个国家的面板数据，并将这些国家分为 OECD 国家和非 OECD 国家。城市化与碳排放强度的联系在不同的发展阶段可能有不同的表现，这对决策者尤其重要。此外，为了解决第三个问题，有两项工作要做：一方面，本文对碳排放强度和城市化之间的线性和非线性关系进行了检验；另一方面，本文加入城市化结构来检验其是否是二氧化碳排放的驱动因素之一。

本文利用 1961～2011 年 141 个国家的跨国面板数据，基于 STIRPAT 模型和

---

① 世界银行数据库：http://data.worldbank.org。

环境库兹涅茨曲线（environmental Kuznets curve，EKC）假说，应用双向固定效应模型，从全球角度研究城市化和二氧化碳排放之间的关系。本文的结果显示，OECD 国家的城市化和碳排放强度之间存在倒"U"形关系。但过度的城市首位度可能会夺走高水平城市化的好处。在以往文献分析的基础上，本文将理论上的二氧化碳排放与实际情况进行比较，并提出政策建议。

本文的贡献主要有两个方面。首先，本文使用了以前没有研究过的面板数据。据作者所知，很少有像本文这样覆盖全球 141 个国家，在如此长的时期内对国际范围内的二氧化碳排放进行分解的面板研究。其次，虽然已有大量研究探讨了城市化与二氧化碳排放的关系，但大多只考虑了回归的线性关系。本文对线性关系和非线性关系进行了检验。除了城市化的总体水平，城市化的空间结构即城市化的集中度，也被用来考察城市化与碳排放强度的关系。

本文的其余部分安排如下：第二节回顾了相关文献；第三节解释了方法和模型；第四节进行实证研究并报告了主要发现；第五节进行了讨论；第六节对本文进行了总结。

二、文献综述

二氧化碳排放问题严峻且令人担忧。在过去的几十年里，人们对影响二氧化碳排放的一些因素进行了广泛的研究。

关于经济增长和二氧化碳排放之间关系的研究非常丰富。这类研究主要集中在检验 EKC 假说是否成立上。该理论假设环境恶化随着人均收入的增加先加剧，然后随着经济增长下降。在 Grossman 和 Krueger（1991）开创了 EKC 假说的实证研究后，后续的大量研究选择了不同的国家、时期、计量经济技术和变量，得出了具有争议的实证结果和混杂的实证结果（Jha，1996；Azomahou et al.，2006；Coondoo and Dinda，2008；Ozcan，2013；Omri et al.，2015）。

人口对二氧化碳排放的影响是另一个值得关注的问题，相关研究通常采用 IPAT 模型，如 Shi（2003）、York 等（2003）、Kwon（2005）、Martínez-Zarzoso 等（2007）、Kerr 和 Mellon（2012）、Yao 等（2015），以及 STIRPAT 公式，如 Dietz 和 Rosa（1997）、York 等（2003）、Liddle（2013）、Wang 等（2013）。Shi（2003）和其他一些研究发现，人口规模是二氧化碳排放的一个主要驱动因素。除人口规模外，还有研究考虑了其他人口因素，如年龄结构（Liddle and Lung，2010）。

Antweiler 等（2001）建立了一个理论模型，将贸易对污染的影响分解为规模效应、技术效应和构成效应。在现有的研究中，关于贸易开放与二氧化碳排放关系的研究主要有两种方法：IO（input-output，投入产出）分析（Machado et al.，

2001；Mongelli et al.，2006；Fernández-Amador et al.，2016）和协整与格兰杰因果检验（Jayanthakumaran et al.，2012；Kohler，2013；Sebri and Ben-Salha，2014）。Sharma（2011）研究发现，国际贸易对二氧化碳排放有负面影响，该结论与Jayanthakumaran等（2012）和Shahbaz等（2013）的研究结论不一致。

　　城市化是指人口从农村地区转移到城市地区的一种社会现象。从理论上看，Poumanyvong和Kaneko（2010）将城市化对环境的影响总结为三种理论：生态现代化、城市环境转型和紧凑型城市理论。Shahbaz等（2016）也使用了这三种理论，并利用这三种理论简要说明了城市层面上环境因素与城市发展的关系。Madlener和Sunak（2011）总结了城市化对能源消耗影响的一系列机制，这些机制可能会进一步影响二氧化碳的排放。此外，他们还指出，这些影响在发展中国家和发达国家之间是不同的。

　　实证方面，以往文献主要采用STIRPAT模型和格兰杰因果关系框架。STIRPAT模型被York等（2003）、Poumanyvong和Kaneko（2010）、Martínez-Zarzoso和Maruotti（2011）、Sadorsky（2014）、Li和Lin（2015）以及Shahbaz等（2016）广泛采用来研究城市化对环境压力的影响。Hossain（2011）、Al-mulali等（2013）、Wang等（2016）、Shahbaz等（2016）在格兰杰因果关系框架内对城市化和碳排放之间的关系进行质疑，得出了不一致的结论。

　　与发达国家相比，发展中国家受到了更多关注。在时间序列数据方面，Alam等（2007）提出巴基斯坦的城市化水平对二氧化碳排放有正向影响。Shahbaz等（2016）发现了马来西亚城市化和二氧化碳排放之间存在倒"U"形关系。在面板数据方面，Kasman和Duman（2015）针对15个欧盟新成员国和候选国进行实证研究，Rafiq等（2016）对22个城市化水平低的新兴国家进行实证研究，Wang等（2016）则针对金砖国家进行实证研究，这些研究都集中在几个发展中国家。

　　近年来，越来越多的研究集中在包括众多国家在内的样本上，实证结果表明，不同发展阶段的城市化和碳排放的关系差异十分明显。Fan等（2006）将全球207个国家和地区按人均国民生产总值水平分为四组：高收入经济体、中上收入经济体、中下收入经济体和低收入经济体。他们发现，城市化对碳排放强度降低的影响受到经济发展水平、能源结构等其他变量的制约。Li和Lin（2015）认为，城市化对能源消耗和碳排放的影响随不同的发展阶段而变化。他们将1971年至2010年期间73个国家和地区按年收入水平分为四组。结果表明，城市化导致二氧化碳排放量增加，这与York等（2003）的研究结论一致。但它阻碍了中高收入组的排放量增长，这与Poumanyvong和Kaneko（2010）的研究结果一致。此外，Martínez-Zarzoso和Maruotti（2011）利用1975年至1999年期间的数据，在发展中国家建立了城市化与环境污染之间的倒"U"形关系，Salim和Shafiei（2014）利用1980年至2011年期间的数据，在OECD国家建立了城市化与环境污染之间的倒"U"形关系。

三、模型、变量和数据说明

（一）模型

Ehrlich 和 Holdren（1971）提出的 IPAT 模型被广泛用于描述人类活动对环境的影响。环境影响（I）被分解为三个主要驱动因素：人口规模（P）、富裕程度（A）和环境不友好的技术水平或每单位经济活动的影响（T）。数学恒等式提供了一个简单的框架，但由于 IPAT 模型不允许假设检验，并且要求各影响因素之间具有严格的比例关系，因此 IPAT 模型遭到批评。

$$I = P \times A \times T \tag{1}$$

此后，在 IPAT 模型的基础上，Dietz 和 Rosa（1997）提出了 STIRPAT 模型，可以用式（2）表达：

$$I_{it} = \alpha_i P_{it}^b A_{it}^c T_{it}^d e_{it} \tag{2}$$

其中，参数 α 表示常数项；b、c 和 d 分别表示 P、A 和 T 的参数；变量 e 表示随机误差项；下标 i（$i=1,2,\cdots,n$）表示国家；下标 t（$t=1,2,\cdots,T$）表示时间段。通过对式（2）等号两边取对数，对新方程进行线性估计，降低变量之间的相关性。

$$\ln I_{it} = \ln \alpha_i + b \ln P_{it} + c \ln A_{it} + d \ln T_{it} + e_{it} \tag{3}$$

一些研究侧重于加入额外的解释变量来扩展这个 STIRPAT 模型，如 Martínez-Zarzoso 等（2007）、Poumanyvong 和 Kaneko（2010）以及 Rafiq 等（2016）。正如上述文献所述，城市化是影响二氧化碳排放的重要因素之一，因此，我们将其加入到 STIRPAT 模型中。在本文中，为了估计城市化对二氧化碳排放的影响，可以将扩展后的模型重写为

$$\ln I_{it} = \ln \alpha_i + b \ln P_{it} + c \ln A_{it} + d \ln T_{it} + \beta \ln urban + e_{it} \tag{4}$$

此外，为了研究城市化和二氧化碳排放之间的非线性关系，本文构建了一个包括城市化二次项的模型，如式（5）所示。

$$\ln I_{it} = \ln \alpha_i + b \ln P_{it} + c \ln A_{it} + d \ln T_{it} + \beta \ln urban + \beta' \ln urban^2 + e_{it} \tag{5}$$

（二）变量

大量研究采用了人均二氧化碳来描述环境影响。然而，在 IPAT 模型中，I 指的是总体环境影响（Ehrlich and Holdren，1971）。因此，在实证模型中，将二氧化碳排放总量（carbon）作为因变量，这与 Sadorsky（2014）、Salim 和 Shafiei（2014）等的研究工作相一致。

本文选择该解释变量不仅是因为它在文献研究中频繁出现，也是考虑到数据的可得性。按照 Dietz 和 Rosa（1997）的说法，用总人口（pop）和人均 GDP（gdp）衡量人口和经济因素的影响。与 Al-mulali（2014）及 Liddle 和 Lung（2010）的研究相似，本文也考虑了 GDP 增长率（gdpg）和人口结构（a65），并将其加到了模型中。因为 GDP 增长率并不总是正的，它不是对数形式的，所以对其进行缩尾处理以除去离群异常值[①]。本文将贸易开放度（trade）定义为进出口份额。

除了城市人口的比例，超过 100 万人城市的人口占总人口的百分比（agg）和最大城市的人口占总人口的百分比（primacy）也是衡量城市化水平的关键指标。换句话说，这些变量反映了城市化强度。本文在基准模型中采用了城市人口占总人口的比例，这与大多数现有研究相同。本文以城市群的人口和城市首位度作为替代变量进行稳健检验。公式（5）增加了变量 $urban^2$，即 urban 的二次项，以探索城市化和二氧化碳排放之间的非线性关系。

变量的说明见表 1。

表 1　变量说明

项目	变量符号	变量	变量定义	单位
因变量	carbon	二氧化碳排放总量	化石燃料和水泥制造产生的二氧化碳排放量	千吨
解释变量	pop	总人口	年中人口	百万人
	gdp	人均 GDP	2010 年以不变价格计算的 GDP 除以年中人口	美元
	a65	人口结构	65 岁及以上人口占总人口的百分比	%
	gdpg	GDP 增长率	GDP 实际年增长率	%
	trade	贸易开放度	商品和服务进出口总额占 GDP 的比重	%
	urban	城市化	城市人口占总人口的比例	%
	$urban^2$	城市化的平方	城市化平方项	
稳健性检验	agg	城市聚集度	超过 100 万人城市的人口占总人口的百分比	%
	primacy	城市首位度	最大城市的人口占总人口的百分比	%

注：数据来源于世界银行数据库

（三）数据

由于小岛屿发展中国家（small island developing states，SIDS）的特殊性，所以本文将它们排除在实证研究之外，并且删除了一些在上述变量上有太多数据缺失的国家。最后，根据数据的可得性，本文获得了 1961～2011 年 141 个国家的非

---

① winsor 获取一个变量的非缺失值，并生成一个相同的新变量，但 h 最高值和 h 最低值被从极值向内计数的下一个值替换。

平衡面板数据集。考虑到经济发展的差异，本文将这些国家分为两组。前一组包含 23 个被称为发达国家的经济合作与发展组织（Organization for Economic Co-operation and Development，OECD）国家，后一组包含剩余的 118 个国家（国家名单见本文附表 1）。此外，为了研究亚洲的关系，特意选取了亚洲的非 OECD 国家（国家名单见本文附表 2）。变量的描述性统计见表 2。

表 2 变量描述性统计

变量	样本量	均值	标准差	最小值	最大值
lncarbon	9 182	8.382	2.763	1.299	16.015
lngdp	8 372	8.209	1.512	4.749	11.886
lnurban	11 976	3.733	0.673	0.731	4.605
lnurban^2	11 976	14.391	4.591	0.534	21.208
lnpop	12 047	0.921	2.437	−5.454	7.223
gdpg	8 594	3.904	3.430	−1.793	9.382
lntrade	7 596	4.072	0.465	1.850	6.468
lna65	10 802	1.622	0.615	−0.361	3.271

注：除了 gdpg，其余所有变量都采用对数形式

表 3 列出了因变量和自变量的相关矩阵。本文发现 lncarbon 和解释变量之间的相关系数是不同的。城市化、总人口、人口结构、人均 GDP 和 GDP 增长率与二氧化碳排放总量呈正相关，而贸易开放度与二氧化碳排放总量之间则是负相关。此外，除了人均 GDP 和城市化之间的系数，不同解释变量之间的相关系数都低于 0.7。但它们的方差膨胀因子（variance inflation factor，VIF）远小于 5，表明多重共线性存在的可能性不大。

表 3 相关系数矩阵

变量	lncarbon	lnpop	lngdp	lna65	gdpg	lntrade	lnurban
lncarbon	1						
lnpop	0.767	1					
lngdp	0.484	−0.129	1				
lna65	0.463	0.105	0.672	1			
gdpg	0.030	0.065	−0.083	−0.125	1		
lntrade	−0.161	−0.476	0.208	0.167	0.121	1	
lnurban	0.442	−0.075	0.745	0.515	−0.057	0.231	1

四、实 证 结 果

Hausman 检验的结果表明，拒绝随机效应的原假设。因此，本文最终采用双向固定模型来估计城市化对碳排放的影响。式（6）是具体的实证模型。

$$\text{lncarbon}_{it} = \alpha + \beta_1 \text{lnpop}_{it} + \beta_2 \text{lngdp}_{it} + \beta_3 \text{lna65}_{it} + \beta_4 \text{gdpg}_{it}$$
$$+ \beta_5 \text{lntrade}_{it} + \beta_6 \text{lnurban}_{it} + \lambda_t + \gamma_i + e_{it} \tag{6}$$

其中，γ_i 和 λ_t 表示个体效应和时间效应；α 表示常数项；e_{it} 表示残差项。

表 4 报告了实证结果。表 4 的第（1）～（4）栏分别显示了全样本、OECD 国家、非 OECD 国家和亚洲非 OECD 国家的结果。

表 4　基准回归结果

变量	（1）全样本	（2）OECD 国家	（3）非 OECD 国家	（4）亚洲非 OECD 国家
lnpop	1.856***	1.504***	1.745***	1.384***
	(40.78)	(16.50)	(26.64)	(11.15)
lngdp	0.827***	0.436***	0.847***	0.534***
	(29.60)	(6.20)	(29.40)	(8.66)
lna65	0.430***	0.791***	0.292***	0.197
	(8.98)	(9.47)	(5.07)	(1.58)
gdpg	−0.010***	−0.011***	−0.011***	−0.016***
	(−6.47)	(−3.13)	(−6.11)	(−5.23)
lntrade	0.114***	−0.040	0.124***	0.194***
	(4.34)	(−0.44)	(4.51)	(3.67)
lnurban	0.563***	1.241***	0.502***	1.016***
	(10.24)	(7.74)	(8.70)	(12.35)
常数项	−4.679***	−3.263***	−4.380***	−3.631***
	(−13.69)	(−3.39)	(−11.47)	(−5.36)
N	4948	992	3956	1119
R^2	0.9871	0.9928	0.9830	0.9856
F	1852.38	1623.60	1264.23	762.54
时间固定效应	是	是	是	是
个体固定效应	是	是	是	是

注：括号内是 t 值

***表示 $p < 0.01$

由表 4 可知，在控制其他因素的情况下，城市化导致碳排放量增加，这一影响在 1%的水平上是显著的。全样本的估计系数为 0.563，非 OECD 国家则为 0.502，这在先前研究的测量值范围内（Poumanyvong and Kaneko，2010；Martínez-Zarzoso and Maruotti，2011）。亚洲非 OECD 国家的系数为 1.016，比 0.563 高。同时，OECD 国家的系数（1.241）远远高于其他三个国家组。随着城市的发展，城市地区的基础设施、交通和个人资源消耗必须满足巨大的需求（Poumanyvong and Kaneko，2010）。因此，出现了一些环境恶化的情况，如二氧化碳排放量大幅增加。

人口规模和人口老龄化对二氧化碳排放的影响绝大多数为正且显著。65 岁以上人口比例增加的原因之一是生育率的下降。家庭成员越多代表着越容易产生规模经济。但人们愿意拥有较小的家庭，这可能导致更多的能源消耗和环境问题（Shi，2003；Cole and Neumayer，2004；Liddle and Lung，2010）。另一个原因是技术进步和生活水平的提高，人们的寿命变得更长。也就是说，当 65 岁以上的人口比例上升时，人口规模变得更大，排放的二氧化碳也更多。很明显，人口老龄化对 OECD 国家的影响最大，部分原因是这些发达国家的福利制度。

人均 GDP 和二氧化碳排放之间的关系也显著为正，全样本的系数值为 0.827，OECD 国家为 0.436，非 OECD 国家为 0.847，亚洲非 OECD 国家为 0.534。同时，GDP 增长率每增加 1%，二氧化碳排放量就会减少约 1%，这意味着 EKC 理论是成立的。

贸易开放度影响一个地区的中间产品和最终产品的生产和消费（Kasman and Duman，2015），并与碳排放呈正相关。在本文中，贸易显著增加了全样本和非 OECD 国家的碳排放，而对 OECD 国家的碳排放量的减少的影响不显著。二战后，随着国际分工的深化，发达国家不再生产初级商品，而是生产制成品，并将高污染产业转移到发展中国家。

简而言之，如果一个国家有较大的人口规模、较高的老年人比例，富裕程度更高，并且正在经历快速的城市化，它将排放更多的二氧化碳。但 GDP 增长率与二氧化碳排放呈负相关。贸易开放度增大增加了非 OECD 国家的二氧化碳排放量，而对 OECD 国家的影响微乎其微。

表 5 给出了在模型中进一步加入对数形式的城市化二次项的回归结果。

$$\text{lncarbon}_{it} = \alpha + \beta_1 \text{lnpop}_{it} + \beta_2 \text{lngdp}_{it} + \beta_3 \text{lna65}_{it} + \beta_4 \text{gdpg}_{it}$$

$$+ \beta_5 \text{lntrade}_{it} + \beta_6 \text{lnurban}_{it} + \beta_7 \text{lnurban}^2_{it} + \lambda_t + \gamma_i + e_{it} \qquad (7)$$

表 5　加入二次项的基准回归结果

变量	（1）全样本	（2）OECD 国家	（3）非 OECD 国家	（4）亚洲非 OECD 国家
lnpop	1.857***	1.612***	1.749***	1.386***
	(38.24)	(20.51)	(25.48)	(11.68)
lngdp	0.827***	0.378***	0.848***	0.535***
	(29.68)	(5.96)	(29.54)	(8.89)
lna65	0.430***	0.782***	0.295***	0.196
	(8.16)	(11.13)	(4.69)	(1.62)
gdpg	−0.010***	−0.007**	−0.011***	−0.016***
	(−6.55)	(−2.12)	(−6.19)	(−5.48)
lntrade	0.114***	−0.124	0.124***	0.194***
	(4.30)	(−1.31)	(4.48)	(3.53)
lnurban	0.571***	26.909***	0.521***	1.028***
	(4.33)	(14.51)	(3.91)	(4.99)
$lnurban^2$	−0.001	−3.128***	−0.004	−0.002
	(−0.06)	(−14.01)	(−0.15)	(−0.05)
常数项	−4.694***	−55.005***	−4.419***	−3.658***
	(−11.64)	(−14.77)	(−10.01)	(−5.23)
N	4948	992	3956	1119
R^2	0.9871	0.9941	0.9830	0.9856
F	1842.59	1948.45	1256.65	1432.54
时间固定效应	是	是	是	是
个体固定效应	是	是	是	是

注：括号内是 t 值

表示 $p<0.05$，*表示 $p<0.01$

　　总人口、人口结构、人均 GDP、GDP 增长率、贸易开放度和城市化的结果都与表 4 的结果基本一致。这些系数的符号和意义几乎不变。在 OECD 国家，$lnurban^2$ 的系数是负的，且在 1% 的水平上具有统计显著性（−3.128）。同时，发现 lnurban 与二氧化碳排放量显著正相关（26.909）。也就是说，在发达国家，城市化与二氧化碳排放总量之间可能存在倒"U"形关系。OECD 国家的拐点是 73.80%。当城市化水平超过 73.80% 时，城市化与碳排放的关系将由正转负。城市化和碳排放之间的倒"U"形关系也与 Ehrhardt-Martinez 等（2002）以及 Salim 和 Shafiei（2014）的观点一致。同时，对于全样本、非 OECD 国家和亚洲非 OECD 国家，倒"U"形关系不再成立，尽管这三个样本的 lnurban² 的系数如表 5 所示为负值，但在 10%水平下不显著。

表 6 和表 7 的回归是为了处理潜在的内生性问题。在表 6 中，使用自变量三年滞后来避免内生性问题，即反向因果问题。碳排放不会影响这些解释变量的现值。按照现有文献的主流方法，表 7 进一步采用了两阶段最小二乘法（two stage least squares，2SLS）估计。由于很难找到严格意义上的外生工具变量，因此使用城市化水平的三年滞后作为 lnurban 的工具变量。从本文的数据来看，滞后的 lnurban 与当前的 lnurban 高度相关，然而，当前的碳排放强度并不能影响过去的城市化水平。

表 6 稳健性检验 1

变量	（1）全样本	（2）OECD 国家	（3）非 OECD 国家	（4）亚洲非 OECD 国家
L3.lnpop	1.728***	1.536***	1.425***	0.940***
	（35.40）	（15.95）	（19.97）	（7.56）
L3.lngdp	0.776***	0.418***	0.796***	0.449***
	（27.03）	（6.18）	（27.36）	（8.21）
L3.lna65	0.294***	0.687***	0.063	0.208*
	（5.61）	（8.63）	（0.99）	（1.75）
L3.gdpg	−0.001	−0.007**	−0.001	−0.002
	（−0.40）	（−1.99）	（−0.64）	（−0.71）
L3.lntrade	0.208***	0.003	0.219***	0.207***
	（8.52）	（0.04）	（8.61）	（4.98）
L3.lnurban	0.433***	1.136***	0.356***	0.778***
	（8.07）	（7.15）	（6.46）	（10.78）
常数项	−3.468***	−2.482**	−2.689***	−1.039*
	（−9.91）	（−2.56）	（−6.94）	（−1.81）
N	4589	926	3663	1030
R^2	0.9879	0.9940	0.9841	0.9892
F	5193.64	6194.76	3134.59	1389.28
时间固定效应	是	是	是	是
个体固定效应	是	是	是	是

注：括号内是 t 值

*表示 $p<0.1$，**表示 $p<0.05$，***表示 $p<0.01$

表7　稳健性检验2：两阶段最小二乘法

变量	（1）全样本	（2）OECD 国家	（3）非 OECD 国家	（4）亚洲非 OECD 国家
lnpop	1.925***	1.547***	1.846***	1.434***
	（40.80）	（15.87）	（26.51）	（11.46）
lngdp	0.832***	0.530***	0.850***	0.549***
	（29.52）	（7.75）	（29.22）	（8.45）
lna65	0.458***	0.830***	0.322***	0.219*
	（9.52）	（9.58）	（5.59）	（1.75）
gdpg	−0.011***	−0.004	−0.012***	−0.015***
	（−7.16）	（−1.42）	（−7.15）	（−5.63）
lntrade	0.145***	−0.040	0.166***	0.201***
	（5.50）	（−0.53）	（5.94）	（3.70）
lnurban	0.554***	1.219***	0.504***	0.994***
	（9.84）	（7.80）	（8.62）	（12.21）
N	4870	988	3882	1106
可决系数 R^2	0.7811	0.5679	0.7910	0.8804
F	1837.80	98.05	1788.20	957.76
Kleibergen-Paap rk LM 统计量	465.662	150.725	433.001	218.455
Cragg-Donald Wald F 统计量	$1.9×10^6$	$2.3×10^5$	$1.5×10^6$	$4.4×10^5$
Hansen J 统计量	7.396	15.197	9.634	3.405

注：括号内是 t 值

*表示 $p<0.1$，***表示 $p<0.01$

如表7所示，结果仍然稳健。在所有分组中，城市化对碳排放都有正的影响。总的来说，在排除内生性问题后，结果依然显著，与表4的结果一致。由表7的 Kleibergen-Paap rk LM 统计量、Cragg-Donald Wald F 统计量和 Hansen J 统计量可知，本文选择的工具变量是合理的。

表8用 lnagg 代替 lnurban，做进一步的稳健性检验，并研究与表4相比的结果。如表8所示，调查结果与表4中的基准模型相似。总人口、经济发展和人口结构与不同国家组的二氧化碳排放量正相关。GDP 增长速度对二氧化碳排放量有负向的影响。

表 8　稳健性检验 3：替代城市化指标

变量	（1）全样本	（2）OECD 国家	（3）非 OECD 国家	（4）亚洲非 OECD 国家
lnpop	1.882***	1.753***	1.805***	1.568***
	(46.10)	(19.39)	(28.54)	(11.28)
lngdp	0.732***	0.770***	0.733***	0.497***
	(27.95)	(9.88)	(25.85)	(9.52)
lna65	0.567***	0.934***	0.495***	0.532***
	(12.71)	(11.62)	(8.03)	(4.98)
gdpg	−0.008***	−0.014***	−0.008***	−0.010***
	(−4.62)	(−3.51)	(−4.11)	(−3.20)
lntrade	0.165***	0.152	0.168***	0.337***
	(6.39)	(1.34)	(6.29)	(5.82)
lnagg	0.363***	−0.003	0.350***	0.458***
	(9.01)	(−0.05)	(7.99)	(7.49)
常数项	−3.738***	−2.703***	−3.536***	−2.819***
	(−11.64)	(−2.98)	(−10.11)	(−4.47)
N	3641	851	2790	820
R^2	0.9897	0.9901	0.9868	0.9869
F	2191.09	1031.97	1488.19	871.52
时间固定效应	是	是	是	是
个体固定效应	是	是	是	是

注：括号内是 t 值

***表示 $p < 0.01$

有趣的是，在 OECD 国家集团中，人口超过 100 万的大都市的人口比例似乎是影响二氧化碳排放的一个无关紧要的因素。一个可能的原因是这些国家的逆城市化现象。也就是说，人们从大都市迁移到中小城市以及农村地区。总的来说，OECD 国家倾向于建设更适宜而非最优水平的大都市，因此，城市群对二氧化碳排放的影响不是那么明显。然而，中小型城市的基础设施和技术的利用可能是低效和环保的，足以减少二氧化碳的排放。因此，OECD 国家的城市化水平与表 4 中的碳排放强度正相关。

在大多数发展中国家，城市化的一个重要特征是人口聚集在几个大城市。因此，表 8 中这些国家的结果与表 4 中的结果相当一致。该表的实证结果意味着，不仅城市化水平，城市化的空间结构也可能对二氧化碳排放产生影响，这需要进一步研究。

第四项稳健性检验进一步考虑了城市首位度（lnprimacy）以及首位度和城市化的交乘项（lnprimacy1）（表 9）。城市首位度是一个描述城市化集中度的变量（Henderson，2002），高首位度通常意味着低效的城市化和过度集中。由表 9 可知，城市首位度的增大将显著增加全样本和非 OECD 国家的二氧化碳排放量，而减少 OECD 国家和亚洲非 OECD 国家的二氧化碳排放量。

表 9　稳健性检验 4

变量	（1）全样本	（2）OECD 国家	（3）非 OECD 国家	（4）亚洲非 OECD 国家
lnpop	1.791***	1.824***	1.740***	1.792***
	（38.85）	（19.10）	（25.35）	（13.52）
lngdp	0.752***	0.467***	0.753***	0.802***
	（27.34）	（6.23）	（25.65）	（12.30）
lna65	0.426***	0.567***	0.348***	0.305***
	（8.44）	（7.99）	（5.47）	（2.81）
gdpg	−0.010***	−0.008**	−0.010***	−0.014***
	（−6.12）	（−2.56）	（−5.67）	（−4.82）
lntrade	0.172***	0.064	0.180***	0.230***
	（6.98）	（0.83）	（6.96）	（4.08）
lnurban	0.778***	−3.092***	0.813***	−0.937***
	（5.64）	（−9.04）	（5.44）	（−5.93）
lnprimacy1	−0.072**	1.335***	−0.093**	0.572***
	（−2.00）	（12.31）	（−2.40）	（12.05）
lnprimacy	0.425***	−5.830***	0.503***	−1.879***
	（3.11）	（−12.13）	（3.56）	（−9.90）
常数项	−5.860***	14.631***	−5.934***	0.440
	（−9.40）	（7.72）	（−9.14）	（0.49）
N	4581	898	3683	1029
R^2	0.9882	0.9925	0.9844	0.9858
F	1978.29	1396.20	1341.32	1480.92
时间固定效应	是	是	是	是
个体固定效应	是	是	是	是

注：括号内是 t 值

表示 $p < 0.05$，*表示 $p < 0.01$

OECD 国家和亚洲非 OECD 国家的城市化系数为负,而全样本和非 OECD 国家的城市化系数为正。当 lnprimacy 和 lnurban 之间的交乘项与 lnurban 和 lnprimacy 相结合时,lnurban、lnprimacy 和 lnprimacy1 的因子分解显示了有趣的发现。在 OECD 国家,较高的城市化水平和合理的城市首位度对环境质量的改善是有利的;相反,发展中国家在城市化过程中可以通过降低首位度来减少碳排放。

具体来说,在表 9 第(2)栏中,当城市化和城市首位度都保持在低水平时,OECD 国家会排放更多二氧化碳。如果城市化率上升到一个较高的水平,同时在最大的城市有适当的人口集中,这些国家就可以在集聚的积极影响下实现碳减排。然而,当城市首位度过高时,它可以以负面的拥堵效应夺走高水平城市化带来的好处,碳排放强度将会上升,这对环境是有害的。

在表 9 第(4)栏,即亚洲非 OECD 国家组中,lnurban、lnprimacy 和 lnprimacy1 的符号均与 OECD 国家一致。但因子分解结果表明,低城市化水平和低首位度会降低二氧化碳排放量,两者之间的相互影响较大。其他变量的结果是稳健的,并且与其他表格一致。

表 10 显示 75% 是城市化-碳排放关系的拐点,文献表明,一个国家的城市化在此处差不多完成。此外,它与非线性模型计算的数字(73.80%)非常接近。对于每个国家组来说,当城市人口占总人口的比例低于 75% 时,城市化会引起二氧化碳排放的增加。尽管全样本和非 OECD 国家的系数不显著,但是当城市人口比例等于或超过 75% 时,它将引起二氧化碳排放的减少。稳健性检验进一步证实了城市化与二氧化碳排放的倒"U"形关系。对于亚洲非 OECD 国家,即使是在城市人口比例等于或超过 75% 时,lnurban 的系数也显著为正。这主要是因为样本数量急剧减少,剩下的样本国家几乎都是西亚国家。其他变量的估计与基准模型的结果基本一致。

五、讨 论

从上述实证结果可以得出城市化对二氧化碳排放影响的一些结论和政策启示。

研究结果表明,城市化和碳排放之间存在倒"U"形关系,Ehrhardt-Martinez 等(2002)、Martínez-Zarzoso 和 Maruotti(2011)、Salim 和 Shafiei(2014)对不同国家的研究都支持这一观点。非线性关系对 OECD 国家来说是显著的,但对其他样本国家组来说是不显著的。

OECD 国家的城市化和二氧化碳排放之间的二次关系的理论基础可以总结如下。在城市化的早期,人口从农村向新兴城市迁移,导致制造业活动和工业发展的集中。首先,城市化导致农业劳动力减少,两部门经济持续增长。由于技术比较初级,这一阶段的工业活动消耗了大量的化石燃料,如煤和汽油。与低能

表 10　稳健性检验 5

变量	（1）全样本 urban<75%	（2）全样本 urban≥75%	（3）OECD 国家 urban<75%	（4）OECD 国家 urban≥75%	（5）非 OECD 国家 urban<75%	（6）非 OECD 国家 urban≥75%	（7）亚洲非 OECD 国家 urban<75%	（8）亚洲非 OECD 国家 urban≥75%
lnpop	1.722***	1.614***	1.517***	2.030***	1.811***	1.223***	2.287***	0.590***
	(28.60)	(33.88)	(5.04)	(25.90)	(21.23)	(18.60)	(10.20)	(5.20)
lngdp	0.837***	0.571***	0.532***	0.035	0.849***	0.645***	0.600***	0.619***
	(27.18)	(11.31)	(6.47)	(0.45)	(27.22)	(11.47)	(8.72)	(5.02)
lna65	0.345***	0.822***	1.227***	0.698***	0.326***	0.465***	0.593***	-0.301*
	(5.97)	(12.05)	(8.61)	(14.17)	(5.22)	(3.26)	(4.35)	(-1.76)
gdpg	-0.012***	0.001	-0.015***	0.008***	-0.012***	-0.004	-0.016***	-0.002
	(-6.87)	(0.32)	(-4.31)	(2.97)	(-6.58)	(-1.54)	(-4.78)	(-0.67)
lntrade	0.104***	-0.079**	0.193**	-0.247***	0.109***	-0.016	0.250***	0.098
	(3.69)	(-2.45)	(2.19)	(-4.71)	(3.78)	(-0.35)	(3.87)	(1.38)
lnurban	0.496***	-0.127	1.057***	-0.812***	0.483***	-0.043	0.804***	2.853***
	(8.12)	(-0.37)	(5.68)	(-3.13)	(7.78)	(-0.04)	(9.18)	(3.14)
常数项	-4.250***	0.426	-5.561***	9.314***	-4.488***	1.139	-5.918***	-9.564**
	(-11.41)	(0.29)	(-6.21)	(7.29)	(-10.89)	(0.27)	(-6.91)	(-2.38)
N	3874	1074	436	556	3438	518	907	212
R²	0.9853	0.9956	0.9943	0.9978	0.9824	0.9947	0.9859	0.9955
F	1386.42	2293.58	888.27	3044.17	1118.27	1021.35	1181.34	487.81
时间固定效应	是	是	是	是	是	是	是	是
个体固定效应	是	是	是	是	是	是	是	是

注：括号内是 t 值

*表示 $p<0.1$，**表示 $p<0.05$，***表示 $p<0.01$

耗的农业生产相比,排放了大量的二氧化碳。其次,城市化改变了私人家庭的需求和行为。城市地区的家庭更加依赖商业产品和服务(Clancy et al., 2008)。能源消耗的持续增长,如暖气设备和电器的使用,产生了大量的温室气体。最后,城市化提高了对城际和城市内部交通的需求(Jones, 2004)。不断增加的私人和公共交通工具不可避免地会损害环境质量。另一个问题是城市化和工业化过程中对基础设施的额外需求。公共基础设施的建设,如公路、桥梁、污水处理系统等需要大量的能源投入,导致更多的碳排放(Madlener and Sunak, 2011)。此外,在城市化进程中,可用土地变得越来越少。一方面,建造多层建筑的现象普遍存在,而这些建筑更加昂贵,需要更多的电力。另一方面,城市的边界将扩大。换句话说,农业用地和自然区域可能被广泛侵占。这些机制共同推高了碳排放水平。

之后,随着城市密集度的提高,城市集聚的效应导致了碳排放的降低。首先,在技术参与方面,城市发展过程中不断推动绿色技术创新与进步。劳动生产率大大提高,生产更加环保。其次,规模经济开始发挥突出作用(Poumanyvong and Kaneko, 2010)。根据紧凑城市理论,高城市密度和混合土地使用可以解决城市蔓延和环境问题。例如,基本的基础设施的使用不仅是高效的,而且是长期的,从而导致更少的能源消耗。此外,人们对环境质量的重视程度也大大提高。随着人们生活水平和精神文明水平的提高,城市居民更加关心环境问题,特别是日益严峻的全球变暖问题。这有利于培养人们的环保意识,然后控制二氧化碳的排放量。

OECD 国家的城市化与碳排放的关系的拐点约为 73.80%。然而,二氧化碳排放也受到其他因素的影响,如经济增长、人口和贸易开放度。这意味着即使城市化进程超过了拐点,碳排放仍可能增加。

在非 OECD 国家,这种非线性关系并不显著。这意味着发展中国家的城市化水平仍然是低效的,不能通过规模经济来减少碳排放。一个可能的原因是城市化水平低,尚未达到拐点。此外,道路和办公楼等公共设施的规划可能不合理、不充分。这些都威胁着城市集聚在城市化进程中的积极作用。总之,在非 OECD 国家,即使大多数人生活在城市地区,这些不利于环境的城市化模式也无法减少二氧化碳排放。

此外,与以往研究不同的是,研究结果出人意料地揭示了城市首位度在碳排放中也发挥着非常重要的作用,并提出了城市化的集聚效应和最优空间结构。在这一优化阶段,城市的经济规模是由于公共产品和资源的有效配置,如城市土地集约利用。而产业集聚也带来了经济效益。在一个国家最大的城市,这种城市化模式是节能的。但是,如果城市化的速度超过了城市的经济发展和工业增长,则会导致城市化的过度集中和过度城市化,城市首位度会抵消城市化带来的好处。正如 Breheny(2001)所认为的,过度的城市集中可能会无法发挥紧凑型城市带来的优势，甚至产生负面效应。

在非 OECD 国家，特别是亚洲非 OECD 国家，人口过度集中在最大的城市反而无法发挥城市化带来的优势。这些结果提醒我们，在城市化进程中，应该密切关注城市化模式，如空间结构。在这些国家中，常见的是一些超大城市，如作为中国的经济中心、政治中心和文化中心的北京。这些城市的政策偏向和较高水平的工资吸引了数百万移民。然而，如果居民的数量远远超过了城市的承载能力，经济和自然环境都将受到破坏。这些发现为国家的政策制定者提供了启示，特别是在人口压力较大的亚洲国家。

六、结　论

本文使用了 141 个国家在 1961～2011 年的面板数据，实证分析了城市化对二氧化碳排放的影响。基于扩展的 STIRPAT 模型作为理论框架，采用双向固定效应模型。考虑到不同的发展水平，本文将样本分为 OECD 国家和非 OECD 国家，还特别考虑了亚洲的非 OECD 国家。此外，本文还以线性和非线性检验作为基准模型。

在本文中，人口规模、65 岁以上人口占比和人均 GDP 对二氧化碳排放有正向的影响。相反，GDP 增长率的提高将抑制碳排放。贸易开放度的增大会加剧非 OECD 国家的碳排放强度，但不会显著降低 OECD 国家的碳排放强度。

本文定义城市化为城市地区的人口百分比。本文的线性估计表明城市化对碳排放有正向影响，特别是在 OECD 国家。非线性结果则表明，OECD 国家的城市化和碳排放强度之间的关系曲线符合 EKC 的规律。作为现代化的一个重要指标，城市化首先增加了二氧化碳的排放，而城市集聚和技术进步则降低了碳排放强度。本文采用多种方法对稳健性进行了检验。然而，如果城市化水平高但效率低，并抵消经济集聚效应带来的好处，则一国的二氧化碳排放量甚至会增加。

与现有文献不同的是，本文发现城市首位度，即最大城市的人口占城市人口的比例，对二氧化碳排放也有重大影响。结果显示，在发展中国家，当城市化率足够高时，最大城市的过度集中会抵消城市化的一些好处。在亚洲的非 OECD 国家也发现了类似的结果。

上述结果具有重大的政策意义。对于城市化水平较低的 OECD 国家来说，政策制定者应注重加快城市化进程，改善公共基础设施，以鼓励城市的快速发展，发挥集聚效应和规模经济优势。这个阶段通常伴随着产业的发展和经济社会的结构转型。此外，政府应该设计一个符合可持续发展理念的生活指南，如绿色旅游和可再生能源消费。在高度城市化的情况下，各国应注重高效和有组织的城市扩张，以避免交通拥堵和过度拥挤。如果城市人口低效率地集中在少数大城市，尽管国家已达到城市化水平的转折点，但总的碳足迹可能会继续增加。

在发展中国家，特别是亚洲国家，最基本的政策之一是密切关注城市化效率。政策制定者应该清楚地了解国家的城市化模式，以避免制定低效率和不利于环境的政策。除此之外，还应该谨慎地进行政策偏向。发展中国家的城市化模式通常具有几个大城市增长迅速和许多小城市发展缓慢并存的特点。亚洲非 OECD 国家的高城市首位度会降低高城市化带来的效益，因此平衡大城市与中小城市的发展是一种双赢策略。城市根据各自的比较优势和特色选择发展道路，可以避免城市发展中的趋同趋势。此外，城市化的速度应与经济增长阶段相适应，从而形成节能模式。这不仅有利于发展，而且有利于保护环境。

2022 年，中国的城市化率为 65.22%，与拐点 73.80% 相差甚远，处于发展的中期。国家不仅要控制城市化强度，防止无序蔓延，还要构建发展与环境保护和谐共存的社会环境。同时，中国的几个主要超大城市都面临着人口压力。政府也应该重视避免过度拥挤，为城市的发展设计更合理的蓝图。只有实现高效的城市化和城市的最佳规模，才能使城市化促进经济增长，减少碳排放。

参 考 文 献

Alam S，Fatima A，Butt M S. 2007. Sustainable development in Pakistan in the context of energy consumption demand and environmental degradation. Journal of Asian Economics，18（5）：825-837.

Al-mulali U. 2014. Investigating the impact of nuclear energy consumption on GDP growth and CO_2 emission：a panel data analysis. Progress in Nuclear Energy，73：172-178.

Al-mulali U，Fereidouni H G，Lee J Y M，et al. 2013. Exploring the relationship between urbanization，energy consumption，and CO_2 emission in MENA countries. Renewable and Sustainable Energy Reviews，23：107-112.

Al-mulali U，Sab C N B C，Fereidouni H G. 2012. Exploring the bi-directional long run relationship between urbanization，energy consumption，and carbon dioxide emission. Energy，46（1）：156-167.

Andreoni V，Galmarini S. 2016. Drivers in CO_2 emissions variation：a decomposition analysis for 33 world countries. Energy，103：27-37.

Ang B W，Wang H. 2015. Index decomposition analysis with multidimensional and multilevel energy data. Energy Economics，51：67-76.

Antweiler W，Copeland B R，Taylor M S. 2001. Is free trade good for the environment?. American Economic Review，91（4）：877-908.

Azomahou T，Laisney F，Van P N. 2006. Economic development and CO_2 emissions：a nonparametric panel approach. Journal of Public Economics，90（6/7）：1347-1363.

Breheny M. 2001. Densities and sustainable cities: the UK experience//Echenique M，Saint A. Cities for the New Millennium. London：Spon Press：39-51.

Clancy J，Maduka O，Lumampao F. 2008. Sustainable energy systems and the urban poor：Nigeria，Brazil，and the Philippines//Droege P. Urban Energy Transition: From Fossil Fuels to Renewable Power. Amsterdam：Elsevier：533-562.

Cole M A，Neumayer E. 2004. Examining the impact of demographic factors on air pollution. Population and Environment，26（1）：5-21.

Coondoo D，Dinda S. 2008. Carbon dioxide emission and income：a temporal analysis of cross-country distributional patterns. Ecological Economics，65（2）：375-385.

Dietz T，Rosa E A.1997. Effects of population and affluence on CO_2 emissions. Proceedings of the National Academy of Sciences of the United States of America，94（1）：175-179.

Duarte R，Mainar A，Sánchez-Chóliz J. 2013. The role of consumption patterns，demand and technological factors on the recent evolution of CO_2 emissions in a group of advanced economies. Ecological Economics，96：1-13.

Ehrhardt-Martinez K，Crenshaw E M，Jenkins J C. 2002. Deforestation and the environmental Kuznets curve：a cross-national investigation of intervening mechanisms. Social Science Quarterly，83（1）：226-243.

Ehrlich P R，Holdren J P. 1971. Impact of population growth：complacency concerning this component of man's predicament is unjustified and counterproductive. Science，171（3977）：1212-1217.

Fan Y，Liu L C，Wu G，et al. 2006. Analyzing impact factors of CO_2 emissions using the STIRPAT model. Environmental Impact Assessment Review，26（4）：377-395.

Fernández-Amador O，Francois J F，Tomberger P. 2016. Carbon dioxide emissions and international trade at the turn of the millennium. Ecological Economics，125：14-26.

Grossman G M，Krueger A B. 1991. Environmental impacts of a North American free trade agreement. https://www.nber.org/papers/w3914#:～:text=Environmental%20Impacts%20of%20a%20North%20American%20Free%20Trade,about%20a%20change%20in%20the%20techniques%20of%20production[2023-02-10].

Henderson V. 2002. Urban primacy，external costs，and quality of life. Resource and Energy Economics，24（1/2）：95-106.

Hossain M S. 2011. Panel estimation for CO_2 emissions，energy consumption，economic growth，trade openness and urbanization of newly industrialized countries. Energy Policy，39（11）：6991-6999.

Jayanthakumaran K，Verma R，Liu Y. 2012. CO_2 emissions，energy consumption，trade and income：a comparative analysis of China and India. Energy Policy，42：450-460.

Jha S K. 1996. The Kuznets curve：a reassessment. World Development，24（4）：773-780.

Jones D W. 1991. How urbanization affects energy-use in developing countries. Energy Policy，19（7）：621-630.

Jones D W. 2004. Urbanization and energy//Cleveland C J. Encyclopedia of Energy. Amsterdam: Elsevier: 329-335.

Kasman A, Duman Y S. 2015. CO_2 emissions, economic growth, energy consumption, trade and urbanization in new EU member and candidate countries: a panel data analysis. Economic Modelling, 44: 97-103.

Kerr D, Mellon H. 2012. Energy, population and the environment: exploring Canada's record on CO_2 emissions and energy use relative to other OECD countries. Population and Environment, 34 (2): 257-278.

Kohler M. 2013. CO_2 emissions, energy consumption, income and foreign trade: a South African perspective. Energy Policy, 63: 1042-1050.

Kwon T H. 2005. Decomposition of factors determining the trend of CO_2 emissions from car travel in Great Britain (1970–2000). Ecological Economics, 53 (2): 261-275.

Li K, Lin B Q. 2015. Impacts of urbanization and industrialization on energy consumption/CO_2 emissions: does the level of development matter?. Renewable and Sustainable Energy Reviews, 52: 1107-1122.

Liddle B. 2013. Population, affluence, and environmental impact across development: evidence from panel cointegration modeling. Environmental Modelling & Software, 40: 255-266.

Liddle B, Lung S. 2010. Age-structure, urbanization, and climate change in developed countries: revisiting STIRPAT for disaggregated population and consumption-related environmental impacts. Population and Environment, 31 (5): 317-343.

Lin S F, Zhao D T, Marinova D. 2009. Analysis of the environmental impact of China based on STIRPAT model. Environmental Impact Assessment Review, 29 (6): 341-347.

Machado G, Schaeffer R, Worrell E. 2001. Energy and carbon embodied in the international trade of Brazil: an input–output approach. Ecological Economics, 39 (3): 409-424.

Madlener R, Sunak Y. 2011. Impacts of urbanization on urban structures and energy demand: what can we learn for urban energy planning and urbanization management?. Sustainable Cities and Society, 1 (1): 45-53.

Martínez-Zarzoso I, Bengochea-Morancho A, Morales-Lage R. 2007. The impact of population on CO_2 emissions: evidence from European countries. Environmental and Resource Economics, 38 (4): 497-512.

Martínez-Zarzoso I, Maruotti A. 2011. The impact of urbanization on CO_2 emissions: evidence from developing countries. Ecological Economics, 70 (7): 1344-1353.

Mongelli I, Tassielli G, Notarnicola B. 2006. Global warming agreements, international trade and energy/carbon embodiments: an input–output approach to the Italian case. Energy Policy, 34 (1): 88-100.

Omri A, Daly S, Rault C, et al. 2015. Financial development, environmental quality, trade and economic growth: what causes what in MENA countries. Energy Economics, 48: 242-252.

Ozcan B. 2013. The nexus between carbon emissions, energy consumption and economic growth in middle east countries: a panel data analysis. Energy Policy, 62: 1138-1147.

Parikh J，Shukla V. 1995. Urbanization，energy use and greenhouse effects in economic development: results from a cross-national study of developing countries. Global Environmental Change，5（2）: 87-103.

Poumanyvong P，Kaneko S. 2010. Does urbanization lead to less energy use and lower CO_2 emissions? A cross-country analysis. Ecological Economics，70（2）: 434-444.

Rafiq S，Salim R，Nielsen I. 2016. Urbanization，openness，emissions，and energy intensity: a study of increasingly urbanized emerging economies. Energy Economics，56: 20-28.

Sadorsky P. 2014. The effect of urbanization on CO_2 emissions in emerging economies. Energy Economics，41: 147-153.

Salim R A，Shafiei S. 2014. Urbanization and renewable and non-renewable energy consumption in OECD countries: an empirical analysis. Economic Modelling，38: 581-591.

Sebri M，Ben-Salha O. 2014. On the causal dynamics between economic growth，renewable energy consumption，CO_2 emissions and trade openness: fresh evidence from BRICS countries. Renewable and Sustainable Energy Reviews，39: 14-23.

Shahbaz M，Loganathan N，Muzaffar A T，et al. 2016. How urbanization affects CO_2 emissions in Malaysia? The application of STIRPAT model. Renewable and Sustainable Energy Reviews，57: 83-93.

Shahbaz M，Tiwari A K，Nasir M. 2013. The effects of financial development，economic growth，coal consumption and trade openness on CO_2 emissions in South Africa. Energy Policy，61: 1452-1459.

Sharma S S. 2011. Determinants of carbon dioxide emissions: empirical evidence from 69 countries. Applied Energy，88（1）: 376-382.

Shi A Q. 2003. The impact of population pressure on global carbon dioxide emissions，1975–1996: evidence from pooled cross-country data. Ecological Economics，44（1）: 29-42.

Wang P，Wu W S，Zhu B Z，et al. 2013. Examining the impact factors of energy-related CO_2 emissions using the STIRPAT model in Guangdong Province，China. Applied Energy，106: 65-71.

Wang Y，Li L，Kubota J，et al. 2016. Does urbanization lead to more carbon emission? Evidence from a panel of BRICS countries. Applied Energy，168: 375-380.

Xu X Y，Ang B W. 2014. Multilevel index decomposition analysis: approaches and application. Energy Economics，44: 375-382.

Yao C R，Feng K S，Hubacek K. 2015. Driving forces of CO_2 emissions in the G20 countries: an index decomposition analysis from 1971 to 2010. Ecological Informatics，26: 93-100.

York R，Rosa E A，Dietz T. 2003. STIRPAT，IPAT and ImPACT: analytic tools for unpacking the driving forces of environmental impacts. Ecological Economics，46（3）: 351-365.

附录

附表 1　样本国家名单

OECD 国家（23 个）	非 OECD 国家（118 个）				
澳大利亚	阿富汗	中国	匈牙利	蒙古国	斯洛文尼亚
奥地利	阿尔及利亚	哥伦比亚	伊拉克	黑山	南非
比利时	安哥拉	刚果（金）	以色列	摩洛哥	斯里兰卡
加拿大	阿根廷	刚果（布）	约旦	莫桑比克	苏丹
丹麦	亚美尼亚	哥斯达黎加	哈萨克斯坦	纳米比亚	斯威士兰
芬兰	阿塞拜疆	科特迪瓦	肯尼亚	尼泊尔	塔吉克斯坦
法国	巴林	克罗地亚	韩国	尼加拉瓜	坦桑尼亚
德国	孟加拉国	塞浦路斯	科威特	尼日利亚	泰国
希腊	白俄罗斯	捷克	吉尔吉斯斯坦	阿曼	多哥
冰岛	贝宁	吉布提	老挝	巴基斯坦	突尼斯
爱尔兰	不丹	厄瓜多尔	拉脱维亚	巴拉圭	土耳其
意大利	玻利维亚	埃及	黎巴嫩	秘鲁	土库曼斯坦
日本	波黑	萨尔瓦多	莱索托	菲律宾	乌干达
卢森堡	博茨瓦纳	赤道几内亚	利比亚	波兰	阿联酋
荷兰	巴西	厄立特里亚	立陶宛	卡塔尔	乌拉圭
新西兰	文莱	爱沙尼亚	马其顿	罗马尼亚	乌兹别克斯坦
挪威	保加利亚	埃塞俄比亚	马达加斯加	俄罗斯	委内瑞拉
葡萄牙	布基纳法索	加蓬	马拉维	卢旺达	越南
西班牙	布隆迪	冈比亚	马来西亚	沙特阿拉伯	巴勒斯坦
瑞典	柬埔寨	格鲁吉亚	马里	塞内加尔	巴拿马
瑞士	喀麦隆	加纳	马耳他	塞尔维亚	也门
英国	中非	危地马拉	毛里塔尼亚	塞拉利昂	赞比亚
美国	乍得	几内亚	墨西哥	斯洛伐克	津巴布韦
	智利	洪都拉斯	摩尔多瓦		

附表 2　亚洲非 OECD 国家名单（37 个）

亚洲非 OECD 国家		
阿富汗	约旦	卡塔尔
亚美尼亚	哈萨克斯坦	沙特阿拉伯
阿塞拜疆	韩国	斯里兰卡

亚洲非 OECD 国家		
巴林	科威特	塔吉克斯坦
孟加拉国	吉尔吉斯斯坦	泰国
不丹	老挝	土耳其
文莱	黎巴嫩	土库曼斯坦
柬埔寨	马来西亚	阿联酋
中国	蒙古国	乌兹别克斯坦
塞浦路斯	尼泊尔	越南
格鲁吉亚	阿曼	也门
伊拉克	巴基斯坦	
以色列	菲律宾	

城市化是否加速了 $PM_{2.5}$ 排放？

——跨国数据的实证分析

一、引　言

　　空气污染对人们的身心健康产生了深远而不可忽视的影响，它增加了医疗支出的负担，破坏了许多经济实体的可持续发展（Signoretta et al.，2019；Yang and Zhang，2018）。因此，有必要从公共和私人的角度探讨空气质量下降的原因，以便采取适当的行动并设计有效的政策。

　　中国的城市化率从 1980 年的不到 20%提高到 2018 年底的 59.58%。虽然户籍制度[①]和其他因素阻碍了劳动力的内部自由流动，但许多农村工人已经在城市找到了工作，现居住在城市。这一趋势伴随着自 20 世纪 80 年代以来的经济改革和升级。城市化以及城市人口和产业的聚集速度在国民经济和社会中起着关键作用。一方面，快速的城市化意味着经济或劳动力资源比以前更容易进入城市，从而加速了城市的发展（Dijst et al.，2018）。另一方面，城市化引起了许多问题，如汽车排放增加、水污染、以 $PM_{2.5}$ 衡量的空气质量下降等。城市化与环境之间的关系已经得到了广泛的研究。然而，城市化和 $PM_{2.5}$ 之间的关系还没有在文献中得到解释，部分原因是对 $PM_{2.5}$ 的追踪是最近才开始的。

　　空气质量的快速恶化引起了许多学者的关注（Wang et al.，2018；Chen et al.，2016，2017）。大多数研究都集中在经济和能源指标对空气质量的影响上，特别是对二氧化碳排放的影响上（Wang et al.，2018）。这些研究确定了相关的经济和能源指标。相比之下，关于城市化效应与空气质量之间关系的研究，特别是城市化与 $PM_{2.5}$ 水平之间关系的研究，尽管很重要，但却很少。为了填补文献中的这一空白，本文探索了城市化和空气质量之间的因果关系。

---

　　① 户籍制度是中国长期实行的制度。1958 年，中国颁布了《中华人民共和国户口登记条例》，对农业人口和非农业人口实行两次户籍登记。同时，严格控制和调控人口流动。1978 年以后，户籍管理经历了半放松管制的阶段。农业人口可以通过户籍交换、土地开发、婚姻、高等教育、购房等方式进入城镇，成为城镇人口。与此同时，大量农业人口涌入中国沿海省份的工厂，开始出现大量没有城市户口的农民工。

本文的目的是研究城市化如何影响空气质量，特别是 PM$_{2.5}$ 水平。为了进行合理的估计和机制分析，本文使用了一个双向固定效应模型来避免不可观测变量的影响，并通过在实证模型中加入二次项和交乘项来研究二次和非线性效应。为了进一步解决内生性问题，采用了工具变量法和广义矩估计（generalized method of moments，GMM）。此外，还利用替代变量、混合效应和 NASA（National Aeronautics and Space Administration，美国航空航天局）的 PM$_{2.5}$ 变量进行了稳健性检验，以确保估计的稳健性。

本文主要做出了以下贡献。首先，目前大多数研究只关注中国的情况。本文使用跨国数据来研究 PM$_{2.5}$ 浓度和城市化之间的关系。这对正在加快城市化进程的国家，特别是城市化水平远低于发达国家的中国，具有重要的政策意义。其次，本文考虑了 PM$_{2.5}$ 浓度随城市化率的提高而下降的转折点。采用可拓展的随机性的环境影响评估模型 STIRPAT（stochastic impacts by regression on population, affluence,and technology，回归对人口、富裕程度和技术的随机影响）来研究 PM$_{2.5}$ 浓度的主要社会经济驱动因素。研究结果有望帮助政策制定者实施可行的措施来减少这种空气污染。最后，使用 NASA 的卫星数据来进一步确认本文结论的稳健性。就作者所知，本文是第一个这样做的。

本文的其余部分安排如下：第二节回顾相关文献，第三节介绍实证模型和变量的选择及其相应的定义，第四节汇报实证结果并进行分析，第五节对研究进行总结。

二、文 献 综 述

（一）城市化的环境效应

以往许多文献研究城市化和环境之间的关系。Chen 等（2018）利用中国 188 个地级市的数据研究了城市化和二氧化碳排放之间的关系，发现因为西气东输工程[①]鼓励中国西部的人们使用煤炭，使得西部地区的样本出现城市化促进煤炭产业发展的结果。但总的来说，中国西部地区城市化与二氧化碳排放之间的关系曲线呈现倒"U"形。Zhang 等（2017）利用 1961～2011 年 141 个国家的数据，验证了城市化和二氧化碳排放之间的倒"U"形关系，并估计了其拐点。Shahbaz 等（2016）利用马来西亚的一个特殊案例和 STIRPAT 模型分析了相同的关系。Chen（2018）研究了城市化和城市固体废物之间的关系，发现城市化

[①] 它涉及一套从中国西部到东部的天然气管道。该天然气输送项目始于 2002 年，旨在实现中国不同地区的相互和可持续发展。

与城市固体废物的产生具有密切的相关关系。Yang 等（2018a）分析了城市化对中国居民能源消耗的影响，发现城市化的影响随着能源消耗的增加而变化，从而缩小了城乡之间的能源消耗差距。Sheng 和 Guo（2018）使用省级的数据和随机效应面板数据，发现扩大城市化在提高能源消耗的同时，也在一定程度上提高了能源效率。Han 等（2018）研究了快速城市化背景下中国城市和农村地区 PM$_{2.5}$ 浓度的动态变化。他们报告说，2000~2014 年，PM$_{2.5}$ 浓度迅速上升。Wu 等（2018）发现 PM$_{2.5}$ 与城市化之间的关系呈倒"N"形或倒"U"形，且在中国不同地区有差异。

（二）影响 PM$_{2.5}$ 的因素

关于影响 PM$_{2.5}$ 排放的因素的研究直到最近才有所进展（Cao et al.，2019；Ji et al.，2018；Jiang et al.，2018；Wang et al.，2018；Yang et al.，2018a）。一些学者专注于中国大规模城市的 PM$_{2.5}$ 的动态和持久性（Chen et al.，2016；Kong et al.，2017）。后来，其他研究开始探索驱动 PM$_{2.5}$ 水平的因素，特别是空气污染物 PM$_{2.5}$ 和社会经济因素之间的关系。Yu 等（2017）探讨了不同的燃气涡轮飞机发动机的 PM$_{2.5}$ 排放情况和特点。

Ji 等（2018）认为，收入水平的提高与 PM$_{2.5}$ 之间的关系呈现边际效应递减，服务业比重对 PM$_{2.5}$ 产生负向影响。Yang 等（2018a）发现，环境和气候等自然因素对 PM$_{2.5}$ 水平的贡献大于社会经济因素。然而，工业活动对 PM$_{2.5}$ 浓度的贡献比其他任何因素都大；城市规模和公共活动对 PM$_{2.5}$ 水平也有显著影响（Jiang et al.，2018）。Lin 等（2012）研究发现，人均 GDP 和能源强度是影响 PM$_{2.5}$ 水平的最具决定性的因素。Li 等（2016）认为中国的 PM$_{2.5}$ 水平是由经济增长、城市化和工业化同时驱动的。他们用中国的地级数据进行了面板格兰杰因果关系检验，证明了这一说法。Wang 等（2018）评估了政治全球化和民主对 PM$_{2.5}$ 浓度的直接和间接影响，表明政治全球化对高排放国家 PM$_{2.5}$ 水平的影响显著为正。同时，Feng 等（2018）和 Cao 等（2019）利用某市党委 2013 年至 2016 年的换届数据，分析了换届事件对大气污染物排放的影响，包括 SO$_2$、COD（chemical oxygen demand，化学需氧量）、烟尘、NH$_x$ 和 PM$_{2.5}$。

三、方法、变量和数据规范

Ehrlich 和 Holdren（1971）提出的影响人口、富裕和技术（impact population, affluence, and technology，IPAT）模型被广泛用于描述人类活动对环境的影响。模型中将环境影响（I）分解为三个主要驱动因素：人口规模（P）、富裕程度（A），以及对环境不利的技术水平或每单位经济活动的影响（T）。该模型的数学方程有一个简单的框架，如式（1），但由于 IPAT 模型不允许假设检验，并且要求各影响因素之间具有严格的比例关系，因此 IPAT 模型遭到批评。

$$I = P \times A \times T \tag{1}$$

Dietz 和 Rosa（1997）在 IPAT 模型的基础上建立了 STIRPAT 模型，其内容如下：

$$I_{it} = \alpha_i P_{it}^b A_{it}^c T_{it}^d e_{it} \tag{2}$$

在 STIRPAT 模型中，参数 α_i 是一个常数，b、c、d 分别是对应 P、A、T 的参数，变量 e_{it} 是一个随机误差项。国家用 $i(i=1,2,\cdots,n)$ 表示，时期为 $t(t=1,2,\cdots,T)$。其他研究使用了不同的变量（Liu and Xiao，2018；Zhang et al.，2017）。例如，Waggoner 和 Ausubel（2002）用 I 表示影响（受排放影响的环境污染），P 表示人口，A 表示富裕程度（由工人生产决定的人均国内生产总值），C 表示使用强度（由消费者决定的人均 GDP 的能源使用强度），T 表示效率（由生产者的技术决定的人均能源排放）。

通过对式（2）等号两边取对数，对新方程进行线性估计，降低了变量之间的相关性。

$$\ln I_{it} = \ln \alpha_i + b \ln P_{it} + c \ln A_{it} + d \ln T_{it} + e_{it} \tag{3}$$

一些研究在 STIRPAT 模型的研究对象的基础上加入了解释变量（Poumanyvong and Kaneko，2010；Rafiq et al.，2017）。同样，本文在 STIRPAT 模型中增加了一个影响 PM$_{2.5}$ 浓度的城市化水平的变量。因此，调整后的模型可以估计城市发展对 PM$_{2.5}$ 浓度的影响。该模型表示如下：

$$\ln I_{it} = \ln \alpha_i + b \ln P_{it} + c \ln A_{it} + d \ln T_{it} + \beta \ln urban + e_{it} \tag{4}$$

I 是 STIRPAT 模型中的总环境影响。因此，在实证模型中，根据 Sadorsky（2014）及 Salim 和 Shafiei（2014）的研究，本文将 PM$_{2.5}$ 浓度（pm2.5）作为因变量。对解释变量的选择是基于数据的可用性和它们在以往文献中的使用频率。本文利用人口密度（density）和一国人均 GDP 值（gdpp）来衡量人口和经济因素的影响。与 Al-mulali 等（2015）以及 Liddle 和 Lung（2015）的研究相似，本文在模型中考虑了贸易开放度。贸易开放度（open）是指进出口额占 GDP 总量的份额。在本文中，基准模型中应用了城市化率（urban）。除了城市总人口的份额外，超过 100 万人的城市群的人口占总人口的百分比（agg）对于描述城市化水平也很重要。因此，在稳健性测试中，本文使用城市群作为一个替代变量。本文还考虑了其他控制变量，如第二产业的比例、能源效率和化石燃料的比例。此外，本文对回归中所有变量取对数形式，以研究每个解释变量的百分比变化对 PM$_{2.5}$ 浓度百分比变化的影响。具体的变量及其定义展示在表 1 中。

表1　变量说明

变量符号	变量	变量定义	单位
pm2.5	PM$_{2.5}$浓度	年平均暴露水平*	微克/米^3
industry	产业结构	第二产业产值除以GDP	
intensity	化石燃料能源的效率	实际使用燃料占总燃料的比重	
open	贸易开放度	贸易总额除以GDP	
energy	化石燃料能源占比	化石燃料能源除以总能源	
density	人口密度	按国家地区划分的人口	人/公里^2
urban	城市化率	城市人口比例	
gdpp	一国人均GDP值	一个国家的产值	美元
agg	城市聚集度	居住在人口超过100万人的城市群的人口占总人口的百分比	

注：本文附表提供了这些变量的描述性统计数据

*人口加权暴露于环境PM$_{2.5}$污染的定义是一个国家人口暴露于悬浮颗粒物浓度的平均水平

在实证方法上，本文最初采用了面板数据的双向固定效应模型来控制不可观测的因素。为了探索城市化的非线性效应，本文还加入了二次项和交乘项。本文采用了工具变量和两阶段最小二乘法（two stage least squares，2SLS）来解决反向因果关系引起的内生性问题，还进行了稳健性检验以确保结果的稳健性。

除了考察 PM$_{2.5}$ 浓度与城市化之间的线性关系，本文还在回归中加入了城市化的平方和交乘项。本文假设城市化对PM$_{2.5}$浓度有高阶影响，在实证分析中对这一假设进行了检验。本文还在实证分析中加入了交乘项，以考察变量的相互作用和非线性效应。变量的统计说明见附表。Indensity 的标准差大于 1，因为各国的人口差异很大。此外，经济合作与发展组织（Organization for Economic Co-operation and Development，OECD）的成员国是发达国家，可能比欠发达国家产生更少的 PM$_{2.5}$，并且城市化水平更高。

本文的数据从世界银行开放数据中获得，其中包括 1990 年至 2016 年的 126 个国家和经济实体。在 2010 年之前，PM$_{2.5}$ 数据每五年记录一次，之后每年记录一次。

小岛屿发展中国家和石油输出国组织（Organization of the Petroleum Exporting Countries，OPEC）成员国有其特殊性，因此，将它们从样本中删除；同时也删除变量数据缺失的国家。本文采用了 1990～2016 年 126 个国家的非平衡面板数据集。考虑到经济发展的差异，本文按照世界银行使用的标准将这些国家分为三组，即 OECD 国家、非 OECD 国家和欠发达国家。

四、实证结果与分析

本文最初应用了一个基本的双向固定效应模型，然后添加了二次项和交乘项来考虑非线性效应，采用 2SLS 回归和混合效应模型来解决内生性问题，并检验实证结果的稳健性。

（一）基准模型

根据 Hausman 检验的结果，拒绝了随机效应的原假设，因此，本文采用双向固定模型来评估城市化对 $PM_{2.5}$ 浓度的影响。本文的 STIRPAT 模型如下：

$$\ln pm2.5_{it} = \alpha + \beta_1 \ln industry_{it} + \beta_2 \ln intensity_{it} + \beta_3 \ln open_{it} + \beta_4 \ln energy_{it}$$
$$+ \beta_5 \ln density_{it} + \beta_6 \ln urban_{it} + \lambda_t + \gamma_i + e_{it} \tag{5}$$

其中，γ_i 和 λ_t 分别表示个体效应和时间效应。

表 2 显示，有三栏的 lnurban 的系数都显著为正，表明 $PM_{2.5}$ 的浓度因城市化的发展而显著增加，特别是在发展中国家。这种情况是很直观的，因为城市在城市化过程中容易受到污染。在大多数情况下，非 OECD 国家和欠发达国家无法承担改善环境的高昂代价。lnurban 系数的大小表明，在大多数国家，城市化水平每提高 1%，$PM_{2.5}$ 浓度就会增加 0.32%～1.401%。此外，全样本中 lnurban 的系数与非 OECD 国家的系数相似，远低于欠发达国家的系数。据推测，这可能是由于欠发达国家缺乏环境保护的机构和法规。

表 2　基准回归结果

变量	全样本	OECD 国家	非 OECD 国家	欠发达国家
lnurban	0.390*	-3.587*	0.329***	1.401**
	(0.172)	(1.707)	(0.090)	(0.439)
lnindustry	0.033	0.045	0.040	-0.238
	(0.022)	(0.059)	(0.024)	(0.302)
lnintensity	0.023	0.009	0.043	0.362
	(0.025)	(0.053)	(0.028)	(0.217)
lnopen	0.029*	0.124**	0.023	0.773**
	(0.013)	(0.042)	(0.014)	(0.266)
lnenergy	-0.136***	-0.005	-0.147***	-0.701***
	(0.025)	(0.053)	(0.028)	(0.165)

续表

变量	全样本	OECD 国家	非 OECD 国家	欠发达国家
lndensity	-0.645***	-0.569***	-0.597***	-0.929***
	(0.038)	(0.094)	(0.042)	(0.143)
lngdpp	0.284**	1.083	0.337***	6.038**
	(0.087)	(0.704)	(0.098)	(2.316)
_cons	0.795	-10.170	0.423	-44.860**
	(0.650)	(7.508)	(0.736)	(14.430)
N	1061	210	851	77
R^2	0.981	0.988	0.970	0.982

注：每一列都显示了 OLS（ordinary least squares，普通最小二乘法）回归的结果，其中因变量为 lnpm2.5，关键解释变量为 lnurban。括号中的数据为标准误。

*表示 $p < 0.1$，**表示 $p < 0.05$，***表示 $p < 0.01$

lnurban 的系数在 OECD 国家是负的。在 OECD 国家，由于相对全面的管制和先进的技术，先进的城市化使得环境改善，但非 OECD 国家和欠发达国家并没有获得这种好处。

其他因素，如 lndensity 和 lnenergy，会对 PM$_{2.5}$ 浓度产生明显的负面影响。人口越多，计算 PM$_{2.5}$ 浓度方程的分母越大，因此，PM$_{2.5}$ 浓度下降。PM$_{2.5}$ 水平随着第二产业占比的增加而上升，这是因为相较于第一产业和第三产业，第二产业的生产会导致较大程度的污染，产生更多的 PM$_{2.5}$。所以，第二产业占比增加会导致 PM$_{2.5}$ 浓度上升。在能源强度方面，正的系数表明，单位 GDP 能耗的上升会增加 PM$_{2.5}$ 浓度。对于城市化水平，GDP 的正增长不可避免地导致 PM$_{2.5}$ 浓度增加，表明在大多数国家，经济发展水平高会导致 PM$_{2.5}$ 水平高。然而，贸易开放度在减少城市污染方面并没有发挥有利作用。换句话说，贸易会导致一些国家的污染加重，这在以前的许多研究中得到了验证（Grether and Mathys，2013；Lin，2017）。

（二）添加了二次项的基准模型

图 1（a）显示了 lnpm2.5 和 lnurban 之间的线性拟合，图 1（b）显示了 lnpm2.5 和 lnurban 的二次项拟合。图 1（b）中 PM$_{2.5}$ 与城市化的散点图呈倒 "U" 形，类似于库兹涅茨曲线。本文假设城市化与 PM$_{2.5}$ 的排放量呈二次关系。因此，加入了城市化的对数形式的二次项（Brajer et al.，2011）。

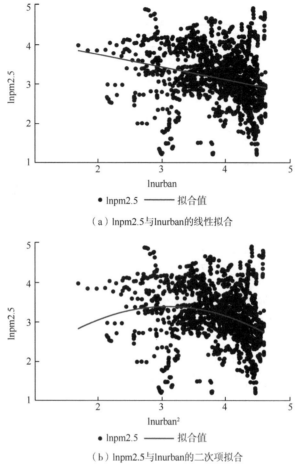

（a）lnpm2.5与lnurban的线性拟合

（b）lnpm2.5与lnurban的二次项拟合

图1　PM$_{2.5}$浓度与城市化水平的拟合曲线

表3是在方程中加入城市化对数的二次项后的回归结果。由表3可知，加入城市化的二次项后，欠发达国家的城市化系数变得不显著。非OECD国家城市化发展缓慢，特别是那些饱受战争和政治动荡困扰的国家。在这种情况下，城市化倾向于稳定在一定水平。在全样本、OECD国家样本和非OECD国家样本中，lnurban对PM$_{2.5}$的影响是正显著的，而城市化的二次项lnurban^{2}对PM$_{2.5}$排放的影响是负向的。

表3　加入二次项的基准模型

变量	全样本	OECD 国家	非 OECD 国家	欠发达国家
lnurban	1.841***	3.090***	2.053***	1.537
	（0.331）	（0.591）	（0.360）	（3.724）

续表

变量	全样本	OECD 国家	非 OECD 国家	欠发达国家
lnurban^2	−0.237***	−0.344	−0.272***	−0.090
	(0.047)	(0.339)	(0.051)	(0.581)
lnindustry	0.031	0.036	0.039	−0.100
	(0.022)	(0.059)	(0.024)	(0.371)
lnintensity	0.045	0.011	0.072**	0.342
	(0.025)	(0.054)	(0.028)	(0.243)
lnopen	−0.028*	−0.138**	−0.022	−0.967***
	(0.013)	(0.044)	(0.014)	(0.277)
lnenergy	−0.143***	−0.006	−0.161***	−0.484**
	(0.024)	(0.055)	(0.027)	(0.159)
lndensity	−0.649***	−0.590***	−0.596***	−0.921***
	(0.037)	(0.093)	(0.042)	(0.174)
lngdpp	0.190***	−0.329***	0.278***	−0.803*
	(0.025)	(0.087)	(0.029)	(0.399)
_cons	−1.426*	−1.672	−2.419**	−3.768
	(0.668)	(6.512)	(0.744)	(6.453)
N	1061	210	851	77
R^2	0.982	0.971	0.988	0.982

注：每列显示 OLS 回归的结果，其中因变量为 lnpm2.5，关键解释变量为 lnurban。lnurban^2 是 lnurban 的二次项。括号中的数据为标准误

*表示 $p<0.1$，**表示 $p<0.05$，***表示 $p<0.01$

从表 3 可以看出，随着城市化的发展，PM$_{2.5}$ 浓度呈现先增大后减小的趋势。几乎所有发达国家和新兴市场实体都有过这种经历。也就是说，当一个经济实体开始加速发展时，随着城市化进程的推进，该实体应该利用成本优势来吸引投资。当城市化进入一个相对成熟的水平，它倾向于改善环境状况。这种情况与图 1 一致，也验证了库兹涅茨曲线。与表 1 中的变量系数相比，除了 lnurbran 和 lnurban^2 以外，其他变量的回归系数变化幅度不大。

（三）添加了交互项的基准模型

接下来，本文探讨了城市化对空气质量的非线性影响。将城市化和人均 GDP 作为交乘项，因为城市化对 PM$_{2.5}$ 水平的影响可能随人均 GDP 数值的变化而变化。在表 4 中，ug 是城市化和人均 GDP 的交乘项。将该交乘项纳入模型后，在 OECD

国家，ug 对 $PM_{2.5}$ 浓度具有显著的负面影响。

表 4　加入交乘项的基准模型

变量	全样本	OECD 国家	非 OECD 国家	欠发达国家
lnurban	1.946***	0.610	2.149***	13.100**
	（0.333）	（3.063）	（0.360）	（4.069）
lnurban²	−0.315***	−0.674	−0.365***	−2.514***
	（0.058）	（0.584）	（0.062）	（0.753）
ug	0.059*	−0.598*	0.076**	−4.493***
	（0.027）	（0.284）	（0.029）	（0.969）
lnindustry	0.036	0.056	0.045	−1.174**
	（0.022）	（0.059）	（0.024）	（0.396）
lnintensity	0.049*	0.015	0.077**	0.090
	（0.025）	（0.053）	（0.028）	（0.217）
lnopen	0.028*	0.099*	0.022	0.523*
	（0.013）	（0.046）	（0.014）	（0.257）
lnenergy	−0.131***	−0.018	−0.145***	0.916***
	（0.025）	（0.054）	（0.027）	（0.166）
lndensity	−0.639***	−0.564***	−0.586***	−0.590***
	（0.037）	（0.095）	（0.042）	（0.167）
lngdpp	−0.030	2.225	−0.005	14.540***
	（0.103）	（1.214）	（0.112）	（3.328）
_cons	−0.881	−9.600	−1.624*	−69.810***
	（0.710）	（7.437）	（0.800）	（15.300）
N	1061	210	851	77
R^2	0.982	0.988	0.972	0.982

注：每列显示 OLS 回归的结果，其中因变量为 lnpm2.5，关键解释变量为 lnurban。ug 是 lnurban 和 lngdpp 的交互项。括号中的数据为标准误

*表示 $p < 0.1$，**表示 $p < 0.05$，***表示 $p < 0.01$

在加入交互项以后，在 OECD 国家，倒 "U" 形曲线仍然成立。特别是，除了 lnurban 的系数为正（与实证估计相同），交互项在统计上是显著的。这一发现表明，当这组国家的人均 GDP 增长超过 1.02%（0.610/0.598）时，城市化对 $PM_{2.5}$ 有负向影响。因此，倒 "U" 形曲线得到了验证。

倒 "U" 形曲线在欠发达国家依然成立。然而，城市化的不利影响的临界值比以前高得多。在这组国家中，只有当人均 GDP 增速高于 2.92%（13.100/4.493）

时，城市化才能降低 $PM_{2.5}$ 的浓度。然而，这一观察结果并不表明这些国家很快就会向库兹涅茨曲线的右侧移动。从人均 GDP 的边际效应来看，当城市化增长率高于 3.24%（14.540/4.493）时，人均 GDP 的增长有助于降低 $PM_{2.5}$ 浓度。因此，$PM_{2.5}$ 浓度的下降需要相对快速的城市化和人均 GDP 增长率。

相反，尽管包含了城市化和人均 GDP 的交乘项，但在非 OECD 国家，城市化提高了 $PM_{2.5}$ 浓度，这个结论对于新兴市场国家的发展具有重要意义。

（四）内生性检验

在这部分的分析中，将 $PM_{2.5}$ 的对数作为被解释变量，而城市化作为主要解释变量。在因果关系的估计中考虑了内生性问题。这里，内生性问题的主要来源是反向因果关系；也就是说，$PM_{2.5}$ 浓度可能影响城市化。随着 $PM_{2.5}$ 浓度的增加，人们很可能移民到其他空气污染不那么严重的地区或城市（Aunan and Wang，2014；Bayer et al.，2009）。

本文将变量的滞后项作为工具变量。在总样本中，假设 $PM_{2.5}$ 浓度在滞后阶段不影响城市化，所以采用了城市化水平的一阶滞后项作为工具变量。2SLS 的结果如表 5 所示，回归结果与之前控制了内生性问题的分析结果一致。

表 5　使用 2SLS 的回归

变量	全样本	OECD 国家	非 OECD 国家	欠发达国家
lnurban	0.160[*]	0.044[***]	0.158[*]	0.762[***]
	(0.068)	(0.015)	(0.077)	(0.161)
lnindustry	0.055[*]	0.109[*]	0.050[*]	0.148[*]
	(0.022)	(0.052)	(0.025)	(0.058)
lnintensity	0.048	0.138[**]	0.058	0.073
	(0.028)	(0.044)	(0.033)	(0.103)
lnopen	0.002	0.016	0.001	0.013
	(0.012)	(0.038)	(0.014)	(0.045)
lnenergy	−0.056[*]	−0.117[**]	−0.066[*]	−0.091[**]
	(0.06)	(0.045)	(0.030)	(0.031)
lndensity	−1.097[***]	−1.106[***]	−1.090[***]	−1.734[***]
	(0.036)	(0.112)	(0.041)	(0.105)
lngdpp	−0.007	−0.372[***]	0.005	0.253[*]
	(0.026)	(0.062)	(0.029)	(0.119)

续表

变量	全样本	OECD 国家	非 OECD 国家	欠发达国家
N	976	197	779	69
R^2	0.981	0.995	0.982	0.995

注：每列显示 2SLS 方法的结果，其中因变量为 lnpm2.5，关键解释变量为 lnurban。工具变量是 lnurban 的滞后项，是内生变量。括号中的数据为标准误

*表示 $p<0.1$，**表示 $p<0.05$，***表示 $p<0.01$

（五）进一步调查和稳健性检验

1. 替代变量

在大多数国家，城市化的一个明显特征是城市群，即超过 100 万人口集中的城市；城市群用来描述大城市的人口规模（Zhang et al.，2017）。高聚集度通常表明过度集中和城市化效率低下。一部分文献探讨了城市化对环境的影响（Han et al.，2018；Liang et al.，2019；Liu et al.，2018），特别是对城市群的影响。用城市群代替城市化水平作为关键解释变量有助于解释城市化对城市环境的影响。因此，在本文的实证分析中，使用城市群的自然对数作为代理变量。

本文用城市群的自然对数（lnagg）替代了城市化水平的对数。由表 6 可知，回归结果相似，由于城市群和城市化之间关系密切，其显著性水平也保持不变。特别是倒"U"形曲线和相互作用仍然存在。如表 6 所示，能源效率和贸易开放度显著提高了非 OECD 国家的 PM$_{2.5}$ 水平。表 6 显示，城市群显著提高了 PM$_{2.5}$ 水平。PM$_{2.5}$ 浓度受到能源消耗和人口结构的限制，但因贸易开放而增加。

表 6　城市群的回归

变量	全样本	OECD 国家	非 OECD 国家	欠发达国家
lnagg	0.488	5.001***	0.350	3.481**
	(0.344)	(1.183)	(0.382)	(1.114)
lnagg^2	−0.148*	−0.748***	−0.314***	−0.034
	(0.059)	(0.181)	(0.076)	(0.160)
ug	−0.120***	0.017	−0.118***	−0.454**
	(0.010)	(0.051)	(0.019)	(0.135)
lnindustry	−0.136	0.114	−0.259*	0.315
	(0.114)	(0.307)	(0.131)	(0.222)
lnintensity	0.453***	0.594**	0.286***	0.292
	(0.076)	(0.199)	(0.084)	(0.164)

续表

变量	全样本	OECD 国家	非 OECD 国家	欠发达国家
lnopen	0.885***	1.668***	0.687***	0.389*
	（0.055）	（0.121）	（0.062）	（0.185）
lnenergy	−0.083	−0.252	−0.031	−0.879***
	（0.066）	（0.198）	（0.076）	（0.161）
lndensity	−0.149***	−0.212***	−0.133***	1.100***
	（0.028）	（0.043）	（0.033）	（0.147）
_cons	0.825	−11.010***	1.592	−10.46***
	（0.800）	（3.190）	（0.847）	（1.801）
N	827	194	633	65
R^2	0.973	0.982	0.972	0.981

注：每列显示 OLS 回归的结果，其中因变量为 lnpm2.5，关键解释变量为 lnagg。lnagg^2 和 ug 分别是 lnagg 的二次项及 lnurban 和 lngdpp 的交互项。括号中的数据为标准误

*表示 $p<0.1$，**表示 $p<0.05$，***表示 $p<0.01$

2. 混合效应

考虑到样本的异质性和遗漏值，本文应用混合效应模型来解决这个问题并作为稳健性检验。根据分组变量（即国家和时间），在随机截距模型中分别使用国家和时间。模型中还包括了一个随机截距和斜率模型，假设分组变量也可能影响 lnurban 的系数。表 7 中的结果与前面的分析高度一致，从而证实本文的结果是稳健的。

表 7　混合效应模型

变量	随机截距 1：国家分组	随机截距 2：时间分组	随机截距和斜率
lnurban	1.980***	1.297***	1.808***
	（0.305）	（0.390）	（0.319）
lnurban^2	−0.287***	−0.254***	−0.265***
	（0.0423）	（0.096）	（0.0444）
lnindustry	0.125***	0.494***	0.122***
	（0.0198）	（0.0417）	（0.0197）
lnintensity	0.597***	0.694***	0.649***
	（0.0489）	（0.0379）	（0.0577）

续表

变量	随机截距 1：国家分组	随机截距 2：时间分组	随机截距和斜率
lnopen	0.0146	0.0793***	0.0162
	(0.0119)	(0.0227)	(0.0117)
lnenergy	−0.0607**	−0.0303	−0.0685**
	(0.0220)	(0.0260)	(0.0218)
lndensity	−0.00672	−0.110***	−0.0102
	(0.0229)	(0.0109)	(0.0228)
lngdpp	0.0477**	0.312***	0.0515***
	(0.0153)	(0.0167)	(0.0152)
_cons	0.200	3.134***	0.643
	(0.565)	(0.763)	(0.590)
N	1070	1070	1070
Log likelihood	219.664	−1546.104	221.218
chi2	342.630	731.490	326.440

注：每列显示混合效应模型的结果，其中因变量为 lnpm2.5，关键解释变量为 lnurban。括号中的数据为标准误
表示 $p<0.05$，*表示 $p<0.01$

3. 使用 NASA 指标进行稳健性检验

鉴于有许多方法衡量 $PM_{2.5}$ 水平，本文还应用了其他代理指标来检验结果的稳健性。由于许多发展中国家的监测是有限的，可能导致不准确的估计，卫星收集的数据可能更全面。因此，本文进一步使用了 NASA 2001 年至 2016 年的 $PM_{2.5}$ 数据[①]。将 NASA 的数据与之前的原始数据相结合，计算 $PM_{2.5}$ 的浓度并进行实证分析，结果如表 8 所示。大多数变量的符号与之前分析中的变量保持一致。由于时间范围有限，与之前的分析相比，有些变量的回归系数在数值和显著性水平上存在一些差异。尽管如此，大多数变量，特别是 lnurban，其符号和显著性水平与之前大致相同。

---

① 根据用户指南，该数据集结合了多个卫星仪器的 AOD（aerosol optical depth，气溶胶光学厚度）反演，包括 NASA 中分辨率成像光谱仪、多角度成像光谱辐射计和海视宽视场传感器。GEOS-Chem 化学传输模型将气溶胶总柱测量值与近地表 $PM_{2.5}$ 浓度联系起来。

表 8　使用 NASA 数据的稳健性检验

变量	全样本	OECD 国家	非 OECD 国家	欠发达国家
lnurban	−0.355**	1.254*	−0.523***	0.889***
	(0.125)	(0.575)	(0.134)	(0.198)
lnindustry	−0.315*	−0.838**	−0.711***	0.270
	(0.127)	(0.295)	(0.152)	(0.450)
lnintensity	−0.374***	−0.672*	−0.253*	−0.941***
	(0.087)	(0.260)	(0.098)	(0.205)
lnopen	2.050***	2.133***	1.745***	0.231
	(0.083)	(0.099)	(0.112)	(0.281)
lnenergy	−0.306***	−1.224***	−0.344***	1.231***
	(0.079)	(0.176)	(0.090)	(0.186)
lndensity	−0.264***	−0.137**	−0.289***	0.550***
	(0.031)	(0.048)	(0.038)	(0.085)
lngdpp	−0.028	−2.156***	0.306***	−4.645***
	(0.039)	(0.447)	(0.061)	(0.365)
_cons	6.104***	27.270***	6.468***	33.170***
	(0.860)	(4.144)	(0.931)	(2.292)
N	1005	224	781	66
R^2	0.987	0.975	0.972	0.963

资料来源：https://asdc.larc.nasa.gov

注：每列显示 OLS 回归的结果，其中因变量为 lnpm2.5，关键解释变量为 lnurban。括号中的数据为标准误
*表示 $p<0.1$，**表示 $p<0.05$，***表示 $p<0.01$

五、结论和政策建议

中国经历了快速的经济增长和城市化，但也不可避免地产生了空气污染。为了在继续促进国家发展的同时解决污染问题，《"十三五"生态环境保护规划》中提出，地级及以上城市空气质量优良天数比率达到 80%。因此，探讨城市化和其他经济指标对空气质量的影响是非常有必要的。

本文利用 1990～2016 年不同国家的经济和人口数据，为城市化对 $PM_{2.5}$ 浓度的影响提供了强有力的证据。通过使用若干实证方法来解决内生性问题和检验稳健性，本文发现城市化和 $PM_{2.5}$ 浓度存在倒 "U" 形关系。换句话说，作为现代化的一个重要指标，城市化最初会增加 $PM_{2.5}$ 浓度水平，但随着城市化进程的推进，

城市集聚和技术进步有助于降低 $PM_{2.5}$ 浓度。

本文研究发现具有一定的政策含义。对于城市化水平较低的国家，城市发展很可能是政策制定者的首要任务，基础设施建设尤为重要。凭借规模经济和集聚效应的优势，城市化大大推动了产业发展，从而加速经济结构的转型。

当人均 GDP 接近高收入国家的水平，经济增长率趋于低水平时，$PM_{2.5}$ 浓度最终会降低。在这个阶段，政府不应该以环境污染为代价来追求经济增长。政策制定者应该认识到城市化模式的重要性，这是确保相关政策有效和合适的先决条件。

本文探讨了城市化对 $PM_{2.5}$ 浓度的影响，这在现有文献中很少涉及。为此，本文进行了广泛的国家层面的分析，以及大量的稳健性检验，并用 NASA 的数据证实了这一结果。本文验证了城市化与 $PM_{2.5}$ 浓度关系的环境库兹涅茨曲线，并提出了政策建议，为决策者在高速城市化背景下应对这一环境问题提供参考。

参 考 文 献

Adler M W，van Ommeren J N. 2016. Does public transit reduce car travel externalities? Quasi-natural experiments' evidence from transit strikes. Journal of Urban Economics，92：106-119.

Al-mulali U，Saboori B，Ozturk I. 2015. Investigating the environmental Kuznets curve hypothesis in Vietnam. Energy Policy，76：123-131.

Aunan K，Wang S X. 2014. Internal migration and urbanization in China：impacts on population exposure to household air pollution（2000-2010）. Science of the Total Environment，481：186-195.

Bayer P，Keohane N，Timmins C. 2009. Migration and hedonic valuation：the case of air quality. Journal of Environmental Economics and Management，58（1）：1-14.

Brajer V，Mead R W，Xiao F. 2011. Searching for an environmental Kuznets Curve in China's air pollution. China Economic Review，22（3）：383-397.

Cao X，Kostka G，Xu X. 2019. Environmental political business cycles：the case of $PM_{2.5}$ air pollution in Chinese prefectures. Environmental Science & Policy，93：92-100.

Chen S Y，Jin H，Lu Y L. 2019. Impact of urbanization on CO_2 emissions and energy consumption structure：a panel data analysis for Chinese prefecture-level cities. Structural Change and Economic Dynamics，49：107-119.

Chen Y C. 2018. Effects of urbanization on municipal solid waste composition. Waste Management，79：828-836.

Chen Z F，Barros C P，Gil-Alana L A. 2016. The persistence of air pollution in four mega-cities of China. Habitat International，56：103-108.

Chen Z F，Wanke P，Antunes J J M，et al. 2017. Chinese airline efficiency under CO_2 emissions and flight delays: A stochastic network DEA model. Energy Economics, 68: 89-108.

Dietz T, Rosa E A. 1997. Effects of population and affluence on CO_2 emissions. Proceedings of the National Academy of Sciences of the United Impact of Population Growth States of America, 94 (1): 175-179.

Dijst M, Worrell E, Böcker L, et al. 2018. Exploring urban metabolism—towards an interdisciplinary perspective. Resources, Conservation and Recycling, 132: 190-203.

Ehrlich P R, Holdren J P. 1971. Impact of population growth: complacency concerning this component of man's predicament is unjustified and counterproductive. Science, 171 (3977): 1212-1217.

Elgin C, Oztunali O. 2014. Pollution and informal economy. Economic Systems, 38 (3): 333-349.

Feng G F, Dong M Y, Wen J, et al. 2018. The impacts of environmental governance on political turnover of municipal party secretary in China. Environmental Science and Pollution Research, (25): 24668-24681.

Grether J M, Mathys N A. 2013. The pollution terms of trade and its five components. Journal of Development Economics, 100 (1): 19-31.

Hadley O L. 2017. Background $PM_{2.5}$ source apportionment in the remote Northwestern United States. Atmospheric Environment, 167: 298-308.

Han F, Xie R, Fang J Y. 2018. Urban agglomeration economies and industrial energy efficiency. Energy, 162: 45-59.

Ji X, Yao Y X, Long X L. 2018. What causes $PM_{2.5}$ pollution? Cross-economy empirical analysis from socioeconomic perspective. Energy Policy, 119: 458-472.

Jiang P, Yang J, Huang C H, et al. 2018. The contribution of socioeconomic factors to $PM_{2.5}$ pollution in urban China. Environmental Pollution, 233: 977-985.

Klepac P, Locatelli I, Korošec S, et al. 2018. Ambient air pollution and pregnancy outcomes: a comprehensive review and identification of environmental public health challenges. Environmental Research, 167: 144-159.

Kong L B, Xin J Y, Liu Z R, et al. 2017. The $PM_{2.5}$ threshold for aerosol extinction in the Beijing megacity. Atmospheric Environment, 167: 458-465.

Li G D, Fang C L, Wang S J, et al. 2016. The effect of economic growth, urbanization, and industrialization on fine particulate matter ($PM_{2.5}$) concentrations in China. Environmental Science & Technology, 50 (21): 11452-11459.

Li K, Lin B Q. 2015. Impacts of urbanization and industrialization on energy consumption/CO_2 emissions: does the level of development matter?. Renewable and Sustainable Energy Reviews, 52: 1107-1122.

Li L, Lei Y L, Wu S M, et al. 2017. The health economic loss of fine particulate matter ($PM_{2.5}$) in Beijing. Journal of Cleaner Production, 161: 1153-1161.

Li Y, He Q, Luo X, et al. 2018. Calculation of life-cycle greenhouse gas emissions of urban rail transit systems: A case study of Shanghai Metro. Resources, Conservation and Recycling, 128: 451-457.

Liang L W, Wang Z B, Li J X. 2019. The effect of urbanization on environmental pollution in rapidly developing urban agglomerations. Journal of Cleaner Production, 237: 117649.

Lichter A, Pestel N, Sommer E. 2017. Productivity effects of air pollution: evidence from professional soccer. Labour Economics, 48: 54-66.

Liddle B, Lung S. 2015. Revisiting energy consumption and GDP causality: importance of a priori hypothesis testing, disaggregated data, and heterogeneous panels. Applied Energy, 142: 44-55.

Lin B Q, Liu J H, Yang Y C. 2012. Impact of carbon intensity and energy security constraints on China's coal import. Energy Policy, 48: 137-147.

Lin F Q. 2017. Trade openness and air pollution: City-level empirical evidence from China. China Economic Review, 45: 78-88.

Liu B Q, Tian C, Li Y Q, et al. 2018. Research on the effects of urbanization on carbon emissions efficiency of urban agglomerations in China. Journal of Cleaner Production, 197: 1374-1381.

Liu D N, Xiao B W. 2018. Can China achieve its carbon emission peaking? A scenario analysis based on STIRPAT and system dynamics model. Ecological Indicators, 93: 647-657.

Poumanyvong P, Kaneko S. 2010. Does urbanization lead to less energy use and lower CO_2 emissions? A cross-country analysis. Ecological Economics, 70 (2): 434-444.

Rafiq S, Nielsen I, Smyth R. 2017. Effect of internal migration on the environment in China. Energy Economics, 64: 31-44.

Sadorsky P. 2014. The effect of urbanization on CO_2 emissions in emerging economies. Energy Economics, 41: 147-153.

Salim R A, Shafiei S. 2014. Urbanization and renewable and non-renewable energy consumption in OECD countries: an empirical analysis. Economic Modelling, 38: 581-591.

Shahbaz M, Loganathan N, Muzaffar A T, et al. 2016. How urbanization affects CO_2 emissions in Malaysia?The application of STIRPAT model. Renewable and Sustainable Energy Reviews, 57: 83-93.

Shahbaz M, Tiwari A K, Nasir M. 2013. The effects of financial development, economic growth, coal consumption and trade openness on CO_2 emissions in South Africa. Energy Policy, 61: 1452-1459.

Shen J Y. 2006. A simultaneous estimation of environmental Kuznets curve: evidence from China. China Economic Review, 17 (4): 383-394.

Sheng P F, Guo X H. 2018. Energy consumption associated with urbanization in China: efficient-and inefficient-use. Energy, 165: 118-125.

Signoretta P E, Buffel V, Bracke P. 2019. Mental wellbeing, air pollution and the ecological state. Health & Place, 57: 82-91.

Tan R P, Lin B Q. 2018. What factors lead to the decline of energy intensity in China's energy intensive industries?. Energy Economics, 71: 213-221.

Waggoner P E, Ausubel J H. 2002. A framework for sustainability science: a renovated IPAT identity. Proceedings of the National Academy of Sciences of the United States of America, 99 (12): 7860-7865.

Wang N L, Zhu H M, Guo Y W, et al. 2018. The heterogeneous effect of democracy, political globalization, and urbanization on PM2.5 concentrations in G20 countries: evidence from panel quantile regression. Journal of Cleaner Production, 194: 54-68.

Wu J, Chang I S, Yilihamu Q, et al. 2017. Study on the practice of public participation in environmental impact assessment by environmental non-governmental organizations in China. Renewable and Sustainable Energy Reviews, 74: 186-200.

Wu J S, Zheng H Q, Zhe F, et al. 2018. Study on the relationship between urbanization and fine particulate matter (PM$_{2.5}$) concentration and its implication in China. Journal of Cleaner Production, 182: 872-882.

Yang D Y, Wang X M, Xu J H, et al. 2018a. Quantifying the influence of natural and socioeconomic factors and their interactive impact on PM$_{2.5}$ pollution in China. Environmental Pollution, 241: 475-483.

Yang D Y, Ye C, Wang X M, et al. 2018b. Global distribution and evolvement of urbanization and PM$_{2.5}$(1998-2015). Atmospheric Environment, 182: 171-178.

Yang J, Zhang B. 2018. Air pollution and healthcare expenditure: implication for the benefit of air pollution control in China. Environment International, 120: 443-455.

Yang Y C, Liu J H, Lin Y Y, et al. 2019. The impact of urbanization on China's residential energy consumption. Structural Change and Economic Dynamics, 49: 170-182.

Yu Z H, Liscinsky D S, Fortner E C, et al. 2017. Evaluation of PM emissions from two in-service gas turbine general aviation aircraft engines. Atmospheric Environment, 160: 9-18.

Zhang N, Yu K R, Chen Z F. 2017. How does urbanization affect carbon dioxide emissions? A cross-country panel data analysis. Energy Policy, 107: 678-687.

Zhang Z Y, Hao Y, Lu Z N, et al. 2018. How does demographic structure affect environmental quality? Empirical evidence from China. Resources, Conservation and Recycling, 133: 242-249.

附录

附表　变量描述性统计

变量		观测值	平均值	标准差	最小值	最大值
全样本	lnpm2.5	1 940	3.123	0.698	1.195	4.909
	lnindustry	6 539	3.263	0.473	0.632	5.365
	lnintensity	3 447	4.912	0.574	1.515	7.088
	lnopen	8 193	4.173	0.672	−3.863	6.758
	lnenergy	5 743	4.052	0.718	0.495	4.605

续表

变量		观测值	平均值	标准差	最小值	最大值
全样本	lndensity	11 548	4.020	1.678	−2.316	9.971
	lnurban	11 976	3.733	0.673	0.731	4.605
	lnurban^2	11 976	14.391	4.591	0.534	21.208
	lngdpp	10 808	24.550	2.970	16.881	31.955
OECD 国家	lnpm2.5	230	2.357	0.342	1.642	3.013
	lnindustry	697	3.330	0.212	2.481	3.802
	lnintensity	598	4.777	0.381	3.840	6.131
	lnopen	1 257	4.046	0.590	2.189	6.039
	lnenergy	1 272	4.323	0.315	2.328	4.605
	lndensity	1 187	3.917	1.586	0.311	6.220
	lnurban	1 288	4.298	0.171	3.554	4.584
	lnurban^2	1 288	18.503	1.431	12.631	21.009
	lngdpp	1 231	26.635	1.647	21.442	30.440
欠发达国家	lnpm2.5	270	3.611	0.497	2.061	4.882
	lnindustry	981	2.890	0.429	0.632	3.853
	lnintensity	267	5.607	0.672	3.418	7.088
	lnopen	1 160	3.889	0.473	2.412	5.741
	lnenergy	480	2.660	1.047	0.495	4.549
	lndensity	1 394	3.533	1.144	0.887	6.156
	lnurban	1 508	2.902	0.699	0.731	4.109
	lnurban^2	1 508	8.912	3.810	0.534	16.882
非 OECD 国家	lnpm2.5	1 220	3.313	0.599	1.195	4.882
	lnindustry	4 276	3.287	0.456	0.632	4.572
	lnintensity	2 224	5.012	0.610	1.515	7.088
	lnopen	4 877	4.087	0.674	−1.787	6.276
	lnenergy	3 512	3.910	0.807	0.495	4.605
	lndensity	7 056	3.860	1.582	−2.316	9.860
	lnurban	7 160	3.621	0.701	0.731	4.605
	lnurban^2	7 160	13.604	4.615	0.534	21.208

机场与空气污染：来自中国的经验证据

一、引　　言

民航业的经济效益日益突出。从世界航空运输行动小组（Air Transport Action Group）的数据来看，2019 年民航业对全球经济的贡献为 2.7 万亿美元（占全球 GDP 的 3.6%），向全球提供了 6550 万个就业岗位。

附图 1 详细描述了航空业带动的就业情况。航空业提供了大量就业机会，特别是在亚太地区和欧洲。此外，如附图 1 所示，尽管组成总就业中的每个部分的差异很大，但它们的数值都很高。因此，为了对航空业的环境影响有一个清晰的认知，并采取合理的措施来改善总体空气质量，本文的研究是必要和实用的。

同样，中国的航空运输业也在蓬勃发展。中国民用航空业发展迅速，改革开放以来取得重大进展。截至 2019 年末，航空运输业完成运输总周转量 1293 亿吨公里、旅客运输量 6.6 亿人次、货邮运输量 753 万吨。中国民航工业产值也从 2010 年的 170 亿元增长到 2015 年的 660 亿元，年均增长率为 31%。图 1 描绘了近年来机场运输量的发展趋势。值得注意的是，自 21 世纪初，中国航空业的发展速度非常突出。

随着航空业的蓬勃发展，航空业的能源消耗和其产生的环境问题逐渐受到重视，特别是在推进城市化的过程中，它对空气污染产生了重要影响（Dong et al.，2020）。许多研究表明，机场对周围环境有负面影响（Cui et al.，2017；Postorino and Mantecchini，2019）。近年来，政府出台了多项环境法规，企业也进行了绿色创新来减少空气污染（Wang et al.，2016；Du and Li，2019；Du et al.，2019）。在这种情况下，必须研究航空运输与空气污染之间的因果关系。现有的航空业污染分析研究主要聚焦在两个方面：一是飞机在起降（landing and take off，LTO）过程中造成的污染，特别是空气和土壤污染（Upham et al.，2003）。二是特定机场建成后污染状况的分析和预测（Yang et al.，2018；Enzler，2017；Grampella et al.，2017；Lu，2011；Lu and Morrell，2006；Schipper，2004）。

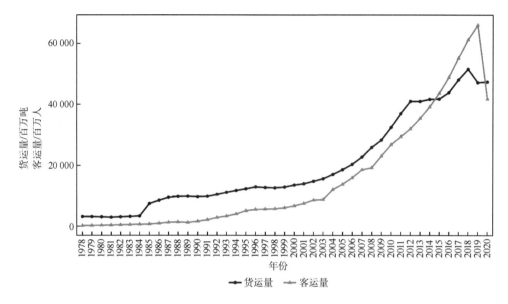

图 1　改革开放以来航空业的发展趋势

资料来源：Chen 等（2017a）

该图反映了 1978 年至 2020 年的航空运输量。它可以描述航空业的快速发展，尤其是从 21 世纪初开始

尽管这些研究具有重要的启示和良好的指导意义，但它们集中于特定的飞机类型或机场，缺乏对航空业和空气质量间因果关系的整体分析。此外，这些研究大多没有关注 $PM_{2.5}$ 的变化。因此，采用相关的实证方法对航空业的环境影响进行分析势在必行。在这种情况下，本文涵盖了中国 2014 年至 2017 年的数据，以处理这两者之间的因果关系。具体而言，本文使用普通最小二乘法（ordinary least squares，OLS）固定效应模型来评估航空业的环境结果。此外，本文进行异质性和空间分析，以获得更多全面的见解。

本文研究不同于以往的文献，并在如下几个方面为该领域提供了新的见解。首先，本文从中国宏观数据的角度考察了机场飞机起降的环境污染影响。其次，本文区分了机场通勤对空气污染的显著影响，这在一定程度上被先前发表的研究所忽视。在这种情况下，本文为政策制定者和社会提供了丰富的分析理论和政策启示。此外，本文运用空间计量经济学方法，对机场飞机飞行的环境效应进行了分析，并将其分为直接效应和间接效应，这也可以被看作相关领域的一个创新。

本文其余部分组织如下：第二节进行文献综述；第三节介绍数据来源、经验方程和识别策略；第四节介绍主要的实证结果、稳健性检验和机制分析；第五节讨论异质性；第六节对本文进行总结。

二、文 献 综 述

航空业造成的空气污染问题已引起相关领域的广泛关注。许多学者从理论上关注和研究了航空业的生态效应。Upham 等（2003）讨论了航空业环境容量的构成因素，包括飞机噪声、空气质量、第三方风险、生物多样性、气候变化、社区关系等。

从经济角度来看，许多研究讨论了经济成本和相关的监管（Wolfe et al.，2014；Grampella et al.，2017；Ashok et al.，2017）。其中，Wolfe 等（2014）测量了居住在机场周围的居民的损失，而造成这些损失的因素可能是空气污染、噪声等。Grampella 等（2017）分析了影响污染的因素和航空噪声环境成本。Ashok 等（2017）基于底特律大都会机场，讨论了后推控制在机场滑行和起飞操作时降低空气质量方面的作用。

所有研究都讨论了航空业造成的负外部性的监管和消除，但对航空业造成的空气污染量的研究相对较少。然而，在进一步研究改善空气质量的政策之前，后者是研究人员和政策制定者调查影响程度并区分由飞机和其他因素引起的空气污染的基础。

另一个角度是评估机场建设过程中的环境表现（Yang et al.，2018；Enzler，2017；Grampella et al.，2017；Lu，2011；Lu and Morrell，2006；Schipper，2004）。特别是，Yang 等（2018）分析了北京首都国际机场不同设施的污染排放情况，结果表明，飞机的碳排放量最大。Enzler（2017）使用瑞典 2007 年的调查数据，分析了影响旅客偏好和飞行频率的因素，结果表明，旅客收入和城市化水平对乘客飞行频率有显著的正向影响。Grampella 等（2017）使用 1999~2008 年意大利 33 个机场的数据分析了影响机场碳排放的因素，结果表明，机场的规模和位置对机场的碳排放有显著影响。Schipper（2004）分析了欧洲 36 个机场的污染和噪声数据，结果表明，以平均票价衡量，噪声污染是重大损失的来源。这方面的研究大多基于对某一特定机场的分析，而不是对一个经济体中所有机场的系统分析。

虽然这些研究表现出明显的实用性优点，但也存在局限性，即对特定机型或机场情况的具体分析缺乏整体宏观性。在这种情况下，它们不能成为具体政策的制定依据。

近年来，许多学者将空间计量经济学方法应用于交通和环境研究（Qiang et al.，2020；Wandani et al.，2018；Jiang et al.，2020；Cohen，2010；Ni et al.，2018）。Qiang 等（2020）应用空间计量经济学方法研究了城市车辆对 $PM_{2.5}$ 的影响，提出 SO_2 浓度对 $PM_{2.5}$ 水平有显著影响，而不是城市车辆数量对 $PM_{2.5}$ 水平产生影响。

基于空间计量经济学的分析，Wandani 等（2018）发现，摩托车出行具有地方性的特点。他们建议，在不存在财政外部性的情况下，通过赋予地方政府自主权，让地方政府自主制定交通政策，进行国道的开发和维护。Jiang 等（2020）采用空间计量经济学模型来确定能够对 SO_2 污染产生影响的因素。他们的研究结果表明，第二产业、城市化和交通对 SO_2 污染有正向影响，是中国 SO_2 污染的三个主要影响因素。Cohen（2010）运用空间计量经济学研究了基础设施投资在地理边界之外的交通基础设施的经济效应。Ni 等（2018）利用空间计量经济学模型研究了人口、设施和交通可及性对交通分区之间出行流量的影响。结果显示，所有的常住人口、设施数量和公交可及性都与交通分区间的出行流量有正相关关系。

相反，如上文所述，这些研究并没有关注由航空引起的环境污染，特别是 $PM_{2.5}$ 水平。因此，本文可视为该领域的先驱。

综上所述，虽然上述文献对交通运输业的环境污染进行了分析，但对航空业的环境污染和空气排放的具体分析还很有限。航空业是交通运输业的一个组成部分，近年来保持了快速发展。因此，本文有利于填补相关研究的空白，分析环境效应，并对今后做出相关决策、减少空气污染起到至关重要的作用。此外，对航空业的生态效应进行实证分析，具有重要的现实意义。

三、方法、变量和数据说明

（一）方法

1. 普通识别策略

本文旨在确定航班流量是否会对机场所在城市的 $PM_{2.5}$ 水平产生显著影响。基于以往的研究（Beatty and Shimshack，2014；Wang et al.，2015；Zhang et al.，2017a；Liu and Salvo，2018），本文的主要识别方程如下：

$$\ln pm2.5_{it} = \alpha + \beta \ln air_{it} + \theta X_{it} + \lambda_i + \gamma_t + \varepsilon_{it} \tag{1}$$

其中，$\ln pm2.5$ 是 $PM_{2.5}$ 水平的对数；$\ln air$ 是飞机数量的对数；X_{it} 是控制变量的向量，下标 i 和 t 分别表示个体和时间。

在方程（1）中，λ_i 和 γ_t 分别是个体效应和时间效应。前者可以控制不随时间变化的影响因素，后者可以将不随时间变化的每个机场的特征考虑在内，这样就可以解决变量缺失的问题。

本文采用工具变量，即当前变量的滞后项来解决反向因果问题，以解决潜在的内生性问题。由于本文采用了双向固定效应，因此可以解决变量缺失的问题，而由于数据的权威性，可以忽略测量误差的问题。

除了飞机本身造成的常规空气污染外，本文提出飞机升降频率增加会通过增加通勤需求来加重空气污染。因此，本文通过虚拟变量和交乘项来区分这两个渠道。

2. 空间计量策略

本文还尝试应用空间计量经济学方法来分析这一问题，探索不同区域之间的空间关系。

在这种情况下，本文计算莫兰指数（Moran's index，Moran's I）。在数学背景下，这个指数可以写成如下形式：

$$I = \frac{e'We/S}{e'e/N} \tag{2}$$

该指数可以转换为

$$\frac{I - E(I)}{\sqrt{\text{Var}(I)}} \tag{3}$$

在方程（2）中，e 是由普通面板回归得出的误差；S 表示空间权重矩阵中所有元素的总和；N 表示样本中的观测值；I 在标准化空间矩阵中的位置在[–1,1]之间，当 I 为正数时，不同区域之间的空间关系为正数，意味着高价值个体接近其他高价值个体。当 I 为负数时，表示具有局部空间负相关倾向。

$$\ln pm2.5_{it} = \delta W \ln pm2.5_{it} + X_{it}\beta + \theta_{it}WX_{it} + \mu + \xi_t I_N + \alpha l_N + u_t \tag{4}$$

$$u_t = \lambda W u_t + \varepsilon_t \tag{5}$$

在方程（4）中，lnpm2.5 是因变量。在方程（4）等号的右侧，系数 δ、β 和 θ 是这三种效应的程度。此外，W 表示空间权重矩阵，X_{it} 表示加入回归中的一系列控制变量，μ 是个体效应，ξ_t 是面板数据固定效应模型中的时间效应，αl_N 是方程（4）中的常数项。

在方程（5）中，u_t 和 ε_t 是随机误差。在模型（4）和模型（5）中，如果 λ 和 θ_{it} 变为 0，那么该模型就成为空间自回归（spatial autoregressive，SAR）模型。如果 θ_{it} 等于 0，则可以采用空间误差模型，如果 λ 变为 0，那么可以采用空间杜宾模型（spatial Dubin model，SDM）。本文列出了每种方法的信息准则，为本文使用的分析模型提供依据。

对于空间权重矩阵 W，本文选择了反距离权重矩阵，它是基于两个城市的经纬度的倒数来计算的。

（二）变量说明

在变量选择方面，本文参考了以往学者对 $PM_{2.5}$ 相关问题的研究（Beatty and Shimshack，2014；Wang et al.，2015；Zhang et al.，2017a；Liu and Salvo，2018）。在自变量中，除了中国主要机场的起降情况外，还加入了机场所在城市的天气数据。考虑到数据的可得性,本文选择了一组控制变量,包括降水量、风速、温度和湿度。在稳健性检验中,本文使用降水量大于或等于 0.1 毫米的天数作为替代变量来代替降水量。考虑到一些学者在环境分析中考虑了经济变量(Zhang et al., 2017b),本文也将社会经济指标作为控制变量之一。由于缺乏 GDP 总量和其他常用经济指标的月度数据,本文采用月度交通和能源价格作为社会经济控制变量进行分析,该指数在一定程度上反映了能源的供应和需求方的意愿。这种供求关系可以影响 $PM_{2.5}$ 的水平。上述变量都采用对数形式,然后加入到方程中以研究弹性关系。

(三)数据源和样本

本文的解释变量 $PM_{2.5}$(单位:微克/米^3)来自中国空气质量实时收集平台,发布于 http://www.pm25.in[1],涵盖了 2014 年 1 月 1 日至 2017 年 12 月 31 日全国 367 个城市 1563 个观测站每日 $PM_{2.5}$ 的观测数据。其他气象因素数据来源于美国国家海洋和大气管理局官网(https://www.noaa.gov),其中包含中国 824 个基站的原始数据(单位:毫米)。所有气象数据均按月进行平均计算。

关于飞机起降量,本文在中国民用航空局官方网站(http://www.caac.gov.cn/index.html)上下载了中国主要机场飞机起降月度数据(单位:架)。考虑到机场建设时间和其他变量的可得性与匹配性,本文选取了 59 个主要城市的机场数据。对于拥有多个机场的城市,本文对该城市的所有机场进行了研究;对于搬迁的机场或更换城市的机场,本文基于机场所属的城市,进行样本统计。表 1 展示了城市的名单。交通和能源价格指数数据来自国务院发展研究中心信息网(http://www.drcnet.com.cn/www/int)。

表 1　城市样本清单

项目	城市			
城市样本清单	北京	运城	太原	温州
	武汉	上海	拉萨	郑州
	北海	张家界	哈尔滨	临沂
	广州	呼和浩特	昆明	乌鲁木齐
	柳州	贵阳	成都	银川
	汕头	海口	石家庄	宁波
	厦门	西宁	济南	西安
	无锡	长春	湛江	重庆
	包头	天津	大连	鄂尔多斯
	南宁	赣州	沈阳	威海

---

① 该网站现已关闭。

项目	城市			
城市样本清单	南昌	黄山	杭州	常州
	烟台	舟山	南京	泉州
	桂林	榆林	珠海	青岛
	徐州	兰州	福州	宜昌
	合肥	长沙	丽江	

注：本表列出了所有样本城市，共有 59 个城市

本文选择离每个样本城市最近的气象站，附表 1 显示了这两个点之间的距离。气象站与城市最常见的距离是在 15 公里以内，这也是飞机可以对空气产生影响的范围（Unal et al.，2005）。距离气象站 20 公里以上的机场中，拉萨和乌鲁木齐这两个地方相对偏远。因此，整体来看，本文应用的气象站观测的 $PM_{2.5}$ 数据可以捕捉到飞机造成的空气污染。

一些研究表明，气象因素在解释 $PM_{2.5}$ 水平的时空变化方面起着重要作用。具体来说，风速影响大气污染物的局部扩散，强风有利于污染物的扩散（He et al.，2017）。Jin 等（2019）认为，温度、降水和气压对 $PM_{2.5}$ 在日度和年度水平上有相反的影响。相比之下，湿度对 $PM_{2.5}$ 水平有积极影响，这与先前文献的研究一致（Huang et al.，2015；Chen et al.，2017b；Yang et al.，2017；Zhao et al.，2018）。

这样，本文在相关研究的基础上，将降水量、风速、温度、湿度等气象指标作为控制变量（Shi et al.，2019）。

表 2 列出了各变量的定义和描述性统计。由于本文的样本分布在中国东、中、西部的不同地区，因此天气指标差异很大。对机场的月飞机起降频率取对数后，最小值为 5.935，最大值为 11.100，标准差明显减小（表 2 与附表 2）。每个城市的 $PM_{2.5}$ 浓度的对数项也有很大差异。

表 2　描述性统计

变量	定义	样本量	均值	标准差	最小值	最大值
lnpreci	月平均降水量的对数	2828	3.813	1.540	0	6.769
lnair	月飞机起降频率	2638	8.670	1.079	5.935	11.100
lnpm2.5	月均 $PM_{2.5}$ 的对数	2780	3.717	0.558	1.609	5.537
lnwind	月平均风速的对数	2828	0.789	0.407	0	2.175
lntem	月平均温度的对数	2828	2.655	0.783	2	3.469
lnhumidity	月平均湿度的对数	2828	4.207	0.234	3.114	4.575
lntrans	运输和能源价格指数的对数	1645	4.607	0.020	4.543	4.695

注：本表采用对数变量的描述性统计，详细地列出了这些变量的样本量、均值、标准差、最小值和最大值

值得注意的是，运输和能源价格指数是不同时期交通运输和能源商品的加权平均价格比值。在这项研究中，以年度为基础，与上一年同月进行比较以调整该比值。空间域记录了该市辖区内的这类商品价格。这一变量的观测值小于其他变量，因为一些中等规模或偏远城市在早期没有详细记录价格指数。由于其他一些变量没有按月记录，或者有些变量不能反映能源或环境状况，因此可能不存在合适的替代方案。

本文在附表2中列出了变量的原始描述性统计。原始数据中所有的标准误差是巨大的，表明本文涵盖了不同发展水平的城市。

四、描述性统计和实证结果

（一）基准结果

本文首先采用了 OLS 回归。表 3 的第 2、3 列显示了结果。考虑到遗漏不可观测变量可能导致内生性问题，本文采用固定效应（fixed effect，FE）模型来解决这些问题。本文考虑将一些经济变量作为控制变量加入实证模型中，如表 3 的第 3～5 列所示。

表 3　基准结果

变量	OLS（Arunachalam et al.，2011）	OLS（Ashok et al.，2017）	FE（Beatty and Shimshack，2014）	FE（Carlsson and Hammar，2002）
lnair	0.057***	0.089***	0.124**	0.182*
	（0.009）	（0.017）	（0.046）	（0.073）
lnpreci	−0.132***	−0.142***	−0.037***	−0.035***
	（0.008）	（0.010）	（0.007）	（0.007）
lnwind	−0.189***	−0.110***	−0.082**	−0.081**
	（0.021）	（0.029）	（0.026）	（0.026）
lntem	−0.250***	−0.238***	−0.078***	−0.079***
	（0.012）	（0.018）	（0.015）	（0.015）
lnhumidity	0.437***	0.334***	0.216***	0.218***
	（0.034）	（0.042）	（0.035）	（0.035）
lntrans		−1.443*	−0.389	−0.378
		（0.562）	（0.391）	（0.386）

续表

变量	OLS（Arunachalam et al.，2011）	OLS（Ashok et al.，2017）	FE（Beatty and Shimshack，2014）	FE（Carlsson and Hammar，2002）
_cons	2.677***	9.417***	4.613*	4.255*
	（0.137）	（2.587）	（1.844）	（1.933）
N	2321	1430	1430	1430
时间固定效应	否	否	是	是
个体固定效应	否	否	否	是
R^2	0.397	0.436	0.837	0.837

注：因变量为 $PM_{2.5}$ 的对数。主要关注的解释变量是 lnair。本文使用稳健性标准误，之后的结果也使用稳健性标准误，除非特别说明。括号内的值为对应系数的标准误差

*表示 $p<0.05$，**表示 $p<0.01$，***表示 $p<0.001$

对于本文重点关注的机场起降频率，表 3 中的四个模型均表明，航班流量对城市 $PM_{2.5}$ 水平具有显著正的影响。具体来说，在第 2 列中，当使用 OLS 方法并排除经济指数时，系数为 0.057。该结果表明，飞行频率每增加 1%，$PM_{2.5}$ 将显著恶化约 0.057%。考虑经济变量后，数值增加到 0.089，说明在考虑经济指标时，由于价格指数与空气污染呈负相关，因此飞行频率的影响较大。采用固定效应模型控制遗漏变量问题后，系数得到加强，在只控制时间效应和控制双向固定效应时，系数分别变成 0.124 和 0.182。所有这四种情况至少在 5% 的水平上是显著的。这样，在第 2 列和第 3 列中显示的混合回归中，规范模型中没有捕捉到混杂因素。在采用固定效应模型并控制不随时间和个体变化的效应后，飞行频率的影响是相当大的，混杂因素对空气污染产生积极影响。因此，在控制了这些因素后，飞行频率的影响是广泛的。

本文仔细解释了经济变量。尽管在表 3 的右侧三列中都出现了负号，但在采用固定效应模型后，系数变得不显著了。这一结果部分是因为价格指数与其他变量相比是稳定的。由于在固定效应模型中取消了不随时间长短和个体变化的混杂因素，因此价格指数作为一个相对稳定的变量的意义就消失了。在这种情况下，在控制了包括时间效应和个体效应在内的固定效应后，价格指数的意义就消失了。

通过比较四个实证结果，可以发现，当使用固定效应模型时，R^2 最高（83.7%），因为个体和时间的双重固定效应可以分别排除不随个体和时间变化的个体效应与时间效应，所以估计结果是最可靠的。

（二）稳健性测试

1. 个体自回归的聚类稳健性检验

最小二乘法中独立同分布的假设在现实中很难保证一定成立，因为同一个样本城市在不同年份之间往往存在自相关。具体来说，一个城市的 $PM_{2.5}$ 排放水平可能会受到城市随时间趋势变化的因素的影响。例如，市政府进行一些仅对城市本身的污染控制；政策或城市对经济发展的投入，吸引资金到本地区投资兴办工厂、产业转移等。这种现象在我国中西部地区尤为明显。因此，研究期间城市个体的分布各不相同。本文采用聚类稳健标准误进行稳健性检验，以检验上述估计结果是否稳健。此外，由于上述原因，我们还对个体进行了聚类。表 4 显示了聚类稳健标准误的估计结果。

表 4　聚类稳健结果

变量	聚类稳健（Arunachalam et al., 2011）	聚类稳健（Ashok et al., 2017）
lnair	0.124**	0.182**
	(0.048)	(0.080)
lnpreci	−0.037***	−0.035***
	(0.009)	(0.008)
lnwind	−0.082**	−0.081*
	(0.037)	(0.037)
lntem	−0.078***	−0.079***
	(0.024)	(0.026)
lnhumidity	0.216*	0.218***
	(0.100)	(0.073)
lntrans	−0.389	−0.378
	(0.398)	(0.389)
_cons	4.613*	4.255*
	(1.925)	(1.951)
N	1388	1388
R^2	0.837	0.838

注：基于固定效应的结果使用了聚类稳健标准误，聚类到城市一级。括号内的数值是相应系数的标准误差 *表示 $p < 0.05$，**表示 $p < 0.01$，***表示 $p < 0.001$

表 4 表明，将标准误聚类在个体水平时，各变量的系数值和符号没有显著变化。此外，标准误有所增加，但飞机起降频率变量对机场所在城市 $PM_{2.5}$ 水平仍

有实质性影响。聚类到个体后，飞机起降频率仍会对机场所在城市 $PM_{2.5}$ 水平产生显著的正向影响。

2. 替代变量

本文进行了稳健性检验，以进一步检验实证结果是否稳健。本文使用降水量大于或等于 0.1 毫米的天数（days）作为替代变量来代替基准模型中的降水量。然后，本文采用 OLS 和 FE 模型进行实证分析，表 5 显示了结果。

表 5 使用替代变量的结果

变量	OLS（Arunachalam et al.，2011）	OLS（Ashok et al.，2017）	FE（Beatty and Shimshack，2014）	FE（Carlsson and Hammar，2002）
lnair	0.059***	0.070***	0.118**	0.187*
	(0.009)	(0.016)	(0.045)	(0.073)
lndays	−0.287***	−0.318***	−0.054***	−0.048**
	(0.018)	(0.022)	(0.015)	(0.015)
lnwind	−0.226***	−0.179***	−0.085**	−0.081**
	(0.022)	(0.030)	(0.028)	(0.028)
lntem	−0.279***	−0.265***	−0.075***	−0.076***
	(0.014)	(0.017)	(0.015)	(0.016)
lnhumidity	0.519***	0.459***	0.215***	0.213***
	(0.035)	(0.044)	(0.037)	(0.037)
lntrans		−1.097	−0.371	−0.360
		(0.559)	(0.394)	(0.388)
_cons	2.513***	7.722**	4.605*	4.156*
	(0.138)	(2.566)	(1.855)	(1.943)
N	2321	1430	1430	1430
时间固定效应	否	否	是	是
个体固定效应	否	否	否	是
R^2	0.315	0.339	0.698	0.838

注：括号内的数值是相应系数的标准误差

*表示 $p<0.05$，**表示 $p<0.01$，***表示 $p<0.001$

表 5 显示，在实证分析中加入替代变量后，各系数的符号和显著性水平与基准回归的结果基本一致。这一结果表明，尽管反映降水状况的变量由降水量改为降水天数，但机场的飞机起降对 $PM_{2.5}$ 排放仍有明显的正向影响。

3. 内生性问题

由于数据可得性，一些影响城市 $PM_{2.5}$ 的因素可能会被遗漏。它们可能会影响机场的飞机起降次数，从而影响机场所在城市的 $PM_{2.5}$ 水平（Schlenker and Walker，2016）。在这种情况下，本文的估计结果可能存在偏差。换言之，可能存在内生性问题。

为了解决这个内生性问题，本文使用工具变量进行实证分析，使用允许异方差和自相关的广义矩估计（generalized method of moments，GMM）方法。具体来说，本文使用机场飞机起降的滞后项变量作为当前机场飞机起降的工具变量然后使用 GMM 来估计。表 6 显示了结果。

表 6　考虑内生性问题的结果

变量	GMM（Arunachalam et al.，2011）	FE（Ashok et al.，2017）
lnair	0.118***	0.182*
	(0.017)	(0.073)
lnpreci	−0.096***	−0.035***
	(0.012)	(0.007)
lnwind	−0.324***	−0.081**
	(0.040)	(0.026)
lntem	−0.252***	−0.079***
	(0.018)	(0.015)
lnhumidity	−0.182**	−0.218***
	(0.070)	(0.035)
lntrans	−1.533**	−0.378
	(0.548)	(0.386)
_cons	11.742***	4.255*
	(2.525)	(1.933)
N	1370	1388
R^2	0.344	0.436

注：在本表中，使用机场飞机起降的滞后项变量作为工具变量，并使用 GMM 来估计。还列出了表 3 得出的 FE 估计结果，以进行比较。括号内的数值是相应系数的标准误差

*表示 $p<0.05$，**表示 $p<0.01$，***表示 $p<0.001$

表 6 表明，与 FE 模型相比，工具变量法的 GMM 中各变量的系数符号、大小和显著性都没有明显变化。对弱工具变量的检验的 F 值高于 10%水平的临界值。对是否存在内生性的 Hausman 检验显示，p 值为 0.006，从而拒绝了所有解释变

量都是外生的无效假设，这意味着该方法选择的工具变量是合理的。

（三）其他可能的机制

值得注意的是，飞行可能不是空气污染的唯一原因。因为考虑到许多机场的位置，旅客到机场往往使用两种主要方式，即地铁或汽车。从现有研究来看，后者产生的污染比前者更严重。在这项研究中，前往机场的交通方式可能对空气污染起到一定的作用。美国环境保护署（U.S. Environmental Protection Agency）的研究结果表明，汽车驾驶造成的温室气体排放量占温室气体排放总量的10%。国内一些学者对汽车产生的空气污染进行了研究（Tilt，2019；Yang et al.，2019）。结果表明，全球主要城市90%的空气铅污染来自车辆行驶过程中的尾气排放。因此，前往机场的过程中排放的空气污染也是导致机场所在城市空气质量恶化的一个重要原因。

这样，当城市修建了通往机场的地铁，通过车辆前往机场的通勤就会减少。在这种情况下，空气污染可以得到改善。随着航空业的发展，不同的通勤方式可能对空气污染产生显著影响。本文倾向于区分航空业本身和通勤方式带来的影响，以确定通勤方式是否能在空气污染的变化中发挥作用。由于与机场通勤有关的车辆数量难以获得，因此本文使用虚拟变量和交乘变量来检验这一机制。

虚拟变量是表示特定时间内城市是否已经建成通往机场的地铁的指标。如果该城市在当时已经修建了地铁，则数值为1；否则，数值为0。交乘项的作用是区分飞行频率对空气污染的影响机制。此外，交乘项由虚拟变量和飞行频率对数的乘积计算得出。如果该项的符号是正的，那么在地铁建成后，飞行频率增加后的空气污染会更加严重。在这种情况下，乘客可以选择乘坐地铁，他们也可能开车或乘坐出租车去机场。然而，如果交乘项的符号是负的，那么飞行频率增加后的空气污染就会被地铁所缓解。

在本文研究的59个机场城市中，截至2019年有10个城市已经建设了通往机场的轨道交通（北京、上海、广州、深圳、长沙、重庆、天津、大连、南京、宁波）[①]。在其余的城市，机场依靠陆路交通进行通勤，即以汽车通勤为主。为了飞机起降的方便和安全，机场往往位于远离城市的郊区，这使得陆路运输量很大，造成额外排放。

为了验证飞行频率影响空气污染可以通过影响机场通勤这一渠道实现，本文构建了一个虚拟变量。识别方程如下：

$$\ln pm2.5_{it} = \alpha + \beta \ln air_{it} + \delta da_{it} + \gamma dummy_{it} + \theta X_{it} + \varepsilon_{it} \qquad (6)$$

---

① 在本文的样本期间，只有10个城市建设了通往机场的轨道交通。

在方程（6）中，变量 dummy 是观测的时间是否在交通运输系统建成的时间范围和城市是否在实验组中的乘积。如果该市已经建成了通往机场的地铁，则 dummy 的值为 1。本文构建了一个交乘项变量 da，即 dummy 和 lnair 的乘积，表明修建通往机场的地铁可以改变航班频率对空气污染的影响。这一部分采用 OLS 和 FE 模型，并采用稳健标准误差。

表 7 显示，共同变量的系数与之前的结果相比没有实质性变化。值得注意的是，飞行频率的系数有所降低，交乘项系数显著为负。因此，当城市建设轨道交通通勤机场时，航班造成的空气污染显著减少，这与本文的猜想一致。相反，飞行频率对城市的 $PM_{2.5}$ 水平仍有显著的正向影响。因此，我们可以分别观察到飞行频率和通勤两种机制对空气污染造成的影响。

表 7　其他机制结果

变量	OLS（Arunachalam et al.，2011）	FE（Ashok et al.，2017）
lnair	0.112***	0.162*
	（0.028）	（0.089）
da	−0.081*	−0.288**
	（0.045）	（0.116）
lnpreci	−0.101***	−0.034***
	（0.011）	（0.009）
lnwind	−0.345***	−0.107**
	（0.043）	（0.039）
lntem	−0.254***	−0.079***
	（0.023）	（0.024）
lnhumidity	−0.178**	0.163
	（0.071）	（0.097）
lntrans	−1.511***	−0.479
	（0.497）	（0.431）
dummy	0.873**	2.573**
	（0.428）	（1.040）
常数项	11.710***	4.929**
	（2.286）	（2.246）
观测值	1388	1388
R^2	0.363	0.698

注：dummy 是一个虚拟变量，表示地铁是否存在。括号内的数值是相应系数的标准误差

*表示 $p < 0.05$，**表示 $p < 0.01$，***表示 $p < 0.001$

五、讨论：空间溢出分析

（一）Moran's I 指数

本节介绍空间相关性和影响。初步计算基于反距离空间权重矩阵的 Moran's I 统计指数，这是由本文的研究对象决定的。本文旨在确定不同地区之间是否存在空间影响，即确定应用空间计量方法是否有效。

对每一年的因变量进行平均，并计算出每一年的 Moran's I 指数，如表 8 所示。Moran's I 在四年内始终具有统计显著性。图 2 中的四个面板分别代表 2014 年、2015 年、2016 年和 2017 年的 Moran's I 散点图。由图 2 可知，高值和低值的点集合在一起，说明 $PM_{2.5}$ 浓度水平高的城市往往会对邻近的点产生影响。

表 8 每年 Moran's I 指数

年份	Moran's I	z	p 值
2014	0.129	5.332	0.000
2015	0.155	6.271	0.000
2016	0.134	5.486	0.000
2017	0.124	5.137	0.000

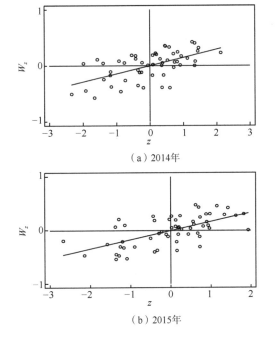

（a）2014年

（b）2015年

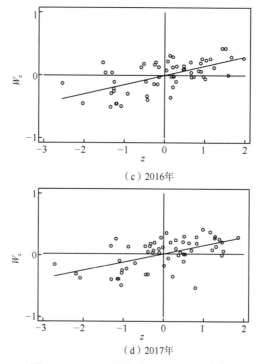

（c）2016年

（d）2017年

图 2　Moran's I 指数（2014～2017 年）

纵轴 W_z 表示 $PM_{2.5}$ 的空间滞后，横轴 z 表示 $PM_{2.5}$

（二）模型选择和实证结果

　　考虑到本文倾向于观察直接效应和间接效应，本小节继续使用两种模型，即 SAR 和 SDM。从表 9 的信息准则来看，SDM 的信息标准较少，因此选择 SDM。结果显示，与之前没有采用空间分析的模型相比，结果是相似的。一个机场的飞机数量不仅会对机场本身产生相当大的影响，也会对其周边地区产生不可忽视的影响。机场产生的总效应可以看作其所在城市的变量效应和邻近城市的效应乘以空间权重矩阵的总和。表 9 和附表 3 显示了该模型的回归结果。

表 9　空间计量结果

变量	SAR（Arunachalam et al.，2011）	SDM（Ashok et al.，2017）
lnair	0.173***	0.784***
	（0.01）	（0.01）
lnpreci	−0.052***	−0.237***
	（0.00）	（0.01）

变量	SAR（Arunachalam et al.，2011）	SDM（Ashok et al.，2017）
lnhumidity	0.022	0.101*
	（0.02）	（0.04）
lntem	−0.029***	−0.133***
	（0.00）	（0.01）
lnwind	−0.082***	−0.371***
	（0.02）	（0.05）
N	2 784	2 784
R^2	0.922	0.933
AIC	−9 955.134	−16 583.08
BIC	−9 907.68	−16 488.04

注：括号内的数值是相应系数的标准误差。回归中还加入了运输和能源价格指数的对数，该变量的系数不展示在表中。AIC 表示赤池信息量准则（Akaike information criterion），BIC 表示贝叶斯信息准则（Bayesian information criterion）

*表示 $p<0.05$，***表示 $p<0.001$

表 9 显示，虽然考虑了邻近城市的影响，但航班频率仍然对城市 $PM_{2.5}$ 水平产生显著的正向影响。在 SAR 模型中，某一特定城市的 $PM_{2.5}$ 水平也会受到邻近城市的 $PM_{2.5}$ 标准的影响，这是由邻近城市的飞机起降频率引起的。在 SDM 中，当 $PM_{2.5}$ 水平覆盖邻近城市的控制变量时，飞机起降频率的影响显著增强。这一结果意味着邻近城市的飞机起降频率可以直接对特定城市产生重大影响。本文在附表 3 中对直接影响和间接影响进行了分类。

六、结　　论

本文利用 2014～2017 年中国 59 个主要机场的月度飞机起降量数据，探讨了飞机起降对空气污染的因果影响。在主要的普通识别部分，本文采用混合 OLS 和 FE 模型，实证结果表明，机场飞机起降对 $PM_{2.5}$ 水平的影响显著为正。

具体而言，在基准规范中，航班频率增加 1%会对 $PM_{2.5}$ 水平产生约 0.057%～0.182%的显著影响。这一结果也可以分为两个渠道，即飞行本身造成的空气污染和通勤到机场造成的污染随着航班频率的增加而增加。本文通过使用虚拟变量和飞行频率变量的交叉项来区分这两种影响机制。通往机场的地铁建成后，飞机起降频率的影响显著降低至 0.031（0.112–0.081），系数仍然显著。此外，本文还使用了空间计量经济学方法，结果表明存在空间溢出效应。尽管如此，基准结果保持不变。

　　基于上述研究结果，本文提出如下三个政策建议。首先，这项研究为应当减少航空运输造成的空气污染提供了依据。由于航空业的高效率，许多国家都非常重视航空业在运输中的作用。具体来说，基于上述结果，本文提出，政府和航空企业应该对航空业产生的环境效应给予更多关注。对于机场的选址，规划者不仅要考虑机场面积和相应的成本，还要考虑环境影响。本文的研究结果表明，空气污染具有溢出效应，机场选址的环境评估也应考虑空气污染的溢出效应。同时，如果很多住宅区位于下风向，规划者在选择修建机场时可能需要三思而行。此外，他们还需要为居住在机场周围的家庭提供额外的健康补偿。

　　其次，政策制定者在安排机场时还应考虑气象条件，特别是在气象条件阻碍扩散的地区。从上述实证结果来看，降水量和风速在空气污染的形成和扩散中起着重要作用。相比之下，许多地区不具备沉降的适当条件。此外，考虑到北方地区冬季集中供暖，以煤炭为主要原料，这些地区的政府应该制定有区别的环境政策。在冬季，气象条件对空气污染的缓解有负面作用。此外，集中供暖也加剧了空气污染。一些研究探讨了这种情况下对健康的影响以及与集中供暖相关的住宅预期寿命的变化。他们的结论表明，由于集中供暖，该地区的住宅预期寿命显著减少了 3～5 年（Ebenstein et al.，2017；Chen et al.，2013）。航空业加剧了冬季空气污染水平。与其他季节相比，冬季航空业对健康的重要影响也是相当明显的。这样，政府也应该探索合适的健康和医疗政策，加大对机场附近居民的医疗保险投入。政策制定者也可以为企业提供经济激励，使其采取环保政策，如对空气污染征税和对可持续性创新进行奖励。此外，相关的航空公司应不断提高环保技术，开发环保的新能源。

　　最后，政策制定者应该关注机场通勤对机场所在城市的空气污染水平的影响，特别是当城市区域逐渐扩大时。由于机场航班量的增加，往返机场的频率也随之增加，从而加重了环境污染。具体而言，政策制定者应在财政能力允许的情况下建设连接市区和机场的地铁或铁路。此外，管理者还可以对前往机场的车辆征税。对于经济相对发达的城市，地铁通勤是一个合适的选择。其他没有财政能力建设通往机场的地铁的城市，也可以选择开通通往机场的班车线路。这样，根据本文的研究结果，地铁通勤将大大减少空气污染，约为 0.288%。

参 考 文 献

Arunachalam S，Wang B Y，Davis N，et al. 2011. Effect of chemistry-transport model scale and resolution on population exposure to $PM_{2.5}$ from aircraft emissions during landing and takeoff. Atmospheric Environment，45（19）：3294-3300.

Ashok A，Balakrishnan H，Barrett S R H. 2017. Reducing the air quality and CO_2 climate impacts of taxi and takeoff operations at airports. Transportation Research Part D: Transport and Environment, 54: 287-303.

Beatty T K M, Shimshack J P. 2014. Air pollution and children's respiratory health: a cohort analysis. Journal of Environmental Economics and Management, 67 (1): 39-57.

Carlsson F, Hammar H. 2002. Incentive-based regulation of CO_2 emissions from international aviation. Journal of Air Transport Management, 8 (6): 365-372.

Chen T, He J, Lu X W, et al. 2016. Spatial and temporal variations of $PM_{2.5}$ and its relation to meteorological factors in the urban area of Nanjing, China. International Journal of Environmental Research and Public Health, 13 (9): 921.

Chen Y Y, Ebenstein A, Greenstone M, et al. 2013. Evidence on the impact of sustained exposure to air pollution on life expectancy from China's Huai River policy. Proceedings of the National Academy of Sciences of the United States of America, 110 (32): 12936-12941.

Chen Z F, Barros C, Yu Y N. 2017b. Spatial distribution characteristic of Chinese airports: a spatial cost function approach. Journal of Air Transport Management, 59: 63-70.

Chen Z F, Wanke P, Antunes J J M, et al. 2017a. Chinese airline efficiency under CO_2 emissions and flight delays: a stochastic network DEA model. Energy Economics, 68: 89-108.

Cohen J P. 2010. The broader effects of transportation infrastructure: spatial econometrics and productivity approaches. Transportation Research Part E: Logistics and Transportation Review, 46 (3): 317-326.

Cui Q, Li Y, Wei Y M. 2017. Exploring the impacts of EU ETS on the pollution abatement costs of European airlines: an application of network environmental production function. Transport Policy, 60: 131-142.

Dong Q C, Lin Y Y, Huang J Y, et al. 2020. Has urbanization accelerated $PM_{2.5}$ emissions? An empirical analysis with cross-country data. China Economic Review, 59: 101381.

Du K R, Li J L. 2019. Towards a green world: how do green technology innovations affect total-factor carbon productivity. Energy Policy, 131: 240-250.

Du K R, Li P Z, Yan Z M. 2019. Do green technology innovations contribute to carbon dioxide emission reduction? Empirical evidence from patent data. Technological Forecasting and Social Change, 146: 297-303.

Ebenstein A, Fan M Y, Greenstone M, et al. 2017. New evidence on the impact of sustained exposure to air pollution on life expectancy from China's Huai River policy. Proceedings of the National Academy of Sciences of the United States of America, 114 (39): 10384-10389.

Enzler H B. 2017. Air travel for private purposes. An analysis of airport access, income and environmental concern in Switzerland. Journal of Transport Geography, 61: 1-8.

Fan W Y, Sun Y F, Zhu T L, et al. 2012. Emissions of HC, CO, NO_x, CO_2, and SO_2 from civil aviation in China in 2010. Atmospheric Environment, 56: 52-57.

Grampella M, Martini G, Scotti D, et al. 2017. Determinants of airports' environmental effects. Transportation Research Part D: Transport and Environment, 50: 327-344.

He J J, Gong S L, Yu Y, et al. 2017. Air pollution characteristics and their relation to meteorological conditions during 2014-2015 in major Chinese cities. Environmental Pollution，223：484-496.

Huang F F，Li X，Wang C，et al. 2015. PM$_{2.5}$ spatiotemporal variations and the relationship with meteorological factors during 2013-2014 in Beijing，China. PLoS One，10（11）：e0141642.

Jiang L，He S X，Cui Y Z，et al. 2020. Effects of the socio-economic influencing factors on SO$_2$ pollution in Chinese cities：a spatial econometric analysis based on satellite observed data. Journal of Environmental Management，268：110667.

Jin J Q，Du Y，Xu L J，et al. 2019. Using Bayesian spatio-temporal model to determine the socio-economic and meteorological factors influencing ambient PM$_{2.5}$ levels in 109 Chinese cities. Environmental Pollution，254：113023.

Li X L，Ma Y J，Wang Y F，et al. 2017. Temporal and spatial analyses of particulate matter（PM$_{10}$ and PM$_{2.5}$）and its relationship with meteorological parameters over an urban city in northeast China. Atmospheric Research，198：185-193.

Lin B Q，Jia Z J. 2019. Impacts of carbon price level in carbon emission trading market. Applied Energy，239：157-170.

Liu H M，Salvo A. 2018. Severe air pollution and child absences when schools and parents respond. Journal of Environmental Economics and Management，92：300-330.

Lu C. 2011. The economic benefits and environmental costs of airport operations：Taiwan Taoyuan International Airport. Journal of Air Transport Management，17（6）：360-363.

Lu C，Morrell P. 2006. Determination and applications of environmental costs at different sized airports–aircraft noise and engine emissions. Transportation，33（1）：45-61.

Ni L L，Wang X K，Chen X Q. 2018. A spatial econometric model for travel flow analysis and real-world applications with massive mobile phone data. Transportation Research Part C：Emerging Technologies，86：510-526.

Postorino M N，Mantecchini L. 2019. Connectivity carbon and noise levels in the airport neighbourhood. Transport Policy，79：204-212.

Qiang W，Lee H F，Lin Z W，et al. 2020. Revisiting the impact of vehicle emissions and other contributors to air pollution in urban built-up areas：a dynamic spatial econometric analysis. Science of the Total Environment，740：140098.

Schäfer A W，Waitz I A. 2014. Air transportation and the environment. Transport Policy，34：1-4.

Schipper Y. 2004. Environmental costs in European aviation. Transport Policy，11（2）：141-154.

Schlenker W，Walker W R. 2016. Airports，air pollution，and contemporaneous health. The Review of Economic Studies，83（2）：768-809.

Shi C C，Guo F，Shi Q L. 2019. Ranking effect in air pollution governance：evidence from Chinese cities. Journal of Environmental Management，251：109600.

Tayarani M，Nadafianshahamabadi R，Poorfakhraei A，et al. 2018. Evaluating the cumulative impacts of a long range regional transportation plan：particulate matter exposure，greenhouse gas emissions，and transportation system performance. Transportation Research Part D：Transport and Environment，63：261-275.

Tilt B. 2019. China's air pollution crisis：science and policy perspectives. Environmental Science &

Policy，92：275-280.

Unal A，Hu Y T，Chang M E，et al. 2005. Airport related emissions and impacts on air quality: application to the Atlanta International Airport. Atmospheric Environment，39（32）：5787-5798.

Upham P，Thomas C，Gillingwater D，et al. 2003. Environmental capacity and airport operations: current issues and future prospects. Journal of Air Transport Management，9（3）：145-151.

Wandani F P，Siti M，Yamamoto M，et al. 2018. Spatial econometric analysis of automobile and motorcycle traffic on Indonesian national roads and its socio-economic determinants: is it local or beyond city boundaries?. IATSS Research，42（2）：76-85.

Wang M，Zhao J H，Bhattacharya J. 2015. Optimal health and environmental policies in a pollution-growth nexus. Journal of Environmental Economics and Management，71：160-179.

Wang Z H，He W J. 2017. CO_2 emissions efficiency and marginal abatement costs of the regional transportation sectors in China. Transportation Research Part D：Transport and Environment，50：83-97.

Wang Z H，Zhang B，Zeng H L. 2016. The effect of environmental regulation on external trade: empirical evidences from Chinese economy. Journal of Cleaner Production，114：55-61.

Wolfe P J，Yim S H L，Lee G，et al. 2014. Near-airport distribution of the environmental costs of aviation. Transport Policy，34：102-108.

Yang Q Q，Yuan Q Q，Li T W，et al. 2017. The relationships between $PM_{2.5}$ and meteorological factors in China：seasonal and regional variations. International Journal of Environmental Research and Public Health，14（12）：1510.

Yang W X，Yuan G H，Han J T. 2019. Is China's air pollution control policy effective? Evidence from Yangtze River Delta cities. Journal of Cleaner Production，220：110-133.

Yang X W，Cheng S Y，Lang J L，et al. 2018. Characterization of aircraft emissions and air quality impacts of an international airport. Journal of Environmental Sciences，72：198-207.

Zhang J J，Mu Q. 2018. Air pollution and defensive expenditures：evidence from particulate-filtering facemasks. Journal of Environmental Economics and Management，92：517-536.

Zhang N，Yu K R，Chen Z F. 2017a. How does urbanization affect carbon dioxide emissions? A cross-country panel data analysis. Energy Policy，107：678-687.

Zhang X，Zhang X B，Chen X. 2017b. Happiness in the air: how does a dirty sky affect mental health and subjective well-being?. Journal of Environmental Economics and Management，85：81-94.

Zhao R，Gu X X，Xue B，et al. 2018. Short period $PM_{2.5}$ prediction based on multivariate linear regression model. PLoS One，13（7）：e0201011.

附录

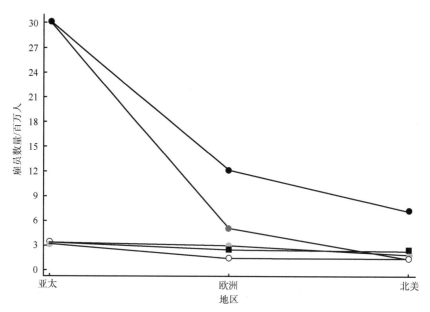

附图 1　2019 年不同地区由航空业带动的就业总量

资料来源：https://www.atag.org

本图反映了不同地区由航空业带动的就业情况

附表 1　机场与最近的气象站之间的距离（单位：公里）

城市	距离	城市	距离
运城	9.535	海口	17.595
太原	4.950	石家庄	16.602
温州	17.424	宁波	19.035
郑州	10.647	西安	12.046
拉萨	30.370	济南	18.794
上海	19.278	西宁	25.752
武汉	10.226	无锡	5.668
北海	15.867	长春	20.837
广州	15.567	湛江	13.476
张家界	16.502	重庆	20.072

续表

城市	距离	城市	距离
哈尔滨	15.571	鄂尔多斯	20.887
临沂	14.609	大连	7.778
乌鲁木齐	20.769	天津	8.629
银川	16.476	包头	13.357
成都	12.874	南宁	14.496
贵阳	19.536	南昌	18.624
柳州	16.200	黄山	10.582
汕头	12.581	昆明	12.487
厦门	10.118	呼和浩特	11.685
赣州	9.784	沈阳	12.587
威海	10.756	常州	10.867
杭州	12.469	烟台	10.497
舟山	7.525	南京	17.889
泉州	8.693	青岛	11.582
榆林	7.782	珠海	19.863
桂林	10.783	徐州	10.773
福州	10.783	兰州	21.723
宜昌	6.782	丽江	10.186
合肥	10.755	长沙	15.732
北京	10.732		

注：距离是机场与气象站之间的距离，该气象站用于记录 PM$_{2.5}$ 水平和机场对应的其他气象指标

附表 2　原始数据的描述性统计

变量	均值	标准差	最小值	最大值	样本量
preci	97.080	108.900	0.100	870.600	2 828
air	9 947	12 000	378	66 000	2 638
pm2.5	47.780	28.750	5	254	2 780
wind	2.409	1.074	0.500	8.800	2 828
tem	17.340	8.131	0.100	32.100	2 828
humidity	68.660	14.060	22.500	97	2 828
trans	100.200	2.076	93.960	109.400	1 645

注：本表对原始数据进行了描述性统计。与表2相同，列出了各变量的均值、标准差、最小值、最大值和观测值的数量

附表 3　分解的影响

变量	SAR			SDM		
	间接效应	直接效应	总效应	间接效应	直接效应	总效应
lnair	0.185***	−0.641***	−0.456***	0.785***	−0.001	−0.784***
	(0.010)	(−0.030)	(−0.030)	(0.010)	(−0.100)	(−0.110)
lnpreci	−0.056***	−0.194***	−0.249***	−0.237***	−0.001	−0.238***
	(0.000)	(−0.010)	(−0.010)	(−0.010)	(−0.050)	(−0.050)
lnhumidity	0.026	0.089	0.115	0.105**	0.02	0.125
	(−0.020)	(−0.070)	(−0.090)	(−0.040)	(−0.310)	(−0.310)
lntem	−0.031***	−0.108***	−0.139***	−0.133***	0.002	−0.131
	(0.000)	(−0.020)	(−0.020)	(−0.010)	(−0.070)	(−0.070)
lnwind	−0.086***	−0.297***	−0.382***	−0.368***	0.011	−0.357
	(−0.020)	(−0.070)	(−0.100)	(−0.040)	(−0.330)	(−0.340)
lntrans	0.859***	2.982***	3.841***	3.649***	0.068	3.717**
	(−0.080)	(−0.260)	(−0.330)	(−0.160)	(−1.230)	(−1.270)

注：本表显示了 SAR 模型和 SDM 的直接效应与间接效应。括号内的数值是相应系数的标准误差

表示 $p < 0.01$，*表示 $p < 0.001$

非生产性诱因

本部分将关注非生产性诱因的污染效应。上层建筑对经济基础的反作用在很大程度上取决于它是否有利于生产力的发展。当它为适合生产力发展的经济基础服务时，它就成为推动社会发展的进步力量。因此，环境质量的改善不仅属于生产性经济的范畴，同时也源于非生产性因素建设问题。制度质量是非生产性因素的典型代表。作为政治建设的重要组成部分，制度质量的建设影响着社会公共产品的供给，同样也决定环境产品的供给。较高的制度质量在处理经济增长与生态保护之间的矛盾时可能存在优势，从而缓解环境污染问题。从这一角度来看，讨论制度质量与污染问题的关系是非常有必要的。

本部分提供一项关于制度质量与空气污染之间关系的实证研究，研究以"他山之石，可以攻玉"为出发点，基于来自多国的面板数据，分析政府监管的质量、法治程度、腐败控制以及政府的减排效果，并验证环境库兹涅茨曲线、污染天堂假说和波特假说这三个重要假说。本部分从非生产性手段的视角启发我国应如何实现节能减排，在生态建设和依法治国的背景下，具有重要的理论价值和现实意义。

制度质量是否影响空气污染?

一、引　　言

随着经济的不断发展，环境问题日益严峻。《2018 全球空气状况》报告显示，高达 95%的人口暴露在污染的空气中，只有不到 5%的人口可以呼吸到新鲜的空气[①]。环境污染给社会和居民生活带来了一系列的问题。首先，环境问题的出现使得环境治理成本变高以及劳动力流失更加严重。其次，污染对居民的健康构成了巨大威胁。统计数据显示，2016 年有近 610 万人死于由空气污染引起的各种疾病，且这个数字仍然在持续上升[②]。同时，环境污染使得气候日益恶化（Ozturk，2015），这反过来又限制了农业生产和经济增长（Rehman et al.，2020）。随着工业化和城市化的推进，空气污染等生态环境问题日益严峻。这不仅影响了居民对美好生活的追求，也对经济可持续发展提出了相当大的挑战。由于气候行动也是可持续发展的目标（sustainable development goals，SDGs）之一，因此如何有效地减少空气污染和控制气候变化已成为亟待解决的问题。

制度质量的改善会影响社会公共产品的有效分配（Olson，1993），在这种情况下，环境质量作为一种非排他性的公共产品，可能会受到制度质量的影响。以往研究表明，制度质量在环境治理政策实施和污染控制过程中发挥着重要作用（Adams and Klobodu，2017；Bhattacharya et al.，2017；Arminen and Menegaki，2019）。若没有制度的支持，金融自由化可能不利于环境质量的改善（Tamazian and Rao，2010）。民主程度（Midlarsky，1998）和腐败（Goel et al.，2013）作为制度质量的体现，已经被证明可以显著地影响空气质量。由于权力掌握在少数既得利益集团手中，环境监管的作用被削弱，非民主制度和严重的腐败可能导致社会与环境的优化被忽视。然而，民主和腐败仅仅是制度质量的两个方面。很少有研究使用完整的制度质量衡量指标来探讨其对环境污染的影响。此外，目前学者对制度质量在环境污染中的作用还未达成共识。一些研究认为，制度质量的提高会增

[①] State of Global Air 2018. Special Report. Boston：Health Effects Institute.

[②] 数据来源于 *Global Air Report*。

加污染排放（Le and Ozturk，2020）。另一些研究认为，制度质量会改善环境质量（Xue et al.，2021）。因此，本文将使用更全面的指标来系统地探讨制度质量对环境质量的影响。

本文还探讨了制度质量如何影响环境质量。从理论上讲，制度质量主要通过三种机制影响空气污染。首先，基于环境库兹涅茨曲线（environmental Kuznets curve，EKC），制度质量的提高可以缓解经济增长带来的不可避免的环境污染（Egbetokun et al.，2019）。其次，根据污染天堂假说（pollution heaven hypothesis，PPH），较低的环境标准将吸引更多的对外直接投资（foreign direct investment，FDI），从而影响发展中国家的环境污染水平（Walter and Ugelow，1979；Wang et al.，2019a）。制度质量的改善也可以吸引更多的贸易和投资活动，进而放大污染排放的规模效应（Le and Ozturk，2020）。最后，根据波特假说（Porter hypothesis，PH），制度质量可以通过推动技术进步来减少污染。制度质量是决定技术进步的重要因素（Coccia，2020），而技术进步可以实现环境质量和经济的共生发展（Sun et al.，2019）。因此，本文将从经济发展、FDI 和技术进步三个角度重新审视制度质量对空气污染的影响；同时，也将验证环境经济学的三个命题，即环境库兹涅茨曲线、污染天堂假说和波特假说。

本文从以下几个方面对现有文献进行了补充。①本文旨在分析制度质量对空气污染的影响，为国家制度质量与环境污染之间的因果关系提供证据。此外，本文还从经济发展、FDI 和技术进步的角度探讨了制度质量影响环境污染的潜在机制，这也将验证环境经济学的三个命题。②不同于以往文献使用腐败或民主作为制度质量的衡量指标，本文使用更全面的指数[WGI（world governance indicators，全球治理指数）]来衡量制度质量，并结合跨国样本分析其对空气污染的影响。③在实证设计方面，本文探讨了基于收入和法律制度的异质性。特别地，本文根据 WGI 的不同组成部分（法治水平、政府效率、腐败控制等）确定了制度质量的哪些方面实际影响了空气污染。此外，本文还进行了一系列的稳健性检验，以解决潜在的内生性问题。

本文剩余部分安排如下："文献综述"部分回顾了空气污染和制度质量的相关文献；"数据和实证策略"部分描述了变量设定、数据来源和实证策略；"实证结果和稳健性检验"部分讨论了基准回归结果和稳健性检验；"机制分析"部分则进一步讨论了潜在机制；最后，在"结论"部分对本文进行总结。

二、文 献 综 述

环境质量的改善不仅属于生产性经济的范畴，与制度体系问题也息息相关

（Zheng et al.，2014）。作为政治建设的重要组成部分，制度质量的建设影响着社会公共产品的供给（Olson，1993）。目前，大部分的文献都聚焦于分析制度质量对宏观经济的影响。Keefer 和 Knack（1997）发现，当腐败、税收和契约风险出现时，欠发达国家的经济增长能力显著下降。这表明制度因素影响了落后国家追赶发达国家的进程。同样，Klein（2005）发现资本账户自由化对经济增长的影响取决于制度质量的水平。大量的研究表明制度质量在经济发展中具有重要作用（Klein，2005；Berdiev et al.，2020）。

作为一种具有强外部性的公共品，环境也会受到制度质量水平的影响（Sarkodie and Adams，2018）。在与环境污染相关的研究中，大多数学者从制度体系的一个或两个方面进行考察，并分析其与环境质量之间的关系。一方面，一些研究将民主作为制度质量建设的衡量标准并探究民主差异对环境污染的影响。Deacon（2000）发现，民主的政府制度更能提供足够的环境产品，而非民主制度则将权力交给少数既得利益集团。这些利益集团更倾向于谋求自身利益而忽视社会优化。至于民主和环境之间的关系，Midlarsky（1998）发现对于不同的污染物，民主对环境的影响并不明确。Gleditsch 和 Sverdrup（2002）发现，国家民主水平的提升有利于减少人均二氧化碳排放量。同样的结论也出现在 Harbaugh 等（2002）以及 Arminen 和 Menegaki（2019）的研究中。另一方面，一些研究将国家腐败程度作为衡量制度质量的标准（Pellegrini and Gerlagh，2005；Cole，2007；Arminen and Menegaki，2019；Berdiev et al.，2020）。腐败可以通过影响收入分配和经济增长率来间接影响环境污染（Leitão，2010）。在此基础上，Goel 等（2013）使用跨国面板数据分析了腐败和影子经济对环境污染的影响，发现作为制度质量指标的腐败和影子经济在污染防治中发挥了重要作用。Wang 等（2020）也得出了类似的结论。

尽管前人已经研究了国家腐败或政治权力差异与环境污染之间的关系，但政府腐败或民主只是衡量制度质量的一个维度，我们还需要关注其他衡量制度质量的因素。正如 Kaufmann 等（2011）所指出的，制度质量建设的衡量应包括国家话语权、政治稳定性、政府效率、管理质量、法律体系和腐败控制。因此，本文将使用制度质量的综合指标来研究其对环境质量的影响。制度质量已被证明可以增加清洁能源的使用（Sohail et al.，2021），实现清洁生产（Mehmood，2021）。从可持续发展的角度来看，Hassan 等（2020）指出制度会影响长期的二氧化碳排放。但 Azam 等（2021）认为，在发展中国家，制度质量会增加二氧化碳和甲烷的排放量。许多研究从 FDI 的角度评估了制度质量对环境污染的影响。一些研究认为，制度质量的改善所吸引的贸易和投资活动将扩大污染排放的规模效应（Le and Ozturk，2020）。相反，其他研究认为制度质量的缺乏将导致污染天堂效应并造成环境退化（Singhania and Saini，2021）。因此，制度质量与环境污染之间的关系仍然存在争议，这为本文提供了研究动机。

本文有三个理论基础：环境库兹涅茨曲线、污染天堂假说和波特假说。环境库兹涅茨曲线（Kuznets，1985）是指经济发展和环境污染之间呈倒"U"形关系。然而，许多研究表明环境库兹涅茨曲线受到制度、政策和全球化的影响（Farzanegan and Markwardt，2018；Masron and Subramanian，2020；Bekun et al.，2021）。因此，有必要就制度质量对环境库兹涅茨曲线和环境污染的影响进行实证分析。污染天堂假说是由 Walter 和 Ugelow（1979）提出的，其假定随着国际贸易壁垒的灵活化，跨国企业会通过 FDI 或其他方式将低端技术从发达国家转移到发展中国家，从而加剧东道国的污染。许多研究认为，FDI 对环境的影响取决于环境监管水平和制度质量（Ullah et al.，2022；Zhang et al.，2020）。此外，波特假说假定更严格的环境监管可能通过刺激创新对企业绩效产生积极影响。波特假说已被许多实证研究证实（Tang et al.，2020；Chen et al.，2021），环境监管确实能够推动企业技术进步。因此，技术进步也可能是制度质量影响环境污染的机制之一。本文将在这三个理论的基础上进一步总结制度质量影响环境污染的机制。

首先，相关文献认为制度质量建设对社会和经济发展有重要影响（Hall and Jones，1999；Gwartney et al.，2004；Arminen and Menegaki，2019）。然而，环境污染与区域经济发展密切相关，由资源投入驱动的经济增长将伴随环境的恶化。那么，制度因素对二者之间的关系有什么样的影响呢？Zhou 等（2020）分析了中国 2013 年反腐运动对空气污染水平的影响，发现反腐运动使空气污染减少了20.3%。Farzanegan 和 Markwardt（2012）分析了民主是否有利于中东和北非国家的经济向环境兼容的方向发展，他们发现，民主制度缓解了环境与经济增长之间的矛盾。对于在收入和制度建设方面具有巨大增长潜力的高污染国家，民主制度可以使其在经济收入增加的过程中减少环境污染。在现实中，不同的经济发展阶段伴随着不同的环境绩效。特别是，随着生产力的进步和技术的升级，地区将拥有足够的资金和技术来支持环境治理和预防环境污染。这一点可以从发达国家和发展中国家不同的经济和环境绩效中得到证实。然而，在现有的研究中并没有发现关于制度质量对空气污染的影响的一致性结论。

其次，一些学者试图从 FDI 的角度解释制度质量和环境之间的关系（Akhtaruzzaman et al.，2017），但并没有达成共识。一些学者认为，制度质量与FDI 之间存在显著的正向关系（Buchanan et al.，2012），制度质量会提高一个国家吸引外资的能力（Aziz，2018）。相反，制度质量较低的国家吸引的 FDI 较少（Al-Sadig，2009）。因此，为了获得经济发展所需的资金，低收入国家往往会降低自己的环境标准，以吸引发达国家的资金（Baumol and Oates，1988；Cheng et al.，2020）。这一现象也表明了污染天堂假说的重要意义，即污染密集型产业通常会流向发展中国家。Cheng 等（2020）利用动态空间面板模型实证分析了 FDI 对中国 PM$_{2.5}$ 污染的影响并证明了污染天堂假说。与工业化初期相比，FDI 对城市 PM$_{2.5}$ 污染的影响在中期更为显著。通过回顾环境与经济增长、环境与国际贸易的文献，可以发现经济增长的污染效应确实存在。此外，在国际分工模式下，发展中国家成为污染避难所（Copeland and Taylor，1994；Johnson and Noguera，2012）。因此，对外贸易对环境的影响取决于制度质量的水平。贸易开放对制度质量低的国家不利，但对制度质量高的国家的环境质量有利（Ibrahim and Law，2016）。然而，一些学者持相反的观点。他们认为，外资企业的进入会带来发达国家的先进技术和治理理念，因此 FDI 将提高东道国的环境保护意识和环境保护能力（Birdsall and Wheeler，1993；Zhao et al.，2020）。此外，一些学者认为 FDI 不会加剧东道国的环境问题，相反，FDI 会提高落后国家的污染控制绩效（Eskeland and Harrison，2003；Wang et al.，2019a）。

最后，一些学者从技术进步的角度解释制度质量与环境之间的关系，但没有达成共识。环境本身属于非排他性的公共物品，它的有效配置要求政府实施积极的环境控制政策。在中国这种分权体制下，环境法规由中央政府制定和发布，并在地方政府的协助下实施。然而，在中央绩效考核和个人利益的驱动下，地方官员可能会降低环境执法的力度，通过牺牲环境来实现经济增长（Wu et al.，2013；Jia and Nie，2017）。传统观点认为，环境和生产不能同时进步。但是 Porter 和 van der Linde（1995）提出了环境政策可以刺激技术创新，从而实现生产和环境绩效双赢的波特假说。这一发现与新制度经济学派的观点不谋而合。新制度经济学派认为，制度是技术进步的一个重要因素（Coccia，2020），技术进步可以实现环境质量和经济的共生发展（Sun et al.，2019）。Wang 等（2019b）表示，在现有的资源和环境约束下，中国的碳交易体系和低碳经济转型之间存在正相关关系。资源和环境的约束可以实现环境质量和经济增长的双赢。尽管许多学者从不同方面的研究证实了波特效应（Ambec and Barla，2006），但波特假说的存在也遭受到如 Palmer 等（1995）及 Levinsohn 和 Petrin（2003）的质疑。

综上所述，在经济发展、FDI 或技术进步方面，关于制度质量对环境质量的影响学者并未达成共识。因此，本文将探讨制度质量对环境的影响及其机制。基于 2000～2016 年的跨国面板数据，本文通过使用一个更全面的制度质量指标（WGI）来分析制度质量与空气污染之间的关系。此外，本文将从经济、FDI 和技术进步的角度就制度对环境质量的影响机制进行分析。首先，本文以经济增长率为机制，从环境库兹涅茨曲线出发分析制度质量因素对不同经济发展阶段环境质量的影响。其次，本文从对外投资的角度分析制度质量、外国投资和环境之间的关系，从而验证污染天堂假说是否成立。最后，本文从技术进步的角度分析制度质量、技术发展和环境绩效之间的关系，并讨论波特假说是否成立。

三、数据和实证策略

(一)空气污染

由于 PM$_{2.5}$ 是非常重要的监测环境污染的指标,因此本文主要用 PM$_{2.5}$(微克/米^3)来衡量各国的空气污染情况。PM$_{2.5}$ 是细颗粒物,很容易被吸入体内并对人体健康构成威胁。此外,PM$_{2.5}$ 可以在空气中悬浮很长时间,对空气质量会产生重要影响。在这项研究中,每个国家的 PM$_{2.5}$ 栅格数据都来自美国国家航空航天局(National Aeronautics and Space Administration,NASA)。然后,本文计算了 2000~2016 年各国的 PM$_{2.5}$ 浓度(PM$_{2.5}$ concentration,PMC)。此外,本文使用全球大气研究排放数据库(Emissions Database for Global Atmospheric Research,EDGAR)收集的 PM$_{2.5}$ 浓度数据进行稳健性检验。与 NASA 的现场监测站数据不同,EDGAR 的 PM$_{2.5}$ 数据是由区域能源消耗转换而来的。本文还收集了每个国家的二氧化硫(SO$_2$)、二氧化碳(CO$_2$)和氮氧化物(NO$_x$)数据作为 PM$_{2.5}$ 的替代指标进行稳健性分析。

(二)制度质量

制度质量对一个国家来说非常重要,其价值体现在经济竞争力、政府治理、社会建设和生产实践上。衡量制度质量的方法有很多,一些研究通过腐败或民主程度来衡量制度质量(Gleditsch and Sverdrup,2002;Arminen and Menegaki,2019;Berdiev et al.,2020)。然而,政府腐败或民主只是衡量制度质量的一个维度,我们应该注重对制度质量的全面衡量。就综合指标而言,政治风险服务集团(Political Risk Service Group,PRS)提供了 141 个国家的国际风险指南(international country risk guide,ICRG),透明国际衡量了 180 个国家的廉洁指数(corruption perception index,CPI)。此外,Kaufmann 等(2011)发布了 WGI。

Kaufmann 等(2011)认为,制度质量的衡量应该包括三个层面的六个方面:①选择、监督和改变政府的过程,即国家的话语权和政治稳定性;②政府有效地制定和实施合理政策的能力,即政府的效率和管理质量;③公民和国家对其经济和社会互动的制度的尊重,即对社会法律制度和腐败的有效控制。他们的研究构建了 WGI 这样一个综合的衡量指标。这一指标被广泛用于制度质量的研究中(Álvarez et al.,2018;Berdiev et al.,2020)。WGI 是由六个不同的二级指标加权而成的,包括国家话语权和问责制(WGI_voi)、政治稳定性与无暴力(WGI_pol)、政府效率(WGI_gov)、政府监管质量(WGI_reg)、法治水平(WGI_law)和腐败控制(WGI_corr)。由于没有统一的制度质量衡量标准,本文进行了相应的文献研究以确保所选指标的可靠性。WGI 被广泛应用于与制度质量相关的研究中。在涉及不同制度质量国家金融发展增长效应的研究中，Law 等（2013）使用了 WGI 的腐败控制、法治和政府效率这三个子指标来衡量制度质量。在关于制定应对气候变化的法规和法律如何影响二氧化碳排放的研究中，Stef 和 Ben Jabeur（2020）使用 WGI 的法治、监管质量、腐败控制和政府效率这四个子指标来衡量制度质量。

鉴于 WGI 具有较高的覆盖率和全面性，因此 WGI 是制度质量相关研究的一个重要指标（Álvarez et al.，2018；Berdiev et al.，2020），本文在基准回归中使用 WGI 来衡量制度质量。为了保证结果的稳健性，本文使用 ICRG 和 CPI 作为 WGI 的替代指标。先前也有研究将 WGI、CPI 和 ICRG 结合起来衡量制度质量（Law et al.，2013；Arminen and Menegaki，2019；Aluko and Ibrahim，2020；Berdiev et al.，2020）。ICRG 衡量了每个国家的经济、政治和金融风险。其得分越高，对应的国家风险越低，制度质量越好。CPI 衡量的是人们对公共部门腐败的看法。其值越大，对应的国家就越清廉（Berdiev et al.，2020）。由于不同研究的关注点不同，这些研究可能会使用不同的子指标。为了更全面地评估制度质量对环境污染的影响，本文参考之前的研究，结合 CPI 和 ICRG 来衡量制度质量。此外，本文还将进一步评估 WGI 的六个子指标对空气污染的影响，从更多维度观察制度质量的作用。

（三）其他变量

本文在 Congleton（1992）、Greenstone 和 Hanna（2014）研究的基础上，收集了与制度质量和空气污染相关的变量：人均 GDP（GDPC）、农业产值的比重（Agriculture）、经济开放度（Open）、人口密度（Popd）、能源效率（EE）和人力资本水平（HC）。GDPC 被用来衡量一个国家的经济水平。Liu 和 Dong（2020）证明了环境不仅受到腐败的影响，同时也受到经济水平的影响。Agriculture 描述了一个国家的产业结构对环境质量的影响。Open 是由进出口产值占 GDP 的比例来衡量的，它刻画了对外开放对区域经济的影响。一方面，国际贸易对东道国的经济有积极影响；另一方面，它可能对区域环境造成压力（Duan and Yan，2019）。Popd 和 HC 反映了人口因素的作用。人口的空间集聚将影响区域生产和环境污染（Lou et al.，2016），而人力资本的积累将有助于实现经济的可持续发展（Buevich et al.，2020）。EE 是指能源消耗量与 GDP 的比率（即单位 GDP 能耗），一般来说，单位 GDP 能耗的降低意味着能源效率的提高，并有助于缓解环境问题。此外，区域污染的程度受气象条件的影响。Neidell（2004）发现污染呈现季节性趋势。在冬季，温度的降低使大气中的颗粒物易被雾困住，从而导致一氧化碳和其他污染物的增加。而降雨可以冲走空气中的污染物，缓解空气污染（He et al.，2016）。因此，在实证分析中，本文还控制了年平均温度（Temp）和降水量（Preci）。

（四）数据来源

本文收集了 2000～2016 年的面板数据，并剔除了一些小岛屿国家和低收入国家的数据，最终得到 150 个国家的样本。WGI、GDP、农业产值的比重以及与人口有关的变量均来自世界银行，代表开放度的相关变量来自佩恩表[①]，基准回归中的 PM$_{2.5}$ 来自 NASA，其他污染物指标来自 EDGAR，稳健性检验中使用的 CPI 和 ICRG 数据分别来自透明国际和 PRS 集团。此外，机制分析中的 FDI 数据来自 UNCTAD（United Nations Conference on Trade and Development，联合国贸易和发展会议）。

表 1 为实证样本中各变量的描述性统计表。为了消除异常值的干扰，本文对一些连续变量进行对数化处理。表 1 显示，WGI 的值在 –1.994 至 1.970 之间，平均值为 0.001。ICRG 的平均值为 6.502，而 CPI 的平均值为 4.310。这些制度质量衡量指标的值越大，国家的制度质量就越高。此外，表 2 报告了所有国家以及不同收入水平国家的 WGI 的时间趋势。本文发现，制度质量整体上处于短期有所波动但长期趋于稳定的状态。其中，2004～2005 年和 2007～2009 年制度质量出现了轻微的下降，然后恢复并逐渐稳定下来。高收入国家的 WGI 普遍高于收入水平较低国家的 WGI，而低收入国家的 WGI 最低。可以预见，制度质量的提高与经济发展有关。本文在图 1 中描述了不同国家 PMC 的时间趋势，并在图 2 中描述了 PMC 与 WGI 的直观关系。本文发现，尽管全球环境污染问题得到了部分缓解，但总体上并没有明显的改善，目前环境状况仍然不容乐观。特别是在中等偏下收入国家，这种情况更为明显，且制度质量和环境质量指标的时间变化趋势是相反的。当然，这只是一种直观的数字联系，实际的因果关系需要进行分析，但这种直观的证据也为本文后续的分析提供了事实依据。

表 1　描述性统计表

变量	定义	观测值	平均值	标准差	最小值	最大值
PMC	PM$_{2.5}$ 浓度	2550	2.377	4.177	0.001	32.33
WGI	制度质量	2550	0.001	0.915	−1.994	1.970
lnGDPC	人均 GDP 的对数	2550	9.112	1.179	6.163	11.930
Agriculture	农业产值的比重	2498	10.860	10.720	0.030	57.240
Open	经济开放度	2550	−5.128	20.020	−306.700	75.830
EE	能源效率	1966	9.034	8.402	1.213	219.700
HC	人力资本水平	2193	2.504	0.688	1.069	3.809
lnPopd	人口密度的对数	2550	4.134	1.354	0.434	8.976

---

① 数据来源：https://www.rug.nl/ggdc/productivity/pwt[2021-05-02]。

续表

变量	定义	观测值	平均值	标准差	最小值	最大值
lnTemp	年平均温度的对数	2511	2.799	0.621	-2.775	3.386
lnPreci	降水量的对数	2550	4.142	0.963	-0.258	5.835
WGI_reg	政府监管质量	2550	0.069	0.951	-2.344	2.260
WGI_law	法治水平	2550	-0.008	0.997	-2.241	2.100
WGI_corr	腐败控制	2550	0.006	1.039	-1.806	2.470
WGI_gov	政府效率	2550	0.063	0.971	-1.977	2.437
WGI_pol	政治稳定性与无暴力	2550	-0.073	0.963	-3.181	1.760
WGI_voi	国家话语权和问责制	2550	-0.054	0.997	-2.259	1.801
$lnpm_{2.5}$	浓度的对数	1950	1.840	2.080	-3.430	9.100
$lnSO_2$	二氧化硫的对数	1950	4.200	2.050	-0.670	10.320
$lnCO_2$	二氧化碳的对数	1950	3.000	2.210	-2.660	9.240
$lnNO_x$	氮氧化物的对数	1950	4.650	1.810	-0.130	10.260
lnfdi	对外直接投资的对数	2414	7.096	2.111	0.000	13.051
gdp_g	GDP 增长率	2524	4.185	4.611	-33.100	63.380
TFP	全要素生产率	1696	0.005	0.036	-0.118	0.121
ICRG	国家风险指数	2108	6.502	1.144	3.270	9.060
CPI	国家廉洁指数	2282	4.310	2.184	0.000	10.000

表 2 按收入水平划分的 WGI

年份	全球	高收入国家	中等偏上收入国家	中等偏下收入国家	低收入国家
2000	0.03	1.04	-0.32	-0.58	-0.72
2001	0.03	1.04	-0.32	-0.59	-0.72
2002	0.02	1.05	-0.33	-0.60	-0.72
2003	0.02	1.03	-0.30	-0.62	-0.70
2004	-0.01	1.01	-0.35	-0.65	-0.76
2005	-0.02	1.00	-0.32	-0.69	-0.81
2006	-0.02	0.99	-0.35	-0.64	-0.76
2007	-0.01	1.00	-0.35	-0.62	-0.75
2008	0.00	1.00	-0.32	-0.63	-0.76
2009	-0.01	0.98	-0.32	-0.62	-0.79
2010	-0.01	0.99	-0.33	-0.62	-0.79
2011	-0.01	0.99	-0.33	-0.61	-0.80
2012	-0.01	0.99	-0.32	-0.58	-0.84

续表

年份	全球	高收入国家	中等偏上收入国家	中等偏下收入国家	低收入国家
2013	0.00	0.99	−0.31	−0.58	−0.83
2014	0.01	0.98	−0.30	−0.55	−0.82
2015	0.00	0.97	−0.32	−0.54	−0.81
2016	0.00	0.97	−0.32	−0.53	−0.84
平均	0.00	1.00	−0.33	−0.60	−0.75

注：各国之间的收入分类以世界银行提供的收入分类标准为准

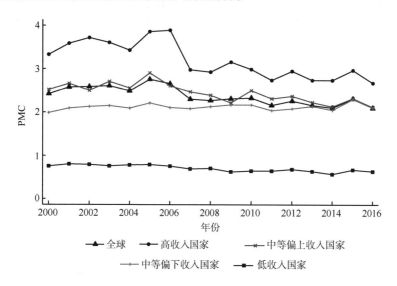

图 1　按收入水平划分的 PMC

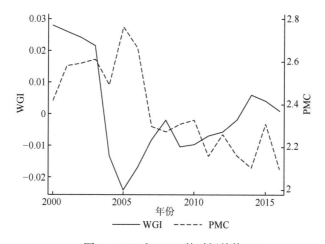

图 2　WGI 和 PMC 的时间趋势

（五）实证策略

参照 Congleton（1992）、Greenstone 和 Hanna（2014）的实证策略，本文在控制国家经济、人口、社会和气象因素的基础上就制度质量对空气污染的影响进行分析。具体的实证模型如下：

$$emission_{it} = \alpha_0 + \beta_1 institution_{it} + \gamma X + \eta_t + \sigma_i + \varepsilon_{it} \tag{1}$$

在基准回归中，因变量 $emission_{it}$ 是 PMC。在稳健性检验中，本文使用其他环境污染替代指标（SO_2、CO_2 等）。同样地，在基准回归中 $institution_{it}$ 是 WGI，在稳健性检验中则代表其他制度质量指标（ICRG 或 CPI）。X 是与制度质量和空气污染密切相关的控制变量，包括经济和人口等因素。η_t 和 σ_i 表示时间层面的固定效应和国家层面的固定效应，以消除区域和时间异质性的干扰，γ 和 ε_{it} 分别代表控制变量的系数和随机扰动项。

四、实证结果和稳健性检验

（一）制度质量和空气污染

在本文进行实证分析之前，需要检验面板数据中变量的横截面相依性和协整性（Ozturk et al.，2019；Baloch et al.，2021；Liu et al.，2021）。参考 Rauf 等（2018）和 Khan 等（2021）的做法，本文使用 Pesaran（2021）提出的 CD（cross-section dependence，横截面相关性）检验来识别横截面相依性。在本文附表中我们可以看到，所有变量都在 1%的水平下显著。因此，CD 检验的零假设被强烈拒绝。本文还通过面板单位根检验来识别变量的平稳性。鉴于本文的面板是不平衡的，因此本文在附表中报告了面板 Fisher 检验结果（Westerlund，2008）。结果显示，零假设在 1%的显著性水平下被拒绝，说明本文在实证分析中所使用的变量是平稳的。

本文根据公式（1）对 WGI 和 PMC 进行基准回归分析。表 3 报告了在控制年份和国家固定效应后的所有回归结果，从第（1）列中我们发现 WGI 对 PMC 有负向影响，即当制度质量增加一个单位时，$PM_{2.5}$ 浓度下降 0.406 微克/米^3。就控制变量而言，区域经济发展水平对区域空气污染浓度有显著的正向影响。然而，如果不考虑其他相关因素对污染的影响，这个结论可能是错误的。因此，在第（2）～（6）列中，本文逐渐将影响制度质量和污染的其他变量加入到回归中。结果显示，在控制了气象因素、贸易开放度、能源效率和人口因素之后，制度质量仍然显著降低了地区空气污染。我们观察到，制度质量使 $PM_{2.5}$ 显著降低了 0.831 微克/米^3。这与 Tamazian 和 Rao（2010）及 Mao 等（2019）的研究结果相似。

表3　制度质量与空气污染的基准回归结果

变量	（1）PMC	（2）PMC	（3）PMC	（4）PMC	（5）PMC	（6）PMC
WGI	−0.406**	−0.420**	−0.818***	−0.782***	−0.835***	−0.831***
	（0.179）	（0.166）	（0.213）	（0.213）	（0.217）	（0.217）
lnGDPC	0.671***	0.611***	0.637***	0.609***	0.672***	0.666***
	（0.141）	（0.131）	（0.152）	（0.152）	（0.156）	（0.156）
HC	−3.142***	−2.646***	−3.236***	−3.195***	−3.245***	−3.246***
	（0.318）	（0.296）	（0.405）	（0.405）	（0.409）	（0.409）
Agriculture	−0.015	−0.013	−0.006	−0.008	−0.008	−0.008
	（0.010）	（0.010）	（0.011）	（0.011）	（0.011）	（0.011）
lnPopd		−4.681***	−5.177***	−5.161***	−5.220***	−5.213***
		（0.259）	（0.301）	（0.301）	（0.304）	（0.304）
EE			−0.010	−0.011	−0.011	−0.010
			（0.009）	（0.009）	（0.009）	（0.009）
Open				0.009**	0.009**	0.009**
				（0.004）	（0.004）	（0.004）
lnTemp					−0.300	−0.311
					（0.207）	（0.207）
lnPreci						−0.191
						（0.142）
Constant	3.827***	22.095***	25.360***	25.457***	26.290***	27.129***
	（1.438）	（1.673）	（1.991）	（1.989）	（2.075）	（2.166）
年份固定效应	Y	Y	Y	Y	Y	Y
国家固定效应	Y	Y	Y	Y	Y	Y
F统计量	11.34	28.16	23.91	23.12	22.09	21.26
N	2161	2161	1766	1766	1737	1737

注：括号中报告了异方差稳健标准误差。Y表示"是"

和*分别表示5%和1%的显著性水平

此外，控制变量对空气污染的影响没有明显差异。具体来说，能源效率对空气污染的影响是负的，因为能源利用率的提高将减少总体能源消耗并减少污染。同样，在其他因素不变的情况下，地区人力资本越高，空气污染越低。这是因为人力资本代表着国家的创新和活力，有利于防范和控制环境污染。相比之下，本文发现贸易开放度的提高加剧了空气污染。在现有的研究中，Rock（1996）认为开放政策的实施是加剧污染的一个重要因素。Cole 和 Elliott（2003）也发现贸易自由化导致了二氧化碳和氮氧化物的增加。

为了进一步排除对斜率系数异质性的担忧，本文参照 de Chaisemartin 和 D'Haultfoeuille（2020）的做法进行异质性处理。结果如下所示：本文使用"twowayfeweights"的 Stata 软件包进行分析，发现 65%的真实平均处理效应的权重严格为正，而 35%严格为负，负的权重之和为-0.26。我们得到的统计数据是0.37，为正值。这表明，只有在各观测值处理效应的标准差等于 0.37 的情况下，我们估计的制度质量系数才可能是相反的符号。本文在表 3 第（6）列中估计的基准效应是 0.831，根据"twowayfeweights"命令的帮助文件，0.831>0.37×1.645。因此在这种情况下，可以推断在本文设定中处理效应的异质性并不是一个严重的问题。

（二）异质性分析

在基准回归分析中，制度质量显著地降低了空气污染。接下来，我们进行具体的异质性分析，以验证制度质量和环境污染之间的关系是否具有异质性。

首先，环境库兹涅茨曲线认为经济发展与环境污染之间的关系是一条倒"U"形曲线。只有当收入水平达到临界值时，经济发展才开始慢慢缓解早期高能耗发展模式下的环境恶化问题（Kaika and Zervas，2013）。那么，制度质量作为一个重要的政治和经济因素是否在经济发展和污染恶化中起到调解作用？Bhattarai 和Hammig（2001）利用 66 个国家的跨国数据，通过实证研究发现政治制度和政府治理的改善可以显著地减低雨林退化的速度。在此，本文将探讨制度质量的作用，本文将 150 个国家分为四组：高收入国家、中等偏上收入国家、中等偏下收入国家和低收入国家。[①]表 4 报告了相关的回归结果，第（1）～（4）列是在不同收入水平下制度质量和空气污染的实证结果。一方面，随着国民收入水平的下降，制度质量对空气污染的影响发生了显著变化。其中，WGI 的增加只会使高收入国家的 PMC 显著降低 0.716 微克/米 ^{3}。另一方面，尽管制度质量的提高可以减少中等收入（包括中等偏上收入和中等偏下收入）国家和低收入国家的 PMC，但这种负向关系并不显著。[②]事实上，一个国家的制度质量和环境质量之间的关系与它的内部经济发展水平密切相关。对于欠发达国家来说，最紧迫的任务是提高经济

---

① 这一分类的依据是世界银行的统计数据（https://www.worldbank.org）。

② 实证结果显示，相比在中等偏上收入国家，制度质量对中等偏下收入国家空气污染的影响更大。虽然两者在统计学上并不显著，但我们给出了一个相当合理的解释。首先，无论是从制度质量还是经济发展水平来看，中等偏上收入国家都优于中等偏下收入国家，而后者在经济领域有更大的追赶需求。其次，从环境库兹涅茨曲线的角度来看，中等偏上收入国家的边际污染强度应该低于中等偏下收入国家的边际污染强度。在这种情况下，制度质量的提高所带来的边际减排效果在中等偏下收入国家会更高这一结果是可以理解的。

发展水平。因此，经济水平的提高必然会导致污染水平的上升。Goel 等（2013）发现，非洲大部分国家属于低收入国家，且整体经济发展水平也相对落后于其他国家。在追赶发达国家的过程中，其环境污染程度会相对高于其他国家和地区。但是，随着收入水平的提高，制度质量的减排效果逐渐增强，WGI 的系数也从 -0.025 增加到-0.094，再增加到-0.716。这种变化发生在低收入国家成为高收入国家的过程中，即在环境库兹涅茨曲线的上升阶段的左半部分。制度质量的提高有利于减少经济增长对环境的恶化作用，即制度质量的减排效应日益突出。目前，我们不能排除某国在达到高收入水平时已经处于环境库兹涅茨曲线拐点的可能性。我们很难区分污染的下降是制度质量造成的，还是拐点之后环境库兹涅茨曲线中环境质量改善的必然结果。然而，即使国家跨越了 EKC 的拐点，制度质量的提高也有利于环境的改善。无论在环境库兹涅茨曲线的哪个阶段，制度质量都能在环境与经济的关系中发挥调节作用。因此，各国不仅要重视经济绩效的实现，也要重视制度治理能力的提高。

表4　基于收入水平和法律制度的异质性分析

变量	（1）高收入国家	（2）中等偏上收入国家	（3）中等偏下收入国家	（4）低收入国家	（5）大陆法系	（6）普通法系	（7）其他法系
WGI	−0.716**	−0.094	−0.138	−0.025	−0.115	−1.436***	−0.376
	(0.359)	(0.149)	(0.092)	(0.098)	(0.095)	(0.442)	(0.314)
Constant	44.858***	5.833**	5.162***	−5.119***	3.758***	−1.945	34.033***
	(3.753)	(2.627)	(1.327)	(1.793)	(1.260)	(4.325)	(4.372)
控制变量	Y	Y	Y	Y	Y	Y	Y
年份固定效应	Y	Y	Y	Y	Y	Y	Y
国家固定效应	Y	Y	Y	Y	Y	Y	Y
F 统计量	23.74	4.31	6.42	5.09	9.27	2.04	17.47
N	724	398	437	178	981	266	490

注：为控制本文篇幅，此处省略了控制变量的相关报告。括号中报告了异方差稳健标准误差。Y 表示"是"**和***分别表示 5%和 1%的显著性水平

其次，本文根据不同的法律制度分析了制度质量与空气污染之间关系的异质性。鉴于一个国家的法律体系与制度治理的质量密切相关，完善的法律体系是制度的一个重要组成部分。一个强大的执法系统可以取代薄弱的规则，从而进行干预以挽救被管理层滥用的投资，使其作用于社会的发展。现有的研究已经发现不同的法律体系对企业管理有重要影响（La Porta et al.，2000）。另一项研究证实了法律体系对经济发展的重要影响（Penrose，2009）。现有的法律体系可以分为三

种类型：以法国和德国为代表的大陆法系、以英国和美国为代表的普通法系以及混合法系或其他宗教法系。基于这一背景，根据美国中央情报局提供的数据①，本文将 150 个国家分为三组：大陆法系、普通法系和其他法系。表 4 的第（5）～（7）列报告了实证结果。我们发现，制度质量对污染的减少效应在三种法律体系中都存在。然而，这种减少效应只有在普通法系国家是在 1%的水平上显著。这一发现可以用法律体系本身的特点来解释。La Porta 等（2000）发现法律的执行质量在不同的法律体系中是不同的。当执行质量由司法系统的效率、法治程度和腐败程度等来衡量时，普通法系的执行质量相对高于以法国和德国为代表的大陆法系，而执行质量将在经济增长中发挥重要作用（Knack and Keefer，1995）。此外，普通法系对投资者的保护水平更高（La Porta et al.，2000）。无论是在宏观经济实力还是在微观企业监管方面，普通法系国家都有一定的优势。事实上，当我们对不同法系国家的制度质量和人均 GDP 进行分组和统计时，我们发现普通法系在平均制度质量和人均收入水平方面要优于大陆法系和其他法系。②如上所述，本文已经证明，制度质量对高收入国家的环境污染治理有更显著的促进作用。因此，制度质量水平和经济水平较高的普通法系国家可以更好地处理经济发展和环境污染的问题。

（三）制度质量和空气污染的次级指标

一些学者通过腐败程度（Goel et al.，2013）或民主程度（Midlarsky，1998）来衡量一个国家的制度质量。事实上，在本文的研究中，腐败和民主都是制度质量的次级指标。为了详细描述制度质量和环境之间的深层关系，本文具体考察了 WGI 的六个不同的子指标：国家话语权和问责制（WGI_voi）、政治稳定性与无暴力（WGI_pol）、政府效率（WGI_gov）、政府监管质量（WGI_reg）、法治水平（WGI_law）和腐败控制（WGI_corr）（表 1）。根据这六个子指标，我们研究制度质量的不同方面是否对空气污染有不同的影响。

如表 5 第（1）列所示，我们发现 WGI_reg 显著降低了 0.433 微克/米^3 的 PMC。因为政府的监管质量通常是指政府制定和实施与公众幸福指数密切相关的政策和法规的能力，其在实现社会福利最大化和可持续发展（Esty and Porter，2005）。因此，政府监管质量的提高有利于解决环境问题。另外，从第（2）列可以看出，法治指标也与空气污染密切相关，WGI_law 的增加会显著降低 PMC。一些研究表明，法治在环境保护和可持续发展中起着至关重要的作用（Wu，2017）。从理

---

① 数据来源：https://www.cia.gov。

② 治理能力的平均值：大陆法系为 0.031 51，普通法系为 0.5445，其他法系为–0.3448。人均收入：大陆法系为 9.1269，普通法系为 9.3920，其他法系为 8.9362。

论上讲，法治要求公众遵守规则，并为社会契约的执行质量保驾护航。这两个特点有利于保证环境保护政策的实施。同样，我们从第（3）列中发现 WGI_corr 的增加使 $PM_{2.5}$ 显著减少了 0.494。腐败影响环境质量的结论已经在现有文献中得到证实。例如，Welsch（2004）发现腐败会使空气质量恶化，而控制腐败可以在一定程度上改善环境质量。我们的发现与 Biswas 等（2012）的结论相似，这表明对腐败的有效控制可以减少影子经济对空气质量的负面影响。政府效率衡量的是政府公共服务的质量，其自身的变化会受到如官僚结构、利益集团和市场经济等各种力量的影响（Wu，2017），而这些因素都会对环境产生影响。从第（4）列中，我们发现制度质量可以显著降低污染程度。更强大的政府更有能力投资于污染防治技术的研发，并能够提供足够的监测以确保环境保护政策的有效实施，这有利于环境质量的改善。相比之下，我们从第（5）列中发现 WGI_pol 并不会对污染产生显著的减排效果。此外，考虑到不同经济发展水平国家的制度质量对环境的异质性影响，本文通过子样本回归分析了政治稳定性的影响。如第（6）～（7）列所示，政治稳定对污染的减少效应在高收入国家和低收入国家都不存在。同样，WGI_voi 对污染也没有减少效应，反而加重了污染。Wu（2017）的研究中也发现，这两个指标显著地加剧了环境污染。事实上，政治稳定和国家话语权主要侧重于领土安全的维护和国际地位的实现，在减少污染方面的作用相对较弱。

表5　二级项指标对空气污染的异质性影响

变量	（1）PMC	（2）PMC	（3）PMC	（4）PMC	（5）PMC	（6）PMC	（7）PMC	（8）PMC
WGI_reg	−0.433*** (0.140)							
WGI_law		−0.631*** (0.166)						
WGI_corr			−0.494*** (0.148)					
WGI_gov				−0.664*** (0.156)				
WGI_pol					−0.099 (0.085)	−0.078 (0.130)	−0.066 (0.039)	
WGI_voi								0.054 (0.154)

续表

变量	(1) PMC	(2) PMC	(3) PMC	(4) PMC	(5) PMC	(6) PMC	(7) PMC	(8) PMC
Constant	27.170*** (2.172)	27.480*** (2.161)	27.050*** (2.173)	26.560*** (2.176)	27.750*** (2.168)	35.180*** (3.106)	3.794** (1.885)	27.750*** (2.175)
控制变量	Y	Y	Y	Y	Y	Y	Y	Y
年份固定效应	Y	Y	Y	Y	Y	Y	Y	Y
国家固定效应	Y	Y	Y	Y	Y	Y	Y	Y
F 统计量	20.97	21.24	21.06	21.44	20.53	18.08	19.91	20.46
N	1737	1737	1737	1737	1737	1161	576	1737

注：为控制本文篇幅，此处省略了控制变量的相关报告。括号中报告了异方差稳健标准误差。第（6）栏为中等偏上收入组和高收入组样本的回归结果，第（7）栏为中等偏下收入组和低收入组样本的回归结果。Y表示"是"
和*分别表示5%和1%的显著性水平

总而言之，政府的监管质量、法治水平、腐败控制和政府效率与空气污染之间存在着显著的负相关关系。此外，根据估计系数的大小，本文发现政府效率具有较高的减排效果（0.664），其次是法治水平（0.631），最后是腐败控制（0.494）和政府监管质量（0.433）。相反，国家话语权和政治稳定性与经济的关系更大，对环境保护的影响则不明显。因此，一个国家内部监管质量的提高、腐败的有效控制、健全的法律体系建设以及政府的高效执行力更有助于减少和预防空气污染。

（四）稳健性检验

如上所述，本文已经证实了制度质量的改善可以减少空气污染，而且这种关系在收入水平和法律制度方面具有异质性。在本节中，本文将进行一系列的稳健性检验。

（1）替换空气污染指标。从EDGAR数据库公布的数据中，本文收集了150个国家2000～2012年的$PM_{2.5}$数据（$lnpm_{2.5}$）。这里的$PM_{2.5}$数据的测量方法与NASA不同，可以进一步证明基准回归结果的稳健性。此外，本文还收集了如二氧化硫（$lnSO_2$）、二氧化碳（$lnCO_2$）和氮氧化物（$lnNO_x$）等指标，以消除由指标选择所造成的干扰。由于它们都是空气污染的重要指标，因此可以作为替代指标来证明基准回归结果的可靠性，表6报告了实证结果。总体而言，在排除了污染指标来源和污染指标选择的干扰后，制度质量对污染的减少效应仍然是显著的。

表6 其他替代指标和空气污染

变量	（1）	（2）	（3）	（4）
	lnpm$_{2.5}$	lnCO$_2$	lnNO$_x$	lnSO$_2$
WGI	−0.430***	−0.562***	−0.415***	−0.602***
	(0.094)	(0.085)	(0.084)	(0.100)
Constant	−0.780	−2.109**	0.627	2.747***
	(0.993)	(0.897)	(0.888)	(1.056)
控制变量	Y	Y	Y	Y
年份固定效应	Y	Y	Y	Y
国家固定效应	Y	Y	Y	Y
F统计量	37.30	105.25	37.66	33.25
N	1481	1481	1481	1481

注：为控制本文篇幅，此处省略了控制变量的相关报告。括号中报告了异方差稳健标准误差。Y 表示"是"
和*分别表示 5%和 1%的显著性水平

（2）替换制度质量指标。为了消除对制度质量指标选择的顾虑，本文用 PRS 集团提供的 ICRG[①]和透明国际提供的 CPI[②]取代之前的 WGI 以进一步评估制度质量对环境的影响。ICRG 是一个衡量制度建设质量的综合指标，由 12 个不同层次的子指标组成。参照 Law 等（2013）的做法，本文采用各子指标的加权和来衡量一个国家的制度质量，其权重取决于不同的子指标在总体指标中的重要性。表 7 的第（1）～（5）列报告了回归结果。

首先，本文将 ICRG 作为制度质量的衡量指标。从第（1）列中，我们可以看出制度质量可以在 10%的显著性水平上减少空气污染，且 ICRG 的增加可以显著地减少 0.136 微克/米^3 的 PMC。其次，为了进一步证实制度质量所带来的减排效应的稳健性，我们将不同的污染物指标作为解释变量来研究 ICRG 和不同的污染物之间的关系。第（2）～（5）列分别使用 PM$_{2.5}$、二氧化碳、二氧化硫和氮氧化物等不同数据进行回归分析。我们发现，即使替换了制度质量和空气污染的测量指标，制度质量对空气污染的减少作用仍然显著存在。

同样地，本文用 CPI 来衡量制度质量，并重复制度质量与不同污染变量之间的实证分析。表 7 的第（6）～（10）列给出了回归结果。总的来说，CPI 的增加显著降低了 0.165 的 PMC。此外，虽然 CPI 的系数随着污染指标的不同发生变化，但制度质量对污染的减少效应仍在 1%的水平下显著。

---

① 数据来源：https://epub.prsgroup.com/products/icrg-historical-data。

② 数据来源：https://www.transparency.org/cpi。

表 7　制度质量替代指标和空气污染

变量	(1) PMC	(2) $\ln pm_{2.5}$	(3) $\ln CO_2$	(4) $\ln SO_2$	(5) $\ln NO_x$	(6) PMC	(7) $\ln pm_{2.5}$	(8) $\ln CO_2$	(9) $\ln SO_2$	(10) $\ln NO_x$
ICRG	-0.136*	-0.415***	-0.505***	-0.512***	-0.454***					
	(0.075)	(0.062)	(0.055)	(0.066)	(0.053)					
CPI						-0.165***	-0.121***	-0.201***	-0.184***	-0.107***
						(0.062)	(0.031)	(0.028)	(0.032)	(0.027)
Constant	22.232***	2.584***	1.840**	6.795***	3.807***	-12.207***	0.459	-1.014	3.599***	1.557*
	(2.043)	(0.802)	(0.720)	(0.852)	(0.687)	(1.799)	(0.914)	(0.819)	(0.940)	(0.804)
控制变量	Y	Y	Y	Y	Y	Y	Y	Y	Y	Y
年份固定效应	Y	Y	Y	Y	Y	Y	Y	Y	Y	Y
国家固定效应	Y	Y	Y	Y	Y	Y	Y	Y	Y	Y
F 统计量	18.13	49.45	137.6	41.38	50.1	32.4	49.6	144.52	45.94	51.93
N	1725	1581	1581	1581	1581	1622	1655	1655	1655	1655

注：为控制本文篇幅，此处省略了控制变量的相关报告。括号中报告了异方差稳健标准误差。Y 表示 "是"
*、**和***分别表示 10%、5%和 1%的显著性水平

（五）内生性问题

此前，本文用固定效应模型来分析制度质量和空气污染之间的关系。虽然我们已经控制了与空气污染和制度质量有关的因素，但没有考虑模型中可能存在的内生性问题及其对实证结果的干扰。政府决定了一个国家的制度质量。通过有效的政府监管，环境保护政策可以在污染预防和控制方面发挥作用，从而使制度质量能够降低空气污染。然而，在市场经济利益的驱使下，污染密集型企业有动力去贿赂政府。当政府和企业关系密切时，环境保护政策的制定和其他公共服务的提供都会因此受到影响。因此，制度质量也会受到空气污染的影响。在这一部分，本文将处理可能存在的内生性问题，以进一步确保实证结果的稳健性。

制度质量的内生性是本文研究中的一个关键问题。对于内生性的解决，学者大多采用工具变量的方法。Mauro（1995）认为语言是一个国家重要的文化纽带。现代市场经济起源于西欧文化，而西欧文化对市场经济的影响可以很好地解释制度质量。因此，他用语言多样性指数来构建制度质量的工具变量。然而，本文认为语言多样性程度深受经济因素和区域环境差异造成的人口流动的影响。因此，语言多样性不适合本文的研究。Hall 和 Jones（1999）把每个国家与赤道的距离作为制度质量的工具变量，以反映西方国家对每个国家的影响程度。然而，由于这个工具变量会受地理和气候因素的影响，因此其外生性受到了质疑。在本文的研究中，空气污染也应该受到气象因素的影响。因此，本文没有把离赤道的距离作为制度质量的工具变量。根据 Acemoglu 等（2001）的研究，本文把欧洲殖民时期的殖民地死亡率作为制度质量的工具变量。[①]国家治理体系或制度的发展需要很长的时间，目前的治理结构在很大程度上会延续早期的政权治理（Persson and Tabellini，2006）。正如 Acemoglu 等（2001）所说，即使殖民地在后期获得了独立，独立的政府也在很大程度上延续了原有的制度。换句话说，殖民地的死亡率与制度质量密切相关，且早期殖民地的死亡率不太可能影响到目前的空气质量。Boschini 等（2007）和 Mehlum 等（2006）也把定居点的死亡率作为制度质量的工具变量。因此，我们认为早期殖民地的死亡率可以作为制度质量的一个工具变量。根据 Roodman（2009）的方法，本文进行了系统 GMM（generalized method of moments，广义矩估计）回归。表 8 的第（1）～（6）列报告了相关的实证结果。

---

① Acemoglu 等（2001）认为，如果早期殖民者所在地区的死亡率很低，那么就会吸引更多的殖民者移民，并建立起类似于其母国的制度体系。相比之下，殖民者倾向于在该地区建立掠夺性制度。此外，即使后来殖民地获得了独立，由于制度的连续性，新政府很可能会延续原来的政治权力体制。

表 8　内生性检验

变量	(1) PMC	(2) PMC	(3) PMC	(4) PMC	(5) PMC	(6) PMC	(7) PMC	(8) PMC	(9) PMC
L.PMC	0.866*** (0.012)	0.830*** (0.026)	0.899*** (0.012)	0.877*** (0.011)	0.873*** (0.014)	0.874*** (0.014)			
WGI	-0.516*** (0.178)	-0.988*** (0.344)	-0.455** (0.227)	-0.706** (0.310)	-0.705** (0.324)	-0.640* (0.361)	-0.197*** (0.068)		-0.430* (0.259)
Change								0.072*** (0.019)	
lnGDPC	0.077** (0.036)	0.191*** (0.067)	0.059* (0.034)	0.110* (0.058)	0.109* (0.062)	0.134* (0.074)	0.055 (0.057)	0.328*** (0.048)	0.124 (0.080)
HC	-0.0173 (0.052)	-0.001 (0.102)	0.082 (0.091)	0.111 (0.090)	0.122 (0.092)	0.144 (0.107)	-0.149 (0.159)	-0.512*** (0.153)	-0.286* (0.169)
Agriculture	-0.007** (0.003)	-0.012* (0.006)	-0.005 (0.003)	-0.009** (0.004)	-0.007* (0.004)	-0.007* (0.004)	-0.001 (0.003)	-0.008** (0.003)	-0.003 (0.003)
lnPopd		-0.100* (0.052)	-0.025* (0.014)	-0.036* (0.019)	-0.039* (0.019)	-0.039** (0.019)	0.114 (0.160)	-0.038 (0.182)	0.137 (0.215)
EE			0.005 (0.007)	-0.003 (0.007)	-0.004 (0.007)	-0.004 (0.008)	-0.002 (0.001)	-0.002*** (0.000)	-0.002 (0.002)
Open				0.001 (0.002)	0.002 (0.002)	0.003 (0.002)	0.002 (0.002)	0.006*** (0.002)	0.003 (0.002)

续表

变量	(1) PMC	(2) PMC	(3) PMC	(4) PMC	(5) PMC	(6) PMC	(7) PMC	(8) PMC	(9) PMC
lnTemp					0.056 (0.134)	0.096 (0.178)	0.406** (0.197)	0.115 (0.151)	0.415** (0.196)
lnPreci						−0.018 (0.045)	−0.120** (0.054)	0.023 (0.051)	−0.111** (0.049)
AR(1)	0.093	0.086	0.031	0.031	0.033	0.034			
AR(2)	0.251	0.239	0.186	0.193	0.198	0.202			
Hansen	0.563	0.872	0.916	0.923	0.941	0.943			
弱工具变量									15.279***
N	1046	1046	817	817	808	808	258	258	258

注：第（1）～（6）列是系统 GMM 的估计结果，第（7）列是有政府权变动样本的基准回归结果，第（8）～（9）列分别是工具变量回归的第一阶段和第二阶段结果；括号中报告了异方差稳健标准误差

*、**和***分别表示 10%、5%和 1%的显著性水平

本文还试图从外生冲击的角度来识别一个国家存在期间制度质量的一些外生变化，以消除基准模型中可能遗漏的因素的干扰。尽管政治制度通常是非常持久的，但它们有时会突然发生政变，即国家权力变化。由于它们涉及政权的更迭（如一个国家从中央集权发展到民主或从民主发展到中央集权），不同政党执政理念的差异会导致制度质量的突然变化（Persson and Tabellini，2006）。特别是在政权过渡时期，由于缺乏稳定的政治体系，这就不可避免地会影响到制度质量（Adams et al.，2016）。因此，在随后的分析中，本文将政治权力的变化作为制度质量的外生变化。Polity IV 数据库[①]记录了自 1800 年以来大多数独立国家的政体数据，考察了国家体制的民主和专制变化，并对一个国家的制度进行客观的评分。根据 Polity IV 的评分分类，得分在–10 到+5 之间的国家为独裁国家或专制国家，而得分在+6 到+10 之间的国家是民主国家。在此基础上，我们确定了各国的政权属性，并发现在本文的研究样本中有 24 个国家发生了政权变化。本文以这些发生了政权变化的国家作为新的研究样本，重新研究制度质量对空气污染的影响。本文定义了一个虚拟变量来衡量政权变化，并将其作为制度质量的工具变量进行两阶段最小二乘法（two stage least squares，2SLS）回归。在具体的实证分析中，本文设定了一个政权变化的虚拟变量（Change）。对于有政权变化的国家，该虚拟变量为 1，否则为 0。[②]表 8 第（7）～（9）列报告了相应的回归结果。

首先，从第（1）～（6）列的结果可以看出，序列相关的 AR（auto-regressive，自回归）检验和工具变量的 Hansen 检验支持系统 GMM 估计。在逐步加入相关控制变量的过程中，我们发现制度质量的减少污染效应依然存在。其次，政权变化的实证结果表明制度质量对空气污染的减少有显著影响，且 WGI 的增加可以使 $PM_{2.5}$ 的浓度降低 0.197。同时，结合工具变量第一阶段和第二阶段的回归结果[见表 8 的第（8）～（9）列]，制度质量对空气污染的减少效应仍然是显著的。在此基础上，本文还将政治权力的变化作为外生冲击，并使用双重差分模型进行了实证分析。研究结果同样支持上述结论。[③]

综上所述，在排除内生干扰的基础上，我们得到一个稳健的结论，即制度质量的提高有利于解决环境问题。

---

① Polity IV 监测了世界上人口超过 50 万的独立国家的政权变化，对国家的权威性特征进行编码、比较和定量分析，形成了一套监测政权变化和研究政权影响的权威数据（Aghion et al.，2019）（详见官方网站：https://www.systemicpeace.org/polityproject.html）。

② 虚拟变量的设定只是为了识别政治权力的变化以及方便研究。0/1 的值对政治权力的性质没有意义。

③ 为了控制本文的篇幅，这里省略了关于双重差分模型的相关结果的报告。感兴趣的读者可向作者索取。

五、机　制　分　析

本文已经证明，制度质量可以显著减少地区空气污染。在此，本文转向探索制度质量如何影响空气污染。根据文献综述中的理论分析，本文将从经济发展、FDI 和技术进步三个方面确定潜在的作用机制。

第一，本文认为制度质量和污染之间的因果关系是以经济发展作为中介的。以往的研究表明，制度质量与经济增长有正向关系（Berdiev et al.，2020），地区收入的增长需要良好的制度质量的支持（Rodirk and Subramanian，2003）。然而，在 GDP 快速增长的同时，环境问题也随之而来（Grossman and Krueger，1991）。此外，经济增长对环境的影响在不同国家之间存在差异。一些研究认为，制度质量可以改善贸易在碳排放中的作用，进而改善环境质量（Ibrahim and Law，2016）。其他研究也支持在收入水平提高的过程中，制度因素对经济和污染发挥了重要作用（Arminen and Menegaki，2019）。因此，本文研究了在不同的经济发展阶段制度质量对空气污染影响的变化。参考 Preacher 和 Kelley（2011）的研究，我们将各国 GDP 增长率（gdp_g）加入到模型中，并进行以下三步回归。

$$\text{PMC}_{it} = \alpha_0 + \beta_1 \text{WGI}_{it} + \gamma X + \eta_t + \sigma_i + \varepsilon_{it} \qquad (2)$$

$$\text{gdp\_g}_{it} = \alpha_0 + \beta_2 \text{WGI}_{it} + \gamma X + \eta_t + \sigma_i + \varepsilon_{it} \qquad (3)$$

$$\text{PMC}_{it} = \alpha_0 + \beta_3 \text{WGI}_{it} + \beta_4 \text{gdp\_g}_{it} + \gamma X + \eta_t + \sigma_i + \varepsilon_{it} \qquad (4)$$

其中，gdp_g_{it} 是各国 GDP 的年增长率，控制变量和固定效应的定义与公式（1）一致。根据 Preacher 和 Kelley（2011）的研究，如果 β_1、β_2 和 β_4 的系数估计值显著不为 0，则存在中介效应。同时，如果 β_3 的估计系数不显著，则中介变量具有完全的中介效应；相反，如果 β_3 的估计系数是显著的，则中介变量具有部分中介效应。中介效应可以通过计算 β_1 和 β_3 的差值得到。

第二，本文从 FDI 的角度识别作用机制。随着国家贸易的增长和外国资本的流入，FDI 不仅对地区经济产生了积极的影响，也对国内环境造成了一定的压力（Cheng et al.，2020）。由于贸易对环境的影响取决于地区的制度质量，贸易开放往往对制度质量较低国家的环境建设有害，而对制度质量较高国家的环境建设有利（Ibrahim and Law，2016；Zhao et al.，2020）。因此，本文进一步将国际投资的对数（lnfdi）作为中介，从污染天堂假说的角度分析制度质量、FDI 和环境质量之间的关系。以此来验证污染天堂假说是否存在。

第三，作为公共产品的一部分，环境绩效受到制度质量的影响。一般来说，环境保护和生产是不可能同时进行的。然而，Porter 和 van der Linde（1995）指出，环境政策可以刺激技术创新，实现经济和环境保护的双赢。一些学者认为制度是决定技术进步的重要因素（Coccia，2020），而且环境政策的制定本身就属于制度质量的范畴。因此，本文将全要素生产率（total factor productivity，TFP）作为技术进步的代理变量。本文从波特假说的角度分析制度质量、技术进步和环境质量之间的关系，以此来验证波特效应的存在。

　　表9报告了机制分析的结果。从第（1）～（3）列中，我们发现所有的关键变量对PMC的影响都在1%的水平上显著，这证明了中介效应的存在。本文关注的重点是制度质量对空气污染的减少效应以及经济增长的中介效应是否存在。如第（3）列所示，制度质量可以显著减少0.609微克/米³的空气污染。同时，经济增长的中介效应为-0.222，占总减排效应的26.7%。[①]此外，第（2）列表明制度质量的提高使经济增长率降低了0.605，而第（3）列显示经济增长率的提高将使污染浓度增加0.047微克/米³。虽然这个值非常小，但其在5%的水平上显著。我们结合表9的统计值发现，就经济增长率来说，收入水平和国家的制度质量是相反的。制度质量与收入水平具有负相关关系，而经济增长率与收入水平呈现正相关关系。对于低收入国家来说，制度质量建设更多的是为经济发展服务，其环境治理机制和环境保护政策并不完善，且大多数的技术进步并不以改善环境质量为目的。因此，与经济低速发展地区相比，经济高速发展地区的环境问题更为严重。尽管如此，制度建设质量的提高还有利于缓解经济增长带来的环境问题。因此，环境库兹涅茨曲线存在。

　　同样，从表9第（4）～（6）列可以看出，制度质量对$PM_{2.5}$的影响从显著的-0.831变为非显著的-0.254，而中介变量FDI的系数仍然显著。这一结论表明，FDI具有完全的中介效应。此外，从第（5）列中我们发现制度质量的提高可以显著增加FDI，这与表10的统计结果相似。因此，制度质量高的发达国家可以吸引更多的FDI。从第（6）列中我们发现，在制度质量建设的分析框架下，FDI的增加可以显著减少0.873微克/米³的$PM_{2.5}$。结合第（5）列和第（6）列，我们可以得出结论，即制度质量的改善可以通过FDI实现积极的环境效应。这一发现与Ibrahim和Law（2016）的结论相似。他们认为与制度质量高的国家相比，贸易开放给制度质量低的国家带来了更多的负面环境效应。制度质量低的国家通常是不发达地区，它们降低环境标准，以获得为经济活动服务的其他外国资源（Baumol and Oates，1988）。这样的东道国往往会引进其他国家的高污染和高能耗工业。因此，污染天堂效应存在于制度质量低的国家或地区。各国可以通过提高制度质量来避免污染天堂的现象。

---

① -0.222/(-0.831)×100%。

表 9 机制分析

变量	(1) PMC	(2) gdp_g	(3) PMC	(4) PMC	(5) lnfdi	(6) PMC	(7) PMC	(8) TFP	(9) PMC
WGI	-0.831*** (0.217)	-0.605*** (0.204)	-0.609*** (0.192)	-0.831*** (0.217)	0.362*** (0.084)	-0.254 (0.182)	-0.831*** (0.217)	0.020** (0.009)	-0.734*** (0.195)
gdp_g			0.047** (0.023)						
lnfdi						-0.873*** (0.053)			
TFP									-1.052* (0.592)
控制变量	Y	Y	Y	Y	Y	Y	Y	Y	Y
年份固定效应	Y	Y	Y	Y	Y	Y	Y	Y	Y
国家固定效应	Y	Y	Y	Y	Y	Y	Y	Y	Y
F 统计量	21.26	18.53	32.15	21.26	104.9	59.15	21.26	7.52	9.41
N	1737	1736	1736	1737	1649	1649	1737	1385	1385

注：为控制本文篇幅，此处省略了控制变量的相关报告。括号中报告了异方差稳健标准差。Y 表示"是"

*、**和***分别表示 10%、5%和 1%的显著性水平

表 10　不同收入水平下的描述性统计

收入水平	WGI	gdp_g	lnfdi
高收入国家	1.0005	2.7822	8.2914
中等偏上国家	−0.3242	4.6205	7.2748
中等偏下国家	−0.6035	5.2281	6.3260
低收入国家	−0.7783	5.0191	5.2417

最后，我们从表 9 第（7）～（9）列中发现所有关键自变量的估计系数都是显著的。这表明技术进步对制度质量和空气污染之间的关系存在中介效应。本文关注的重点是在技术进步的作用下，制度质量对污染的减少效应是否仍然存在以及技术进步的中介效应有多大。结果显示，WGI 仍然显著降低了 0.734 微克/米^{3}的 $PM_{2.5}$。同时，技术进步的中介效应为−0.097，占总减排效应的 11.7%。此外，从第（8）～（9）列中，我们发现在制度质量建设的分析框架下，制度质量的改善会显著提高 TFP，而且技术进步可以显著减少 1.052 微克/米^{3}的 $PM_{2.5}$。结合第（8）列和第（9）列，我们可以得出这样的结论：制度质量的提高可以通过技术进步来达到减少污染的效果。因此，波特假说是存在的。一个国家可以通过改善制度质量来实现波特效应。

综上所述，本文证明了制度质量通过经济增长率对空气污染产生异质性影响。制度质量的提高可以抵消高经济增长率带来的潜在环境问题。在不同制度质量的国家，FDI 对环境有不同的影响，而污染天堂假说只在低制度质量的国家有效。最后，证实波特假说也存在。制度质量的提高可以进一步提高技术，从而提高环境治理水平。总的来说，制度质量的提高可以通过经济、FDI 和技术进步来减少空气污染。因此，本文证明了环境经济学的三个命题。

六、结　　论

环境保护是为了实现经济可持续发展而提出的一个世界性话题。越来越多的研究在不同层面上对节能和减少污染进行了分析。首先，本文旨在分析制度质量对空气污染的影响，证实了国家制度质量与环境污染之间存在因果关系。本文使用系统 GMM 和工具变量来解决模型中的内生性问题，制度质量对污染的减少效应仍然显著存在，且这一结果通过了一系列的稳健性检验。因此，制度质量的提高可以显著减少空气污染，改善空气质量。其次，本文希望进一步分析制度质量对空气污染的异质性影响。结果显示，制度质量对污染的减少效应显著存在于高收入国家和普通法系国家。当环境库兹涅茨曲线出现时，制度质量建设可以成为缓解环境与经济之间矛盾的重要手段。因此。制度质量水平和经济水平较高的普通法系国家可以更好地处理经济发展和环境污染的问题。再次，本文旨在从更多角度评估制度质量对空气污染的影响。通过对 WGI 次级指标的分析，本文发现政府的监管质量、法治水平、腐败控制和政府效率能显著降低空气污染，而政治稳定性和国家话语权在减少污染方面没有显著影响。因此，制度质量对空气污染的影响主要体现在政府的监管质量、法治水平、腐败控制和政府效率这几个方面。最后，本文希望从经济发展、FDI 和技术进步的角度探究制度质量对空气污染的潜在机制。机制分析的结果表明，在不同的经济增长速度、FDI 水平和技术进步水平下，国家制度质量对空气污染的影响是不同的。与经济增长速度低的地区相比，经济增长速度高的地区的环境问题更为严重。然而，制度质量的提高有利于缓解经济增长过程中的环境恶化问题。此外，污染天堂假说存在于制度质量低的国家。制度质量的提高可以通过 FDI 实现环境友好型经济发展，而且当制度质量提高时，波特效应也存在。总的来说，环境经济学的三个主要命题是存在的。制度质量的改善有助于减少空气污染和改善环境质量。

　　本文的政策含义主要体现在四个方面。首先，政府可以通过提高监管质量、法治水平、腐败控制和政府效率进一步控制环境污染，改善环境质量。当环境库兹涅茨曲线存在时，政府可以进一步提高制度质量，以缓解经济发展与环境保护之间的矛盾。其次，为了实现环境可持续的经济发展，决策者不仅要关注经济的高速发展，还要关注与经济发展程度相匹配的制度质量。再次，在开放性方面，政府需要特别注意 FDI 的影响，并谨慎地处理其流入的问题。在鼓励 FDI 流入和促进经济发展的同时，东道国应相应地改善其环境监管和制度质量，吸引更多具有先进环保技术的 FDI，减少污染天堂效应。最后，在加强环境监管的同时，政府应提高行政效率和开展反腐败活动，加强环境监管对企业技术进步的倒逼作用，促进能源结构转型和环境改善。

　　事实上，本文仍然存在一些不足之处。本文只从宏观层面讨论了制度质量对环境污染的影响，但没有对其进行实际的微观机制分析。未来的研究可以从微观企业经济活动的视角探讨国家制度质量、企业行为和环境治理之间的关系。此外，本文没有涉及环境污染的跨国流动问题，未来可以使用空间计量经济学模型来研究跨国污染问题。

参 考 文 献

Acemoglu D，Johnson S，Robinson J A. 2001. The colonial origins of comparative development：an empirical investigation. American Economic Review，91（5）：1369-1401.

Adams S，Adom P K，Klobodu E K M. 2016. Urbanization，regime type and durability，and environmental degradation in Ghana. Environmental Science and Pollution Research，23（23）：23825-23839.

Adams S，Klobodu E K M. 2017. Urbanization，democracy，bureaucratic quality，and environmental degradation. Journal of Policy Modeling，39（6）：1035-1051.

Aghion P，Jaravel X，Persson T，et al. 2019. Education and military rivalry. Journal of the European Economic Association，17（2）：376-412.

Akhtaruzzaman M，Berg N，Hajzler C. 2017. Expropriation risk and FDI in developing countries：does return of capital dominate return on capital?. European Journal of Political Economy，49：84-107.

Al-Sadig A. 2009. The effects of corruption on FDI inflows. Cato Journal，29(2)：267-294.

Aluko O A，Ibrahim M. 2020. Institutions and the financial development–economic growth nexus in sub-Saharan Africa. Economic Notes，49（3）：e12163.

Álvarez I C，Barbero J，Rodríguez-Pose A，et al. 2018. Does institutional quality matter for trade? Institutional conditions in a sectoral trade framework. World Development，103：72-87.

Ambec S，Barla P. 2006. Can environmental regulations be good for business? An assessment of the Porter hypothesis. Energy Studies Review，14（2）：42-62.

Arminen H，Menegaki A N. 2019. Corruption，climate and the energy-environment-growth nexus. Energy Economics，80：621-634.

Azam M，Liu L，Ahmad N. 2021. Impact of institutional quality on environment and energy consumption：evidence from developing world. Environment，Development and Sustainability，23（2）：1646-1667.

Aziz O G. 2018. Institutional quality and FDI inflows in Arab economies. Finance Research Letters，25：111-123.

Baloch M A，Ozturk I，Bekun F V，et al. 2021. Modeling the dynamic linkage between financial development，energy innovation，and environmental quality：does globalization matter?. Business Strategy and the Environment，30（1）：176-184.

Baumol W J，Oates W E，et al. 1988. The Theory of Environmental Policy. 2nd ed. Cambridge：Cambridge University Press：312.

Bekun F V，Gyamfi B A，Onifade S T，et al. 2021. Beyond the environmental Kuznets Curve in E7 economies：accounting for the combined impacts of institutional quality and renewables. Journal of Cleaner Production，314：127924.

Berdiev A N，Goel R K，Saunoris J W. 2020. The path from ethnic inequality to development：the intermediary role of institutional quality. World Development，130：104925.

Bhattacharya M，Churchill S A，Paramati S R. 2017. The dynamic impact of renewable energy and institutions on economic output and CO_2 emissions across regions. Renewable Energy，111：157-167.

Bhattarai M，Hammig M. 2001. Institutions and the environmental Kuznets curve for deforestation：a crosscountry analysis for Latin America，Africa and Asia. World Development，29（6）：995-1010.

Birdsall N, Wheeler D. 1993. Trade policy and industrial pollution in Latin America: where are the pollution havens?. The Journal of Environment & Development, 2 (1): 137-149.

Biswas A K, Farzanegan M R, Thum M. 2012. Pollution, shadow economy and corruption: theory and evidence. Ecological Economics, 75: 114-125.

Boschini A D, Pettersson J, Roine J. 2007. Resource curse or not: a question of appropriability. Scandinavian Journal of Economics, 109 (3): 593-617.

Buchanan B G, Le Q V, Rishi M. 2012. Foreign direct investment and institutional quality: some empirical evidence. International Review of Financial Analysis, 21: 81-89.

Buevich A P, Varvus S A, Terskaya G A. 2020. Investments in human capital as a key factor of sustainable economic development//Popkova E G, Sergi B S. The 21st Century from the Positions of Modern Science: Intellectual, Digital and Innovative Aspects. Cham: Springer: 397-406.

Chen Z F, Zhang X, Chen F L. 2021. Do carbon emission trading schemes stimulate green innovation in enterprises? Evidence from China. Technological Forecasting and Social Change, 168: 120744.

Cheng Z H, Li L S, Liu J. 2020. The impact of foreign direct investment on urban $PM_{2.5}$ pollution in China. Journal of Environmental Management, 265: 110532.

Coccia M. 2020. Effects of the institutional change based on democratization on origin and diffusion of technological innovation. https://arxiv.org/ftp/arxiv/papers/2001/2001.08432.pdf[2023-02-21].

Cole M A. 2007. Corruption, income and the environment: an empirical analysis. Ecological Economics, 62 (3/4): 637-647.

Cole M A, Elliott R J R. 2003. Determining the trade-environment composition effect: the role of capital, labor and environmental regulations. Journal of Environmental Economics and Management, 46 (3): 363-383.

Congleton R D. 1992. Political institutions and pollution control. The Review of Economics and Statistics, 74(3): 412-421.

Copeland B R, Taylor M S. 1994. North-south trade and the environment. The Quarterly Journal of Economics, 109 (3): 755-787.

de Chaisemartin C, D'Haultfoeuille X. 2020. Two-way fixed effects estimators with heterogeneous treatment effects. American Economic Review, 110 (9): 2964-2996.

Deacon R T. 2000. The Political Economy of Environment-Development Relationships: A Preliminary Framework. Los Angeles: University of California, Santa Barbara.

Duan Y W, Yan B Q. 2019. Economic gains and environmental losses from international trade: a decomposition of pollution intensity in China's value-added trade. Energy Economics, 83: 540-554.

Egbetokun S O, Osabuohien E, Akinbobola T, et al. 2019. Environmental pollution, economic growth and institutional quality: exploring the nexus in Nigeria. Management of Environmental Quality: An International Journal, 31 (1): 18-31.

Eskeland G S, Harrison A E. 2003. Moving to greener pastures? Multinationals and the pollution haven hypothesis. Journal of Development Economics，70（1）：1-23.

Esty D C，Porter M E. 2005. National environmental performance：an empirical analysis of policy results and determinants. Environment and Development Economics，10（4）：391-434.

Farzanegan M R，Markwardt G. 2012. Pollution，Economic Development and Democracy：Evidence from the MENA Countries. Hessen: Philipps University of Marburg.

Farzanegan M R，Markwardt G. 2018. Development and pollution in the Middle East and North Africa：democracy matters. Journal of Policy Modeling，40（2）：350-374.

Gleditsch N P，Sverdrup B O. 2002. Democracy and the Environment//Page E A，Redclift M R Human Security and the Environment：International Comparisons. Cheltenham：Edward Elgar Publishing：45-70.

Goel R K，Herrala R，Mazhar U. 2013. Institutional quality and environmental pollution：MENA countries versus the rest of the world. Economic Systems，37（4）：508-521.

Greenstone M，Hanna R M. 2014. Environmental regulations，air and water pollution，and infant mortality in India. American Economic Review，104（10）：3038-3072.

Grossman G M，Krueger A B. 1991. Environmental impacts of a North American free trade agreement.https://www.nber.org/papers/w3914#:～:text=Environmental%20Impacts%20of%20a %20North%20American%20Free%20Trade,a%20change%20in%20the%20techniques%20of%2 0production.%20[2023-02-21].

Gwartney J D，Holcombe R G，Lawson R A. 2004. Economic freedom，institutional quality，and cross-country differences in income and growth. Cato Journal，24(3)：205-233.

Hall R E，Jones C I. 1999. Why do some countries produce so much more output per worker than others?. The Quarterly Journal of Economics，114（1）：83-116.

Harbaugh W T，Levinson A，Wilson D M. 2002. Reexamining the empirical evidence for an environmental Kuznets curve. Review of Economics and Statistics，84（3）：541-551.

Hassan S T，Khan S U D，Xia E J，et al. 2020. Role of institutions in correcting environmental pollution：an empirical investigation. Sustainable Cities and Society，53：101901.

He G J，Fan M Y，Zhou M G. 2016. The effect of air pollution on mortality in China：evidence from the 2008 Beijing Olympic Games. Journal of Environmental Economics and Management，79：18-39.

Ibrahim M H，Law S H. 2016. Institutional quality and CO_2 emission-trade relations：evidence from sub-Saharan Africa. South African Journal of Economics，84（2）：323-340.

Jia R X，Nie H H. 2017. Decentralization，collusion，and coal mine deaths. Review of Economics and Statistics，99（1）：105-118.

Johnson R C，Noguera G. 2012. Accounting for intermediates：Production sharing and trade in value added. Journal of International Economics，86（2）：224-236.

Kaika D，Zervas E. 2013. The environmental Kuznets Curve（EKC）theory—part A：concept，causes and the CO_2 emissions case. Energy Policy，62：1392-1402.

Kaufmann D，Kraay A，Mastruzzi M. 2011. The worldwide governance indicators：methodology and analytical issues. Hague Journal on the Rule of Law，3（2）：220-246.

Keefer P，Knack S. 1997. Why don't poor countries catch up? A cross-national test of an institutional explanation. Economic Inquiry，35（3）：590-602.

Khan Z，Murshed M，Dong K Y，et al. 2021. The roles of export diversification and composite country risks in carbon emissions abatement: evidence from the signatories of the regional comprehensive economic partnership agreement. Applied Economics，53（41）：4769-4787.

Klein M W. 2005. Capital account liberalization，institutional quality and economic growth: theory and evidence. https://www.nber.org/papers/w11112[2023-02-21].

Knack S，Keefer P. 1995. Institutions and economic performance: cross-country tests using alternative institutional measures. Economics & Politics，7（3）：207-227.

Kuznets S. 1985. Economic growth and income inequality//Seligson M A. The Gap Between Rich and Poor. London :Routledge：25-37.

La Porta R，Lopez-de-Silanes F，Shleifer A，et al. 2000. Investor protection and corporate governance. Journal of Financial Economics，58（1/2）：3-27.

Law S H，Azman-Saini W N W，Ibrahim M H. 2013. Institutional quality thresholds and the finance-growth nexus. Journal of Banking & Finance，37（12）：5373-5381.

Le H P，Ozturk I. 2020. The impacts of globalization，financial development，government expenditures，and institutional quality on CO_2 emissions in the presence of environmental Kuznets Curve. Environmental Science and Pollution Research，27（18）：22680-22697.

Leitão A. 2010. Corruption and the environmental Kuznets curve: empirical evidence for sulfur. Ecological Economics，69（11）：2191-2201.

Levinsohn J，Petrin A. 2003. Estimating production functions using inputs to control for unobservables. The Review of Economic Studies，70（2）：317-341.

Liu J Y，Murshed M，Chen F Z，et al. 2021. An empirical analysis of the household consumption-induced carbon emissions in China. Sustainable Production and Consumption，26：943-957.

Liu Y J，Dong F. 2020. Corruption，economic development and haze pollution: evidence from 139 global countries. Sustainability，12（9）：3523.

Lou C R，Liu H Y，Li Y F，et al. 2016. Socioeconomic drivers of $PM_{2.5}$ in the accumulation phase of air pollution episodes in the Yangtze River Delta of China. International Journal of Environmental Research and Public Health，13（10）：928.

Mao Z，Xue X Z，Tian H Y，et al. 2019. How will China realize SDG 14 by 2030? —a case study of an institutional approach to achieve proper control of coastal water pollution. Journal of Environmental Management，230：53-62.

Masron T A，Subramanian Y. 2020. Threshold effect of institutional quality and the validity of environmental Kuznets curve. Malaysian Journal of Economic Studies，57：81-112.

Mauro P. 1995. Corruption and growth. The Quarterly Journal of Economics，110（3）：681-712.

Mehlum H，Moene K，Torvik R. 2006. Institutions and the resource curse. The Economic Journal，116（508）：1-20.

Mehmood U. 2021. Renewable-nonrenewable energy: institutional quality and environment nexus in South Asian countries. Environmental Science and Pollution Research，28（21）：26529-26536.

Midlarsky M I. 1998. Democracy and the environment: an empirical assessment. Journal of Peace Research, 35 (3): 341-361.

Neidell M J. 2004. Air pollution, health, and socio-economic status: the effect of outdoor air quality on childhood asthma. Journal of Health Economics, 23 (6): 1209-1236.

Olson M. 1993. Dictatorship, democracy, and development. American Political Science Review, 87 (3): 567-576.

Ozturk I. 2015. Measuring the impact of energy consumption and air quality indicators on climate change: evidence from the panel of UNFCC classified countries. Environmental Science and Pollution Research, 22 (20): 15459-15468.

Ozturk I, Al-mulali U, Solarin S A. 2019. The control of corruption and energy efficiency relationship: an empirical note. Environmental Science and Pollution Research, 26 (17): 17277-17283.

Palmer K, Oates W E, Portney P R. 1995. Tightening environmental standards: the benefit-cost or the no-cost paradigm?.Journal of Economic Perspectives, 9 (4): 119-132.

Pellegrini L, Gerlagh R. 2005. An empirical contribution to the debate on corruption, democracy and environmental policy. https://www.econstor.eu/bitstream/10419/74075/1/NDL2005-008.pdf [2023-02-21].

Penrose E T. 2009. The Theory of the Growth of the Firm. 4nd ed. Oxford: Oxford University Press.

Persson T, Tabellini G. 2006. Democracy and development: the devil in the details. American Economic Review, 96 (2): 319-324.

Pesaran M H. 2021. General diagnostic tests for cross-sectional dependence in panels. Empirical Economics, 60 (1): 13-50.

Porter M E, van der Linde C. 1995. Toward a new conception of the environment-competitiveness relationship. Journal of Economic Perspectives, 9 (4): 97-118.

Preacher K J, Kelley K. 2011. Effect size measures for mediation models: quantitative strategies for communicating indirect effects. Psychological Methods, 16 (2): 93-115.

Rauf A, Liu X X, Amin W, et al. 2018. Testing EKC hypothesis with energy and sustainable development challenges: a fresh evidence from Belt and Road initiative economies. Environmental Science and Pollution Research, 25 (32): 32066-32080.

Rehman A, Ma H Y, Ozturk I. 2020. Decoupling the climatic and carbon dioxide emission influence to maize crop production in Pakistan. Air Quality, Atmosphere & Health, 13 (6): 695-707.

Rock M T. 1996. Pollution intensity of GDP and trade policy: can the World Bank be wrong? World Development, 24 (3): 471-479.

Rodirk D, Subramanian A. 2003. The primacy of institutions(and what this does and does not mean). Finance & Development, 40 (2): 31-34.

Roodman D. 2009. How to do xtabond2: An introduction to difference and system GMM in Stata. The Stata Journal: Promoting Communications on Statistics and Stata, 9 (1): 86-136.

Sarkodie S A, Adams S. 2018. Renewable energy, nuclear energy, and environmental pollution: accounting for political institutional quality in South Africa. Science of the Total Environment,

643: 1590-1601.

Singhania M, Saini N. 2021. Demystifying pollution haven hypothesis: role of FDI. Journal of Business Research, 123: 516-528.

Sohail M T, Ullah S, Majeed M T, et al. 2021. The shadow economy in South Asia: dynamic effects on clean energy consumption and environmental pollution. Environmental Science and Pollution Research, 28 (23): 29265-29275.

Stef N, Ben Jabeur S. 2020. Climate change legislations and environmental degradation. Environmental and Resource Economics, 77 (4): 839-868.

Sun H P, Edziah B K, Sun C W, et al. 2019. Institutional quality, green innovation and energy efficiency. Energy Policy, 135: 111002.

Tamazian A, Rao B B. 2010. Do economic, financial and institutional developments matter for environmental degradation? Evidence from transitional economies. Energy Economics, 32 (1): 137-145.

Tang H L, Liu J M, Mao J, et al. 2020. The effects of emission trading system on corporate innovation and productivity-empirical evidence from China's SO$_2$ emission trading system. Environmental Science and Pollution Research, 27 (17): 21604-21620.

Ullah A, Zhao X S, Kamal M, et al. 2022. Environmental regulations and inward FDI in China: fresh evidence from the asymmetric autoregressive distributed lag approach. International Journal of Finance & Economics, 27 (1): 1340-1356.

Walter I, Ugelow J. 1979. Environmental policies in developing countries. Ambio, 8: 102-109.

Wang H, Chen Z P, Wu X Y, et al. 2019b. Can a carbon trading system promote the transformation of a low-carbon economy under the framework of the porter hypothesis?—Empirical analysis based on the PSM-DID method. Energy Policy, 129: 930-938.

Wang S H, Zhao D Q, Chen H X. 2020. Government corruption, resource misalloaction, and ecological efficiency. Energy Economics, 85: 104573.

Wang X Y, Zhang C T, Zhang Z J. 2019a. Pollution haven or porter? The impact of environmental regulation on location choices of pollution-intensive firms in China. Journal of Environmental Management, 248: 109248.

Welsch H. 2004. Corruption, growth, and the environment: a cross-country analysis. Environment and Development Economics, 9 (5): 663-693.

Westerlund J. 2008. Panel cointegration tests of the Fisher effect. Journal of Applied Econometrics, 23 (2): 193-233.

Wu J, Deng Y H, Huang J, et al. 2013. Incentives and outcomes: China's environmental policy (No. w18754). National Bureau of Economic Research.

Wu W L. 2017. Institutional quality and air pollution: international evidence. International Journal of Business and Economics, 16 (1): 49-74.

Xue L, Haseeb M, Mahmood H, et al. 2021. Renewable energy use and ecological footprints mitigation: evidence from selected South Asian economies. Sustainability, 13 (4): 1-20.

Zhang W, Li G X, Uddin M K, et al. 2020. Environmental regulation, foreign investment behavior, and carbon emissions for 30 provinces in China. Journal of Cleaner Production，248：119208.

Zhao X M，Liu C J，Sun C W，et al. 2020. Does stringent environmental regulation lead to a carbon haven effect? Evidence from carbon-intensive industries in China. Energy Economics，86：104631.

Zheng S Q，Kahn M E，Sun W Z，et al. 2014. Incentives for China's urban mayors to mitigate pollution externalities：the role of the central government and public environmentalism. Regional Science and Urban Economics，47：61-71.

Zhou M L，Wang B，Chen Z F. 2020. Has the anti-corruption campaign decreased air pollution in China?.Energy Economics，91：104878.

附 录

附表　横截面相依检验和面板单位根检验结果

变量	PMC	WGI	lnGDPC	Agriculture	Open	EE	HC	lnPopd	lnTemp	lnPreci
CD 检验	151.32***	16.75***	122.72***	175.55***	33.38***	105.21***	123.49***	125.91***	118.36***	142.78***
面板单位根检验：Fisher 检验	723.61***	395.39***	397.51***	449.41***	390.76***	320.44**	336.96**	2791.11***	594.96***	840.89***

和*分别表示 5%和 1%的显著性水平

环境问题的影响篇

近年来，越发严重的环境问题对人们的生产、生活造成诸多不便。环境污染不仅可能影响居民个体的身心健康，不利于和谐社会的稳定发展，而且还可能由此削弱工业生产的劳动效率，提高经济作物产出的不确定性，阻碍我国经济的高质量发展。多角度探讨环境问题的经济后果，可为环境规制政策提供不可多得的制定依据，也为评估环境污染的经济和社会成本、各类补偿性的福利财税政策的制定带来宝贵的方向指引。

鉴于此，本篇探讨我国环境问题的经济效应、健康成本和个体行为。首先，经济效应方面，本篇提供两项重要的研究：一是基于随机网络DEA 模型考察二氧化碳排放下航空运输业效率的损失；二是从温度变动的视角，回答环境问题下极端气候对企业风险承担的不利影响。其次，健康成本方面，我们评估了面对空气污染恶化的健康成本和福利损失。最后，个体行为方面，我们分析了空气污染下居民的预防行为，表现为与健康有关的贷款数量和保险购买数量的增加。本篇的研究结论不仅补充了来自发展中国家关于环境污染的经验证据，也为中国政府制定经济发展政策、卫生政策提供重要且宝贵的政策参考。

经 济 效 应

　　随着中国经济的快速发展，生态环境问题日渐突出。雾霾、污水、废物等污染在影响居民生活环境的同时，严重制约着我国的经济发展。根据环境库兹涅茨曲线以及增长极限理论，可以发现许多发达国家环境污染与经济发展之间均已呈现倒"U"形关系，即随着环境污染持续加剧，牺牲环境对经济增长的促进作用先增强后减弱。在过去，中国长期以来的以高消耗、高污染为特征的低质量经济增长模式破坏了生态环境，环境污染的经济隐患逐渐显现。虽然现在生态环境已经有所改善，但生态环境形式仍不容乐观。

　　环境问题不仅可能对个体居民的起居生活产生不利影响，而且劳动生产率的降低也可能抑制工业生产的健康发展。本节从微观企业行为的角度出发，创新性地讨论环境问题的经济后果——效率和风险承担。第一篇文章关注的是受二氧化碳排放影响较为深刻的航空企业效率，另外一篇文章考察气候变化下极端天气对企业风险承担的影响。有关研究结论有助于国家制定相关的企业方面政策以减轻环境问题的不良后果。

二氧化碳排放和航班延误下的中国航空公司效率：随机网络 DEA 模型

一、引　　言

在过去的几十年里，人员和货物的全球化流动以及经济的加速增长，大幅增加了航空公司的能源成本和二氧化碳排放量。根据国际航空运输协会的统计数据[①]，2012 年，航空公司的总能源成本为 1600 亿美元，二氧化碳排放量为 6.76 亿吨。事实上，航空业是为数不多的能源消耗在过去 10 年中以 6% 的速度增长的行业之一。本文通过使用一种创新型的网络 DEA（data envelopment analysis，数据包络分析）模型、SNDEA（stochastic network DEA，随机网络 DEA）模型来研究中国航空公司的技术效率，该模型基于多元 Copula 模型，能够处理二氧化碳排放和航班延误等非期望产出。现在有必要向读者提及本文中"网络"一词的独特性质：它既是对所采用的建模方法的描述——网络 DEA（用于包含几个连续阶段的生产过程），也是在航空公司运营范围内建模的一个生产阶段的名称——网络效率，用于航空公司有效地将物质和人力资源投入转化为"最小延误的着陆"和"起飞"这两种期望性产出。

以往对于航空公司的研究主要采用了以下方法：①要素生产率法（Bauer，1990；Oum and Yu，1995；Barbot et al.，2008）；②随机前沿分析（stochastic frontier analysis，SFA）或 SFA 模型（Good et al.，1993；Baltagi et al.，1995）；③Turnquist 全要素生产率指数（Coelli et al.，2003；Barbot et al.，2008）；④DEA 或 DEA 模型（Merkert and Hensher，2011；Barros et al.，2013；Barros and Peypoch，2009；Barros and Couto，2013；Cao et al.，2015；Wanke and Barros，2016；Cui and Li，2015，2016）；⑤多标准决策模型，如 TOPSIS（technique for order preference by similarity to an ideal solution，优劣解距离法）（Barros and Wanke，2015；Wanke et al.，2015）。另外值得注意的是，就航空公司效率而言，与 SFA 方法和其他次要

---

① 参见 http://www.iata.org/publications/Pages/annual-review.aspx[2023-04-21]。

方法相比，基于 DEA 的研究是最多的（Wanke et al.，2015；Barros and Wanke，2015；Wanke and Barros，2016；Cui and Li，2015，2016）。这不仅是源于港口和银行业等其他行业的效率分析论文通常采用 DEA 模型（Wanke et al.，2016a，2016b），也可能是因为 DEA 模型在对由两个或多个阶段组成的生产过程进行建模时有较强的灵活性。

事实上，在不同的国家或地区，基于 DEA 的航空公司研究已经解决了一些问题。除了效率排名和松弛比较外，现有研究还解决了如通过将效率得分回归到情境或环境变量上，得出网络规模、所有权和监管措施对航空业绩效的影响（Barros et al.，2013；Barros and Wanke，2015；Cao et al.，2015；Cui and Li，2015，2016）。最近的研究仍然保持着对这些问题的关注（Wanke and Barros，2016）。读者应参考这些研究以获得关于这个主题全面的文献综述。

然而，需要注意的是，直到最近，对航空公司的能源/燃料效率的关注才有所增加，尽管将二氧化碳排放作为非期望产出处理的研究仍然很少（Cui and Li，2015，2016；Ko et al.，2017）。例如，Babikian 等（2002）分析了不同类型飞机的燃油效率，结果显示燃油效率的差异在很大程度上可以由飞机运营的差异来解释。Morrell（2009）分析了通过使用大型飞机和不同的运行模式来提高燃油效率的可能性。Zou 等（2014）采用基于比率、确定性和随机的前沿方法研究了美国15 家大型喷气机运营商的燃油效率。结果显示，2010 年干线航空公司的潜在节约成本可能达到 10 亿美元。Cui 和 Li（2015）应用 VFB-DEA（virtual frontier benevolent DEA）衡量了 11 家航空公司 2008～2012 年的能源效率，并进一步采用动态 Epsilon-Based Measure 模型评估了 19 家主要国际航空公司 2009～2014 年的动态效率。他们发现，2008 年爆发的全球金融危机对航空公司的能源效率产生了重大的负面影响。按照 CNG2020（compressed natural gas 2020，压缩天然气 2020）战略的原则，Cui 和 Li（2016）计算了每个航空公司的排放限额，并提出了自然处置的网络 RAM（network range adjusted measure）模型和管理处置的网络 RAM 模型来讨论效率的变化。

然而，关于航空公司效率的新兴研究课题，还需要注意的是，航空公司所提供的服务质量对航空公司效率的交叉影响仍未得到充分研究（Fan et al.，2014）。据我们所知，在航空公司效率方面，只有 Wanke 等（2016a）在亚洲的航空业层面探讨了所提供的服务质量与技术效率之间的问题。作者发现较高的服务质量水平与效率之间存在正向关系，尽管这种关系很弱。这一结果表明，在运营/财务效率和服务质量之间可能存在着一种权衡，这与传统的效率和服务权衡不同。传统的效率和服务权衡表明较高的服务水平是通过损害效率水平而获得的。

在研究样本的选择上，这些研究大多集中在美国（Barros et al.，2013；Greer，2008；Sjögren and Söderberg，2011；Evans and Schäfer，2013；Winchester et al.，

2015）、加拿大（Bauer，1990；Assaf，2009）、欧洲（Distexhe and Perelman，1994；Greer，2008；Barros and Peypoch，2009；Pablo-Romero et al.，2017）、亚洲（Baltagi et al.，1995；Wanke et al.，2015）、非洲（Barros and Wanke，2015）以及拉丁美洲（Wanke and Barros，2016）的航空公司。中国在世界经济体系中十分重要，但可以肯定的是中国的航空公司在学术界是一个研究相对较少的话题。事实上，只有少数研究致力于这一特定行业（Chow，2010；Wu et al.，2013；Cao et al.，2015；Wanke et al.，2015；Cui and Li，2015，2016），而且并没有对能源效率和服务质量进行系统分析（Chai et al.，2014；Fan et al.，2014）。

因此，本文在现有知识体系的基础上，提出了一个新的 SNDEA 模型来衡量中国航空业范围内的技术效率和非期望产出，如二氧化碳排放和航班延误。该模型根据多元随机 Copula 模型将整体航空公司效率分解为网络效率和航班效率，以控制时间（趋势）和个体[即决策单元（decision making unit，DMU）]效应。

与以往的研究不同，本文提出了几个方法上的创新。首先，本文首次在 NDEA（network DEA，网络 DEA）模型的范围内使用 Copula，处理投入、产出和中间变量在时间上和个体水平上的随机性。其次，本文首次在航空公司效率研究中同时处理非期望产出（二氧化碳排放）和外生性产出（延误），而且在 NDEA 模型的范围内以非合作博弈方法实现两者之间的平衡。最后，据我们所知，本文首次提出并应用了包含三种技术（Tobit、Beta 和 Simplex）的稳健回归方法来解决此类问题。

本文的结构如下：第二节介绍本文的背景，包括对中国航空公司的描述；在第三节，本文进一步讨论非期望产出的 SNDEA 模型；第四节对研究结果进行讨论；第五节为本文结论。

二、情境变量设定

直到 1978 年，政府开始实行改革开放政策，从计划经济转为市场经济，中国航空业才迎来了快速发展。在接下来的四十多年里，中国经历了经济的增长奇迹和蓬勃发展，与世界各国的贸易往来迅速增加，同时，中国民航业也开始快速发展。加入世界贸易组织（World Trade Organization，WTO）后，经济全球化和生产区域化推动了中国航空运输业进入高质量发展的新高潮（图 1）。同时，中国作为人口大国和外贸收入大国，对航空运输的需求也推动了中国航空运输的迅猛发展。尽管中国航空公司的收入和利润主要来自国内市场，但规模较大的航空公司仍继续参与到国际市场和航班中（Wang et al.，2016）。就 2005 年至 2015 年中国国内市场的客运量和航空货运量而言，中国一直是世界第二大航空市场（Chen et al.，2017）。未来，预计中国的航空运输和航空公司仍将处于快速发展的状态。

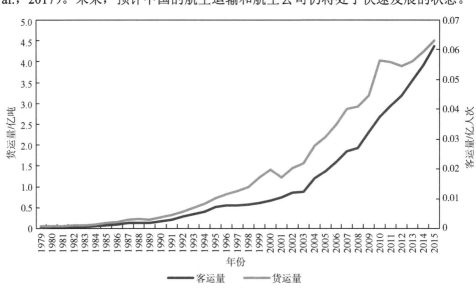

图 1　中国民航发展情况

资料来源：《中国民航统计年鉴》

　　在 1978 年之前，中央政府领导的中国民用航空局（Civil Aviation Administration of China，CAAC）与中国空军合作，对航空运输实行全面而严格的控制。1958年，CAAC 曾是交通部的一个分支机构，1962 年隶属于国务院。1978 年后，政府陆续成立了六家国有航空公司，并将其从中国民航总局中分离出来。为了减少现有航空公司的垄断力量，一些由地方政府或国有企业出资的新航空公司也在这一时期进入市场（Jiang and Zhang，2016）。自 1997 年起，中国民航允许外资进入民航业。此后，民航局进一步放松对中国民航业的管制，向私人投资者开放，民营航空公司的数量迅速增长（Wang et al.，2016），包括一些低成本航空公司。为了提高效率和竞争力，避免恶性价格战，这一时期中国也进行了国家主导和市场驱动的整合，特别是在亚洲金融危机以及 2008 年以来爆发的全球金融危机之后。更多详情请参见 Wang 等（2016）的研究。通过并购，"三巨头"，即中国国际航空公司、中国南方航空公司和中国东方航空公司，抢占了国内民航领域的大部分市场份额（Lei and O'Connell，2011）。

　　与中国大多数国有企业一样，"三巨头"和地方国有航空公司自 20 世纪 90年代以来先后实施了股份制改革，并上市。这可以通过引入市场监督和减少政府干预来提高其运营效率。在 21 世纪末，一些私营航空公司也试图上市，以吸引更多的资金并扩大其规模。

三、研 究 方 法

本节介绍了本文所采用的所有方法步骤。研究步骤由六个相互关联的小节组成。第（一）节介绍了本文使用的投入、中间变量、（非）期望产出和情境变量，并阐述了关于情境变量如何影响航空公司运营效率水平的主要基本假设。第（二）节主要介绍为了决定每个航空公司-变量组合的最佳拟合分布需要采取的重要步骤，这些结果作为第（三）节的边际分布，通过相关 Copula 插入到单一的多变量分布中[见第（四）节]。一旦为投入、（非）期望产出和中间变量定义了数据生成结构，就可以为非期望产出和外生产出设定 SNDEA 模型，如第（五）节所示。本文在非合作博弈方法的范围内提出双层规划的概念，作为 SNDEA 模型的求解方法。最后，第（六）节介绍了一个稳健回归的框架——包括 Tobit、Beta 和 Simplex 模型，以便将效率得分与情境变量集进行适当的回归。

（一）数据

13 家选定的中国航空公司的数据来自 Wind 数据库（www.wind.com.cn）以及上海证券交易所（www.sse.com.cn）和深圳证券交易所（www.szse.cn）网站上的年度财务报表。样本包含了位于中国境内的大多数大型航空公司。其他小型航空公司由于没有数据而被剔除。考虑到数据的可得性，本文样本期为 2006 年至 2014 年。表 1 列出了生产性资源（即投入、中间变量、非期望产出和期望产出）和情境变量的描述性统计。本文的投入、（非）期望产出数据不仅考虑了数据可得性，还参考了以往关于航空公司效率研究中较为常见的做法。读者可以参考 Wanke 等（2015，2016a，2016b）与 Wanke 和 Barros（2016）的研究，以获得过去 25 年的航空公司效率研究的文献综述。广义上讲，尽管之前很少有研究试图捕捉机队组合（飞机类型和规模）对航空公司效率水平的影响，但可以肯定的是，这些变量是在宏观层面上描述航空公司运营最常用的变量（Wanke et al.，2015）。

表 1　中国航空公司生产资源和情境变量的描述性统计

	变量	最小值	最大值	中间值	标准差	标准差系数
投入	燃油（吨）	793	5 729 424	967 390.38	1 442 100.27	1.49
	飞机数量（架）	2	500	96.37	136.18	1.41
	职工数量（名）	131	97 548	16 875.44	26 047.88	1.54
中间变量	着陆和起飞数（次）	304	611 018	122 612.24	158 278.49	1.29

续表

变量		最小值	最大值	中间值	标准差	标准差系数
非期望产出	延误率	14.91%	64.72%	28.38%	9.79%	0.35%
	CO_2 排放量（吨）	2 497.95	18 047 685.6	3 047 279.68	4 542 615.85	1.49
期望产出	货物（吨）	436.3	1 146 728.9	215 710.92	289 183.46	1.34
	乘客数量（名）	0	70 611 294	14 287 796.74	18 966 695.25	1.33
情境变量	年龄（岁）	0	28	13	7.71	0.59
	波音飞机占比	0	100%	43.27%	40.38%	0.93%
	是否在股票市场上市	已上市			未上市	
		53.85%			46.15%	
	所有权类型	私人			公共	
		38.46%			61.54%	
	是否经历过并购	是			否	
		46.15%			53.85%	
	是否同时飞国际和国内航线	两者都有			只飞国内航线	
		69.23%			30.77%	

（二）关于情境变量的潜在假设

情境变量的影响与航空公司的年龄、机队组合（波音飞机占比）、股票市场治理（是否在股票市场上市）、所有权类型（公共或私人）、网络跨度（航空公司是同时飞国际和国内航线还是只飞国内航线），以及过去是否经历过并购（mergers and acquisitions，M&A）过程有关。Wanke 等（2015）、Barros 和 Wanke（2015）以及 Wanke 和 Barros（2016）等的研究表明，机队组合可能通过规模经济（飞机座位数和需求之间更好地匹配）影响航空公司的效率水平，而网络跨度可能通过枢纽运营带来的范围经济影响航空公司的效率水平。尽管这些作者也指出，在发展中国家，由于大量的补贴，公有制可能更有利于提高航空公司的效率水平，但一般预期私人运营的效率水平更高。至于并购对航空公司效率的影响，Merkert 和 Morrell（2012）发现并购/整合被视为"改变游戏规则"，是航空市场生存的必由之路。然而，航空公司的运营效率存在一个最佳规模。Lenartowicz 等（2013）进一步分析了欧盟民航业并购活动的关键成功因素。对于一家航空公司来说，上市意味着更稳健的公司治理。Wang 等（2011）研究了上市公司的地位对效率的影响机制。

（三）分布拟合

在收集了投入、中间变量和（非）期望产出数据后，接下来将它们调整为每个 DMU 的最佳连续分布。本文使用的拟合优度程序分为两个步骤：首先，参考 Cullen 和 Frey（1999）的研究来确定最佳拟合。其次，使用最大似然估计（maximum likelihood estimation，MLE）法得出第一步中最佳拟合的参数（Delignette-Muller and Dutang，2015）。Delignette-Muller 和 Dutang（2015）提醒称由于偏度和峰度的方差较大，因此不认为它们是稳健的，并建议使用非参数 bootstrap 方法以便考虑数据峰度和偏度估计值的不确定性。本文重复抽样 100 次。

一旦选定，便可以将一个或多个参数的分布拟合到数据集上。考虑到每个标准的观测值和参数分布的密度函数，我们使用最大化似然函数来估计分布参数。数值结果返回了参数估计值、估计值标准误（从最大似然解的 Hessian 矩阵估计值计算）、对数似然值、赤池信息准则（Akaike information criterion，AIC）和贝叶斯信息准则（Bayesian modification of the AIC，BIC），以及参数估计值之间的相关性矩阵。表 2 和表 3 总结了每个机场的投入、中间变量和产出的最佳拟合概率分布及其估计参数（Delignette-Muller and Dutang，2015）。需要注意的是分布拟合是按年份和 DMU 分别进行的。这样做是为了分别控制时间（趋势）效应和个体（DMU）效应。结果表明，β 分布（B）对不同 DMU 和年份的几乎所有变量都表现出最佳拟合，只有少数情况下，伽马（G）和对数正态（logn）表现出更好的拟合。此外，表 3 中东海航空和中国邮政航空的缺失值只是表明这些航空公司不开展客运业务，因此，不可能对它们进行相关变量的分布拟合。这些分布和各自的参数将用于估计接下来的多元 Copula 模型。值得一提的是，所有生产性资源[（投入、中间变量和（非）期望产出]都进行了归一化处理，尽量使变量数值在(0,1)范围内。

（四）多元 Copula 模型

在调整最佳分布拟合以分别捕捉时间和个体效应后，我们有必要通过协方差的统计措施，将尾部相依结构纳入随机投入、中间变量和（非）期望产出的范围内。表 4 给出了非参数 Kendall Tau 相关性的结果。

由于所有投入以及所有产出和中间变量（除航班延误外）之间都是正相关的，因此当一个变量高于（低于）其平均值时，另一个变量高于（低于）其平均值。值得注意的是，正如 Horiguchi 等（2017）所指出的那样，航班延误对燃料消耗的影响是线性的，因此对二氧化碳排放的影响也是线性的。这些作者指出"预定出发时间"和"预定到达时间"是预测燃料消耗的重要特征。由于跑道和航道的拥挤会造成额外的起飞和降落时间从而消耗大量燃油，因此"预定出发时间"和"预定到达时间"会影响燃油消耗量。在某种程度上，这似乎是二氧化碳排放

表 2 最佳分布拟合度——时间效应（按年分组）

年份	燃油	飞机数量	职工数量	延误率	着陆和起飞数	CO_2排放量	货物	乘客数量
2006	B (0.24; 1.827)	B(0.237;1.565)	B (0.227; 1.632)	B (0.356; 1.27)	B (0.314; 1.968)	B (0.24; 1.827)	B (0.271; 1.612)	B (0.297; 2.044)
2007	B (0.235; 1.588)	B(0.218;1.311)	B (0.21; 1.359)	B (0.528; 2.045)	B (0.303; 1.63)	B (0.235; 1.588)	B (0.28; 1.534)	B (0.284; 1.639)
2008	B (0.251; 1.709)	B(0.231;1.282)	B (0.221; 1.428)	B (0.543; 1.844)	B (0.289; 1.524)	B (0.251; 1.709)	B (0.324; 1.798)	B (0.286; 1.628)
2009	B (0.256; 1.532)	B(0.223;1.097)	B (0.194; 1.01)	B (0.79; 2.807)	B (0.278; 1.212)	B (0.256; 1.532)	B (0.34; 1.688)	B (0.274; 1.245)
2010	B (0.226; 1.136)	B(0.203;0.885)	B (0.225; 1.24)	B (1.307; 2.819)	B (0.263; 1.047)	B (0.226; 1.136)	B (0.278; 1.114)	B (0.244; 0.944)
2011	B (0.23; 1.05)	B (0.2; 0.774)	B (0.224; 1.081)	B (1.581; 3.925)	B (0.296; 1.093)	B (0.23; 1.05)	B (0.289; 1.103)	B (0.263; 0.914)
2012	B (0.212; 0.857)	B(0.179;0.611)	B (0.169; 0.668)	logn (−1.335; 0.434)	B (0.302; 1.011)	B (0.212; 0.857)	B (0.274; 1.01)	B (0.269; 0.849)
2013	B (0.196; 0.698)	B(0.213;0.682)	B (0.14; 0.492)	B (3.136; 6.432)	B (0.308; 0.928)	B (0.196; 0.698)	B (0.252; 0.902)	B (0.276; 0.779)
2014	B (0.176; 0.56)	B(0.219;0.643)	B (0.114; 0.346)	B (7.069; 13.598)	B (0.295; 0.802)	B (0.176; 0.56)	B (0.208; 0.687)	B (0.261; 0.655)

表 3 最佳分布拟合度——个体效应（按 DMU 分组）

航空公司	燃油	飞机数量	职工数量	延误率	起飞和着陆数	CO_2排放量	货物	乘客数量
中国国际航空	B (23.119; 17.131)	B (12.465; 9.652)	B (7.942; 5.955)	B (2.861; 15.531)	B (28.088; 23.541)	B (23.119; 17.131)	B (22.694; 12.518)	B (10.603; 6.616)
成都航空	B (3.827; 319.396)	B (2.909; 225.804)	B (3.661; 497.749)	B (19.916; 32.463)	B (4.027; 166.379)	B (3.827; 319.396)	B(43.457; 4067.173)	B (2.994; 128.155)
中国东方航空	B (10.563; 9.011)	B (6.04; 1.365)	B (13.743; 8.275)	B (0.968; 8.224)	B (14.415; 9.962)	B (10.563; 9.011)	G(221.018; 485.084)	B (9.23; 6.256)
华夏航空	B (2.64; 805.91)	B (0.797; 93.185)	B (1.11; 329.841)	B (29.67; 44.619)	G (2.651; 123.487)	B (2.64; 805.91)	B (1.633; 5995.995)	B(1.677; 251.407)
中国邮政航空	B(40.969; 4849.902)	G(15.686; 585.882)	B(36.134; 3038.446)	B (2.419; 12.565)	B(19.605; 1032.736)	B(40.969; 4849.902)	B(13.923; 127.007)	—
中国南方航空	B (3.997; 1.775)	B (10.471; 7.04)	B (3.715; 1.566)	B (2.035; 14.976)	B (6.029; 1.659)	B (3.997; 1.775)	B (5.259; 1.789)	B (4.795; 1.532)

续表

航空公司	燃油	飞机数量	职工数量	延误率	起飞和着陆数	CO$_2$排放量	货物	乘客数量
东海航空	B (3.544; 952.439)	B (1.607; 246.729)	B (1.085; 492.397)	B (7.383; 2.206)	B (2.865; 413.238)	B (3.544; 952.439)	B (3.366; 73.39)	—
海南航空	B (6.914; 47.682)	B (11.808; 76.105)	B (7.668; 41.358)	B (1.454; 6.71)	B (16.987; 86.338)	B (6.914; 47.682)	B (12.838; 65.669)	B (7.2; 31.896)
吉祥航空	B (1.573; 53.435)	B (2.053; 56.934)	B (1.853; 83.739)	B (1206.731; 2394.09)	B (1.934; 38.905)	B (1.573; 53.435)	B (2.773; 102.804)	B (1.842; 33.183)
奥凯航空	B (3.923; 335.067)	B (2.335; 102.307)	B (3.414; 332.419)	B (378.524; 1107.05)	B (2.128; 72.541)	B (3.923; 335.067)	B (6; 370.496)	B (2.61; 109.872)
山东航空	B (6.411; 96.976)	B (6.971; 72.531)	B (9.023; 169.591)	B (1.033; 7.674)	B (10.274; 57.663)	B (6.411; 96.976)	B (9.78; 122.059)	B (6.239; 44.187)
四川航空	B (4.382; 41.858)	B (6.025; 47.768)	B (6.238; 118.644)	B (1.953; 8.435)	B (8.497; 44.346)	B (4.382; 41.858)	B (31.381; 200.838)	B (5.267; 27.398)
春秋航空	B (2.338; 62.133)	B (2.01; 47.499)	B (2.588; 115.199)	B (136.08; 252.52)	B (2.579; 39.686)	B (2.338; 62.133)	B (4.078; 149.178)	B (2.68; 28.366)

表 4 生产性资源的非参数线性相关矩阵

项目	燃油	飞机数量	职工数量	延误率	着陆和起飞数	CO_2排放量	货物	乘客数量
燃油	1.00							
飞机数量	0.95	1.00						
职工数量	0.99	0.96	1.00					
延误率	0.38	0.40	0.38	1.00				
着陆和起飞数	0.99	0.95	0.98	0.43	1.00			
CO_2排放量	0.99	0.95	0.99	0.38	0.99	1.00		
货物	0.98	0.90	0.96	0.40	0.97	0.98	1.00	
乘客数量	0.99	0.95	0.98	0.40	0.99	0.99	0.97	1.00

和航班延误之间的权衡，后者的减少会导致前者的减少。事实上，尾部相关性的概念可以嵌入到 Copula 理论中（Schmidt and Stadtmüller，2006）。如果一个 n 维分布函数 C：$[0,1]^n->[0,1]$ 具有在区间 $[0,1]$ 上均匀分布的一维边际，则称为 Copula 函数。Copula 函数是将一个 n 维分布函数 F 与其相应的一维边际分布函数 F_i（$i=1,\cdots,n$）连接或耦合的函数，其方式如下 $F(x_1,\cdots,x_n)=C(F_1(x_1),\cdots,F_n(x_n))$。

Copula 函数已经成为多元依赖领域中较为流行的多元建模工具（Yan，2007）。Copula 函数与其他函数的不同之处并不在于它们所提供的关联度，而在于哪一部分分布的关联性最强（Nelsen，1999）。例如，如果人们想建立尾部依赖对决策的影响模型，Copula 函数就特别有用（Wang and Pham，2012）。尾部相关性指的是二元分布尾部的相关性。换句话说，尾部相关性是指二元分布左下象限或右上象限角落的相关性程度（Schmidt and Stadtmüller，2006）。

准确地说，Copula 是一个边际都在 $(0,1)$ 上均匀分布的多元分布。由于任何连续随机变量都可以通过其概率积分变换而在 $(0,1)$ 上均匀分布，因此 Copula 可以用来提供除边际分布以外的多元依赖结构（Yan，2007）。根据表 5，不同的生成元可以得到不同的 Copula 函数。同样，不同的依赖参数与某种程度的双变量依赖密切相关，由非参数相关的 Kendall's τ 系数衡量（Yan，2007）。

表 5 阿基米德 Copula、其生成元和相依性度量

种类	生成元 $\phi(t)$	依赖性参数（α）空间	Kendall's τ
Clayton（1978）	$t^{-\alpha}-1$	$\alpha \geqslant 0$	$\dfrac{\alpha}{\alpha+2}$
Frank（1979）	$-\ln\dfrac{e^{-\alpha t}-1}{e^{-t}-1}$	$\alpha \geqslant 0$	$1-\dfrac{4}{\alpha}\{D_1(-\alpha)-1\}$
Gumbel（1960）	$(-\ln t)^\alpha$	$\alpha \geqslant 1$	$1-\alpha^{-1}$

阿基米德 Copula 函数具有以下特点：①与对大损失敏感但对小损失不太敏感的"厚尾"分布兼容；②参数估计方法简单且稳健；③为从业者和监管者所熟悉；④易于实施。因此，研究通常选择阿基米德 Copula 函数进行建模。具体而言，第一个标准反映了一个众所周知的现象，即巨额亏损往往是出人意料的——"厚尾"。在此意义上，阿基米德 Copula 函数的表现要优于椭圆 Copula 函数，因为这些椭圆 Copula 函数没有厚尾。这些不同的特征如图 2 和图 3 所示。图 2 和图 3 是利用表 2～

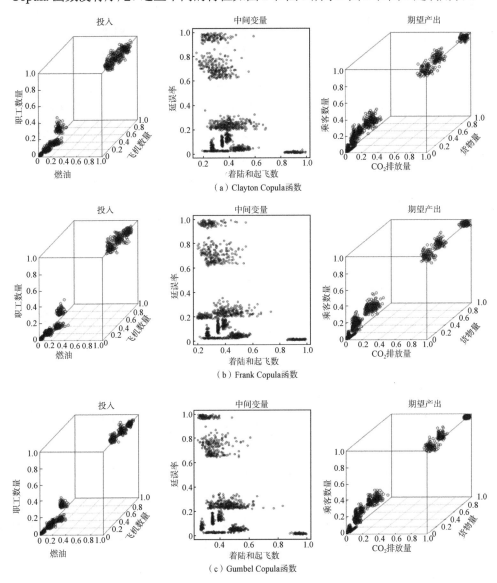

图 2 阿基米德 Copula 调整的散点图——时间效应（趋势）

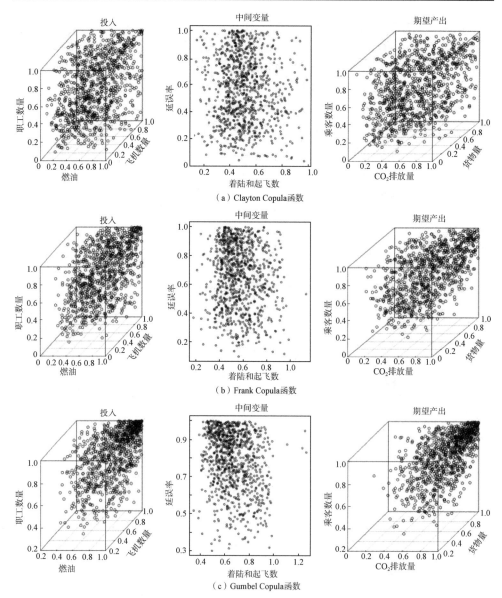

图 3 阿基米德 Copula 调整的散点图——个体效应（DMU）

表 4 中的数据为每个生成元获得的 100 个样本绘制的 2D 和 3D 散点图。

下一节讨论本文建立的 SNDEA 模型，以处理两个非期望产出——延误率和 CO_2 排放量。最后，本文给出了在多元 Copula 下求解该模型的伪代码。

（五）SNDEA 模型

DEA 是 Charnes 等（1978）提出的一种衡量决策单元（DMU）之间使用多种投入和多种产出的效率的方法。经典 DEA 模型的一个缺陷是，DMU 的内部过程是一个"黑箱"。因此，效率不能在 DMU 的任何特定子结构范围内衡量。事实上，一个 DMU 可能由几个子结构组成，这些子结构可能对整体效率水平产生不同的影响。为了克服这一局限，学者便提出了网络 DEA 模型。最早也是最简单的网络结构之一是两阶段 DEA 模型，两阶段 DEA 模型假设两个串联的生产过程或子结构在 DMU 中共通。换句话说，DMU 由两个串联的阶段组成，其中第一阶段的所有产出都成为第二阶段的投入（Golany et al.，2006）。这包括多阶段网络结构的一个特殊情况，该结构首先由 Färe（1991）提出，随后在 Färe 和 Whittaker（1995）以及 Tone 和 Tsutsui（2009，2010）的研究中得到扩展。

读者应该注意，在对网络 DEA 建模时，可以根据两阶段结构的变化和采用的 CRS/VRS（constant returns to scale/variable returns to scale，规模报酬不变/规模报酬可变）假设，提出乘法和加法效率分解。正如 Guo 等（2017）所证明的，加法效率分解的主要计算问题之一是，我们必须确定结合两个单独阶段的效率的权重。但是预先确定的权重使用起来很麻烦，因为除非测试所有可能的权重值，否则我们无法知道最佳的解决方案。另一个是总体效率可以分解为标准网络下各个阶段效率的乘积（其中第一阶段产出成为第二阶段的唯一投入，以生成第二阶段产出，以此类推）和 CRS 假设。值得一提的是，建立在乘法效率分解基础上的网络 DEA 模型是非线性的，当假定 VRS 或网络模型允许外生定义的投入与产出时，不能用 Charnes-Cooper 变换（Charnes and Cooper，1962）将其转换成线性模型。

在本文的研究中，航班延误被视为外生的非期望产出，因为它使系统处于第一阶段和第二阶段之间。然而，本文采用的乘法效率分解可以通过为特定阶段设定效率下限和上限来求解，这种方法是基于两个阶段之间的非合作性博弈方式，使用一种叫作 Bi-Level 编程的技术。Cook 等（2010a，2010b）的研究表明，在博弈论范围内，所有用于衡量两阶段网络过程 DMU 效率的 DEA 方法都可以归类为非合作博弈（领导者-跟随者）。实际上，在评估两阶段网络结构的效率时，两个阶段之间可能会出现冲突：第一阶段必须增加其产出（中间措施）以提高效率，另外，这一行动意味着第二阶段的效率下降。在这种情况下，飞行效率水平可能被最大化，但是损害了次优的网络效率水平。就 CO_2 排放量和延误率而言，它们呈现出正的线性相关符号（表4），这种非合作博弈方法揭示了这些非期望产出之间的非线性关系。在两阶段生产过程的范围内，与延误率相比，CO_2 排放量可以以更高的比例减少。

关于网络 DEA 中的博弈方法，Liang 等（2008）从非合作理论的角度引入了一个两阶段的网络模型。在非合作博弈模型中，这两个阶段表现为领导者-跟随者关系。Chen 等（2009）考虑了每个 DMU 的两个阶段不独立的情况，并使用加权调和平均方法以获得每个 DMU 的综合效率。随后，Wu（2010）为资源受限的分散型公司开发了一种新的双层规划 DEA 模型。之后，Du 等（2011）提出了一个用于衡量两阶段网络结构效率的纳什讨价还价博弈模型。之前的这些模型都是基于 CRS 假设，但有学者将其扩展为 VRS 模型，以探索每个 DMU 的规模差异。

本文提出了一种通过双层规划解决问题的非合作博弈方法，以解决中国航空公司范围内两阶段网络 DEA 模型的乘法效率分解问题，同时考虑了如图 4 所示的非期望产出和外生产出。

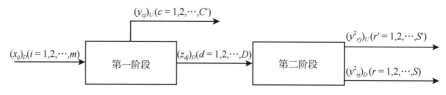

图 4　中国航空公司非期望产出和外生产出的网络 DEA

1. 双层规划

双层规划问题被称为嵌套优化，在这个问题中，第一个问题的可行空间由另一个优化问题隐式确定。双层编程问题有两个层次，即上层和下层，分别与领导者和跟随者相关。在这样的层次决策结构中，处于上层的决策者（领导者）根据自己的目标和在其之后做出决策的下层决策者（跟随者）的理性反应做出决策。在第一个决策者做出决策后，第二个决策者根据其目标函数和第一个决策者的决策执行其策略。

本文采用了一种启发式技术来处理存在非期望产出（CO_2 排放量和延误率）的线性规划转换，其中延误率是外生的。尽管在网络 DEA 模型的这种非合作领导者-跟随者博弈中，两个阶段都可以被选为领导者，但性能更重要的阶段——"飞行效率"——被选为领导者会损害跟随者——"网络效率"。在这种情况下，指定领导者和跟随者角色后，CO_2 排放量成为需要优化的关键变量，而这种设定不利于保持次优的延误率，一旦在启发式的范围内做出了这种选择，在第一阶段的效率保持不变的前提下，就可以计算出跟随者的效率。

假设有 n 个 DMU，每个 $DMU_j (j=1,2,\cdots,n)$ 都有两个阶段。DMU_j 第一阶段利用投入向量 $x_j \in R^m$，生产中间产品 $z_j \in R^D$，第二阶段消费中间产品以生产产出向量 $y_j \in R^S$。如图 4 所示，下标 U 和 D 分别表示非期望和期望。更准确地说，对于每个 DMU_j，第一阶段由投入 $(x_{ij})_D (i=1,2,\cdots,m)$ 和非期望产出 $(y_{cj})_U (c=1,2,\cdots,C')$

组成,第二阶段由非期望产出 $(y_{r'j}^2)_U$ $(r'=1,2,\cdots,S')$ 和期望产出 $(y_{rj}^2)_D$ $(r=1,2,\cdots,S)$ 组成。中间产品 $(z_{dj})_D$ $(d=1,2,\cdots,D)$ 是第一阶段的期望产出和第二阶段的投入。

经过 Charnes-Cooper 变换（Charnes and Cooper，1962），每个单独阶段和整个系统的效率水平定义如下。

第一阶段：

$$\theta_{1o} = \max\left(\sum_{d=1}^{D} w_d z_{do}\right)_D - \left(\sum_{c=1}^{C'} l'_c\, y_{co}\right)_U + U_o \tag{1}$$

s.t.

$$\left(\sum_{i=1}^{m} v_i x_{io}\right)_D = 1$$

$$\left(\sum_{d=1}^{D} w_d z_{dj} - \sum_{i=1}^{m} v_i x_{ij}\right)_D - \left(\sum_{c=1}^{C'} l'_c\, y_{cj}\right)_U + U_o \leqslant 0 \forall j$$

$$v_i, w_d, l'_c \geqslant \epsilon \forall i, d, c$$

第二阶段：

$$\theta_{2o} = \max\left(\sum_{r=1}^{S} u_r y_{ro}^2\right)_D - \left(\sum_{r'=1}^{S'} u'_{r'}\, y_{r'o}^2\right)_U + U_o \tag{2}$$

s.t.

$$\left(\sum_{d=1}^{D} w_d z_{do}\right)_D = 1$$

$$\left(\sum_{r=1}^{S} u_r y_{rj}^2 - \sum_{d=1}^{D} w_d z_{dj}\right)_D - \left(\sum_{r'=1}^{S'} u'_{r'}\, y_{r'o}^2\right)_U + U_o \leqslant 0 \forall j$$

$$u_r, w_d, u'_{r'} \geqslant \epsilon \forall r, r', d$$

整体来看

$$\theta_o = \theta_{1o} \times \theta_{2o} = \max\left(\left(\sum_{d=1}^{D} w_d z_{do}\right)_D - \left(\sum_{c=1}^{C'} l'_c\, y_{co}\right)_U + U_o^1\right)$$
$$\times \left(\left(\sum_{r=1}^{S} u_r y_{ro}^2\right)_D - \left(\sum_{r'=1}^{S'} u'_{r'}\, y_{r'o}^2\right)_U + U_o^2\right) \tag{3}$$

s.t.

$$\left(\sum_{i=1}^{m} v_i x_{io}\right)_D = 1, \quad \left(\sum_{d=1}^{D} w_d z_{do}\right)_D = 1$$

$$\left(\sum_{d=1}^{D} w_d z_{dj}\right)_D - \left(\sum_{c=1}^{C'} l'_c\, y_{cj}\right)_U - \left(\sum_{i=1}^{m} v_i x_{ij}\right)_D + U_o^1 \leqslant 0 \forall j$$

$$\left(\sum_{r=1}^{S} u_r y_{rj}^2\right)_D - \left(\sum_{r'=1}^{S'} u'_{r'}\, y_{r'o}^2\right)_U - \left(\sum_{d=1}^{D} w_d z_{dj}\right)_D + U_o^2 \leqslant 0 \forall j$$

$$v_i, u_r, w_d, l'_c, u'_{r'} \geqslant \epsilon \forall i, r, r', d, c$$

其中，θ_1、θ_2 和 θ 分别表示 DMU_o 第一阶段、第二阶段和整体的效率；变量 v_i、l_c' 分别表示乘以第一阶段的投入和非期望产出的权重；w_d 表示中间向量的权重；ϵ 表示阿基米德值；U_o 表示 VRS 前沿特征的常数，符号自由；U_o^1、U_o^2 分别表示模型（3）中第一阶段和第二阶段的 VRS 前沿特征的常数。

2. 非合作模型

衡量 DMU 效率的另一种方法是领导者-跟随者方法。在该方法中，通过计算非合作条件下的效率来确定每个阶段的上界效率。对于第一阶段主导的系统，其效率为

$$\theta_{1o}^U = \max \left(\sum_{d=1}^{D} w_d z_{do} \right)_D - \left(\sum_{c=1}^{C'} l_c' \, y_{co} \right)_U + U_o \tag{4}$$

s.t.

$$\left(\sum_{i=1}^{m} v_i x_{io} \right)_D = 1$$

$$\left(\sum_{d=1}^{D} w_d z_{dj} - \sum_{i=1}^{m} v_i x_{ij} \right)_D - \left(\sum_{c=1}^{C'} l_c' \, y_{cj} \right)_U + U_o \leqslant 0 \forall j$$

$$v_i, w_d, l_c' \geqslant \epsilon \forall i, d, c$$

或者，对于第二阶段主导的系统，效率为

$$\theta_{2o}^U = \max \left(\sum_{r=1}^{S} u_r y_{ro}^2 \right)_D - \left(\sum_{r'=1}^{S'} u_{r'}' \, y_{r'o}^2 \right)_U + U_o \tag{5}$$

s.t.

$$\left(\sum_{d=1}^{D} w_d z_{do} \right)_D = 1$$

$$\left(\sum_{r=1}^{S} u_r y_{rj}^2 - \sum_{d=1}^{D} w_d z_{dj} \right)_D - \left(\sum_{r'=1}^{S'} u_{r'}' \, y_{r'o}^2 \right)_U + U_o \leqslant 0 \forall j$$

$$u_r, w_d, u_{r'}' \geqslant \epsilon \forall r, r', d$$

在模型（4）和模型（5）中，θ_{1o}^U 和 θ_{2o}^U 中的上标 U 分别表示第一阶段和第二阶段的上界效率。

3. 合作模型

如模型（3）所述，总体效率是第一阶段和第二阶段的合作产物。然而，设 $\left(\left(\sum_{r=1}^{S} u_r y_{ro}^2 \right)_D - \left(\sum_{r'=1}^{S'} u_{r'}' \, y_{r'o}^2 \right)_U + U_o^2 \right) = \lambda$，这意味着整体效率被参数化为第二阶段（领导者）的函数。然后，模型（3）被转换为

$$\theta_o = \max \left(\left(\sum_{d=1}^{D} w_d z_{do} \right)_D - \left(\sum_{c=1}^{C'} l_c' \, y_{co} \right)_U + U_o^1 \right) \times \lambda \tag{6}$$

s.t.

$$\left(\sum_{r=1}^{S} u_r y_{ro}^2\right)_D - \left(\sum_{r'=1}^{S'} u'_{r'} y_{r'o}^2\right)_U + U_o^2 = \lambda$$

$$\left(\sum_{i=1}^{m} v_i x_{io}\right)_D = 1$$

$$\left(\sum_{d=1}^{D} w_d z_{do}\right)_D = 1$$

$$\left(\sum_{d=1}^{D} w_d z_{dj}\right)_D - \left(\sum_{c=1}^{C'} l'_c y_{cj}\right)_U - \left(\sum_{i=1}^{m} v_i x_{ij}\right)_D + U_o^1 \leqslant 0 \forall j$$

$$\left(\sum_{r=1}^{S} u_r y_{rj}^2\right)_D - \left(\sum_{r'=1}^{S'} u'_{r'} y_{r'o}^2\right)_U - \left(\sum_{d=1}^{D} w_d z_{dj}\right)_D + U_o^2 \leqslant 0 \forall j$$

$$v_i, u_r, w_d, l'_c, u'_{r'} \geqslant \epsilon \forall i, r, r', d, c$$

由于已知 $0 \leqslant \left(\left(\sum_{r=1}^{S} u_r y_{ro}^2\right)_D - \left(\sum_{r'=1}^{S'} u'_{r'} y_{r'o}^2\right)_U + U_o^2\right) \leqslant \theta_{2o}^U$，所以可以通过使用以下启发式方法在 $\left[0, \theta_{2o}^U\right]$ 范围内搜索参数 λ 来获得整体效率。设 $\lambda = \theta_{2o}^U - k\Delta\epsilon$，其中 $\Delta\epsilon$ 是步长，$k^{\max}$ 是小于或等于 $\dfrac{\theta_{2o}^U}{\Delta\epsilon}$ 的最大整数。模型（6）可以通过每一步增加 k 得到 $\theta_o(k)$。整个系统的效率可以估计为 $\theta_o^* = \max\theta_o(k)$，$k^*$ 是最大总体效率步长的 k 值。第二阶段的效率为 $\theta_{2o}^* = \theta_{2o}^U - k^*\Delta\epsilon$，第一阶段的效率（跟随者）可以通过 $\theta_{1o}^* = \dfrac{\theta_o^*}{\theta_{2o}^*}$ 间接计算。模型（3）的另一种转换可以通过将第一阶段作为参数 λ 的领导者来进行。这里讨论的所有模型都依赖于 VRS 前沿假设。如要将 VRS 前沿假设改变为 CRS 前沿假设，变量 U_o、U_o^1 和 U_o^2 必须被设置为 0。

我们应该遵守机会约束规划的原则来解决如图 5 所示的 NDEA 模型的随机形式。Charnes 和 Cooper（1959）首先提出了机会约束规划，以评估不确定情况下的效率水平，并理解这种不确定性如何将线性规划模型变成一个无法求解的模型。Thore（1987）、Banker（1993）和 Land 等（1993，1994）通过随机变化来解决 DEA 中投入和产出的不确定性。要处理这种随机变化就要改变模型的约束方程，并应用 Land 等（1993）提出的机会约束公式的逻辑，以便只使用产生超过百分点阈值的投入和产出。表 6 提供了随机生成投入、中间变量和产出的伪代码，对于多元 Copula 百分位及其不同生成元，外部约束检查的阈值为 0.95。伪代码描述了蒙特卡罗模拟的流程，实际上这也是问题的解法。在每次迭代中，都会从原始数据集多变量 Copula 调整生成的数据中提取一组投入、中间变量和产出，用以解决问题。在每次迭代结束时，计算效率分数，随后用于计算统计数据。

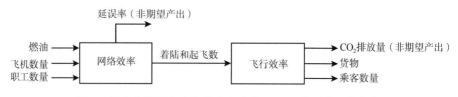

图 5　具有非期望产出和外生产出的 NDEA 模型的一般框架

表 6　用于求解具有不良和外生输出随机 NDEA 模型伪代码

序号	代码
1	调整数据集的投入、中间变量、产出的对应概率分布
2	运行 N 次——足够多的次数。在这项研究中，N=2500
	根据每个相应的概率分布和相关矩阵，使用多元 Copula 及其不同的生成器生成人工数据
3	通过仅使用多元百分位数至少为 0.95 的运行求解网络 DEA 的双层规划，计算整个系统和每个阶段的效率得分
	记录这些机会受限的效率分数
	重复此步骤，直到每个多变量 Copula 生成器达到 200 个样本的最低水平
4	计算随机版本的 NDEA 模型的相关统计量

（六）组合 bootstrapped 回归的随机规划

本文采用稳健回归检验了与中国航空公司相关的情境变量的影响。在稳健回归中，Tobit（Wanke et al.，2016b）、Simplex（Wanke and Barros，2016）和 Beta回归（Wanke et al.，2016b）组合使用。这种处理方法是合理的，由于大多数回归通常都没有考虑第一阶段计算的分数缺乏识别能力这一潜在问题，因此在两阶段DEA 分析中得到的结果大多都是有偏的（Wanke et al.，2016c）。识别能力低是因为效率得分有向上偏误。因此，对于这种类型的偏差应该使用一个能反映其合适分布假设的稳健性回归。这可以通过 bootstrapped（Simar and Wilson，2007，2011）和组合预测来获得，以减小预测误差（James et al.，2013；Ledolter，2013 ）。

模型（7）中给出了 Beta bootstrap 回归和 Tobit bootstrap 回归组合的非线性随机优化问题，其中 $w1$ 表示 Tobit 回归残差（Rt）的权重，$w2$ 表示 Simplex 回归残差（Rs）的权重，Rb 表示 Beta 回归的残差。该模型优化了 $w1$ 和 $w2$ 的值，使组合残差的方差（Var）最小。这两个回归都是自举的，并结合了 1000 次，以便为第一阶段、第二阶段和总体的最佳效率预测收集 $w1$ 和 $w2$ 的分布概况。

$$\min \mathrm{Var}\big(w1\mathrm{Rt}+w2\mathrm{Rb}+(1-w1-w2)\mathrm{Rs}\big) \tag{7}$$

s.t.

$$w1 \leqslant 1$$

$$w1 \geqslant 0$$

$$w2 \leqslant 1$$

$$w2 \geqslant 0$$

$$w1 + w2 \leqslant 1$$

$$w1 + w2 \geqslant 0$$

模型（7）采用差分进化（differential evolution，DE）法求解。DE 是遗传算法家族中的一员，它以进化的方式模拟自然选择的过程，参见 Holland（1992）的研究。遗传算法通过生物学的交叉、变异和选择算子来解决优化问题，产生连续的个体种群（解决方案或世代）。此外，DE 算法不需要连续或可微便可以找到目标函数的全局最优解，参见 Thangaraj 等（2011）和 Mullen 等（2011）的研究。2005 年首次在 CRAN（Comprehensive R Archive Network）上发布的名为 DEoptim 的 R 包实现了 DE 算法，有兴趣的读者可以参考 Ardia 等（2011）和 Mullen 等（2011）对该包的详细描述。

四、实证结果的分析和讨论

原始数据集 NDEA 模型的结果显示在图 6（综合）、图 7（按年份）和图 8（按航空公司，即 DMU）。这些结果是通过解决非合作博弈方法的双层规划得到的，其中，第二阶段的 CO_2 排放量（飞行效率，领导者）可以在一定程度上被第一阶

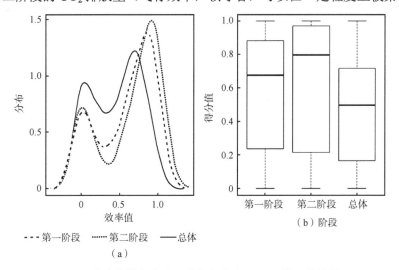

图 6　非合作博弈方法下非期望产出 NDEA 模型的结果

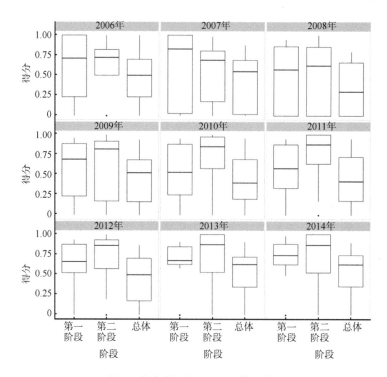

图 7　按年描述的 NDEA 模型结果

段的延误率（网络效率，跟随者）所抵消。综合来看（图 6），这些结果表明，中国航空公司的飞行效率比网络效率高。而总体效率水平的中位数约为 0.50，表明中国的航空公司还有很大的提升空间。读者可以注意到，由于以下两个原因，总体效率水平比第一阶段和第二阶段所验证的要小。首先，总体结果是次优的，即计算时考虑的是飞行效率最大化，而网络效率则是次优的。其次，如 SNDEA 模型那节所述，总体结果是以乘法方式计算的，因此，与加权加法方式相比，当每个单独阶段的效率得分远远低于 1 时，会施加一个"额外惩罚"。

　　当综合结果按年份展示时（图 7），可以看到尽管在前几年总体、第一阶段和第二阶段的效率水平似乎停滞不前，但 2012～2014 年有小幅增长的趋势。这与 Wanke 等（2015）和 Cao 等（2015）的实证结果相符。这也可以通过图 2 描述的客货量的恢复来验证。另外，当以 DMU 展示结果时（图 8），可以看出中国的航空公司具有很强的异质性。虽然除了华夏航空和山东航空外，其他航空公司的飞行效率似乎一直高于网络效率。这主要是因为华夏航空和山东航空飞机利用率比其他同行要高得多。同时，这些结果不仅表明了特定情境变量（与业务有关）对效率水平的影响，还表明了近年来小幅增长趋势因素对效率水平的影响。这就是为什么在随后的分析中，我们将随机成分纳入 NDEA 模型，试图从个体和时间效应的角度来分解这三种不同的效率得分。

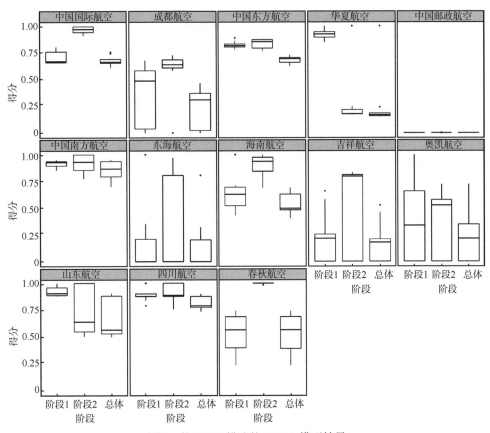

图 8 按 DMU 描述的 NDEA 模型结果

考虑到不同的多元 Copula 生成元，图 9 和图 10 描绘了针对其逆累积分布的 Simplex、Beta 和 Gaussian 调整。然而乍一看，我们不能断定一个特定的分布是否优于其他分布，因此，将 Tobit、Simplex 和 Beta 回归的结果结合起来可能是一

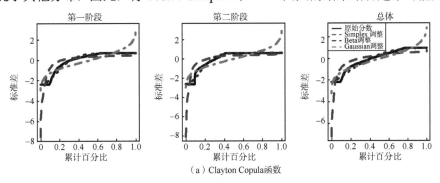

（a）Clayton Copula函数

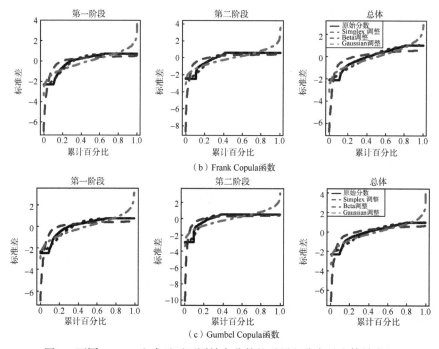

图 9 不同 Copula 生成元下不同效率分数的逆累积分布（个体效应）

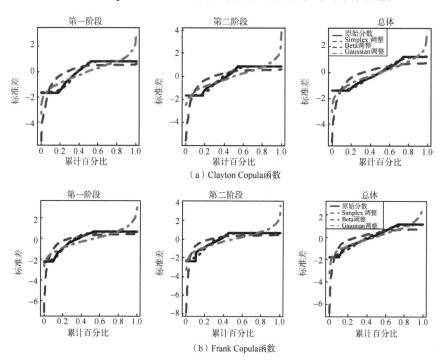

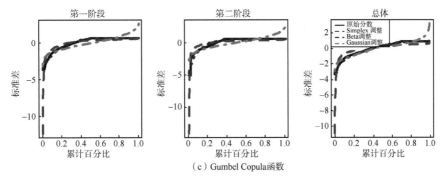

图 10　不同 Copula 生成元下不同效率分数的反向累积分布（时间效应）

个合理的方法。事实上，表 7 中列出的 Kullback-Leibler（KL）分歧度表明，这三种调整类型之间的差异最终都很小，有时有利于一种分布假设——一种特定的回归类型——而不利于另一种。越接近零，KL 越发散。

表 7　Simplex、Beta 和 Gaussian 假设下的 KL 发散结果

函数	个体效应				时间效应			
	阶段	Simplex 调整	Beta 调整	Gaussian 调整	阶段	Simplex 调整	Beta 调整	Gaussian 调整
Clayton	第一阶段	0.077 882	0.010 698	1.310 159	第一阶段	0.091 223	0.005 395	0.750 578
	第二阶段	0.057 362	0.023 140	1.986 892	第二阶段	0.113 977	0.021 156	0.519 254
	总体	0.093 699	0.011 399	0.336 545	总体	0.183 030	0.006 360	0.063 404
Frank	第一阶段	0.070 529	0.035 003	1.016 543	第一阶段	0.077 127	0.022 398	1.370 247
	第二阶段	0.055 622	0.018 348	1.771 077	第二阶段	0.068 334	0.019 149	1.434 005
	总体	0.109 302	0.008 093	0.362 651	总体	0.128 016	0.029 213	0.148 041
Gumbel	第一阶段	0.081 797	0.058 433	0.937 688	第一阶段	0.034 727	0.013 602	1.719 406
	第二阶段	0.045 791	0.037 019	2.188 000	第二阶段	0.039 155	0.025 365	2.264 529
	总体	0.097 390	0.012 471	0.320 754	总体	0.072 822	0.030 491	0.240 800

　　图 11 给出进行了 1000 次 bootstrap 抽样的 Tobit、Simplex 和 Beta 回归残差的随机非线性优化结果。从图 11 中我们可以看到这三种假设的权重分配不均，尤其是在评估个体效应时，Tobit 回归的中位数权重至少为 0.50。另外，在分析时间效应时发现了更均匀的权重分布，这表明在根据个体效应和时间效应分析效率得分时，不同的原因可能构成效率得分的基础，如图 12 和图 13 所示。

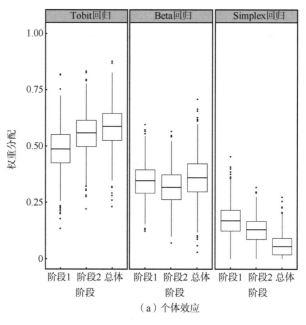

（a）个体效应

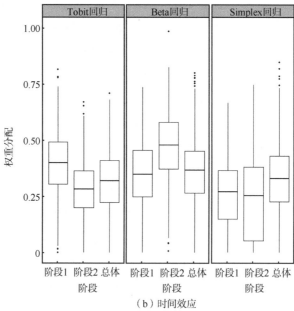

（b）时间效应

图 11　每种效率分布的最优值 $w1$ 和 $w2$ 的分布

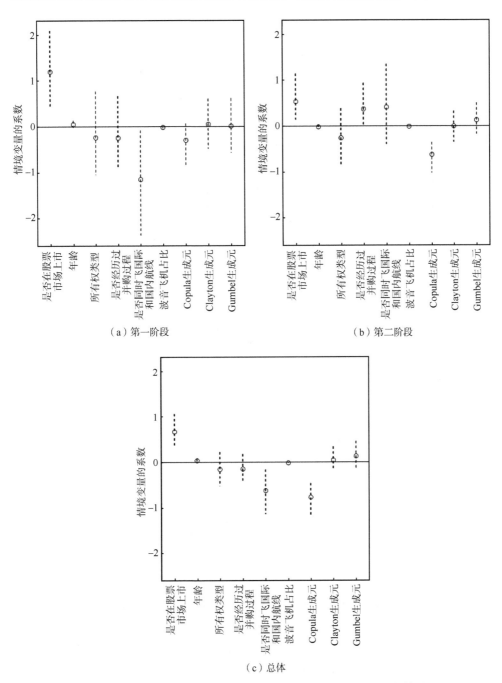

图 12　每种效率类型中截距（个体效应）的组合 bootstrap 回归结果

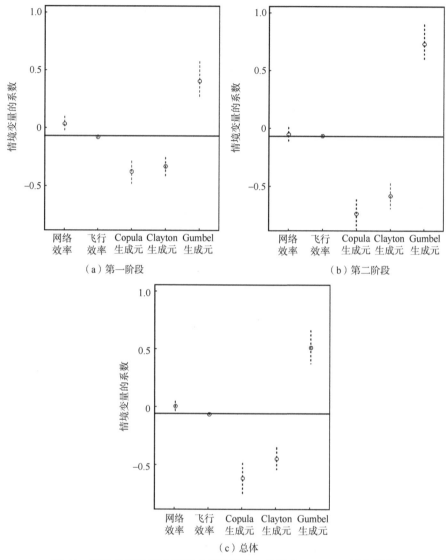

图 13　每种效率类型内截距（时间效应）的组合 bootstrap 回归结果

　　在个体效应方面，图 12 的结果表明，网络效率（第一阶段）受到公司治理、年龄、是否同时飞国际和国内航线的显著影响，而飞行效率（第二阶段）受到公司治理和是否经历过并购过程的影响。此外，在所分析的三种效率的范围内，无法验证所有权、机队组合和 Copula 生成元的显著影响。这些结果表明，在降低 CO_2 排放量和延误率方面，有效的公司治理发挥了突出的作用，因为它有助于满足航空公司的股本融资需求。这不仅意味着对可持续发展的更好承诺，也意味着对更好的客户服务水平实践的承诺。然而，值得注意的是，学习曲线的辅助方面

（以航空公司的年龄为代表）有助于实现更高的网络效率水平，而经历过并购可能有助于传播最佳的运营实践，最终反映在更高的效率水平上。还值得注意的是，由于网络跨度较大，在枢纽运营中协调转机航班时可能会出现困难，这是导致航班延误和二氧化碳排放的一个重要潜在原因。虽然 Copula 生成元类型的非显著性表明极端随机冲击对所有航空公司的影响是一样的，因此极端随机冲击不会对它们产生分歧，但技术假设（无论是观察到规模的恒定回报还是变化回报）在飞行效率和航空公司网络效率水平方面都是重要的。这表明，与航班延误不同的是，二氧化碳排放受到运营规模的影响，这为讨论民航规模收益递增或递减方面的碳减排政策提供了空间。

另外，根据图 13，当考虑时间效应时，我们可以很容易地注意到随着时间的推移有一个朝着更高的网络效率水平的正向趋势，尽管飞行效率水平仍然停滞不前。Copula 生成元的类型对于更好地理解中国航空业的效率如何随着时间的推移而演变也具有重要意义。具体地说，关于 Gumbel 生成元，读者应该注意到，它对效率水平有正向影响，是由于与 Frank 和 Clayton 生成元相比，它的上边缘更薄。广义地说，Gumbel 生成元将在产出水平上代表一个强烈的正随机冲击，使得两者之间的离散度最小。这些结果不仅表明，学习曲线/年龄实际上可能有助于随着时间的推移实现更高水平的网络效率，从而将航班延误定义为需要解决的管理问题，还表明除了技术和监管方面的变化，中国航空业的总体二氧化碳排放量在时间上往往保持不变。也就是说，二氧化碳排放量受极端冲击而非总体减少/增加趋势的影响较大。为克服这种情况，应明确制定中国上市公司的长期二氧化碳排放目标。

五、结　　论

本文利用一种新的 SNDEA 方法对 2006～2014 年中国航空公司的效率进行了分析，该模型考虑了延误率和 CO_2 排放量等非期望产出的随机性。模型遵循非合作博弈的双层规划方法，在第一阶段测量网络效率，而在第二阶段估计飞行效率。同时，在计算不同阶段的航空公司效率时，运用多元 Copula 对时间（趋势）效应和个体（DMU）效应进行了控制。最后，与传统方法不同，我们使用随机非线性模型来考察情境变量对效率的影响，通过结合 bootstrapped Simplex、Tobit 和 Beta 稳健回归结果的差异变化来求解。

通过这些创新模型和实证分析，本文表明我国大部分航空公司的飞行效率高于网络效率，且总体效率水平的中位数约为 0.50。而且，在 2006～2011 年，不同阶段的效率水平始终停滞不前，此后，在接下来的几年里开始了缓慢的增长。当引入处理 DEA 投入和产出不确定性的随机因素时，我们发现效率得分往往更高。在分析情境变量的影响时，我们从个体效应和时间效应的角度对这三个不同的效率分数进行了分解。对于前者，网络效率受到公司治理、年龄、是否同时飞国际和国内航线的显著影响，而飞行效率则受到公司治理和以往是否经历过并购的影响。对于后者，它表明，尽管飞行效率水平仍然停滞不前，但随着时间的推移，网络效率水平正向更高的水平发展。

这些结果为中国航空公司和行业的管理改进与未来的改革提供了参考。首先，航空公司有很大的潜力去提高延误率和 CO_2 排放量等非期望产出的效率。由于我国大部分航空公司的飞行效率得分高于网络效率得分，因此我国航空公司迫切需要加强对网络效率的管理，提高航空公司的客户服务质量。其次，更好的公司治理和更有效的市场监管不仅可以更好地致力于可持续发展，也将有助于为中国航空公司提供更好的客户服务水平。由于中国股票市场（上海证券交易所和深圳证券交易所）自 1992 年以来一直在快速发展，应鼓励更多的航空公司通过金融市场加强管理。此外，当航空公司参与国际航班时，由于网络跨度较大，其准点率往往较低。航空公司还将从并购活动中受益，以实现规模回报增加和碳排放减少。由于中国航空业存在学习曲线，随着管理实践的积累，正点率略有提高。但中国航空公司的飞行效率仍然停滞不前，这主要是因为航空公司的温室气体排放增加，因此航空公司的温室气体排放也应该受到关注。为了实现可持续发展，中国提出了到 2020 年单位国内生产总值二氧化碳排放比 2005 年下降 40%～45%，到 2030 年，单位国内生产总值二氧化碳排放比 2005 年下降 65% 以上①。因此除了提高载客率的措施外，从长远来看，中国航空公司也应该考虑使用更多的可再生能源来减少二氧化碳排放。再次，在对航空公司效率进行基准评估时，应考虑到产出和投入中的不确定性或外部冲击，以减小低估效率的偏差，获得更稳健的结果。新的 SNDEA 模型可以显著降低传统 DEA 模型的局限性，值得推荐应用于航空公司的绩效评价。最后，本文实证结果表明我国航空公司之间存在着异质性行为，因此在民航改革和管制中应针对不同的群体实施不同的政策。

本文与 Fan 等（2014）及 Cui 和 Li（2015，2016）的工作有很大的不同。他们在研究中仅仅考虑了其中一个方面的影响，然而，未来还需要更多的研究来进一步证实本文的结论。本文仅对中国主要航空公司进行了研究，当更多中国以外的航空公司被纳入分析以进行比较时，将提供更多的政策含义。

---

① 详情请见：《国务院：2020 年单位 GDP 二氧化碳排放比 2005 年降 40%》，http://politics.people.com.cn/ n/2014/0919/c70731-25694942.html[2014-09-19]；《国务院关于印发 2030 年前碳达峰行动方案的通知》，https://www.mee.gov.cn/zcwj/ gwywj/202110/t20211026_957879.shtml[2021-10-26]。

参 考 文 献

Ardia D, Boudt K, Carl P, et al. 2011. Differential evolution with DEoptim: an application to non-convex portfolio optimization. The R Journal, 3 (1): 27-34.

Assaf A. 2009. Are U.S. airlines really in crisis?. Tourism Management, 30 (6): 916-921.

Babikian R, Lukachko S P, Waitz I A. 2002. The historical fuel efficiency characteristics of regional aircraft from technological, operational, and cost perspectives. Journal of Air Transport Management, 8 (6): 389-400.

Baltagi B H, Griffin J M, Rich D P. 1995. Airline deregulation: the cost pieces of the puzzle. International Economic Review, 36 (1): 245-258.

Banker R. 1993. Maximum likelihood, consistency and data envelopment analysis: a statistical foundation. Management Science, 39: 1265-1273.

Barbot C, Costa Á, Sochirca E. 2008. Airlines performance in the new market context: a comparative productivity and efficiency analysis. Journal of Air Transport Management, 14 (5): 270-274.

Barros C P, Couto E. 2013. Productivity analysis of European airlines, 2000-2011. Journal of Air Transport Management, 31: 11-13.

Barros C P, Liang Q B, Peypoch N. 2013. The technical efficiency of US Airlines. Transportation Research Part A: Policy and Practice, 50: 139-148.

Barros C P, Peypoch N. 2009. An evaluation of European airlines' operational performance. International Journal of Production Economics, 122 (2): 525-533.

Barros C P, Wanke P. 2015. An analysis of African airlines efficiency with two-stage TOPSIS and neural networks. Journal of Air Transport Management, 44/45: 90-102.

Bauer P W. 1990. Decomposing TFP growth in the presence of cost inefficiency, nonconstant returns to scale, and technological progress. Journal of Productivity Analysis, 1 (4): 287-299.

Cao Q, Lv J F, Zhang J. 2015. Productivity efficiency analysis of the airlines in China after deregulation. Journal of Air Transport Management, 42: 135-140.

Chai J, Zhang Z Y, Wang S Y, et al. 2014. Aviation fuel demand development in China. Energy Economics, 46: 224-235.

Charnes A, Cooper W W. 1959. Chance-constrained programming. Management Science, 6: 73-79.

Charnes A, Cooper W W. 1962. Programming with linear fractional functionals. Naval Research Logistics Quarterly, 9 (3/4): 181-186.

Charnes A, Cooper W W, Rhodes E. 1978. Measuring the efficiency of decision making units. European Journal of Operational Research, 2 (6): 429-444.

Chen Y, Cook W D, Li N, et al. 2009. Additive efficiency decomposition in two-stage DEA. European Journal of Operational Research, 196 (3): 1170-1176.

Chen Z F, Barros C, Yu Y N. 2017. Spatial distribution characteristic of Chinese airports: a spatial cost function approach. Journal of Air Transport Management, 59: 63-70.

Chow C K W. 2010. Measuring the productivity changes of Chinese airlines: the impact of the entries of non-state-owned carriers. Journal of Air Transport Management，16（6）：320-324.

Clayton D G. 1978. A model for association in bivariate life tables and its application in epidemiological studies of familial tendency in chronic disease incidence. Biometrika，65（1）：141-151.

Coelli T，Estache A，Perelman S，et al. 2003. A Primer on Efficiency Measurement for Utilities and Transport Regulators. Washington D.C.：The World Bank.

Cook W D，Liang L，Zhu J. 2010a. Measuring performance of two-stage network structures by DEA：a review and future perspective. Omega，38（6）：423-430.

Cook W D，Zhu J，Bi G B，et al. 2010b. Network DEA：additive efficiency decomposition. European Journal of Operational Research，207（2）：1122-1129.

Cui Q，Li Y. 2015. Evaluating energy efficiency for airlines：an application of VFB-DEA. Journal of Air Transport Management，44/45：34-41.

Cui Q，Li Y. 2016. Airline energy efficiency measures considering carbon abatement：a new strategic framework. Transportation Research Part D：Transport and Environment，49：246-258.

Cullen A C，Frey H C. 1999. Probabilistic Techniques in Exposure Assessment：A Handbook for Dealing with Variability and Uncertainty in Models and Inputs. New York：Plenum Press.

Delignette-Muller M L，Dutang C. 2015. Fitdistrplus：an R Package for fitting distributions. Journal of Statistical Software，64（4）：1-34.

Distexhe V，Perelman S. 1994. Technical efficiency and productivity growth in an era of deregulation：the case of airlines. Swiss Journal of Economics and Statistics，130：669-689.

Du J，Liang L，Chen Y，et al. 2011. A bargaining game model for measuring performance of two-stage network structures. European Journal of Operational Research，210（2）：390-397.

Evans A，Schäfer A. 2013. The rebound effect in the aviation sector. Energy Economics，36：158-165.

Fan L W，Wu F，Zhou P. 2014. Efficiency measurement of Chinese airports with flight delays by directional distance function. Journal of Air Transport Management，34：140-145.

Färe R. 1991. Measuring Farrell efficiency for a firm with intermediate inputs. Academia Economic Papers，19（2）：329-340.

Färe R，Grosskopf S. 1996. Productivity and intermediate products：a frontier approach. Economics Letters，50（1）：65-70.

Färe R，Grosskopf S. 1997. Intertemporal production frontiers：with dynamic DEA. Journal of the Operational Research Society，48（6）：656.

Färe R，Grosskopf S，Whittaker G. 2007. Network DEA//Zhu J，Cook W D. Modeling Data Irregularities and Structural Complexities in Data Envelopment Analysis. Boston：Springer：209-240.

Färe R，Whittaker G. 1995. An intermediate input model of dairy production using complex survey data. Journal of Agricultural Economics，46（2）：201-213.

Frank M J. 1979. On the simultaneous associativity of $F(x,y)$ and $x+y-F(x,y)$. Aequationes Mathematicae，19：194-226.

Golany B，Hackman S T，Passy U. 2006. An efficiency measurement framework for multi-stage production systems. Annals of Operations Research, 145 (1): 51-68.

Good D H, Nadiri M I, Röller L H, et al. 1993. Efficiency and productivity growth comparisons of European and U.S. air carriers: a first look at the data. Journal of Productivity Analysis, 4: 115-125.

Greer M R. 2008. Nothing focuses the mind on productivity quite like the fear of liquidation: changes in airline productivity in the United States, 2000-2004. Transportation Research Part A: Policy and Practice, 42 (2): 414-426.

Gumbel E J. 1960. Bivariate exponential distributions. Journal of the American Statistical Association, 55 (292): 698-707.

Guo C Y, Shureshjani R A, Foroughi A A, et al. 2017. Decomposition weights and overall efficiency in two-stage additive network DEA. European Journal of Operational Research, 257 (3): 896-906.

Holland J H. 1992. Adaptation in Natural and Artificial Systems: An Introductory Analysis with Applications to Biology, Control, and Artificial Intelligence. Cambridge: MIT Press.

Horiguchi Y J, Baba Y, Kashima H, et al. 2017. Predicting fuel consumption and flight delays for low-cost airlines//Singh S, Markovitch S. AAAI'17: Proceedings of the Thirty-First AAAI Conference on Artificial Intelligence. San Francisco: AAAI Press: 4686-4693.

James G, Witten D, Hastie T, et al. 2013. An Introduction to Statistical Learning. New York: Springer.

Jiang H W, Zhang Y H. 2016. An investigation of service quality, customer satisfaction and loyalty in China's airline market. Journal of Air Transport Management, 57: 80-88.

Ko Y D, Jang Y J, Kim D Y. 2017. Strategic airline operation considering the carbon constrained air transport industry. Journal of Air Transport Management, 62: 1-9.

Land K C, Lovell C A K, Thore S. 1993. Chance-constrained data envelopment analysis. Managerial and Decision Economics, 14 (6): 541-554.

Land K C, Lovell C A K, Thore S. 1994. Productive efficiency under capitalism and state socialism: an empirical inquiry using chance-constrained data envelopment analysis. Technological Forecasting and Social Change, 46 (2): 139-152.

Ledolter J. 2013. Data Mining and Business Analytics with R. Wiley-Blackwell: John Wiley & Sons.

Lenartowicz M, Mason K, Foster A. 2013. Mergers and acquisitions in the EU low cost carrier market. A Product and Organisation Architecture (POA) approach to identify potential merger partners. Journal of Air Transport Management, 33: 3-11.

Lei Z, O'Connell J F. 2011. The evolving landscape of Chinese aviation policies and impact of a deregulating environment on Chinese carriers. Journal of Transport Geography, 19(4): 829-839.

Liang L, Cook W D, Zhu J. 2008. DEA models for two-stage processes: game approach and efficiency decomposition. Naval Research Logistics (NRL), 55 (7): 643-653.

Merkert R, Hensher D A. 2011. The impact of strategic management and fleet planning on airline efficiency—a random effects Tobit model based on DEA efficiency scores. Transportation Research Part A: Policy and Practice, 45 (7): 686-695.

Merkert R, Morrell P S. 2012. Mergers and acquisitions in aviation–management and economic perspectives on the size of airlines. Transportation Research Part E: Logistics and Transportation Review, 48 (4): 853-862.

Morrell P. 2009. The potential for European aviation CO_2 emissions reduction through the use of larger jet aircraft. Journal of Air Transport Management, 15 (4): 151-157.

Mullen K, Ardia D, Gil D L, et al. 2011. DEoptim: an R Package for global optimization by differential evolution. Journal of Statistical Software, 40 (6): 1-26.

Nelsen R B. 1999. An Introduction to Copulas. New York: Springer.

Oum T H, Yu C Y. 1995. A productivity comparison of the world's major airlines. Journal of Air Transport Management, 2 (3/4): 181-195.

Pablo-Romero M P, Cruz L, Barata E. 2017. Testing the transport energy-environmental Kuznets curve hypothesis in the EU27 countries. Energy Economics, 62: 257-269.

Schmidt R, Stadtmüller U. 2006. Non-parametric estimation of tail dependence. Scandinavian Journal of Statistics, 33 (2): 307-335.

Simar L, Wilson P W. 2007. Estimation and inference in two-stage, semi-parametric models of production processes. Journal of Econometrics, 136 (1): 31-64.

Simar L, Wilson P W. 2011. Two-stage DEA: caveat emptor. Journal of Productivity Analysis, 36 (2): 205-218.

Sjögren S, Söderberg M. 2011. Productivity of airline carriers and its relation to deregulation, privatisation and membership in strategic alliances. Transportation Research Part E: Logistics and Transportation Review, 47 (2): 228-237.

Thangaraj R, Pant M, Bouvry P, et al. 2011. Solving multi objective stochastic programming problems using differential evolution. International Conference on Swarm, Evolutionary, and Memetic Computing.

Thore S. 1987. Chance-constrained activity analysis. European Journal of Operational Research, 30 (3): 267-269.

Tone K, Tsutsui M. 2009. Network DEA: A slacks-based measure approach. European Journal of Operational Research, 197 (1): 243-252.

Tone K, Tsutsui M. 2010. Dynamic DEA: a slacks-based measure approach. Omega, 38 (3/4): 145-156.

Wang J E, Bonilla D, Banister D. 2016. Air deregulation in China and its impact on airline competition 1994-2012. Journal of Transport Geography, 50: 12-23.

Wang W K, Lu W M, Tsai C J. 2011. The relationship between airline performance and corporate governance amongst US listed companies. Journal of Air Transport Management, 17 (2): 148-152.

Wang Y P, Pham H. 2012. Modeling the dependent competing risks with multiple degradation processes and random shock using time-varying Copulas. IEEE Transactions on Reliability, 61 (1): 13-22.

Wanke P, Azad M D A K, Barros C P. 2016. Predicting efficiency in Malaysian Islamic banks: a two-stage TOPSIS and neural networks approach. Research in International Business and Finance, 36: 485-498.

Wanke P, Barros C P. 2016. Efficiency in Latin American airlines: a two-stage approach combining virtual frontier dynamic DEA and simplex regression. Journal of Air Transport Management, 54: 93-103.

Wanke P, Barros C P, Azad M A K, et al. 2016c. The development of the Mozambican banking sector and strategic fit of mergers and acquisitions: a two-stage DEA approach. African Development Review, 28 (4): 444-461.

Wanke P, Barros C P, Chen Z F. 2015. An analysis of Asian airlines efficiency with two-stage TOPSIS and MCMC generalized linear mixed models. International Journal of Production Economics, 169: 110-126.

Wanke P, Barros C P, Emrouznejad A. 2018. A comparison between stochastic DEA and fuzzy DEA approaches: revisiting efficiency in Angolan banks. RAIRO-Operations Research, 52 (1): 285-303.

Wanke P, Barros C P, Figueiredo O. 2016b. Efficiency and productive slacks in urban transportation modes: a two-stage SDEA-Beta regression approach. Utilities Policy, 41: 31-39.

Wanke P, Barros C P, Nwaogbe O R. 2016a. Assessing productive efficiency in Nigerian airports using Fuzzy-DEA. Transport Policy, 49: 9-19.

Winchester N, Malina R, Staples M D, et al. 2015. The impact of advanced biofuels on aviation emissions and operations in the US. Energy Economics, 49: 482-491.

Wu D D. 2010. BiLevel programming data envelopment analysis with constrained resource. European Journal of Operational Research, 207(2): 856-864.

Wu Y Q, He C Z, Cao X F. 2013. The impact of environmental variables on the efficiency of Chinese and other non-Chinese airlines. Journal of Air Transport Management, 29: 35-38.

Yan J. 2007. Enjoy the joy of Copulas: with a package copula. Journal of Statistical Software, 21(4): 1-21.

Zou B, Elke M, Hansen M, et al. 2014. Evaluating air carrier fuel efficiency in the US airline industry. Transportation Research Part A: Policy and Practice, 59: 306-330.

温度和企业风险承担
——基于中国研究视角

一、引　言

风险承担指的是企业在市场上追求高额利润的倾向（Wen et al.，2021），以及企业愿意为这些利润提供的价格（Wang et al.，2021；Boubakri et al.，2013）。合理的风险承担水平对于促进微观企业发展和宏观经济增长意义重大（Faccio et al.，2016；John et al.，2008）。企业的风险承担水平反映了其在投资决策中的风险偏好。如果风险承担水平比较高，那么企业会利用投资机会，倾向于选择有风险的投资项目（Mao and Zhang，2018；Boubakri et al.，2013）。企业的高风险承担水平也体现在更多的投入和更高的创新积极性，这有利于提升企业的竞争优势和企业价值（Yang，2021；Koirala et al.，2020）。这种风险选择对企业和社会的发展至关重要（Harjoto and Laksmana，2018；Li and Tang，2010）。作为社会经济的主角，企业高水平的风险承担有助于整个社会的资本积累，促进技术进步，提高社会生产力，实现长期的经济增长（Balla and Rose，2019；John et al.，2008）。在这种情况下，研究企业的冒险策略是有意义的。

本文考察了温度和企业风险承担之间的关系，研究动机如下：首先，本文力求扩展对企业风险承担决定因素的研究。之前有学者从公司内部治理的角度来解释公司风险承担（Laeven and Levine，2009；Kish-Gephart and Campbell，2015；Faccio et al.，2016；Ferris et al.，2017；Koirala et al.，2020）。企业外部环境，包括制度约束（Ongena et al.，2013；Calluzzo ang Dong，2015）、资源约束（Kekre and Lenel，2022），以及文化约束（Li et al.，2013；Mourouzidou-Damtsa et al.，2019），也被证明与企业风险承担密切相关。然而，目前较少有文献系统地分析温度对企业冒险行为的影响。考虑到全球不断恶化的环境条件（Banerjee and Gupta，2017），我们的研究有助于为理解企业冒险行为提供有意义的实证证据。其次，利用中国上市公司的数据，我们得以总结具有代表性的结论。中国是最大的发展中国家，经济长期发展面临环境的制约。恶劣的气温条件引起了公众的关注。20 世纪中叶以来，中国气温每 10 年上升约 0.23℃，几乎是同期全球气温上升的两倍。

最重要的是，我们的研究有充足的理论支撑。承担风险是企业应对风险的一种策略，企业通过降低外部风险承担水平来应对融资约束（Wen et al.，2021）。然而，温度变化影响企业的经营策略，进一步加剧企业面临的财务风险（Donadelli et al.，2021）。因此，我们认为温度变化在理论上会影响企业的风险承担意愿。具体而言，以往关于气候变化的研究证实，不可预测的气候变化会影响企业的生产率（Dahlmann et al.，2019），并降低企业资产价值（Huynh and Xia，2021）。同样，作为气候变化的一个重要类别，温度变化已被证实会影响劳动力供应（Somanathan et al.，2021）、企业生产率（Zhang et al.，2018）和工业产量（Chen and Yang，2019；Colmer，2021）。温度的变化降低产出确定性和经营灵活性，从而降低经营业绩，并进一步触发对企业资产价值的重新评估，这反过来又加剧企业面临的融资条件（Donadelli et al.，2021）。融资约束可能会限制企业的投资，降低企业的风险承担水平（Wen et al.，2021）。

为探究温度与企业风险承担的关系，我们进行了以下实证分析。首先，我们构建了一个城市级别的日平均温度变化（Temp），以反映温度对企业的冲击。其次，我们使用今年与上年相比的温度范围变化（Temp2）作为稳健性检验的替代指标。对于风险承担指标，我们主要遵循 John 等（2008）研究中的做法来衡量风险承担（Risk1）。我们最终得到 2007～2019 年的 26 331 个样本的公司级别数据集。利用固定效应模型分析温度对企业风险承担的影响，发现当企业位于温度变化较大的区域时，更有可能降低风险承担水平。这一结论经过使用替代温度和风险指标、剔除异常值等稳健性检验后依旧稳健。我们还从企业所有权、规模和资源强度等方面探讨温度与风险承担之间的异质性关系。为了进一步探究温度变化对企业风险承担的影响，我们从融资约束的角度进行机制分析。温度变化加剧企业的融资约束，进而降低企业的风险承担水平。温度、融资约束和风险承担之间的关系在劳动强度高的企业更为明显。

本文对相关研究工作做出了一定的贡献。第一，以往研究重点关注公司治理的作用（Yang，2021；Koirala et al.，2020；Harjoto and Laksmana，2018；Li and Tang，2010）和政府或营销因素（Ongena et al.，2013；Calluzzo and Dong，2015；Kekre and Lenel，2022），本文补充了气候变化视角下企业冒险决定因素的讨论。我们的研究为理解全球变暖下企业冒险行为的变化提供了重要的实证证据。第二，这项研究拓展了现有关于气候变化经济后果的文献。之前的研究探讨了温度变化或气候变化对经济增长（Dell et al.，2012）、认知表现（Zivin et al.，2020）、工业产量（Chen and Yang，2019）、生产率（Zhang et al.，2018）和公司债券（Huynh and Xia，2021）的影响。显然，现有研究更多地关注被动的经济后果。相反，我们关注企业主动的应对策略，探索温度变化与企业风险承担之间的关系。第三，除了基准结果之外，我们从融资约束的角度探讨了潜在的机制。我们的研究揭示了温度变化对企业风险承担的影响，为制定针对性政策提供理论参考。

本文剩余部分安排如下。第二节为理论分析，第三节介绍变量、数据来源和实证模型，第四节报告文章基准结果、稳健性检验和机制分析，最后一节为结论。

二、理 论 分 析

气温变化加剧了企业的融资约束。温度与企业经营密切相关（Zhang et al.，2018；Chen and Yang，2019；Colmer 2021；Somanathan et al.，2021）。首先，温度影响企业的劳动生产率。当温度超过人体最适宜的温度范围时，持续上升（或下降）的温度将导致工人出现身体不适、疲劳甚至患上疾病，从而对工人的生产率产生负面影响（Somanathan et al.，2021）。Zhang 等（2018）研究表明，温度与生产率之间的关系呈倒"U"形。其次，恶劣的天气条件降低工人的工作意愿。高温会增加旷工人数，减少劳动力供给（Somanathan et al.，2021）。最后，劳动力供给和生产率的损失抑制了产出增长。因此，高温进一步降低了工业产出（Chen and Yang，2019；Colmer，2021）。基于以上研究，我们认为温度的变化会降低产量。此外，企业需要调整经营以应对温度变化对产量和生产率的影响，这无疑降低了经营灵活性。这种巨大的不确定性降低了银行提供融资的意愿（Adenle et al.，2017），从而增加企业的融资约束和成本（Labatt and White，2007；Dafermos et al.，2018）。

融资约束可能会降低企业的风险承担意愿（Wen et al.，2021）。一方面，融资约束降低了贷款的可获得性，增加了融资成本，限制了企业的投资水平。另一方面，出于风险管理的目的，外部融资风险可能会降低企业承担更多风险的意愿。总的来说，我们提出以下假设。

H1：温度变化降低了企业的风险承担意愿。

H2：温度对企业风险承担的抑制效应可以通过企业融资约束来调节。

三、变 量 与 模 型 设 置

（一）数据来源

我们从国泰安 CSMAR 数据库获得公司层面的财务数据，从国家气象信息中心（National Meteorological Information Center，NMIC）获得区域天气信息，从《中国城市统计年鉴》获得区域经济统计数据。使用地址信息合并这些数据集后，我们得到了一份由 2988 家公司组成的面板数据，包括 2007～2019 年约 26 331 个观测值，用于实证分析。

（二）企业的风险承担

按照 John 等（2008）研究中的规范，我们计算公司风险承担如下：

$$\text{Adj\_ROA}_{i,t} = \text{ROA}_{i,t} - \frac{1}{n}\sum_{t=1}^{n}\text{ROA}_{i,t}$$

$$\text{Risk1}_{i,t} = \sqrt{\frac{1}{T-1}\sum_{t=1}^{T}\left(\text{Adj\_ROA}_{i,t} - \frac{1}{T}\sum_{t=1}^{T}\text{Adj\_ROA}_{i,t}\right)^2},\ T = 3$$

$$\text{Risk2}_{i,t} = \text{Max}(\text{Adj\_ROA}_{i,t}) - \text{Min}(\text{Adj\_ROA}_{i,t})$$

式中，$\text{ROA}_{i,t}$ 为总资产收益率；$\text{Adj\_ROA}_{i,t}$ 为行业调整后的收益率；Risk1 为 $\text{Adj\_ROA}_{i,t}$ 的 3 年滚动周期标准差；Risk2 指的是 $\text{Adj\_ROA}_{i,t}$ 的 3 年滚动周期范围。我们主要用来衡量企业的风险承担水平（Risk1）以进行回归分析。在稳健性检验中，我们使用替代指标 Risk2。

（三）区域温度

在本文中，我们从 NMIC 数据库中测量城市级别的温度。NMIC 隶属于中国气象数据服务中心，报告日平均气温、相对湿度、日照时数等气象数据（Zivin et al.，2020）。不同于以往使用平均温度的研究（Zhang et al.，2018；Dell et al.，2012），我们使用平均温度的变化来反映温度对企业的冲击是出于以下考虑：首先，本文使用的企业风险是年度数据而非日度数据。在这种情况下，观察平均温度如何影响风险是困难的。其次，不同地区的年平均气温在很大程度上存在路径依赖。我们认为，当地企业已经适应了该地区的日气温，因此，企业风险的变化应该响应温度变化的变化，而不是温度本身的变化。因此，我们使用日平均气温的标准差（Temp）反映对企业的温度冲击。在稳健检验中，我们还使用温度变化幅度（Temp2）来测量温度，即今年的温度变化幅度与上年相比的变化。

（四）控制变量

本文参考已有文献（Faccio et al.，2016；Zhang et al.，2018），在研究温度对企业风险承担的影响时，控制了企业层面的因素。这些因素分别是企业资产（Size）、企业年龄（Age）、资产负债率（Lev）、营业毛利率（Margin）、平均有形资产比率（Tang）。与温度变化相关的天气因素也被纳入分析，它们分别是平均日照时长（Sun）、平均降水量（Water）、相对湿度（Humid）、平均风速（Wind）。

区域发展也应该影响企业的风险承担。因此，我们控制这些因素的影响，即人均地区生产总值（PGDP）、地区生产总值增长率（GDPG）、财政分权（Fiscal）和产业结构（Struct）。

我们根据地址信息，将天气变量与企业层面的变量进行匹配。详细的变量规格和数据来源见附表，数据描述性统计分析见表1。

表1 描述性统计分析

变量	样本量	均值	标准差	最小值	最大值
Risk1	23 373	0.053	0.084	0.002	0.455
Risk2	26 331	0.095	0.149	0.002	0.818
Temp	26 331	8.831	2.086	3.776	16.071
Temp2	26 331	−0.237	3.725	−8.896	10.471
Size	26 331	22.038	1.313	19.568	26.071
Age	26 316	2.692	0.427	1.099	3.434
Lev	26 331	0.432	0.212	0.048	0.934
Margin	26 325	0.289	0.175	−0.006	0.826
Tang	26 331	0.929	0.088	0.520	1.000
Sun	26 331	5.296	1.133	2.056	9.281
Water	26 331	9.277	0.472	7.468	10.167
Humid	26 331	70.501	8.872	35.632	84.459
Wind	26 331	2.213	0.414	1.059	4.161
PGDP	26 015	14.171	11.825	0.149	50.630
GDPG	25 108	0.190	2.430	−0.985	71.599
Fiscal	26 328	1.535	1.039	0.169	37.076
Struct	23 146	1.539	1.147	0.093	5.154
AQI	17 113	87.896	29.810	18.000	246.000
State	26 225	0.397	0.489	0.000	1.000
Capital	26 331	0.500	0.500	0.000	1.000
Labor	26 299	0.500	0.500	0.000	1.000
Scale	26 331	0.189	0.392	0.000	1.000
FC	26 030	1.330	0.070	0.929	1.524

（五）模型设定

我们使用如下回归方程：

$$Risk_{i,c,t} = \beta_0 + \beta_1 Temp_{c,t} + \gamma CV_{i,c,t} + \lambda_t + \tau_c + \delta_j + \varepsilon_{i,t} \tag{1}$$

式中，i、t、c 分别为公司、年份和城市；因变量 $Risk_{i,c,t}$ 为某年所在城市企业的风险承担水平；$Temp_{c,t}$ 衡量城市气温变化的总体水平；$CV_{i,c,t}$ 代表影响企业风险承担的控制变量；λ_t、τ_c 和 δ_j 分别为年份、城市和行业的固定效应；$\varepsilon_{i,t}$ 为误差项。如果 β_1 显著为负，那么我们可以得出温度变化显著降低企业风险承担的结论。

四、实证结果

（一）基准结果

表 2 列出了公式（1）的基准结果。列（1）为不包括控制变量的回归结果，可见回归系数在 5% 的水平上显著为负，说明温度变化显著降低了企业的风险承担意愿。随着逐渐添加控制变量，基准结果保持稳健不变。

表 2　基准结果

变量	（1）Risk1	（2）Risk1	（3）Risk1	（4）Risk1
Temp	−0.004**	−0.004**	−0.006***	−0.006***
	（0.002）	（0.002）	（0.002）	（0.002）
Size		−0.009***	−0.009***	−0.009***
		（0.001）	（0.001）	（0.001）
Age		−0.002	−0.002	−0.001
		（0.002）	（0.002）	（0.002）
Lev		0.044***	0.044***	0.041***
		（0.006）	（0.006）	（0.006）
Margin		−0.021***	−0.021***	−0.019***
		（0.006）	（0.006）	（0.006）
Tang		−0.081***	−0.081***	−0.065***
		（0.010）	（0.010）	（0.011）
Sun			0.004	0.005*
			（0.003）	（0.003）
Water			−0.010*	−0.005
			（0.005）	（0.005）

续表

变量	（1） Risk1	（2） Risk1	（3） Risk1	（4） Risk1
Humid			0.001	0.001**
			（0.000）	（0.000）
Wind			0.015**	0.016**
			（0.006）	（0.007）
PGDP				−0.001**
				（0.000）
GDPG				0.000*
				（0.000）
Fiscal				−0.001
				（0.000）
Struct				0.022***
				（0.005）
年固定效应	是	是	是	是
行业固定效应	是	是	是	是
城市固定效应	是	是	是	是
观测值	23 371	23 352	23 352	20 025
R^2	0.181	0.201	0.202	0.212

*、**和***分别表示 10%、5%和 1%的显著性水平

（二）稳健性检验

第（1）列汇报了替代指标测量温度变化（Temp2）的结果。第（2）列为替代风险指标（Risk2）后的回归结果。第（3）列报告了控制城市级别 AQI（空气质量指数）的结果。第（4）列报告了控制公司固定效应的回归结果。第（5）列和第（6）列进一步报告了使用城市层面聚类标准误差和使用城市-年份交互项聚类的估计结果。如表 3 所示，温度变化显著降低了企业的风险承担意愿。

表 3　稳健性检验

变量	（1） Risk1	（2） Risk2	（3） Risk1	（4） Risk1	（5） Risk1	（6） Risk1
Temp2	−0.000*					
	（0.000）					

续表

变量	（1）Risk1	（2）Risk2	（3）Risk1	（4）Risk1	（5）Risk1	（6）Risk1
Temp		-0.010^{***}	-0.011^{***}	-0.007^{***}	-0.006^{*}	-0.006^{*}
		(0.004)	(0.003)	(0.002)	(0.003)	(0.003)
AQI			-0.000			
			(0.000)			
控制变量	是	是	是	是	是	是
年固定效应	是	是	是	是	是	是
行业固定效应	是	是	是	是	是	是
城市固定效应	是	是	是		是	是
企业固定效应				是		
观测值	20 025	21 744	12 091	19 903	20 025	20 025
R^2	0.212	0.203	0.239	0.389	0.212	0.212

*、***分别表示 10%、1%的显著性水平

（三）异质性分析

本文进一步考察了温度变化对风险承担的影响在不同所有权、规模和劳动强度的企业的异质性效应。首先，本文构建了一个变量，国有企业（SOE）取值为 1，否则为 0。我们根据公式（1）对子样本分别进行回归，结果列于表 4。第（1）列为对国有企业样本的回归结果，第（2）列为非国有企业样本的回归结果。其次，对于劳动密集型企业，本文构建了一个变量 $Labor_{it}$，如果企业为劳动密集型企业，变量值等于 1，否则为 0。同样对子样本分别进行回归。第（3）、（4）列结果分别对应高劳动密集型企业和低劳动密集型企业。最后，本文构建了一个变量，当公司股权大于该会计年度所有企业的均值时，该变量为 1，否则为 0。第（7）、（8）列分别为大规模企业和小规模企业的回归结果。总的来看，估计系数仅在非国有企业、高劳动密集型企业和小企业样本中显著为负。

表 4　异质性分析

变量	（1）Risk1	（2）Risk1	（3）Risk1	（4）Risk1	（5）Risk1	（6）Risk1	（7）Risk1	（8）Risk1
Temp	-0.001	-0.008^{**}	-0.007^{**}	-0.004	-0.001	-0.010^{***}	-0.002	-0.007^{***}
	(0.003)	(0.003)	(0.003)	(0.003)	(0.003)	(0.003)	(0.004)	(0.002)
控制变量	Yes	Yes	Yes	Yes	Yes	Yes	Yes	Yes

变量	(1) Risk1	(2) Risk1	(3) Risk1	(4) Risk1	(5) Risk1	(6) Risk1	(7) Risk1	(8) Risk1
年固定效应	是	是	是	是	是	是	是	是
行业固定效应	是	是	是	是	是	是	是	是
城市固定效应	是	是	是	是	是	是	是	是
观测值	8 166	11 773	10 270	9 721	9 979	10 032	3 712	16 299
R^2	0.257	0.217	0.246	0.220	0.250	0.231	0.290	0.217

和*分别表示 5%和 1%的显著性水平

（四）机制分析

现有文献表明，温度与企业工业产量（Chen and Yang，2019）、生产率（Zhang et al.，2018）和劳动绩效（Zivin et al.，2020）有关。温度变化的冲击导致产出确定性和经营灵活性下降，这可能会降低经营绩效，进一步加剧企业的融资约束。承担风险是企业应对风险的一种策略。当面临融资约束时，企业通过降低外部风险承担水平来应对（Wen et al.，2021）。总的来说，我们认为温度变化通过加重融资约束来降低企业的风险承担水平。我们利用中介效应模型来考察我们提出的论点。

$$\text{Risk}_{i,c,t} = \beta_0 + \beta_1 \text{Temp}_{c,t} + \gamma \text{CV}_{i,c,t} + \lambda_t + \tau_c + \delta_j + \varepsilon_{i,t} \tag{2}$$

$$\text{FC}_{i,c,t} = \beta_0 + \alpha_1 \text{Temp}_{c,t} + \gamma \text{CV}_{i,c,t} + \lambda_t + \tau_c + \delta_j + \varepsilon_{i,t} \tag{3}$$

$$\text{Risk}_{i,c,t} = \theta_0 + \theta_1 \text{FC}_{i,c,t} + \theta_2 \text{Temp}_{c,t} + \gamma \text{CV}_{i,c,t} + \lambda_t + \tau_c + \delta_j + \varepsilon_{i,t} \tag{4}$$

式中，$\text{FC}_{i,c,t}$ 为企业的融资约束，用 SA 指数来衡量（Hadlock and Pierce，2010），其他变量与公式（1）的基准模型一致。融资约束的中介效应可以用 $\theta_2 - \beta_1$ 来估计。如表 5 第（2）列所示，Temp 的估计系数在 1%的显著水平下为正，表明温度变化增加了企业的融资约束。在第（3）列中，FC 的回归系数显著为负，符合预期；Temp 的系数显著为负，且 θ_2 的值小于第（1）列，融资约束的中介作用成立。

表 5　机制分析

变量	(1)	(2)	(3)	(4)	(5)	(6)	(7)	(8)	(9)
	全样本			劳动密集型样本			非劳动密集型样本		
	Risk1	FC	Risk1	Risk1	FC	Risk1	Risk1	FC	Risk1
Temp	−0.006***	0.003***	−0.005**	−0.007**	0.003***	−0.007**	−0.004	0.001	−0.004
	(0.002)	(0.001)	(0.002)	(0.003)	(0.001)	(0.003)	(0.003)	(0.001)	(0.003)

续表

变量	（1）	（2）	（3）	（4）	（5）	（6）	（7）	（8）	（9）
	全样本			劳动密集型样本			非劳动密集型样本		
	Risk1	FC	Risk1	Risk1	FC	Risk1	Risk1	FC	Risk1
FC			−0.074***			−0.105***			−0.057**
			（0.020）			（0.035）			（0.024）
控制变量	是	是	是	是	是	是	是	是	是
年固定效应	是	是	是	是	是	是	是	是	是
行业固定效应	是	是	是	是	是	是	是	是	是
城市固定效应	是	是	是	是	是	是	是	是	是
观测值	20 025	21 515	19 815	10 270	10 832	10 172	9 721	10 645	9 610
R^2	0.212	0.521	0.215	0.246	0.621	0.249	0.220	0.562	0.221

和*分别表示 5%和 1%的显著性水平

如前所述，温度变化会影响产出和劳动生产率，进而增加企业的融资约束。我们预计，融资约束对高劳动密集型企业的中介作用更强。我们对式（2）～式（4）进行了子样本回归，结果如表 5 的第（4）～（9）列所示，验证了我们的猜想：融资约束的中介效应在劳动密集型企业中表现明显。

五、结　　论

本文利用 2007～2019 年中国上市企业的数据，试图探索企业在面对温度变化时的风险应对。研究发现，温度变化显著降低了企业的风险承担水平。我们进行了一系列稳健性检验，基准结论保持不变。异质性分析显示，温度变化与企业风险承担之间的关系对非国有企业、小企业和劳动密集型企业更为显著。机制分析表明，温度变化通过加重企业融资约束来降低企业的风险承担意愿。我们的研究拓展了有关温度变化造成的经济后果的文献。

温度变化与企业风险承担之间呈负相关关系的实证证据表明：第一，企业应合理关注严峻的温度条件，合理预测全年的温度变化。第二，企业要制定相应的措施，平滑温度变化对自身经营的负面影响。第三，政府应该继续努力应对全球变暖。第四，政府应该对位于极端气温变化地区的企业提供适当的支持，如财政补贴、融资担保等。

参 考 文 献

Adenle A A, Manning D T, Arbiol J. 2017. Mitigating climate change in Africa: barriers to financing low-carbon development. World Development, 100: 123-132.

Balla E, Rose M J. 2019. Earnings, risk-taking, and capital accumulation in small and large community banks. Journal of Banking & Finance, 103: 36-50.

Banerjee R, Gupta K. 2017. The effects of environmental sustainability and R&D on corporate risk-taking: international evidence. Energy Economics, 65: 1-15.

Boguth O, Simutin M. 2018. Leverage constraints and asset prices: insights from mutual fund risk taking. Journal of Financial Economics, 127 (2): 325-341.

Boubakri N, Cosset J C, Saffar W. 2013. The role of state and foreign owners in corporate risk-taking: evidence from privatization. Journal of Financial Economics, 108 (3): 641-658.

Calluzzo P, Dong G N. 2015. Has the financial system become safer after the crisis? The changing nature of financial institution risk. Journal of Banking & Finance, 53: 233-248.

Campbell R J, Jeong S H, Graffin S D. 2019. Born to take risk? The effect of CEO birth order on strategic risk taking. Academy of Management Journal, 62 (4): 1278-1306.

Chen X G, Yang L. 2019. Temperature and industrial output: firm-level evidence from China. Journal of Environmental Economics and Management, 95: 257-274.

Coles J L, Daniel N D, Naveen L. 2006. Managerial incentives and risk-taking. Journal of Financial Economics, 79 (2): 431-468.

Colmer J. 2021. Temperature, labor reallocation, and industrial production: evidence from India. American Economic Journal: Applied Economics, 13 (4): 101-124.

Dafermos Y, Nikolaidi M, Galanis G. 2018. Climate change, financial stability and monetary policy. Ecological Economics, 152: 219-234.

Dahlmann F, Branicki L, Brammer S. 2019. Managing carbon aspirations: the influence of corporate climate change targets on environmental performance. Journal of Business Ethics, 158(1): 1-24.

Dell M, Jones B F, Olken B A. 2012. Temperature shocks and economic growth: evidence from the last half century. American Economic Journal: Macroeconomics, 4 (3): 66-95.

Dell'Ariccia G, Laeven L, Marquez R. 2014. Real interest rates, leverage, and bank risk-taking. Journal of Economic Theory, 149: 65-99.

Donadelli M, Grüning P, Jüppner M, et al. 2021. Global temperature, R&D expenditure, and growth. Energy Economics, 104: 105608.

Faccio M, Marchica M T, Mura R. 2016. CEO gender, corporate risk-taking, and the efficiency of capital allocation. Journal of Corporate Finance, 39: 193-209.

Ferris S P, Javakhadze D, Rajkovic T. 2017. CEO social capital, risk-taking and corporate policies. Journal of Corporate Finance, 47: 46-71.

Hadlock C J, Pierce J R. 2010. New evidence on measuring financial constraints: moving beyond the KZ index. The Review of Financial Studies, 23 (5): 1909-1940.

Harjoto M，Laksmana I. 2018. The impact of corporate social responsibility on risk taking and firm value. Journal of Business Ethics，151（2）：353-373.

Huynh T D，Xia Y. 2021. Climate change news risk and corporate bond returns. Journal of Financial and Quantitative Analysis，56（6）：1985-2009.

John K，Litov L，Yeung B. 2008. Corporate governance and risk-taking. The Journal of Finance，63（4）：1679-1728.

Kekre R，Lenel M. 2022. Monetary policy，redistribution，and risk premia. Econometrica，90(5)：2249-2282.

Kish-Gephart J J，Campbell J T. 2015. You don't forget your roots：the influence of CEO social class background on strategic risk taking. Academy of Management Journal，58（6）：1614-1636.

Koirala S，Marshall A，Neupane S，et al. 2020. Corporate governance reform and risk-taking：evidence from a quasi-natural experiment in an emerging market. Journal of Corporate Finance，61：101396.

Labatt S，White R R. 2007. Carbon Finance：The Financial Implications of Climate Change. Hoboken：John Wiley & Sons.

Laeven L，Levine R. 2009. Bank governance，regulation and risk taking. Journal of Financial Economics，93（2）：259-275.

Li J，Tang Y. 2010. CEO hubris and firm risk taking in China：the moderating role of managerial discretion. Academy of Management Journal，53（1）：45-68.

Li K，Griffin D，Yue H，et al. 2013. How does culture influence corporate risk-taking?. Journal of Corporate Finance，23：1-22.

Mao C X，Zhang C. 2018. Managerial risk-taking incentive and firm innovation：evidence from FAS 123R. Journal of Financial and Quantitative Analysis，53（2）：867-898.

Mourouzidou-Damtsa S，Milidonis A，Stathopoulos K. 2019. National culture and bank risk-taking. Journal of Financial Stability，40：132-143.

Ongena S，Popov A，Udell G F. 2013. "When the cat's away the mice will play"：does regulation at home affect bank risk-taking abroad?. Journal of Financial Economics，108（3）：727-750.

Somanathan E，Somanathan R，Sudarshan A，et al. 2021. The impact of temperature on productivity and labor supply：evidence from Indian manufacturing. Journal of Political Economy，129（6）：1797-1827.

Wang R，Liu J T，Luo H. 2021. Fintech development and bank risk taking in China. The European Journal of Finance，27（4/5）：397-418.

Wen F H，Li C，Sha H，et al. 2021. How does economic policy uncertainty affect corporate risk-taking? Evidence from China. Finance Research Letters，41：101840.

Yang H. 2021. Institutional dual holdings and risk-shifting：evidence from corporate innovation. Journal of Corporate Finance，70：102088.

Zhang P，Deschenes O，Meng K，et al. 2018. Temperature effects on productivity and factor reallocation：evidence from a half million Chinese manufacturing plants. Journal of Environmental Economics and Management，88：1-17.

Zivin J G，Song Y Q，Tang Q，et al. 2020. Temperature and high-stakes cognitive performance：evidence from the national college entrance examination in China. Journal of Environmental Economics and Management，104：102365.

附录

附表　变量定义

变量	定义	数据来源
温度和企业风险承担变量		
Temp	日平均温度的年标准差	NMIC
Risk1	3 年经行业调整的 ROA（return on total assets，总资产收益率）的标准差	NMIC
城市层面的变量		
Water	会计年度的城市平均降水量	NMIC
Sun	会计年度的城市平均日照时长	NMIC
Humid	城市一级会计年度的平均湿度	NMIC
Wind	城市一级会计年度的平均风速	NMIC
PGDP	城市人均地区生产总值	《中国城市统计年鉴》（China City Statistical Yearbook，CCSY）
GDPC	城市地区生产总值增长率	CCSY
Fiscal	财政支出与财政收入的比率	CCSY
Struct	第三产业和第二产业在地区生产总值中的比例	CCSY
企业层面的变量		
Size	公司资产的自然对数	国泰安（CSMAR）
Lev	负债与资产的比率	CSMAR
Age	企业会计年度和成立年度的差额	CSMAR
Margin	营业利润的比率	CSMAR
Tang	有形资产的比率	CSMAR
替代温度和风险承担的变量		
Temp2	今年与上年相比温度范围的变化	NMIC
Risk2	3 年经行业调整的 ROA 的滚动范围	CSMAR
其他变量		
AQI	空气质量指数	NMIC
State	虚拟变量，国有企业为 1，否则为 0	CSMAR

续表

变量	定义	数据来源
其他变量		
Capital	虚拟变量，资本强度大于其会计年度的中位数则为1，否则为0	CSMAR
Labor	虚拟变量，劳动密集型企业为1，否则为0	CSMAR
Scale	虚拟变量，公司股权价值大于其会计年度的平均值则为1，否则为0	CSMAR
FC	SA 指数	北京大学中国经济研究中心（China Center for Economic Research，CCER）

健 康 成 本

十八大报告指出:"建设生态文明,是关系人民福祉、关乎民族未来的长远大计。"[①]改革开放以来,经济的快速增长极大改善了人民的生活条件。然而伴随而来的环境恶化问题对居民健康生活产生了严重的负面影响,不利于人们对美好生活的向往。目前众多学者开展了基于环境污染的负面影响研究,主要集中在空气污染所引起的健康水平和死亡率的增加上,而与空气污染有关的经济成本,例如医疗服务使用、医疗费用、健康支出等,也值得引起我们的重视。

现有的利用中国数据分析空气污染与健康成本之间关系的研究相对有限。本部分试图通过两项重要研究,回答空气污染是否增加了人们的医疗服务使用,健康支出在多大程度上可以归因于空气污染,以及这种相关性背后的潜在机制。研究结论可靠地评估环境污染带来的健康成本,为政府调整预算支出以应对环境问题的社会成本、提高人们生活福祉带来政策依据。

---

① 参见 2012 年 11 月 9 日《人民日报》第 2 版的文章:《坚定不移沿着中国特色社会主义道路前进 为全面建成小康社会而奋斗》。

空气污染、医疗服务使用和医疗费用：
来自中国的证据

一、引　　言

空气污染作为一种负向外部性因素，一直被认为是影响呼吸系统疾病、心理疾病发病率以及居民死亡率的重要因素（Neidell，2009；Zhang et al.，2017a；Heyes and Zhu，2019；Zhang and Mu，2018；Janke，2014）。一些着重于颗粒污染物负面影响的研究表明，颗粒物污染对人体器官和组织有负面影响（Pokhrel et al.，2010；Rafiq and Rahman，2020；Zhang et al.，2017a；Chen et al.，2013）。$PM_{2.5}$ 对人体健康有较强的负面影响，因为它可能通过血液循环深入人体和肺部（Yi et al.，2020），它不仅会增加呼吸道感染的可能性，还会增加人们罹患肺癌的风险。此外，有充分的证据表明，$PM_{2.5}$ 可能会对人体的组织或器官产生长期影响。由于儿童的肺部表面积更大，因此他们更容易受到 $PM_{2.5}$ 的影响（Kim et al.，2018；Pokhrel et al.，2010）。除了对健康产生不利影响，$PM_{2.5}$ 还可能会促使人们减少或取消户外活动，以规避污染带来的危害。

考虑到空气污染对居民健康产生的严重风险，中国政府在减少空气污染物方面做出了巨大的努力。例如，北京、上海等地的政府相继开展了清洁空气行动计划，旨在降低 $PM_{2.5}$ 等空气污染物的浓度，优化产业结构和管理污染程度较高的企业。近年来，中国的空气质量有了显著的改善，在 2013～2022 年[①]，$PM_{2.5}$ 的平均浓度下降 57%。虽然我国的空气质量已经得到了很大程度的提升，但实现"蓝天"的目标仍然是一项艰巨的任务。特别是在经济发达的城市，空气污染所造成的医疗支出负担是一个值得关注的问题。

大多数研究重点关注 $PM_{2.5}$ 对慢性病的影响，以及暴露于 $PM_{2.5}$ 中是否会增加死亡率，很少有研究进一步关注 $PM_{2.5}$ 对直接医疗支出产生的影响，并深入分析 $PM_{2.5}$ 在多大程度上增加了个体医疗费用或提高了他们住院的可能性。与居民直

---

① 《过去 10 年中国空气质量明显改善 PM2.5 浓度下降 57%》，https://baijiahao.baidu.com/s?id=17616829513 55709653&wfr=spider&for=pc，2023 年 3 月 29 日。

接相关的医疗费用不仅会影响家庭支出，还关系到社会福利水平的高低，从而造成较高的社会成本。暴露于 $PM_{2.5}$ 环境中会增加人们罹患呼吸道或肺部疾病的可能性，由此增加的医疗支出可能会削减居民在其他方面的消费，造成整个国家的经济效率低下（Zhang et al.，2017b）。也有部分学者关注到了这一问题，如 Deryugina 等（2019）研究发现，$PM_{2.5}$ 每增加 1 微克/米 ^{3}，住院患者的急诊室费用就会增加约 16 446 美元。而在中国，人们的医疗费用和住院费用的支出与空气污染的相关程度还缺乏实证分析。

本文试图通过探讨空气污染是否增加了人们的医疗服务使用，医疗费用在多大程度上可以归因于空气污染，以及这种相关性背后的潜在机制来填补这些空白。我们将 2016 年和 2018 年中国家庭追踪调查的微观数据与城市层面的空气污染数据进行匹配，构建了用于估计空气污染影响的面板数据。研究结果表明，$PM_{2.5}$ 的浓度不仅与居民住院的可能性呈正相关，还显著增加了居民的医疗费用或住院费用。此外，空气污染浓度对女性和年轻人的影响更为明显，并且 $PM_{2.5}$ 的浓度与个体医疗支出具有较强的短期相关性。我们计算得出了空气污染的社会成本，即 $PM_{2.5}$ 每上升 1 微克/米 ^{3}，整个社会在 2016 年的损失就会增加 50.25 亿元。此外本文还证实了两种可能的作用机制。首先，空气污染可能会对居民的睡眠产生负面影响，减少居民的睡眠时间。睡眠不足将不利于人体健康和免疫系统的正常工作，这可能会增加他们未来的医疗支出。其次，户外活动可能因环境空气污染而被取消或减少，以应对空气污染产生的不利影响。人们将把更多的时间放在需要久坐的活动上，比如看电视或上网。行为模式的改变与人们在医院的支出呈正相关。

本文对现有文献的贡献可分为以下几个方面。首先，基于个体层面的数据，我们考察了空气污染带来的直接医疗成本，并主要关注了 $PM_{2.5}$ 的影响。许多相关研究考虑了其他空气污染物的影响，如氮氧化物的排放，或使用空气质量指数作为整体指标（Zhang et al.，2017a，2017b；Zeng and He，2019；Fan et al.，2020；Deschênes et al.，2017）。此外，在中国背景下很少有研究对 $PM_{2.5}$ 直接导致的个体医疗支出进行评估。我们在空气污染的健康效应相关文献方面做出了贡献，估计了个体医疗费用和医疗服务使用对 $PM_{2.5}$ 的长期或短期反应。更重要的是，从社会经济负担的角度，本文还估算了 $PM_{2.5}$ 可能造成的社会福利损失。其次，识别过程中潜在的内生问题为，可能存在部分未观察到的因素与空气污染和人们的医疗费用相关。本文利用逆温和通风系数这两个外生变量来减少潜在的估计偏差，以获得更准确和稳健的估计结果（Shi and Xu，2018；Deschênes et al.，2020）。最后，考虑到关注空气污染对健康影响基本机制的研究相对有限（Deschênes et al，2020），我们试图分析空气污染是否减少了人们的睡眠时间或增加了他们的久坐行为，这些都可能导致医疗费用和医疗服务使用的增加。

本文的其余部分结构如下。第二节进行了文献综述。第三节介绍了数据来源、描述性统计和实证方法。第四节报告了主要结果、异质性分析结果和工具变量估计结果。第五节计算了空气污染的社会成本。第六节进行了可能的机制分析。第七节对本文做了总结。

二、文 献 综 述

现有研究主要集中于空气污染对健康风险、死亡率、防御性投资、心理健康和主观幸福感等的影响（Deschênes et al.，2017；Zhang and Mu，2018；Zhang et al.，2017a；Anderson，2020；Chen F L and Chen Z F，2020；Jans et al.，2018）。Zhang 等（2017a）根据纵向数据验证了空气污染会降低人们的幸福水平，增加抑郁症状的可能性。空气污染一直被认为是影响儿童健康的关键因素，尤其是呼吸道健康（Beatty and Shimshack，2014；Jans et al.，2018；Deschênes et al.，2020；Currie et al.，2009；Currie and Neidell，2005）。Currie 和 Neidell（2005）通过对个体层面的数据进行研究发现，自 20 世纪 90 年代以来，由于一氧化碳（CO）排放的减少，大约有 1000 名婴儿的生命被挽救。Jans 等（2018）以逆温为工具变量，发现低收入家庭的儿童更容易受到空气污染的影响，并且空气污染对儿童的呼吸健康有负面影响。此外，儿童的体重也受到了空气污染的影响。$PM_{2.5}$ 每增加 1.54%将导致儿童体重指数上升 0.27%（Deschênes et al.，2020）。

此外，一系列的研究都十分关注空气污染与死亡率之间是否存在显著相关关系，并得出了一致的结论，即长期暴露于空气污染会显著增加死亡率（Chay and Greenstone，2003；Anderson，2020；Knittel et al.，2016；Fan et al.，2020；Chen et al.，2017）。Chay 和 Greenstone（2003）探讨了悬浮颗粒物总量与婴儿死亡率之间的关系，发现随着颗粒物的减少，婴儿的死亡率也在降低，并且，胎儿时期是否暴露于污染环境中可能是悬浮颗粒物总量影响婴儿死亡率的潜在机制。Knittel 等（2016）发现 CO 和 PM_{10} 都对婴儿死亡率存在负面影响，并且会对出生时低体重的婴儿产生更大的负面影响。除了婴儿死亡率，老年人群的死亡率也值得重视。随着在高速公路下风向停留时间的增加，老年人群的死亡率至少增加了3.8%（Anderson，2020）。在中国的背景下，Fan 等（2020）通过对冬季燃煤供暖系统的断点回归估计了空气污染与死亡率的关系，发现空气质量指数与死亡率显著正相关。Chen 等（2017）在分析空气污染与死亡率的相关性时，将直接效应与间接效应进行区分，发现空气污染对死亡率有空间溢出效应。

以上是对以往关于空气污染对健康影响的文献总结。这些研究主要集中在空气污染所引起的健康风险和死亡率的增加上。然而，与空气污染有关的另外两个重要后果也值得引起我们的重视。首先，如果人们充分认识到空气污染的严重性，意识到自己的健康受到空气污染的威胁，他们可能会增加防御性投资，如减少外出行走的时间，以及增加购买防污染口罩的支出（Deschênes et al.，2017；Zhang and Mu，2018；Chen F L and Chen Z F，2020；Janke，2014）。Deschênes 等（2017）对"氮氧化物预算项目"的效益和成本进行了分析，发现氮氧化物的排放与药品采购呈正相关关系。他们发现，项目的实施大约减少了 8 亿美元的防御性投资。Zhang 和 Mu（2018）也得出了类似的结论，他们发现空气质量指数每上升 100 点，中国用于防御 $PM_{2.5}$ 的口罩的数量就会增加 70.65%。

其次，日益严重的空气污染可能会损害人们的身体健康，增加医疗费用，包括医疗支出的增加和住院率的增加。然而据我们所知，在中国分析空气污染与医疗费用之间关系的研究相对有限（Deryugina et al.，2019；An and Heshmati，2019；Zeng and He，2019）。Deryugina 等（2019）以外风向作为空气污染的工具变量，研究空气污染对美国人的死亡率、医疗服务使用和医疗费用的影响，发现大约 25% 的老年人容易受到空气污染的影响。Zeng 和 He（2019）估算了工业空气污染对中国省级政府医疗支出的影响，但他们并未关注空气污染导致的个体直接医疗支出，研究发现，工业空气污染增加了当地和周边省份的医疗支出，且空气污染的影响要远远大于医疗改革的影响。

综上所述，目前的实证研究主要探讨了空气污染对健康风险或死亡的影响，较少关注空气污染对居民住院、医疗费用和医疗服务使用的影响。也有部分研究试图探索为什么空气污染能够影响居民健康（Heyes and Zhu，2019；Deschênes et al.，2020；Chen F L and Chen Z F，2020）。其中，有几个主要的潜在机制。例如，为了避免暴露在空气污染中，人们更倾向于待在家里，减少锻炼时间，增加室内娱乐时间。时间使用和行为改变会使个体身体素质下降，进而增加医疗费用支出。此外，空气污染还会影响人们的睡眠，增加睡眠障碍发生的可能性，这可能会导致慢性疾病发病率的增加。Heyes 和 Zhu（2019）的研究表明，$PM_{2.5}$ 每增加一个标准差，失眠人数就会增加 12.8%。

少数研究对空气污染在个体医疗服务使用或医疗支出中的作用进行了深入研究，而空气污染的直接社会医疗成本或福利损失仍有待探索。本文的目的是检验空气污染是否与个体医疗服务使用和医疗费用相关，并计算空气污染造成的社会医疗费用，进一步探讨其潜在机制。

三、数据和方法

（一）数据

本文使用了北京大学中国社会科学调查中心实施的中国家庭追踪调查（Chinese Family Panel Studies，CFPS）2016 年和 2018 年的数据，这是一项全国性的纵向调查。

该调查于 2010 年首次进行，并通过后续调查对部分受访者进行了追踪。本文采用多阶段概率抽样的方法选取样本，样本数据涵盖了 31 个省份，包含了丰富的家庭经济活动、教育水平、健康状况、医疗费用等信息。我们构建了 2016 年和 2018 年的面板数据，用以分析空气污染对人们医疗服务使用和医疗费用的影响。[①]

我们采用两种被解释变量。第一种是医疗服务的使用（Deschênes et al., 2020）。该调查要求受访者回答"过去一年是否住院？"这一问题。答案分别为 0（没有）和 1（有）两种。第二种是医疗费用。本文使用三个指标来衡量医疗费用：受访者在过去一年中的住院费用，受访者在过去一年中的医疗费用，以及由受访者的家属在过去一年直接支付的费用（不包括过去一年已经报销或将要报销的金额）。这些问题的答案都是连续变量。

空气污染数据来源于生态环境部，我们主要关注 $PM_{2.5}$ 和 PM_{10}（Chen et al., 2018；Beatty and Shimshack，2014；Currie and Neidell，2005；Deryugina et al., 2019）。我们在主要分析中以 $PM_{2.5}$ 作为解释变量，在稳健性检验中以 PM_{10} 作为解释变量。环境监测中心每小时提供一次监测点的空气污染物指数，几乎覆盖了中国所有城市。为了便于分析，我们将空气污染数据汇总至城市一级。由于本文关注的变量为过去一年个体的医疗服务使用和医疗费用，因此本文将空气污染数据滞后一年，以探究空气污染产生的实际效应。为了结果的稳健性，我们还改变了空气污染的滞后时间长度，同时考察了空气污染对人们医疗费用和医疗服务使用的短期和长期影响。

我们在回归分析中考虑了两类控制变量。第一类是 CFPS 的个体人口学特征，主要包括受教育年限、性别、户口状况、年龄、收入和家庭规模。第二类是国家气象信息中心的天气数据，该数据为公开数据，覆盖了中国所有城市，包含风速、湿度、降水和温度。我们将上述每小时的天气变量汇总到年度-城市层面。在回归分析中，我们控制了年平均风速、年平均温度、年平均降水量和年平均湿度。[②]

我们将个体医疗费用和医疗服务使用的相关数据与空气污染数据和气象数据进行匹配，最终得到 2016 年和 2018 年共 26 570 个样本的有效面板数据，覆盖了31 个省份和 102 个城市。本文关键指标的描述性统计见表 1，约有 11.6%的居民在过去一年中因病住院治疗，人均住院费用约为 1450 元，人均医疗费用约为 1238元，人均自付费用约为 1778 元。此外，$PM_{2.5}$ 的范围为 15.51 微克/米³ 至 100.25微克/米³，所有城市 $PM_{2.5}$ 的年均值为 50.610 微克/米³。近 87.4%的居民已婚，

---

① 考虑到人们可能会迁移到空气质量更好的地方，回归模型中使用了 2016 年和 2018 年被多次观测的样本，以防止结果受到这种潜在的住地分类偏差的影响。为了进一步排除这种干扰，我们还控制了个体水平的固定效应（Beatty and Shimshack，2014），再次对模型进行回归，并将结果报告在附表 A1 中。

② 原始天气数据是站点层面的。因此，如果一个城市中有多个站点，我们会将同一城市的所有站点的天气变量取平均值，以匹配空气污染数据。

约有一半的人年龄在 16 岁及以上。个体的平均受教育年限相对较低，约为 7.33 年，所有人收入的对数的均值为 4.013。

表 1 关键变量汇总统计

变量	定义	均值	标准差
面板 A 医疗服务使用和医疗费用			
住院	过去一年中因病住院。二元变量：住院为 1，否则为 0	0.116	0.321
住院费用	在过去一年中用于住院治疗的费用（包括已报销或将报销的金额）	1450	9204
医疗费用	在过去一年中用于医疗服务的费用	1238	5327
自付费用	已由家庭直接支付的医疗费用，不包括已报销或将报销的金额	1778	7290
面板 B 空气污染			
PM2.5	城市一级的 $PM_{2.5}$（单位：微克/米^3）年均值	50.610	17.410
面板 C 个体特征			
Marriage	二元变量：结婚为 1，否则为 0	0.874	0.332
Age	≥16 岁的个体	48.430	13.910
Hukou status	二元变量：农村户口为 1，否则为 0	0.770	0.421
Family size	家庭成员的数量	4.318	1.967
Education	受教育年数	7.330	4.858
Gender	二元变量：男性为 1，女性为 0	0.512	0.500
Income	收入的对数	4.013	4.964

（二）方法

我们采用固定效应模型探索空气污染对居民医疗服务使用和医疗费用的影响。基准计量经济规范如下：

$$M_{ijt} = \alpha_0 + \alpha_1 P_{ijt-1} + \alpha_2 X_{ijt} + \alpha_3 W_{ijt-1} + \tau_t + \pi_j + \varepsilon_{ijt} \qquad (1)$$

其中，因变量 M_{ijt} 代表了个体 i 在城市 j 中第 t 年的医疗服务使用、住院费用、医疗费用和自付费用；P_{ijt-1} 是关键的自变量，表示个体 i 所在城市 j 第 $t-1$ 年的空气污染。由于 CFPS 的受访者提供的是他们在过去一年中用于医疗或住院方面的费用，因此我们在基准模型中使用滞后一年的空气污染数据来探索空气污染与个体医疗费用之间的关联。研究证实，空气污染对个体健康和健康成本有显著的短期影响，严重的空气污染会对个体健康造成严重损害，并导致更高的健康成本（Deryugina et al., 2019；Beatty and Shimshack, 2014）。因此，我们主要研究滞后一年的空气污染是否会增加人们过去一年的医疗服务使用和医疗费用。考虑到系数的意义可能会随着滞后时间长度的增加而发生变化，在稳健性检验中我们也探讨了不同滞后时间长度的空气污染产生的效应。

根据以往文献，我们在模型中控制了个体人口特征 X_{ijt}，如户口状况、年龄、婚姻状况、性别、家庭规模和收入（Currie et al.，2009；Do et al.，2018）。W_{ijt-1} 代表个体 i 所在城市 j 第 $t-1$ 年的天气状况，包括温度、风速、湿度和降水。τ_t 是年份固定效应。π_j 是城市固定效应。ε_{ijt} 是误差项。标准误聚类到城市级别。考虑到一些被遗漏和未观察到的变量可能与空气污染和医疗费用有关，基准回归的结果可能会产生偏差。为解决潜在的内生问题，我们使用工具变量法再次估计空气污染的影响。在后面的分析中我们使用了两种工具变量。第一个工具变量是城市层面的逆温天数；另一个工具变量是每个城市的通风系数，即风速和混合高度的乘积。根据现有文献，通风系数越高，空气污染扩散得越快（Cai et al.，2016；Shi and Xu，2018）。此外，相关学者通常使用一年内的逆温天数来减小经典测量误差（Deschênes et al.，2020；Jans et al.，2018）。当高层空气层的温度比低层空气层的温度高时，就会出现逆温现象。在逆温的影响下，空气污染会增加，污染物可能被困于地面附近。这两个工具变量都与城市的空气污染密切相关，而它们与个体医疗费用和医疗服务的使用无关。也就是说，这两个指标都满足了工具变量的条件。

两阶段最小二乘法（two stage least squares，2SLS）模型如下：

$$\hat{P}_{ijt-1} = \beta_0 + \beta_1 I_{ijt-1} + \beta_2 V_{ijt-1} + \beta_3 X_{ijt} + \beta_4 W_{ijt-1} + \mu_t + \omega_j + \delta_{ijt} \tag{2}$$

$$M_{ijt} = \gamma_0 + \gamma_1 \hat{P}_{ijt-1} + \gamma_2 X_{ijt} + \gamma_3 W_{ijt-1} + \mu_t + \omega_j + \delta_{ijt} \tag{3}$$

在公式（2）中，$\hat{P}_{ijt-1}$ 是个体 i 所在 j 市在第 $t-1$ 年的 PM$_{2.5}$ 值。在公式（3）中，M_{ijt} 是被解释变量，代表人们的医疗费用和医疗服务的使用；系数 γ_1 表示空气污染的估计效应；μ_t 是年份固定效应；ω_j 是城市固定效应；标准误聚类到城市级别。

四、结　　果

（一）基准结果

表 2 报告了 PM$_{2.5}$ 对医疗费用和人们使用医疗服务影响的基准回归结果。我们在主要的分析中控制了气象条件以及城市和年份的固定效应。第（1）栏汇报了 PM$_{2.5}$ 对人们使用医疗服务的影响。我们发现 PM$_{2.5}$ 每上升 10 微克/米^3，居民住院的概率就会增加 0.4%。第（2）至（4）栏汇报了空气污染对医疗费用的影响。第（2）栏显示，PM$_{2.5}$ 每增加 10 微克/米^3，人们的住院费用将增加 2%，这一结

果在 1% 的置信水平上是显著的。此外，人们的医疗费用和自付费用也会随 PM$_{2.5}$ 的增加而上升，PM$_{2.5}$ 每增加 10 微克/米 ^{3}，医疗费用就会增加 4.4%。同样，PM$_{2.5}$ 每增加 10 微克/米 ^{3}，医疗服务的自费部分就会上升 8.7%，该结果在 1% 的置信水平上是显著的。这些发现与发达国家的研究文献中的结果一致，即空气污染与人们的医疗费用和医疗服务使用有显著的正相关关系（Deryugina et al.，2019）。

表 2　空气污染对医疗服务使用和医疗费用的影响

变量	（1）住院	（2）住院费用	（3）医疗费用	（4）自付费用
PM2.5（÷10）	0.004***	0.020***	0.044**	0.087***
	(0.000)	(0.001)	(0.020)	(0.001)
Marriage	−0.023***	−0.149***	−0.068	0.179***
	(0.004)	(0.042)	(0.055)	(0.031)
Age	0.004***	0.031***	0.022***	0.024***
	(0.000)	(0.002)	(0.002)	(0.000)
Hukou status	−0.007	−0.083*	0.017	0.042
	(0.005)	(0.045)	(0.053)	(0.029)
Family size	0.001	0.004	−0.015	−0.011***
	(0.001)	(0.010)	(0.010)	(0.002)
Education	−0.002	−0.003	−0.003	−0.057***
	(0.002)	(0.013)	(0.005)	(0.009)
Gender	−0.015***	−0.105***	−0.614***	−0.269***
	(0.001)	(0.009)	(0.038)	(0.005)
Income	−0.003***	−0.025***	0.008*	0.028***
	(0.000)	(0.003)	(0.004)	(0.008)
气象控制	是	是	是	是
年固定效应	是	是	是	是
城市固定效应	是	是	是	是
N	26 570	26 570	24 921	22 899
adj. R^2	0.047	0.043	0.162	0.082

注：括号内为聚类在城市一级的标准误。气象控制包括城市的年平均气温、年平均降水量、年平均风速和年平均湿度

*、**、***分别表示 10%、5%、1% 的显著性水平

表 2 还汇报了其他因素对居民医疗服务使用和医疗费用的影响结果。与年轻

人群相比，老年人群的医疗费用更高。例如在第（2）栏中，年龄每增加1岁，受访者的住院费用就会增加3.1%。城市户口居民和农村户口居民在医疗费用和医疗服务的使用上也有差异。高学历群体可能更重视自己的健康，且他们更不容易受到空气污染的影响。第（4）栏显示，受访者的受教育年限每增加1年，自费医疗支出将减少5.7%，且在1%的置信水平上是显著的。与女性相比，男性在过去一年中住院的可能性较小，他们在住院和医疗方面的花费也较少。此外，个体收入每增加1个百分点，其住院的概率就会减少0.3%，其住院费用也会明显减少2.5%。

（二）异质性

我们在上一节得出了主要研究结果，即随着 $PM_{2.5}$ 的增加，居民住院的可能性和医疗费用都会显著增加。在本节中，我们研究空气污染的影响是否会因性别、年龄和地区而异。

1. 按性别划分的空气污染的异质性影响

我们首先研究空气污染效应在性别方面的差异。在表3的面板A和面板B中，第（1）至（4）栏分别汇报了 $PM_{2.5}$ 对女性和男性的医疗费用和医疗服务使用影响的估计结果。$PM_{2.5}$ 每增加10微克/米^3，女性住院的可能性显著上升0.7%。而 $PM_{2.5}$ 对男性住院可能性的影响系数则小得多。更重要的是，回归结果显示空气污染与女性的住院费用和自付费用有较大的相关性。$PM_{2.5}$ 每增加10微克/米^3，女性的住院费用和自付费用将分别增加5.9%和21.2%，该结果在1%的置信水平上是显著的。对男性而言，住院费用和自付费用甚至有所下降。以上结果表明，女性对空气污染更敏感，更容易受到 $PM_{2.5}$ 的影响。这些发现与 Zhang 等（2017a）的研究结果一致，即空气污染对中国女性的幸福感会产生重要影响。

表3 基于性别的空气污染的异质性效应分析

变量	（1）住院	（2）住院费用	（3）医疗费用	（4）自付费用
面板 A 女性				
PM2.5（÷10）	0.007***	0.059***	0.006	0.212***
	(0.000)	(0.002)	(0.028)	(0.003)
N	12 968	12 968	12 161	12 444
adj. R^2	0.045	0.042	0.159	0.081

续表

变量	（1） 住院	（2） 住院费用	（3） 医疗费用	（4） 自付费用
面板 B 男性				
PM2.5（÷10）	0.002*** （0.000）	−0.012*** （0.002）	0.079*** （0.028）	−0.053** （0.022）
N	13 602	13 602	12 760	10 455
adj. R^2	0.050	0.045	0.144	0.077
气象控制	是	是	是	是
个体特征控制	是	是	是	是
年固定效应	是	是	是	是
城市固定效应	是	是	是	是

注：括号内为聚类在城市一级的标准误。气象控制包括城市的年平均气温、年平均降水量、年平均风速和年平均湿度

、*分别表示 5%、1%的显著性水平

2. 按年龄划分的空气污染的异质性影响

长期以来，年龄被认为是影响居民健康和医疗费用的关键因素之一（Deschênes et al.，2017；Chen F L and Chen Z F，2020），因此我们进一步探讨 $PM_{2.5}$ 对不同年龄组的异质性影响。我们将 46 岁及以上的人群定义为中老年人，其余部分的人群定义为年轻人。表 4 汇报了空气污染对受访者医疗服务使用和医疗费用的异质性影响的估计结果。第（1）栏显示，随着空气污染的增加，年轻人群住院的可能性的上升幅度要高于中老年人群。$PM_{2.5}$ 每增加 10 微克/米^3，年轻人住院的可能性增加 1.0%，该结果在 1%的置信水平上是显著的。而 $PM_{2.5}$ 的增加与中老年人群住院的可能性没有显著关系。同样，年轻人群的医疗费用与空气污染之间也存在正相关关系。第（2）栏表明，$PM_{2.5}$ 每增加 10 微克/米^3，年轻人群的住院费用就会增加 6.8%。

表 4　基于年龄的空气污染的异质性效应分析

变量	（1） 住院	（2） 住院费用	（3） 医疗费用	（4） 自付费用
面板 A 年轻人				
PM2.5（÷10）	0.010*** （0.000）	0.068*** （0.003）	0.053 （0.033）	0.494*** （0.011）
N	10 569	105 69	9 711	7 725
adj. R^2	0.017	0.016	0.111	0.053

变量	（1）住院	（2）住院费用	（3）医疗费用	（4）自付费用
面板 B 中老年人				
PM2.5（÷10）	−0.001	−0.016**	0.035	−0.040***
	(0.001)	(0.006)	(0.025)	(0.012)
N	16 001	16 001	15 210	15 174
adj. R^2	0.039	0.034	0.172	0.054
气象控制	是	是	是	是
个体特征	是	是	是	是
年固定效应	是	是	是	是
城市固定效应	是	是	是	是

注：括号内为聚类在城市一级的标准误。气象控制包括城市的年平均气温、年平均降水量、年平均风速和年平均湿度

、*分别表示 5%、1%的显著性水平

造成上述不同年龄段的异质性结果的原因可能有两个：首先，中老年人可能已根据自己对空气污染的认知调整了生活习惯，这些习惯相较于年轻人的习惯更能缓解空气污染带来的负面影响；其次，与年轻人相比，中老年人在户外活动（如通勤）的时间较少，这也将减少他们实际暴露于空气污染的机会。

3. 不同地区空气污染的异质性影响

考虑到不同地区经济发展的差异，我们进一步研究空气污染对不同地区居民的影响是否存在差异。我们将样本分为三组：西部地区、东部地区和中部地区。表 5 汇报了各地区的异质性效应的估计结果。面板 A 显示，在西部地区，个体医疗服务的使用和医疗费用没有受到空气污染的显著正向影响。面板 B 的第（1）和（3）栏显示，东部地区 $PM_{2.5}$ 每增加 10 微克/米^3，受访者住院概率增加 0.3%，医疗费用增加 7.7%，该结果在 1%的置信水平上是显著的。中部地区 $PM_{2.5}$ 每增加 10 微克/米^3，受访者自付费用就增加 7.3%。综上所述，在经济发展水平较高或工业较发达的城市，空气污染对居民健康的危害更大，由此产生的健康成本也会上升。

表 5　基于区域的空气污染的异质性效应分析

变量	（1）住院	（2）住院费用	（3）医疗费用	（4）自付费用
面板 A　西部				
PM2.5（÷10）	0.000	−0.011**	0.063	−0.097*
	(0.001)	(0.005)	(0.044)	(0.051)
N	6 795	6 795	6 314	6 197
adj. R^2	0.043	0.039	0.181	0.092
面板 B　东部				
PM2.5（÷10）	0.003***	−0.001	0.077***	0.072**
	(0.000)	(0.002)	(0.027)	(0.035)
N	11 470	11 470	10 823	9 708
adj. R^2	0.029	0.027	0.145	0.078
面板 C　中部				
PM2.5（÷10）	−0.007	−0.069***	0.004	0.073***
	(0.007)	(0.007)	(0.047)	(0.001)
N	8 305	8 305	7 784	6 994
adj. R^2	0.055	0.053	0.154	0.074
气象控制	是	是	是	是
个体特征控制	是	是	是	是
年固定效应	是	是	是	是
城市固定效应	是	是	是	是

注：括号内为聚类在城市一级的标准误。气象控制包括城市的年平均气温、年平均降水量、年平均风速和年平均湿度

*、**、***分别表示 10%、5%、1%的显著性水平

（三）稳健性检验

1. 滞后时间长度

模型的基准回归结果是滞后一年的 $PM_{2.5}$ 对居民医疗费用和医疗服务使用的影响。为了进一步探索空气污染对居民医疗费用和医疗服务使用的长短期影响，我们改变了空气污染的滞后时间长度并重新估计了基准回归模型。在表 6 中，第（1）至（3）栏显示了空气污染的短期影响，而第（4）至（6）栏则显示了空气污染的长期影响。

表6 稳健性检验：改变滞后时间长度

变量	短期效应			长期效应		
	（1）	（2）	（3）	（4）	（5）	（6）
	当期	滞后两年	滞后三年	滞后四年	滞后七年	滞后九年
面板A 住院						
PM2.5（÷10）	0.010***	0.010***	0.001***	0.002*	0.003***	0.003***
	(0.000)	(0.000)	(0.000)	(0.001)	(0.000)	(0.000)
N	26 570	21 185	21 163	19 227	19 227	19 227
adj. R^2	0.047	0.051	0.052	0.043	0.048	0.048
面板B 住院费用						
PM2.5（÷10）	0.076***	0.073***	0.064***	0.018*	0.012***	0.024***
	(0.003)	(0.002)	(0.000)	(0.010)	(0.001)	(0.003)
N	26 570	21 185	21 163	19 227	19 227	19 227
adj. R^2	0.043	0.046	0.047	0.041	0.040	0.045
面板C 医疗费用						
PM2.5（÷10）	0.080**	0.035**	0.011***	0.037***	0.034***	0.010***
	(0.037)	(0.016)	(0.000)	(0.004)	(0.012)	(0.000)
N	24 921	20 127	20 107	18 197	18 197	18 197
adj. R^2	0.151	0.166	0.176	0.194	0.183	0.184
面板D 自付费用						
PM2.5（÷10）	0.084**	0.030***	0.010***	0.011***	0.037**	0.030**
	(0.035)	(0.002)	(0.001)	(0.001)	(0.017)	(0.015)
N	22 899	18 286	18264	17 917	17 917	17 917
adj. R^2	0.071	0.140	0.072	0.078	0.071	0.071
气象控制	是	是	是	是	是	是
个体特征控制	是	是	是	是	是	是
年固定效应	是	是	是	是	是	是
城市固定效应	是	是	是	是	是	是

注：括号内为聚类在城市一级的标准误。气象控制包括城市的年平均气温、年平均降水量、年平均风速和年平均湿度

*、**、***分别表示10%、5%、1%的显著性水平

在表6的面板A中，第（1）至（3）栏显示，当期、滞后两年、滞后三年的PM2.5与受访者住院概率呈正相关，然而滞后三年的PM2.5的估计系数相对较小。当期的PM2.5每增加10微克/米³，受访者的住院概率就会上升1.0%；然而滞后三

年的 $PM_{2.5}$ 每增加 10 微克/米 ^{3} 仅带来住院概率 0.1%的上升。为了进一步研究空气污染的长期影响，我们还研究了滞后四年、滞后七年和滞后九年的 $PM_{2.5}$ 产生的效应。第（4）至（6）栏显示，空气污染对居民医疗服务使用的长期影响相对较小。总的来说，$PM_{2.5}$ 对居民医疗服务使用的短期影响更强。

表 6 的面板 B、C 和 D 分别汇报了 $PM_{2.5}$ 对个体住院费用、医疗费用和自付费用的短期与长期影响。同样，短期的 $PM_{2.5}$ 对受访者的医疗支出影响更强。在面板 B 中，滞后三年的 $PM_{2.5}$ 对受访者住院费用产生的效应达到了 6.4%，而滞后四年及以上的 $PM_{2.5}$ 产生的影响要小得多。在面板 C 中，当期或滞后两年的 $PM_{2.5}$ 每增加 10 微克/米 ^{3}，分别导致了医疗费用上升 8.0%和 3.5%；然而滞后四年以上的 $PM_{2.5}$ 的回归系数在 1.0%到 3.7%之间。这意味着随着滞后时间的增加，回归系数的大小和方向是相对稳定的，而长期效应的估计系数普遍较小。随着滞后时间长度增加，空气污染和自付费用之间的相关关系也有类似的趋势（见表 6 的面板 D）。综上所述，$PM_{2.5}$ 对居民的医疗服务使用和医疗费用有很强的短期稳定影响，而滞后四年及以上的 $PM_{2.5}$ 产生的影响通常会小很多。

2. 污染物的选择

在这项研究中，我们主要关注 $PM_{2.5}$ 对居民的医疗服务使用和医疗支出产生的影响。除了 $PM_{2.5}$，还有其他可以衡量空气污染的指标，如 CO 和直径小于 10 微克的细颗粒物（PM_{10}）。考虑到空气污染物之间可能存在相关性，$PM_{2.5}$ 的估计效应可能会存在偏差。$PM_{2.5}$ 的估计效应有可能掺杂着部分其他空气污染物的影响。为了排除这种干扰，我们估计了 PM_{10} 对受访者的医疗服务使用和医疗费用的影响（Sueyoshi and Yuan，2015；Zhang et al.，2017a；Arceo et al.，2016），结果在表 7 中进行了汇报。

表 7　稳健性检验：以 PM_{10} 作为空气污染指标

变量	（1）住院	（2）住院费用	（3）医疗费用	（4）自付费用
PM10（÷10）	0.002**	0.012***	0.042*	0.020***
	(0.001)	(0.006)	(0.023)	(0.002)
N	26 570	26 570	24 921	22 899
adj. R^2	0.081	0.070	0.186	0.082
气象控制	是	是	是	是
个体特征控制	是	是	是	是

续表

变量	（1） 住院	（2） 住院费用	（3） 医疗费用	（4） 自付费用
年固定效应	是	是	是	是
城市固定效应	是	是	是	是

注：括号内为聚类在城市一级的标准误。气象控制包括城市的年平均气温、年平均降水量、年平均风速和年平均湿度

*、**、***分别表示 10%、5%、1%的显著性水平

PM_{10} 也是影响居民医疗服务使用和医疗费用的一个关键因素。表 7 第（1）栏显示，PM_{10} 每增加 10 微克/米 ^{3}，受访者住院的可能性就增加 0.2%。在第（2）至（4）栏中，随着 PM_{10} 浓度的上升，受访者的医疗费用也会增加。PM_{10} 每增加 10 微克/米 ^{3}，居民医疗费用和自付费用将分别增加 4.2%和 2.0%。这与我们之前的研究结果一致，即改变空气污染物的代理变量后，空气污染与居民的医疗服务使用和医疗支出仍呈正相关关系。

（四）2SLS 估计结果

在主要的回归分析中，我们探讨了空气污染和居民医疗服务使用与医疗支出之间的相关性，并在回归模型中控制了一系列的个体特征、气象因素、年份固定效应和城市固定效应。然而，值得注意的是，一些与空气污染和医疗支出相关的遗漏或未观察到的特征，可能会使我们的估计结果产生偏差。为了排除这些混杂因素，我们采用了 2SLS 来重新估计空气污染对居民医疗服务使用和医疗支出的影响。

我们采用了两个工具变量来进行 2SLS 回归。第一个是一年内的逆温天数（Jans et al.，2018；Deschênes et al.，2020），逆温数据来自 MERRA-2（The Modern-Era Retrospective Analysis for Research and Applications - Version 2）。如果空气温度随高度的增加而增加，则会产生逆温现象，这是一种自然的气象现象。在这种情况下，污染物会被困于地面附近。一方面，随着逆温频率的增加，城市中的空气污染物浓度上升；另一方面，自然形成的逆温与个体医疗支出或医疗服务使用没有直接关系。这意味着在本文研究中，逆温是一个合理的工具变量。

第二个是通风系数。通风系数是风速和混合高度的乘积，通常用于缓解环境污染相关研究中的内生性（Hering and Poncet，2014；Shi and Xu，2018；Cai et al.，2016）。通风系数是根据欧洲气象中心的 ERA-Interim 数据集中的 10 米高度的风速和边界层高度计算得出的。风速决定了污染物的水平扩散速度，随着风速的上

升，城市中的空气污染物将减少。边界层高度主要影响空气污染物的垂直扩散。结合以上两个指标，最终计算得到通风系数。一方面，通风系数对个体医疗服务使用和医疗支出而言是外生的；另一方面，通风系数高的城市的空气污染物浓度较低，因为污染物的扩散速度较快。

2SLS 回归的第一阶段结果见表 8。第（1）至（4）栏显示，通风系数与各城市的空气污染浓度显著负相关，而且这些估计系数在 1% 的置信水平上是显著的。此外，逆温天数与城市的 $PM_{2.5}$ 浓度呈正相关，逆温天数每增加 1 天，$PM_{2.5}$ 的浓度就会增加约 0.7%。第（1）至（4）栏中回归结果的第一阶段 F 统计量在 189.63 至 768.42 之间，高于 10，满足有效工具变量的标准（Stock and Yogo，2005）。第（1）至（4）栏的 Hansen's J 检验统计量的 p 值均大于 0.1，因此不能拒绝原假设，即所有工具变量均为外生。

表 8　2SLS 回归结果：第一阶段

变量	PM2.5			
	（1）	（2）	（3）	（4）
通风系数（÷10）	-0.007^{***}	-0.007^{***}	-0.007^{***}	-0.008^{***}
	(0.000)	(0.000)	(0.000)	(0.001)
逆温	0.007^{***}	0.008^{***}	0.006^{***}	0.007^{***}
	(0.000)	(0.000)	(0.000)	(0.001)
气象控制	是	是	是	是
个体特征控制	是	是	是	是
年固定效应	是	是	是	是
城市固定效应	是	是	是	是
N	26 570	26 570	24 921	22 899
F 统计量	520.908	509.214	768.419	189.634
Hansen's J 检验统计量的 p 值	0.141	0.235	0.269	0.409

注：括号内为聚类在城市一级的标准误。气象控制包括城市的年平均气温、年平均降水量、年平均风速和年平均湿度

***表示 1% 的显著性水平

表 9 汇报了 2SLS 回归第二阶段的结果。以通风系数和逆温天数作为工具变量，系数估计值的大小和正负号与表 2 中汇报的结果相似，$PM_{2.5}$ 每增加 10 微克/米^3，受访者的住院概率就增加 1.9%。在缓解了内生性问题后，第（1）栏的系数比表 2 中对应的系数大得多。第（2）至（4）栏显示，空气污染对受访者的医疗支出有稳定的正向影响。$PM_{2.5}$ 每增加 10 微克/米^3，个体住院费用和医疗费用将分别上升 17.1% 和 16.4%。此外，$PM_{2.5}$ 每增加 10 微克/米^3，个体自付费用将增加

24.3%。从上述 2SLS 回归结果可以得出一个一致的结论，即在考虑了潜在的内生偏差后，空气污染对居民的医疗服务使用和医疗支出可能具有更大的影响。

表 9 2SLS 回归结果：第二阶段

变量	（1） 住院	（2） 住院费用	（3） 医疗费用	（4） 自付费用
PM2.5（÷10）	0.019**	0.171**	0.164**	0.243**
	(0.009)	(0.083)	(0.084)	(0.118)
气象控制	是	是	是	是
个体特征控制	是	是	是	是
年固定效应	是	是	是	是
城市固定效应	是	是	是	是
N	26 570	26 570	24 921	22 899
adj. R^2	0.010	0.009	0.035	0.075

注：括号内为聚类在城市一级的标准误。气象控制包括城市的年平均气温、年平均降水量、年平均风速和年平均湿度

**表示 5%的显著性水平

五、计算社会成本

本节进行了空气污染的成本分析，主要探讨 $PM_{2.5}$ 造成的社会总成本和福利损失。根据表 2 的估计结果，$PM_{2.5}$ 每增加 10 微克/米^3，受访者的住院费用和医疗费用分别增加 2.0%和 4.4%。因此，空气污染导致的社会福利总损失可以通过估计出的 $PM_{2.5}$ 对医疗支出的影响乘以中国每年的总人口规模和年平均个体医疗费用来计算。例如，年平均住院费用（1817.169 元）、2016 年总人口规模（138 271万人）和 $PM_{2.5}$ 对住院费用估计影响（2.0%）的乘积约为 502.5 亿元，代表 2016年空气污染在住院费用方面造成的社会成本[表 10 第（1）栏]。这意味着，$PM_{2.5}$每增加 10 微克/米^3，就会导致全社会损失住院费用约 502.5 亿元。按 2018 年总人口规模计算，2018 年社会住院费用约为 507.1 亿元。

表 10 的第（2）栏显示了空气污染产生的全社会医疗费用估计。$PM_{2.5}$ 每增加10 微克/米^3，2016 年和 2018 年的社会医疗费用分别增加 847.0 亿元和 854.8 亿元。在我们的研究中，$PM_{2.5}$ 造成的社会福利损失与发达国家的情况相似。在美国的氮氧化物预算计划（NO_x Budget Program，NBP）实施后，随着氮氧化物排放量的减少，每年可减少近 8.20 亿美元的医疗费用（Deschênes et al.，2017）。

表 10　空气污染的社会成本

变量	（1）住院费用	（2）医疗费用
年平均医疗费用/（元/人）	1 817.169	1 392.232
2016 年总人口/万人	138 271	138 271
2018 年总人口/万人	139 538	139 538
2016 年社会医疗费用/亿元	50.252	84.702
2018 年社会医疗费用/亿元	50.712	85.478

六、机制分析

前面几节的研究结果表明，空气污染对居民的健康产生了有害影响，增加了居民的住院概率，并显著增加了个体的医疗支出。除了空气污染的直接负面影响外，我们试图进一步分析空气污染浓度影响居民的医疗服务使用和医疗支出的潜在作用机制。本节探讨了两种可能的机制。一个是睡眠时间的减少。空气污染可能导致个体睡眠时间减少，这可能会对居民的健康产生不利影响。另一个是久坐活动的增加。个体的行为模式可能会因空气污染而改变，为了避免空气污染带来的潜在健康风险，人们倾向于待在室内，同时可能增加看电视或上网等需要久坐的活动。这不仅不利于居民的身体健康，还可能增加医疗支出。

1. 睡眠时间减少

暴露于空气污染会对居民的睡眠产生有害影响，从长远来看，可能会影响他们的健康状况（Heyes and Zhu，2019；Chen et al.，2019）。空气污染可能导致居民出现睡眠损失和睡眠障碍等，一个"空气不好"的日子不仅不利于保证睡眠时间还会影响睡眠质量（Heyes and Zhu，2019）。基于中国农村的数据，Chen 等（2019）发现暴露于空气污染是造成睡眠质量差的一个重要原因。睡眠质量降低和睡眠时间减少可能会造成生产力下降、身体健康恶化和工作效率降低，这些都将导致医疗服务使用或医疗支出的上升。为了验证这一假设，我们从调查中选择了一个指标来估计空气污染和睡眠时间之间的关系：受访者每天的睡眠时间。

表 11 的第（1）栏汇报了估计结果。$PM_{2.5}$ 每增加 10 微克/米^3，受访者的睡眠时间将减少 0.11 小时，该结果在 1%的置信水平上是显著的。因此，睡眠时间的减少可能是空气污染影响居民医疗支出的机制之一，因为糟糕的睡眠对居民的健康有害。

表 11　空气污染对睡眠时间和久坐活动的影响

变量	（1） 每天的睡眠时间	（2） 过去一周内的 体育锻炼频率	（3） 每周用于观看电视、 电影或视频的时间	（4） 除工作、学习外 的网络在线时间
PM2.5（÷10）	-0.110^{***}	-0.195^{***}	0.018^{***}	0.318^{***}
	（0.002）	（0.012）	（0.000）	（0.010）
气象控制	是	是	是	是
个体特征控制	是	是	是	是
年固定效应	是	是	是	是
城市固定效应	是	是	是	是
N	26 570	26 570	26 570	26 570
adj. R^2	0.075	0.084	0.041	0.413

注：括号内为聚类在城市一级的标准误。气象控制包括城市的年平均气温、年平均降水量、年平均风速和年平均湿度

***表示 1% 的显著性水平

2. 久坐活动增加

为了避免空气污染可能带来的健康风险，居民可能会改变他们的行为模式和时间分配，如减少户外活动，增加室内久坐活动。久坐活动主要包括在个人娱乐时间中的看电视和上网。一系列相关研究证实，对空气污染的感知会促使人们待在室内，从而增加久坐活动的时间（Yan et al.，2019；Chen F L and Chen Z F，2020；Janke，2014；Deschênes et al.，2017；Moretti and Neidell，2011）。例如，Yan 等（2019）指出，当人们意识到空气污染物对健康的影响时，就会出现规避行为，每个城市每天的到访人数会随着空气污染的加剧而大幅减少，尤其是与休闲有关的活动。此外，居民倾向于增加医疗保险支出以达到规避健康风险的目的（Chen F L and Chen Z F，2020）。

为了验证这一假设，我们从 CFPS 调查中选择了三个指标：过去一周内的体育锻炼频率，每周用于观看电视、电影或视频的时间，以及除工作、学习外的网络在线时间。表 11 的第（2）至（4）栏汇报了这部分估计结果。首先，空气污染使人们降低了进行户外运动的意愿。$PM_{2.5}$ 每增加 10 微克/米^3，受访者的体育锻炼时间就减少 0.195 小时[第（2）栏]。其次，除了减少体育锻炼频率外，居民也有可能会增加需要久坐的活动的时间。$PM_{2.5}$ 每上升 10 微克/米^3，受访者每周用于观看电视、电影或视频的时间以及除工作、学习外的网络在线时间就会分别增加 0.018 小时和 0.318 小时。因此，暴露于空气污染可能会改变居民的行为模式，使居民减少户外运动，增加用于需要久坐活动的时间，而这一行为模式的改变对他们的健康是有害的。

七、结论和政策建议

尽管一些研究关注到了空气污染在缺课、犯罪活动、死亡率和健康风险等方面的影响，但较少有研究估计空气污染对医疗支出的直接影响（Deryugina et al.，2019；Anderson，2020；Deschênes et al.，2017）。除了死亡风险外，作为重要的社会成本，由空气污染导致的医疗支出也应受到重视。在严重的空气污染的影响下，居民可能会面临更多的疾病风险，并增加医疗费用。本文通过探讨空气污染浓度与个体医疗服务使用和医疗支出之间是否存在显著关联，并估算空气污染可能产生的社会医疗成本，填补了这一研究空白。此外，本文还探讨了空气污染对医疗支出产生影响的潜在作用机制。

基于具有全国代表性的 CFPS 数据，我们构建了一套面板数据来估算空气污染浓度对个体和全社会的直接医疗费用支出产生的影响，发现空气污染浓度越高，居民的医疗支出越高。$PM_{2.5}$ 浓度每增加 10 微克/米^3，受访者住院费用和医疗费用将分别增加 2.0%和 4.4%。异质性结果表明，与中老年人群相比，年轻人群的健康受空气污染的影响更大，因此年轻人因空气污染而增加的医疗费用也相对更高。这其中的部分原因可能是暴露于空气污染的时间差异。年轻人每天待在户外的时间更多，暴露在空气污染中的时间也更长。此外，女性更容易受到空气污染的影响，空气污染对个体医疗支出的长期影响较小。考虑到可能存在的内生偏差和经典测量误差，我们在 2SLS 模型中使用逆温天数和通风系数作为工具变量来缓解估计偏差。我们发现空气污染与居民的医疗服务使用和医疗支出有稳定的相关关系。在稳健性分析中，我们将 PM_{10} 作为空气污染的代理变量，还改变了空气污染数据的滞后时间长度，一系列估计系数的大小和正负号方向都与我们的基准回归结果相似。值得注意的是，2018 年因 $PM_{2.5}$ 上升 10 微克/米^3 导致的社会福利损失约为 507.1 亿元。

本文探讨了两个潜在机制。首先，在空气污染严重的情况下，居民更容易出现睡眠不足或睡眠障碍，而睡眠时间的减少会增加居民患病的风险，削弱居民的身体素质，最终导致居民的医疗支出上升。其次，当居民意识到他们生活在"糟糕的空气"中时，他们可能会改变行为模式或重新分配他们的日常活动以避免暴露在空气污染中。例如，为了应对空气污染，人们会增加用于需要久坐活动的时间，减少外出运动时间。这种时间和日常活动的重新分配不利于居民的健康，并可能导致住院率上升。

本文研究的结果可以得出以下几个政策意义。首先，空气污染已成为影响个体医疗支出的重要因素，可能会进一步影响个体消费决策，削减其他方面的家庭支出，造成个体福利损失。其次，本文为空气污染的影响研究提供了一个新的视角，即与空气污染直接相关的医疗费用应被视为其产生的关键社会成本之一。在计算空气污染的收益和成本时，应将空气污染造成的社会医疗成本和福利损失计算在内。本文研究的结果强调了改善空气质量的必要性。综合来看，减少空气污染是降低居民医疗费用和医疗服务使用的有效策略，这确实能提高整个社会的福利。当新的环境监管政策旨在减少空气污染时，降低的公共卫生成本应被视为改善空气质量带来的益处。

参 考 文 献

An J，Heshmati A. 2019. The relationship between air pollutants and healthcare expenditure：empirical evidence from South Korea. Environmental Science and Pollution Research，26（31）：31730-31751.

Anderson M L. 2020. As the wind blows：the effects of long-term exposure to air pollution on mortality. Journal of the European Economic Association，18（4）：1886-1927.

Arceo E，Hanna R M，Oliva P. 2016. Does the effect of pollution on infant mortality differ between developing and developed countries? Evidence from Mexico city. The Economic Journal，126（591）：257-280.

Beatty T K M，Shimshack J P. 2014. Air pollution and children's respiratory health：a cohort analysis. Journal of Environmental Economics and Management，67（1）：39-57.

Cai X Q，Lu Y，Wu M Q，et al. 2016. Does environmental regulation drive away inbound foreign direct investment? Evidence from a quasi-natural experiment in China. Journal of Development Economics，123：73-85.

Chay K Y，Greenstone M. 2003. The impact of air pollution on infant mortality：evidence from geographic variation in pollution shocks induced by a recession. The Quarterly Journal of Economics，118（3）：1121-1167.

Chen F L，Chen Z F. 2020. Air pollution and avoidance behavior：a perspective from the demand for medical insurance. Journal of Cleaner Production，259：120970.

Chen G B，Xiang H，Mao Z X，et al. 2019. Is long-term exposure to air pollution associated with poor sleep quality in rural China?. Environment International，133：105205.

Chen S Y，Guo C S，Huang X F. 2018. Air pollution, student health, and school absences：evidence from China. Journal of Environmental Economics and Management，92：465-497.

Chen X Y，Shao S，Tian Z H，et al. 2017. Impacts of air pollution and its spatial spillover effect on public health based on China's big data sample. Journal of Cleaner Production，142：915-925.

Chen Y Y，Ebenstein A，Greenstone M，et al. 2013. Evidence on the impact of sustained exposure to air pollution on life expectancy from China's Huai River policy. Proceedings of the National Academy of Sciences of the United States of America，110（32）：12936-12941.

Currie J，Neidell M. 2005. Air pollution and infant health：what can we learn from California's recent experience?. The Quarterly Journal of Economics，120（3）：1003-1030.

Currie J，Neidell M，Schmieder J F. 2009. Air pollution and infant health：lessons from New Jersey. Journal of Health Economics，28（3）：688-703.

Deryugina T，Heutel G，Miller N H，et al. 2019. The mortality and medical costs of air pollution：evidence from changes in wind direction. American Economic Review，109（12）：4178-4219.

Deschênes O，Greenstone M，Shapiro J S. 2017. Defensive investments and the demand for air quality：evidence from the NO_x Budget Program. American Economic Review，107（10）：2958-2989.

Deschênes O，Wang H X，Wang S，et al. 2020. The effect of air pollution on body weight and obesity：evidence from China. Journal of Development Economics，145：102461.

Do Q T，Joshi S，Stolper S. 2018. Can environmental policy reduce infant mortality? Evidence from the Ganga pollution cases. Journal of Development Economics，133：306-325.

Fan M Y，He G J，Zhou M G. 2020. The winter choke：coal-fired heating，air pollution，and mortality in China. Journal of Health Economics，71：102316.

Hering L，Poncet S. 2014. Environmental policy and exports：evidence from Chinese cities. Journal of Environmental Economics and Management，68（2）：296-318.

Heyes A，Zhu M Y. 2019. Air pollution as a cause of sleeplessness：social media evidence from a panel of Chinese cities. Journal of Environmental Economics and Management，98：102247.

Janke K. 2014. Air pollution，avoidance behaviour and children's respiratory health：evidence from England. Journal of Health Economics，38：23-42.

Jans J，Johansson P，Nilsson J P. 2018. Economic status，air quality，and child health：evidence from inversion episodes. Journal of Health Economics，61：220-232.

Kim D，Chen Z，Zhou L F，et al. 2018. Air pollutants and early origins of respiratory diseases. Chronic Diseases and Translational Medicine，4（2）：75-94.

Knittel C R，Miller D L，Sanders N J. 2016. Caution，drivers! Children present：traffic，pollution，and infant health. Review of Economics and Statistics，98（2）：350-366.

Moretti E，Neidell M. 2011. Pollution，health，and avoidance behavior evidence from the ports of Los Angeles. Journal of Human Resources，46（1）：154-175.

Neidell M. 2009. Information，avoidance behavior，and health the effect of ozone on asthma hospitalizations. Journal of Human Resources，44（2）：450-478.

Pokhrel A K，Bates M N，Verma S C，et al. 2010. Tuberculosis and indoor biomass and kerosene use in Nepal：a case–control study. Environmental Health Perspectives，118（4）：558-564.

Rafiq S，Rahman M H. 2020. Healthy air，healthy mom：experimental evidence from Chinese power plants. Energy Economics，91：104899.

Shi X Z，Xu Z F. 2018. Environmental regulation and firm exports：evidence from the eleventh Five-Year Plan in China. Journal of Environmental Economics and Management，89：187-200.

Stock J H，Yogo M. 2005. Testing for weak instruments in linear IV regression//Andrews D W K，Stock J H. Identification and Inference for Econometric Models. Cambridge：Cambridge University Press：80-108.

Sueyoshi T，Yuan Y. 2015. China's regional sustainability and diversified resource allocation：DEA environmental assessment on economic development and air pollution. Energy Economics，49：239-256.

Yan L X，Duarte F，Wang D，et al. 2019. Exploring the effect of air pollution on social activity in China using geotagged social media check-in data. Cities，91：116-125.

Yi F J，Ye H J，Wu X M，et al. 2020. Self-aggravation effect of air pollution：evidence from residential electricity consumption in China. Energy Economics，86：104684.

Zeng J Y，He Q Q. 2019. Does industrial air pollution drive health care expenditures？Spatial evidence from China. Journal of Cleaner Production，218：400-408.

Zhang J，Mu Q. 2018. Air pollution and defensive expenditures：evidence from particulate-filtering facemasks. Journal of Environmental Economics and Management，92：517-536.

Zhang X，Ou X M，Yang X，et al. 2017b. Socioeconomic burden of air pollution in China：province-level analysis based on energy economic model. Energy Economics，68：478-489.

Zhang X，Zhang X B，Chen X. 2017a. Happiness in the air：how does a dirty sky affect mental health and subjective well-being?. Journal of Environmental Economics and Management，85：81-94.

附录 A

附表 A1　控制个体固定效应后的空气污染影响

变量	（1）住院	（2）住院费用	（3）医疗费用	（4）自付费用
PM2.5（÷10）	0.005***	0.027***	0.069*	0.093***
	(0.000)	(0.000)	(0.036)	(0.000)
N	26 570	26 570	24 921	22 899
adj. R^2	0.222	0.224	0.363	0.350
气象控制	是	是	是	是
个体固定效应	是	是	是	是
年固定效应	是	是	是	是

注：括号内为聚类在城市一级的标准误。气象控制包括城市的年平均气温、年平均降水量、年平均风速和年平均湿度

*、***分别表示 10%、1%的显著性水平

附表 A2　剔除离开户口所在地的样本后的空气污染影响

变量	（1）住院	（2）住院费用	（3）医疗费用	（4）自付费用
PM2.5（÷10）	0.004***	0.022***	0.046**	0.096***
	(0.000)	(0.001)	(0.020)	(0.003)
N	26 279	26 280	24 597	22 645
adj. R^2	0.047	0.043	0.163	0.081

续表

变量	（1）住院	（2）住院费用	（3）医疗费用	（4）自付费用
气象控制	是	是	是	是
个体特征控制	是	是	是	是
年固定效应	是	是	是	是
城市固定效应	是	是	是	是

注：括号内为聚类在城市一级的标准误。气象控制包括城市的年平均气温、年平均降水量、年平均风速和年平均湿度。大多数受访者没有离开其户口所在地，即使排除了离开户口所在地的样本，空气污染对受访者医疗服务使用和医疗费用产生的效应也是稳健的

、*分别表示 5%、1%的显著性水平

附表 A3 控制年平均最高和最低温度后的空气污染影响

变量	（1）住院	（2）住院费用	（3）医疗费用	（4）自付费用
PM2.5（÷10）	0.004***	0.019***	0.040**	0.106***
	（0.000）	（0.001）	（0.020）	（0.003）
气象控制	是	是	是	是
年固定效应	是	是	是	是
城市固定效应	是	是	是	是
N	26 570	26 570	24 921	22 899
adj. R^2	0.047	0.043	0.163	0.082

注：括号内为聚类在城市一级的标准误。气象控制包括城市层面的年平均最高和最低温度、年平均降水量、年平均风速和年平均湿度

、*分别表示 5%、1%的显著性水平

附表 A4 控制吸烟行为或吸烟数量的稳健性检验结果

变量	（1）住院	（2）住院费用	（3）医疗费用	（4）自付费用
面板 A 控制吸烟行为				
PM2.5（÷10）	0.004***	0.021***	0.043**	0.097***
	（0.000）	（0.001）	（0.020）	（0.002）
N	26 570	26 570	24 921	22 899
adj. R^2	0.048	0.045	0.163	0.084

续表

变量	（1）住院	（2）住院费用	（3）医疗费用	（4）自付费用
面板 B 控制每天吸烟的数量				
PM2.5（÷10）	0.004***	0.022***	0.042**	0.102***
	(0.000)	(0.001)	(0.020)	(0.003)
气象控制	是	是	是	是
年固定效应	是	是	是	是
城市固定效应	是	是	是	是
N	26 570	26 570	24 921	22 899
adj. R^2	0.048	0.045	0.163	0.083

注：括号内为聚类在城市一级的标准误。气象控制包括城市的年平均气温、年平均降水量、年平均风速和年平均湿度

、*分别表示 5%、1%的显著性水平

附录 B

空气污染对不同社会经济群体的异质性影响

为了进一步探讨空气污染的影响是否在不同的社会经济群体中有所不同，我们参考相关文献（Currie et al.，2009；Jans et al.，2018），按照社会经济地位将整个样本分为两组：高社会经济群体组和低社会经济群体组。我们将高社会经济群体组定义为受教育年限为 12 年或以上的受访者，其余部分的受访者被归类为低社会经济群体组。附表 B1 汇报了按不同社会经济群体估计的异质性效应。

第（1）栏显示，$PM_{2.5}$ 每上升 10 微克/米^3，低社会经济群体的住院概率就会增加 0.7%，该结果在 1%的置信水平上是显著的。第（2）至（4）栏呈现了类似的结果。例如，每上升 10 微克/米^3 就会使低社会经济群体的受访者的住院费用和医疗费用分别上升 2%和 5.3%。值得注意的是，对于高社会经济群体，$PM_{2.5}$ 的增加与受访者的自付费用显著负相关。$PM_{2.5}$ 每上升 10 微克/米^3，高社会经济群体的自付费用就会减少 42%。一个可能的解释是，高学历者更关注自己的健康状况，他们能充分认识到空气污染对健康的负面影响，因此更有可能采取预防措施，避免严重的空气污染带来的潜在风险。

附表 B1　空气污染对不同社会经济群体的异质性影响

变量	（1）住院	（2）住院费用	（3）医疗费用	（4）自付费用
面板 A　低社会经济群体				
PM2.5（÷10）	0.007***	0.020***	0.053**	0.170***
	(0.000)	(0.003)	(0.022)	(0.002)
N	20 425	20 425	18 903	17 967
adj. R^2	0.045	0.042	0.177	0.074
面板 B　高社会经济群体				
PM2.5（÷10）	0.002***	−0.063***	0.032	−0.420***
	(0.000)	(0.023)	(0.046)	(0.054)
气象控制	是	是	是	是
个体特征控制	是	是	是	是
年固定效应	是	是	是	是
城市固定效应	是	是	是	是
N	6 145	6 145	6 018	4 932
adj. R^2	0.050	0.047	0.111	0.082

注：括号内为聚类在城市一级的标准误。气象控制包括城市的年平均气温、年平均降水量、年平均风速和年平均湿度

、*分别表示 5%、1%的显著性水平

经济增长的成本：空气污染与健康支出

一、引　言

中国自 1978 年改革开放后，经济的快速增长改善了人民的生活条件，但经济增长的同时，还导致包含空气污染在内的环境恶化问题。虽然中国的环境质量状况呈现向好态势[①]，但仍有部分地区面临严峻的污染形势。全球的空气污染问题同样严峻，根据世界卫生组织的数据，2016 年全球有 91%的人口生活在不合格的环境中。空气污染产生了许多负面影响，包括健康问题（Chen et al.，2019；Baloch et al.，2020；Yi et al.，2020）。长期暴露于空气污染会对呼吸系统（Janke，2014）、婴儿死亡率（Luechinger，2014）和预期寿命（Chen et al.，2013；Ebenstein et al.，2017）产生负面影响。除了这些常见的影响，最近的文献表明，空气污染会降低睡眠质量（Heyes and Zhu，2019）和认知能力（Zhang et al.，2018a）。这些负面的健康影响会造成巨大的经济成本。

量化空气污染导致的健康成本对环境和健康政策的制定具有重要意义。从环境政策的角度来看，严格的监管可能会降低企业的利润，而宽松的监管可能会损害公众健康。对于政策制定者来说，在经济利益和健康成本之间存在着一种权衡，如果不能准确量化空气污染造成的健康成本，环境政策的质量和效率就会受到影响。然而，由于缺乏对健康成本的准确估计，我们也无法确认环境监管是否达到了最优水平。例如，Currie 和 Neidell（2005）发现，美国环境保护署 1990 年颁布的《清洁空气法修正案》并未将婴儿死亡率考虑在内，因为几乎没有证据显示空气污染和婴儿死亡率之间存在关系。随着该领域研究的不断深入，空气污染与婴儿死亡率之间的相关性逐步被人们所探究。因此，《清洁空气法修正案》环境政策不能有效地保护婴儿健康。从健康政策的角度来看，空气污染对不同经济地位的个体有异质性的影响。Jans 等（2018）发现，与高收入家庭的儿童相比，低收入家庭的儿童更容易受到空气污染暴露的影响。Ebenstein 等（2016）确定了空气污染对学生考试成绩的影响，并证实了空气污染对经济地位低的子样本有显著影响。

经济地位低的个体可能会遭受更大的损失，从而导致健康不平等。因此，健康政策需要考虑空气污染成本，以避免扩大健康不平等。

关于量化空气污染的健康成本方面存在许多问题。首先，空气污染不具有外生性和随机性。空气污染往往与当地的经济发展有关，而经济状况也影响着健康支出。遗漏变量会使估计结果产生偏差。其次，个体可能会"用脚投票"搬迁至空气质量好的地方（即样本的流动性）。然而，考虑到搬迁后的人群往往因之前的空气污染而患病，由于人口流动性，高健康支出可能发生在低污染地区，这个结果与我们的一般认知相悖。再次，有关健康卫生的数据主要来自医院，这会导致样本选择问题。在本文中，我们利用了 2015 年中国健康与营养调查（China Health and Nutrition Survey，CHNS）的数据、我国空气污染的每日数据和天气状况来量化空气污染的成本。由于个体无法预测空气污染并及时采取措施应对空气污染，因此这种因果估计主要依赖过去 30 天平均空气污染水平的随机性和外生性。在流动性方面，我们通过观察频率来区分迁移个体和永久居住的个体。我们的研究结果表明，空气污染对个体特征的影响不同，包括性别、收入、医疗保险、教育和年龄。我们进一步讨论了空气污染对健康支出的非线性影响，发现转折点的空气质量指数（air quality index，AQI）为 194.5。最后，我们讨论了这种影响的程度，传统呼吸系统疾病的成本为 27 310 786 亿美元，AQI 增长 10%，整体健康成本是该值的 7 倍。

本文主要有以下几点贡献。首先，我们从个体层面量化了暴露于空气污染的综合健康成本。过往关于空气污染的负面影响研究主要集中在健康结果上，如发病率和死亡率，很少有文献通过计算健康支出来研究社会成本。Yang 和 Zhang（2018）发现，暴露于空气污染会导致家庭医疗支出增加，其弹性为 2.942。面对年度内生的空气污染，Yang 和 Zhang（2018）使用风向和沙尘暴作为衡量空气污染的工具变量。鉴于数据的限制，一些研究无法区分哪些与空气污染相关的疾病是健康支出的来源。本文进一步讨论了空气污染对呼吸系统疾病和住院的健康支出的影响机制，并提供了一个完整的健康支出链。我们发现，空气污染造成的健康支出远远高于与传统呼吸系统疾病相关的健康支出。这一结果提醒我们不能忽视空气污染对其他疾病的影响。

其次，我们的结果对环境规制的制定具有参考价值。例如，美国的氮氧化物预算计划（NO$_x$ Budget Program，NBP）于 1999 年开始治理空气污染，但其效果存在争议。Deschênes 等（2017）评估了该计划的效果，并为政策制定者提供了一个准确的估计。与发达国家的情况相比，发展中国家的情况更为复杂。许多发展中国家为了追求经济发展，采取宽松的环境规制政策。许多会产生严重污染的公司倾向于待在发展中国家。这就是著名的污染天堂假说。这些发展中国家还可能面临腐败，这加剧了当地的污染（Candau and Dienesch，2017）。对空气污染成本的忽视会影响环境政策的制定，即制定更宽松的环境规制。我们的结果证实了空气污染对健康支出的负面影响，有助于决策者进行成本效益分析。

我们的研究具有重要的理论和实践意义。从理论上讲，目前对空气污染的健康影响的估计主要集中在医学领域，并且多数研究没有充分考虑内生性。我们采用短期随机冲击来估计污染的健康影响，具有一定的理论意义。空气污染与健康的关系存在着严重的内生性问题，例如，空气污染监测和个体暴露水平之间存在差距（测量误差），健康支出的决定因素非常复杂（遗漏变量偏差），政府控制空气污染（联立方程偏差）。我们的估计利用了空气污染的短期变化，这些变化具有外生性和随机性，因此个体很难预见空气污染的变化并做出重大调整。在实践中，目前关于环境规制的讨论主要集中在环境规制对企业的影响上。政策制定者担心企业在生产中的积极性受到损害，却很少从健康角度考虑环境规制。因此，本文对环境规制的制定具有实际意义。

本文其余部分组织如下：第二节讨论了相关文献；第三节详细地描述了数据；第四节讨论了识别策略；第五节介绍了文章的结果和讨论；第六节进行了总结。

二、文　献　综　述

对空气污染和健康的研究始于医学。早在 1952 年的伦敦大雾霾中，人们已经意识到空气污染对人体有潜在的危害。随着毒理学和流行病学的深入研究，人们发现了大量的空气污染影响人类健康的证据。但医学研究在估计空气污染的健康影响时出现了新的问题，即忽略了空气污染的内生性，所以得出的结论值得商榷（Zivin and Neidell，2013）。鉴于计量经济学在因果推断方面具有明显的优势，这一研究课题得到了经济学界的广泛关注。我们从研究方法和内容的角度对该课题进行回顾。

在研究方法上，Zivin 和 Neidell（2013）总结了内生问题，包括住宅分类、环境混杂和回避行为。许多研究利用外源性冲击引起的空气污染变化来研究空气污染对健康的影响，从而解决了这些问题。Pope（1989）发现，罢工导致的 PM_{10} 降低有助于减少因呼吸系统疾病而住院的人数。Jayachandran（2009）通过印度尼西亚大规模野火造成的空气污染的随机变化来确定因果效应，其结果显示，空气污染会导致"儿童丢失"（即胎儿、婴儿和儿童死亡）。尽管事件对空气污染的影响是外生的，但如果事件的范围过小，就会出现外部有效性问题（Deryugina et al.，2019）。一些研究侧重于大范围的外生事件。Chay 和 Greenstone（2003）提供了更全面的证据，研究表明 20 世纪 80 年代经济衰退令总悬浮微粒（total suspended particulate，TSP）含量下降，使得每 10 万名婴儿的死亡减少 4～7 人。20 世纪 80

年代的经济衰退严重影响了整个美国的工业，而工业是污染排放的重要来源，Chay 和 Greenstone（2003）发现 TSP 在此期间大幅下降。许多研究发现了有趣的外生事件。Chen 等（2013）和 Ebenstein 等（2017）利用中国淮河两岸的供暖差异，确定了空气污染对预期寿命的负面作用。在 20 世纪 50 年代，北方的中央供暖区是以淮河划定的，淮河南北的供暖差异造成了不同程度的污染。一些研究还寻找空气污染的工具变量。天气状况是常见的工具，包括逆温（Arceo et al.，2016）、风向（Deryugina et al.，2019）和降水（Chen F L and Chen Z F，2020）。最近，一些研究利用高频数据分析了短期暴露于空气污染对健康的影响。这种因果识别依赖于短期内空气污染的随机变化，并被广泛使用。例如，Lichter 等（2017）及 Guo 和 Fu（2019）研究了空气污染对足球运动员和马拉松运动员表现的负面作用。鉴于时间表是提前设定的，空气质量难以预测，Zhang 等（2018a）利用中国家庭追踪调查探讨了空气污染对个体认知表现的负面影响，因果识别依赖于短期内难以进行的行为调整。这种方法在空气污染的外生性和变异性方面具有优势，能提供可靠的因果估计。

在研究课题上，受数据限制，早期对空气污染的研究主要集中在婴儿的死亡率和发病率上，考虑的是内生性问题。随着数据的普及，研究课题也在蓬勃发展。除了传统的婴儿健康（Gehrsitz，2017）和死亡率（Tanaka，2015），最近的研究还包括心理健康（Zhang et al.，2017）和失眠（Heyes and Zhu，2019）。随着对健康影响研究的深入，空气污染的健康成本核算也成为一个重要问题。Deschênes 等（2017）估计了 NBP 对防御性投资的影响，发现防御性投资方面减少了 8 亿美元的健康成本，死亡率下降的健康价值方面减少了 13 亿美元的成本。Deryugina 等（2019）发现，1999～2013 年 $PM_{2.5}$ 减少使死亡率下降所节省的健康价值约 240 亿美元。Zhang 和 Mu（2018）发现个体会采取行动应对空气污染，如购买防雾霾口罩，结果显示，重污染天数的下降（10%）可减少约 1.87 亿美元的支出。

高频数据在近年来的研究中受到青睐，核算卫生成本的问题也日益突出。我们的研究从两个角度丰富了现有文献。从方法上看，本文使用高频数据来识别空气污染的影响，虽然这种方法被广泛用于了解运动员的表现，但很少有研究将这种识别策略应用于卫生成本的计算。从研究内容来看，目前许多综合研究都集中在发达国家，但 Arceo 等（2016）指出，空气污染的影响在发达国家和发展中国家是不同的。本文利用 CHNS 这一广泛的样本调查来估计空气污染对健康成本的因果效应。补充了有关发展中国家，特别是中国的文献。

三、数 据

本文的个体数据是从 2015 年的 CHNS 中获取的，这是一项全国性的家庭纵向调查[①]。CHNS 包含丰富的个体信息，涉及人口统计学特征、社会经济背景和健康状况。这项调查详细记录了个体在过去四周的疾病和相关的健康支出。本文采用过去四周内由疾病导致的医疗支出作为卫生费用（单位：元）。我们采用住院、发病和相应的费用进行进一步的机制分析。个体人口学特征包括教育（达到的最高教育水平）、年龄（以岁为单位计算到小数点后 0 位）、收入（以 2015 年为单位的家庭人均收入，单位：元）、性别（0=女性，1=男性）和保险（0=无，1=有）。CHNS 的调查时间主要集中在下半年，单次调查的季节性变化很小。如图 1 所示，2015 年的调查时间主要在 9 月至 12 月。

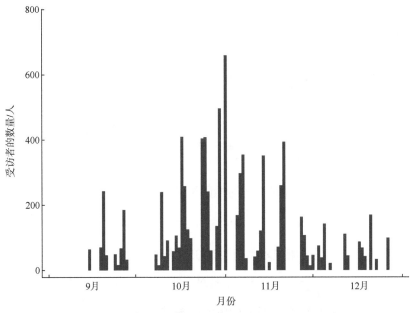

图 1 受访者的时间分布

空气污染是通过每天的 AQI 来衡量的。AQI 是根据六种污染物的浓度计算的，即直径为 250 万分之一米或以下的细颗粒物（$PM_{2.5}$）、直径为 1000 万分之一米或以下的细颗粒物（PM_{10}）、二氧化硫（SO_2）、二氧化氮（NO_2）、一氧化碳（CO）

---

① CHNS 采用随机聚类过程抽取各省的调查样本。调查地点由六位数代码确定。前两位代表省，第三位代表城市或农村，第四位代表城市或农村排名，最后两位代表居委会或村委会。考虑到空气污染为城市级别，我们使用前四位数字表示调查地点的固定效应。这些固定效应不能等同于城市的固定效应。考虑到县的存在，一个城市可能有两个四位数字的代码。详情请参见 https://www.cpc.unc.edu/projects/china/about/design/survey。

和臭氧（O_3）。2012 年 3 月，中国开始使用 AQI 来评估空气质量。官方公布的数据是每小时的 AQI 和污染监测层面的六种污染物。本文从中国研究数据服务（Chinese Research Data Services，CNRDS）平台上提取了城市一级的每日 AQI 和六种污染物处理数据。

我们还从 CNRDS 平台上收集了每日天气状况数据，包括温度（摄氏度）、降雨（虚拟变量）和降雪（虚拟变量）。这些变量可能会影响个体的健康。例如，Deschênes 和 Greenstone（2011）发现额外的极端高温和寒冷天气会增加年死亡率，Barreca（2012）提供了类似的证据。天气状况也与空气质量有关，强降雨和降雪可以净化空气。因此，需要考虑天气条件以避免潜在的遗漏变量偏差。

在使用地级市代码合并数据后，最终的样本量为 8216。附表 1 列出了关键变量的汇总统计。原始成本（非对数）的标准差为 18 592.26，平均值为 455.913 元。经过对数处理后，标准差明显下降。平均教育水平为 2.561，这意味着样本的平均水平为初中教育。样本的平均年龄为 48.30 岁，标准差为 16.73。鉴于标准差稍大，我们对年龄也进行了对数处理。虽然样本中男性多于女性，但男女比例接近。大约 97.6% 的样本有医疗保险，表明医疗保险在中国覆盖面很广。AQI 的对数化值为 4.292。随着暴露窗口的增加，AQI 平均值的变化也越来越小。对于天气状况，我们发现，秋冬季节的雨雪天气略多。平均温度为 17.41℃。

四、实 证 策 略

为确定空气污染与健康成本之间的因果关系，我们的主要模型设置如下：

$$\ln\text{Cost}_{ijt} = \beta_0 + \beta_1 \ln\left(\frac{1}{k}\sum_{n=0}^{n=k}\text{AQI}_{j,t-n}\right) + \beta_2 X_{it} + \beta_3 W_{jt} + \eta_j \times \rho_w + \varepsilon_{ijt} \quad (1)$$

其中，因变量 Cost_{ijt} 是健康成本，指生活在调查地点 j 的个体 i 在第 t 天因疾病或受伤所花费的费用。$\frac{1}{k}\sum_{n=0}^{n=k}\text{AQI}_{j,t-n}$ 是过去 k 天 AQI 的平均值，衡量了累积暴露量。鉴于我们是根据过去四周的健康状况来描述健康成本的，我们让 k 等于 30 作为主模型，k 大于 30 来研究滞后效应。X_{it} 是一组可观察到的受访者的个体水平特征，包括性别、年龄、保险、教育程度和个人收入（按照 2015 年的价格水平进行调整）。考虑到年龄和收入的方差和分布，我们对其采取对数形式。W_{jt} 是天气状况变量的向量，包括过去 30 天的温度、降雨和降雪的平均值。雨、雪和温度的定义如下。

$$\text{weather}_k = \frac{1}{k}\sum_{n=1}^{n=k}\text{weather}_{j,n-t} \quad (2)$$

如果当天发生降雨或降雪的情况，则雨或雪的虚拟变量取值为 1，否则为 0。因此，我们取过去30天这些变量的平均值。鉴于温度对健康的影响可能是非线性的（Dell et al.，2014；Zhang et al.，2018b），我们取温度的二次函数来捕捉非线性效应。向量$\eta_j \times \rho_w$是逐周固定效应，它用于吸收每个站点每周不变的共同因素。例如，感冒存在时间和地区的异质性特征。理想情况下设置为逐日固定效应，但逐日固定效应与每日 AQI 存在多重共线性，无法确定因果效应。误差项ε_{ijt}捕捉了不可观察的变量。标准误以"站点-周"为单位进行聚类。

系数β_1捕捉了空气污染对健康成本的影响。β_1的一致性估计要求误差项ε_{ijt}在控制其他变量后独立于关键解释变量。一致性估计主要依赖于 AQI 的外生性和一系列的控制。一方面，AQI 每天都在变化，属于高频数据，在短期内，个体几乎不会对不断变化的 AQI 采取任何措施。因此，AQI 可能是一个随机和外生的变量。另一方面，控制变量包含了尽可能多的因素，这些因素可能影响健康成本。因此，我们的模型设定可以在一定程度上克服潜在的遗漏变量偏差。环境经济学领域广泛采用了这种策略（Zhang et al.，2018a；Guo and Fu，2019）。

然而，我们的基准模型无法解决样本的流动性问题。居民为了躲避空气污染，可能在调查前就已经搬迁到新的地点。因此，幸存者偏差可能会影响估计值。在下一节的稳健性检验中，我们对样本进行限制，保留常住居民来调查空气污染的影响。

五、结　　果

（一）主要结果

表 1 报告了空气污染对健康支出的估计结果，其中包括个体的控制变量、气象控制变量和一组逐周固定效应。第（1）至（6）列报告了过去 1 天、7 天、30 天、60 天、90 天和 180 天内平均空气质量的系数。我们还报告了教育程度、年龄、个人收入、性别和保险对健康支出的影响。

表 1　主要结果

变量	（1）	（2）	（3）	（4）	（5）	（6）
	Log Cost					
Log AQI	−0.335					
	(0.460)					
Log AQI_7		2.067*				
		(0.979)				

续表

变量	（1）	（2）	（3）	（4）	（5）	（6）
	Log Cost					
Log AQI_30			10.013**			
			(4.392)			
Log AQI_60				24.067***		
				(6.797)		
Log AQI_90					23.685***	
					(6.517)	
Log AQI_180						86.692***
						(27.878)
Education	−0.001	0.000	−0.000	0.001	−0.001	−0.001
	(0.013)	(0.014)	(0.017)	(0.014)	(0.012)	(0.012)
Log Age	0.155***	0.153***	0.154***	0.151***	0.153***	0.154***
	(0.033)	(0.032)	(0.034)	(0.032)	(0.032)	(0.032)
Log Income	0.014**	0.015***	0.015***	0.015**	0.015**	0.015**
	(0.005)	(0.004)	(0.004)	(0.006)	(0.005)	(0.005)
Gender	−0.019	−0.019	−0.019	−0.019	−0.019	−0.019
	(0.028)	(0.028)	(0.028)	(0.028)	(0.028)	(0.028)
Insurance	−0.040	−0.026	−0.027	−0.015	−0.022	−0.018
	(0.071)	(0.069)	(0.069)	(0.076)	(0.075)	(0.073)
站点-周固定效应	Y	Y	Y	Y	Y	Y
气象控制	Y	Y	Y	Y	Y	Y
样本量	8216	8216	8216	8216	8216	8216

注：标准误聚类到"站点-周"一级。Y 表示"是"

***表示 $p<0.01$，**表示 $p<0.05$，*表示 $p<0.1$

结果显示，当设定 AQI 的时间窗口大于或等于 7 天时，空气污染对所有对照组的健康支出有显著的正向影响。总体上看，系数的大小和显著性水平随着暴露的窗口增加而呈增加趋势。就选定的指标健康支出而言，以过去 4 周因疾病引起的支出为基础，将过去 30 天的累积暴露作为空气污染的同期效应是合理的。过去 30 天平均空气污染水平每上升 1%，健康支出就增加 10.013%。因此，不足 30 天的时间窗口没有参考价值，特别是问卷调查当天的空气污染水平。同样地，对于 AQI 时间窗口大于 30 天的对应回归结果，应该谨慎解释。结果可能存在偏差，原因有二。首先，一致的估计要求空气污染的变化是外生的和随机的。在短期暴露于空气污染的情况下，个体对空气污染的行为难以及时调整，这可以被视为外生的。在长期暴露于空气污染的情况下，个体会采取更多的措施，从而影响估计值。其次，累积暴露可能包括滞后效应和当前效应。尽管存在如上问题，但结果表明，空气污染的负面影响随着暴露窗口的增加而增加。我们将在后文讨论系数的经济意义。

对于个体的控制变量，我们发现年龄和个人收入是影响健康支出的重要因素。年龄增加导致健康支出增加，这可能是因为随着年龄的增长身体和免疫系统功能下降，从而导致发病率增加。收入增加也会导致更高的医疗支出，这可能是因为高收入个体更有能力负担高额的医疗费用并且更愿意将其花费在健康上。

（二）稳健性检验

附表 2 的面板 A 报告了不同模型设置下的稳健性检验。为了方便比较，我们令第（1）列的模型设置与表 1 第（3）列的设置相同。我们主要基于以下两个方面进行分析。首先，按照城市级别收集空气污染数据，我们考虑了每个调查点的情况。其次，被解释变量是根据过去四周的疾病状况来分类的。因此，我们考虑了每个星期的状况。我们的基准模型包括逐周的站点固定效应，我们在"站点-周"的水平上对标准误进行聚类。鉴于双向聚类标准误的假设是宽松的，只考虑每个调查点的每周自相关可能会造成偏差，因此我们以调整标准误的方式修正了这个假设。第（2）列是按周对标准误进行聚类。第（3）列则按调查点调整了聚类标准误。虽然显著性水平发生了变化，但结果仍然显著为正。

在数据收集和处理过程中，缺失的观察值可能导致各调查点的抽样不均匀。附表 2 第（4）列是按不同调查点提取的人数进行加权计算的，得到的结果与首选模型设定的结果相似。在基准模型设定中，我们采用双对数模型进行分析。AQI 的分布可能是正常的。我们直接使用线性 AQI 而不是对数进行估计，结果如第（5）列所示，仍与之前的结果相同。考虑到使用线性 AQI 可能会受到极端值的影响，本文对线性 AQI 进行了 5%的缩尾处理，如第（6）列所示，结果仍然与主要结果一致。

面对空气污染，居民可能会选择搬迁以减少疾病的发生和降低医疗支出。鉴于 CHNS 数据库是纵向的，我们将个体的观察次数视为个体迁移的代理变量。具有观察频率的个体可以从如下三个方面缓解搬迁问题。首先，排除了可能由当地空气质量良好而迁移到调查地点的新样本。其次，CHNS 的五次数据研究和项目汇编分别开展于 2004 年、2006 年、2009 年、2011 年和 2015 年。早在 2004 年，中国还没有完善大气污染预报系统，个体的搬迁很少受到大气污染的影响。最后，空气污染对长期居住在某一地区的居民的因果效应估计是可靠的，但是更多的观察频率往往伴随着样本量的下降，这会影响估计的准确性。因此，对估计的系数需要谨慎解释。

附表 2 中的面板 B、C、D 和 E 与面板 A 的假设相同，但样本量不同。所有结果都包括个体控制变量、气象控制变量和站点-周固定效应。结果表明，无论模型假设和样本量如何，空气污染都会显著增加健康支出，并且具有观测频率的样本易受空气污染的影响。因此，我们的模型设定不能有效解决样本选择偏差，必须通过对样本进行限制来解决此问题。本文的主要结果包括搬迁后的个体样本，低估了未搬迁的样本受到的空气污染危害。

（三）不同污染物的影响

许多研究表明，不同的污染物对健康的影响具有差异性（Guo and Fu，2019）。在本小节中，我们研究了不同污染物对健康支出的影响。AQI 由六种污染物组成：$PM_{2.5}$、PM_{10}、SO_2、NO_2、CO 和 O_3。为了确定不同污染物对健康支出的影响，我们用六种污染物代替 AQI 重新进行估计。

结果见附表 3，图 2 中的每条垂线分别对应附表 3 中每一列的变量回归系数和两倍标准差。每个系数代表一个回归结果，每张图对应的回归模型都包括所有控制变量和固定效应。第（1）列引入了表 1 的结果。第（2）至（7）列估计了污染物浓度的影响，包括：$PM_{2.5}$、PM_{10}、SO_2、NO_2、CO 和 O_3。除了一些数值不显著和异常值外，多数系数显著为正，范围在 1.387 到 88.432 之间。我们得到以下三个发现。第一，$PM_{2.5}$ 和 PM_{10} 对健康支出的影响比其他污染物更大，这可能与这些颗粒物的细小特性有关。细颗粒可进入肺部甚至血液，危害人体健康。$PM_{2.5}$ 的危害最大[①]。第二，累积暴露于污染的天数越多，污染物造成的危害越大，这与之前的发现是一致的。第三，当暴露窗口为 180 天时，O_3 的系数是负的，这是违反直觉的，可能是因为 O_3 是在 NO_x 和 VOCs（volatile organic compounds，挥发性有机化合物）、阳光与热量的条件下合成的（Deschênes et al.，2017；Guo and Fu，2019），导致结果会受到这些因素的影响。

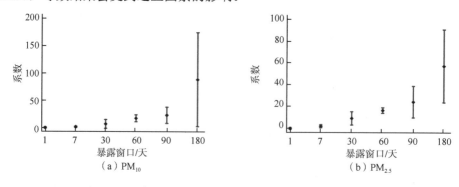

（a）PM_{10}　　　　　　　　　（b）$PM_{2.5}$

---

① 详情请参阅美国环境保护署网站：https://www.epa.gov/pm-pollution/particulate-matter-pm-basics#effects。

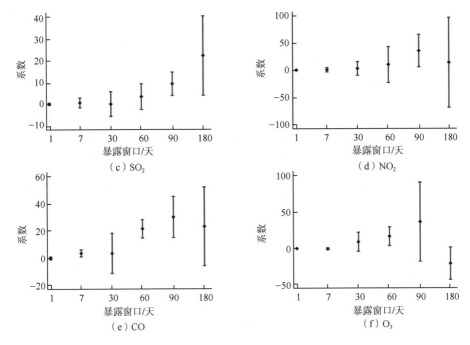

图2 不同污染物的效应

（四）个体特征的异质效应

在本小节中，我们讨论了空气污染在个体特征上的异质性，包括性别、个人收入、保险、教育程度和年龄。首先，我们检验了空气污染对不同性别健康支出的异质性影响。附表4的第（1）列和第（2）列显示，空气污染大大增加了女性和男性的健康支出。

接下来，我们分析了不同收入群体对空气污染的反应。本文根据个人收入情况将样本分为两组，即低收入组和高收入组，这种划分是基于收入从小到大的排序。低于中位数的被定义为低收入群体，而高于中位数的被定义为高收入群体。个人收入的对数的中位数是9.779。附表4的第（3）列和第（4）列报告了不同收入群体对空气污染的反应的结果。空气污染主要影响高收入群体，其弹性为17.591，空气污染对低收入群体的影响并不显著。最终结果显示，空气污染对健康支出的影响在不同收入水平群体中具有差异，高收入群体愿意并能够在健康方面进行支出，这表明我们在解决空气污染问题时必须考虑个人收入水平的差异。

鉴于医疗保险在减少医疗开支方面的作用，我们进一步讨论了在不同的医疗保险条件下个体对空气污染的反应。虽然目前医疗保险在中国已经很普及，但仍有一些人没有购买医疗保险。这部分人群可能因为没有工作，或者没有足够的收入购买居民医疗保险或商业保险而无法享受医疗保险保障。附表 4 的第（5）列和第（6）列分别报告了无保险和有保险的结果。结果显示，没有保险的个体更有可能受到空气污染的影响。鉴于没有保险的样本量仅为 162 个，我们的结果必须谨慎地解释。

教育作为对人力资本的投资，会带来更高的收入。为了探讨不同教育程度的个体对空气污染的反应，我们将个体的教育程度分为三组。低学历组包括小学和初中毕业的人；中等学历组包括具有高中学历和技术或职业学历的人；高学历组包括拥有本科学历及以上的人。附表 5 显示，空气污染对低学历组的影响最小，对高学历组和中等学历组的影响是正向显著的，这一发现与收入异质性的结果一致。劳动经济学关注的是教育投资的回报。受过高等教育的个体往往具有更高的收入和掌握更多的健康知识，因此，他们更愿意在健康方面消费。

附表 6 显示了空气污染对不同年龄组健康成本的因果效应。在第（1）列中，空气污染对 0～20 岁年龄段人群的健康成本有正向影响，弹性为 8.862。第（2）～（7）列报告了其他年龄组的回归结果。尽管所有的系数都是正的，但只有 40～50 岁和 70 岁及以上的年龄组的系数是显著的。一般来说，空气污染对各年龄段的影响呈"U"形。退休可能解释了这种现象，随着人的年龄增长，空气污染的影响可能会增加。然而，在接近退休时，人们可以远离工作环境以减少暴露在污染中的可能，从而减少污染带来的负面影响。退休后，空气污染的负面影响随着年龄增长而增加。图 3 描绘了异质性分析的结果，每条竖线指的是附表 4～附表 6 中所对应的变量的回归系数和两倍标准差。

（五）空气污染的非线性效应

考虑到不同程度的空气污染可能会产生不同的影响，本小节讨论了空气污染的非线性效应。我们加入了 AQI 的二次项来检验不同暴露窗口的非线性效应。附表 7 列出了空气污染对健康成本的非线性效应。非线性效应集中在大于等于 7 天和小于等于 60 天的暴露窗口。我们注意到二次项的系数接近于 0，尽管显著性在 10% 的水平上。线性项的系数显著大于 0。附表 7 第（3）列报告了暴露窗口为 30 天的结果。根据计算，转折点位于 AQI 值等于 $194.5(=-0.389/[-0.001 \times 2])$ 处，函数呈倒"U"形。在我们的样本中，过去 30 天内 AQI 的最大平均值是 166，还未达到我们的转折点。因此，我们的结果不适合被解释为倒"U"形的函数关系。

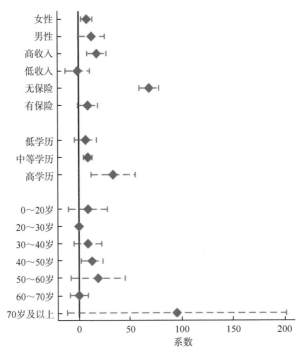

图 3　个体特征的异质性效应

（六）机制分析

空气污染会产生健康成本，产生这一结果有以下几个原因。首先，空气污染会直接导致呼吸系统和心血管疾病，并增加诊断和治疗的成本。此外，空气污染可能会增加住院率，例如一些呼吸系统疾病患者本可以在门诊治疗，但空气污染加重了他们的病情，导致这部分人群需要住院治疗。

在附表 8 中，我们考察了空气污染是否会导致疾病。在考虑空气污染引起的潜在疾病时，我们使用了整体疾病而非单一疾病。例如，某些研究发现，空气污染会增加道路上的驾驶风险（Sager，2019）。传统研究并不考虑空气污染造成的意外伤害。为了全面评估空气污染的影响，我们考虑了包含潜在疾病在内的一系列潜在混杂因素，并在随后的讨论中有针对性地阐述了单一疾病。结果显示，这些疾病主要受到 60 天及以上累积空气污染的影响。60 天以前的估计系数为正，但不显著，这表明这些疾病可能是滞后的，我们认为在生病后的一段时间会有医疗支出。尽管存在滞后效应，但我们的结果支持空气污染会导致疾病。

此外，我们还识别了空气污染是否会导致住院。我们使用的样本包括患有疾病的个体。附表 9 的结果显示，当暴露窗口为 60 天及以上时，空气污染会增加住院率，这一发现与空气污染会导致疾病的结论是一致的。空气污染可能对疾病和住院有滞后影响。尽管样本量很小，但系数仍然显著为正。

随后，我们把注意力转向具体的疾病类型。据我们所知，与空气污染最相关的疾病是呼吸系统和心血管疾病。CHNS 中给出了呼吸系统疾病的分类，考虑到缺少心血管疾病的分类，我们使用呼吸系统疾病及其相应费用作为解释变量。附表 10、附表 11 分别报告了空气污染对呼吸系统疾病及其相应费用的影响，结果均表明累积暴露于空气污染 60 天及以上，会增加呼吸系统疾病生病概率及其成本。这一发现与前文的疾病和住院研究的结论相似。

综上所述，我们的证据表明，空气污染导致了疾病、住院，虽然具有滞后效应，但增加了健康支出。图 4 直观地描绘了这些结果，图中每条垂线分别对应于附表 8～附表 11 中的每个变量的回归系数和两倍标准差。

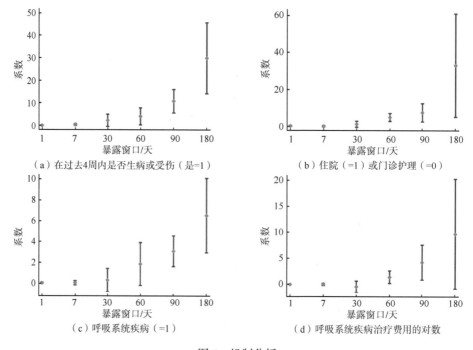

图 4　机制分析

（七）讨论

空气污染对健康支出的影响有多大？在这一节中，我们讨论了空气污染的影响大小。我们的主要结论表明过去 30 天内空气污染的平均水平每增加 1%，对应的健康支出就会增加 10.013%。然而，这个系数并不直观，确定其经济含义也很困难。与样本期间平均污染水平（AQI=85.744 89）的 30 天暴露窗口相比，空气污染（AQI=94.330 526）每增加 10%，将导致国家健康支出增加 193.26 亿美元（在样本期内，平均健康支出为人民币 455.913 元）[①]。

与现有文献相比，本文得到的影响效应水平更大。Zhang 和 Mu（2018）估计了空气污染对防雾霾口罩需求的影响，并发现 AQI 每增加 10 个单位，防雾霾口罩的需求就会增加 7.06%。Yang 和 Zhang（2018）确定了 $PM_{2.5}$ 和健康支出之间的关系，发现 $PM_{2.5}$ 每增加 1%会导致健康支出增加 2.942%，我们的结果比该结论大三到四倍。与以往的文献相比，如此大的系数可能是以下原因造成的。首先，我们不仅关注传统文献中的呼吸系统和心血管疾病，还关注所有疾病的发病率。最近的许多研究进一步扩大了空气污染对健康影响的研究，包括精神健康和交通事故。这些疾病的代价不容忽视，由于增加了潜在的疾病，我们的估计比传统的估计要大。其次，我们的研究对象为疾病成本，不仅包括个体因疾病的花费，还包括医疗保险赔偿。对比以往的研究结论，我们的结果更适合解释为空气污染的社会成本。因此，本文的估计值比专注于个体支出研究的估计值要大。这些疾病的成本上升可能并非直接来自空气污染，由空气污染引起的呼吸系统和心血管疾病可能会进一步引发其他疾病，这部分支出也包含在空气污染的社会成本当中。最后，本文使用的污染指数是 AQI，它包含六种污染物的信息，因此，我们的估计结果可能比单一污染的估计结果要大。

在机制分析中，我们提供了空气污染对呼吸系统疾病治疗费用的影响。我们给出了 60 天暴露窗口的估计，其弹性为 1.415，相应的全国范围内的健康成本为 27.310 786 亿美元（=193.26/10.013×1.415）。我们的首选设定模型的估计值大约是该值的七倍，这与我们的直觉一致。尽管我们对主要结果做出了一些解释，但因为不能完全揭示其机制，所以应该谨慎地解释这个数值。

六、结论和政策建议

对空气污染的健康成本进行量化，有利于提高环境规制的质量和效率，了解经济发展的成本。然而，空气污染的内生性会造成偏差。同样，确定健康成本的发生机制也存在很多困难，如数据的缺失。

本文使用 CHNS 的综合健康数据确定了空气污染的健康成本。鉴于潜在的内生性问题，我们使用空气污染的每日变化来评估健康影响。这种识别策略的依据是日常空气污染的变化具有随机性和外生性，因为个体很难对空气污染的短期变化进行预测和调整。我们的基准回归表明，暴露于空气污染会增加健康成本，其

---

① 2015 年底人口为 13.75 亿人，中美汇率为 6.4915（12 月 31 日），健康支出为 193.26 亿美元（455.913×2.0013×1.375/6.4915）。

弹性为 10.013。与呼吸系统疾病的健康成本相比，该估计值大约是七倍。考虑到人口迁移可能会影响估计结果，我们重新估计了没有迁移的样本，结果发现没有迁移的人群比迁移的人群对空气污染更敏感。我们进一步讨论了其他可能的情况，并改变了模型的假设。以上结果表明模型的结果是稳健的。

我们研究了不同污染物对健康的影响，发现几乎所有的污染物都会增加健康成本。我们还分析了性别、个人收入、保险、教育程度和年龄的异质性影响。高收入群体、没有购买医疗保险人群、受过高等教育人群和老年人群更容易受到空气污染的影响。此外，我们的结果显示了空气污染的非线性效应。为了验证结果的可靠性，我们用所有疾病的发病率、呼吸系统疾病的发病率、呼吸系统疾病的费用和住院率的数据进行了机制分析。本文提供了全面且稳健的估计，结果对发展中国家，特别是空气污染严重的国家具有参考价值。我们的结果包括多种潜在疾病，尽管我们不知道其机制。但与空气污染相关的潜在疾病的影响机制仍值得进一步研究。

本文量化了空气污染的健康成本，这对制定环境和医疗政策具有一定的意义。首先，政府应加强环境监管，制定相关卫生政策，降低空气污染成本。污染的健康成本不容忽视。政府要加强立法，严格执法。例如，要完善相关法律，解决当前污染防治的新问题。此外，政府应考虑对空气质量差的地区进行健康补偿。例如，政府可以将更多与呼吸系统疾病相关的药物纳入医保范围。

其次，降低污染的健康成本需要社会的参与。工业企业作为排污主体，需要承担更多的社会责任。在政策制定中，规范企业排放是必要的。政府可以利用市场化手段，如碳排放权交易，征收污染税，增加企业的污染成本。同时，政府应鼓励企业采用绿色技术进行生产，淘汰落后设备。

最后，个体也是空气污染的排放者。政府应该提倡绿色出行，改善公共交通。Moreno 等（2015）发现，与公共汽车和地铁相比，有轨电车更清洁。选择绿色公共交通可以减少废气排放，降低个体对户外空气污染的暴露。政府应鼓励个体参与污染治理，个体参与较多的地区往往有更好的污染控制效果。个体、企业和政府必须共同管理，以减少空气污染，提高健康水平。

参 考 文 献

Arceo E，Hanna R，Oliva P. 2016. Does the effect of pollution on infant mortality differ between developing and developed countries? Evidence from Mexico City. The Economic Journal，126：257-280.

Baloch R M，Maesano C N，Christoffersen J，et al. 2020. Indoor air pollution，physical and comfort parameters related to schoolchildren's health：data from the European SINPHONIE study.

Science of the Total Environment, 739: 139870.

Barreca A I. 2012. Climate change, humidity, and mortality in the United States. Journal of Environmental Economics and Management, 63: 19-34.

Candau F, Dienesch E. 2017. Pollution haven and corruption paradise. Journal of Environmental Economics and Management, 85: 171-192.

Chay K Y, Greenstone M. 2003. The impact of air pollution on infant mortality: evidence from geographic variation in pollution shocks induced by a recession. The Quarterly Journal of Economics, 118: 1121-1167.

Chen F L, Chen Z F. 2020. Air pollution and avoidance behavior: a perspective from the demand for medical insurance. Journal of Cleaner Production, 259: 120970.

Chen Y Y, Ebenstein A, Greenstone M, et al. 2013. Evidence on the impact of sustained exposure to air pollution on life expectancy from China's Huai River policy. Proceedings of the National Academy of Sciences of the United States of America, 110: 12936-12941.

Chen Z F, Barros C P, Gil-Alana L A. 2016. The persistence of air pollution in four mega-cities of China. Habitat International, 56: 103-108.

Chen Z J, Cui L L, Cui X X, et al. 2019. The association between high ambient air pollution exposure and respiratory health of young children: a cross sectional study in Jinan, China. Science of the Total Environment, 656: 740-749.

Currie J, Neidell M. 2005. Air pollution and infant health: what can we learn from California's recent experience?. The Quarterly Journal of Economics, 120: 1003-1030.

Dell M, Jones B F, Olken B A. 2014. What do we learn from the weather? The new climate-economy literature. Journal of Economic Literature, 52: 740-798.

Deryugina T, Heutel G, Miller N H, et al. 2019. The mortality and medical costs of air pollution: evidence from changes in wind direction. American Economic Review, 109: 4178-4219.

Deschênes O, Greenstone M. 2011. Climate change, mortality, and adaptation: evidence from annual fluctuations in weather in the US. American Economic Journal: Applied Economics, 3: 152-185.

Deschênes O, Greenstone M, Shapiro J S. 2017. Defensive investments and the demand for air quality: evidence from the NO_x Budget Program. American Economic Review, 107: 2958-2989.

Ebenstein A, Fan M Y, Greenstone M, et al. 2017. New evidence on the impact of sustained exposure to air pollution on life expectancy from China's Huai River policy. Proceedings of the National Academy of Sciences of the United States of America, 114: 10384-10389.

Ebenstein A, Lavy V, Roth S. 2016. The long-run economic consequences of high-stakes examinations: evidence from transitory variation in pollution. American Economic Journal: Applied Economics, 8: 36-65.

Gehrsitz M. 2017. The effect of low emission zones on air pollution and infant health. Journal of Environmental Economics and Management, 83: 121-144.

Guo M M, Fu S H. 2019. Running with a mask? The effect of air pollution on marathon runners' performance. Journal of Sports Economics, 20: 903-928.

Heyes A, Zhu M Y. 2019. Air pollution as a cause of sleeplessness: social media evidence from a panel of Chinese cities. Journal of Environmental Economics and Management，98：102247.

Janke K. 2014. Air pollution，avoidance behaviour and children's respiratory health：evidence from England. Journal of Health Economics，38：23-42.

Jans J，Johansson P，Nilsson J P. 2018. Economic status，air quality，and child health：evidence from inversion episodes. Journal of Health Economics，61：220-232.

Jayachandran S. 2009. Air quality and early-life mortality evidence from Indonesia's wildfires. Journal of Human Resources，44：916-954.

Lichter A，Pestel N，Sommer E. 2017. Productivity effects of air pollution：evidence from professional soccer. Labour Economics，48：54-66.

Luechinger S. 2014. Air pollution and infant mortality：a natural experiment from power plant desulfurization. Journal of Health Economics，37：219-231.

Moreno T，Reche C，Rivas I，et al. 2015. Urban air quality comparison for bus，tram，subway and pedestrian commutes in Barcelona.Environmental Research，142：495-510.

Pope C A. 1989. Respiratory disease associated with community air pollution and a steel mill，Utah Valley. American Journal of Public Health，79：623-628.

Sager L. 2019. Estimating the effect of air pollution on road safety using atmospheric temperature inversions. Journal of Environmental Economics and Management，98：102250.

Tanaka S. 2015. Environmental regulations on air pollution in China and their impact on infant mortality. Journal of Health Economics，42：90-103.

Wanke P，Chen Z F，Zheng X，et al. 2020. Sustainability efficiency and carbon inequality of the Chinese transportation system：a robust Bayesian stochastic frontier analysis. Journal of Environmental Management，260：110163.

Yang J，Zhang B. 2018. Air pollution and healthcare expenditure：implication for the benefit of air pollution control in China. Environment International，120：443-455.

Yi B W，Zhang S H，Wang Y. 2020. Estimating air pollution and health loss embodied in electricity transfers：an inter-provincial analysis in China. Science of the Total Environment，702：134705.

Zhang J J，Mu Q. 2018. Air pollution and defensive expenditures：evidence from particulate-filtering facemasks. Journal of Environmental Economics and Management，92：517-536.

Zhang P，Deschenes O，Meng K，et al. 2018b. Temperature effects on productivity and factor reallocation：evidence from a half million Chinese manufacturing plants. Journal of Environmental Economics and Management，88：1-17.

Zhang X，Chen X，Zhang X B. 2018a. The impact of exposure to air pollution on cognitive performance. Proceedings of the National Academy of Sciences of the United States of America，115：9193-9197.

Zhang X，Zhang X B，Chen X. 2017. Happiness in the air：how does a dirty sky affect mental health and subjective well-being?. Journal of Environmental Economics and Management，85：81-94.

Zivin G J，Neidell M. 2013. Environment，health，and human capital. Journal of Economic Literature，51：689-730.

附 录

附表 1　描述性统计

变量		均值	标准差	最小值	最大值
个体变量	Log Cost	0.196	1.042	0	13.82
	Education	2.561	1.332	1	6
	Log Age	3.796	0.443	1.792	4.543
	Log Income	9.367	1.877	0	13.07
	Gender	0.526	0.499	0	1
	Insurance	0.976	0.154	0	1
空气污染	Log AQI	4.292	0.542	3.045	5.883
	Log AQI_7	4.378	0.410	3.253	5.655
	Log AQI_30	4.359	0.328	3.556	5.112
	Log AQI_60	4.289	0.280	3.675	4.992
	Log AQI_90	4.251	0.254	3.686	4.848
	Log AQI_180	4.241	0.259	3.719	4.766
气象变量	Rain_30	0.479	0.209	0.067	0.967
	Snow_30	0.025	0.092	0	0.500
	Temp_30	17.41	5.758	−0.441	27.34

注：样本量为 8216。其中，Cost、Education、Age、Income、Gender、Insurance 分别表示健康成本、教育程度、年龄、个人收入、性别、保险。AQI 表示每日空气质量指数。Rain_30、Snow_30、Temp_30 分别表示每日雨、每日雪、每日温度变量

附表 2　稳健性检验

因变量	(1)	(2)	(3)	(4)	(5)	(6)
	Log Cost					
面板 A：全样本						
Log AQI_30	10.013** (4.392)	10.013** (4.379)	10.013* (5.096)	10.951** (4.507)		
AQI_30					0.076* (0.038)	0.260*** (0.083)
样本量	8216	8216	8216	8216	8216	8216

续表

因变量	（1）	（2）	（3）	（4）	（5）	（6）
	Log Cost					
面板 B：观测数大于 2						
Log AQI_30	10.136**	10.136**	10.136*	11.073**		
	（4.356）	（4.344）	（5.094）	（4.468）		
AQI_30					0.078*	0.261***
					（0.039）	（0.082）
样本量	8103	8103	8103	8103	8103	8103
面板 C：观测数大于 3						
Log AQI_30	23.259***	23.259***	23.259***	23.083***		
	（2.166）	（2.201）	（1.777）	（2.020）		
AQI_30					0.320***	0.366***
					（0.030）	（0.047）
样本量	5369	5369	5369	5369	5369	5369
面板 D：观测数大于 4						
Log AQI_30	33.797***	33.797***	33.797***	33.585***		
	（0.894）	（1.009）	（0.914）	（0.897）		
AQI_30					0.459***	0.693***
					（0.010）	（0.116）
样本量	4573	4573	4573	4573	4573	4573
面板 E：观测数大于 5						
Log AQI_30	40.536***	40.536***	40.536***	39.681***		
	（4.301）	（4.554）	（4.420）	（4.269）		
AQI_30					0.553***	0.784***
					（0.052）	（0.198）
样本量	4094	4094	4094	4094	4094	4094
聚类到站点-周	Y	N	N	Y	Y	Y
聚类到周	N	Y	N	N	N	N
聚类到站点	N	N	Y	N	N	N
加权	N	N	N	Y	N	N
缩尾	N	N	N	N	N	Y
个体控制变量	Y	Y	Y	Y	Y	Y

续表

因变量	(1)	(2)	(3)	(4)	(5)	(6)
	Log Cost					
气象控制变量	Y	Y	Y	Y	Y	Y
站点-周固定效应	Y	Y	Y	Y	Y	Y

注：Y 表示"是"，N 表示"否"

***表示 $p<0.01$，**表示 $p<0.05$，*表示 $p<0.1$

附表 3　不同污染物的影响

变量	(1) AQI	(2) $PM_{2.5}$	(3) PM_{10}	(4) SO_2	(5) NO_2	(6) CO	(7) O_3
	Log Cost						
Log Index	−0.335	−0.317	−0.170	0.211	0.251	0.295	−0.018
	(0.460)	(0.403)	(0.578)	(0.230)	(0.385)	(0.500)	(0.219)
Log Index_7	2.067*	1.781**	1.387*	0.758	0.602	3.851***	−0.521
	(0.979)	(0.678)	(0.686)	(1.130)	(1.942)	(1.271)	(0.713)
Log Index_30	10.013**	9.042**	6.789	0.164	2.818	3.729	8.825
	(4.392)	(3.062)	(4.074)	(2.842)	(6.177)	(7.320)	(6.484)
Log Index_60	24.067***	16.344***	17.265***	3.531	9.795	21.554***	16.345**
	(6.797)	(1.260)	(3.149)	(2.954)	(16.337)	(3.290)	(6.342)
Log Index_90	23.685***	24.137***	22.926***	9.397***	35.083**	30.008***	36.114
	(6.517)	(7.252)	(7.416)	(2.690)	(14.791)	(7.459)	(27.024)
Log Index_180	86.692***	57.142***	88.432*	22.406**	13.572	23.233	−20.949*
	(27.878)	(16.778)	(43.015)	(9.152)	(40.859)	(14.363)	(11.140)
个体控制变量	Y	Y	Y	Y	Y	Y	Y
气象控制变量	Y	Y	Y	Y	Y	Y	Y
站点-周固定效应	Y	Y	Y	Y	Y	Y	Y
样本量	8216	8216	8216	8216	8216	8216	8216

注：标准误聚类到站点-周一级。Y 表示"是"

***表示 $p<0.01$，**表示 $p<0.05$，*表示 $p<0.1$

附表 4　性别、个体收入和保险的异质性效应

变量	（1）女性	（2）男性	（3）高收入	（4）低收入	（5）无保险	（6）有保险
	Log Cost					
Log AQI_30	7.911**	12.559*	17.591***	−1.056	68.627***	8.835*
	(2.745)	(6.503)	(4.748)	(5.906)	(4.767)	(4.868)
个体控制变量	Y	Y	Y	Y	Y	Y
气象控制变量	Y	Y	Y	Y	Y	Y
站点-周固定效应	Y	Y	Y	Y	Y	Y
样本量	3897	4319	4106	4105	162	8015

注：标准误聚类到站点-周一级。所有子样本的总和略小于总样本，因为 Stata 在使用 reghdfe 命令时删除了一些单例观察值。被剔除的样本量很小，几乎不影响我们的结果。Y 表示"是"

***表示 $p<0.01$，**表示 $p<0.05$，*表示 $p<0.1$

附表 5　教育程度的异质性效应

变量	（1）低学历	（2）中等学历	（3）高学历
	Log Cost		
Log AQI_30	6.621	8.788***	33.495***
	（5.369）	（2.081）	（10.813）
个体控制变量	Y	Y	Y
气象控制变量	Y	Y	Y
站点-周固定效应	Y	Y	Y
样本量	4966	2044	1159

注：标准误聚类到站点-周一级。所有子样本的总和略小于总样本，因为 Stata 在使用 reghdfe 命令时删除了一些单例观察值。被剔除的样本量很小，几乎不影响我们的结果。Y 表示"是"

***表示 $p<0.01$

附表 6　年龄的异质性效应

变量	（1）0～20 岁	（2）20～30 岁	（3）30～40 岁	（4）40～50 岁	（5）50～60 岁	（6）60～70 岁	（7）70 岁及以上
	Log Cost						
Log AQI_30	8.862	0.034	8.699	12.623**	18.577	0.075	95.165*
	(9.507)	(0.552)	(6.783)	(5.302)	(13.174)	(4.368)	(53.311)
个体控制变量	Y	Y	Y	Y	Y	Y	Y
气象控制变量	Y	Y	Y	Y	Y	Y	Y

续表

变量	（1）0～20 岁	（2）20～30 岁	（3）30～40 岁	（4）40～50 岁	（5）50～60 岁	（6）60～70 岁	（7）70 岁及以上
	Log Cost						
站点-周固定效应	Y	Y	Y	Y	Y	Y	Y
样本量	505	644	1034	1719	1926	1486	717

注：标准误聚类到站点-周一级。所有子样本的总和略小于总样本，因为 Stata 在使用 reghdfe 命令时删除了一些单例观察值。被剔除的样本量很小，几乎不影响我们的结果。Y 表示"是"

**表示 $p<0.05$，*表示 $p<0.1$

附表 7　非线性效应

变量	（1）	（2）	（3）	（4）	（5）	（6）
	Log Cost					
AQI	−0.008 (0.008)					
AQI^2	0.000 (0.000)					
AQI_7		0.046** (0.019)				
AQI_7^2		−0.000** (0.000)				
AQI_30			0.389** (0.176)			
AQI_30^2			−0.001* (0.001)			
AQI_60				1.150*** (0.248)		
AQI_60^2				−0.005*** (0.001)		
AQI_90					1.306 (1.414)	
AQI_90^2					−0.005 (0.007)	

续表

变量	(1)	(2)	(3)	(4)	(5)	(6)
	Log Cost					
AQI_180						2.292
						(4.435)
AQI_180^2						−0.007
						(0.025)
个体控制变量	Y	Y	Y	Y	Y	Y
气象控制变量	Y	Y	Y	Y	Y	Y
站点-周固定效应	Y	Y	Y	Y	Y	Y
样本量	8216	8216	8216	8216	8216	8216

注：标准误聚类到站点-周一级。Y 表示"是"

***表示 $p<0.01$，**表示 $p<0.05$，*表示 $p<0.1$

附表 8　空气污染对疾病的影响

变量	(1)	(2)	(3)	(4)	(5)	(6)
	在过去 4 周内是否生病或受伤（是=1）					
Log AQI	0.008					
	(0.082)					
Log AQI_7		0.417*				
		(0.206)				
Log AQI_30			2.273			
			(1.348)			
Log AQI_60				4.065**		
				(1.884)		
Log AQI_90					10.800***	
					(2.612)	
Log AQI_180						29.981***
						(7.869)
个体控制变量	Y	Y	Y	Y	Y	Y
气象控制变量	Y	Y	Y	Y	Y	Y
站点-周固定效应	Y	Y	Y	Y	Y	Y
样本量	8215	8215	8215	8215	8215	8215

注：标准误聚类到站点-周一级。Y 表示"是"

***表示 $p<0.01$，**表示 $p<0.05$，*表示 $p<0.1$

附表9 空气污染对住院治疗的影响

变量	（1）	（2）	（3）	（4）	（5）	（6）
	住院（=1）或门诊护理（=0）					
Log AQI	0.252					
	（0.159）					
Log AQI_7		0.151				
		（0.188）				
Log AQI_30			1.280			
			（0.828）			
Log AQI_60				4.981***		
				（1.062）		
Log AQI_90					7.533***	
					（2.457）	
Log AQI_180						33.120**
						（13.959）
个体控制变量	Y	Y	Y	Y	Y	Y
气象控制变量	Y	Y	Y	Y	Y	Y
站点-周固定效应	Y	Y	Y	Y	Y	Y
样本量	948	948	948	948	948	948

注：标准误聚类到站点-周一级。Y 表示"是"
***表示 $p < 0.01$，**表示 $p < 0.05$

附表10 空气污染对呼吸系统疾病的影响

因变量	（1）	（2）	（3）	（4）	（5）	（6）
	呼吸系统疾病（=1）					
Log AQI	0.035					
	（0.034）					
Log AQI_7		0.041				
		（0.102）				
Log AQI_30			0.319			
			（0.565）			
Log AQI_60				1.866*		
				（1.031）		

续表

因变量	（1）	（2）	（3）	（4）	（5）	（6）
	呼吸系统疾病（=1）					
Log AQI_90					3.105***	
					(0.736)	
Log AQI_180						6.536***
						(1.788)
个体控制	Y	Y	Y	Y	Y	Y
气象控制	Y	Y	Y	Y	Y	Y
站点-周固定效应	Y	Y	Y	Y	Y	Y
样本量	8216	8216	8216	8216	8216	8216

注：标准误聚类到站点-周一级。Y 表示"是"

***表示 $p<0.01$，*表示 $p<0.1$

附表 11　空气污染对呼吸系统疾病费用的影响

变量	（1）	（2）	（3）	（4）	（5）	（6）
	呼吸系统疾病治疗费用的对数					
Log AQI	−0.026					
	(0.019)					
Log AQI_7		−0.011				
		(0.116)				
Log AQI_30			−0.475			
			(0.551)			
Log AQI_60				1.415**		
				(0.605)		
Log AQI_90					4.249**	
					(1.684)	
Log AQI_180						9.711*
						(5.284)
个体控制	Y	Y	Y	Y	Y	Y
气象控制	Y	Y	Y	Y	Y	Y
站点-周固定效应	Y	Y	Y	Y	Y	Y
样本量	8216	8216	8216	8216	8216	8216

注：标准误聚类到站点-周一级。Y 表示"是"

**表示 $p<0.05$，*表示 $p<0.1$

个 体 行 为

如前所述，空气污染已经成为人类共同面对的难题，对人类的身体健康和心理健康造成了长期危害。近年来，空气污染对行为影响的研究日渐丰富，且大致分为两个方向：一是与健康有关的直接行为，如健康支出等；二是为应对健康冲击的特定行为，如借贷行为等。然而，以往有关空气污染的综述多将关注的焦点放在空气污染对健康的整体影响上，而对空气污染导致的行为改变的相关研究尚且不足。

虽然空气污染状况已得到改善，但我们仍要关注空气污染恶化问题，避免对公共健康构成重大威胁。本节从微观个体角度厘清空气污染对个体行为的影响路径与作用效果，研究空气污染对贷款决策偏差、预防行为的效应，阐释空气污染对个体行为的溢出机制。基于不同性别、年龄、收入、学历等进行异质性分析，有助于我们全面认识空气污染的个体行为效应，研究结论对于改进环境治理措施、完善公共卫生政策具有重要政策启示。

空气污染与贷款决策偏差

一、引　言

随着工业化和城市化的发展，中国经济快速增长。然而，废气排放和能源消耗的增加导致了严重的空气污染。政策制定者和学者对空气污染问题感到担忧（Bickerstaff and Walker，2001；Rao et al.，2017）。大量文献表明，空气污染会对健康造成不利影响（Matus et al.，2012；Chen et al.，2013；Scovronick and Wilkinson，2014；Deschênes et al.，2017；Ebenstein et al.，2017；Li et al.，2020）。近年来，新兴文献进一步阐明了空气污染如何影响个体行为决策。随着对空气污染认识的加深，人们将购买医疗保险（Chen F L and Chen Z F，2020）、空气净化器（Ito and Zhang，2020）和防霾口罩（Zhang and Mu，2018），以抵抗空气污染的负面影响。此外，空气污染会影响个人的高风险认知表现。例如，Block 和 Calderón-Garcidueñas（2009）指出，空气污染会导致神经炎症，产生活性氧自由基，从而影响中枢神经系统。许多研究关注空气污染的负面影响，尤其是对高风险认知表现的负面影响。例如，Zhang 等（2018）利用每日空气污染的变化来分析空气污染对个人认知表现的影响。结果表明，空气污染会阻碍个体的认知能力。鉴于高风险决策对认知能力的要求高，污染不仅会增加健康成本（Chen F L and Chen Z F，2021），还会增加社会成本。Huang 等（2020）也提供了直观证据，他们利用每日股票数据和空气污染变化数据，文章的结果表明，空气污染降低了投资者的投资绩效，导致了巨大的成本。据我们所知，贷款决策对认知能力有很高的要求。然而，关于空气污染与贷款决策之间关系的研究很少。

贷款决策是一个复杂的过程，受到许多因素的影响（Duan and Yoon，1993；Dorfleitner et al.，2016；Chen et al.，2020；Tantri，2021）。贷款动机多种多样，例如，借款人想要买房子或汽车、资金周转、生病等。当然，完成贷款还需要贷款人对借款人的还款能力进行评估，评估指标同样多种多样。评估指标包括借款人的资产状况、家庭收入和信用评级等。空气污染对贷款的影响有两种可能的渠道。首先，空气污染会影响人们的认知能力，导致人们对现状的误判，进而导致贷款行为偏差。大量文献证实了这种情况（Zhang et al.，2018；Huang et al.，2020）。

其次，空气污染将直接影响个人的健康水平，增加健康支出。当健康负担过高时，患者及其家人会选择贷款治疗疾病。

这项研究使用了来自 309 个城市的大约 50 万个样本，使用了来自中国最大的 P2P 网络借贷平台的 531 735 个案例来评估空气污染对贷款的影响。在文章中，市是指地级行政区域，在控制投标信息变量、个体变量和固定效应之后，我们发现空气污染显著增加了贷款金额。我们纠正样本选择偏差，也使用其他污染物，如 $PM_{2.5}$ 作为空气污染的替代指标，结果仍然稳健。在异质性分析中，空气污染对短期低利率贷款、未婚个人、男性、年轻人、低收入群体和低教育群体的影响更大。此外，我们的结果表明，这种影响是非线性的，当空气污染水平较低时，对个人的影响较大，这可能是由于个人的回避行为。最后，我们对不同的贷款目的的两种机制进行了测试，发现空气污染会导致行为偏差，这种偏差集中在贷款消费上，对贷款投资没有明显影响。因此，行为偏差是存在的，但影响很小，借款人仍然会仔细考虑这样一个高风险的决策。此外，空气污染可能导致健康贷款。然而，这些人中很少有人使用贷款作为治疗的最后手段，因此会给个人带来巨大的健康成本。本文研究有两个优点。"人人贷"是一个成立于 2010 年的 P2P（peer-to-peer，个人对个人）借贷平台，是中国最早建立的网上借贷信息中介服务平台之一。人人贷的数据有以下特征。首先，样本量很大。本文的样本量为 531 735。这样的大样本可以减少小样本偏差，获得比小样本更准确的估计。其次，该平台在以下方面提供了丰富透明的信息披露：基本信息（如地址、手机号码和 ID）、其他个人信息（如房屋、汽车、工作、收入等）、贷款信息（如贷款目的和金额）。最后，该平台的数据开放访问于 2020 年 8 月关闭。这些数据是在平台关闭前收集高质量研究数据。在这种研究方法中，处理空气污染的内生问题是困难的。为了获得一致的估计，我们必须使空气污染与不可观测的干扰尽可能不相关。本文依赖于做出决策的当天空气污染的随机变化。一般来说，借款人的行为不会因空气污染而改变。此外，我们的模型中加入了大量的控制变量和固定效应。控制变量包含大量随时间和个体变化的个人信息。因此，我们不必太担心模型存在遗漏变量的问题。

本文有以下三点贡献。首先，本文丰富了有关空气污染和贷款决策的文献。目前，许多研究侧重于空气污染对健康的影响以及空气污染对认知能力的影响。污染对决策的影响主要集中在股票投资上，研究股票投资有一定的优势。第一，股票数据和空气污染数据每天都在变化，这种数据结构有助于减少内生性问题。空气污染的内生问题是复杂的。股票投资行为不仅受到空气污染的影响，还受到一些难以观察到的变量的影响，这将导致遗漏变量偏差。股票投资者可能意识到空气污染的影响，并采取某些预防措施，这将导致因果关系逆转。空气污染监测水平与实际暴露水平之间也可能存在一些误差，这将导致测量误差。考虑到空气污染属于每日数据，可能没有足够的时间采取预防措施去应对短期的、快速的变化，从而减少了反向因果关系。考虑到空气污染的短期变化是随机的，它与不可观测变量几乎是正交的，因此在股票投资研究中可以减少对遗漏变量的担忧。第二，股票投资对认知能力有很高的要求。个人行为的轻微偏差将对投资决策产生影响，这种敏感性使研究人员能够在投资决策中捕捉到空气污染的细微变化。本文使用的贷款数据也具有上述两个方面的特点。然而，贷款决策可以缓解股票决策的以下担忧。其一，股票决策是一种投资行为。在股票投资中，高收入者通常多于低收入者，这可能导致样本选择偏差。Leibbrandt 等（2018）发现，股票投资会扩大收入不平等，低收入者更有可能被迫退出股市。其二，股票决策也需要一定的金融知识储备，这增加了决策的技术门槛，也可能导致样本选择偏差。考虑到高收入的个人通常具有较高的教育水平，股票投资决策的技术门槛对他们并不会产生很大的阻碍。贷款决策减少了这两种情况。无论收入如何，个人都可能面临不良的资本周转和潜在的贷款需求。此外，贷款行为往往是根据个人的实际情况进行分析的，它不需要过多的金融知识，而且技术门槛低。因此，我们估计的影响可能更具有普遍性。

其次，我们的研究进一步回答了空气污染影响贷款的机制。目前空气污染对决策的影响被认为是通过认知能力产生的。在对认知能力的影响中，我们发现污染主要影响的是短期、低利率的贷款投标，这是低风险的。就贷款投资目的而言，空气污染刺激消费，但没有证据表明空气污染会增加贷款并提高投资，所以借款人在做出高风险决策时会更加谨慎，减少因为贷款人空气污染造成的行为偏差而增加贷款风险。我们进一步将健康的影响纳入贷款行为，结果表明，少数人会因空气污染造成的健康问题而贷款。对于整个研究而言，如此小的样本量可以忽略不计，对于个人或家庭来说，污染产生的健康代价是巨大的，因为支付医疗费用是困难的，他们必须通过贷款来维持健康水平，所以这会产生巨大的影响效应。因此，除了传统的认知渠道外，本文还考虑了健康效应，这有效补充了机制分析。

最后，本文对发展中国家的财政政策、卫生政策和相关研究具有一定的参考价值。由于发展中国家金融工具落后，金融体系不发达，导致金融体系存在一定的安全风险。如果政策制定者忽视空气污染导致的贷款数量增加，可能会给当前的金融体系带来风险。此外，许多发展中国家正在以牺牲环境为代价发展经济，生活环境的恶化将导致许多健康问题。我们的研究表明，空气污染不仅影响认知能力，还影响健康支出。因此，政策制定者必须建立和完善健康保障体系。同时，污染对低收入和低教育程度的人不利，我们应该防止因疾病而重返贫困现象的发生。

本文的其余部分组织如下：在第二节中讨论了相关文献；在第三节中对数据进行了描述；在第四节中提出了实证策略；在第五节中报告了实证结果；在第六

节中提出结论。

二、文献综述

医学文献表明，空气污染不仅会导致呼吸道疾病和心血管疾病，还会影响人们的神经系统（Brunekreef and Holgate，2002；Genc et al.，2012）。考虑到空气污染对神经系统有负面影响，因此空气污染也会影响认知能力。在经济学领域，许多文献都集中在对空气污染和认知表现的研究上。

与本文研究相关的文献主要集中在以下三个方面。首先，空气污染对认知能力和劳动生产率有许多影响。Ebenstein 等（2016）研究了以色列在高考期间的空气污染对入学成绩、未来教育和工资收入的影响。他们发现，空气污染将降低高考成绩，并进一步降低未来的教育水平和工资水平。同样，Zhang 等（2018）分析了空气污染对语言和数学测试的影响，发现空气污染会降低他们的认知能力。空气污染将对老年人、低学历人群和男性产生更大的影响。上述研究中反映的这些不利影响将进一步影响个人的劳动生产率。Chang 等（2016）研究了室外空气污染对梨包装工人劳动生产率的影响，并证明细颗粒物可以降低工人的劳动生产率，但未发现 O_3 会产生类似的影响。He 等（2019）和 Chang 等（2019）研究了空气污染对中国劳动生产率的影响，发现空气污染会降低劳动生产率。Fu 等（2021）研究了空气污染对中国工业企业的生产率的影响，并证实空气污染减少1%将提高价值 63 亿元人民币的产量（Fu et al.，2021）。

其次，空气污染与投资绩效之间的联系。Levy 和 Yagil（2011）利用美国四家证券交易所的数据研究了空气污染对股票回报的影响，发现空气污染对股票回报有负面影响。此外，这将进一步影响当地贸易市场。之前的研究表明，污染会对投资者情绪产生负面影响，从而影响股票收益。考虑到获取个人情绪数据很困难，因此在实证研究中很难验证这一机制。Lepori（2016）进一步分析了这一机制，发现空气污染通过影响情绪或风险偏好从而影响人们的决策。Huang 等（2020）提出了三种不同的机制，即处置效应、购买引人注目的股票和过度交易。

最后，与本文相关的是 P2P 贷款的研究。许多研究考察个人的借贷行为。Klafft（2008）使用 Prosper 平台的 54 077 个样本进行实证分析，得出的结果证实信用评级对贷款行为的影响最大。Iyer 等（2009）发现，贷款人不仅会检查借款人的"硬"实力，还会使用"软"实力信息来推断借款人的信用评级。Freedman 和 Jin（2008）发现，借款人提供的财务信息越多，就越容易获得贷款。Chen 等（2020）发现，在贷款市场中存在性别差异。在中国，女性的贷款表现良好。

与本文最相似的研究话题是关于空气污染与股市投资之间的关系的研究。因此，我们的研究是这种类型的进一步扩展。本文利用贷款数据分析了空气污染与认知能力之间的关系。首先，贷款数据包括个人层面的数据，但不包括股票层面的数据。个体理性不一定会导致集体理性，因此，我们的贷款数据更适合分析个人决策的情况。其次，一般而言，股票市场的投资者比贷款市场的个人投资者有更高的金额门槛，这种现象容易产生样本选择偏差。知识渊博的人可能有更高的收入水平，而其可能受到低于正常水平的空气污染的影响。因此，使用股票市场数据选择的样本可能不如使用贷款数据得到的样本合适。最后，我们使用高频数据更准确地确定空气污染变化对决策的影响。本文还继续了之前的研究，并使用每日数据进行分析。因此，本文是对现有文献的补充，以丰富对空气的影响研究。

三、数　据

我们的实证分析需要关于空气污染和贷款的详细数据。随着互联网的发展，我们有幸从互联网平台获得详细的借贷数据。此外，我们可以通过空气污染监测站的覆盖范围及其数据披露，获得详细的空气污染数据。

（一）贷款数据

贷款数据来自中国的 P2P 贷款网站人人贷平台，它是中国最早建立的网上借贷信息中介服务平台之一。值得注意的是，该平台提供了额外的透明信息披露。人人贷平台于 2010 年 5 月建成，2010 年 10 月正式推行。在发布之初，该平台的用户数量非常少，样本不具有代表性。2012 年后，用户数量显著增加，用户资质认证不断完善，相关信息逐步丰富。2013 年，人人贷平台升级，数据结构发生重大变化，为了确保数据质量，我们使用了 2013 年之后的样本。2020 年 8 月，该平台关闭了对数据的开放访问。这些数据是在关闭前收集到的高质量研究数据。该平台的使用方式如下：第一种是在平台上注册并填写基本信息，如地址、手机号码和身份证；第二种是借款人需要提供额外的个人信息，如房屋、汽车、工作和收入等。此外，信息必须经过认证，平台必须提供 19 个认证标准。最后，借款人必须填写贷款的目的、贷款金额等贷款信息，然后等待投资者投标。在平台建立之初（即 2010 年 5 月），网站上可以找到一些测试数据，但很难区分测试数据和用户数据。因此，我们收集 2011 年以后的数据，以避免测试数据造成的干扰。

删除身份信息，披露其他个人信息。这一过程不仅消除了投资者寻找信用良好的借款人的信息不对称，而且为我们的研究提供了丰富的信息。我们最关心的变量是贷款金额，该金额由借款人提出，放入 P2P 平台进行匹配，但并非所有的出价都会受到投资者的青睐，例如，一些人的信任评估较差或收入较低，其进行大量的贷款申请，这些投标通常很难达成协议。毕竟，很少有投资者愿意冒如此大的风险。当然，我们也了解到一些非理性的借贷行为，这些行为往往会导致借贷失败。为了消除这些因素的影响，我们在随后的实证分析中区分了数据收集到的当天未能达成协议的投标。尽管这些数据也排除了未来达成协议的投标，但我们发现，这对结果几乎没有产生影响。因为我们包含了大多数达成协议的投标。我们还尽可能多地纳入了与贷款金额相关的其他变量。长期贷款面临更大的风险。借款人可以申请 3 个月、6 个月、9 个月、12 个月、15 个月、18 个月、24 个月、36 个月和 48 个月的贷款期限，更高的利率更容易让借款人获得投资者的支持。值得注意的是，2014 年 12 月 18 日，平台将利率定价机制从借款人定价改为平台定价，这在一定程度上消除了极端利率可能产生的不利影响。除了与投标相关的变量外，我们还收集了一些个人信息，以反映这些个人是否有能力偿还贷款。这些变量包括个人收入（Income）、年龄（Age）、工作经验（Experience）、是否结婚（Marry）、受教育程度（Education）和性别（Gender）。工作经验是根据个人工作年限计算的。是否结婚是一个虚拟变量，已婚者赋值为 1；否则为 0。受教育程度是一个序数变量。高中或高中以下学历赋值为 0，大学学历赋值为 1，学士学位赋值为 2，硕士或博士学位赋值为 3。性别是一个区分性别的虚拟变量。

（二）空气污染

空气污染数据收集自中国研究数据服务（Chinese Research Data Services，CNRDS）平台。空气中含有许多污染物，其危害人类健康。因此，有必要构建一个合适的指标来反映空气污染的程度。例如，世界卫生组织（World Health Organization，WHO）于 1987 年发布了《空气质量指南》，并于 2005 年对其进行了更新。2005 年版的《空气质量指南》设定了颗粒物、O_3、NO_2 和 SO_2 浓度的具体阈值。中国的空气污染测量内容经历了一些变化。首先，中国建立了空气污染指数（air pollution index，API）来衡量空气污染程度。然而，API 不包括有害的 $PM_{2.5}$ 和 O_3。其次，2012 年 2 月 29 日，中国发布了修订后的《环境空气质量标准》，其中，空气质量指数（air quality index，AQI）包含了六种污染物，包括 SO_2、NO_2、PM_{10}、$PM_{2.5}$、CO 和 O_3。

与 API 相比，AQI 包含全面的空气污染信息。为了更好地反映空气污染程度，我们使用 AQI 作为空气污染的测量变量。AQI 范围在 0 到 500，AQI 越大，空气污染越严重。根据 AQI，空气污染分为六个级别。表 1 描述了不同程度的空气污染和潜在的健康危害。空气污染浓度通过现场监测获得，每个城市建立的现场监测站点数量不尽相同。许多小城市可能只有一个或两个站点，但像广州这样的一线城市有 51 个站点①。因此，我们对城市层面的每日 AQI 数据进行平均。CNRDS 还提供了用于计算 AQI 的六种污染物的浓度，从而允许我们在随后的实证分析中讨论不同污染物的影响。

表 1　空气污染水平和健康影响

AQI	AQI 等级	健康影响
0～50	Ⅰ（很好）	空气质量令人满意，基本没有空气污染
51～100	Ⅱ（健康）	空气质量尚可，但某些污染物对极少数异常敏感人群的健康有较弱的影响
101～150	Ⅲ（对敏感人群不健康）	易感人群症状略有加重，健康人群出现刺激症状
151～200	Ⅳ（不健康）	进一步加重易感人群的症状，可能对健康人群的心脏和呼吸系统产生影响
201～300	Ⅴ（非常不健康）	心脏病、肺病患者的症状明显加重，运动耐量降低，症状一般出现在健康人身上
301～500	Ⅵ（有害）	健康人运动耐量降低，有明显的强烈症状，某些疾病出现较早

值得注意的是，许多研究使用 $PM_{2.5}$ 作为空气污染的替代变量。He 等（2020）在研究秸秆焚烧对健康的影响时，采用 $PM_{2.5}$ 作为空气污染的替代变量。研究采用单一空气污染变量（如 $PM_{2.5}$）还是综合空气污染变量（如 AQI），需要根据不同的情况进行选择。选择单一的空气污染指标往往受到研究对象的限制。例如，秸秆焚烧几乎不会产生 SO_2 和 NO_x（He et al.，2020）。Godzinski 和 Castillo（2021）详细指出了不同空气污染指标之间的差距。就目前的研究而言，鉴于我们直接考察空气污染，而明确这种空气污染来源于哪里并不是我们关心的问题，因此使用综合指标更适合本文的研究。

（三）数据匹配与描述性统计

以贷款申请日期和城市为关键信息，我们将空气污染数据与贷款数据进行一一匹配，并从 2013 年 10 月 28 日至 2018 年 9 月 14 日期间的 309 个城市中获取 531 735 个样本。表 2 列出了基准模型中变量的统计信息。贷款金额单位以人民币计算。显然，人均样本贷款金额高达 7 万元人民币。尽管如此，从标准差可以看出，数据波动很大。最小的贷款金额只有 1000 元人民币，而最大的贷款金额高达 50 万元人民币。AQI 也有很大的标准差，大约为 50。参考表 1，样本的平均空气污染水平较好，但仍有一些人会受到空气污染的不利影响。

---

① 数据截至 2023 年 1 月。

表2 描述性统计

变量	均值	标准差	最小值	最大值
贷款金额	71 269.967	69 463.372	1 000	500 000
AQI	81.262	50.430	11	500
贷款期限	25.599	11.289	3	48
利息	11.665	2.186	7	24
收入	13 490.925	13 095.041	1 000	50 000
年龄	35.608	7.780	18	66
工作经验	2.849	1.553	0	5
是否结婚	0.570	0.495	0	1
受教育程度	1.105	0.777	0	3
性别	0.757	0.429	0	1

注：样本量为531 735。AQI数据来自CNRDS，其他数据来自人人贷平台。AQI范围从0到500，是根据SO_2、NO_2、PM_{10}、$PM_{2.5}$、CO、O_3等六种污染物综合计算得出的指标。AQI是通过站点监测获得的，每个城市可能有多个站点。我们对城市层面的每日AQI数据进行平均，其值越大，污染越严重。贷款金额（Amounts）和收入（Income）的单位以人民币计算。贷款期限（Term）的单位是月。工作经验是根据个人工作了多少年来计算的。是否结婚是一个虚拟变量：已婚分配1；否则为0。教育是一个序数变量：高中及以下学历为0，大学学历为1，学士学位为2，硕士或博士学位为3。性别是女性（0）和男性（1）的虚拟变量

对于其他变量，平均贷款期限约为2年（24个月），平均利息约为12%，这可能意味着人们愿意为短期紧急贷款支付更高的利息。平均收入约13 490元人民币。借款人的年龄为18岁至66岁，并且年轻人更喜欢这种在线贷款方式。就工作经验而言，借款人平均只有2年至3年的工作经验。对于那些工作时间不长的年轻人来说，他们挣得少，花得多，而且有借款的动机。近一半的人是已婚人士；平均教育水平为大学水平；贷款的男性多于女性。

四、实证策略

在描述性统计中，我们发现空气污染与贷款金额之间可能存在一定的正相关关系，但不是因果关系。为了估计空气污染与贷款金额之间的因果关系，模型设置如下：

$$\log(\text{Amounts}_{it}) = \beta \log(\text{AQI}_{it}) + X_{it} \times \pi + \text{City}_i \times \text{Year}_t + \text{Quarter}_t + \text{Dow}_t + \varepsilon_{it} \quad (1)$$

其中，Amounts_{it}表示个体i在时间t的贷款金额；AQI_{it}表示个体i在t时间暴露在空气中的AQI测量值；X_{it}表示由投标信息和可观察的个人特征组成的向量，在向量中，控制变量包括贷款期限、利息、收入、年龄、工作经验、是否结婚、

受教育程度和性别；π 表示与控制向量相对应的系数向量；$City_i$ 代表个体 i 所在城市的固定效应；$Year_t$、$Quarter_t$ 和 Dow_t 分别表示年度、季度和周度固定效应；$City_i \times Year_t$ 表示城市-年份联合固定效应；ε_{it} 表示随机误差项。标准误差聚类在城市层面。

控制变量的选择是基于以往对 P2P 研究的分析。Chen 等（2018）在分析标点符号在 P2P 贷款过程中的作用时，使用了个体层面的变量，如信用评分、年龄、教育水平、收入、婚姻状况和工作经验等作为控制变量。Chen 等（2016）分析了个人使用 P2P 贷款是否合理。在控制变量的选择中，年龄、性别、出生地、位置、教育水平、职业和道德被选为控制变量。本文在以上研究的基础上选择控制变量。

城市-年份联合固定效应可以吸收随时间变化的城市固定效应。例如，每个城市的年度经济发展（通常以地区生产总值衡量）、宏观经济政策等。考虑到每个城市的金融环境不同，个人在做贷款决策时可以选择偏好的外部环境，这可以通过添加城市-年份联合固定效应解决城市异质性造成的结果偏差。季度固定效应可以吸收国家层面随季度变化带来的影响。在中国，许多宏观经济和金融指标是按季度发布的。由于不同时期的季度特征，个人在不同季度发放贷款的选择也存在差异。季度固定效应避免了由季度特征的差异对贷款造成的影响。在数据描述过程中，我们发现周末的贷款数量显著减少，这与工作时间有关。为此，我们加入了周度的固定效果，以缓解由部分样本在周末贷款数量少对实证结果造成的偏差。

参数 β 有助于我们捕捉空气污染对贷款金额的影响。为了获得一致的估计，我们必须使空气污染与不可观测的干扰尽可能不相关。如果没有其他控制变量和固定效应，我们就无法控制一些影响空气污染的不可观测因素带来的影响。例如，如果低收入居民生活在空气质量差的环境中，居民的贷款行为可能是由低收入而不是空气污染驱动的，那么普通最小二乘法（ordinary least squares，OLS）会高估空气污染的影响。我们的模型包含大量的控制变量和固定效应。控制变量包含大量随时间和个体变化的个人信息，因此，不必过于担心遗漏变量的问题。此外，我们研究空气污染的短期变化对贷款决策的影响，这种短期变化可以看作外生的和随机的。该模型设置也广泛用于与空气污染相关的研究（Ebenstein et al.，2016；Huang et al.，2020）。

我们的估计策略可能无法克服测量误差引起的衰减偏差。我们使用城市空气污染指数作为个人的实际暴露水平，这将导致两个问题：首先，个人住宅与城市空气污染平均值之间可能存在一定的误差；其次，居住地与实际暴露水平之间可能存在一些误差。测量误差将导致我们低估空气污染的负面影响。个人的具体地址必须保密，同时很难衡量个人的实际暴露水平。测量误差不可避免，这是我们估计策略的不足。

在估计方法方面，我们的模型包含大量固定效应。许多固定效应组只包含一个观察值，这可能会高估显著性水平并导致错误的结论（Correia，2015）。这种情况在随后的异质性分析中尤为常见。参考 Correia（2015）的方法，我们消除了只包含一个观察结果的固定效应组。

五、结　　果

（一）贷款数据

表 3 列出了含有所有固定效应的基准回归结果，标准误聚类在城市层面。第（1）列显示了 AQI 和贷款金额之间的关系，没有控制个体信息和投标信息。AQI 的正系数表明，暴露于较高的空气污染与较高的网上贷款相关。弹性为 0.022，表明空气质量指数增加 1% 会导致贷款金额增加 0.022%。第（2）列添加了投标信息变量，空气污染系数缩小。值得注意的是，拟合优度明显地从第（1）列的 0.151 上升到第（2）列的 0.324，这表明利率和贷款期限可以有效解释贷款金额的变化。第（3）列进一步添加了个体信息的控制变量，弹性降至 0.013。与模型（1）一致的第（3）列是我们首选的基准回归结果。就投标信息对贷款金额的影响而言，我们在第（4）列中使用房地产（House）、抵押贷款（House Loan）、汽车资产（Car）和汽车贷款（Car Loan）作为控制变量。不幸的是，许多投标书没有提供这一信息，这导致了样本量的减少。样本量的减少可能会降低估计的准确性。因此，我们没有将其用作基准回归结果，而是用于稳健性检验。我们还发现第（3）列和第（4）列中的系数很接近。新增加的控制变量和空气污染的变量可以认为是近似正交的，我们的结果是稳健的。

表 3　基准回归

解释变量	（1）	（2）	（3）	（4）
	Log Amount			
Log AQI	0.022***	0.016***	0.013***	0.014***
	(0.004)	(0.004)	(0.004)	(0.004)
Term		0.051***	0.048***	0.045***
		(0.001)	(0.001)	(0.001)
Interest		−0.007**	0.003	0.017***
		(0.003)	(0.002)	(0.004)
Log Income			0.383***	0.234***
			(0.010)	(0.005)

续表

解释变量	（1）	（2）	（3）	（4）
	Log Amount			
Age			0.012***	0.012***
			（0.000）	（0.000）
Experience			0.053***	0.028***
			（0.002）	（0.002）
Marry			0.111***	0.143***
			（0.004）	（0.009）
Education			0.101***	0.095***
			（0.004）	（0.005）
Gender			−0.087***	−0.120***
			（0.004）	（0.004）
House				−0.071***
				（0.009）
House Loan				0.167***
				（0.007）
Car				−0.038***
				（0.007）
Car Loan				0.115***
				（0.006）
控制变量	Y	Y	Y	Y
城市-年固定效应	Y	Y	Y	Y
季度固定效应	Y	Y	Y	Y
周内固定效应	532 682	532 682	531 735	161 643
样本量	0.151	0.324	0.451	0.462

注：模型中的被解释变量是贷款额度的自然对数形式，所有模型都包括城市-年固定效应、季度固定效应和周内固定效应。标准误集中在城市级别。Y 表示"是"

***表示 $p<0.01$，**表示 $p<0.05$，

从表 3 第（3）列中我们知道，空气污染每增加 1%，贷款金额将增加 0.013%。该系数非常小，但在 1%显著性水平下显著。空气污染确实对贷款金额有影响，但影响相对较小，这与我们的直觉一致。有两个原因可以解释这种现象。首先，许多研究表明，空气污染会影响个人的认知表现，如投资表现（Huang et al.，2020）、高考表现（Ebenstein et al.，2016）、职业棒球裁判的表现（Archsmith et al.，2018），

以及语言和数学测试表现（Zhang et al.，2018）。因此，我们认为，空气污染可能通过影响认知表现来影响个人贷款决策。其次，空气污染会导致呼吸系统和心血管疾病（Duflo et al.，2008；Kaufman et al.，2016）。不断加重的空气污染将增加疾病导致的健康成本，一些人可能会选择贷款，因为他们没有足够的钱来治疗疾病。

虽然空气污染导致贷款增加，但一些潜在机制也可能导致贷款减少，我们将对此进行详细解释。首先，空气污染会降低个人的认知能力。在分析股票投资时，一些研究发现，空气污染会减少股票投资。原因是当认知能力受到影响时，个体可能表现出风险厌恶行为（Wu et al.，2018）。然而，贷款行为和股票投资之间可能存在一些差异。贷款行为用于购买大宗商品和营运资本，可用于投资的例子很少。其次，当一个人的认知能力下降时，他可能会采取其他方式贷款，这将使他偏离原来的选择。例如，从网上贷款转移到线下贷款。虽然增加或减少贷款都是可能的，但我们的证据表明，空气污染更有可能导致贷款增加。

就表 3 第（3）列中的控制变量而言，贷款期限与贷款金额正相关，可能是因为大额贷款需要长期偿还，如住房贷款。贷款利率与贷款金额之间的关系为正，但不显著。高收入的个人可以负担大额贷款。老年群体和有丰富工作经验的人有能力偿还大额贷款。有配偶的已婚人士可以共同承担彼此的贷款。受教育程度高的人往往收入高。令人惊讶的是，女性的贷款额实际上高于男性。

（二）稳健性检验

AQI 根据六种污染物的浓度计算，即 $PM_{2.5}$、PM_{10}、SO_2、NO_2、CO 和 O_3。在表 4 中，结果表明，除 O_3 外，污染物对贷款金额有正向影响，这为基准回归结果的稳健性提供了证据。O_3 回归系数的结果不显著，可能是因为 O_3 参与了 NO_2 的合成，其化学性质与其他污染物非常不同（Deschênes et al.，2017；Guo and Fu，2019）。污染物之间存在着极其密切的关系，我们无法区分不同污染物的影响。尽管如此，我们的结果表明，大多数污染物确实对贷款金额有积极影响。

表 4　稳健性检验——不同污染物对贷款金额的影响

解释变量	（1）	（2）	（3）	（4）	（5）	（6）
	Log Amount					
Log $PM_{2.5}$	0.009***					
	(0.003)					
Log PM_{10}		0.010***				
		(0.003)				
Log SO_2			0.009***			
			(0.003)			

续表

解释变量	（1）	（2）	（3）	（4）	（5）	（6）
	\multicolumn{6}{c}{Log Amount}
Log NO_2				0.016***		
				(0.004)		
Log CO					0.015***	
					(0.006)	
Log O_3						−0.003
						(0.005)
控制变量	Y	Y	Y	Y	Y	Y
城市–年固定效应	Y	Y	Y	Y	Y	Y
季度固定效应	Y	Y	Y	Y	Y	Y
周内固定效应	Y	Y	Y	Y	Y	Y
样本量	531 724	531 558	531 729	531 731	531 713	531 719
R^2	0.458	0.458	0.458	0.458	0.458	0.458

注：所有模型的解释变量均为贷款金额的自然对数。所有模型都包括城市–年固定效应、季度固定效应和周内固定效应。标准误集中在城市级别。Y 表示"是"

***表示 $p < 0.01$

该示例包含成功和失败的样本。成功样本指最终获得贷款的样本，不成功样本指未获得贷款的样本。样本不成功可能是由于以下两个原因。首先，启动申请与投标人达成协议的过程需要一定的时间。其次，这种出价可能是不合理的。一些借款人没有根据自己的社会和经济状况填写贷款金额。此类投标的违约率总体上相对较高，大多数投资者不愿承担这种风险。上述第一种情况不会影响估计结果，因为每个借款人都需要一定的时间才能获得贷款。然而，第二种情况可能会导致结果中的样本选择偏差。

为了避免不成功样本导致的样本选择偏差，我们对样本进行了分类。在表 5 中，第（1）列和第（2）列是未成功贷款的子样本；第（3）列和第（4）列是成功贷款的子样本。为了结果的稳健性，我们在表 5 第（4）列中进一步添加了控制变量。

表 5　稳健性检验——样本选择偏差检验

解释变量	（1）	（2）	（3）	（4）
	\multicolumn{4}{c}{Log Amount}
	\multicolumn{2}{c}{不成功样本}	\multicolumn{2}{c}{成功样本}
Log AQI	0.019***	0.025*	0.012***	0.013***
	(0.005)	(0.014)	(0.004)	(0.005)

续表

解释变量	（1）	（2）	（3）	（4）
	Log Amount			
	不成功样本		成功样本	
房屋资产		−0.018		−0.087***
		(0.015)		(0.010)
住房贷款		0.132***		0.188***
		(0.022)		(0.007)
汽车资产		0.212***		−0.091***
		(0.016)		(0.009)
汽车贷款		0.039		0.123***
		(0.028)		(0.006)
控制变量	Y	Y	Y	Y
城市-年固定效应	Y	Y	Y	Y
季度固定效应	Y	Y	Y	Y
周内固定效应	Y	Y	Y	Y
样本量	239 221	23 099	292 425	138 428
R^2	0.433	0.424	0.422	0.448

注：所有模型的解释变量均为贷款金额的自然对数。所有回归都包括对贷款期限、贷款利息、收入、年龄、工作经验、是否结婚、教育和性别的控制。所有模型都包括城市-年固定效应、季度固定效应和周内固定效应。标准误集中在城市级别。Y 表示"是"

***表示 $p<0.01$，*表示 $p<0.1$

（三）异质性分析

本小节我们深入讨论个体特征和投标信息的异质性。图 2 的面板 A 至 E 报告了异质性分析的结果，表 6 至表 10 给出了相应的回归结果。图 2 的面板 A 显示，空气污染对短期或低利率投标有较大影响。短期和低息贷款通常面临较小的风险，风险决策需要贷款人格外谨慎地考虑。我们预计低风险贷款更容易受到空气污染的影响。

图 1 的面板 B 检查了空气污染对不同年龄段的影响。我们发现年轻人更容易受到空气污染的影响。一方面，这一发现可能是因为年轻人是网络贷款的主要群体，老年人很少使用网络贷款；另一方面，我们在后续研究机制分析中发现，空气污染对年轻人产生影响的渠道是健康。当老年人的健康受到影响，家庭经济无法持续时，年轻人更需要承担起赡养老年人的义务，所以，年轻人需要使用网络贷款解决老年人的健康问题。

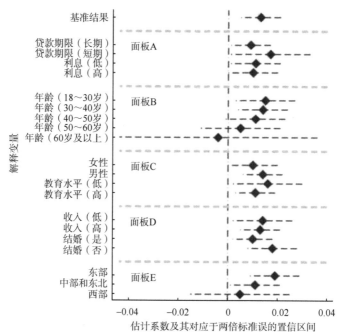

图 1　空气污染的异质性效应

水平线对应于表 6~表 10 的回归系数。所有模型都包含表 1 第（3）列中的控制变量，按城市划分的城市-年固定效应、季度固定效应和周内固定效应。标准误集中在城市级别

表 6　空气污染对按期限和利率水平划分的贷款金额的影响

解释变量	（1）	（2）	（3）	（4）
	Log Amount			
	贷款期限（长期）	贷款期限（短期）	利息（低）	利息（高）
Log AQI	0.009**	0.017**	0.011**	0.010**
	(0.004)	(0.008)	(0.005)	(0.005)
控制变量	Y	Y	Y	Y
城市-年固定效应	Y	Y	Y	Y
季度固定效应	Y	Y	Y	Y
周内固定效应	Y	Y	Y	Y
样本量	373 948	157 652	263 928	267 700
R^2	0.298	0.379	0.398	0.536

注：所有模型的解释变量均为贷款金额的自然对数。我们根据中位数划分样本。第（1）~（4）列的子样本分别为贷款期限超过 24 个月、贷款期限不足 24 个月、贷款年利率低于 11%、贷款年利率大于 11%。所有模型都包括城市-年固定效应、季度固定效应和周内固定效应。标准误集中在城市级别。Y 表示"是"

**表示 $p < 0.05$

表7 空气污染对不同年龄段贷款额的影响

解释变量	（1）	（2）	（3）	（4）	（5）
	Log Amount				
	年龄（18～30岁）	年龄（30～40岁）	年龄（40～50岁）	年龄（50～60岁）	年龄（60岁及以上）
Log AQI	0.015**	0.014***	0.011*	0.005	−0.004
	(0.006)	(0.005)	(0.006)	(0.008)	(0.020)
控制变量	Y	Y	Y	Y	Y
城市-年固定效应	Y	Y	Y	Y	Y
季度固定效应	Y	Y	Y	Y	Y
周内固定效应	Y	Y	Y	Y	Y
样本量	128 514	262 492	103 675	34 473	2 064
R^2	0.471	0.437	0.341	0.325	0.503

注：所有模型的解释变量均为贷款金额的自然对数，且都包括城市-年固定效应、季度固定效应和周内固定效应。标准误集中在城市级别。Y表示"是"

***表示$p<0.01$，**表示$p<0.05$，*表示$p<0.1$

表8 空气污染对按性别和教育程度划分的贷款金额的影响

解释变量	（1）	（2）	（3）	（4）
	Log Amount			
	女性	男性	教育水平（低）	教育水平（高）
Log AQI	0.010**	0.014***	0.016**	0.011***
	(0.005)	(0.004)	(0.007)	(0.004)
控制变量	Y	Y	Y	Y
城市-年固定效应	Y	Y	Y	Y
季度固定效应	Y	Y	Y	Y
周内固定效应	Y	Y	Y	Y
样本量	128 918	402 688	128 221	403 443
R^2	0.423	0.459	0.479	0.430

注：所有模型的解释变量均为贷款金额的自然对数。第（1）列使用女性子样本；第（2）列使用男性子样本；第（3）列使用高中及以下的样本；第（4）列使用高中以上的样本。所有模型都包括城市-年固定效应、季度固定效应和周内固定效应。标准误集中在城市级别。Y表示"是"

***表示$p<0.01$，**表示$p<0.05$

表9　空气污染对按收入和结婚水平划分的贷款额的影响

解释变量	（1）	（2）	（3）	（4）
	Log Amount			
	收入（低）	收入（高）	结婚（是）	结婚（否）
Log AQI	0.014**	0.013***	0.010**	0.018***
	(0.006)	(0.004)	(0.004)	(0.005)
控制变量	Y	Y	Y	Y
城市-年固定效应	Y	Y	Y	Y
季度固定效应	Y	Y	Y	Y
周内固定效应	Y	Y	Y	Y
样本量	153 042	378 504	303 013	228 631
R^2	0.482	0.369	0.402	0.469

注：所有模型的解释变量均为贷款金额的自然对数。第（1）列使用收入低于 7500 元的子样本；第 2 列使用收入高于 7500 元的子样本；如果已婚，第（3）列使用子样本；否则，第（4）列使用子样本。所有模型都包括城市-年固定效应、季度固定效应和周内固定效应。标准误集中在城市级别。Y 表示"是"

***表示 $p < 0.01$，**表示 $p < 0.05$

表10　空气污染对不同地区贷款额的影响

解释变量	（1）	（2）	（3）
	Log Amount		
	东部	中部和东北	西部
Log AQI	0.019***	0.011**	0.005
	(0.005)	(0.005)	(0.010)
控制变量	Y	Y	Y
城市-年固定效应	Y	Y	Y
季度固定效应	Y	Y	Y
周内固定效应	Y	Y	Y
样本量	296 156	131 039	104 539
R^2	0.453	0.458	0.477

注：所有模型的解释变量均为贷款金额的自然对数。东部地区包括北京、天津、河北、上海、江苏、浙江、福建、山东、广东和海南；中部地区和东北地区包括山西、安徽、江西、河南、湖北、湖南、辽宁、吉林、黑龙江；西部地区包括内蒙古、广西、重庆、四川、贵州、云南、西藏、陕西、甘肃、青海、宁夏、新疆。所有模型都包括城市-年固定效应、季度固定效应和周内固定效应。标准误集中在城市级别。Y 表示"是"

***表示 $p < 0.01$，**表示 $p < 0.05$

图 2 中的面板 C 和面板 D 显示，污染可能会影响男性、低收入人群、低学历人群和未婚人群。男性比女性更容易受到影响，这与男性从事额外的户外工作相一致，工作性质导致其更多暴露于空气污染。低收入群体和低教育群体之间存在着极其密切的关系。劳动经济学的类似研究一致表明，教育投资回报率为正。低收入者的选择受到限制，他们可能无法购买空气净化器，无法选择周边环境更加优美的房子，因此更容易受到污染。同样，当地受过教育的群体缺乏对空气污染和健康状况差的认识，也容易受到污染。未婚者缺乏配偶的关心，因此他们比有配偶的人更不关心空气污染，因此更容易受到空气污染的影响。

面板 E 进一步分析了不同区域的影响。显然，污染的影响从东到西呈下降趋势。东部地区经济发达，许多人使用网络贷款，同时，由经济发展导致的污染产生了明显的影响。

（四）非线性效应

空气污染对人体的影响可能随浓度的变化而变化。一些研究发现，当污染物浓度较低时，空气污染对人体健康的影响较小；当污染物浓度较高时，对人体健康有很大影响。尽管如此，近年来，随着人们对空气污染研究的加深，个人将采取预防行为来减少空气污染的负面影响。当空气质量好时，人们就进行正常的生产活动。当空气质量较差时，一些人会使用防霾面罩、空气净化器，或减少户外活动。此外，他们将选择搬迁到空气质量更好的城市。当存在预防行为时，空气污染的非线性效应可能正好相反。当空气污染物浓度较低时，会对健康产生负面影响。当空气污染物浓度较高时，对健康的负面影响将消失。

为了探索这种非线性关系，我们将空气污染程度指标划分为几个虚拟变量。第（1）列使用虚拟变量，AQI 大于或等于 50。第（2）列到第（5）列分别使用虚拟变量，AQI 大于或等于 100、150、200 和 300。在表 11 中，结果表明，在 AQI 较低的虚拟变量中，该系数显著；而在 AQI 较高的虚拟变量中，该系数不显著。

表 11 空气污染的非线性效应

变量	(1)	(2)	(3)	(4)	(5)
	贷款金额的对数				
AQI（≥50）	0.014***				
	(0.004)				
AQI（≥100）		0.009**			
		(0.004)			

续表

变量	（1）	（2）	（3）	（4）	（5）
	贷款金额的对数				
AQI（≥150）			0.006		
			(0.006)		
AQI（≥200）				0.018	
				(0.012)	
AQI（≥300）					0.013
					(0.018)
控制变量	Y	Y	Y	Y	Y
城市-年固定效应	Y	Y	Y	Y	Y
季度固定效应	Y	Y	Y	Y	Y
周内固定效应	Y	Y	Y	Y	Y
样本量	531 735	531 735	531 735	531 735	531 735
R^2	0.458	0.458	0.458	0.458	0.458

注：所有模型的解释变量均为贷款金额的自然对数。所有模型都包括城市-年固定效应、季度固定效应和周内固定效应。标准误集中在城市级别。Y 表示"是"

***表示 $p<0.01$，**表示 $p<0.05$

这一结果与我们的基准回归结论并不冲突。首先，所有估计系数均为正值，空气污染仍然会增加贷款金额。这一发现与基准回归结论一致。其次，污染对贷款金额的影响主要集中在低空气污染物浓度水平，低空气污染物浓度水平对个人行为有很大影响。低空气污染物浓度水平对个人行为影响的差异取决于个人是否采取某些预防措施。当空气污染物浓度相对较低时，个人往往不采取预防措施，因为他们难以发现空气污染的影响。当空气污染严重时，个人将采取某些预防措施，这将减少空气污染给个人带来的危害。

（五）滞后效应

在本小节中，我们研究了空气污染对贷款金额的滞后效应。在表 12 中，我们使用贷款前 8 天的数据分析了空气污染对贷款金额的影响。空气污染的影响将持续大约 6 天，这 6 天的影响非常稳定。6 天后的空气污染在系数和显著性水平上有所减弱。图 2 支持空气污染具有滞后效应的说法。可能的解释是，空气污染可能会直接影响个人的认知，但将这种认知偏差转化为行为可能需要一些时间。例如，贷款人可能需要准备贷款所需的一些证书，数据显示，周末的贷款需求可能会推迟到下周一。另一种可能的解释是，空气污染造成的健康贷款不能直接产生。

在出现贷款需求之前，患者会先花费自己的储蓄，然后再做出贷款行为。但花光自己的储蓄也往往需要一些时间。

表 12　空气污染的滞后效应

变量	（1）	（2）	（3）	（4）	（5）	（6）	（7）	（8）
	Log Amount							
Log AQI L1	0.012*** （0.004）							
Log AQI L2		0.011*** （0.004）						
Log AQI L3			0.012*** （0.003）					
Log AQI L4				0.013*** （0.003）				
Log AQI L5					0.011*** （0.003）			
Log AQI L6						0.012*** （0.003）		
Log AQI L7							0.006 （0.004）	
Log AQI L8								0.003 （0.003）
控制变量	Y	Y	Y	Y	Y	Y	Y	Y
城市-年固定效应	Y	Y	Y	Y	Y	Y	Y	Y
季度固定效应	Y	Y	Y	Y	Y	Y	Y	Y
周内固定效应	Y	Y	Y	Y	Y	Y	Y	Y
样本量	529 238	527 358	524 588	521 666	519 209	517 307	514 545	511 885
R^2	0.458	0.458	0.459	0.459	0.459	0.459	0.459	0.459

注：所有模型的解释变量均为贷款金额的自然对数。所有模型都包括城市-年固定效应、季度固定效应和周内固定效应。标准误集中在城市级别。L1,L2,…,L8 分别表示滞后一天,滞后两天,…,滞后八天。Y 表示"是"

***表示 $p < 0.01$

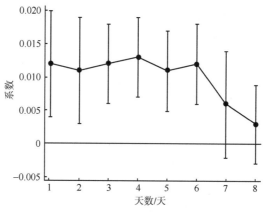

图 2 空气污染的滞后效应

垂直线表示对应于表 12 的回归系数。所有模型都包含表 1 第（3）列中的控制变量，按城市划分的城市–年固定效应、季度固定效应和周内固定效应。标准误集中在城市级别

（六）潜在机制检验

前文讨论了空气污染与贷款金额之间的关系。在本小节中，我们进一步分析空气污染影响贷款金额的机制。我们对潜在的机制进行了分类。首先，空气污染可能通过健康渠道影响贷款金额。空气污染对健康的影响集中在呼吸系统和心血管疾病上。部分研究还指出，空气污染会增加死亡率并缩短预期寿命（Chen et al.，2013；Zivin and Neidell，2013）。与空气污染相对应的健康成本很高，并非所有家庭都能负担得起高额成本。疾病会很快耗尽患者的积蓄，从而迫使他们借钱。这种机制是一种正常合理的行为。其次，空气污染可能会影响个人的认知能力，导致他们产生行为偏差。个人可能会改变消费和投资行为。这些操作还将导致贷款金额发生变化。这种机制是由认知偏差引起的，而不是个体的真实意图。

为了分析上述两种潜在机制，我们区分了贷款人的贷款目的。具体而言，我们将医疗支出贷款设置为 1，其余贷款设置为 0，其被视为解释变量。理想情况下，我们应该以呼吸系统或心血管疾病贷款为标准，但遗憾的是，数据中没有给出此类详细信息。此外，空气污染造成的健康支出不仅包括呼吸系统和心血管疾病。许多研究还指出，空气污染会恶化心理健康，一些研究发现，空气污染会导致交通事故，从而增加健康成本。因此，我们解释的变量不是很准确。考虑到我们的医疗支出范围更广，我们的估计系数可能会更高。我们也同样处理了用于消费和投资目的的贷款。

值得注意的是，如前所述，这些行为可能具有短期滞后效应。这种滞后现象在医疗支出方面是显而易见的。例如，当一个人生病或病情恶化后，他会先花掉自己的积蓄，然后选择贷款进行治疗。对于消费和投资而言，滞后效应应该相对短暂。

表 13 到表 15 依次报告了空气污染对健康贷款、消费贷款和投资贷款的影响。如果解释变量从原来的连续变量变为二元变量，则空气污染系数将大幅下降。为了更直观地看到系数的变化，我们报告出将系数放大 1000 倍后的结果。显然，从表 13 中可以看出，空气污染对健康贷款的影响有大约两天的滞后，这种影响将持续一段时间。从表 14 可以看出，空气污染对消费贷款的影响有一个短暂的滞后，这种影响是有限的，持续大约三天。从表 15 可以看出，没有证据证明空气污染会影响人们的投资行为。从系数的大小可以看出，导致冲动性消费的效果最为明显，其次是健康，而投资的系数不显著。这一发现可能是因为污染可以直接影响认知并引致消费。然而，健康受到影响的人必须住院治疗，否则病情将恶化，后者会导致贷款行为的产生，通过这一机制产生影响的可能性比冲动消费的可能性更小。当健康受到影响时，并非所有人都会选择借钱。而空气污染水平对人们投资行为产生的影响甚至微乎其微。

表 13　空气污染对健康贷款的影响

变量	(1)	(2)	(3)	(4)	(5)
	健康贷款				
Log AQI（×1000）	−0.019				
	(0.151)				
L1. Log AQI（×1000）		0.040			
		(0.194)			
L2. Log AQI（×1000）			0.347**		
			(0.161)		
L3. Log AQI（×1000）				0.401**	
				(0.163)	
L5. Log AQI（×1000）					0.300*
					(0.163)
控制变量	Y	Y	Y	Y	Y
城市-年固定效应	Y	Y	Y	Y	Y
季度固定效应	Y	Y	Y	Y	Y
周内固定效应	Y	Y	Y	Y	Y
样本量	531 741	529 244	527 364	524 594	521 672
R^2	0.006	0.006	0.006	0.006	0.006

注：所有模型的解释变量均为贷款是否为健康原因的虚拟变量。所有模型都包括城市-年固定效应、季度固定效应和周内固定效应。标准误集中在城市级别。L1,L2,…,L5 分别表示滞后一天，滞后两天，…，滞后五天。Y 表示"是"

**表示 $p<0.05$，*表示 $p<0.1$

表 14　空气污染对消费贷款的影响

变量	（1）	（2）	（3）	（4）	（5）
	消费贷款				
Log AQI（×1000）	2.066 (1.673)				
L1. Log AQI（×1000）		3.036* (1.549)			
L2. Log AQI（×1000）			3.093* (1.847)		
L3. Log AQI（×1000）				3.490* (1.883)	
L5. Log AQI（×1000）					3.936 (2.477)
控制变量	Y	Y	Y	Y	Y
城市-年固定效应	Y	Y	Y	Y	Y
季度固定效应	Y	Y	Y	Y	Y
周内固定效应	Y	Y	Y	Y	Y
样本量	531 741	529 244	527 364	524 594	521 672
R^2	0.201	0.201	0.201	0.201	0.201

注：所有模型的解释变量均为贷款是否为消费所致的虚拟变量。所有模型都包括城市-年固定效应、季度固定效应和周内固定效应。标准误集中在城市级别。L1,L2,…,L5 分别表示滞后一天，滞后两天，…，滞后五天。Y 表示"是"

*表示 $p < 0.1$

表 15　空气污染对投资贷款的影响

变量	（1）	（2）	（3）	（4）	（5）
	投资贷款				
Log AQI（×1000）	0.248 (0.743)				
L1. Log AQI（×1000）		0.100 (0.696)			
L2. Log AQI（×1000）			0.890 (0.778)		
L3. Log AQI（×1000）				0.181 (0.807)	

续表

变量	(1)	(2)	(3)	(4)	(5)
	投资贷款				
L5. Log AQI（×1000）					0.195
					(0.870)
控制变量	Y	Y	Y	Y	Y
城市-年固定效应	Y	Y	Y	Y	Y
季度固定效应	Y	Y	Y	Y	Y
周内固定效应	Y	Y	Y	Y	Y
样本量	531 741	529 244	527 364	524 594	521 672
R^2	0.048	0.048	0.048	0.048	0.048

注：所有模型的解释变量均为贷款是否为投资所致的虚拟变量。所有模型都包括城市-年固定效应、季度固定效应和周内固定效应。标准误集中在城市级别。L1,L2,…,L5 分别表示滞后一天，滞后两天，…，滞后五天。Y 表示"是"

值得注意的是，空气污染对健康的影响可分为长期影响和短期影响。从长远来看，空气污染将导致呼吸系统、心血管和脑血管疾病。在短期内，空气污染将加剧这些疾病，特别是在短期内严重的空气污染。我们的结果表明，空气污染将对健康支出产生一定影响。这种影响不能完全代表空气污染的健康成本，我们捕捉到的是空气污染的短期影响。因此，需要仔细解释结果。

此外，我们的研究表明，空气污染对贷款投资没有影响，这与之前的文献不一致。根据文献，由空气污染引起的抑郁可以转化为更大程度的风险厌恶（Slovic and Peters, 2006）。这种回避行为会增加个人对股票的需求，从而降低股票回报率。尽管大多数研究得出空气污染会降低股票价格的结论，但一些研究认为污染对股票回报没有影响（Lepori, 2016）。贷款和股票投资之间存在一定差距，贷款投资是由于资金周转困难而发生的，其需求弹性相对较小，空气污染几乎不会对其产生影响。

（七）进一步讨论

在第（六）小节中，我们发现空气污染对贷款的影响存在两种机制。我们想知道这些冲击的影响是仅限于当期还是对后续的贷款成功率和还款行为也会产生影响。我们估计了空气污染对四种结果的影响。具体使用以下四个变量作为因变量：一个虚拟变量指标（Success），如果个人可以获得贷款，该指标等于1，否则为0；另一个虚拟变量指标（Overdue），如果个人逾期还款，则等于1，否则为0；对于逾期程度，其值越大，逾期程度（Overdue degree）越严重和逾期金额（Overdue amount）越大。

　　为了讨论空气污染对贷款的影响是当期的还是长期持续的，我们将结果展示在表 16 中。在表 16 第（1）列至第（4）列中，在控制其他变量和一组固定效应后，空气污染对我们关注的结果变量几乎没有影响。如上所述，虽然空气污染对贷款金额的影响很大，但系数不大。因此，空气污染引起的行为偏差可以在以后纠正。

表 16　进一步讨论

变量	（1）Success	（2）Overdue	（3）Overdue degree	（4）Overdue amount
Log AQI	0.000	−0.000	−0.000	−3.323
	(0.002)	(0.000)	(0.000)	(7.301)
控制变量	Y	Y	Y	Y
城市-年固定效应	Y	Y	Y	Y
季度固定效应	Y	Y	Y	Y
周内固定效应	Y	Y	Y	Y
样本量	531 741	531 741	531 741	370 018
R^2	0.790	0.013	0.027	0.028

注：所有模型均包括城市-年固定效应、季度固定效应和周内固定效应。标准误集中在城市级别。Y 表示"是"

六、结　　论

　　本文利用中国 309 个城市约 50 万个样本的网络贷款数据，量化了空气污染对贷款数量的影响，弹性为 0.013。结果表明，在控制个人特征、贷款特征、年份固定效应、季度固定效应和周内固定效应后，空气污染对贷款行为的影响不容忽视。我们验证了两个潜在的发生渠道。首先，空气污染将通过健康状况影响个人借贷行为。空气污染伴随着巨大的疾病负担和医疗费用，负担不起医疗费用的个人将可能利用贷款作为解决紧急情况的渠道。其次，空气污染会影响个人的认知能力。结果表明，空气污染可以诱导个人消费行为，但没有证据表明空气污染可以诱导个人投资行为。

　　本文丰富了关于空气污染对认知行为的研究，尤其是财务行为影响方面。本文的研究结果有助于我们了解个人借贷行为，尤其是在空气污染日益严重的背景下的个人借贷行为。我们的结果提醒贷款人，在发放贷款之前，他们必须考虑空气污染对其认知的影响，然后谨慎地做出贷款决定。我们的结果还提醒决策者，他们必须考虑控制空气污染，以防止污染通过贷款影响金融市场。我们的研究结果还发现，尽管数量很少，但仍有少数借款人因为空气污染导致的健康问题而借钱。然而，对于个人来说，通过贷款治疗健康问题是一个有效的办法。虽然这类事件发生的概率很小，总体影响可忽略不计，但是，这对个人而言仍然是个沉重的负担，决策者应将这些考虑纳入卫生政策。

本文有以下不足之处。首先，由于数据限制，我们无法获得每个人的实际空气污染暴露水平。因此，我们的研究可能低估了空气污染的负面影响。其次，我们的研究没有使用个体固定效应来消除个体特征的影响。我们没有使用个体固定效应的原因是旨在防止个人信息泄露，避免公布每个人的身份证号码。未来我们将使用更准确的空气污染数据。例如，获得个人住址，更好地将空气污染与各个地点相匹配，以减少人员流动性产生的影响。或者，未来的研究可以使用流动性低的老年人样本进行分析。最后，我们的研究仅考察了空气污染对借款人的影响。我们可以进一步考虑未来对贷款人的影响。

本文具有以下政策含义。首先，在计算空气污染的社会成本时，政府部门需要考虑空气污染对个人认知行为的影响。认知行为的偏差将进一步产生不必要的社会成本。因此，如果忽略空气污染对认知能力的影响，则可能低估空气污染的负面影响。鉴于这一发现，我们还必须加强环境监管。考虑到早期空气污染的额外成本被忽视，从而先前的成本效益分析降低了环境污染的成本。因此，我们必须加强环境监管。其次，空气污染对认知能力有影响，而其将进一步影响人们的决策。本文展示了来自贷款的证据，但决策远不止这些发现。决策偏差可能对金融体系产生一定的影响，但我们尚未对这些影响的程度进行估计，而相关部门需要认识到这方面的影响。最后，我们发现，由于空气污染，一些人增加了健康贷款的经历。这一发现意味着，一些患者可能由于空气污染导致疾病恶化，甚至会使用贷款进行治疗。卫生政策制定者应特别注意这方面的医疗支出，减少由疾病造成贫困。

参 考 文 献

Archsmith J，Heyes A，Saberian S. 2018. Air quality and error quantity: pollution and performance in a high-skilled，quality-focused occupation. Journal of the Association of Environmental and Resource Economists，5（4）：827-863.

Bickerstaff K，Walker G. 2001. Public understandings of air pollution: the 'localisation' of environmental risk. Global Environmental Change，11（2）：133-145.

Block M L，Calderón-Garcidueñas L. 2009. Air pollution: mechanisms of neuroinflammation and CNS disease. Trends in Neurosciences，32（9）：506-516.

Brunekreef B，Holgate S T. 2002. Air pollution and health. The Lancet，360（9341）：1233-1242.

Chang T，Zivin G J，Gross T，et al. 2016. Particulate pollution and the productivity of pear packers. American Economic Journal：Economic Policy，8（3）：141-169.

Chang T Y，Zivin G J，Gross T，et al. 2019. The effect of pollution on worker productivity：evidence from call center workers in China. American Economic Journal：Applied Economics，11（1）：151-172.

Chen F L，Chen Z F. 2020. Air pollution and avoidance behavior：a perspective from the demand for medical insurance. Journal of Cleaner Production，259：120970.

Chen F L，Chen Z F. 2021. Cost of economic growth：air pollution and health expenditure. Science of the Total Environment，755：142543.

Chen X，Huang B H，Ye D Z. 2018. The role of punctuation in P2P lending：evidence from China. Economic Modelling，68：634-643.

Chen X，Huang B H，Ye D Z. 2020. Gender gap in peer-to-peer lending：evidence from China. Journal of Banking & Finance，112：105633.

Chen X H，Jin F J，Zhang Q，et al. 2016. Are investors rational or perceptual in P2P lending?. Information Systems and e-Business Management，14（4）：921-944.

Chen Y Y，Ebenstein A，Greenstone M，et al. 2013. Evidence on the impact of sustained exposure to air pollution on life expectancy from China's Huai River policy. Proceedings of the National Academy of Sciences of the United States of America，110（32）：12936-12941.

Correia S. 2015. Singletons，cluster-robust standard errors and fixed effects：a bad mix. http://scorreia.com/research/singletons.pdf[2021-05-02].

Deschênes O，Greenstone M，Shapiro J S. 2017. Defensive investments and the demand for air quality：evidence from the NO_x Budget Program. American Economic Review，107（10）：2958-2989.

Dorfleitner G，Priberny C，Schuster S，et al. 2016. Description-text related soft information in peer-to-peer lending–Evidence from two leading European platforms. Journal of Banking & Finance，64：169-187.

Duan J C，Yoon S H. 1993. Loan commitments，investment decisions and the signalling equilibrium. Journal of Banking & Finance，17（4）：645-661.

Duflo E，Greenstone M，Hanna R. 2008. Cooking Stoves，indoor air pollution，and respiratory health in India. Economic & Political Weekly，43（32）：71-76.

Ebenstein A，Fan M Y，Greenstone M，et al. 2017. New evidence on the impact of sustained exposure to air pollution on life expectancy from China's Huai River policy. Proceedings of the National Academy of Sciences of the United States of America，114（39）：10384-10389.

Ebenstein A，Lavy V，Roth S. 2016. The long-run economic consequences of high-stakes examinations：evidence from transitory variation in pollution. American Economic Journal：Applied Economics，8（4）：36-65.

Freedman S，Jin G Z. 2008. Do social networks solve information problems for peer-to-peer lending? Evidence from prosper.com. Annals of Finance，7：389-405.

Fu S H, Viard V B, Zhang P. 2021. Air pollution and manufacturing firm productivity: nationwide estimates for China. The Economic Journal, 131 (640): 3241-3273.

Genc S, Zadeoglulari Z, Fuss S H, et al. 2012. The adverse effects of air pollution on the nervous system. Journal of Toxicology, 2012 (4): 1-23.

Godzinski A, Castillo M S. 2021. Disentangling the effects of air pollutants with many instruments. Journal of Environmental Economics and Management, 109: 102489.

Guo M M, Fu S H. 2019. Running with a mask? The effect of air pollution on marathon runners' performance. Journal of Sports Economics, 20 (7): 903-928.

He G J, Liu T, Zhou M G. 2020. Straw burning, $PM_{2.5}$, and death: evidence from China. Journal of Development Economics, 145: 102468.

He J X, Liu H M, Salvo A. 2019. Severe air pollution and labor productivity: evidence from industrial towns in China. American Economic Journal: Applied Economics, 11 (1): 173-201.

Huang J K, Xu N H, Yu H H. 2020. Pollution and performance: do investors make worse trades on hazy days?. Management Science, 66 (10): 4455-4476.

Ito K, Zhang S A. 2020. Willingness to pay for clean air: Evidence from air purifier markets in China. Journal of Political Economy, 128 (5): 1627-1672.

Iyer R, Khwaja A I, Luttmer E F P, et al. 2009. Screening in new credit markets: can individual lenders infer borrower creditworthiness in peer-to-peer lending?. AFA 2011 Denver Meetings Paper.

Kaufman J D, Adar S D, Barr R G, et al. 2016. Association between air pollution and coronary artery calcification within six metropolitan areas in the USA (the Multi-Ethnic Study of Atherosclerosis and Air Pollution): a longitudinal cohort study. The Lancet, 388 (10045): 696-704.

Klafft M. 2008. Peer to peer lending: auctioning microcredits over the Internet. The International Conference on Information Systems, Technology and Management.

Leibbrandt M V, Ranchhod V, Green P. 2018. Taking stock of South African income inequality. WIDER Working Paper.

Lepori G M. 2016. Air pollution and stock returns: evidence from a natural experiment. Journal of Empirical Finance, 35: 25-42.

Levy T, Yagil J. 2011. Air pollution and stock returns in the US. Journal of Economic Psychology, 32 (3): 374-383.

Li J S, Zhou S L, Wei W D, et al. 2020. China's retrofitting measures in coal-fired power plants bring significant mercury-related health benefits. One Earth, 3 (6): 777-787.

Matus K, Nam K M, Selin N E, et al. 2012. Health damages from air pollution in China. Global Environmental Change, 22 (1): 55-66.

Rao S, Klimont Z, Smith S J, et al. 2017. Future air pollution in the shared socio-economic pathways. Global Environmental Change, 42: 346-358.

Rao S, Pachauri S, Dentener F, et al. 2013. Better air for better health: forging synergies in policies for energy access, climate change and air pollution. Global Environmental Change, 23 (5):

1122-1130.

Scovronick N, Wilkinson P. 2014. Health impacts of liquid biofuel production and use: a review. Global Environmental Change, 24: 155-164.

Slovic P, Peters E. 2006. Risk perception and affect. Current Directions in Psychological Science, 15 (6): 322-325.

Tantri P. 2021. Identifying ever-greening: evidence using loan-level data. Journal of Banking & Finance, 122: 105997.

Wu Q Q, Hao Y, Lu J. 2018. Air pollution, stock returns, and trading activities in China. Pacific-Basin Finance Journal, 51: 342-365.

Zhang J J, Mu Q. 2018. Air pollution and defensive expenditures: evidence from particulate-filtering facemasks. Journal of Environmental Economics and Management, 92: 517-536.

Zhang X, Chen X, Zhang X B. 2018. The impact of exposure to air pollution on cognitive performance. Proceedings of the National Academy of Sciences of the United States of America, 115 (37): 9193-9197.

Zivin G J, Neidell M. 2013. Environment, health, and human capital. Journal of Economic Literature, 51 (3): 689-730.

医疗保险需求视角下的空气污染与预防行为

一、引　　言

大量文献探讨了空气污染对人类健康的负面影响。这些影响包括发病率（Deryugina et al.，2019）、死亡率（Chen et al.，2017）、认知能力（Zhang et al.，2018）、住院率（Deschenes et al.，2017）、预期寿命（Ebenstein et al.，2017）和医疗保健支出（Zeng and He，2019）。空气污染也会导致健康不平等（Yang and Liu，2018）。有关研究证实了家庭行为对空气污染的影响（Yang et al.，2018）。近年来有文献指出，个体在意识到空气污染的危害后会采取规避行为。然而，这些学者主要研究空气污染的短期影响，因此，侧重于对短期规避行为的研究。面对不同程度的污染，个体会不断调整自己的行为，以实现效用最大化。例如，个体使用防雾霾口罩、空气过滤器甚至药物来保护自己免受空气污染（Chay and Greenstone，2003；Currie and Neidell，2005；Zhang and Mu，2018）。这些行为决策者从长远的角度出发，对空气污染采取多种规避行为。在空气污染背景下，这个问题尤为关键（Chen et al.，2016）。需要指出的是，该领域研究是缺乏的。因此，需要从更多的角度来审视个体的规避行为。

本文从预防行为的角度研究了中国空气污染对医疗保险需求的影响，从国家纵向数据文件中获取个体水平的变量，解决了可能被忽略的变量偏差，并分析空气污染的异质效应。首选的工具变量估计表明，空气污染显著增加了对医疗保险的需求。线性模型假设变量的边际效应是常数，而非线性模型的系数则很难解释，所以对空气污染影响的 2SLS 和工具变量（instrumental variable，IV）Probit 估计应进行谨慎解释。

回归估计的一个障碍是遗漏变量和衰减偏差问题。在城市层面，产业结构和地理环境导致个体购买医疗保险的决策产生差异。产业结构可能导致水、空气和土壤污染，从而影响人类健康。然而，以上污染物很少是一起排放的，所以其他污染物排放量可能是潜在的遗漏变量；地理环境往往决定了当地的天气和自然环境；地方性疾病在很多地方都普遍存在，而不同时期的流行病和医疗改革也往往难以捕捉。如前所述，所有被遗漏的城市级变量都可能导致偏差。在个体层面上，遗漏变量的问题也很复杂。在许多个体决策中都要考虑到个体收入，与低收入者相比，高收入者更倾向于对低质量采取行动。无论收入水平如何，我们可能都低估了空气污染的负面影响。其他因素，如教育，也会产生同样的影响。

现有文献倾向于通过关注空气污染的短期影响来解决这个问题，如使用过去一周或一个月的数据进行分析。个体不能立即采取行动，因为决策者无法提前意识到空气污染的变化。与现有研究不同的是，上述方法并不适用于我们的研究。我们利用县级的年降水量作为工具变量来克服这些偏误。降水对空气污染有明显的影响（Andronache，2003；Chate et al.，2011；Tai et al.，2010）。降雨作为一种气象现象，它很难直接影响人们的健康和医疗保险的需求。因此，降水满足工具性变量的两个条件。

回归估计的另一个障碍是样本选择问题，这是由住宅分类造成的。个体在选择居住地的时候会考虑空气污染。这种情况导致了样本的非随机分布，进而可能导致结果被高估或低估。一方面，富裕的个体可以搬到空气质量好的地方，空气污染的影响可能会被低估。另一方面，没有能力迁移的低收入群体则生活在空气质量差的地方。这种情况会导致我们的结果出现重大偏差。为了解决这个问题，我们将样本限制在那些在样本采集期间被多次观察的人。这种方法在一定程度上缓解了样本选择问题。

这项工作主要有以下几个贡献。首先，本文从预防行为的角度评估了空气污染对医疗保险需求的影响，从而丰富了有关空气污染和预防行为的文献。我们的研究与Chang等（2018）的研究相似，后者表明空气污染的日常变化会影响中国商业医疗保险的购买或取消。在此基础上，我们从长期而丰富的医疗保险数据入手，从预防行为的角度解释个体对医疗保险的需求。中国的医疗保险主要分为基本医疗保险和商业医疗保险，两者之间存在着竞争关系。由于医疗体制改革，基本医疗保险的优势在不断增强，价格也比商业医疗保险更便宜。虽然前者的相应补偿低于后者，但差距很小。我们的分析包括基本医疗保险和商业医疗保险，因此这一领域的研究范围很广。

其次，本文为评估医疗体制改革这一世界性难题提供了启示。2009年新医疗体制改革以来，中国主要完善了基本医疗保险制度。医疗保险制度补偿的不断完善，受到了人们的欢迎。本文发现，尽管估计系数不显著，但空气污染明显降低了2009年新医改后民众对商业保险的需求，并增加了对基本医疗保险的需求。这一发现表明，医保改革导致部分居民从商业医疗保险转向基本医疗保险，医疗体制改革仍得到广泛认可。这一结果不仅评估了以往医疗体制改革的效果，也为今后推动三项基本医疗保险制度的整合提供了政策启示。

本文其余部分安排如下：第二部分讨论相关文献。第三部分描述方法、变量和数据规范。第四部分介绍主要结果和补充讨论。第五部分对本文进行总结。

二、文 献 综 述

空气污染和医疗保险是环境经济学与健康经济学研究的热点问题。本节对相关研究进行了梳理。

空气污染的影响是广泛的，最明显的是对健康和人力资本的影响。大多数文献集中在对严重健康后果的讨论方面。Chen 等（2013）分析了中国淮河两岸因供暖而导致的预期寿命损失。在这项研究的基础上，Ebenstein 等（2017）对数据、方法和稳健性检验进行了进一步研究，证实了空气污染对预期寿命的影响。随着数据的丰富，关于健康的讨论也变得广泛起来。Deschenes 等（2019）发现，空气污染对身体质量指数有明显的积极影响，并导致超重和肥胖。Chen 等（2018）利用中国家庭小组研究的数据表明，空气污染明显恶化了心理健康。这种影响对男性、老年人和受教育程度高的人影响很大。Heyes 和 Zhu（2019）通过微博数据发现，严重的空气污染会影响个体的睡眠。失眠与各种负面结果密切相关。

许多研究还表明，空气污染会进一步影响人力资本。He 等（2019）发现，空气污染对当前的劳动生产率没有显著影响，但存在滞后效应。在本文中，我们发现前 25 天的空气污染对劳动生产率有负面的影响。Chen 等（2018）使用逆温作为工具变量，指出空气污染会影响学生的出勤率，具体机制是空气污染导致学生患呼吸道疾病。Zhang 等（2018）通过数学和语言测试表明，空气污染对个体的认知表现有负面影响。Zivin 等（2019）利用农业火灾造成的空气污染来分析学生的高考成绩，结果显示，农业火灾对学生的分数有不利影响，而对学习能力强的学生影响更大。

现有文献研究一致表明，空气污染对健康和人力资本有不利影响。当人们对空气污染的负面影响有所了解时，他们就会采取行动来避免空气污染。Deschenes 等（2017）利用了氮氧化物排放计划带来的空气污染水平的下降，研究了污染对个体的预防行为的影响。他们发现，污染水平的降低减少了个体的健康成本，防御性投资占医疗支出的三分之一以上。Zhang 和 Mu（2018）使用淘宝数据，发现空气污染大大增加了防霾口罩的销售。这些预防行动主要是基于事先预防。少有研究深入探究在产生有害健康后果后个体的预防行为，为了减少健康成本的产生，如何决策值得深入挖掘。

Chang 等（2018）进行了一项突破性的研究，他们研究了日常空气污染与商业保险的订购和取消之间的因果关系。中国的商业医疗保险并不像基本医疗保险那样健全，而且后者的受众更广。因此，应该对这两种类型的医疗保险进行研究。从这个角度出发，本文研究量化了空气污染与医疗保险之间的因果关系。

三、研究方法与数据

1. 研究方法

我们研究了空气污染对个体购买医疗保险偏好的影响，并构建了如方程（1）所示的计量经济模型：

$$\text{Insurance}_{it} = \beta_0 + \beta_1 P_{it} + \beta_2 X_{it} + \alpha_j + \rho_t + \varepsilon_{it} \tag{1}$$

其中，i 表示受访者；j 表示县；t 表示调查年份；Insurance_{it} 表示受访者 i 在调查年份 t 时是否会购买医疗保险；P_{it} 表示以 $\text{PM}_{2.5}$ 衡量的空气污染；β_1 表示空气污染对医疗保险的影响，我们还使用了 $\text{PM}_{2.5}$ 浓度的年度最大值和最小值数据以进行稳健性检验；X_{it} 表示一些人口特征变量；α_j 表示地区固定效应，用来捕捉可能影响医疗保险需求的县域属性差异；ρ_t 表示调查年份固定效应，用来捕捉调查所在年份全国层面的冲击对医疗保险的影响；ε_{it} 表示误差项，反映时间变化和受访者特定的不可观测因素。

系数 β_1 的一致性估计需要 $E(\varepsilon_{it} \mid P_{it}) = 0$。然而，由于模型规范受到内生性的困扰，因此通常无法满足这种条件。因果识别问题涉及以下三个方面。

第一，遗漏变量偏差会导致 OLS 估计值被高估或低估，因为购买医疗保险的决定是由几个因素造成的。例如，具有强烈健康意识的个体购买医疗保险的概率增加，从而导致向上的偏差；弱势人群对空气污染更敏感，从而高估了空气污染的影响。

第二，本文使用了卫星数据，它比地面数据更精确且避免了各种加权处理。尽管如此，导致估计结果零衰减的测量误差仍不可避免。个体的地理信息表明，由于个体的流动性，我们测量的空气污染并不能准确地反映个体的实际暴露水平。例如，郊区的空气质量一般比市区的好。居住在郊区但在城市工作的人实际接触空气污染的程度是无法测量的。我们考虑被高估与低估的测量误差满足均值为零的假设，从而找出克服这一问题的方法。

第三，同时性偏差可能来自个体的预防行为和政府的环境监管。个体可能会"用脚投票"，以避免不良的空气质量（Banzhaf and Walsh，2008），这可能会导致低估偏差。另外，政府也意识到了空气污染的严重性，并采取了许多相关措施来进行监管。以上因果识别问题可以用工具变量来解决。

一个有效的工具变量必须满足两个条件，即 $\text{cov}(\text{IV}_{it}, \varepsilon_{it}) = 0$ 和 $\left| \text{cov}(\text{IV}_{it}, P_{it}) \right| \ne 0$。第一个条件要求工具变量与误差项不相关，即工具变量的变化是外生的。第二个条件要求工具变量和内生变量高度相关，这可以用 Kleibergen-Paap Wald rk F（KPF）统计量来检验。我们选择地级的年降水量作为工具变量，降水对空气污

染有明显影响（Andronache，2003；Chate et al.，2011；Tai et al.，2010）。与其他工具变量相比，降水直接作用于污染物。风速是另一个常见的工具变量，它可以改变污染的空间分布，但难以消除颗粒物，仅使其从上风向移动到下风向，来自大的行政区划的短风和弱风可能难以改变该区域内的污染物分布，以上说明风速是一个弱工具变量。降水是一种气象现象，几乎不直接影响人体健康，更不会影响购买医疗保险的决策。我们使用方程（2），用降水来弥补方程（1）的不足。

$$P_{it} = \gamma_0 + \gamma_1 \mathrm{Pre}_{it} + \gamma_2 X_{it} + \alpha_j + \rho_t + \eta_{it} \qquad (2)$$

其中，Pre_{it} 表示地级市的年平均降水量，个体 i 位于波段 t 中。我们使用 2SLS 估计方程（1）、方程（2）。其中第二阶段也包括所有控制变量。

2. 数据

我们探索个体层面的健康数据和精确的空气污染数据来估计空气污染对医疗保险需求的影响。我们将在本节中详细说明这一过程。

（1）空气污染。收集空气污染数据的成本很高，而且涉及生态领域的许多技术细节。目前的研究使用公共监测机构公布的数据来避免这种麻烦。中国的空气污染数据存在缺失的情况，直到 2013 年这个问题才得到解决。我们采用美国航空航天局的社会经济数据和应用中心（Socioeconomic Data and Applications Center，SEDAC）的 $PM_{2.5}$ 浓度来弥补官方数据的不足。SEDAC 提供了 1998 年至 2016 年的基于卫星的气溶胶光学深度数据（van Donkelaar et al.，2018）。卫星数据比地面数据有几个优势：一是卫星数据能够弥补历来存在的数据不足的问题，从而使我们能够匹配早期调查数据以进行广泛的研究；二是能够保证数据的外部有效性。Chen 等（2017）将卫星数据与中国环境保护部国家环境监测中心提供的地面数据进行了比较。发现由于天气的变化，地面数据与卫星数据略有不同；三是地面数据在监测点数量和数据质量上存在缺陷。相比之下，基于卫星的数据可以轻松获取任意地区的污染数据。

（2）天气。我们的研究包括来自国家气象信息中心的气象变量与降水量。通过计算年平均值，从而避免估计结果中的遗漏变量偏差。

（3）个体数据。医疗保险和控制变量数据来自中国健康与营养调查（China Health and Nutrition Survey，CHNS）[①]。2004 年、2006 年、2009 年、2011 年和 2015 年各次调查都包括医疗保险和一些控制变量的数据[②]。在 CHNS 问卷中，专

[①] CHNS 数据可从 CHNS 网站（https://www.cpc.unc.edu/projects/china）获取。

[②] 自 2000 年 6 月 5 日起，按照国务院要求，每日通过中央电视台等新闻媒体发布 42 个主要城市的空气质量报告。在全国 55 个城市，地方电视台等媒体每天发布区域空气质量报告。详情请参阅《2000 年中国环境状况公报》。空气污染对购买医疗保险的影响在很大程度上取决于个体对其严重程度的认识。我们选择 2000 年以后的调查样本，是因为空气质量信息是在 2000 年 6 月 5 日逐步发布的。

门设置了一个调查医疗保险状况的栏目，即"你是否购买医疗保险？"，我们将购买医疗保险的个体定义为 1，其余定义为 0。本文参考 Zhang 等（2018）使用个体数据研究健康结果的做法，选择了包括年龄、教育、收入和性别在内的个体控制因素。表 1 汇报了本基准回归中使用的变量[①]。

表 1　变量定义

变量	单位	定义
是否购买医疗保险	—	医疗保险；1 =有医疗保险，0 =没有医疗保险
$PM_{2.5}$	微克/米^3	地级市 $PM_{2.5}$ 年平均浓度
年龄	年	年龄
年龄的平方	年^2	年龄的平方
受教育程度	—	1=小学，2=初中，3=高中，4=中等技术学校、职业学校，5=大专或大学，6=硕士及以上，9=不知道
收入的对数	元	家庭年收入的对数
性别	—	1=女性，0=男性
降水量	毫升	地级市年平均降水量

资料来源：气象变量数据来自国家气象信息中心，地级市 $PM_{2.5}$ 浓度数据来自 SEDAC，其余变量数据来自 CHNS

（4）描述性统计。表 2 展示了基准分析中主要变量的单位、均值、标准差以及最大值和最小值。大约 70%的人员购买了医疗保险，由此可见，医疗保险的覆盖率很高。图 1 中的医疗保险覆盖率的时间趋势图也表明，医疗保险覆盖率逐年增长。空气污染是地级市级别的，反映了很大程度的差异。根据世界卫生组织制定的标准（WHO，2006），$PM_{2.5}$ 的年平均浓度为 20 微克/米^3，在样本中，$PM_{2.5}$ 的年平均浓度高达约 44.56 微克/米^3，最大值约达 86.30 微克/米^3，这也从侧面反映了本文研究具有一定的重要性。图 2 显示了 $PM_{2.5}$ 的时间变化趋势，在样本期间，$PM_{2.5}$ 的时间变化很高。个体变量的平均年龄约为 45 岁。平均受教育程度为初中。性别比例几乎为 1：1。中国南北分界线正好是 800 毫米等降水量线，年平均降水量略大于 800 毫米，说明样本期降水水平正常。

表 2　变量的描述性统计

变量	单位	均值	标准差	最小值	最大值
是否购买医疗保险	—	0.730 211	0.443 855	0	1
$PM_{2.5}$	毫米/米^3	44.557 19	13.628 88	18.543 00	86.300 20
年龄	岁	45.453 40	18.787 17	1	100

[①] 考虑到我们只有中国 8 个省份的原始数据，我们根据地级市代码将这些数据与污染和天气数据进行匹配。

续表

变量	单位	均值	标准差	最小值	最大值
年龄的平方	岁²	2 418.961 000	1 677.201	1	10 000
受教育程度	—	1.901 539	1.468 139	0	6
收入的对数	元	8.878 991	1.626 666	0	13.072 680
性别	—	0.509 987	0.499 906	0	1
降水量	毫升	965.668 800	352.264 500	294.950 00	1 995.500 00

资料来源：样本量为46 262。气象变量数据来自国家气象信息中心，地级市PM$_{2.5}$浓度数据来自SEDAC，其余变量数据来自CHNS

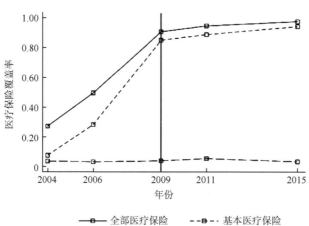

图1 样本期间的各项医疗保险情况

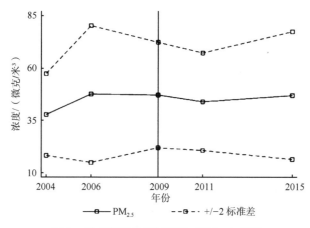

图2 样本期间的空气污染（PM$_{2.5}$）情况

四、结果与讨论

1. 2SLS 和 IV Probit 估计结果

考虑到空气污染的内生性将导致估计结果的不一致，我们使用城市层面的降水量作为空气污染的工具变量。在进行 2SLS 估计之前，我们先分析降水量和空气污染之间的相关性，避免弱工具变量导致的估计结果标准误过大的情况。在表 3 的面板 B 中，第（1）～（3）列汇报了第一阶段的估计结果。可以看出，由于单位的缘故，这个系数非常小（小于−0.002）。尽管如此，KPF 统计量的最小值为 279.499，远远大于临界值 16.38。因此，我们不必过于担心弱工具变量的问题。

表 3　2SLS 和 IV Probit 估计——空气污染对医疗保险的影响

变量	（1）	（2）	（3）	（4）	（5）	（6）
	2SLS			IV Probit		
面板 A：Insurance（第二阶段）						
$PM_{2.5}$	0.009***	0.016***	0.108***	0.025***	0.042***	0.209***
	(0.001)	(0.001)	(0.009)	(0.002)	(0.002)	(0.006)
年龄		0.001*	0.002***		0.000	0.004***
		(0.001)	(0.001)		(0.001)	(0.001)
年龄的平方		0.000**	−0.000**		0.000***	−0.000
		(0.000)	(0.000)		(0.000)	(0.000)
受教育程度		0.026***	0.019***		0.095***	0.049***
		(0.002)	(0.002)		(0.006)	(0.006)
收入的对数		0.043***	0.018***		0.109***	0.044***
		(0.002)	(0.002)		(0.006)	(0.005)
性别		−0.009**	−0.007		−0.022*	−0.020*
		(0.004)	(0.005)		(0.012)	(0.012)
面板 B：$PM_{2.5}$（第一阶段）						
降水量	−0.007***	−0.006***	−0.002***	−0.007***	−0.006***	−0.002***
	(0.000)	(0.000)	(0.000)	(0.000)	(0.000)	(0.000)
KPF 统计量	1 919.903	1 292.046	279.499	1 919.903	1 292.046	279.499
年份固定效应			是			是
地区固定效应			是			是
样本量	54 505	46 262	46 262	54 505	46 262	46 262

注：稳健标准误报告在括号中

***、**和*分别代表 1%、5%和 10%的显著性水平

表 3 面板 A 部分汇报了第二阶段的回归结果。在第（1）列中，在没有加入控制变量的情况下，估计系数为 0.009 且在 1% 的水平上显著，表明空气污染显著增加了购买医疗保险的概率。第（2）列增加了个人特征变量，因为医疗保险的需求可能受到个体社会经济地位的影响。我们发现空气污染的系数增加到了 0.016，表明在没有加入个体控制变量的情况下，空气污染的影响被低估了。例如，当忽略收入时，降水的变化可能会影响个体的收入水平。因此，空气污染的负面效应与收入的正面效应混合在了一起。在第（3）列中，我们加入了地区和年份的固定效应，空气污染的系数增加到 0.108。避免了由降水引起的地区差异和不同年份的政策效应。

我们进一步讨论第（3）列中的控制变量。年龄的系数在 1% 的水平上显著为正。同时，年龄的平方项接近于零，尽管在 1% 的水平上显著。结果表明，购买医疗保险的概率随着年龄的增长而增加。受教育程度的系数为正，表明受教育程度高的个体对医疗保险有较高的需求。其中可能的原因在于，受教育程度高的个体对健康和保险有超前的认识，对购买保险的预防行为比较积极。此外，拥有高收入的个体倾向于购买医疗保险。在购买医疗保险方面没有发现明显的性别差异。

鉴于被解释变量（购买医疗保险）是一个二值选择变量，我们使用 IV Probit 模型来验证结果的稳健性。表 3 中第（4）～（6）列的结构与第（1）～（3）列相似，不同之处是估计模型为 IV Probit 模型。通过比较，空气污染的系数在符号和显著性水平上基本一致，系数的大小有所不同；尽管如此，系数的大小和符号都符合我们的预期，以上结果证实了我们的基准模型是稳健的。

在加入所有的控制变量和固定效应后，2SLS 中空气污染的系数为 0.108。表明空气污染每增加 1 微克/米^3，医疗保险的需求就会增加 10.8%。2018 年底我国的总人口为 13.95 亿人。即空气污染每增加 1 微克/米^3，将导致 1.507 亿人的医疗保险需求增加。造成如此巨大影响的原因如下：首先，样本中 $PM_{2.5}$ 浓度的平均值约为 44.56 微克/米^3，高于世界卫生组织的标准。个体对严重的空气污染是很敏感的。其次，2SLS 假设空气污染的边际效应是常数。接近 0 和 1 的变量的估计值可能被明显高估或低估。因此，估计结果可以解释为对 $PM_{2.5}$ 浓度平均值（44.56 微克/米^3）的平均影响。

2. 稳健性检验

使用 2SLS 与 IV Probit 估计的结果表明，空气污染增加了个体对医疗保险的需求。在本小节中，我们从三个方面考察基本结果的稳健性。

首先，我们考虑空气污染指标的替换变量，如一些常见的污染物是 SO_2、NO_2、PM_{10}、$PM_{2.5}$、CO 和 O_3 的浓度。中国在 2012 年 3 月发布的新空气质量评估标准对上述六种污染物进行了监测，这些污染物构成了 AQI。遗憾的是，全面的 AQI

数据和我们的样本中的重合部分很少，以往的空气污染监测系统也不够完善，但我们有每年 $PM_{2.5}$ 的最大值和最小值。我们用这两个指标代替平均值来检验空气污染的影响。

其次，我们转变解释变量的形式。由于空气污染的变化比较大，采取对数形式可以减少其波动。我们取空气污染变量的对数来探究模型对函数形式的敏感性。

最后，我们对样本进行过滤筛选以考察个体流动性问题。个体的流动性问题可能是由其他因素引起的，也可能是严重空气污染引起的一种预防行为。不同的人根据空气污染的程度采取不同类型的预防行为。收入高的人可能会选择环境友好的地区，而收入低的人只能采取低成本的预防措施，如购买防霾口罩。这些条件可能是由污染程度决定的。当污染程度较低时，个人不需要费尽心思考虑搬迁问题。个体流动性和医疗保险购买等预防行为，使因果关系变得识别困难。由于污染严重，许多人认为医疗保险不足以防止空气污染问题，因此选择搬迁。这些人对空气污染很敏感，可能需要购买医疗保险来预防。然而，由于搬迁问题，无法观察购买医疗保险的选择，从而存在估计的偏差。我们试图通过限制观察次数来考察样本的搬迁情况。如果一个人每次都回答问卷，那么这个人就不会出现搬迁的情况。样本被观测的次数越多，其搬迁的概率就越小。通过限制样本的观测次数，我们分析空气污染对其造成的影响。

表4汇报了稳健性检验的结果。每个报告的系数都代表了包含所有控制变量的回归结果。第（1）～（5）列依次对样本进行了限制。该表显示，无论解释的变量类型和函数形式如何，基线回归的结论都没有改变，这也说明我们的结论是稳健的。

表4 2SLS 估计——空气污染对医疗保险的影响（稳健性检验）

变量	（1）	（2）	（3）	（4）	（5）
	Insurance				
$PM_{2.5}$	0.108^{***}	0.095^{***}	0.053^{***}	0.053^{***}	0.055^{***}
	(0.009)	(0.007)	(0.003)	(0.003)	(0.004)
$PM_{2.5}$ 的 KPF 统计量	279.499	324.224	1 047.381	880.462	544.599
$PM_{2.5}$_Max	0.183^{***}	0.148^{***}	0.054^{***}	0.056^{***}	0.060^{***}
	(0.022)	(0.016)	(0.003)	(0.004)	(0.005)
$PM_{2.5}$_Max 的 KPF 统计量	83.346	116.072	999.006	781.078	465.945
$PM_{2.5}$_Min	0.171^{***}	0.142^{***}	0.073^{***}	0.071^{***}	0.074^{***}
	(0.018)	(0.014)	(0.005)	(0.005)	(0.007)
$PM_{2.5}$_Min 的 KPF 统计量	125.659	158.818	592.588	539.400	332.783

变量	（1）	（2）	（3）	（4）	（5）
	Insurance				
Ln_PM$_{2.5}$	3.962***	3.504***	2.277***	2.311***	2.333***
	（0.268）	（0.238）	（0.133）	（0.146）	（0.177）
Ln_PM$_{2.5}$ 的 KPF 的统计量	464.291	522.502	1212.788	970.180	633.031
Ln_PM$_{2.5}$_Max	11.262***	8.792***	3.233***	3.390***	3.597***
	（1.414）	（0.955）	（0.197）	（0.226）	（0.293）
Ln_PM$_{2.5}$_Max 的 KPF 统计量	78.311	115.832	917.076	693.073	418.996
Ln_PM$_{2.5}$_Min	4.238***	3.631***	2.282***	2.272***	2.250***
	（0.314）	（0.263）	（0.138）	（0.147）	（0.174）
Ln_PM$_{2.5}$_Min 的 KPF 统计量	343.942	411.720	1 023.508	865.381	581.777
时间固定效应	是	是	是	是	是
个体固定效应	是	是	是	是	是
样本量	46 262	42 168	31 441	24 271	15 589

注：每个报告的系数代表一个单独的回归。样本一共有五次调查的观测值。第（1）列包含所有的样本。第（2）列包含至少被观测两次的个体。第（3）列包含至少被观测 3 次的个体。第（4）列包含至少被观测 4 次的个体。第（5）列包含至少被观测 5 次的个体。括号中报告的是稳健标准误

***代表 1%的显著性水平

本文还分析了空气污染的系数变化。总体而言，空气污染系数整体显现下降趋势，表明我们的模型在忽略个体流动性的情况下可能高估了空气污染对居民医疗保险购买的影响。这个结果是意料之中的，因为搬迁样本采取了有效的预防行为，这类群体如果不搬迁，就需要购买医疗保险来预防空气污染带来的健康后果，因此这一发现高估了空气污染的不利影响。基于以上分析，我们发现基准回归结果是稳健的，而个体流动性问题可能导致高估空气污染的影响。

3. 医疗体制改革

除了空气污染，医疗保险的需求也受到医疗保险待遇的影响。因此，我们不得不提到中国医疗体制及其改革。在中国，基本医疗保险包括城镇职工基本医疗保险、城镇居民基本医疗保险和新型农村合作基本医疗保险。

1998 年，我国颁布了《国务院关于建立城镇职工基本医疗保险制度的决定》，这一决定要求建立多层次的医疗保障体系。这一宣布标志着医疗体制改革正式开始。城镇居民基本医疗保险试点工作从 2007 年开始，覆盖面逐步扩大。2002 年，中国各级政府积极建立了以大病统筹为重点的新型农村合作医疗制度。2009 年，

中国计划深化这项改革，完善农村医疗制度。

自 1978 年以来，政府实施了许多医疗体制改革。其中，2009 年的改革对医疗保险产生了重大影响，《中共中央 国务院关于深化医药卫生体制改革的意见》指出，要基本建立覆盖城乡居民的基本医疗卫生制度，按照保基本、兜底线、可持续的原则，建立起较为完善的基本医保、大病保险、医疗救助、疾病应急救助、商业健康保险和慈善救助衔接互动、相互联通机制。该改革极大地提高了保险覆盖水平，因此，我们对 2009 年启动的新医疗体制改革进行分析，探讨医疗体制改革的作用。

首先，我们分析空气污染对不同类型医疗保险需求的影响。医疗保险分为商业保险和基本医疗保险。表 5 报告了不同类型的医疗保险的回归结果。只有第（4）列符合我们的预期，即空气污染增加了新型农村合作医疗的需求。新型农村合作医疗制度因中国强制购买基本医疗保险的规定而具有灵活性。在城镇居民基本医疗保险上，潜在购买者受其工作属性的影响，我们没有证据表明空气污染会增加商业医疗保险。

表 5　2SLS 估计——空气污染对不同类型医疗保险的影响

变量	（1） 商业医疗保险	（2） 城镇职工基本 医疗保险	（3） 城镇居民基本 医疗保险	（4） 新型农村合作 基本医疗保险
$PM_{2.5}$	-0.007^{**} （0.003）	-0.017^{***} （0.005）	-0.000 （0.004）	0.092^{***} （0.008）
常数项	0.467^{***} （0.118）	0.745^{***} （0.190）	0.091 （0.172）	-3.992^{***} （0.341）
KPF 统计量	280.584	281.335	281.352	280.617
时间固定效应	是	是	是	是
地区固定效应	是	是	是	是
样本量	46 250	46 216	46 215	46 254

注：所有的回归都包括表 3 第（3）列中的控制变量。括号内为稳健标准误
***、**分别代表 1%、5%的显著性水平

其次，本文考察了医疗体制改革的影响。样本分为医疗体制改革前后两类。对基本医疗保险和商业医疗保险进行了研究。图 3 显示了基本医疗保险和商业医疗保险的图形分析。从平均值来看，图 3 显示，空气污染增加了对各种类型医疗保险的需求。表 6 报告了改革前后空气污染对基本医疗保险和商业医疗保险的影响。改革前，空气污染主要增加了对基本医疗保险的需求。相比之下，改革后空气污染主要增加了对商业医疗保险的需求，这似乎令人费解。

表6　2SLS估计——从医疗体制改革看空气污染对医疗保险的影响

变量	（1）	（2）	（3）	（4）
	商业医疗保险		基本医疗保险	
	改革前	改革后	改革前	改革后
$PM_{2.5}$	−0.001	−0.007**	0.029***	0.003
	（0.001）	（0.003）	（0.003）	（0.004）
常数项	0.171***	0.561***	−0.856***	0.443**
	（0.046）	（0.174）	（0.095）	（0.226）
KPF统计量	770.202	254.408	771.105	254.507
时间固定效应	是	是	是	是
地区固定效应	是	是	是	是
样本量	17 582	28 668	17 565	28 665

注：新医疗体制改革始于2009年3月17日。基本医疗保险包括城镇职工基本医疗保险、城镇居民基本医疗保险和新型农村合作基本医疗保险。所有的回归都包括表3第（3）列中的控制变量。括号内为稳健标准误
***、**分别代表1%、5%的显著性水平

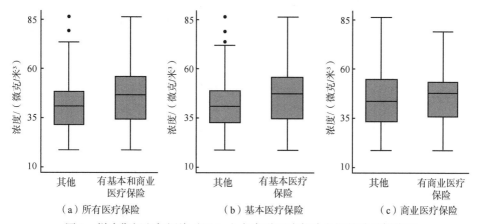

図3　样本期间空气污染（$PM_{2.5}$）与各种医疗保险之间的关系箱线图

在2009年的改革之前，一系列的改革主要集中在基本医疗保险上，从而增加了对这种保险的补偿力度。随着空气污染的日益严重，人们更愿意购买基本医疗保险。2009年的改革之后，尽管基本医疗保险补偿额进一步增加，但覆盖面还是达到了饱和点（图1）。鉴于大多数人已经购买了基本医疗保险，空气污染对医疗保险的影响已经不大。

结果表明，空气污染并未增加医疗体制改革之前或之后对商业医疗保险的需求。在2009年医疗体制改革之前，基本医疗保险的补偿力度逐渐上升。人们倾向于选择基本医疗保险。此时，空气污染对商业医疗保险的影响微乎其微。2009年

医疗体制改革后，基本医疗保险制度在价格和补偿方面有所改善，购买这两种保险的居民可能会放弃商业医疗保险，考虑到基本医疗保险和商业医疗保险的替代性，空气污染降低了人们对商业保险的需求。政府的医疗体制改革主要是针对基本医疗保险，因此，商业医疗保险与基本医疗保险之间存在替代关系导致商业医疗保险受到改革的影响。

4. 异质性分析

购买医疗保险的预防行为存在诸多异质性因素。Byrnes 等（1999）指出，就风险偏好而言，女性可能是风险厌恶者。Zhang 等（2018）分析了空气污染对认知能力的影响，发现空气污染对不同年龄段的个体有不同的影响。虽然认知表现是健康的一部分，但医疗保险需求是健康的衍生品，两者还是密切相关的。

首先，本文确定了男性和女性对空气污染的反应是否不同。我们根据性别来研究空气污染对个体医疗保险购买的影响。表 7 的第（1）列和第（2）列显示了根据性别差异进行的分组回归结果。以上结果表明空气污染对女性的影响很大，我们将其归因于女性厌恶风险，是风险规避者。

表 7　2SLS 估计——从性别和年龄看空气污染对医疗保险的影响

变量	(1)	(2)	(3)	(4)	(5)
	医疗保险				
	男性	女性	18 岁以下	18～50 岁	50 岁以上
$PM_{2.5}$	0.089***	0.134***	0.143***	0.099***	0.103***
	(0.010)	(0.016)	(0.045)	(0.011)	(0.012)
常数项	−3.575***	−5.421***	−6.015***	−4.386***	−4.710***
	(0.392)	(0.652)	(1.905)	(0.464)	(0.517)
KPF 统计量	179.121	104.990	15.422	152.970	125.763
时间固定效应	是	是	是	是	是
地区固定效应	是	是	是	是	是
样本量	22 669	23 593	5 107	20 313	20 842

注：所有的回归都包括表 3 第（3）列中的控制变量。括号内为稳健标准误
***代表 1%的显著性水平

其次，我们分析了年龄的异质性。年龄是影响个体健康的一个重要因素，一般来说，年龄与健康状况之间存在倒"U"形关系。在婴儿期，个体处于生长发育期，容易受到各种疾病的影响。老年人由于身体机能的老化，对各种细菌和病毒的抵抗力较弱，从而导致健康状况不佳。我们根据年龄对个体进行分类，将样本成三组，分别估计污染对医疗保险购买的影响。表 7 第（3）～（5）列显示

的结果表明，未成年人和老年人受到空气污染的影响，尽管第（3）列显示其为弱工具变量。

最后，我们分析了空气污染对教育和收入水平的异质性影响。与低收入者相比，高收入者面临较少的预算限制，并倾向于采取预防措施来规避风险，受过高等教育的人往往对健康和保险有提前的了解。表8统计了空气污染对不同收入和受教育程度的影响。第（1）列显示，空气污染对低学历群体的负面影响在统计上是显著的，系数为0.101。在第（2）列的高学历组中，空气污染每增加1个单位，医疗保险需求就会增加约0.115。以上两个系数之间尽管在常规水平上显著，但是差异很小。考虑到两种经济原因，空气污染对不同受教育程度群体的医疗保险需求的影响大小是接近的。自改革开放以来，中国的教育事业取得了巨大进步。不同年龄段的人在不同教育中的可比性很低，年轻人倾向于具有高受教育程度。健康知识在转化为实际行动时，会受到如收入在内的各种限制。第（3）列和第（4）列估计的样本分别是高收入和低收入群体。结果表明，空气污染对高收入群体的影响大约是对低收入群体影响的4倍。这一结果可能是由于高收入者具有较强的健康意识，对空气污染比较敏感。

表8　2SLS 估计——从受教育程度和收入水平看空气污染对医疗保险的影响

变量	（1）	（2）	（3）	（4）
	医疗保险			
	低学历	高学历	低收入	高收入
$PM_{2.5}$	0.101***	0.115***	0.051***	0.217***
	(0.010)	(0.015)	(0.004)	(0.049)
常数项	−4.063***	−4.780***	−2.031***	−8.154***
	(0.408)	(0.619)	(0.180)	(1.874)
KPF 统计量	210.939	92.736	685.274	23.390
时间固定效应	是	是	是	是
地区固定效应	是	是	是	是
样本量	18 632	27 630	19 122	27 140

注：所有的回归都包括表3第（3）列中的控制变量。括号内为稳健标准误
***代表1%的显著性水平

五、结论和政策影响

本文利用CHNS这一全国性的纵向调查来估计中国的空气污染与医疗保险需求之间的因果关系。我们使用 2SLS 估计方法，将降水量作为工具变量来克服潜

在的内生性问题。空气污染的增加导致了对医疗保险需求的增加。商业保险和基本医疗保险之间存在某种替代。随着医疗体制改革的深化，个体更愿意选择基本医疗保险。我们的结果还表明，空气污染对医疗保险需求的影响具有异质性，影响效应主要集中在女性、未成年人和老年人身上。在社会经济因素方面，高学历和高收入水平的群体容易受到空气污染的影响。

我们的研究从预防行为的角度揭示了空气污染对医疗保险需求的影响。研究结果为医疗和环境政策的制定提供了依据。第一，医疗保险是减轻空气污染造成的健康负担的一种方式，环境治理是一个与医疗体制改革相关的全球性问题。具体来说，空气污染每增加 1 微克/米^3，就会增加 1.507 亿人的医疗保险需求。因此，医疗保险的政策制定者应进一步优化医疗保险的设置，考虑各种环境污染因素。例如，在空气质量差的地区，应该对与空气污染有关的疾病患者进行额外补偿。第二，应加快推进基本医疗保险整合，提高基本医疗保险的整体补偿水平。我们的结果表明，在基本医疗保险和商业医疗保险之间存在一种替代方案。然而，商业医疗保险很昂贵，只有少数人能够负担得起，许多人必须依靠基本医疗保险增加的补偿来减轻空气污染造成的健康负担。第三，环境政策制定者不仅要关注环境污染带来的疾病问题，还必须关注居民购买医疗保险的预防行为成本。环境法规对企业和投资的限制带来巨大成本。然而，对改善健康和减少预防行为的成本的关注却很少。因此，环境法规往往是宽松的，没有考虑额外的利益。

这项研究未能说明购买医疗保险能在多大程度上减轻空气污染的负面影响。研究的问题较为复杂，而医疗保险和疾病治疗费用之间存在一个逆向选择问题。简单的计算结果表明，医疗保险并没有降低治疗疾病的成本。此外，应综合评估空气污染造成的社会福利的损失。今后必须进一步解决这些问题。

参 考 文 献

Andronache C. 2003. Estimated variability of below-cloud aerosol removal by rainfall for observed aerosol size distributions. Atmospheric Chemistry and Physics，3（1）：131-143.

Banzhaf HS，Walsh R P. 2008. Do people vote with their feet? An empirical test of Tiebout's mechanism. American Economic Review，98（3）：843-863.

Byrnes J P，Miller D C，Schafer W D. 1999. Gender differences in risk taking: a meta-analysis. Psychological Bulletin，125（3）：367-383.

Chang T Y，Huang W，Wang Y. 2018. Something in the air: pollution and the demand for health insurance. The Review of Economic Studies，85（3）：1609-1634.

Chate D M，Murugavel P，Ali K，et al. 2011. Below-cloud rain scavenging of atmospheric aerosols for aerosol deposition models. Atmospheric Research，99（3/4）：528-536.

Chay K Y, Greenstone M. 2003. The impact of air pollution on infant mortality: evidence from geographic variation in pollution shocks induced by a recession. The Quarterly Journal of Economics, 118 (3): 1121-1167.

Chen S, Oliva P, Zhang P. 2018. Air pollution and mental health: evidence from China. National Bureau of Economic Research, No. w24686.

Chen S, Oliva P, Zhang P. 2022. The effect of air pollution on migration: evidence from China. Journal of Development Economics, 156: 102833.

Chen X, Shao S, Tian Z, et al. 2017. Impacts of air pollution and its spatial spillover effect on public health based on China's big data sample. Journal of Cleaner Production, 142: 915-925.

Chen Y, Ebenstein A, Greenstone M, et al. 2013. Evidence on the impact of sustained exposure to air pollution on life expectancy from China's Huai River policy. Proceedings of the National Academy of Sciences, 110 (32): 12936-12941.

Chen Z, Barros C P, Gil-Alana L A. 2016. The persistence of air pollution in four mega-cities of China. Habitat International, 56: 103-108.

Currie J, Neidell M. 2005. Air pollution and infant health: what can we learn from California's recent experience?. The Quarterly Journal of Economics, 120 (3): 1003-1030.

Deryugina T, Heutel G, Miller N H, et al. 2019. The mortality and medical costs of air pollution: evidence from changes in wind direction. American Economic Review, 109 (12): 4178-4219.

Deschenes O, Greenstone M, Shapiro J S. 2017. Defensive investments and the demand for air quality: evidence from the NO_x budget program. American Economic Review, 107 (10): 2958-2989.

Deschenes O, Wang H, Wang S, et al. 2019. The effect of air pollution on body weight and obesity: evidence from China. Journal of Development Economics, 145: 102461.

Ebenstein A, Fan M, Greenstone M, et al. 2017. New evidence on the impact of sustained exposure to air pollution on life expectancy from China's Huai River policy. Proceedings of the National Academy of Sciences, 114 (39): 10384-10389.

He J, Liu H, Salvo A. 2019. Severe air pollution and labor productivity: evidence from industrial towns in China. American Economic Journal: Applied Economics, 11 (1): 173-201.

Heyes A, Zhu M. 2019. Air pollution as a cause of sleeplessness: social media evidence from a panel of Chinese cities. Journal of Environmental Economics and Management, 98: 102247.

Tai A P K, Mickley L J, Jacob D J. 2010. Correlations between fine particulate matter (PM$_{2.5}$) and meteorological variables in the United States: implications for the sensitivity of PM$_{2.5}$ to climate change. Atmospheric Environment, 44 (32): 3976-3984.

van Donkelaar A, Martin R V, Brauer M, et al. 2018. Documentation for the global annual PM$_{2.5}$ grids from MODIS, MISR and SeaWIFS aerosol optical depth (AOD) with GWR, 1998-2016. Palisades: NASA Socioeconomic Data and Applications Center.

WHO. 2006. WHO air quality guidelines for particulate matter, ozone, nitrogen dioxide and sulfur dioxide: global update 2005: summary of risk assessment. Geneva: World Health Organization.

Yang S, Chen B, Wakeel M, et al. 2018. PM$_{2.5}$ footprint of household energy consumption. Applied

Energy，227：375-383.

Yang T，Liu W. 2018. Does air pollution affect public health and health inequality? Empirical evidence from China. Journal of Cleaner Production，203：43-52.

Zeng J，He Q. 2019. Does industrial air pollution drive health care expenditures? Spatial evidence from China. Journal of Cleaner Production，218：400-408.

Zhang J，Mu Q. 2018. Air pollution and defensive expenditures: evidence from particulate-filtering facemasks. Journal of Environmental Economics and Management，92：517-536.

Zhang X，Chen X，Zhang X. 2018. The impact of exposure to air pollution on cognitive performance. Proceedings of the National Academy of Sciences，115：9193-9197.

Zivin J G，Liu T，Song Y，et al. 2019. The unintended impacts of agricultural fires: human capital in China. Journal of Development Economics，147：102560.

环境问题的治理篇

　　前文已通过实证分析证实环境问题恶化的经济社会后果，表现为航空效率损失、企业风险承担能力下降、医疗服务使用扩大、健康支出成本提高以及基于保险、贷款的预防行为增加。这些经济效应无疑会制约我国经济的高质量发展，不利于人民对美好生活的向往，增加社会成本和福利损失。因此，加快和加强环境问题治理迫在眉睫。生态环境部指出，生态环境保护工作要把"好钢用在刀刃"上，把精力用在精准上，既支持好"六保"，同时又圆满完成"十四五"生态环境保护的各项工作。

　　为做好精准治理工作，多维度地分析环境污染减排的驱动因素是非常有必要的。鉴于此，本篇将开展有关环境问题的治理研究，从制度建设、环境规制、交通管控、绿色金融和实践应用等五个方面，探究节能减排因素。制度建设方面包含两项研究：第一项研究以2013年以来反腐败运动为制度质量提升的准自然实验，考察质量提升对我国城市污染减排的影响；第二项研究则考察制度质量对城市化与能源消耗关系的影响。环境规制方面，提供以碳排放交易权为研究对象的研究，考察环境规制政策对企业绿色创新的影响。交通管控方面，同样设立两项研究，利用不同的限行政策对污染排放的抑制作用。绿色金融方面，拓展了绿色债券的研究，论证了企业参与绿色金融以及绿色投资的重要性。实践应用方面，以广东企业为研究对象，揭示环境监管压力对上市企业的作用，启示如何有效促进环境政策的合理化和完善。本篇从多个角度开展环境问题的治理研究，为如何实现节能减排、激发绿色企业价值和创新提供丰富的参考。

制 度 建 设

随着经济社会发展进入转型期，机制体制改革进入"深水区"，突出环境问题频发，使得环境问题应对难度有所提升，亟须对环境问题的相关机制体制加以调整。建设生态文明，关系人民福祉，关乎民族未来。党的十九届四中全会《中共中央关于坚持和完善中国特色社会主义制度、推进国家治理体系和治理能力现代化若干重大问题的决定》提出"坚持和完善生态文明制度体系，促进人与自然和谐共生"。只有从根子上解决环境问题，做出系统性制度安排，才能为建设美丽中国保驾护航。因此，研究中国相关的制度建设对于环境治理问题的影响就显得尤为重要。

以往的研究倾向于从生产的角度考察空气污染的成因，但空气污染也与政府活动密切相关。本部分提供两项研究，第一项研究以反腐败运动作为制度质量的事件冲击，建立多期双重差分（difference-in-differences，DID）模型，探究由反腐败运动所带来的质量提升能否改善环境治理成效，此外，研究还进行了详细的异质性分析和传导机制分析。第二项研究主要讨论城镇化对能源消耗的影响以及制度质量的调节作用。本部分的研究结论与本篇第二篇文章《城市化、能源消耗与制度质量》的制度质量分析部分相呼应，为经济和生态发展提供宝贵的经验证据，也为环境治理提供新的思路。

反腐败的污染减排效应
——基于中国城市空气污染的视角

一、引　言

随着工业化和城市化进程的不断推进，中国实现了巨大的经济发展，但这种发展也带来了许多环境问题（Mani and Wheeler，1998）。近年来，作为中国面临的最具挑战性的环境问题之一，空气污染问题引起了学者的广泛关注（Chen et al.，2013；Chen et al.，2016），其中讨论最多的是雾霾问题。环境保护部在2017年发布的环境公报指出，中国空气污染水平超过国家空气质量基准要求的天数占全年总天数的22%。此外，中国有338个地级市共发生过2311起严重空气污染事件，这些地级市中达到国家空气质量基准要求的不到30%[①]。然而，空气质量的恶化也对公众健康造成了威胁。Ebenstein等（2015）对污染影响健康的相关文献进行了总结，他们证实了长期暴露于空气污染会提高公众的发病率和死亡率。为了实现经济的可持续发展，解决空气污染问题已成为当务之急。

现有文献大多从生产的角度考察空气污染的来源（Xu et al.，2019；Zeng et al.，2017）。然而，空气污染也与政府管理行为密切相关，尤其是在发展中和转型经济体中（Zheng et al.，2014；Dincer and Fredriksson，2018；Hong and Teh，2019）。如高污染企业可能会试图游说或贿赂当地政府以寻求政治保护（Nie and Li，2013；Fredriksson and Neumayer，2016）或规避严格的环境法规（Biswas et al.，2012）。此外，在实施环境保护政策时，受贿或渎职的官员也有充分的动机允许污染企业排放过量的污染物。如果存在"官商勾结"，环保政策的有效性就会大打折扣（Wu et al.，2013；Lisciandra and Migliardo，2017）。因此，鉴于腐败与空气污染之间可能存在密切关系，确定反腐败运动是否会影响环境污染水平值得深入探究。

迄今为止，大多数学者只关注反腐败的宏观经济效益或企业应对反腐败措施的行为（Lisciandra and Migliardo，2017；Xu and Yano，2017；Hong and Teh，2019）。本文结合中国反腐败运动的背景，运用反事实分析法来考察反腐败对空气污染的

[①] 资料来源：生态环境部网站（http://www.mee.gov.cn/）。

影响，从而对现有文献作出补充。在中共十八大召开后，特别是自 2013 年起，中国政府便大力开展反腐败运动工作来打击官员腐败，包括建立匿名举报渠道和公开披露腐败行为。同时，中国政府也出台了一系列措施以保障公众健康，如实施《环境保护督察方案》和建立干部企业环境检查机制。与以往短暂而宽松的反腐工程不同，习近平强调这次反腐"要做到惩治腐败力度决不减弱、零容忍态度决不改变，坚决打赢反腐败这场正义之战"[①]。本文利用这次反腐败运动作为外生冲击，使用 2009～2016 年中国 189 个城市的面板数据，分析反腐败运动对城市空气污染的影响。本文的研究设计受内生性的影响较小，因为中国的反腐败运动是一场典型的政治运动，对官员的调查不可能是因为他们为当地的污染企业大开方便之门。然而，对于那些曾经因为政治关系获利的企业来说，反腐败运动是一个外生冲击，使企业突然失去政治保护，并影响企业的生产经营。因此，在本文的研究中，反腐败运动可以作为一个准自然实验。

此外，学术界认为腐败与环境绩效密切相关，腐败可以通过影响环境监管（Wilson and Damania，2005；Candau and Dienesch，2017；Arminen and Menegaki，2019）和经济发展（Cole，2007；Leitão，2010）进一步影响环境污染水平。在政治锦标赛下，地方官员会出于晋升需求而放松环境法规的实施（Cao et al.，2019），而目标明确的反腐败运动则会限制官员的这类行为（Wilson and Damania，2005）。然而，鉴于反腐败与腐败程度之间的密切关系（López and Mitra，2000），一些经验研究同样证实反腐败有助于提高企业的生产力水平（Hao et al.，2020），并能解释地区收入水平的差异（Wu and Zhu，2011）。因此，本文将研究反腐败运动影响污染的两个机制：环境规制和经济发展。本文的实证结果证实了这两大机制的作用。

本文对现有文献的贡献主要有以下三个方面。第一，以往的研究一般集中于讨论腐败对经济（Wang and You，2012；Xu and Yano，2017）和环境的影响（Fredriksson et al.，2003；Candau and Dienesch，2017；Wang et al.，2019）以及反腐败的宏观经济效应（Lisciandra and Migliardo，2017；Hong and Teh，2019）。本文则顺应这一趋势，通过研究反腐败对空气污染的影响，进一步为反腐败对环境的影响提供新的证据。具体来说，本文不仅探讨了反腐败对空气污染的影响，还进一步探讨了反腐败通过环境规制和经济发展对污染的间接影响。第二，不同于以往研究以"官员离任"或"干部更替"作为反腐败的代理指标（Feng et al.，2018；Cao et al.，2019；Li and Zhou，2005），本文以 2013 年以来开展的大规模反腐败运动为外生政策冲击，采用多期 DID 模型分析反腐败运动对污染的影响。

---

① 《以坚如磐石的决心推进反腐败斗争》，http://www.xinhuanet.com/politics/2018-01/10/c_1122238235.htm [2018-01-10].

第三，本文构建了地市级层面的腐败指标。由于难以量化，现有文献很少研究城市层面的腐败和反腐败水平。基于文本分析和爬虫方法，本文从中国各城市的地方检察院网站获得了与官员腐败和失职有关的案件数量，以此构建衡量城市腐败水平的代理变量。

　　本文后续内容如下：第二部分对相关文献进行总结；第三部分说明实证模型并介绍相关变量和数据集；第四部分汇报了实证结果、稳健性检验和异质性分析。第五部分进行总结。

二、文　献　综　述

　　空气污染是世界上最具挑战性的环境问题之一。近几十年来，空气污染的成因和解决方案引起了广泛关注（Chen et al.，2013；Chen et al.，2016）。以往的研究倾向于从生产的角度考察空气污染的成因（Xu et al.，2019）。但空气污染也与政府管理活动密切相关（Bernauer and Koubi，2009）。从理论上讲，微观经济学中的理性人假设表明：企业，尤其是高污染企业，倾向于"寻租"以缩短生产周期或获得政治保护，从而避免较高的环境税（López and Mitra，2000）。Desai（1998）认为，一些发展中国家的污染企业往往通过贿赂政策制定者和执行者的方式来获得政治保护，从而加大了当地的环境压力。因此，在社会资源有限的条件下，腐败或贿赂与企业的生产决策总是相伴而生（Djankov et al.，2002）。近年来，大量的研究聚焦于腐败的社会和经济影响上（Shleifer and Vishny，1993；Mauro，1995；Andres and Ramlogan-Dobson，2011）。除了经济影响外，腐败对环境的影响则是另一个重要的研究方向。经验证据表明，腐败对不同的国家会产生不同的环境绩效。但在腐败条件下，环境污染水平往往会高于社会最优水平（López and Mitra，2000），并伴随着生态效率水平的下降（Wang et al.，2019）。因此，由 Copeland 和 Taylor（1994）提出的"污染避风港"假说[①]并不只是假想（Candau and Dienesch，2017）。

　　有腐败，就必然有反腐败（López and Mitra，2000）。人们普遍认为政治腐败会损害环境（López and Mitra，2000；Biswas et al.，2012；Candau and Dienesch，2017），因此研究反腐败是否能改善环境对环境保护具有重要意义。近年来，大量文献都聚焦于反腐败及其与经济发展和企业行为的关系上。Wu 和 Zhu（2011）认为，地方政府的反腐败工作在提高收入水平方面发挥了重要作用，反腐败措施的差异也有助于解释地区收入水平的差距。自 2013 年以来，中国的反腐败运动已

---

　　① Copeland 和 Taylor（1994）认为，在贸易自由化的条件下，污染企业会从环境法规严格的发达国家转移到环境法规相对薄弱的发展中国家。

经显著降低了企业对奢侈品的支出和消费。Lin 等（2016）发现，反腐败运动积极刺激了中国股市的增长，尤其推高了国有企业的股价。Xu 和 Yano（2017）利用 2009～2015 年中国上市公司的数据，研究了反腐败对企业创新和投融资水平的影响，发现当地的反腐力度越强，当地企业获得外部资金和研发投资的机会就越大。

然而，很少有学者研究中国反腐败措施与环境污染之间的关系。自 2013 年以来，党中央实施了一系列反腐败措施，并强调"形成不敢腐、不能腐、不想腐的有效机制"，包括提出环境保护监督检查计划、建立官员和企业环境检查机制等。这些举措可能会增加企业尤其是高污染企业进行腐败活动的成本。因此，反腐败必然会影响环境污染水平，分析反腐败措施对环境污染的影响具有重要意义。

已有研究表明，腐败主要通过经济发展和削弱环境规制影响区域污染水平（Cole，2007；Leitão，2010；Hong and Teh，2019；He et al.，2007）。一些早期文献基于跨国数据研究了腐败、经济发展和污染水平之间的关系（Cole，2007；Leitão，2010）。Leitão（2010）证实由于国家腐败程度的不同，环境库兹涅茨曲线（environmental Kuznets curve，EKC）[①]的转折点在各国之间也不同。此外，腐败也会导致社会的实际污染水平高于社会的最优污染水平（López and Mitra，2000）。就腐败、环境规制和污染水平之间的关系而言，现有文献普遍认为腐败降低了环境规制的有效性，提高了污染水平（Damania et al.，2003；Wilson and Damania，2005）。以上结论在对美国（Fredriksson et al.，2003）和欧洲（Candau and Dienesch，2017）的单个国家的研究中仍然成立。

总之，腐败可以通过影响经济增长（Mauro，1995；Leitão，2010）和环境规制（Shleifer and Vishny，1993）来影响污染水平。中国是一个分权管理的发展中国家，地方官员在环境保护政策的实施上有一定的自由裁量权（Xu，2011）。此外，经济增长是官员晋升的重要考核指标（Jia et al.，2015），和环境保护相比，官员可能更重视经济增长（Li and Zhou，2005）。例如，Jia（2017）研究了中国省级官员的晋升激励如何影响区域化学需氧量（chemical oxygen demand，COD）和 SO_2 排放。这一研究发现，官员很可能以牺牲环境为代价加大对高污染企业的投资，以促进经济增长，并且这一现象在那些有望提拔的官员中尤为突出。由此可见，地方政府在环境保护方面起着举足轻重的作用。政企不正当联系可能会削弱环境保护政策（Wu et al.，2013）。然而，宽松的环境法规也会降低当地企业的生产成本，进一步吸引其他污染密集型企业（Cao et al.，2019）。例如，Chen 等（2018）和 He 等（2007）的文献均发现腐败、环境规制和污染之间存在密切

[①] 环境库兹涅茨曲线刻画了人均收入与污染之间的关系（Stern，2004），有助于解释腐败对污染的影响。

联系，他们证实腐败会削弱环境规制从而助长非法生产并加剧污染。因此，官员对经济增长的优先考虑以及腐败带来的宽松的环境规制均会使腐败提高污染水平。

反腐败可以在促进经济增长和抵消腐败的负面影响方面发挥重要作用。如Hao等（2020）发现，反腐败可以抵消腐败造成的负面影响，并显著提高企业生产率。反腐败的发展可以解释地区收入水平的主要差距（Wu and Zhu，2011）。此外，针对性强的反腐败也能改善由地方官员在政治锦标赛下的晋升需求（Cao et al.，2019）导致的环境规制宽松问题（Wilson and Damania，2005）。因此，反腐败也能通过经济增长和环境保护两种机制对污染水平产生间接与直接影响。

与本文直接相关的研究有Feng等（2018）和Cao等（2019），他们利用2013～2016年市委更替的数据分析更替水平对空气污染物排放的影响。然而，上述研究存在两大局限：首先，官员的更替更具有内生性。官员更替与个体特征（如年龄、性别、学历等）密切相关，因而具有一定的主观性。其次，未探讨官员更替影响空气污染的机制。本文通过以下三点对现有文献进行补充：第一，采用新的研究视角。以2013年以来中国大规模反腐败为政策冲击，分析该政策出台前后高、低腐败城市空气污染水平的差异。与以往研究中使用的冲击（如相关职位的官员变动）相比，反腐败运动更为客观和外生。第二，本文从全国各城市地方检察院的网站上收集了与官员腐败和失职有关的案件，利用文本分析法构建了衡量城市腐败水平的代理变量。由于各地反腐败案件时间并不一致，本文还使用多期DID模型以准确考察反腐败对空气污染水平的影响。第三，本文不仅估计了反腐败对空气污染水平的直接影响，还分析了反腐败影响空气污染水平的具体机制——经济发展水平和环境规制。

三、模型、变量与数据来源

1. 模型

多期DID模型已被广泛用于估计政策冲击的动态影响（Li et al.，2016）。参考Beck等（2010）和Gentzkow（2006）使用多期DID模型来估计政策效果的做法，本文同样采用类似的策略来考察自2013年起的反腐败运动与空气污染水平之间的因果关系[①]。本文使用多期DID模型的原因如下：首先，反腐败运动旨在降

---

① DID模型可以在很大程度上避免内生问题。一般来说，某种政策相对于研究对象而言是外生的，因此不存在反向因果问题（Lecher，2011）。DID中的固定效应估计也可以在一定程度上缓解变量偏差缺失的问题。此外，DID与其他传统方法（如OLS）相比，后者主要是为政策设置一个虚拟变量，对政策效果进行回归评估，而DID策略在模型规范方面更科学，在政策效果评估方面更准确。

低城市层面的腐败水平，所有城市都会受到这场自上而下的反腐败运动的影响。但因城市的腐败程度不同，其反腐效果也不尽相同，而高腐败城市则成为反腐败运动的首要调查对象。本文重点研究了高腐败城市和低腐败城市受反腐败运动影响的差异。其次，一个城市的腐败程度会随着反腐败运动的进行而发生变化。例如，一个城市在实施了有效的反腐措施后，预计会从高腐败城市变为低腐败城市。因此，本文利用多期 DID 模型研究城市腐败水平的变化和反腐败的动态影响。本文的基准回归模型如方程（1）所示：

$$P_{it} = \alpha_i + \beta \text{City}_{it} \times \text{Anti}_t + \gamma X_{it} + \delta_t + \varepsilon_{it} \qquad (1)$$

其中，因变量 P_{it} 表示城市每年的 $PM_{2.5}$ 和稳健性检验中其他污染物的排放量（包括 PM_{10} 和 NO_2）；City_{it} 表示城市 i 在 t 年的腐败水平，用城市 i 在 t 年与腐败有关的法律案件数量来计算，即城市 i 若为高腐败城市则取值为 1，若为低腐败城市则取值为 0；Anti_t 表示中国的反腐败运动，它是一个虚拟变量，自 2013 年起取值为 1，2013 年之前取值为 0；为了排除其他可能的混杂因素的干扰，本文引入了个体固定效应 α_i 和年份固定效应 δ_t；X_{it} 表示与城市腐败和空气污染相关的控制变量。

2. 变量定义和数据来源

（1）城市腐败水平。以往的文献对腐败的定义莫衷一是。Shleifer 和 Vishny（1993）认为腐败源于政府部门结构与行政管理的扭曲。Svensson（2005）认为腐败的根源在于为了私人利益而滥用公职或公共权力和公共资源。在腐败的衡量上，Kaufmann 等（2007）和 Mauro（1995）都使用微观调查数据来构建腐败指数。然而由于收集调查数据的过程并不客观，该腐败指数的准确性值得商榷（Knack，2006）。然而，Goel 和 Nelson（2007）使用客观的犯罪率来衡量腐败，Fredriksson 和 Svensson（2003）同样发现犯罪数据可以准确反映腐败水平。

Xu 和 Yano（2017）使用与腐败、贿赂和渎职相关的案件总数来评估中国区域腐败水平。通过考虑各类数据与中国各城市腐败水平的相关性和可得性，本文遵循 Xu 和 Yano（2017）的研究，采用所有已登记的腐败、贿赂和渎职案件的总和来衡量中国城市的腐败水平。具体而言，本文从各城市地方检察院年度报告中手动收集数据，以衡量各城市的腐败水平[①]。图 1 为城市腐败水平的时间趋势。平均来看，全国腐败案件数量在 2009~2012 年保持平稳趋势，2013 年以来明显增加，2014 年已超过 130 件。2013 年之后腐败案件显著增加，这也反映了中国自 2013 年以来打击腐败的努力和决心，这一发现与 Cole 等（2007）的观点一致。

---

① 本文收集了各城市地方检察院官网的年度报告，并使用文本分析法统计了年度报告中与腐败和失职有关的腐败案件数量。若市检察院官网未披露任何与腐败有关的信息，则使用其他新闻网站收集相关信息，如当地政府官网和信息披露网站。若该城市样本缺失过多，则剔除该城市。

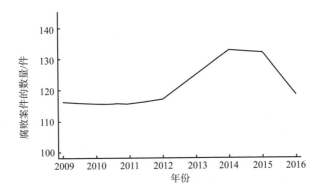

图 1　城市腐败的时间趋势

此外，参考 Fang 等（2018）对高、低腐败企业的定义，本文同样定义高、低腐败城市。具体而言，如果一个城市的腐败案件数量大于等于该财政年度所有城市的腐败案件数量的平均值，则该城市为"高腐败城市"，否则为"低腐败城市"。在实际回归中，本文用虚拟变量 City 来代表城市腐败水平，其中高腐败城市取值为 1，低腐败城市取值为 0。

（2）反腐败运动。中央八项规定是党中央提出的最重要的反腐败规定（Cao et al.，2018），它的出台表明党中央打击腐败的力度达到了前所未有的程度（Fu，2016）。自 2013 年以来，党中央为推进反腐败运动做出了许多努力，包括提供匿名举报腐败的渠道、在官方和其他媒体上公开披露调查进展和结果等。同时，党中央还开展了对地方反腐的集中管控、纪委工作专业化、健全党纪和反腐败法制等多项制度改革。然而，在环境保护方面，2013 年以来，党中央同样制定了关于大气、水污染等多项防治行动计划，环境保护部与国家发展和改革委员会等部门也实施了一系列重大举措。例如，2013 年开展了"整治违法排污企业、保护群众健康"的专项行动、环境巡视行动以确保严格的环保执法，2015 年开展了官员环境问责制等（Sam and Zhang，2020）。

2013 年以来的反腐败运动成效显著，达到了以往反腐败行动所无法企及的水平。与以往短暂而宽松的反腐败浪潮不同，目前的这场反腐败运动持续时间更长、调查强度更深、调查范围更广、惩罚力度更大且仍在进行中。据统计，截至 2015 年，已有 100 多名省部级干部（又称"老虎"）和千余名地市级干部（"苍蝇"）被查处。与以往的反腐败运动相比，如 2009～2012 年仅抓捕 26 只"老虎"，2013 年以来的反腐败运动取得的成就是巨大而惊人的（Deng，2018）。

中国的反腐败运动也是典型的非系统的政治行动（Fan et al.，2008）。在反腐败运动的威慑下，官员们为自保而避免与污染企业进行非法接触。这对于过去受过政治关系便利的企业而言，突然失去政治保护是一种外部冲击。反腐败或政治联系的中断已被广泛作为一种外生政策冲击（Hu et al.，2020），用于消除研究涉及的内生性问题（Cao et al.，2018；Li and Cheng，2020）。因此，本文使用 2013 年以来的强有力的反腐败运动作为政策冲击，分析其对空气污染水平的影响。在回归中，虚拟变量 Anti 表示 2013～2016 年的反腐败运动，其在 2013～2016 年等于 1，在 2013 年之前等于 0。

（3）污染变量。在基准回归中，本文使用城市层面的 $PM_{2.5}$ 排放数据作为污染水平指标。使用 $PM_{2.5}$ 的原因如下：一是 $PM_{2.5}$ 的粒径极小，极易进入人体而威胁人体健康；二是 $PM_{2.5}$ 长期悬浮在空气中会降低空气质量，它也是污染防治措施成功与否的重要指标之一。《国家环境保护标准"十二五"发展规划》就强调了监测 $PM_{2.5}$ 的重要性，并设定了 $PM_{2.5}$ 的排放限值[①]。此外，与其他空气污染物如 CO_2 和 NO_x 相比，$PM_{2.5}$ 受到的关注较少。因此，本文使用 $PM_{2.5}$ 来衡量城市空气污染。$PM_{2.5}$ 的所有数据均来自哥伦比亚大学社会经济数据与应用中心[②]。为减轻回归结果对污染物指标选取的敏感性，本文还使用了包括 PM_{10} 和 NO_2 在内的其他空气污染指标作为替代变量进行稳健性检验。

（4）其他控制变量。参考 Cole（2007）和 Leitão（2010）的研究，本文在回归中控制了以下与城市的人口、经济结构、能源和外贸相关的因素：人口增长率（Pop_g）、经济开放度（Open）、产业结构（Indus）、能源结构（ES）和人力资本（Edu）。人口增长率（Pop_g）以该城市的年人口增长率来衡量，人口的增长预计会带来腐败和环境污染的增加。经济开放度（Open）用城市的 FDI 占 GDP 的比重来衡量，反映了外部因素对经济的影响程度。产业结构（Indus）是第二产业（制造业）占 GDP 的比重，该变量的值越高则意味着工业化水平越高，因此该变量与环境污染水平密切相关。能源结构（ES）是煤炭消费总量与能源消费总量的比值，反映了不同地区的清洁能源消费水平。人力资本（Edu）则从教育的角度来衡量一个城市的人力资源水平。遵循 Li 等（2017）和 Kalaitzidakis 等（2001）的做法，本文用人口的平均受教育年限来衡量人力资本。为构建此变量，本文收集每个城市的初等教育、普通中等教育、职业教育和高等教育学生人数，并以各教育层次的人数占总人口规模的比例为权重，计算各城市的加权平均受教育年限（各教育层次的受教育年限是每个层次的总受教育年限，即分别为 6 年、9 年、12 年和 16 年）。

考虑到城市腐败数据的可得性和连续性，本文最终使用 2009～2016 年 189 个城市为样本进行分析。变量数据来源于各城市检察院年报、中国城市统计年鉴、中国电力年鉴、中国区域经济统计年鉴等。所有的名义值都调整为以 2009 年为基

---

① 《环境保护部关于印发〈国家环境保护标准"十二五"发展规划〉的通知》，http://www.gov.cn/gongbao/content/2013/content_2421036.htm[2013-02-17]。

② 该中心公布了 1998～2016 年 $PM_{2.5}$ 平均浓度数据。

准的实际值，缺失值通过插值法推算。部分数据以对数形式处理以减轻异方差的影响。所有变量的定义与描述性统计见表1。

表1 变量定义与描述性统计

变量	定义	平均值	标准差	最小值	最大值
$LnPM_{2.5}$	$PM_{2.5}$（微克/米³）的对数值	3.55	0.45	1.75	4.32
City	城市腐败水平的虚拟变量：高腐败城市取值为1；否则取值为0。	0.47	0.50	0	1.00
Anti	反腐败运动的虚拟变量：自2013年起取值为1；2009～2012年取值为0	0.63	0.48	0	1.00
Pop_g	人口增长率	6.53%	5.22%	−3.56%	23.00%
Open	经济开放度	2.10	1.84	0	8.34
Indus	产业结构，即第二产业增加值/GDP	49.88%	9.02%	18.57%	82.24%
LnES	能源结构的对数值	4.25	0.28	2.33	4.60
LnEdu	人力资本的对数值	2.34	0.84	0.76	4.70
$LnPM_{10}$	PM_{10}（微克/米³）的对数值	4.48	0.30	3.12	5.37
$LnNO_2$	NO_2（微克/米³）的对数值	3.48	0.33	2.64	4.29
Air_p	虚拟变量，代表"空气污染防治"行动计划	0.36	0.48	0	1.00
Case	城市腐败案件数/100	1.23	0.76	0.09	5.95
LnY	实际GDP（元）的对数值	16.66	1.00	14.00	19.73
ER	城市环境规制	0.78	0.14	0.11	1.00

四、实证结果和稳健性检验

1. 反腐败运动的基准回归结果

表2列出了多期DID的基准回归［式（1）］结果。如第（1）列所示，在控制了城市和年份的固定效应后，反腐败运动对空气污染水平产生了显著的负向影响。反腐败运动使高腐败城市的$PM_{2.5}$浓度下降了21%。

表2 反腐败的基准结果

变量	（1）$LnPM_{2.5}$	（2）$LnPM_{2.5}$	（3）$LnPM_{2.5}$	（4）$LnPM_{2.5}$	（5）$LnPM_{2.5}$	（6）$LnPM_{2.5}$
City×Anti	−0.210***	−0.207***	−0.204***	−0.204***	−0.203***	−0.203***
	(0.046)	(0.047)	(0.046)	(0.046)	(0.046)	(0.046)

续表

变量	（1）	（2）	（3）	（4）	（5）	（6）
	LnPM$_{2.5}$	LnPM$_{2.5}$	LnPM$_{2.5}$	LnPM$_{2.5}$	LnPM$_{2.5}$	LnPM$_{2.5}$
Indus		−0.001	−0.001	−0.001	−0.001	−0.001
		(0.001)	(0.001)	(0.001)	(0.001)	(0.001)
Open			0.012***	0.012***	0.012***	0.012***
			(0.004)	(0.004)	(0.004)	(0.004)
LnEdu				0.002	0.003	0.003
				(0.009)	(0.009)	(0.009)
LnES					0.030	0.028
					(0.020)	(0.020)
Pop_g						0.001
						(0.002)
常数项	3.934***	3.978***	3.939***	3.935***	3.817***	3.819***
	(0.012)	(0.038)	(0.039)	(0.046)	(0.099)	(0.099)
年份固定效应	是	是	是	是	是	是
城市固定效应	是	是	是	是	是	是
样本量	1016	1016	1016	1016	1016	1016
R^2	0.867	0.867	0.869	0.869	0.869	0.869

注：括号内为标准误，标准误聚类到城市层面

***代表 1% 的显著性水平

由于没有控制其他因素，上述结果可能并不稳健。因此，本文将其他控制变量逐步纳入基准模型中，回归结果分别列示在表 2 的第（2）～（6）列中。总体而言，在控制了产业结构后，反腐败运动使高腐败城市的 PM$_{2.5}$ 浓度显著减少了约 20.7%。产业结构对 PM$_{2.5}$ 浓度的系数为负，但并不显著。然而，在回归中加入经济开放度、人力资本、能源结构和人口增长率等变量后，反腐败运动对 PM$_{2.5}$ 浓度的影响仍显著为负，这一结果十分稳健。以表 2 第（6）列为例，在 1% 的显著性水平下，反腐败运动使高腐败城市的 PM$_{2.5}$ 浓度下降约 20.3%。这与 Cao 等（2019）的研究结论相似，他们发现在官员更替后，PM$_{2.5}$ 减少了 0.821 微克/米^3。此外，产业结构、经济开放度和其他变量的系数大小和显著性几乎不变。经济开放度对 PM$_{2.5}$ 的浓度有积极影响，这与污染天堂假说一致。污染天堂假说指出：欠发达地区倾向于采用宽松的环境管制来吸引对外贸易，从而导致自身环境恶化（Candau and Dienesch，2017；He，2010）。如表 2 的最后一列所示，其他变量（如产业结构、人力资本、能源结构和人口增长率）对空气污染的影响在统计上

并不显著。

2. 异质性分析

本文进一步探讨不同城市的反腐败运动对其空气污染的影响是否存在异质性。参考以往研究，本文根据城市的资源属性和地理位置对城市进行分组。

首先，城市在自然资源存量上存在异质性，一些城市因其生产和发展对自然资源的高度依赖而被认定为资源型城市，而其他城市则被称为非资源型城市。国务院于 2013 年发布了《全国资源型城市可持续发展规划（2013—2020 年）》，并划定了 262 个资源型城市[①]。因此，本文将样本中的 189 个城市分为两组：资源型城市和非资源型城市，并估计反腐败对两类样本的异质性影响。表 3 的（1）列和（2）列报告了基于公式（1）的回归结果。回归结果表明反腐败运动对空气污染的负向影响在两个子样本中都很显著，反腐败运动能显著降低资源型城市组中高腐败城市 26.5% 的 $PM_{2.5}$ 浓度，高于非资源型城市中高腐败城市的 16.3%。资源型城市的发展很大程度上依赖于矿产、森林等自然资源的开发和加工，产业结构单一，存在"资源诅咒"现象（Yang et al.，2017；Shao et al.，2020）。资源型城市的发展依赖于天然原材料的供应，但由于对资源的路径依赖、忽视生态环境保护、资源衰退等原因，其发展模式也存在诸多问题。大量实证研究表明，资源型城市因资源的开采和燃烧面临着更严重的环境污染问题，因产业结构单一和技术效率低下面临着低水平的经济增长问题（Sachs and Warner，2001；Ruan et al.，2020；Wanke et al.，2020）。因此，反腐败运动对空气污染的减排效应在资源型城市中更大。

表 3　反腐败和空气污染的异质性结果

变量	（1）	（2）	（3）	（4）	（5）	（6）	（7）
	资源型	非资源型	南方	北方	东部	中部	西部
	$LnPM_{25}$	$LnPM_{25}$	$LnPM_{25}$	$LnPM_{25}$	$LnPM_{25}$	$LnPM_{25}$	$LnPM_{25}$
City×Anti	−0.265***	−0.163***	−0.100***	−0.428***	−0.176***	−0.059*	−0.428***
	(0.072)	(0.060)	(0.029)	(0.103)	(0.027)	(0.030)	(0.121)
Indus	−0.000	−0.002	−0.001	−0.001	0.000	−0.002**	−0.004
	(0.002)	(0.001)	(0.001)	(0.002)	(0.001)	(0.001)	(0.003)
Open	0.011*	0.011**	0.002	0.012	0.001	0.005	0.020
	(0.007)	(0.005)	(0.004)	(0.008)	(0.005)	(0.005)	(0.013)

① 《国务院关于印发全国资源型城市可持续发展规划（2013—2020 年）的通知》，http://www.gov.cn/zwgk/2013-12/03/content_2540070.htm[2013-12-03]。

续表

变量	（1）	（2）	（3）	（4）	（5）	（6）	（7）
	资源型	非资源型	南方	北方	东部	中部	西部
	LnPM$_{25}$	LnPM$_{25}$	LnPM$_{25}$	LnPM$_{25}$	LnPM$_{25}$	LnPM$_{25}$	LnPM$_{25}$
LnEdu	−0.005	0.006	−0.001	0.012	0.021*	−0.016	0.005
	(0.017)	(0.011)	(0.008)	(0.016)	(0.011)	(0.011)	(0.021)
LnES	0.093***	−0.010	0.050**	−0.012	0.036	0.033	0.055
	(0.034)	(0.026)	(0.020)	(0.036)	(0.032)	(0.029)	(0.065)
Pop_g	0.000	0.000	0.004***	−0.003	0.001	0.000	−0.001
	(0.003)	(0.002)	(0.001)	(0.003)	(0.002)	(0.002)	(0.004)
常数项	3.747***	3.988***	3.791***	3.996***	3.764***	3.261***	2.713***
	(0.210)	(0.116)	(0.103)	(0.175)	(0.153)	(0.125)	(0.420)
年份固定效应	是	是	是	是	是	是	是
城市固定效应	是	是	是	是	是	是	是
样本量	377	639	589	427	351	375	290
R^2	0.861	0.877	0.904	0.877	0.910	0.808	0.776

***、**和*分别代表1%、5%和10%的显著性水平

　　其次，为了进一步探讨反腐败对空气污染的减排是否在不同城市之间存在地理差异，本文根据"秦岭—淮河"线将样本城市分为南方城市和北方城市。"秦岭—淮河"线是 Chen 等（2013）使用的中国北方和南方的地理分界线。本文对这两个子样本进行了回归，回归结果汇报在表3的（3）列和（4）列。回归结果显示，反腐败运动对空气污染的负向效应在北方和南方城市均显著存在，但北方城市的回归系数（−0.428）绝对值显著大于南方城市（−0.100），这表明北方城市受到的影响更大。事实上，以往研究表明，"秦岭—淮河"线不仅造成了地理上的不连续，而且造成了沿线环境污染水平上的不连续（Almond et al.，2009；Chen et al.，2013；Ebenstein et al.，2017）。具体而言，"秦岭—淮河"线是中国南北方的分界线。以此线为界，中国政府只对北方地区实施冬季供暖政策。然而，由于供暖的原因，北方城市的空气污染水平高于南方城市（Almond et al.，2009）。因此，反腐败运动可能会对北方城市的污染产生更大的影响。

　　最后，考虑到中国的"七五"规划将全国划分为东部、中部、西部三个经济区，同时参考诸多学者的做法（Yin et al.，2017），本文同样根据地级市所在的省市将样本划分为东部、中部、西部三组。回归结果报告在表3的（5）～（7）列。所有的分样本回归均表明，与低腐败城市相比，反腐败运动对高腐败城市的PM$_{2.5}$浓度有显著的负向影响。但在不同样本间有异质性：反腐败的污染减排效应

在西部城市最大,其次是东部城市,最后是中部城市。这种异质性影响可能是由不同区域间的经济发展差异造成的。西部城市多为资源型城市,环境污染水平较高、经济发展水平较低(Ruan et al.,2020),因此反腐败的污染减排效果在西部地区是最大的。中部城市以重工业为主,经济发展消耗了大量能源,其以重工业为主的经济结构导致该地区的环境问题可能难以在短时间内得到改善。因此,反腐败的污染减排效果在中部最低。然而,东部城市是改革开放初期技术先进、经济成就较高的典型地区,因此反腐败带来的科技创新和减排效果可能比中部地区更为明显。

3. 稳健性分析

1) 平行趋势检验

DID 模型依赖于平行趋势假设,即要满足"若不存在反腐败政策,高腐败城市和低腐败城市之间的污染差异将不会改变"的假设。因此,若在 2013 年之前,高腐败城市和低腐败城市两者之间污染排放量的差异很小甚至没有,则可认为本文的 DID 分析满足平行趋势假设。

参考 Li 等(2016)的方法,本文使用公式(2)进行平行趋势检验。本文的样本区间为2009~2016年共8年,因此本文设定了相对于反腐败运动开始时间(即 2013 年,记为 D^0)的 8 个不同的时间虚拟变量(即 D^{-4}, D^{-3}, D^{-2}, D^{-1}, D^0, D^1, D^2, D^3)。剔除公式(1)中的 $City_{it} \times Anti_t$ 变量的同时,在公式(1)中加入上述 8 个时间虚拟变量与城市腐败虚拟变量(City)的交互项,得到新的回归模型如公式(2)所示。其余所有变量定义均与公式(1)一致。

$$P_{it} = \alpha_i + \beta_i \sum_i^{(-4,+3)} D^j \times City_{it} + \gamma X_{it} + \delta_t + \varepsilon_{it} \qquad (2)$$

图 2 展现了公式(2)中 8 个交乘项的系数所描述的时间趋势,置信区间为95%。由图 2 可知,2013 年之前的 4 个交乘项系数估计值接近 0,表明 2009~2012 年高腐败城市和低腐败城市的污染排放量几乎没有差异。反观 2013 年以来的其他 4 个交乘项系数估计值则显著小于 0,表明反腐败运动对高腐败城市和低腐败城市的污染排放量的影响不同。因此,本文的 DID 分析满足平行趋势假设。

2) 未观察到的变量的影响

除平行趋势假设外,本文进一步考虑上述实证结果是否受到了未观察到的变量的影响。DID 分析的前提是处理组和控制组是随机分组的,而如果本文的分组受到未观察到的变量的影响,则表明反腐败的效果可能会受到这些变量的影响而产生偏差。因此,下面对样本分组的随机性进行检验,以排除未观察到的变量的影响。参考 Chetty 等(2009)、Lin 等(2016)和 Li 等(2016)的方法,本文进行如下安慰剂检验。本文对基准回归进行了 500 次随机抽样回归。本文使用2013~

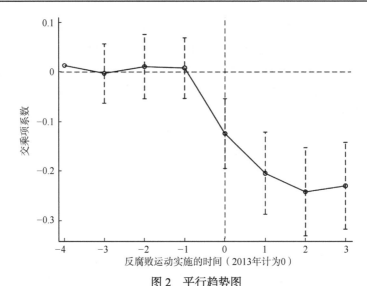

图 2　平行趋势图

实线描述了 8 个虚拟变量的系数估计值的趋势，虚线表示每个系数估计值的 95% 置信区间

2016 年的处理组城市个数作为待随机抽取的样本（即 74、87、87、63）。随后在 2009～2012 年随机选取 4 个年份进行检验（t_1、t_2、t_3、t_4）。因此，t_1 年随机选择 74 个城市接受反腐败政策的影响，t_2 年选择 87 个城市，t_3 年选择 87 个城市，t_4 年选择 63 个城市[①]。

　　图 3 显示了所有 500 个反事实回归的系数估计的 k 密度分布。它显示了一个从 -1.0 到 +1.0 的正态分布，平均值为 -0.007，标准误为 0.030。总的来说，所有随机处理城市的系数值都以零为中心，这意味着对于随机选择的反腐败城市来说，没有发现未观察到的变量的影响。此外，它与基准回归中得到的估计值（-0.203）相距甚远。因此，本文排除了未观察到的变量对反腐败运动和空气污染分析的干扰。

　　3）反腐败运动的动态效应

　　基于全样本的回归结果表明，相比于低腐败城市，2013 年及之后的反腐败运动会显著降低高腐败城市的 $PM_{2.5}$ 浓度。由于各城市开展反腐败运动的具体时间各不相同，因此有必要进一步考察这种政策冲击是否会对高度腐败城市的 $PM_{2.5}$ 浓度产生其他影响。基于此，参考 Biderman 等（2010）的做法，本文在样本中剔除低腐败城市，仅使用高腐败城市的子样本进行进一步的实证分析。

　　回归结果如表 4 第（1）列所示。$City_{it} \times Anti_t$ 的系数（-0.119）的绝对值小于表 2 第（6）列的系数（-0.203），但符号和显著性水平未变。这表明，越早开展反腐败运动，就越能减少污染物排放。换言之，反腐败运动越早实施，所能获得的环境效益就越大。

---

① 随机处理的城市数量是根据基准回归中 2013～2016 年受反腐败运动影响的城市数量来确定的。

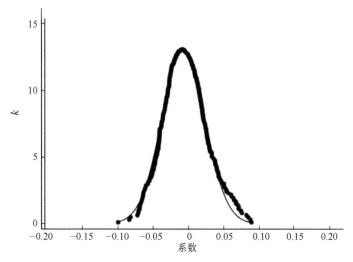

图 3　使用随机抽样回归检验政策效果

图中显示了 500 个随机抽样回归系数的 k 密度分布，–0.20 处的竖线是基准回归参考线

根据 Li 等（2016）的研究，本文进一步基于公式（2）估计了反腐败的动态效应。图 2 表明自 2013 年以来，反腐败运动对污染的影响均在统计上显著为负。附表 1 中进一步报告了公式（2）的系数估计值，以说明各年反腐败对污染的影响大小。总体来看，反腐败的污染减排效应总体上在稳步上升，仅在 2016 年略微下降，其中，2015 年的减排效应约为 24.2%，高于 2016 年的 23%。该发现表明反腐败的减排效应是逐步显现并提高的，但在短时间内不能完全发挥效果，因此反腐败政策需要一以贯之，避免政策出现逆转。

表 4　动态因素和其他混杂因素的结果

变量	（1）	（2）	（3）	（4）
	LnPM$_{2.5}$	LnPM$_{2.5}$	LnPM$_{2.5}$	LnPM$_{2.5}$
City×Anti	−0.119***	−0.202***	−0.161***	−0.210***
	（0.025）	（0.045）	（0.039）	（0.046）
Air_p		0.022		
		（0.016）		
Indus	−0.001	−0.001	0.000	0.000
	（0.001）	（0.001）	（0.001）	（0.001）
Open	0.006	0.013***	0.005	0.005
	（0.003）	（0.004）	（0.003）	（0.004）

续表

变量	（1）	（2）	（3）	（4）
	LnPM$_{2.5}$	LnPM$_{2.5}$	LnPM$_{2.5}$	LnPM$_{2.5}$
LnEdu	0.017**	0.002	0.007	0.008
	(0.009)	(0.009)	(0.008)	(0.005)
LnES	0.038*	0.031	0.018	−0.065
	(0.022)	(0.020)	(0.035)	(0.044)
Pop_g	0.000	0.001	0.001	−0.002
	(0.000)	(0.001)	(0.001)	(0.002)
Indus×Anti				−0.001
				(0.002)
Open×Anti				0.008
				(0.008)
LnEdu×Anti				−0.003
				(0.018)
LnES×Anti				0.111
				(0.050)
Pop_g×Anti				0.004
				(0.003)
常数项	3.791***	3.803***	3.711***	4.184***
	(0.096)	(0.099)	(0.140)	(0.176)
省份年份联合固定效应			是	
年份固定效应	是	是	是	是
城市固定效应	是	是	是	是
样本量	474	1016	1016	1016
R^2	0.940	0.869	0.948	0.869

***、**和*分别代表 1%、5%和 10%的显著性水平

4）排除其他政策的影响

若在反腐败运动的实施期间，其他政策也影响了各城市的污染水平，那么本文实证结论的可靠性可能会受到影响（Lin et al.，2016）。本文进一步排除其他可能对 PM$_{2.5}$ 水平有重大影响的政策对本文实证结论的影响。

2013 年 9 月，国务院印发了《大气污染防治行动计划》[①]，明确强调了 PM$_{2.5}$ 污染的严重性和减排的必要性。该通知提出：到 2017 年，全国地级及以上城市可吸入颗粒物浓度比 2012 年下降 10%以上，优良天数逐年提高；京津冀、长三角、珠三角等区域细颗粒物浓度分别下降 25%、20%、15%左右。2014 年，环境保护部与 31 个省区市进一步签署了《大气污染防治目标责任书》，对实现区域减排目标进行责任分配。

考虑到《大气污染防治行动计划》对污染减排的影响，本文定义了一个新变量 Air_p 来衡量这一额外政策冲击的效果。若该城市受《大气污染防治行动计划》的影响[②]，则变量 Air_p 取值为 1，否则为 0。将变量 Air_p 纳入公式（1）以消除《大气污染防治行动计划》的反腐败运动效应，回归结果见表 4 第（2）列。该回归结果仍然表明反腐败运动使高腐败城市的 PM$_{2.5}$ 浓度显著下降了 20.2%，这与表 2 第（6）列的回归系数（20.3%）相差不大，表明对于本文的基准回归结果，《大气污染防治行动计划》的影响不大。

本文进一步在公式（1）中加入省份和年份的双向固定效应，以控制省内随时间变化的不可观测因素如省份年度经济波动对城市污染的影响。此外，参考 Fan 等（2008）的做法，本文进一步在公式（1）中加入前述控制变量与反腐败指标的交乘项（即 Indus×Anti、Open×Anti、LnEdu×Anti、LnES×Anti 和 Pop_g×Anti）以控制在城市层面上可能出现的横截面差异或时间变化对城市污染水平的影响。回归结果分别报告在表 4 的（3）列和（4）列中。加入上述控制变量后，反腐败交乘项 City×Anti 的系数仍显著为负，表明反腐败运动仍显著降低了 PM$_{2.5}$ 浓度。

5）其他稳健性检验

在本小节中，本文将实施其他检验以进一步证明基准回归的稳健性。

平行趋势：本文将基准 DID 模型与匹配法相结合以作为支持处理组和控制组之间平行趋势的另一种检验方法。匹配法在相关文献中被广泛使用，它可为处理组寻找更相似的控制组。本文采用 k 近邻匹配（k=4）的倾向得分匹配（propensity score matching，PSM）为高腐败城市寻找与之最相似的低腐败城市[③]，然后进行 PSM-DID 回归。回归结果见表 5 的第（1）列。该回归结果表明反腐败运动的污染减排效应是稳健的，其系数大小和显著性水平仍与表 2 的结果相似。

---

①《国务院关于印发大气污染防治行动计划的通知》，http://www.gov.cn/zwgk/2013-09/12/content_2486773.htm [2013-09-12]。

②《大气污染防治行动计划》规定了单个城市的污染减少目标。

③ 匹配的平衡测试证实了匹配方法的可靠性。限于节省篇幅，不另作报告。对于城市环境规制强度，参考 Yin 等（2015）和 Cai 等（2016）的研究，本文用城市 SO2、废水和工业粉尘的平均去除处理率来衡量。

表 5　其他稳健性检验的结果

变量	（1）LnPM$_{2.5}$	（2）LnPM$_{2.5}$	（3）LnPM$_{2.5}$	（4）LnPM$_{2.5}$	（5）LnPM$_{2.5}$
City×Anti	−0.204***			−0.138***	−0.118**
	(0.474)			(0.039)	(0.051)
City×Anti2		−0.065**			
		(0.032)			
Case×Anti			−0.099***		
			(0.000)		
Indus	−0.001	−0.002**	−0.001	−0.001*	−0.001*
	(0.001)	(0.001)	(0.001)	(0.001)	(0.001)
Open	0.012***	0.014***	0.012***	0.014***	0.013***
	(0.004)	(0.005)	(0.004)	(0.004)	(0.004)
LnEdu	0.001	0.001	0.004	0.002	0.000
	(0.010)	(0.010)	(0.010)	(0.009)	(0.010)
LnES	0.026	0.032	0.036*	0.035*	0.041**
	(0.021)	(0.020)	(0.020)	(0.020)	(0.019)
Pop_g	0.001	0.001	0.000	0.001	−0.000
	(0.002)	(0.002)	(0.002)	(0.002)	(0.002)
常数项	3.837***	3.758***	3.892***	3.771***	3.767***
	(0.107)	(0.102)	(0.110)	(0.100)	(0.101)
年份固定效应	是	是	是	是	是
城市固定效应	是	是	是	是	是
样本量	987	1016	1016	1016	1016
R^2	0.873	0.858	0.862	0.863	0.859

***、**和*分别代表 1%、5%和 10%的显著性水平

　　预期效应：反腐败一词首次作为官方提法（即中央八项规定）正式出现是在 2012 年底的中共十八大。但官方和具体的环境治理行动是 2013 年开始的，因此本文将 2013 年确定为反腐败运动的开端。但是如果个体预计反腐败政策将在某个时点实施，其可能会提前对该政策做出反应。在这种情况下，如果污染企业在 2012 年该词首次出现时就预期反腐败运动会影响其未来的生产活动，其很可能会采取预防措施（如提前安装减排设施等）以降低未来的负面影响，从而使本文的基准结果存在偏差。因此，为确保基准结果的可靠性，本文对是否可以观察到反腐败

的预期效果进行检验。若存在预期效应，则 2012 年反腐败政策的估计结果将是显著的。但正如附表 1 稳健性检验的回归动态效应所示，2012 年的交乘项（$City_{it} \times D^{-1}$）系数并不显著。这表明对反腐败政策的预期效果并不存在，本文的基准估计是稳健和可靠的。

腐败指标：在基准回归中，本文使用腐败、贿赂和渎职案件的总和衡量城市的腐败水平。在稳健性检验中，本文使用该城市公职人员的数量对案件总和进行平均，即使用公职人员人均案件总数来衡量城市的腐败水平（记为 Anti2）。公职人员数量数据来源于《中国城市统计年鉴》中"在公共管理和社会组织工作的人数"。此人均腐败指标排除了城市人口规模造成的偏差。人均腐败指标的回归结果列示在表 5 的第（2）列，回归结果表明反腐败运动仍在 5%的显著性水平上降低了 $PM_{2.5}$ 的浓度。

高腐败城市：在前文的分析中，本文使用虚拟变量来识别高腐败城市和低腐败城市。本文进一步使用各城市实际的腐败案件数量（记为 Case）作为城市腐败水平的代理变量，而非公式（1）中的变量 City。回归结果报告在表 5 的第（3）列。反腐败运动对高腐败城市空气污染的负向效应仍在 1%的水平上显著，与基准回归的结果一致。

在基准分析中，本文使用腐败案件的样本平均值来定义高腐败城市和低腐败城市。此处本文交替使用样本的年度中位数来定义高低腐败城市。回归结果报告在表 5 的第（4）列。可以看出，反腐败运动仍然在 1%的显著性水平下减少了 13.8%的 $PM_{2.5}$ 浓度。

在反腐败的大环境下，城市可能有选择地披露其腐败案件信息以避免成为反腐败的首要目标。由于前文均使用年度腐败案件来识别高、低腐败城市，因此城市的这种规避行为可能会导致前文的回归结果产生偏差。为排除这种干扰，本文使用预处理期间的样本平均值来识别处理组和控制组。也就是说，若该城市的腐败案件总是大于反腐败运动前一年的样本平均值，则该城市就被认定为高腐败城市。回归结果如表 5 第（5）列所示，交乘项 City×Anti 的系数仍显著为负，这表明本文基本结论是可靠的，即反腐败具有污染减排效应。

污染指标：本文使用 PM_{10} 和 NO_2 作为污染的替代指标以检验文章结果的稳健性。环境保护部公布了 2013～2016 年的 PM_{10} 和 NO_2 的日污染数据，经整理共得到本文 186 个样本城市的年污染数据。对于 2013 年之前的污染数据，则从每个城市的环境公报、年鉴和报纸中手动收集。最终共获得了 886 个 PM_{10} 和 NO_2 的观测值。表 6 报告了污染替代指标的回归结果。表 6 中所有 City×Anti 的系数估计值均显著为负。这表明，无论是否加入控制变量，与低腐败城市相比，反腐败运动仍能降低高腐败城市的其他类型的空气污染水平。

表 6 对其他类型的空气污染的估计

变量	(1) LnNO₂	(2) LnNO₂	(3) LnPM₁₀	(4) LnPM₁₀
City×Anti	−0.062**	−0.061**	−0.075**	−0.078**
	(0.031)	(0.031)	(0.037)	(0.037)
Indus		−0.001		0.001
		(0.001)		(0.001)
Open		0.012**		−0.004
		(0.005)		(0.005)
LnEdu		−0.001		0.004
		(0.011)		(0.010)
LnES		0.022		0.030
		(0.039)		(0.027)
Pop_g		0.004**		0.000
		(0.002)		(0.002)
常数项	3.966***	3.848***	4.700***	4.540***
	(0.016)	(0.165)	(0.021)	(0.111)
年份固定效应	是	是	是	是
城市固定效应	是	是	是	是
样本量	886	886	886	886
R^2	0.688	0.695	0.734	0.736

***、**分别代表 1%、5%的显著性水平

4. 机制分析

在前面分析中，本文指出反腐败运动大大降低了高腐败城市的污染水平。在本节中，本文进一步研究反腐败运动影响城市污染水平的具体机制。

现有文献指出，腐败主要通过两大机制影响污染水平。第一，腐败通过影响环境规制的强度来影响污染（López and Mitra，2000；Leitão，2010）。第二，腐败通过影响经济发展水平来影响污染（Cole，2007）。反腐败与腐败程度密切相关。在已有研究的基础上，本文同样试图从环境规制的强度和经济发展水平的角度分析反腐败对污染的具体作用机制。本文使用联立方程模型（Preacher and Kelley，2011）来探讨反腐败、环境规制或经济发展、污染之间的关系，具体回归方程如式（3）~式（5）所示：

$$P_{it} = \alpha_i + \beta_1 \text{City}_{it} \times \text{Anti}_t + \gamma X_{it} + \delta_t + \varepsilon_{it} \quad (3)$$

$$Y_{it} = \alpha_i + \beta_2 \text{City}_{it} \times \text{Anti}_t + \gamma X_{it} + \delta_t + \varepsilon_{it} \quad (4)$$

$$P_{it} = \alpha_i + \beta_3 \text{City}_{it} \times \text{Anti}_t + \beta_4 Y_{it} + \gamma X_{it} + \delta_t + \varepsilon_{it} \quad (5)$$

其中，Y_{it} 表示中介因素，即城市环境规制强度（记为 ER）[①]和实际 GDP（Y），其余变量定义与公式（1）一致。根据 Preacher 和 Kelley（2011）的研究，若 β_1、β_2、β_4 均显著异于 0，则反腐败的机制效应存在。若 β_3 不显著，则存在 ER 或 Y 的完全中介效应；若 β_3 显著但系数小于 β_1 时，则存在部分中介效应。然而，环境规制和经济发展对反腐败与空气污染关系的中介作用可用 $\beta_1 - \beta_3$ 来估计。表 7 汇报了中介效应的回归结果，第（1）～（3）列证实环境规制存在部分中介效应。回归结果表明，反腐败能直接减少 20.3% 的污染，而约 1.97% 的部分污染减排可通过环境规制间接实现[②]。具体而言，反腐败提高了城市环境规制强度 ER（约 0.056），而环境规制强度 ER 的增加使污染减少了 7.1%。此结果与腐败可能影响环境政策执行力度并降低环境规制强度的预期一致（Candau and Dienesch，2017）。Cole 等（2007）和 Biswas 等（2012）也证实腐败会降低环境规制强度进而导致污染增加。一般来说，企业可以通过腐败寻求政府的财政支持和政治保护。López 和 Mitra（2000）认为与其他行业相比，高污染行业更倾向于贿赂当局以最大化其利润。一方面，反腐败可以提高政府官员的环保意识和环境规制力度。另一方面，反腐败还能改善环保的制度环境。近年来，中国政府出台了多项环保法规。例如，《大气污染防治行动计划》明确规定了各种污染物的减排目标。《环境保护监督检查方案》则严格环境保护专项监督检查、落实官员环境责任，有助于改善环境保护的执行情况。随着腐败成本的增加，官员将有动力落实环境规制的执行，从而减少污染。

表 7 机制分析

变量	(1)	(2)	(3)	(4)	(5)	(6)
	$\text{LnPM}_{2.5}$	ER	$\text{LnPM}_{2.5}$	$\text{LnPM}_{2.5}$	LnY	$\text{LnPM}_{2.5}$
City×Anti	−0.203***	0.056***	−0.199***	−0.203***	0.205*	−0.200***
	(0.046)	(0.019)	(0.044)	(0.046)	(0.122)	(0.045)
ER			−0.071*			
			(0.042)			

[①] 对于城市环境规制强度，参考 Yin 等（2015）和 Cai 等（2016）的研究，本文用城市 SO_2、废水和工业粉尘的平均去除处理率来衡量。

[②] 部分中介效应由（0.203−0.199）/0.203×100 计算所得。

续表

变量	（1）	（2）	（3）	（4）	（5）	（6）
	LnPM$_{2.5}$	ER	LnPM$_{2.5}$	LnPM$_{2.5}$	LnY	LnPM$_{2.5}$
LnY						−0.014[*]
						(0.008)
Indus	−0.001	−0.001[**]	−0.002	−0.001	−0.008[**]	−0.001
	(0.001)	(0.001)	(0.001)	(0.001)	(0.004)	(0.001)
Open	0.012[***]	0.003	0.012[***]	0.012[***]	0.122[***]	0.014[***]
	(0.004)	(0.002)	(0.004)	(0.004)	(0.019)	(0.004)
LnEdu	0.003	0.010	0.003	0.003	−0.024	0.002
	(0.009)	(0.007)	(0.009)	(0.009)	(0.042)	(0.009)
LnES	0.028	0.022	0.030[*]	0.028	−0.122	0.027
	(0.020)	(0.022)	(0.020)	(0.020)	(0.101)	(0.020)
Pop_g	0.000	0.001	0.001	0.000	−0.012[*]	0.000
	(0.002)	(0.001)	(0.002)	(0.002)	(0.007)	(0.016)
常数项	3.819[***]	0.705[***]	3.869[***]	3.819[***]	18.498[***]	4.072[***]
	(0.058)	(0.087)	(0.098)	(0.058)	(0.476)	(0.150)
年份固定效应	是	是	是	是	是	是
城市固定效应	是	是	是	是	是	是
样本量	1016	1016	1016	1016	1016	1016
R^2	0.869	0.322	0.869	0.869	0.473	0.869

***、**和*分别代表1%、5%和10%的显著性水平

　　表7中第（4）～（6）列表明经济发展同样存在部分中介效应，即反腐败的污染减排效果也可通过调节经济发展（实际地区生产总值）间接实现，这一间接效应约占总减排效应的1.48%。从反腐败与经济产出的关系来看，根据表7第（5）列的结果，本文发现2013年反腐败运动对产出具有显著的促进影响，即反腐败运动使高腐败城市的GDP增长了20.5%。这一结果与以往研究的结果一致，如Leys等（1965）和Cole（2007）都证实腐败增加了收入不平等并降低了收入水平。对此可能的解释是，贿赂是一种非生产性支出，是企业逃避烦琐的环境税、寻求政治保护的重要手段（Leff，1964）。然而，反腐败减少了贿赂的机会，鼓励企业提高生产性投资从而改善了经济。反腐败还通过减少"灰色收入"的形式影响官员绩效（Aidt，2003；Huntington，2006），反腐败鼓励官员进行"尽职调查"、提高经济发展质量。从经济发展与环境污染的关系来看，本文发现GDP每增长1%，空气污染就会减少1.4%，这与环境库兹涅茨曲线的内涵是一致的，即经济

增长有利于环境保护（Baek，2015）。尽管经济增长在早期对环境有负面影响（Youssef et al.，2016），但经济增长最终会改善环境恶化问题（Bekhet and Othman，2018）。随着产出的增加，社会能加大对清洁能源技术的投资来应对环境污染（Nie and Li，2013；Zheng and Kahn，2013）。

综上所述，本文的研究结果证实：反腐败既可以直接降低 $PM_{2.5}$ 浓度，也可以通过两种机制（即提高环境规制强度和经济发展水平）间接降低 $PM_{2.5}$ 浓度。

五、结　论

目前，中国亟须实现经济发展与环境保护的融合。受以往研究关于政府官员在环境保护中发挥重要作用的结论的启发，本文将中国自 2013 年起实施的大规模反腐败运动作为自然实验，全面考察反腐败与城市空气污染水平之间的关系，并在城市资源属性和地理位置差异方面进行了异质性分析。本文还从环境规制和经济发展的角度进行了机制分析。

本文结合多期 DID 方法和中国 189 个城市 2009~2016 年的面板数据进行研究，发现反腐败能显著降低中国高腐败城市的环境污染水平。这种污染减排效果在短时间内随着反腐败的推进而不断提高，说明反腐败需要长期坚持、不断推进。异质性分析表明，反腐败的污染减排效应在资源型城市、北方城市和西部地区更为明显。机制分析也表明，反腐败可以通过加强环境管制和提高经济发展水平来间接地降低污染水平。

本文肯定了反腐败对中国的重要意义。本文的结论表明：反腐败不仅是政治问题，也是经济发展和环境保护的重要动力。基于上述结论，本文提出如下政策建议：第一，反腐败应长期推进、久久为功，以增强当前反腐败运动的污染减排效应，而不是只关注反腐败的短期减排作用。第二，反腐败的实行也要考虑到城市的异质性，地方有针对性的具体措施往往比一刀切的政策好。

参 考 文 献

Aidt T S. 2003. Economic analysis of corruption: a survey. The Economic Journal，113（491）：F632-F652.

Almond D，Chen Y，Greenstone M，et al. 2009. Winter heating or clean air? Unintended impacts of China's Huai River policy. American Economic Review，99（2）：184-90.

Andres A R，Ramlogan-Dobson C. 2011. Is corruption really bad for inequality? Evidence from Latin America. Journal of Development Studies，47（7）：959-976.

Arminen H，Menegaki A N. 2019. Corruption，climate and the energy-environment-growth nexus.

Energy Economics，80：621-634.

Asteriou D，Agiomirgianakis G M. 2001. Human capital and economic growth：time series evidence from Greece. Journal of Policy Modeling，23（5）：481-489.

Baek J. 2015. Environmental Kuznets Curve for CO_2 emissions：the case of Arctic countries. Energy Economics，50：13-17.

Beck T，Levine R，Levkov A. 2010. Big Bad Banks? The winners and losers from bank deregulation in the United States. The Journal of Finance，65（5）：1637-1667.

Bekhet H A，Othman N S. 2018. The role of renewable energy to validate dynamic interaction between CO_2 emissions and GDP toward sustainable development in Malaysia. Energy Economics，72：47-61.

Bernauer T，Koubi V. 2009. Effects of political institutions on air quality. Ecological Economics，68（5）：1355-1365.

Biderman C，de Mello J M P，Schneider A. 2010. Dry laws and homicides：evidence from the São Paulo metropolitan area. The Economic Journal，120（543）：157-182.

Biswas A K，Farzanegan M R，Thum M. 2012. Pollution，shadow economy and corruption：theory and evidence. Ecological Economics，75：114-125.

Cai X，Lu Y，Wu M，et al. 2016. Does environmental regulation drive away inbound foreign direct investment? Evidence from a quasi-natural experiment in China. Journal of Development Economics，123：73-85.

Candau F，Dienesch E. 2017. Pollution haven and corruption paradise. Journal of Environmental Economics and Management，85：171-192.

Cao X，Kostka G，Xu X. 2019. Environmental political business cycles：the case of $PM_{2.5}$ air pollution in Chinese prefectures. Environmental Science & Policy，93：92-100.

Cao X，Wang Y，Zhou S. 2018. Anti-corruption campaigns and corporate information release in China. Journal of Corporate Finance，49：186-203.

Chen H，Hao Y，Li J，et al. 2018. The impact of environmental regulation，shadow economy，and corruption on environmental quality：theory and empirical evidence from China. Journal of Cleaner Production，195：200-214.

Chen Y，Ebenstein A，Greenstone M，et al. 2013. Evidence on the impact of sustained exposure to air pollution on life expectancy from China's Huai River policy. Proceedings of the National Academy of Sciences，110（32）：12936-12941.

Chen Z，Barros C P，Gil-Alana L A. 2016. The persistence of air pollution in four mega-cities of China. Habitat International，56：103-108.

Chetty R，Looney A，Kroft K. 2009. Salience and taxation：theory and evidence. American Economic Review，99（4）：1145-77.

Cole M A. 2007. Corruption，income and the environment：an empirical analysis. Ecological Economics，62（3/4）：637-647.

Cole M A，Elliott R，Zhang J，et al. 2007. Environmental regulation，anti-corruption，government efficiency and FDI location in China：a province level analysis. Department of Economics，

University of Birmingham，Working paper.

Copeland B R，Taylor M S. 1994. North-south trade and the environment. The Quarterly Journal of Economics，109（3）：755-787.

Damania R，Fredriksson P G，List J A. 2003. Trade liberalization，corruption，and environmental policy formation：theory and evidence. Journal of Environmental Economics and Management，46（3）：490-512.

Deng J. 2018. The national supervision commission：a new anti-corruption model in China. International Journal of Law，Crime and Justice，52：58-73.

Desai U. 1998. Ecological Policy and Politics in Developing Countries：Economic Growth，Democracy，and Environment. New York：SUNY Press.

Dincer O C，Fredriksson P G. 2018. Corruption and environmental regulatory policy in the United States：does trust matter?. Resource and Energy Economics，54：212-225.

Djankov S，la Porta R，Lopez-de-Silanes F，et al. 2002. The regulation of entry. The Quarterly Journal of Economics，117（1）：1-37.

Ebenstein A，Fan M，Greenstone M，et al. 2015. Growth，pollution，and life expectancy：China from 1991-2012. American Economic Review，105（5）：226-231.

Ebenstein A，Fan M，Greenstone M，et al. 2017. New evidence on the impact of sustained exposure to air pollution on life expectancy from China's Huai River policy. Proceedings of the National Academy of Sciences，114（39）：10384-10389.

Fan J P H，Rui O M，Zhao M. 2008. Public governance and corporate finance：evidence from corruption cases. Journal of Comparative Economics，36（3）：343-364.

Fang L，Lerner J，Wu C，et al. 2018. Corruption，government subsidies，and innovation：evidence from China. National Bureau of Economic Research Working Paper，No. w25098.

Feng G F，Dong M，Wen J，et al. 2018. The impacts of environmental governance on political turnover of municipal party secretary in China. Environmental Science and Pollution Research，25：24668-24681.

Fredriksson P G，List J A，Millimet D L. 2003. Bureaucratic corruption，environmental policy and inbound US FDI：theory and evidence. Journal of Public Economics，87（7/8）：1407-1430.

Fredriksson P G，Neumayer E. 2016. Corruption and climate change policies：do the bad old days matter?. Environmental and Resource Economics，63（2）：451-469.

Fredriksson P G，Svensson J. 2003. Political instability，corruption and policy formation：the case of environmental policy. Journal of Public Economics，87（7/8）：1383-1405.

Fu H L. 2016. China's striking anti-corruption adventure：a political journey towards the rule of law?//Chen W. The Beijing Consensus?：How China Has Changed Western Ideas of Law and Economic Development. Cambridge：Cambridge University Press：249-274

Gentzkow M. 2006. Television and voter turnout. The Quarterly Journal of Economics，121（3）：931-972.

Goel R K，Nelson M A. 2007. Are corrupt acts contagious?：Evidence from the United States. Journal of Policy Modeling，29（6）：839-850.

Hao Z, Liu Y, Zhang J, et al. 2020. Political connection, corporate philanthropy and efficiency: evidence from China's anti-corruption campaign. Journal of Comparative Economics, 48 (3): 688-708.

He J. 2010. What is the role of openness for China's aggregate industrial SO_2 emission?: a structural analysis based on the divisia Decomposition Method. Ecological Economics, 69 (4): 868-886.

He J, Makdissi P, Wodon Q. 2007. Corruption, inequality, and environmental regulation. Cahier de recherche/Working Paper, 7 (13): 1-24.

Hong F, Teh T H. 2019. Bureaucratic shirking, corruption, and firms' environmental investment and abatement. Environmental and Resource Economics, 74 (2): 505-538.

Hu J, Li X, Duncan K, et al. 2020. Corporate relationship spending and stock price crash risk: evidence from China's anti-corruption campaign. Journal of Banking & Finance, 113: 105758.

Huntington S P. 2006. Political Order in Changing Societies. New Haven: Yale University Press.

Ji X, Yao Y, Long X. 2018. What causes $PM_{2.5}$ pollution? Cross-economy empirical analysis from socioeconomic perspective. Energy Policy, 119: 458-472.

Jia R. 2017. Pollution for promotion. 21st Century China Center Research Paper, No.2017-05.

Jia R, Kudamatsu M, Seim D. 2015. Political selection in China: the complementary roles of connections and performance. Journal of the European Economic Association, 13 (4): 631-668.

Kalaitzidakis P, Mamuneas T P, Savvides A, et al. 2001. Measures of human capital and nonlinearities in economic growth. Journal of Economic Growth, 6 (3): 229-254.

Kaufmann D, Kraay A, Mastruzzi M. 2007. Measuring corruption: myths and realities. Africa Region Findings No.273.

Knack S F. 2006. Measuring corruption in Eastern Europe and Central Asia: a critique of the cross-country indicators. Policy Research Working Ppaer No.3968.

Lechner M. 2011. The estimation of causal effects by difference-in-difference methods. Foundations and Trends in Econometrics, 4 (3): 165-224.

Leff N H. 1964. Economic development through bureaucratic corruption. American Behavioral Scientist, 8 (3): 8-14.

Leitão A. 2010. Corruption and the environmental kuznets curve: empirical evidence for sulfur. Ecological Economics, 69 (11): 2191-2201.

Leys C. 1965. What is the problem about corruption?. The Journal of Modern African Studies, 3 (2): 215-230.

Li H, Loyalka P, Rozelle S, et al. 2017. Human capital and China's future growth. Journal of Economic Perspectives, 31 (1): 25-48.

Li H, Zhou L A. 2005. Political turnover and economic performance: the incentive role of personnel control in China. Journal of Public Economics, 89 (9/10): 1743-1762.

Li J J, Massa M, Zhang H, et al. 2021. Air pollution, behavioral bias, and the disposition effect in China. Journal of Financial Economics, 142 (2): 641-673.

Li P, Lu Y, Wang J. 2016. Does flattening government improve economic performance? Evidence from China. Journal of Development Economics, 123: 18-37.

Li Z，Cheng L. 2020. What do private firms do after losing political capital? Evidence from China. Journal of Corporate Finance，60：101551.

Lin C，Morck R，Yeung B Y，et al. 2016. Anti-corruption reforms and shareholder valuations: event study evidence from China. Available at SSRN 2729087.

Lisciandra M，Migliardo C. 2017. An empirical study of the impact of corruption on environmental performance: evidence from panel data. Environmental and Resource Economics，68（2）：297-318.

López R，Mitra S. 2000. Corruption，pollution，and the kuznets environment curve. Journal of Environmental Economics and Management，40（2）：137-150.

Mani M，Wheeler D. 1998. In search of pollution havens? Dirty industry in the world economy，1960 to 1995. The Journal of Environment & Development，7（3）：215-247.

Mauro P. 1995. Corruption and growth. The Quarterly Journal of Economics，110（3）：681-712.

Nie H H，Li J. 2013. Collusion and economic growth: a new perspective on the China model. Economic and Political Studies，1（2）：18-39.

Preacher K J，Kelley K. 2011. Effect size measures for mediation models: quantitative strategies for communicating indirect effects. Psychological Methods，16（2）：93.

Ruan F，Yan L，Wang D. 2020. The complexity for the resource-based cities in China on creating sustainable development. Cities，97：102571.

Sachs J D，Warner A M. 2001. The curse of natural resources. European Economic Review，45（4/6）：827-838.

Sam A G，Zhang X. 2020. Value relevance of the new environmental enforcement regime in China. Journal of Corporate Finance，62：101573.

Shao S，Wang Y，Yan W，et al. 2020. Administrative decentralization and credit resource reallocation: evidence from China's "enlarging authority and strengthening counties" reform. Cities，97：102530.

Shleifer A，Vishny R W. 1993. Corruption. The Quarterly Journal of Economics，108（3）：599-617.

Stern D I. 2004. The rise and fall of the environmental Kuznets curve. World Development，32（8）：1419-1439.

Svensson J. 2005. Eight questions about corruption. Journal of Economic Perspectives，19（3）：19-42.

Tanaka S. 2015. Environmental regulations on air pollution in China and their impact on infant mortality. Journal of Health Economics，42：90-103.

Wang Y，You J. 2012. Corruption and firm growth: evidence from China. China Economic Review，23（2）：415-433.

Wang Z，Huang W，Chen Z. 2019. The peak of CO_2 emissions in China: a new approach using survival models. Energy Economics，81：1099-1108.

Wanke P，Chen Z，Zheng X，et al. 2020. Sustainability efficiency and carbon inequality of the Chinese transportation system: a robust Bayesian stochastic frontier analysis. Journal of Environmental Management，260：110163.

Wilson J K，Damania R. 2005. Corruption，political competition and environmental policy. Journal of

Environmental Economics and Management, 49（3）: 516-535.

Wu J, Deng Y, Huang J, et al. 2013. Incentives and outcomes: China's environmental policy. Capitalism and Society, 9（1）: 1-41.

Wu Y, Zhu J. 2011. Corruption, anti-corruption, and inter-county income disparity in China. The Social Science Journal, 48（3）: 435-448.

Xu C. 2011. The fundamental institutions of China's reforms and development. Journal of Economic Literature, 49（4）: 1076-1151.

Xu G, Yano G. 2017. How does anti-corruption affect corporate innovation? Evidence from recent anti-corruption efforts in China. Journal of Comparative Economics, 45（3）: 498-519.

Xu W, Sun J, Liu Y, et al. 2019. Spatiotemporal Variation and socioeconomic drivers of air pollution in China during 2005-2016. Journal of Environmental Management, 245: 66-75.

Yang Z, Fan M, Shao S, et al. 2017. Does carbon intensity constraint policy improve industrial green production performance in China? A quasi-DID analysis. Energy Economics, 68: 271-282.

Yin D, Liu W, Zhai N, et al. 2017. Regional differentiation of rural household biogas development and related driving factors in China. Renewable and Sustainable Energy Reviews, 67: 1008-1018.

Youssef A B, Hammoudeh S, Omri A. 2016. Simultaneity modeling analysis of the environmental Kuznets curve hypothesis. Energy Economics, 60: 266-274.

Zeng X T, Tong Y F, Cui L, et al. 2017. Population-production-pollution nexus based air pollution management model for alleviating the atmospheric crisis in Beijing, China. Journal of Environmental Management, 197: 507-521.

Zheng S, Kahn M E. 2013. Understanding China's urban pollution dynamics. Journal of Economic Literature, 51（3）: 731-772.

Zheng S, Kahn M E, Sun W, et al. 2014. Incentives for China's urban mayors to mitigate pollution externalities: the role of the central government and public environmentalism. Regional Science and Urban Economics, 47: 61-71.

附　录

附表 1　反腐败的动态效应

变量	（1）
	LnPM$_{2.5}$
City×D^{-4}	0.013
	（0.036）
City×D^{-3}	−0.003
	（0.036）

续表

变量	（1）
	LnPM$_{2.5}$
City×D^{-2}	0.011
	(0.039)
City×D^{-1}	0.008
	(0.037)
City×D^0	−0.124***
	(0.043)
City×D^1	−0.204***
	(0.050)
City×D^2	−0.242***
	(0.054)
City×D^3	−0.230***
	(0.053)
Indus	−0.001
	(0.001)
Open	0.013***
	(0.004)
LnEdu	0.004
	(0.010)
LnES	0.026
	(0.020)
Pop_g	0.001
	(0.002)
常数项	3.805***
	(0.105)
年份固定效应	是
城市固定效应	是
样本量	1016
R^2	0.870

***代表1%的显著性水平

城市化、能源消耗与制度质量

一、引　　言

　　近年来，城市化在各国的工业化进程中发挥了突出的作用。统计数据显示，全球城市化进程不断推进。如图 1 所示，世界城市人口在 2009 年首次超过农村人口，而世界城市人口总额也从 1950 年的 7.51 亿人增长到 2019 年的 43 亿人，共增长了 4.7 倍。到 2050 年，城市人口在世界总人口中的比重预计达到约 68%（图 2）。城市化是经济和社会发展的关键进程（Poumanyvong and Kaneko，2010）。城市化将物质资源和农村劳动生产力转移到城市制造业，以满足经济增长的需要（Madlener and Sunak，2011）。尽管城市化对经济增长有卓越的贡献（Moomaw and Shatter，1996），但人口迅速集中在城市也会导致严重的问题。城市化需要消耗大量资源，已严重威胁到节约资源和保护环境的基本要求。据报道，城市消耗了世界约 80% 的能源，是世界能源的主要消耗体（Albino et al.，2015）。然而，发展中国家快速发展的城镇化更是进一步导致发展中国家能源消耗的增加（Al-Mulali et al.，2013）。如今，随着世界经济的不断发展和城市化进程的不断

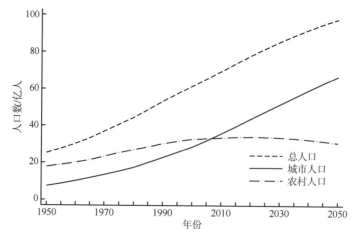

图 1　全球城市和农村人口的总数（1950～2050 年）

资料来源：World Urbanization Prospects：The 2018 Revision

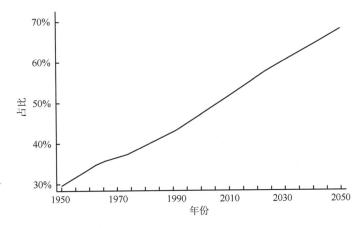

图 2　世界城市人口的占比（1950～2050 年）

资料来源：World Urbanization Prospects：The 2018 Revision

加快，一次能源（如石油和煤炭）的需求持续上升（Yu et al.，2020），能源供应趋紧。因此，如何估算并平衡城市化对能源资源的实际影响对全球经济和生态发展均具有重要意义。

近年来，城市化与能源消耗之间的关系一直得到学者的广泛关注（Poumanyvong and Kaneko，2010；Shahbaz and Lean，2012；Wang and Yang，2019；Zhang et al.，2020），然而学者并未得出一致结论。一些研究者认为城市化的发展导致了高能耗（Jones，1991；Jiang and Lin，2012；Salim and Shafiei，2014；Wang and Yang，2019；Zhang et al.，2020）。然而，也有研究认为城市化预计会对能源消耗产生负面影响（Sadorsky，2013；York，2007；Liddle，2004），并在各国中表现出不确定甚至是非线性的影响（Wang and Yang，2019；Liu and Xie，2013；Sadorsky，2013；Poumanyvong and Kaneko，2010）。基于此，本文使用跨国数据，期望能为城市化影响能源消耗提供新的证据。

除城市化外，一些其他因素，如工业化（Shahbaz and Lean，2012；Sadorsky，2013）、经济发展与对外贸易（Wang and Yang，2019；York，2007）、城市结构（Madlener and Sunak，2011）等，也被证明会影响城市化和能源消耗之间的关系。然而，很少有研究关注政府结构因素如制度质量等的影响，而制度质量与能源绩效（Sun et al.，2019；Ahlborg et al.，2015）和城市化（Billger and Goel，2009；Elgin and Oyvat，2013；Adams et al.，2016）均密切相关。鲜有研究同时考察城市化、制度质量和能源消耗之间的关系。与本文最相关的研究是 Adams 和 Klobodu（2017），但他们只是将制度质量作为背景变量，并根据人口、富裕程度和技术的回归（stochastic impacts by regression on population，affluence，and technology，STIRPAT）模型研究这些变量之间的因果关系。本文与 Adams 和 Klobodu（2017）

工作的不同之处在于，本文不仅提供了城市化和能源消耗之间关系的新证据，而且还利用面板门槛模型（Hansen，1999）探讨了这种关系是否受制度质量的影响而呈非线性，该模型被广泛应用于研究非线性效应。

本文可能的贡献有如下三点：①本文使用 2000～2014 年 72 个国家的面板数据，为有关城市化对能源消耗的因果影响提供了新证据，对有关城市化和能源消耗的文献做出了补充；②不同于其他关于调节因素影响的研究，本文使用面板门槛模型探讨了制度质量对城市化与能源消耗之间关系的影响，以检验城市化的非线性效应；③本文进一步检验了制度质量的中介效应。

本文后续内容结构如下：第 2 部分对相关文献进行总结；第 3 部分说明实证模型并介绍相关变量定义和数据来源；第 4 部分汇报了实证结果、稳健性检验和异质性分析；第 5 部分对全文结论进行总结和提出政策建议。

二、文 献 综 述

城市化的快速发展极大地促进了经济发展和世界全球化（Moomaw and Shatter，1996），但也带来了大规模的资源消耗，不利于环境可持续发展。然而，城市化对能源安全的影响也一直是学者热议的话题（Wang and Yang，2019；Zhang et al.，2020）。

1. 城市化对能源消耗的影响

近年来，学者对城市化与能源消耗的关系进行了大量研究，但对于二者间的关系尚未达成共识。

部分学者认为城市化的发展对能源消耗有积极影响。Jones（1991）被认为是第一个详细分析城市化和能源消耗之间关系的学者，他发现城市化对能源消耗有积极影响。无论是对发展中国家、发达国家的分析，还是对跨样本国家的分析，这一结论均成立。受 Jones（1989；1991）的启发，Zhang 和 Lin（2012）利用中国的省级面板数据来估计城市化对能源消耗的影响，同样得出城市化导致能源消耗增加的结论。Jiang 和 Lin（2012）也分析了中国各省的城市化和能源使用之间的关系，并得出了类似的结论，即城市化对能源需求有积极影响。随后，Yu 等（2020）基于中国 108 个城市的面板数据，再次证实了城市化对能源有积极影响。然而，城市化对能源消耗的积极影响不仅在发展中国家成立（Zhang et al.，2020；Franco et al.，2017；Ghosh and Kanjilal，2014；Jones，1991），而且在发达国家（Lenzen et al.，2006；Liddle and Lung，2010；Madlener and Sunak，2011）也成立。有学者发现，城市化水平的提高与居民能源的消耗呈正相关。其他跨国研究也得出了类似的结论（Al-Mulali and Ozturk，2015）。例如，Wang 等（2018）使用 170 个国家的面板数据来分析城市化对能源消耗的影响，并验证了二者间的长期正相关关系。Salim 和 Shafiei（2014）对 OECD 国家的研究也同样得出城市化会增大能源消耗的结论。

也有一些实证研究指出城市化率对能源消耗具有负面影响。Mishra 等（2009）对太平洋岛屿国家的研究发现城市化对新喀里多尼亚的能源消耗具有负面影响。然而，中国也存在城市化的节能效应（Ji and Chen，2017）。Sadorsky（2013）基于面板回归模型评估了城市化对 76 个发展中国家能源消耗的影响，结果证实，从长远来看，城市化的提高会降低能源消耗。Fan 等（2017）对不同能源进行分类，估计了城市化与居民能源消费之间的关系，他们发现城市化过程有助于改善能源消费结构并减少煤炭需求。

也有研究指出城市化进程与能源消耗之间存在非线性关系。例如，Poumanyvong 和 Kaneko（2010）基于跨国面板数据分析发现城市化对能源消耗的影响因收入水平而异，城市化对高收入国家能源消耗的影响是正向的，而对低收入经济体的影响则是负向的。然而，Jiang 和 Lin（2012）也揭示了能源消耗与城市化之间的倒 "U" 形关系。Li 和 Lin（2015）发现城市化可以改善低收入地区的能源消耗，增加高收入地区的能源消耗，但对中等收入地区的影响并不显著。Wang 和 Yang（2019）以及 Liu 和 Xie（2013）的研究也得到了类似的结果。

上述文献表明，虽然已有部分研究对城市化与能源消耗之间的关系进行了探讨，但学界对城市化和能源消耗间的因果关系尚未达成共识，因此有必要进一步研究城市化和能源消耗之间的关系。

2. 其他因素对城市化和能源消耗关系的影响

城市化是能源消耗的主体。然而，在分析城市化和能源消耗之间的关系时，也应考虑其他重要因素的影响，如工业化（Shahbaz and Lean，2012；Sadorsky，2013）、经济发展和对外贸易（Wang and Yang，2019；York，2007）及城市结构（Madlener and Sunak，2011）等。

Krey 等（2012）使用综合评估模型，从劳动生产率的角度来估计城市化对居民能源消耗的影响。O'Neill 等（2012）在评估城市化和能源消耗之间的关系时也考虑了劳动力的影响。也有许多学者认为，经济发展要以大量的资源消耗为代价（York，2007），并与城市化密切相关（Madlener and Sunak，2011）。在此基础上，许多学者考察了经济发展在城市化和能源消耗关系中的作用。例如，Liddle（2013）通过使用异质面板模型分析了城市化、能源消耗和经济增长之间的关系。然而，Wang 和 Yang（2019）从区域收入的角度考察了城市化对中国居民能源消耗的影响，发现城市化对居民能源消耗的影响在不同经济发展水平的地区间存在差异。

　　此外，作为国内经济的重要组成部分，对外贸易或 FDI 也被纳入对能源消耗的分析中。Behera 和 Dash（2017）使用南亚和东南亚地区的跨面板数据，研究了城市化和 FDI 对能源消耗的影响。他们的结果表明，城市化、FDI、能源消耗之间存在协整关系。此外，由于工业活动的增加，工业化预计也会对能源消耗产生积极影响（Sadorsky，2013）。Shahbaz 和 Lean（2012）利用突尼斯的面板数据估计了城市化、能源消耗、工业化和金融发展之间的关系，同样发现上述变量间存在长期的双向因果关系。除了经济和金融因素会干扰城市化对能源消耗的影响外，也有少数学者考虑了其他因素的影响，如 Madlener 和 Sunak（2011）在研究城市化对能源需求的影响时，就结合城市结构进行了不同的分析。

　　综上所述，以往的研究已考察了诸多因素（即经济增长、工业化和金融市场等）对城市化和能源消耗之间关系的影响，但对政府结构性因素的关注甚少，尤其是制度质量。然而，城市化作为国家发展的重要指标之一，与一国的制度质量密切相关（Elgin and Oyvat，2013）。Billger 和 Goel（2009）实证发现一国的城市化水平会对其社会腐败水平产生显著影响。此外，制度质量也对能源绩效有积极影响（Sun et al.，2019；Ahlborg et al.，2015）。Adams 等（2016）的研究结果就表明，城市化对环境质量的正向影响主要是由于制度质量。然而，系统考察城市化、制度质量和能源消耗之间关系的研究却很少。Adams 和 Klobodu（2017）在研究城市化环境污染的影响时考虑了制度质量的作用，但也仅是把制度质量作为控制变量加入模型中。考察制度质量是否会影响城市化对能源消耗的影响，有助于同时提高政府的政治和经济绩效。因此，本文旨在填补这一空白。具体而言，本文利用 2000~2014 年的跨国面板数据为关于城市化和能源消耗的研究提供了新证据。近年来，门槛模型被广泛用于分析自变量和因变量之间的非线性关系（Du and Xia，2018；Lin and Du，2015）。本文也进一步利用面板门槛模型（Hansen，1999）探讨了城市化和能源消耗之间的关系是否受到制度质量的影响。

三、模型、变量和数据

1. 实证模型

　　基于 Jones（1991）的模型，本文使用如下实证模型以考察城市化对能源消耗的影响。

　　具体模型设计如式（1）所示：

$$LnEI_{it} = \alpha + \beta LnUrban_{it} + \gamma LnX_{it} + \delta_i + \mu_t + \epsilon_{it} \tag{1}$$

其中，EI_{it} 和 $Urban_{it}$ 分别表示 i 国在 t 年的能源消耗和城市化水平；β 表示城市化对能源消耗的影响，若 β 为正，则表明两者之间存在正向关系，否则即存在负向关系；X_{it} 表示一系列与城市化和能源消耗相关的控制变量，其中包括人均 GDP、工业化程度、经济开放度和人口密度；δ_i 和 μ_t 分别表示国家和年份的固定效应，以排除年份和个体之间的潜在干扰；ϵ_{it} 表示误差项。

本文采用了 Hansen（1999）中的面板门槛模型，进一步探讨制度质量是否对城市化和能源消耗之间的关系存在影响。上述模型已被广泛用于考察变量之间的非线性关系。本文将制度质量作为一个门槛变量，随后进行如式（2）所示的分析：

$$\mathrm{Ln\,EI}_{it} = \alpha + \beta_1 \mathrm{LnUrban}_{it} I(\mathrm{INS}_{it} \leqslant \tau) + \beta_2 \mathrm{LnUrban}_{it} I(\mathrm{INS}_{it} > \tau) + \gamma \mathrm{Ln} X_{it}$$
$$+ \delta_i + \mu_t + \epsilon_{it} \tag{2}$$

其中，INS_{it} 表示 i 国在 t 年的制度质量，是影响城市化对能源消耗影响的门槛变量；τ 表示将方程分解为两部分的特定门槛参数，本文重点关注的系数为 β_1 和 β_2；$I(\cdot)$ 表示示性函数，若函数成立，则取值为 1，否则取 0。

2. 变量定义

（1）能源消耗。根据 Sadorsky（2013）的研究，本文将总能源消耗（EI）作为被解释变量，其定义为以 2001 年不变价格计算的每 1000 美元 GDP 的石油当量消耗。在后续的分析中，本文还使用了以下变量来表示能源消耗：一次能源消耗（EI2），可再生能源消耗（EI3）和化石能源消耗（EI4）。详细的变量定义如表 1 所示。

表 1　变量定义

变量	定义	单位
LnEI	总能源强度=Ln（能源消耗/GDP）	千克/（1000 美元）
LnUrban	城市化=Ln（城市人口/总人口）	%
LnIndus	工业化=Ln（工业生产/GDP）	%
LnGdpc	人均 GDP =Ln（人均 GDP）	美元
LnOpen	开放度=Ln（（出口+进口）/GDP）	%
LnPop	人口密度=Ln（人口密度）	每平方公里
CPI	制度质量：腐败感知指标	—
ICRG	制度质量：国际国家风险指南	—
LnUrban2	城市集聚=Ln（100 万人以上的城市群人口/总人口）	%
LnUrban3	城市首位度=Ln（最大城市的人口/城市人口）	%
LnEI2	一次能源强度=Ln（一次能源消耗/GDP）	千克/美元
LnEI3	可再生能源强度=Ln（可再生能源消耗/GDP）	千克/美元
LnEI4	化石能源强度=Ln（化石能源消耗/ GDP）	千克/美元
OECD	虚拟变量：若一国属于 OECD 国家，则为 1；否则为 0	—

（2）城市化。在基准回归中，本文使用城市人口在总人口中的比例（Urban）来衡量一国城市化水平。在稳健性检验中，本文定义了城市群比例（Urban2），用于表示人口超过 100 万人的城市群比例；同时还采用"超级城市"（Urban3）代表过度城市化。

（3）制度质量。本文将制度质量定义为一个国家利用制度来管理社会各方面的能力，它是制度执行能力的集中体现。制度质量对一个国家的经济竞争力、公共治理和社会建设都具有重要意义。许多指标都可以用来衡量制度质量。例如，政治风险服务组织（Political Risk Services，PRS）使用了 141 个国家的《国际国家风险指南》（International Country Risk Guide，ICRG）来构造制度质量指标。透明国际组织（Transparency International，TI）构造了 180 个国家的腐败指数（corruption perception index，CPI）来衡量制度水平。ICRG 和 CPI 在实证分析中均被广泛用于衡量制度质量（Seligson，2006；Qu et al.，2019；Aziz，2018；Maruta，2019），因此本文同样使用上述两个指标来衡量制度质量（记为 Ins）。

（4）控制变量。参考 Jones（1991）和 Zhang 等（2017）的研究，本文控制如下变量。①经济发展水平与能源消耗密切相关（Deichmann et al.，2019；Sweidan and Alwaked，2016），因此本文采用人均 GDP 的对数（LnGdpc）来代表经济发展水平。②工业往往比传统农业消耗更多的能源（Lin and Chen，2019；Sadorsky，2013），因此本文用工业产值占 GDP 的比重（LnIndus）来控制工业化对能源消耗的影响。③人口密度的增长，即居民的活动和聚集，预计会增加能源强度（Rafiq et al.，2016），因此本文控制了人口密度（LnPop）。④经济开放度的提高将吸引更多的外国投资和高能源需求的生产（Shahbaz et al.，2015），因此本文还控制了经济开放度（LnOpen）。

3. 数据来源

所有被解释变量（能源消耗）和控制变量（人均 GDP、工业产值占 GDP 的比重、经济开放度和人口密度）都来自世界银行数据库的世界发展指标。制度质量（即 ICRG 和 CPI）则分别从 PRS 和 TI 收集得到①。面板门槛模型要求使用平衡的面板数据，因此本文剔除了相对较小的岛屿国家。此外，在世界银行数据库中，2014 年后许多变量值存在缺失。因此，综合考虑数据的可用性和合理性，本文最终使用 2000 年至 2014 年 72 个国家的 1080 个样本的面板数据进行分析。表 2 列出了所有变量的描述性统计。

---

① ICRG 指数是衡量制度质量的综合指数，由 12 个不同层次的子指标构成。参照 Islam 和 Montenegro（2002）与 Law 等（2013）的研究，本文将各子指标的加权和作为总体制度质量，权重取决于子指标在整体质量体系中的重要性。详细信息见：https://epub.prsgroup.com/products/icrg。

表 2 描述性统计

变量	样本量	平均值	标准差	最小值	最大值
LnEI	1080	4.801	0.400	3.979	6.341
LnUrban	1080	4.157	0.308	2.990	4.605
LnIndus	1080	3.295	0.254	2.353	4.192
LnGdpc	1080	9.667	0.904	7.316	11.34
LnOpen	1080	4.331	0.522	2.986	6.090
LnPop	1080	4.183	1.377	0.836	8.951
CPI	1080	5.203	2.319	1	10
ICRG	1080	6.933	1.028	4.030	9.060
LnUrban2	915	3.101	0.559	1.471	4.605
LnUrban3	1020	3.103	0.622	1.122	4.605
LnEI2	1080	1.639	0.404	0.816	3.165
LnEI3	1080	2.655	1.173	−1.124	4.540
LnEI4	1080	4.375	0.523	2.773	6.168
OECD	1080	0.319	0.466	0	1

注：由于数据的可得性，Urban2 和 Urban3 的样本量相对于我们的城市化基本指标（Urban）较小

图 3 给出了总能源强度（LnEI）、一次能源强度（LnEI2）、可再生能源强度（LnEI3）和化石能源强度（LnEI4）的时间趋势。如图 3 所示，2000 年至 2014 年期间，所有能源强度都呈下降趋势。图 4 显示了城市化（LnUrban）和能源强

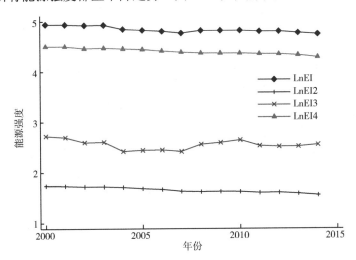

图 3 能源强度的时间趋势

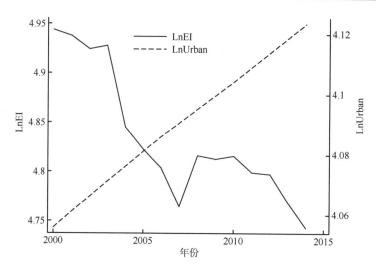

图 4　城市化与能源强度的时间趋势图

度（LnEI）的概况，可以看出城市化的快速上升也伴随着总能源强度的下降。然而城市化水平的提高对能源强度的具体影响，还需要进一步分析。

四、实 证 结 果

1. 基准结果

表 3 列示了城市化和能源消耗的回归结果，回归模型控制了年份和国家的固定效应。如第（1）列所示，城市化对能源强度具有显著的正向影响。回归系数表明，城市化水平每提高 1% 就会带来能源消耗增加 0.51%，约占总能源消耗的 11%。许多研究者也得到了类似的结论，即城市化的发展导致了高能耗（Yan，2015；Rafiq et al.，2016；Yu et al.，2020）。在控制变量方面，经济增长（人均 GDP 提高）可使能源消耗降低 0.585%，同时工业化程度的提高也对能源消耗有正向影响，这与其他研究的结果一致。例如，Sadorsky（2013）证实了工业化程度的提升会导致能源消耗的提高。经济开放度和人口密度也对能源消耗有显著的正向影响。Shahbaz 等（2015）认为经济开放度是提高能源消耗的原因之一。高人口密度表明一个国家或地区相对较高的人口聚集程度和由此产生的能源消耗的高需求。

表3 城市化、能源强度和制度质量的基准结果

变量	OLS	门槛模型（以 CPI 为门槛）			
	（1）	（2）	（3）	（4）	（5）
	LnEI	LnEI	LnEI	LnEI	LnEI
门槛值		2.00**	2.00**	2.00**	2.00**
95%置信区间		（1.80~2.10）	（1.90~2.10）	（1.90~2.10）	（1.90~2.10）
LnUrban	0.510***	0.556**	0.696***	0.696***	0.588**
	(0.109)	(0.261)	(0.219)	(0.220)	(0.274)
		0.506**	0.664***	0.665***	0.555**
		(0.247)	(0.214)	(0.215)	(0.269)
LnIndus	0.150***	−0.032	0.192**	0.184**	0.148*
	(0.040)	(0.126)	(0.073)	(0.076)	(0.076)
LnGdpc	−0.585***		−0.585***	−0.579***	−0.549***
	(0.055)		(0.129)	(0.127)	(0.134)
LnOpen	0.057**			0.022	0.047
	(0.026)			(0.058)	(0.060)
LnPop	0.161**				0.211
	(0.081)				(0.199)
常数项	6.908***	2.648**	6.992***	6.860***	6.136***
	(0.537)	(0.918)	(0.219)	(0.215)	(1.382)
年份固定效应	是	是	是	是	是
国家固定效应	是	是	是	是	是
样本量	1080	1080	1080	1080	1080
R^2	0.963	0.481	0.641	0.642	0.645

注：括号内为异方差稳健性误差
***、**和*分别代表 1%、5%和 10%的显著性水平

随后，本文利用门槛模型分析了城市化和能源强度之间的制度门槛效应。这一关系由公式（2）给出（LnUrban 第二个结果），所有结果都在表3的第（2）~（5）列中进行了报告。本文首确定门槛个数。所有的回归结果都证实，制度质量对城市化有单一的门槛效应①。与固定效应模型的基准线性假设不同，随着控制变量的逐渐增加，城市化水平对能源消耗具有正向影响的基本结论始终不变，估计结果在符号和数值上的变化可以忽略不计。然而，当制度质量大于门槛值时，

① 本文在进行回归分析之前先确定门槛值的个数，最终确认使用单门槛模型。为节省篇幅，此处并未对所有门槛测试结果进行汇报。

城市化对能源消耗的正向影响就会减弱。以第（5）列为例，当制度质量大于门槛值时，城市化对能源消耗的影响会降低 3.3（即 0.588－0.555）个百分点。这一发现表明，制度质量的提高可以缓解城市化对能源消耗的压力。Adams 等（2016）证实，城市化虽然导致了环境恶化，但同时也可以随着制度质量的提高而有条件地改善环境绩效。此外，经验证据表明，制度质量在社会、经济和气候变化之间的关系中起着中介作用（Sarkodie and Adams，2018），并会对能源效率产生积极影响（Amuakwa-Mensah and Adom，2017；Sun et al.，2019）。

2. 异质性分析

前文已证实，一个城市化水平较高的国家能源消耗也较大，但这种影响可以通过制度质量进行调节。大多数研究者认为，城市化对能源消耗的影响对所有国家都是相同的（Poumanyvong and Kaneko，2010）。然而，由于每个国家都具有不同的特点，同质影响的观点是值得怀疑的。因此，本文进行了异质性分析，以进一步探讨基准回归的结论是否在国家收入水平和能源类型方面具有异质性。

（1）经济异质性。考虑到各国的经济发展水平的差异，参考 Zhang 等（2017）和 Jinke 等（2008）的分类方法，本文同样按照经济发展水平将样本分为两组，即 OECD 国家和非 OECD 国家。本文中 OECD 国家和非 OECD 国家的完整名单见附表 1。本文根据公式（1）和公式（2）分别进行了分样本回归。回归结果见表 4。

表 4　OECD 国家和非 OECD 国家的异质性分析

变量	OECD 国家		非 OECD 国家	
	（1）	（2）	（3）	（4）
	OLS	门槛模型（以 CPI 为门槛）	OLS	门槛模型（以 CPI 为门槛）
	LnEI	LnEI	LnEI	LnEI
门槛值		8.80**		2.00**
95%置信区间		(8.66～8.90)		(1.97～2.10)
LnUrban	−0.510***	−0.964**	0.617***	0.688**
	(0.197)	(0.451)	(0.117)	(0.282)
		−0.983**		0.657**
		(0.462)		(0.280)
LnIndus	0.243***	0.287**	0.092*	0.093
	(0.081)	(0.106)	(0.047)	(0.088)

续表

变量	OECD 国家		非 OECD 国家	
	（1）	（2）	（3）	（4）
	OLS	门槛模型（以 CPI 为门槛）	OLS	门槛模型（以 CPI 为门槛）
	LnEI	LnEI	LnEI	LnEI
LnGdpc	−0.504***	−0.544***	−0.698***	−0.655***
	(0.132)	(0.132)	(0.067)	(0.168)
LnOpen	0.224***	0.009	0.045	0.034
	(0.078)	(0.143)	(0.028)	(0.062)
LnPop	0.423**	−0.405	0.023	0.082
	(0.213)	(0.320)	(0.096)	(0.233)
常数项	10.607***	15.436***	8.069***	7.424***
	(1.544)	(1.629)	(0.709)	(1.820)
年份固定效应	是	是	是	是
国家固定效应	是	是	是	是
样本量	345	345	735	735
R^2	0.974	0.497	0.961	0.690

注：括号内为异方差稳健性误差

***、**和*分别代表 1%、5%和 10%的显著性水平

对比第（1）列和第（3）列的回归结果可知，城市化水平对能源消耗具有正向影响的基本结论只在非 OECD 国家中成立。然而，城市化对 OECD 国家的能源消耗有显著的负向效应。且 OECD 国家的城市化效应为 4.36，大于非 OECD 国家（4.06）。值得注意的是，OECD 国家一般被认为是发达国家。通常高收入国家的能源利用效率较高（Sadorsky，2013；Sun et al.，2019），能够更好地处理城市化发展与能源消耗之间的矛盾。Shafiei 和 Salim（2014）就指出 OECD 国家的高度城市化伴随着较小的环境影响。此外，城市化对能源和排放的影响在发展中国家比在发达国家更加明显（Shi，2003）。

此外，制度质量对城市化和能源消耗之间关系的正向门槛效应在 OECD 国家和非 OECD 国家中都是显著的。如第（2）列和第（4）列所示，城市化水平的上升伴随着 OECD 国家更高的节能率和非 OECD 国家更高的能源消耗量。这一发现表明，当制度质量超过门槛值时，城市化对能源消耗的负效应在 OECD 国家中增加了 1.9（即 0.983–0.964）个百分点；在非 OECD 国家中，其正效应减少了 3.1（即 0.657–0.688）个百分点。这两个发现都揭示了制度质量对环境绩效的重要性

（Sun et al.，2019；Amuakwa-Mensah and Adom，2017）。

（2）能源异质性。本文进一步探讨城市化对能源消耗的影响是否会因能源类型的不同而不同。参考 Salim 和 Shafiei（2014）的方法，本文将样本按能源类型分成以下两组：可再生能源组和化石能源组。

回归结果见表 5。回归结果表明城市化对两种能源类型的影响均在统计意义上显著，但两组回归结果的符号相反。城市化对可再生能源组消耗的影响为负，对化石能源组消耗的影响为正。这一发现与其他研究者的结果一致，即城市化会增加不可再生能源的消耗（Salim and Shafiei，2014）。此外，快速的城市化发展往往会增加化石燃料的消耗（Zhang et al.，2020），减少可再生能源的消耗（Yu et al.，2020）。一个潜在的解释是，在快速城市化的进程中，与传统的不可再生能源相比，可再生能源的成本更高（Owen，2006）。

表 5　可再生能源组和化石能源组的异质性分析

变量	可再生能源组		化石能源组	
	（1）	（2）	（3）	（4）
	OLS	门槛模型（以 CPI 为门槛）	OLS	门槛模型（以 CPI 为门槛）
	LnEI3	LnEI3	LnEI4	LnEI4
门槛值		8.00**		1.80**
95%置信区间		（7.90~8.10）		（1.79~1.81）
LnUrban	−0.413*	−0.353	1.032***	1.183***
	（0.218）	（0.524）	（0.113）	（0.253）
		−0.418		1.106***
		（0.523）		（0.254）
LnIndus	−0.107	−0.086	0.196***	0.179**
	（0.109）	（0.211）	（0.051）	（0.082）
LnGdpc	−1.246***	−1.227**	−0.417***	−0.375**
	（0.084）	（0.184）	（0.068）	（0.181）
LnOpen	0.277***	0.260**	0.096***	0.082
	（0.053）	（0.113）	（0.031）	（0.054）
LnPop	−1.210***	−1.237**	0.665***	0.690***
	（0.198）	（0.476）	（0.105）	（0.260）
常数项	18.520***	20.841***	1.269*	−0.300
	（0.273）	（2.487）	（0.681）	（1.819）
年份固定效应	是	是	是	是

变量	可再生能源组		化石能源组	
	（1）	（2）	（3）	（4）
	OLS	门槛模型（以 CPI 为门槛）	OLS	门槛模型（以 CPI 为门槛）
	LnEI3	LnEI3	LnEI4	LnEI4
国家固定效应	是	是	是	是
样本量	1080	1080	1080	1080
R^2	0.977	0.412	0.971	0.624

注：括号内为异方差稳健性误差

***、**和*分别代表 1%、5%和 10%的显著性水平

然而，如第（2）列和第（4）列所示，城市化和能源消耗之间的制度质量的门槛效应仅在化石能源组中显著。这意味着高制度质量会伴随着可再生能源投资（Bellakhal et al.，2019）。尽管当制度质量超过阈值时，对可再生能源的负向影响会加剧，但这一影响并不显著。与城市化对可再生能源强度的制度门槛效应不同，城市化对化石能源强度的积极影响被制度质量明显削弱。特别是，城市化对化石能源消耗的弹性降低了 0.077。许多研究也强调了制度质量对改善环境的重要性（Ibrahim and Law，2016；Adams and Klobodu，2017）。综上所述，我们可以得出结论，城市化程度对化石能源的消耗有重要影响，而制度质量的改善将会调节这种影响。

3. 制度质量的中介效应

考虑到制度质量对城市化水平和能源消耗之间的关系的重要性，本文通过门槛模型分析得出了制度质量的门槛效应。本文在 Preacher 和 Kelley（2011）的基础上进一步建立了"三步"中介效应模型来估计制度质量的中介效应价值。具体回归模型如式（3）～式（5）所示：

$$\ln EI_{it} = \alpha + \beta_1 \ln Urban_{it} + \gamma \ln X_{it} + \delta_i + \mu_t + \epsilon_{it} \tag{3}$$

$$INS_{it} = \alpha + \beta_2 \ln Urban_{it} + \gamma \ln X_{it} + \delta_i + \mu_t + \epsilon_{it} \tag{4}$$

$$\ln EI_{it} = \alpha + \beta_3 \ln Urban_{it} + \beta_4 INS_{it} + \gamma \ln X_{it} + \delta_i + \mu_t + \epsilon_{it} \tag{5}$$

若 β_1、β_2 和 β_4 显著异于 0，则证实 INS_{it} 具有中介效应。此外，如果 β_3 不显著，则 INS_{it} 具有完全中介效应；否则，INS_{it} 具有部分中介效应，中介效应由 $\beta_1 - \beta_3$ 计算得出。

表 6 汇报了"三步"回归的结果。首先，本文发现城市化水平的提高显著降低了制度质量。许多研究就城市化对制度质量的负向影响达成了共识。Seligson

（2006）通过实证研究证实了城市化的提高会导致腐败风险的提升。此外，城市化的提高也会增加人们对腐败的感知（Goel and Nelson，2011）。一般而言，一国的城市化水平会受到腐败的显著影响（Billger and Goel，2009），具体而言，腐败的增加会导致政府治理质量下降，进一步导致整体制度质量下降，从而降低城市化水平。一个可能的原因是，城市化的快速发展会导致大规模人力和物力资源的转移，这需要城市治理者提供相关的必需品（Komal and Abbas，2015），而该方面所需的金融投资也可能会滋生腐败。其次，如第（3）列所示，本文发现制度的提高对能源消耗有显著的负向影响。Barzel（2002）证实，制度质量会直接影响公共产品的供给。此外，制度质量可能会影响人的行为（Acemoglu and Robinson，2006）。也有文献证实了制度质量对节能的重要性（Sun et al.，2019）。我们的结果与 Al-Mulali 和 Ozturk（2015）的发现一致，他们通过实证研究揭示了政治稳定可以解决城市化和能源消耗带来的环境恶化问题。综上所述，本文证实了制度质量对城市化和能源强度之间关系的部分中介效应，该效应约占总效应的 31.37%=（0.510–0.494）/0.510×100。

表 6　制度质量的中介效应

变量	(1)	(2)	(3)
	LnEI	INS	LnEI
LnUrban	0.510***	−0.953**	0.494***
	(0.109)	(0.435)	(0.108)
INS			−0.017*
			(0.009)
LnIndus	0.150***	0.275**	0.154***
	(0.040)	(0.138)	(0.040)
LnGdpc	−0.585***	0.920***	−0.570***
	(0.055)	(0.109)	(0.057)
LnOpen	0.057**	−0.115	0.055**
	(0.026)	(0.099)	(0.026)
LnPop	0.161**	0.704***	0.173**
	(0.081)	(0.268)	(0.082)
常数项	6.908***	−0.128	6.906***
	(0.537)	(1.706)	(0.535)
年份固定效应	是	是	是
国家固定效应	是	是	是

续表

变量	(1)	(2)	(3)
	LnEI	INS	LnEI
样本量	1080	1080	1080
R^2	0.963	0.948	0.964

注：括号内为异方差稳健性误差
***、**和*分别代表 1%、5%和 10%的显著性水平

4. 稳健性检验

本文已经证实，城市化水平对能源消耗有显著的正向作用，而制度质量可以调节这种影响。此外，上述效应在不同的国家收入水平和能源类型上，具有异质性。在本节中，本文将进行一系列稳健性检验，以保证本文结论的可靠性。

（1）制度质量的替代指标。如上所述，城市化对能源强度的积极影响可以通过门槛变量 CPI 来调节。为了排除指标选择的主观性对实证结果的影响，本文使用另一个制度质量指标，即 PRS 的《国际国家风险指南》指标（ICRG）。ICRG是一个综合指标，有 12 个子项，包括不同级别的腐败指数，它 CPI 一致，并被广泛用于衡量制度质量（Aziz，2018；Chong and Gradstein，2007）。参考 Islam和 Montenegro（2002）及 Law 等（2013）的研究，本文将各分项指数的加权和作为总体制度质量，然后使用其作为门槛变量。回归结果见表 7，与表 3 中的结果相比，替换制度质量指标后前文的结论更加显著了。

表 7　制度质量的替代指标

变量	(1) 基准回归	(2) OECD 国家	(3) 非 OECD 国家	(4) 可再生能源组	(5) 化石能源组
	LnEI	LnEI	LnEI	LnEI3	LnEI4
门槛值	5.88**	7.45**	5.88**	7.98**	5.86***
95%置信区间	(5.86～5.90)	(7.42～7.46)	(5.85～5.90)	(7.92～8.01)	(5.84～5.87)
LnUrban	0.487*	−0.773*	0.597**	−0.371	1.004***
	(0.266)	(0.426)	(0.282)	(0.526)	(0.267)
	0.470*	−0.787*	0.581**	−0.419	0.985***
	(0.265)	(0.429)	(0.282)	(0.528)	(0.265)
LnIndus	0.137*	0.274**	0.077	−0.050	0.172*
	(0.077)	(0.107)	(0.092)	(0.204)	(0.089)
LnGdpc	−0.574***	−0.653***	−0.677***	−1.177***	−0.401**
	(0.145)	(0.143)	(0.180)	(0.180)	(0.177)

续表

变量	（1）	（2）	（3）	（4）	（5）
	基准回归	OECD 国家	非 OECD 国家	可再生能源组	化石能源组
	LnEI	LnEI	LnEI	LnEI3	LnEI4
LnOpen	0.058	0.052	0.044	0.241**	0.096*
	(0.056)	(0.172)	(0.057)	(0.111)	(0.055)
LnPop	0.162	−0.152	0.033	−1.200**	0.660**
	(0.192)	(0.481)	(0.226)	(0.475)	(0.261)
常数项	6.938***	14.560***	8.086***	20.214***	0.223
	(1.493)	(1.615)	(2.019)	(2.437)	(2.080)
年份固定效应	是	是	是	是	是
国家固定效应	是	是	是	是	是
样本量	1080	345	735	1080	1080
R^2	0.646	0.479	0.689	0.420	0.616

注：括号内为异方差稳健性误差

***、**和*分别代表 1%、5%和 10%的显著性水平

本文同样按国家收入水平和能源类型对样本进行划分。分样本的回归结果见表 7 的第（2）～（5）列。在 OECD 国家和非 OECD 国家中，城市化水平对能源消耗存在正向影响的结论依然成立。此外，在化石能源组中，城市化水平对能源消耗的影响受到制度质量的显著调节，而在可再生能源组中则没有这种影响。当 ICRG 超过门槛值时，城市化水平对能源消耗的影响降低了 0.019（即 1.004−0.985），这与表 5 中汇报的结果（0.077）相似。

（2）能源强度的替代指标。本文进一步使用一次能源与 GDP 的比率（EI2）来替代基准回归中代表能源强度的变量进行回归。表 8 第（1）列和第（2）列的回归结果表明，城市化对能源消耗有显著的正向影响，而且制度质量的门槛效应是正向的。具体而言，当制度质量超过门槛值时，城市化水平提高 1%会带来能源消耗的提高量从 0.577%增加到 0.522%。这一发现进一步证实了制度质量在平衡城市化发展和能源消耗方面的重要性。

（3）城市化水平的替代指标。表 8 的第（3）列和第（4）列汇报了另一个城市化指标（LnUrban2）的回归结果。回归结果表明，本文关于城市化水平对能源消耗的正向影响以及制度质量对该影响的门槛效应的基本结论依然成立。当制度质量大于门槛值时，城市化对能源强度的影响将降低 0.039（即 0.616−0.577）。该结果进一步证实了制度质量对城市化发展的重要性及其对节能的影响。

表 8 其他稳健性分析

变量	（1）OLS	（2）门槛模型（以 CPI 为门槛）	（3）OLS	（4）门槛模型（以 CPI 为门槛）	（5）OLS	（6）门槛模型（以 CPI 为门槛）
	LnEI2	LnEI2	LnEI	LnEI	LnEI	LnEI
门槛值		1.80**		2.00**		2.00**
95%置信区间		（1.79~1.81）		（1.90~2.10）		（1.90~2.10）
LnUrban	0.470***	0.577**			0.702***	0.759**
	（0.114）	（0.283）			（0.118）	（0.289）
		0.522*				0.727**
		（0.281）				（0.359）
LnUrban2			0.599***	0.616*		
			（0.143）	（0.362）		
				0.577*		
				（0.350）		
LnUrban3					0.242**	0.191
					（0.108）	（0.255）
LnIndus	0.175***	0.163**	0.151***	0.143	0.161***	0.154*
	（0.042）	（0.077）	（0.047）	（0.095）	（0.045）	（0.084）
LnGdpc	−0.613***	−0.583***	−0.602***	−0.557***	−0.601***	−0.560***
	（0.056）	（0.151）	（0.065）	（0.165）	（0.056）	（0.137）
LnOpen	0.038	0.028	0.040	0.037	0.023	0.016
	（0.027）	（0.058）	（0.028）	（0.061）	（0.026）	（0.058）
LnPop	0.109	0.127	0.233***	0.301	0.128	0.176
	（0.081）	（0.198）	（0.080）	（0.200）	（0.081）	（0.193）
常数项	4.286***	3.945***	6.979***	6.482***	5.496***	5.162***
	（0.564）	（1.460）	（0.570）	（1.525）	（0.705）	（1.750）
年份固定效应	是	是	是	是	是	是
国家固定效应	是	是	是	是	是	是
样本量	1080	1080	915	915	1020	1020
R^2	0.964	0.645	0.964	0.650	0.965	0.685

注：括号内为异方差稳健性误差

***、**和*分别代表 1%、5%和 10%的显著性水平

城市化作为经济发展的一个重要现象，导致了人力和物力资源的明显集中（Madlener and Sunak，2011）。然而，高度集中的城市化也代表着低效的城市化。高度集中的城市化会给城市的外部健康成本带来负担，并最终阻碍城市的经济发展，特别是在发展中国家。因此，本文需要考虑城市化过度集中的问题。根据Henderson（2002）的研究，本文用城市首位度（LnUrban3）来刻画过度城市化的问题，然后再次对公式（1）和公式（2）进行回归。如表8的第（5）列和第（6）列所示，城市首位度的提高明显增加了能源消耗，这与 Madlener 和 Sunak（2011）的结论一致。对比表3中的基准结果，可以发现城市化水平和能源消耗之间的关系是稳健的，但使用城市首位度作为解释变量所观察到的效应更大。此外，制度质量的门槛效应依然存在，城市化和能源消耗之间的非线性关系也是稳健的。

5. 内生性

城市化水平的提高会影响能源消耗和区域经济发展，而能源消耗可被视为每单位 GDP 的能源消耗。因此，城市化水平和能源消耗之间的反向因果关系可能会导致潜在的内生性问题。本文使用城市化的一期滞后项作为工具变量，进行 GMM 试图排除可能的内生性影响，回归结果见表 9。城市化水平对能源消耗的正向影响仍然是稳健且显著的。此外，本文根据表3中制度质量的门槛值将样本分为低门槛组（CPI≤2）和高门槛组（CPI＞2），并进一步对两类子样本进行 GMM 回归。然而，由于低门槛组的样本不足，本文无法比较两组间的系数差异。因此本文进一步使用表7中 ICRG 的门槛值，进行内生性分析。如表9中第（3）列和第（4）列所示，城市化水平对能源消耗的正向效应在高门槛组中很小，这与本文的基本结论相似。因此，在城市化和能源消耗的关系中，制度质量的确具有门槛效应。

表 9　内生性检验

变量	（1）	（2）	（3）	（4）
	Total	CPI＞2	ICRG≤5.88	ICRG＞5.88
	LnEI	LnEI	LnEI	LnEI
LnUrban	0.510***	0.463***	0.968***	0.523***
	(0.115)	(0.107)	(0.264)	(0.125)
LnIndus	0.152***	0.172***	0.469***	0.095**
	(0.041)	(0.043)	(0.105)	(0.039)
LnGdpc	−0.571***	−0.436***	−0.166	−0.506***
	(0.058)	(0.052)	(0.150)	(0.062)
LnOpen	0.055**	0.040	0.048	0.058*
	(0.027)	(0.026)	(0.058)	(0.030)

变量	（1）	（2）	（3）	（4）
	Total	CPI>2	ICRG≤5.88	ICRG>5.88
	LnEI	LnEI	LnEI	LnEI
LnPop	0.202**	0.294***	0.029	0.170*
	(0.085)	(0.086)	(0.044)	(0.091)
常数项	6.545***	5.184***	0.000	6.092***
	(0.569)	(0.491)	(0.000)	(0.603)
年份固定效应	是	是	是	是
国家固定效应	是	是	是	是
识别不足检验	112.112***	103.261***	28.012***	87.915***
弱工具变量检验	57 000***	49 000***	6 509.504***	33 000***
样本量	1008	984	162	846
R^2	0.964	0.968	0.959	0.968

注：当根据表 3 中 CPI 的门槛值来划分样本时，低门槛组的样本量较小，因此无法使用 GMM。因此本文进一步用另一个制度质量（ICRG）来进行类似的内生分析，并证明文章结论的稳健性。括号内为异方差稳健性误差＊＊＊、＊＊和＊分别代表 1%、5%和 10%的显著性水平

五、结论和政策建议

大量文献对城市化和能源消耗之间的关系进行了研究，但并未得出一致结论。现有文献也并未回答制度质量是否在城市化和能源消耗之间的关系中起作用的问题。因此，本文基于 2000～2014 年 72 个国家的面板数据，分析了城市化对能源消耗的影响，并采用面板门槛模型来探讨制度质量对城市化和能源消耗的门槛效应。本文还利用"三步"法探讨制度质量对城市化对能源消耗影响的中介效应。此外，本文也对城市化和能源消耗的制度门槛效应的异质性进行了探讨。

实证结果表明，城市化程度的提高对能源消耗有显著的正向影响。然而，当制度质量超过门槛值时，这种正向影响会被削弱，而制度质量的中介效应约占总正向效应的 31.37%。按国家收入和能源类型进行分类的分样本回归表明：制度质量门槛效应在 OECD 国家和非 OECD 国家中都是显著的，但方向相反。此外，制度质量的门槛效应只对化石能源组显著。

全面了解城市化和制度质量对能源消耗的影响，有助于实施有效的节能减排政策，以降低能源消耗和保护环境。本文的结果表明，制度质量的提高有助于降低能源消耗，特别是对欠发达国家或高度依赖化石能源的国家而言。因此，在追

求快速城市化时，政府不应忽视其制度建设。当然，本文也有不足之处。本文只对城市化、制度质量和能源强度之间的关系进行了宏观分析。在未来的研究中，应考虑对制度质量的机制进行更深入的探讨和微观分析，还需要使用适当的工具变量来解决城市化的内生性问题。

参 考 文 献

Acemoglu D，Robinson J A. 2006. Economic Origins of Dictatorship and Democracy. Cambridge：Cambridge University Press.

Adams S，Adom P K，Klobodu E K M. 2016. Urbanization，regime type and durability，and environmental degradation in Ghana. Environmental Science and Pollution Research，23（23）：23825-23839.

Adams S，Klobodu E K M. 2017. Urbanization，democracy，bureaucratic quality，and environmental degradation. Journal of Policy Modeling，39（6）：1035-1051.

Ahlborg H，Boräng F，Jagers S C，et al. 2015. Provision of electricity to African households：the importance of democracy and institutional quality. Energy Policy，87：125-135.

Albino V，Berardi U，Dangelico R M. 2015. Smart cities：definitions，dimensions，performance，and initiatives. Journal of Urban Technology，22（1）：3-21.

Al-Mulali U，Fereidouni H G，Lee J Y M，et al. 2013. Exploring the relationship between urbanization，energy consumption，and CO_2 emission in MENA countries. Renewable and Sustainable Energy Reviews，23：107-112.

Al-Mulali U，Ozturk I. 2015. The effect of energy consumption，urbanization，trade openness，industrial output，and the political stability on the environmental degradation in the MENA （Middle East and North African）region. Energy，84：382-389.

Amuakwa-Mensah F，Adom P K. 2017. Quality of institution and the FEG（forest，energy intensity，and globalization）-environment relationships in sub-Saharan Africa. Environmental Science and Pollution Research，24（21）：17455-17473.

Aziz O G. 2018. Institutional quality and FDI inflows in Arab economies. Finance Research Letters，25：111-123.

Barzel Y. 2002. A theory of the state：economic rights，legal rights，and the scope of the state. Cambridge：Cambridge University Press.

Behera S R，Dash D P. 2017. The effect of urbanization，energy consumption，and foreign direct investment on the carbon dioxide emission in the SSEA（South and Southeast Asian）region. Renewable and Sustainable Energy Reviews，70：96-106.

Bellakhal R，Kheder S B，Haffoudhi H. 2019. Governance and renewable energy investment in MENA countries：how does trade matter?. Energy Economics，84：104541.

Billger S M，Goel R K. 2009. Do existing corruption levels matter in controlling corruption?：Cross-country quantile regression estimates. Journal of Development Economics，90（2）：

299-305.

Chong A, Gradstein M. 2007. Inequality and institutions. The Review of Economics and Statistics, 89 (3): 454-465.

Deichmann U, Reuter A, Vollmer S, et al. 2019. The relationship between energy intensity and economic growth: new evidence from a multi-country multi-sectorial dataset. World Development, 124: 104664.

Du W C, Xia X H. 2018. How does urbanization affect GHG emissions? A cross-country panel threshold data analysis. Applied Energy, 229: 872-883.

Elgin C, Oyvat C. 2013. Lurking in the cities: urbanization and the informal economy. Structural Change and Economic Dynamics, 27: 36-47.

Fan J L, Zhang Y J, Wang B. 2017. The impact of urbanization on residential energy consumption in China: an aggregated and disaggregated analysis. Renewable and Sustainable Energy Reviews, 75: 220-233.

Franco S, Mandla V R, Rao K R M. 2017. Urbanization, energy consumption and emissions in the Indian context: a review. Renewable and Sustainable Energy Reviews, 71: 898-907.

Ghosh S, Kanjilal K. 2014. Long-term equilibrium relationship between urbanization, energy consumption and economic activity: empirical evidence from India. Energy, 66: 324-331.

Goel R K, Nelson M A. 2011. Measures of corruption and determinants of US corruption. Economics of Governance, 12 (2): 155-176.

Hansen B E. 1999. Threshold effects in non-dynamic panels: estimation, testing, and inference. Journal of econometrics, 93 (2): 345-368.

Henderson V. 2002. Urbanization in developing countries. The World Bank Research Observer, 17 (1): 89-112.

Ibrahim M H, Law S H. 2016. Institutional quality and CO_2 emission – trade relations: evidence from Sub-Saharan Africa. South African Journal of Economics, 84 (2): 323-340.

Islam R, Montenegro C. 2002. What determines the quality of institutions?. World Bank Policy Research Working Paper, No.2764

Ji X, Chen B. 2017. Assessing the energy-saving effect of urbanization in China based on Stochastic Impacts by regression on population, affluence and technology (STIRPAT) model. Journal of Cleaner Production, 163: S306-S314.

Jiang Z, Lin B. 2012. China's energy demand and its characteristics in the industrialization and urbanization process. Energy Policy, 49: 608-615.

Jinke L, Hualing S, Dianming G. 2008. Causality relationship between coal consumption and GDP: difference of major OECD and non-OECD countries. Applied Energy, 85 (6): 421-429.

Jones D W. 1989. Urbanization and energy use in economic development. The Energy Journal, International Association for Energy Economics, (4): 29-44.

Jones D W. 1991. How urbanization affects energy-use in developing countries. Energy policy, 19 (7): 621-630.

Komal R, Abbas F. 2015. Linking financial development, economic growth and energy consumption in Pakistan. Renewable and Sustainable Energy Reviews, 44: 211-220.

Krey V, O'Neill B C, van Ruijven B, et al. 2012. Urban and rural energy use and carbon dioxide emissions in Asia. Energy Economics, 34: S272-S283.

Law S H, Azman-Saini W N W, Ibrahim M H. 2013. Institutional quality thresholds and the finance – growth nexus. Journal of Banking & Finance, 37 (12): 5373-5381.

Lenzen M, Wier M, Cohen C, et al. 2006. A comparative multivariate analysis of household energy requirements in Australia, Brazil, Denmark, India and Japan. Energy, 31 (2/3): 181-207.

Li K, Lin B. 2015. Impacts of urbanization and industrialization on energy consumption/CO_2 emissions: does the level of development matter?. Renewable and Sustainable Energy Reviews, 52: 1107-1122.

Liddle B. 2004. Demographic dynamics and per capita environmental impact: using panel regressions and household decompositions to examine population and transport. Population and Environment, 26 (1): 23-39.

Liddle B. 2013. The energy, economic growth, urbanization nexus across development: evidence from heterogeneous panel estimates robust to cross-sectional dependence. The Energy Journal, 34 (2): 223-244.

Liddle B, Lung S. 2010. Age-structure, urbanization, and climate change in developed countries: revisiting STIRPAT for disaggregated population and consumption-related environmental impacts. Population and Environment, 31 (5): 317-343.

Lin B, Chen Y. 2019. Will economic infrastructure development affect the energy intensity of China's manufacturing industry?. Energy Policy, 132: 122-131.

Lin B, Du Z. 2015. How China's urbanization impacts transport energy consumption in the face of income disparity. Renewable and Sustainable Energy Reviews, 52: 1693-1701.

Liu Y, Xie Y. 2013. Asymmetric adjustment of the dynamic relationship between energy intensity and urbanization in China. Energy Economics, 36: 43-54.

Madlener R, Sunak Y. 2011. Impacts of urbanization on urban structures and energy demand: what can we learn for urban energy planning and urbanization management?. Sustainable Cities and Society, 1 (1): 45-53.

Maruta A A. 2019. Trade aid, institutional quality, and trade. Journal of Economics and Business, 103: 25-37.

Mishra V, Smyth R, Sharma S. 2009. The energy-GDP nexus: evidence from a panel of Pacific Island countries. Resource and Energy Economics, 31 (3): 210-220.

Moomaw R L, Shatter A M. 1996. Urbanization and economic development: a bias toward large cities?. Journal of Urban Economics, 40 (1): 13-37.

O'Neill B C, Ren X, Jiang L, et al. 2012. The effect of urbanization on energy use in India and China in the iPETS model. Energy Economics, 34: S339-S345.

Owen A D. 2006. Renewable energy: externality costs as market barriers. Energy Policy, 34 (5): 632-642.

Poumanyvong P, Kaneko S. 2010. Does urbanization lead to less energy use and lower CO_2

emissions? A cross-country analysis. Ecological Economics, 70 (2) : 434-444.

Preacher K J, Kelley K. 2011. Effect size measures for mediation models: quantitative strategies for communicating indirect effects. Psychological methods, 16 (2) : 93-115.

Qu G, Slagter B, Sylwester K, et al. 2019. Explaining the standard errors of corruption perception indices. Journal of Comparative Economics, 47 (4) : 907-920.

Rafiq S, Salim R, Nielsen I. 2016. Urbanization, openness, emissions, and energy intensity: a study of increasingly urbanized emerging economies. Energy Economics, 56: 20-28.

Sadorsky P. 2013. Do urbanization and industrialization affect energy intensity in developing countries?. Energy Economics, 37: 52-59.

Salim R A, Shafiei S. 2014. Urbanization and renewable and non-renewable energy consumption in OECD countries: an empirical analysis. Economic Modelling, 38: 581-591.

Sarkodie S A, Adams S. 2018. Renewable energy, nuclear energy, and environmental pollution: accounting for political institutional quality in South Africa. Science of the Total Environment, 643: 1590-1601.

Seligson M A. 2006. The measurement and impact of corruption victimization: survey evidence from Latin America. World Development, 34 (2) : 381-404.

Shafiei S, Salim R A. 2014. Non-renewable and renewable energy consumption and CO_2 emissions in OECD countries: a comparative analysis. Energy Policy, 66: 547-556.

Shahbaz M, Lean H H. 2012. Does financial development increase energy consumption? The role of industrialization and urbanization in Tunisia. Energy Policy, 40: 473-479.

Shahbaz M, Loganathan N, Sbia R, et al. 2015. The effect of urbanization, affluence and trade openness on energy consumption: a time series analysis in Malaysia. Renewable and Sustainable Energy Reviews, 47: 683-693.

Shi A. 2003. The impact of population pressure on global carbon dioxide emissions, 1975-1996: evidence from pooled cross-country data. Ecological Economics, 44 (1) : 29-42.

Sun H, Edziah B K, Sun C, et al. 2019. Institutional quality, green innovation and energy efficiency. Energy Policy, 135: 111002.

Sweidan O D, Alwaked A A. 2016. Economic development and the energy intensity of human well-being: evidence from the GCC countries. Renewable and Sustainable Energy Reviews, 55: 1363-1369.

Wang Q, Yang X. 2019. Urbanization impact on residential energy consumption in China: the roles of income, urbanization level, and urban density. Environmental Science and Pollution Research, 26 (4) : 3542-3555.

Wang S, Li G, Fang C. 2018. Urbanization, economic growth, energy consumption, and CO_2 emissions: empirical evidence from countries with different income levels. Renewable and Sustainable Energy Reviews, 81: 2144-2159.

Yan H. 2015. Provincial energy intensity in China: the role of urbanization. Energy Policy, 86: 635-650.

York R. 2007. Demographic trends and energy consumption in European Union Nations, 1960-2025.

Social Science Research, 36 (3): 855-872.

Yu Y, Zhang N, Kim J D. 2020. Impact of urbanization on energy demand: an empirical study of the Yangtze River economic belt in China. Energy Policy, 139: 111354.

Zhang C, Lin Y. 2012. Panel estimation for urbanization, energy consumption and CO_2 emissions: a regional analysis in China. Energy Policy, 49: 488-498.

Zhang N, Yu K, Chen Z. 2017. How does urbanization affect carbon dioxide emissions? A cross-country panel data analysis. Energy Policy, 107: 678-687.

Zhang X, Geng Y, Shao S, et al. 2020. China's non-fossil energy development and its 2030 CO_2 reduction targets: the role of urbanization. Applied Energy, 261: 114353.

附录

附表 1　2000~2014 年样本国家名单

OECD 国家	非 OECD 国家	
奥地利	阿根廷	哈萨克斯坦
澳大利亚	阿塞拜疆	肯尼亚
比利时	玻利维亚	韩国
加拿大	博茨瓦纳	拉脱维亚
丹麦	巴西	立陶宛
芬兰	保加利亚	马来西亚
法国	喀麦隆	墨西哥
德国	智利	摩尔多瓦
希腊	中国	纳米比亚
冰岛	哥伦比亚	尼日利亚
爱尔兰	哥斯达黎加	秘鲁
意大利	科特迪瓦	菲律宾
日本	克罗地亚	波兰
卢森堡	捷克	罗马尼亚
荷兰	厄瓜多尔	俄罗斯
新西兰	埃及	塞内加尔
挪威	萨尔瓦多	新加坡
葡萄牙	爱沙尼亚	斯洛伐克
西班牙	加纳	斯洛文尼亚

续表

OECD 国家	非 OECD 国家	
瑞典	匈牙利	南非
瑞士	印度	坦桑尼亚
英国	印度尼西亚	泰国
美国	以色列	突尼斯
	约旦	土耳其
	乌克兰	

环 境 规 制

　　近年来的"环保风暴"已经是一个不可逆转的趋势,传统制造业高污染与高能耗的粗放式发展模式给中国资源环境带来了巨大压力,多地因此都严格执行了压煤减排、煤改气、提标改造、限产停产等一系列雷霆措施。尤其是,党的十九大、"十四五"规划都把生态文明建设放在突出地位,生态文明建设力度空前。鉴于当前日趋严厉的环境规制政策不断出台,全面评估环境规制政策实施的效果具有重要的意义,这不仅为进一步推行环境规制政策提供建议,也为更好地促进中国经济发展提供借鉴。

　　本部分提供了一项关于环境规制政策的经济后果研究,试图从碳排放交易权政策的实施出发,采用三重差分模型,探讨环境规制与企业绿色发展之间关系这个常青的议题,并为解释这一关系的作用机制做出贡献。

碳排放权交易政策激发了企业绿色创新吗?

——基于中国上市公司绿色专利数据的三重差分模型

一、引　　言

随着工业化和城镇化的快速推进,中国能源环境问题尤为突出,对经济高质量发展和可持续发展提出了巨大挑战。2013 年 9 月习近平提出了"绿色治理"观,"绿水青山就是金山银山"的发展理念[①],强调生态文明建设。与此同时,为打好污染防治攻坚战和加强能源结构的优化,各级政府正积极采取低碳试点等一系列政策措施控制温室气体排放,推动二氧化碳和空气污染物的协同控制。初步核算的结果显示,与 2005 年相比,2018 年中国单位 GDP 的二氧化碳排放量累计下降 45.8%,相当于减排 52.6 亿吨二氧化碳[②],提前实现了中国 2020 年的碳排放强度降低 40%～45% 的承诺,同时基本缓解了二氧化碳排放快速增长的局面,为实现"十四五"应对气候变化目标奠定了坚实基础。尽管当前中国在减排上取得了巨大进步,但仍有待提高减排绩效。中国不仅面临着国际新框架下温室气体减排的艰难谈判和政治外交的博弈,而且面临着国内生态环境和自然资源承载力不足的巨大压力。因此,以可持续发展为目标的"低碳发展"模式与以低能耗和低污染为基础的绿色"低碳经济"已成为中国经济发展的必然趋势与要求。2013 年,中国各试点省市开始试行碳排放权交易政策,试图引入市场机制实现碳减排目标。全面评估该政策实施的效果具有重要的意义,不仅为全面推行碳排放权交易市场提供借鉴,还为进一步深化全国性环境权益交易制度,为市场型政策如何更好地促进企业低碳技术创新提供参照。

如何更加有效地控制二氧化碳排放已成为各国环境规制的重点。传统的行政命令式管理模式已经不能适应当前的环境变化,须建立新的机制才能够应对新时期的环境问题。回顾中国环境规制政策的历程,政策工具体系经历了从强调政府

---

① 《习近平"绿色治理"观:世界认同体现中国担当——国际社会高度评价"绿水青山就是金山银山"论》,http://cpc.people.com.cn/n1/2017/0607/c64387-29322571.html[2017-06-07]。

② 资料来源:国务院新闻办公室《中国应对气候变化的政策与行动 2019 年度报告》。

行政手段为主导到行政命令型、市场激励型和公众参与型相结合的"三位一体"的演进过程（张小筠和刘戒骄，2019）。Dales（1968）在有关社会成本的论文中就已经指出引入排污权交易机制，发挥市场的作用来配置交易权是解决环境外部性的有效方案。党的十九大报告中提出中国要"积极参与全球环境治理，落实减排承诺"，并要积极"构建市场导向的绿色技术创新体系"[①]。2019 年，联合国气候变化大会召开，中国提出要"坚持走绿色低碳和可持续发展之路"，承担大国责任。其中，碳排放权交易体系（Emissions Trading Scheme，ETS）被认为是减缓气候变暖和降低二氧化碳排放，促进绿色创新和低碳发展的重要工具之一。2011 年 10 月，《国家发展改革委办公厅关于开展碳排放权交易试点工作的通知》[②]印发，同意北京市、天津市、上海市、重庆市、湖北省、广东省及深圳市开展碳排放权交易试点。从 2013 年下半年开始各试点省市相继建立碳交易市场，碳交易额和交易量逐步增加，截至 2019 年 6 月 30 日，7 省市碳市场初具规模并显现减排成效，碳配额现货累计成交量约为 3.3 亿吨二氧化碳，累计成交金额达到 71.1 亿元人民币。国家发展和改革委员会于 2017 年 12 月宣布以发电行业为突破口正式启动全国碳排放交易体系，全国碳市场的启动，不仅是中国完成《巴黎协定》中自主贡献目标的重要一步，而且是中国将国内目标与国际气候治理有机结合的行动。总之，ETS 通过引入市场机制的作用来减缓二氧化碳排放，是实现绿色发展的重大制度创新。对发展中国家而言，如果设计得当，ETS 可利用价格信号更好地匹配技术和资金，促进低碳技术的投资和研发，从而以较低成本促进低碳转型和可持续发展。目前，大多数国家主要参照欧盟碳市场进行碳市场的设计，但是实现社会经济的可持续发展仍然是中国及其他多数发展中国家的重要任务，因此碳市场设计必须以中国实际情况为基础，坚持可持续发展目标和节能降碳之间的协同，才能成为环境保护和社会经济发展兼顾的重要减排工具。

　　碳交易试点政策对中国发展低碳经济具有重要作用，但是在新常态经济建设下仅仅关注政策的减排效应是远远不够的，有必要深入探讨这一市场手段对经济发展动力的影响。随着资源紧缺问题的加剧，寻求以创新为核心的高效型增长模式是实现经济增长和环境保护"双赢"目标的最优选择，企业开展绿色创新活动必然是未来的发展趋势，绿色创新作为生态文明建设的主要推动力，有利于协调经济发展与环境保护的关系，缓解资源约束问题，因此研究环境规制与企业绿色创新的因果关系显得尤为重要。波特于 1991 年提出"环境波特假说"，认为合理的环境规制能够为企业提供创新优势与先动优势，从而提升企业的业绩水平和竞

---

①《习近平：决胜全面建成小康社会 夺取新时代中国特色社会主义伟大胜利——在中国共产党第十九次全国代表大会上的报告》，http://www.xinhuanet.com//politics/19cpcnc/2017-10/27/c_1121867529.htm[2017-10-27]。

②《国家发展改革委办公厅关于开展碳排放权交易试点工作的通知》，https://www.ndrc.gov.cn/xxgk/zcfb/tz/201201/t20120113_964370_ext.html[2019-01-13]。

争力；而"弱波特假说"则基于创新的视角提出环境规制能够促进企业创新，从而弥补企业环境保护的成本并形成收益，因此本文旨在回答：中国的碳排放权交易试点政策如何影响企业的绿色创新行为？能否验证环境规制政策的"弱波特假说"？政府对企业实施的环境规制政策如何影响企业排污行为和绿色技术创新，对这些问题的定量分析与研究将有利于中国企业加快建设资源节约型和环境友好型的发展模式，促进经济发展与人口、资源、环境的协调，从这方面讲此类研究具有十分重要的实践价值。同时，目前学术界关于碳排放权交易制度的研究大多集中于欧美发达国家（Borghesi et al.，2015；Dechezleprêtre et al.，2018），研究试点政策对碳排放量和碳排放强度等减排绩效与碳核算的影响（Anderson et al.，2010），抑或碳配额机制（魏立佳等，2018；钱浩祺等，2019）。虽然已有文献开始从企业创新的视角研究碳排放权交易的政策效果，但是大多选取研发投入等指标，难以细分绿色指标，即使有学者采用专利申请数量等指标作为创新产出的度量，也没有准确区分绿色技术创新和其他非环保类技术创新的影响。

为弥补现有文献的不足，本文利用中国 1990～2018 年沪深上市公司的绿色专利数据，考察碳排放权交易试点政策对企业层面绿色创新活动的影响。本文研究结果表明，"弱波特假说"在中国目前的碳排放交易市场中未能实现，试点政策不仅未能有效促进企业绿色创新活动，而且显著抑制了企业创新，对创新能力更强的企业的绿色创新活动抑制作用更强，此结论在稳健性检验中依然成立。同时本文进行了一系列的异质性分析，研究发现在小规模企业、制造业企业、非国有企业以及东中部地区企业的样本中，碳排放权交易政策对绿色创新的抑制作用更为显著，再次验证了本文结论的可靠性。此外，本文验证了在该政策下企业主要选择减少产量的短期行为而不是通过绿色减排技术创新实现长期减排目标的作用机制。

与现有文献相比，本文的主要特色可能体现在以下方面：首先，以往关于碳排放权交易政策实施效果的研究多是基于试点政策对碳排放量和碳排放强度等减排绩效的影响，并且大多是基于省级或者地级市等面板数据（Zhang et al.，2019；Dong et al.，2019；Zhou et al.，2019），缺少企业层面微观数据的使用，本文从微观层面的视角提供了世界最大碳排放国的微观经验证据。其次，为考察环境政策对技术创新的影响，已有文献大多选取研发投入为替代指标，相比之下，本文从企业绿色创新的视角进行研究，在一定程度上弥补了现有理论研究的缺陷。再次，本文采用国际权威机构世界知识产权组织（World Intellectual Property Organization，WIPO）根据联合国气候变化框架公约（United Nations Framework Convention on Climate Change，UNFCCC）的准则制定的绿色技术清单来识别绿色专利，收集了企业微观层面的绿色专利数据，在数据和指标构建方面存在一定的独特之处。相对于齐绍洲等（2018）以中国 2007 年 SO_2 排污权交易政策为例，采用三重差分法实证检验环境权益交易市场能否诱发企业的绿色创新行为，本文侧重考查碳排放权交易政策的效果，并且着重考察了相关影响机制，丰富了以中国为代表的发展中国家关于碳排放权交易制度领域的实证分析和研究。最后，本文从准自然实验角度，采用环境经济学领域的国际前沿研究方法即三重差分法，在一定程度上避免了遗漏变量等内生性问题，不仅有助于进一步提炼碳交易政策与企业绿色创新的因果关系，而且从碳排放权交易市场的独特视角丰富了中国市场型环境规制政策的创新激励效果分析。本文的实证结果证实了中国现阶段企业参与碳市场交易，尚不能达到"弱波特假说"的研发促进条件，需要政府与碳交易机构进一步完善市场机制，丰富在中国实践中验证"波特假说"的文献。

本文其余部分安排如下：第二部分为文献回顾；第三部分为模型数据来源、变量选取与处理；第四部分为计量模型与指标设计；第五部分为实证结果与分析；第六部分为进一步讨论；第七部分为结论与政策建议。

二、文　献　回　顾

环境规制政策与技术创新二者的关系一直是学术界争论的话题，尤其是创新领域和环境经济学研究的热点问题。传统的新古典经济学理论提出了"遵循成本效应"，认为环境规制可以立即对环境保护产生影响，但加强环境保护必然会增加企业的生产成本，给企业的生产决策施加了约束条件，加大了企业本身排污行为的治理成本，产生"资金挤出效应"，进而挤占企业的创新资金，不仅无法激励企业投入绿色技术创新，反而会削弱企业的创新能力和竞争力。然而，Porter（1991）提出了"环境波特假说"，认为科学设计的严格且合理的环境法规可以产生"创新补偿效应"，促进创新并抵消企业成本。Porter 和 van der Linde（1995）完善了这一假说，进一步解释了通过创新提高竞争力的环境保护机制。Jaffe 和 Palmer（1997）又将"环境波特假说"细分为"弱波特假说"和"强波特假说"，其中"弱波特假说"主要表明合理设计的环境规制政策可以提高技术创新水平，而在实践中创新一般是通过研发投入、注册专利和研发产品的数量来评定的。然而，"强波特假说"则评估环境法规对企业经营绩效的影响，主要通过公司生产力来测量，无论它是否与创新有关。王班班和齐绍洲（2016）构建中国工业行业的面板数据研究发现在当前经济增速换挡、企业成本转嫁能力减弱的背景下，市场型工具有利于实现"去产能"工业生产方式绿色升级的"双赢"。郭进（2019）基于省际面板数据研究发现为促进环境保护和加强绿色创新，需完善市场化的环境政策体系。随着中国环境规制政策体系中逐渐引入市场手段，关于市场机制的减排政策及其效果分析的经验研究显得尤为重要，因此以排污权、排放权交易等为代表的激励型环境规制政策越来越受政府、企业、学者和社会各界的重视（涂正革和谌仁俊，2015；任胜钢等，2019）。由资源稀缺理论可知，作为一种稀缺资源，碳排放权交易可以将二氧化碳排放权商品化，从而分配给市场进行配置，在市场的影响下使其流向价值最高的地方，达到帕累托最优的状态。因此本文选取了市场激励型环境规制政策即碳排放权交易政策，主要将"弱波特假说"作为研究重点，从环境规制与企业绿色创新的角度进行研究。

学术界关于"弱波特假说"的实证分析和研究结果呈现出较大的差异性。国外学者通过大量研究发现不同的环境规制政策及其强度对各行各业有着不同的作用机制，对是否促进技术创新有着差异化的效果，合理的环境规制强度可能会在一定程度上刺激企业的创新行为，然而过低或过高的环境规制强度可能对绿色技术创新无益，企业可能会采取购买清洁能源或环保设备的方式以及采用其他环保技术进行减排活动。一部分学者使用治污成本和支出、SO_2 和 NO_x 等污染物排放标准以及碳税和研发补贴等指标作为环境规制的替代变量，研究发现环境规制程度与环境技术创新和企业绿色创新之间存在积极或是微弱的正向关系（Brunnermeier and Cohen，2003；Popp，2006；del Río González，2009；Ambec et al.，2013；Acemoglu et al.，2016）。然而另一部分学者对环境规制政策对企业创新行为的积极促进作用持怀疑的态度，认为二者关系具有偶然性，他们认为环境法规导致技术和绿色创新以及企业（行业）绩效出现一定程度的下降（Gans，2012；Gutiérrez and Teshima，2018；Fan et al.，2019）。通过梳理上述文献不难发现，外文文献大部分以发达国家为研究对象，关于环境规制对企业技术创新影响的实证研究始于美国，特别是针对美国和欧盟国家的研究较多，针对发展中国家的研究较少。此外，从早期的学者采用污染治理费用等指标作为环境规制的代理变量，到现阶段学者开始更多地采用准自然实验来测度环境规制对创新的影响，这一点从国内学者的研究中也不难发现。由于中国碳交易于 2013 年下半年开始启动，时间较短，有关公开数据的获取有一定难度以及多项节能减排政策同步实施等原因，关于中国碳排放权交易政策体系与技术创新的研究文献较少，但是学者也进行了积极的尝试，研究结论也有一定的差异性。刘晔和张训常（2017）利用三重差分法进行估计，结果表明中国碳交易政策仅显著正向影响大规模企业的研发创新，然而不能显著影响小规模企业的研发投入。周迪和刘奕淳（2020）选取 2010～2016 年中国 273 个地级市的面板数据为样本，采用 PSM-DID 研究发现碳交易政策虽能显著降低试点城市的碳排放强度，但是对科研投入的影响不明确。

综上所述，本文可以发现现有文献有一定的缺陷，首先，关于市场型环境规制政策的研究大多集中于发达经济体，以发展中国家为研究对象的实证分析和研究较少，并且由于中国碳排放权交易政策启动时间相对较短，因此目前关于中国碳排放权交易政策的相关研究相对而言更为缺乏。其次，国内已有较多文献从研发投入的视角研究环境规制与企业创新，虽然有部分学者采用专利申请数量等指标作为创新产出的度量，但由于绿色技术创新难以准确衡量等因素对创新类型区分不足，没有准确区分绿色技术创新和其他非环保类技术创新，没有厘清企业、市场和政策因素与企业绿色创新的关系。最后，已有的中国碳排放权交易政策实施效果的研究多是基于试点政策对碳排放量和碳排放强度等减排绩效的影响，并且大多是基于产业或地区等面板数据，缺少企业层面微观数据的使用，忽视了企业的异质性条件对环境规制所产生的创新激励效果的影响。

基于此，本文可能的研究贡献如下：①本文以 2014 年中国启动的碳排放权交易试点政策为准自然实验，评估了碳交易对企业层面绿色创新的影响，不仅在一定程度上避免了遗漏变量等内生性问题，而且提供了世界最大碳排放国的微观经验证据，弥补了已有的碳排放权交易领域的研究缺陷。②本文验证了"弱波特假说"在中国碳排放权交易体系中是否得到支持，证实中国现阶段企业参与碳排放权交易市场，尚不能达到"弱波特假说"的研发促进条件，需要政府与碳交易机构进一步完善市场机制，丰富了在中国实践中验证"波特假说"的文献。③在数据层面上，本文搜集整理了样本期间中国上市公司企业层面的所有专利数据，采用国际通用方法对专利数据进行甄别，识别出绿色专利信息。④在实证分析方法上运用三重差分法，本文紧跟环境经济学领域的国际前沿研究方法，有助于进一步识别碳交易政策与绿色创新的因果性，并进行了专利类型、企业规模、行业性质、企业所有制类型和绿色专利的滞后性等一系列异质性分析与稳健性检验，提升了结论的可信度。⑤本文从企业产量和主营业务成本两个角度对碳排放权交易政策降低了企业绿色专利占比进行机制分析，进一步证实了企业选择减少产量这种短期行为实现减排而不是投入绿色减排技术创新实现清洁生产和长期减排目标，在此基础上为中国全面推行碳排放权交易市场提出相关政策建议。

三、模型数据来源、变量选取与处理

1. 数据来源

本文所研究的样本数据为 1990～2018 年中国沪深上市公司的专利数据以及相关的经济数据。上市公司专利数据来源于国家知识产权局（State Intellectual Property Office，SIPO），其经济特征数据来自 CSMAR 数据库（China Stock Market & Accounting Research Database）。

鉴于中国碳排放权交易试点政策主要涉及试点地区中试点行业的企业，因此本文选取试点地区中石化、化工、建材、钢铁、有色、造纸、电力和航空这八大高碳试点行业的上市公司作为处理组，其对应的上市公司中国证券监督管理委员会（以下简称证监会）新行业分类名称如附表1所示。

2011年10月，《国家发展改革委办公厅关于开展碳排放权交易试点工作的通知》印发，正式批准北京、天津、上海、重庆、湖北、广东和深圳开展碳交易试点工作，但是由于试点的时间较短，并且局限在一定的行业范围内，同时由于碳排放权交易在中国还处于萌芽阶段，相关制度和理念都比较滞后，试点地区的交易场所尚未建立，所以2011年的试点政策对总体的碳排放影响较小。但从2014年起，各试点省市碳排放权交易公共服务平台相继建成，几乎实现了省域内全覆盖，自愿加入碳排放权交易体系的企业逐渐增多，市场交易量逐渐增大，使我国成为世界第二大碳交易体系，仅位于欧盟碳交易市场之后。深圳碳市场于2013年6月在全国范围内率先开展线上碳交易，其余的试点省市于2013年下半年陆续启动，最晚的重庆市也于2014年上半年成功启动碳交易市场，故本文以2014年为基准。本文把ETS看作在7个试点省市进行的一项政策实验，相比于2011年，2014年各试点地区均出台了碳交易的具体政策文件，制度更加完善。所以，2014年的试点政策可以看作一个更加有效的准自然实验，本文将2014年作为外部政策冲击时点，即将2014年及以后年份作为试点后时期。

2. 变量的选取与处理

本文选取1990～2018年样本中上市公司已授权绿色专利占其当年所有专利申请的比重作为被解释变量，用EnvrPatRatio表示，该指标反映出在经济发展中对绿色创新的总体重视，指标越大说明对绿色创新的重视程度越高。技术创新的衡量可以参考研发、专利和全要素生产率，它们分别代表创新的投入、产出和绩效。由于数据获取受限，大多数公司中研发数据无法细分为不同的绿色类别，虽然绿色生产力指标可以将排放或污染归类为"不良产出"，但总体上仍然很难识别具体的绿色部分，因此用研发和全要素生产率衡量绿色技术创新有较大的难度，而专利指标是技术创新较为合适的替代变量。目前主要有两种方式甄别绿色专利，第一类是采用国际专利分类（International Patent Classification，IPC）来识别绿色创新，如采用国际权威机构世界知识产权组织以联合国气候变化框架公约的准则为依据开发的绿色技术清单（IPC Green Inventory）（齐绍洲等，2018）。由于绿色技术的分类标准是由相关权威专家制定的，因此有利于提高研究结论的准确性与科学性等。第二类是通过搜索关键词确定，如通过识别专利摘要是否包括"环保""绿色""节能""环境""可持续""生态""清洁""循环""节约""低碳""减排"等关键词，以确定该专利是否是绿色专利（Popp and Newell，2012）。此方法的优点是可以及时获取相关绿色专利数据，但是关键词的选择由于受到研究者知识和经验的限制，从而具有较强的主观性。本文的绿色专利统计数据来自国家知识产权局公布的所有有效专利申请信息，本文利用每个专利的分类代码，结合世界知识产权组织发布的绿色技术清单①，识别绿色专利，并按照上市公司的名称加总得到上市公司绿色专利总数，同时进一步区分了绿色发明专利和绿色实用新型专利，作为企业绿色创新活动的核心衡量指标。

　　本文样本中选取的绿色专利数据实际上是已授权的绿色专利数据，因为齐绍洲等（2018）研究发现已授权的绿色专利数据更能体现企业当期的实际创新能力，同时下文如果没有特殊说明，绿色专利均表示当期已授权的绿色专利。与单纯的专利数量相比，采用绿色专利占比指标能有效地剔除试点政策以外的促进企业创新的其他观察不到的因素，同时有学者认为专利技术很可能在申请过程中就对企业绩效产生影响，因此采用专利申请数据会比授予量更可靠。此外，一般认为，专利的创新性由低到高依次为外观设计专利、实用新型专利和发明专利，因为外观专利不涉及技术创新，因此本文通过细分发明专利和实用新型专利对专利的难度进行划分，选取样本中上市公司已授权绿色发明专利与其当年所有发明专利申请的占比以及上市公司已授权绿色实用新型专利与其当年所有实用新型专利申请的占比来进一步考察企业专利类型的异质性，分别用 GinEnvrPR 和 GutEnvrPR 表示。

　　为了控制影响企业创新的企业层面经济特征，借鉴了潘越等（2015）、张劲帆等（2017）、王玉泽等（2019）、李春涛等（2022）等的研究，本文主要引入了以下控制变量。首先，企业规模一直以来是影响企业创新水平的重要因素之一，企业规模的扩大不仅有利于形成规模经济，更好地整合利用跨地区的资源优势，而且有助于企业之间创新资源的共享和技术创新能力的增强。因此本文主要选取企业总资产和企业员工数量的自然对数来衡量企业规模，分别用 Ln_capital 和 Ln_Labor 来表示。有学者认为成立时间更长的企业，其创新意识更强，本文选取样本中上市公司的企业成立年数的对数 Ln_age 来衡量企业的成熟度。本文使用企业的资产负债率来衡量企业的杠杆率，用 LEV 表示。研究发现，一般而言，杠杆率如果低于 43.01%不仅可以促进创新的投入与产出，而且能够降低创新风险，但是当杠杆率高于 43.01%时，创新风险随着杠杆率的提升而增加。固定资产比率即固定资产总额比年末总资产，用 PPE 表示。企业的盈利能力用企业总资产净利润率 ROA 表示，即企业的净利润除以总资产的比值。为了避免数据极端值干扰实证结果的准确性，本文对控制变量中的连续变量执行了 1%以下和 99%以上分位数缩尾处理（winsorize）。

　　本文选取变量的描述性统计如表 1 所示。由表 1 可知在样本期间上市公司的绿色专利占比即已授权绿色专利占当年所有专利申请比重的平均值为 0.0714，说

---

① 世界知识产权组织的绿色技术清单详见 http:www.wipo.int/classifications/ipc/en/green_inventory/。

明了企业绿色发明专利只占企业申请的所有专利的 7.14%，比重较小，企业对绿色创新活动的重视度及其绿色技术创新效率有待提高。再者，从表 1 可以发现企业的绿色发明专利占比平均值比绿色实用新型专利占比平均值低约 0.01 个百分点，说明随着专利类型创新性的增强企业获得绿色发明专利授权的难度更大。此外，样本企业总资产对数平均值为 21.9004，企业年龄对数平均值为 1.3688，企业员工数量对数平均值为 7.0952，企业资产负债率平均值为 0.4031，企业固定资产比率平均值为 0.2245，企业总资产净利润率平均值为 0.0454。

表 1　主要变量描述性统计

变量	变量含义	最小值	最大值	平均值	标准差
EnvrPatRatio	绿色专利占比	0	1	0.0714	0.1759
GinEnvrPR	绿色发明专利占比	0	1	0.0520	0.1750
GutEnvrPR	绿色实用新型专利占比	0	1	0.0601	0.1676
Ln_capital	总资产对数	17.8787	28.5200	21.9004	1.2683
Ln_age	年龄对数	0	3.2189	1.3688	0.8492
Ln_Labor	员工数量对数	3.4012	13.1386	7.0952	1.1414
LEV	资产负债率	0.0510	0.8834	0.4031	0.1996
PPE	固定资产比率	0.0097	0.6464	0.2245	0.1457
ROA	总资产净利润率	−0.1883	0.1989	0.0454	0.0553

注：绿色专利数据来自 SIPO，经济特征数据来自 CSMAR，其中企业资产负债率、固定资产比率、总资产净利润率指标采取 1%以下和 99%以上分位数缩尾处理

接下来本文将样本中上市企业进一步划分为三组进行相关变量的描述性统计分析，包括样本观测数、平均值和标准差，如表 2 所示，将试点地区的试点行业的企业作为处理组，试点地区的非试点行业的企业作为控制组一，非试点地区的企业作为控制组二。此外，表 2 同时报告了控制组一和控制组二与处理组的均值差异结果，结果显示，处理组的企业无论是总体绿色专利占比还是不同类型的绿色专利占比，其平均值均显著高于控制组一和控制组二，说明试点地区的高碳企业技术创新效率和科技成果转换效率与其他企业原本可能就存在一定差异。具体来看，处理组企业绿色专利占比的平均值为 0.1012，控制组一和控制组二企业绿色专利占比的平均值分别为 0.0779 和 0.0663，两个控制组的均值均在 1%显著性水平上低于处理组的均值，说明试点地区中的高碳行业对绿色技术创新的关注度较高，企业绿色创新能力也较强。再者，不难发现在处理组和控制组中，企业绿色专利占当年所有专利申请的比重平均值均比较低，最高为 10%，说明企业对绿色专利创新和申请的积极性相比于其他类型的专利有待提高。

表 2　分组描述性统计

变量	试点地区的试点行业的企业			试点地区的非试点行业的企业			非试点地区的企业		
	观测数	平均值	标准差	观测数	平均值	标准差	观测数	平均值	标准差
EnvrPatRatio	606	0.1012	0.2221	4396	0.0779***	0.1790	9135	0.0663***	0.1706
GinEnvrPR	606	0.0753	0.2197	4396	0.0571**	0.1819	9135	0.0480***	0.1680
GutEnvrPR	606	0.0742	0.1979	4396	0.0702	0.1781	9135	0.0543***	0.1598
Ln_capital	606	22.2715	1.6071	4396	21.9414***	1.4416	9135	21.8500***	1.1430
Ln_age	606	1.3435	0.8650	4396	1.3181	0.8420	9135	1.3948	0.8506
Ln_Labor	606	7.1771	1.4461	4396	7.0658*	1.3337	9135	7.1039*	1.0105
LEV	606	0.4269	0.2066	4396	0.3894***	0.2008	9135	0.4082**	0.1984
PPE	606	0.3146	0.1912	4396	0.1768***	0.1293	9135	0.2416***	0.1436
ROA	606	0.0436	0.0468	4396	0.0480*	0.0550	9135	0.0443	0.0561

注：绿色专利数据来自 SIPO，经济特征数据来自 CSMAR，其中企业资产负债率、固定资产比率、总资产净利润率指标采取 1%以下和 99%以上分位数缩尾处理。此外，将控制组一和控制组二分别与处理组进行均值差异 T 检验

***、**和*分别代表 1%、5%和 10%（双尾）的显著性水平

四、计量模型与指标设计

常用的科学评估政策效应的方法有倍差法、断点回归（regression discontinuity，RD）和合成控制法，断点回归适合全面铺开"一刀切"的政策，合成控制法适合仅选择一两个地区进行政策试点的情形，本文选取的 ETS，在七个地区进行试点运行，因此断点回归和合成控制法都不适用于本文。常用的差分法含 DID 法和三重差分法，DID 法的关键假设是没有政策变化，处理组与控制组的时间趋势是一致的，因此对政策情境要求较高，如本文研究对象包含多个地区、多个行业，由于各个地区和行业的企业创新水平参差不齐，因此控制组和处理组的时间趋势很难一致。然而，三重差分法同时控制实验变量、时间变量和地区变量，能够更准确地评估出碳交易制度的政策效应。在本文中，采用三重差分法同时控制试点行业、试点地区和时间，将能更为准确地识别碳排放交易制度对于企业绿色创新产出的影响。

基于 DID 法，本文可以将位于碳交易政策试点地区的企业作为处理组，位于非碳交易政策试点地区的企业作为控制组，将碳排放权交易政策实施前后绿色专利占比的变化进行差分，从而得出碳交易政策对企业绿色创新的影响。但是上述 DID 法的潜在问题是除了碳交易政策之外，样本期间还可能存在一些其他政策，

如 2014 年开始在江西、宁夏、湖北、河南、内蒙古、甘肃和广东这 7 个省区实施的水权交易试点政策等，从而对试点和非试点地区的企业绿色创新产生不同的影响。由于此次碳排放权交易政策主要针对 7 个试点地区中的高碳行业，对于低碳行业来说，环境规制对其行业内企业的相关环境压力会远小于政策对高碳排放企业带来的压力。因此本文将试点地区里的 8 个高碳行业的企业作为处理组，引入环境经济学研究中国际前沿的三重差分模型，将试点地区的非试点行业作为控制组一，非试点地区的企业作为控制组二，进一步剔除试点政策效果中其他不可观测的混淆因素，得到比 DID 模型更稳健的估计结果。

基于三重差分模型，为准确估计碳排放权交易试点政策对企业绿色创新的影响，本文构建的计量模型如式（1）所示：

$$\begin{aligned}\text{EnvrPatRatio}_{ijrt} = {}& \beta_0 + \beta_1 \text{Pilot}_{ij} \times \text{Affeci}_{ir} \times \text{Post}_t + \beta_2 \text{Pilot}_{ij} \times \text{Affeci}_{ir} \\ & + \beta_3 \text{Pilot}_{ij} \times \text{Post}_t + \beta_4 \text{Affeci}_{ir} \times \text{Post}_t + \rho Z_{ijrt} \quad (1) \\ & + \gamma_t + \alpha_j + \delta_r + \sigma_j \times \text{time} + \theta_r \times \text{time} + \varepsilon_{ijrt} \end{aligned}$$

其中，下标 i、j、r、t 分别表示企业、地区、行业（采用证监会新行业分类标准三级行业代码）和年份；ε_{ijrt} 表示随机扰动项。

本文主要探讨碳排放权交易机制对企业绿色创新的影响，因此采用上市公司绿色专利占其当年所有专利申请的比重来衡量企业绿色创新水平，即被解释变量为 $\text{EnvrPatRatio}_{ijrt}$。在机制探索中，将绿色专利分为绿色发明专利和绿色实用新型专利，分别考察碳排放权交易试点政策对绿色发明专利占比（GinEnvrPR_{ijrt}）和绿色实用新型专利占比（GutEnvrPR_{ijrt}）的影响。模型（1）中的虚拟变量定义如下

$$\text{Pilot}_{ij} = \begin{cases} 1, & \text{企业} i \text{位于试点地区} \\ 0, & \text{企业} i \text{位于非试点地区} \end{cases}$$

$$\text{Post}_t = \begin{cases} 1, & \text{试点后时期，即2014年及以后} \\ 0, & \text{试点前时期，即2014年以前} \end{cases}$$

$$\text{Affeci}_{ir} = \begin{cases} 1, & \text{企业} i \text{属于受影响行业} \\ 0, & \text{企业} i \text{不属于受影响行业} \end{cases}$$

模型的虚拟变量为主要政策试点地区虚拟变量、政策试点时间虚拟变量、行业属性变量等。Pilot_{ij} 表示如果企业位于政策试点地区时取值为 1，否则取值为 0；Post_t 表示如果企业位于试点期间即 2014 年及以后取值为 1，非试点期间即 2014 年以前取值为 0。Affeci_{ir} 为行业属性指标，如果企业所属行业是受影响的行业即上文所涉及的 8 个高碳行业则取值为 1，否则取值为 0。此外，模型还控制了有可能促进上市公司专利申请的其他经济特征控制变量，由 Z_{ijrt} 表示，该企业经济特

征控制变量包括：上市公司总资产、员工数量、企业年龄、资产负债率、固定资产比率和总资产净利润率。

$Pilot_{ij} \times Affeci_{ir} \times Post_t$ 是模型最重要的关注变量，其系数估计是经过三重差分后的估计量，反映的是碳排放权交易试点对于处理组企业绿色创新的净效应，同时也是本文最关注的核心解释变量。如果，β_1 系数显著为正，则表明 ETS 对企业绿色创新产生正向影响，如果显著为负，则反之。经典的 DID 模型考察的是政策变动对政策试点地区与非试点地区企业绿色创新的促进作用，而在 DID 的基础上，本文进一步比较政策变动对试点地区与非试点地区、高碳行业与其他行业之间企业绿色创新的影响，从而剔除了不随时间变化的地区层面和行业层面观察不到的混淆因素，有效地提高了政策因果处置效应估计的可信度。模型中年份固定效应（γ_t）控制了所有地区共有的时间因素，如宏观经济冲击、商业周期、财政政策和货币政策等；地区固定效应（α_j）控制了各地区不随时间变化的特征，如自然禀赋和地理特征等；行业固定效应（δ_r）控制了各行业不随时间变化的特征。同时本文逐步添加了地区的时间趋势效应（$\sigma_j \times time$）以及行业的时间趋势效应（$\theta_r \times time$），进一步巩固了碳排放政策和企业绿色创新因果关系提炼。

五、实证结果与分析

1. 基准结果与分析

2014 年碳排放权交易试点政策对企业绿色专利占比的回归结果如表 3 所示。在第（1）列的基础上，第（2）～（4）列逐步添加年份、地区、行业固定效应，以及地区的时间趋势效应和行业的时间趋势效应。表 3 回归结果显示 "$Pilot_{ij} \times Affeci_{ir} \times Post_t$" 三次交互项系数均在 1%显著性水平下为负，说明碳排放权交易试点政策不仅未能诱发试点地区中试点行业企业的绿色创新行为，反而显著抑制了企业的绿色创新活动。具体而言，第（3）列表示控制企业层面经济特征以及年份、地区、行业固定效应后试点政策对企业绿色专利占比的平均影响，结果显示三次交互项回归系数在 1%水平上显著为–0.0842，表明碳交易政策实施后，企业的绿色专利占比显著降低。第（4）列在第（3）列的基础上加入了地区的时间趋势效应以及行业的时间趋势效应，回归结果基本不变，三次交互项系数在 1%水平上显著为–0.0926，说明本文基本模型设定是合理的，碳排放权交易试点政策显著抑制了企业的绿色创新行为，进一步证实了中国现阶段的碳市场不支持 "弱波特假说"。此外，从上文描述性统计结果中可知，处理组企业绿色专利占比平均值最高，也仅为 10.12%左右。

表 3 碳排放权交易试点政策对企业绿色专利占比的影响

变量	绿色专利占比			
	（1）	（2）	（3）	（4）
$Pilot_{ij} \times Affeci_{ir} \times Post_t$	−0.099 1***	−0.093 7***	−0.084 2***	−0.092 6***
	（0.033 0）	（0.029 7）	（0.026 3）	（0.026 8）
$Pilot_{ij} \times Affeci_{ir}$	0.067 7*	0.066 0**	0.043 5*	0.048 2**
	（0.037 4）	（0.033 0）	（0.022 2）	（0.022 2）
$Pilot_{ij} \times Post_t$	0.019 2**	0.013 9	−0.001 4	−0.002 8
	（0.008 8）	（0.008 7）	（0.009 2）	（0.009 5）
$Affeci_{ir} \times Post_t$	0.028 4**	0.023 5*	0.024 7*	0.024 0*
	（0.013 5）	（0.012 1）	（0.012 5）	（0.012 6）
样本量	14 137	14 137	14 137	14 137
R^2	0.005 2	0.025 7	0.084 1	0.094 8
控制变量		是	是	是
年份固定效应			是	是
地区固定效应			是	是
行业固定效应			是	是
地区×时间趋势固定效应				是
行业×时间趋势固定效应				是

注：括号内数值为对行业层面的聚类稳健标准误；受篇幅限制，本文略去控制变量的系数解释，包括企业总资产对数、年龄对数、员工数量对数、资产负债率、固定资产比率及总资产净利润率

***、**和*分别代表 1%、5%和 10%的显著性水平

可能的原因是 2014 年的试点政策前景不够明确，未能提供长久的、持续的、稳定的政策导向，同时由于碳交易市场管制较宽，法律政策不明确，政策执行力度不够等原因，企业对于绿色创新技术的投资持观望甚至消极态度。在碳交易市场下企业为了达到减排标准，有两种行为选择，主要取决于边际减排成本与碳交易价格的关系。一种行为是如果企业边际减排成本大于市场上的碳交易价格，企业会继续选择保持原有生产产量，在碳交易市场购买超过政府免费排放配额相应的排放权。另一种行为是如果企业边际减排成本小于碳交易价格，企业则会倾向于自主改善原有的生产方式或生产技术以降低碳排放总量。本文研究结果表明企业并未采取加强绿色技术创新以改善生产技术的方式来达到减排，反而减少了自身的绿色创新活动。有学者研究发现在碳交易政策下企业往往采取从其他单位引入低碳技术的投资策略，购买清洁能源或环保设备的方式甚至减少自身产量等短

期行为进行减排活动（沈洪涛等，2017；张海军等，2019）不仅能够在短时间内起到明显的减排效果，也避免了进行自主研发的投资回收周期较长可能对企业产生的不利影响。中国 2014 年实施的碳排放权交易试点政策尚未达到"弱波特假说"的创新促进条件，其可能的原因是在环境规制政策下，企业为实现减排目标，不可避免地增加了"遵循成本"，进而挤占企业的创新资金，产生"资金挤出效应"，使得企业降低创新投入份额，从而降低了企业的技术创新能力（Leonard，1998；Stoever and Weche，2018）。此外，当面临环境问题时，企业的经营和管理成本将随之增加，对企业产生约束效应，具体表现在生产、营销过程中需要支付更高的成本，由此带来的沉重负担使企业在市场竞争中处于不利地位，这也会加紧企业的融资约束。由此可见，在减排压力下，企业所面临的"资金挤出效应"和"约束效应"实际上是将环境外部成本内部化，即由社会承担的环境成本改由产生污染的企业来承担（李玲和陶锋，2012）。因此，企业在整体运作过程中需要承担污染治理费用，并有可能陷入资金困境，引起企业利润的下降以及生产规模缩减，进而对企业绿色创新产生不利影响。基于上述原因，试点政策实施后企业并未选择研发先进的绿色环保技术和减排技术以促进减排，说明企业"绿色后发优势"并未得到发挥。

2. 平行趋势检验

上面的实证回归结果表明了 2014 年中国 7 个省区的碳排放权交易试点政策未能有效促进企业绿色创新活动，反而显著抑制了企业的绿色创新行为。为了保证以上三重差分模型政策评估效果的无偏，接下来对三重差分模型进行平行趋势假设检验，即处理组和控制组企业在碳交易试点发生之前的绿色专利占比应该具有相同的趋势。本文以政策实施前 5 年及后 5 年设为基准组，即在 2009 年至 2018 年，企业被纳入碳交易权试点地区和试点行业则三重交互项 "$Pilot_{ij} \times Affeci_{ir} \times Post_t$" 取值为 1，否则取 0。在控制了年份、地区、行业层面固定效应以及地区和行业时间趋势效应后，本文绘制了平行趋势假设检验图，即绘制了 95% 置信区间下三次交互项系数的估计结果[①]，如图 1 所示。从图中可以发现，在试点政策开展的前 5 期中，碳排放权交易对企业绿色创新的政策效果的置信区间都包含了 0，说明在政策实施前，处理组和控制组企业的绿色专利占比不存在明显的差异，具有相同的变化趋势。此外，系数估计值从试点政策后第四年（2018 年）起变得更加显著，这说明 2014 年碳排放权试点政策对企业绿色专利占比的影响具有时滞性，并且负向影响程度逐渐加大，其中试点政策对滞后四期的绿色创新活动抑制作用更强，显著性也最大，再次验证了本文结果的稳健

---

① 三次交互项系数回归结果详见附表 2 第（3）列。

性。其滞后影响的原因可能是企业创新活动具有周期长、投入大、风险高的特点，一项专利不仅从研发到申请需要较长的时间，而且从申请书提交到最终获得绿色专利授权通常需要1年到2年的时间，专利滞后时间越长该研究项目所需的研发资金和人力资本的投入越大，风险也更高，企业考虑到其自主研发的投资回收周期较长，时间压缩不经济，因此会倾向于减少此类研发周期长的项目投资，从而使得政策的影响程度随着滞后期的延长而加大。

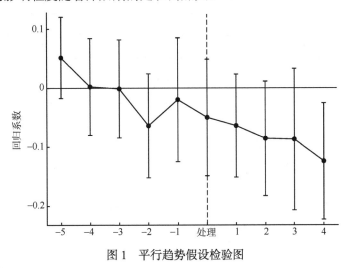

图1　平行趋势假设检验图

3. 稳健性检验

接下来本文对上述结果进行了一系列的稳健性检验，回归结果如表4所示。

表4　稳健性检验

变量	绿色专利占比				
	（1）	（2）	（3）	（4）	（5）
$\text{Pilot}_{ij} \times \text{Affeci}_{ir} \times \text{Post}_t$	−0.254 9***	−0.091 6***	−0.684 9***	−0.054 1**	−0.090 0***
	（0.072 2）	（0.024 4）	（0.233 9）	（0.023 6）	（0.018 1）
$\text{Pilot}_{ij} \times \text{Affeci}_{ir}$	0.143 6**	0.041 1**	0.409 1**	−0.001 9	0.047 4**
	（0.072 8）	（0.020 4）	（0.180 3）	（0.023 4）	（0.019 0）
$\text{Pilot}_{ij} \times \text{Post}_t$	0.069 8***	−0.003 9	0.001 4	0.003 4	0.005 3
	（0.026 8）	（0.009 6）	（0.012 2）	（0.012 1）	（0.011 9）
$\text{Affeci}_{ir} \times \text{Post}_t$	0.071 5*	0.025 2*	0.125 9	0.025 4**	0.025 9**
	（0.042 5）	（0.012 9）	（0.160 9）	（0.012 1）	（0.012 7）

续表

变量	绿色专利占比				
	（1）	（2）	（3）	（4）	（5）
样本量	14 137	14 137	10 754	11 538	12 489
R^2	0.042 4	0.094 7	0.054 0	0.101 3	0.100 7
控制变量	是	是	是	是	是
年份固定效应		是	是	是	是
地区固定效应		是	是	是	是
行业固定效应		是	是	是	是
地区×时间趋势固定效应		是	是	是	是
行业×时间趋势固定效应		是	是	是	是

***、**和*分别代表 1%、5%和 10%的显著性水平

（1）Tobit 模型稳健性检验。本文旨在探讨碳排放权交易政策对企业绿色活动的影响，其中被解释变量为企业绿色专利占比即上市公司已授权绿色专利占其当年所有专利申请的比重，取值为 0～1。本文虽然获得了全部的观测数据，但是由于有一部分上市公司并没有进行绿色专利的研发，未获得绿色专利的授权，此时绿色专利占比为 0，这部分被解释变量被压缩在一个点即左归并点为 0，因此为了保证本文结论的稳健性进一步使用 Tobit 提出的 MLE 进行双边归并估计，回归结果如表 4 中第（1）列所示。从中可以看出，三次交互项"$Pilot_{ij} \times Affeci_{ir} \times Post_t$"系数在 1%水平上显著为–0.2549，这说明碳交易试点政策对企业绿色专利占比的效应为–0.2549，因此本文估计的碳交易政策对企业绿色创新活动显著的负向影响是稳健的。

（2）政策冲击时间点稳健性检验。虽然 2014 年各试点地区均出台了碳交易的具体政策文件，碳排放权交易公共服务平台相继建成，因此本文将 2014 年作为外部政策冲击时点，但是考虑到企业从研发到最终申请专利授权，通常需要一定的研发周期，因此本文考虑将政策冲击时点向后移动一年，即将 2015 年作为冲击时点，将 2015 年及之后的年份作为试点后时期，重新进行回归，实证结果如表 4 中第（2）列所示。从中可以看出，回归系数符号和显著性水平与上文的基准回归结果一致，但估计系数绝对值略微下降，这验证了本文结论的稳健性。

（3）二氧化碳绝对量修正。本文从中国碳核算数据库（Carbon Emission Accounts & Datasets，CEADs）发布的二氧化碳排放清单中搜集和整理了 2005～2017 年中国分部门的碳排放量数据，将基准模型中碳排放权交易政策试点行业的虚拟变量 $Affeci_{ir}$ 替换为各行业二氧化碳排放的绝对量数据[①]，考察碳排放权交易

---

① 二氧化碳排放量单位为亿亿吨。

政策对试点地区不同行业的企业绿色创新活动的影响，回归结果如表 4 中第（3）列所示。回归结果显示" $Pilot_{ij} \times Affeci_{ir} \times Post_t$ "三次交互项系数在 1%水平上显著为-0.6849，这再次验证了试点政策对企业绿色创新活动的抑制作用，表明中国现阶段的碳排放权交易市场并不能实现"弱波特假说"。

（4）同时期政策并行的问题。2014 年下半年开始，水利部批复在河南、宁夏、江西、湖北、内蒙古、甘肃和广东七个省区开展水权试点的工作方案，试点工作包括水资源使用权确权登记、水权交易流转和开展水权制度建设三项内容。水权试点政策与碳排放权交易试点政策并行，因此剔除湖北和广东两个省份的样本数据进一步考察碳排放权试点政策对企业绿色创新活动的影响，回归结果如表 4 中第（4）列所示。从中可以看出，与基准回归相比，由于处理组样本数量的减少，碳排放权交易政策对企业绿色创新的负向影响程度下降，但仍在 5%水平上显著，表明前文结果依然稳健。

（5）更改样本时期。本文的回归主要利用 1990 年至 2018 年的全样本进行分析，但是碳排放权交易的政策冲击时间点发生在 2014 年，样本在政策实施前的时期可能过长。因此为了稳健性起见，同时避免 2008 年金融危机的影响，本文将样本期控制在 2009~2018 年，进行三重差分回归。回归结果如表 4 中第（5）列所示，研究结论与前文基本一致。

（6）基于地区的安慰剂检验。虽然实证结果表明碳排放权交易体系对企业绿色创新存在显著的抑制作用，但这种实证分析的结果并不能充分说明这种促进作用是源于碳排放权交易体系的实施而不是其他影响因素。因此，为了进一步验证本文试点政策对企业绿色创新的影响并未受到遗漏变量的影响，本文利用 Abadie 在 2010 年所提出的安慰剂检验方法来检验上述实证分析的结论。参照现有学者随机分配试点省份的做法进行安慰剂测试（金刚和沈坤荣，2019）。本文随机选取 7 个省区作为试点地区，并且随机选取 8 个行业作为试点行业，以此构造伪处理组与控制组，仍然以 2014 年为碳排放权交易试点时间，进行了 500 次随机抽样，进行与前文一样的三重差分估计。图 2 报告了 500 次随机分配后回归估计的均值，本文发现所有" $Pilot_{ij} \times Affeci_{ir} \times Post_t$ "三次交互项的估计系数均值几乎为零。本文进一步绘制了 500 个估计系数的分布及其相关的 p 值（图 2），结果表明大多数估计值的 p 值大于 0.1，并且其分布均在零点附近集中。同时，本文的真实估计［来自表 4 的第（4）列］在安慰剂测试中是非常明显的异常值。这些结果显示随机设立的碳试点地区没有产生政策效应，说明不存在其他随机因素影响本文的基本结论，这进一步说明碳排放权交易试点政策对企业绿色创新的抑制作用未受到未观测到的遗漏变量的影响。

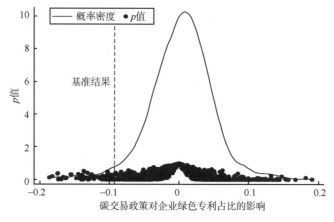

图 2　安慰剂检验

（7）基于时间的安慰剂检验。考虑到碳排放权交易市场建立的政策影响时间节点选择客观性不强，为说明本文的结果并不是偶然的，本文进一步利用 Abadie 等（2015）的研究进行基于时间的安慰剂检验，即假设碳交易试点政策于 2011 年正式实施，在去掉 2014 年及之后的样本后，重新进行三重差分回归①。结果表明 " $Pilot_{ij} \times Affeci_{ir} \times Post_t$ " 三次交互项的估计系数并不显著，说明碳排放权交易政策对企业绿色创新的影响并非因为政策冲击时间节点的选择不同而具有偶然性，验证了本文结论的稳健性。

六、进一步讨论

1. 绿色专利创新的时滞性分析

上文的基准回归结果和一系列稳健性检验表明碳排放权交易政策显著抑制了企业的绿色创新活动，鉴于企业专利等技术创新对环境规制政策的反应可能存在一定的时滞性，本文还进一步考察了碳排放权交易政策对滞后一期、滞后二期和滞后三期绿色专利占比的影响，结果如表 5 所示。所有的回归结果均在年份、地区、行业的固定效应基础上，进一步控制了地区的时间趋势效应和行业的时间趋势效应。第一，不难发现碳排放权交易政策对滞后一期、滞后二期和滞后三期的企业绿色专利占比均产生了显著的负向影响，再次验证了本文基本结论的稳健性。第二，通过对比可以看出随着滞后期的增加，试点政策对企业绿色专利占比的回归系数显著性水平逐渐降低，其中滞后一期的估计系数在 1%水平上显著为

---

① 基于时间的安慰剂检验三重差分回归结果详见附表 2 第（4）列。

−0.0786，而滞后三期的估计系数仅在10%水平上显著。此外，从表5可以看出试点政策对滞后二期的企业绿色专利占比负向影响程度最大，在 5%水平上显著为−0.0974，进一步说明了该政策对企业绿色创新活动的抑制作用具有较强的滞后性，其中滞后二期的影响最大，也再次证实了"弱波特假说"在中国目前的碳排放权交易试点政策下并未能实现。

表5　绿色专利创新的时滞性分析

变量	滞后期绿色专利占比		
	滞后一期	滞后二期	滞后三期
	（1）	（2）	（3）
$Pilot_{ij} \times Affeci_{ir} \times Post_t$	−0.078 6***	−0.097 4**	−0.074 5*
	（0.026 6）	（0.037 7）	（0.042 9）
$Pilot_{ij} \times Affeci_{ir}$	0.050 5*	0.059 1*	0.053 0
	（0.026 5）	（0.031 1）	（0.034 2）
$Pilot_{ij} \times Post_t$	−0.000 1	−0.017 3*	−0.010 8
	（0.007 8）	（0.009 8）	（0.014 6）
$Affeci_{ir} \times Post_t$	0.023 1*	0.032 5**	0.030 9**
	（0.012 5）	（0.012 4）	（0.013 0）
样本量	10 634	8 839	7 389
R^2	0.099 7	0.095 8	0.090 6
控制变量	是	是	是
年份固定效应	是	是	是
地区固定效应	是	是	是
行业固定效应	是	是	是
地区×时间趋势固定效应	是	是	是
行业×时间趋势固定效应	是	是	是

***、**和*分别代表1%、5%和10%的显著性水平

2. 异质性分析

尽管本文已经论证了碳排放权交易政策对企业绿色创新活动的抑制作用，但是试点范围内不同类型的绿色专利、不同类型的企业以及不同区域的企业对碳排放权交易政策的冲击反应是否存在一定差异？有必要对此问题进行深入的理解和探讨。

（1）不同类型绿色专利的异质性分析。由于上市公司发明专利和实用新型专利中存在绿色创新活动的可能性更大，并且相较于实用新型专利，发明专利从研

发到获得授权的周期更长、创新性更高、创新程度更大，因此进一步区分了绿色发明专利和绿色实用新型专利，考察碳排放权交易政策对不同类型绿色专利的抑制作用，验证不同类型的专利在碳交易政策下是否支持"弱波特假说"，回归结果如表 6 所示。所有回归结果均在年份、地区、行业的固定效应基础上，进一步控制了地区的时间趋势效应以及行业的时间趋势效应。其中，表 6 中第（1）列和第（2）列报告了试点政策对不同类型绿色专利占比①的回归结果，从中可以看出，首先，试点政策均能在 1%水平上显著降低企业绿色发明专利占比和绿色实用新型专利占比。其次，由于企业绿色发明专利的创新性更高，试点政策实施后，绿色发明专利占比的下降程度为绿色实用新型专利占比下降程度的 1.5 倍左右，这进一步说明了碳排放权交易政策对难度更大的绿色创新活动的负向影响程度更大。此外，表 6 中第（3）列和第（4）列报告了试点政策对不同类型绿色专利数量②的回归结果，从中可以看出，虽然该政策对绿色实用新型专利数量无显著影响，但是试点政策实施后，绿色发明专利数量在 10%水平上显著降低 1.299 6，再次验证了碳排放权交易政策对企业绿色发明专利的抑制作用更强。其可能的原因是，在碳交易市场下，企业面临减排成本的压力，绿色发明专利的创新难度更大，需要更多的资金投入和更长的研发周期，因此企业更倾向于减少其绿色发明专利的创新活动。

表 6　不同类型绿色专利的异质性分析

变量	绿色发明专利占比	绿色实用新型专利占比	绿色发明专利数量	绿色实用新型专利数量
	（1）	（2）	（3）	（4）
$Pilot_{ij} \times Affeci_{ir} \times Post_t$	−0.085 1***	−0.057 0***	−1.299 6*	0.662 0
	（0.021 2）	（0.019 1）	（0.752 9）	（1.128 6）
$Pilot_{ij} \times Affeci_{ir}$	0.044 5**	0.018 0	−0.356 1	−1.233 5*
	（0.017 7）	（0.014 6）	（1.357 3）	（0.621 9）
$Pilot_{ij} \times Post_t$	0.003 3	−0.008 5	0.633 2	−0.158 4
	（0.008 4）	（0.009 4）	（0.821 1）	（0.381 7）

续表

---

① 主要采用企业当年已授权绿色发明专利数量占其当年所有发明专利申请数量的比重，以及已授权绿色实用新型专利数量占其当年所有实用新型专利申请数量的比重作为绿色创新活动的代理变量。

② 主要采用企业当年已授权绿色发明专利数量和已授权绿色实用新型专利数量作为绿色创新活动的代理变量。

变量	绿色发明专利占比	绿色实用新型专利占比	绿色发明专利数量	绿色实用新型专利数量
	（1）	（2）	（3）	（4）
$Affeci_{ir} \times Post_t$	0.027 5**	0.007 7	0.112 7	−0.465 2
	(0.012 9)	(0.011 5)	(0.498 4)	(0.340 3)
样本量	14 137	14 137	14 137	14 137
R^2	0.056 7	0.081 0	0.088 2	0.111 1
控制变量	是	是	是	是
年份固定效应	是	是	是	是
地区固定效应	是	是	是	是
行业固定效应	是	是	是	是
地区×时间趋势固定效应	是	是	是	是
行业×时间趋势固定效应	是	是	是	是

***、**和*分别代表 1%、5%和 10%的显著性水平

（2）不同类型企业的异质性分析。接下来本文考察碳排放权交易政策对不同规模企业、是否为制造业企业以及不同所有制企业绿色创新活动的抑制作用，回归结果如表 7 所示，其中所有回归结果均在年份、地区、行业的固定效应基础上，进一步控制了地区的时间趋势效应以及行业的时间趋势效应。

表 7　不同类型企业的异质性分析

变量	绿色专利占比					
	大规模企业	小规模企业	制造业企业	非制造业企业	国有企业	非国有企业
	（1）	（2）	（3）	（4）	（5）	（6）
$Pilot_{ij} \times Affeci_{ir} \times Post_t$	−0.046 1	−0.100 8***	−0.075 3***	−0.141 7	−0.063 1**	−0.124 2***
	(0.027 9)	(0.029 3)	(0.018 4)	(0.107 0)	(0.027 7)	(0.039 3)
$Pilot_{ij} \times Affeci_{ir}$	0.053 8*	0.042 4*	0.034 0	0.113 0	0.013 5	0.083 2***
	(0.028 8)	(0.023 5)	(0.022 4)	(0.072 2)	(0.021 1)	(0.028 1)
$Pilot_{ij} \times Post_t$	0.026 5	−0.006 0	−0.007 8	−0.016 8	0.011 4	0.002 6
	(0.025 8)	(0.010 4)	(0.009 8)	(0.032 5)	(0.015 9)	(0.011 8)
$Affeci_{ir} \times Post_t$	0.013 9	0.024 6*	0.027 4**	−0.081 9	0.037 9**	0.011 4
	(0.018 9)	(0.013 0)	(0.011 7)	(0.081 3)	(0.016 9)	(0.013 6)

续表

变量	绿色专利占比					
	大规模企业	小规模企业	制造业企业	非制造业企业	国有企业	非国有企业
	（1）	（2）	（3）	（4）	（5）	（6）
样本量	2 903	11 234	11 416	2 721	4 790	9 344
R^2	0.168 5	0.094 6	0.033 5	0.221 5	0.090 2	0.133 9
控制变量	是	是	是	是	是	是
年份固定效应	是	是	是	是	是	是
地区固定效应	是	是	是	是	是	是
行业固定效应	是	是	是	是	是	是
地区×时间趋势固定效应	是	是	是	是	是	是
行业×时间趋势固定效应	是	是	是	是	是	是

***、**和*分别代表 1%、5%和 10%的显著性水平

首先，熊彼特的创新理论指出，企业的规模与其创新密切相关，当开展创新活动时，不同规模的企业所面临的生产经营成本、市场能力与地位、融资约束以及风险承担能力不同（罗琦等，2007），同时企业规模大小可能与边际减排成本有关，因此碳排放权交易政策对不同规模的企业绿色创新活动可能存在差异化的影响。以往文献一般采用产值规模、销售收入以及资产规模等指标来测度企业规模，由于产值规模和销售收入受到市场需求等其他因素的较大影响，本文选用资产规模作为企业规模的度量指标（孙晓华和王昀，2014），将资产规模低于行业平均值的企业作为小规模企业，而将高于行业平均值的企业分为大规模企业。

表 7 的第（1）列和第（2）列分别报告了试点政策对大规模企业和小规模企业的实证结果，结果显示该政策对大规模企业绿色创新活动无显著影响，而对小规模企业有显著的抑制作用。具体而言，对于小规模企业，三次交互项的回归系数在 1%水平上显著为–0.1008，与基准回归结果相比，下降程度更大，进一步说明试点政策对企业绿色创新活动的负面效应主要是体现在小规模企业当中。究其原因，对于大规模企业而言，一方面大规模企业具有相对完善的财务管理体系和较好的抵押担保能力，更容易从银行和其他金融机构获得贷款，融资渠道更加多元化，创新风险分散能力也更强。另一方面大规模企业具有规模经济效应和支配市场的能力。因此，大规模企业的资金和技术实力较强，通常会顺利化解环境规制下减排成本上升压力，实现企业生产效率的提高和产出的增加，创新补偿效应较强。然而对于小规模企业，一方面研发成本高，研发周期长，企业面临着绿色专利创新的极大不确定性；另一方面绿色创新活动需要持续周期性的资金投入，而小规模企业融资较为困难。所以，对于规模较小的企业，由于其污染治理技术、人力和资金等投入方面能力有限，通常难以通过技术创新来进行污染治理。在碳

交易机制下，如果小规模企业选择开展绿色创新活动会对企业造成较大的成本压力，因而小规模企业更可能采取在市场上购买碳配额或减少产量等行为达到短期减排目标而不是通过绿色减排技术研发等实现长期减排目标。

其次，考察企业是否处于制造业行业的异质性。制造业不仅是实体经济的主体，更是建设创新型国家的主动力，在国家产业转型升级与高质量发展中扮演至关重要的角色。目前中国的制造业规模已经步入世界前列，因此在制造业领域发展高新技术极其重要。同时，中国碳交易试点政策主要涉及石化、化工、建材、钢铁、有色和造纸等制造行业，电力、热力、燃气等供应业以及交通运输业，因此本文紧接着将样本分为制造业企业和非制造业企业进行异质性分析。

表 7 的第（3）列和第（4）列分别报告了试点政策对制造业企业和非制造业企业的实证结果，结果显示该政策与非制造业企业绿色创新活动的关系并不显著，但能在 1%水平上使得制造业企业绿色专利占比降低 0.0753，说明试点政策对企业绿色创新的影响主要体现在制造业企业中。究其原因，中国经济增长速度趋缓，全面深化改革进程加快，制造业转型升级面临着非常严峻的内外部形势。一方面，过度依赖资源供给和环境承载能力的煤炭、水泥、焦化、造纸、电石、钢铁等多个支柱行业都面临着产能过剩和发展后劲不足的困境。另一方面，周边国家对华政策不断发生变化，以美国等国家为代表的部分国家近年来施行的贸易保护主义政策，对中国制造业的发展造成了较大的冲击性影响。因此国内制造业创新环境面临较大的不确定性，碳排放权交易试点政策实施之后，由于减排的压力，制造业企业更有可能选择减少产量等短期手段而不是增加绿色减排创新技术的投入实现减排目标，从而造成了绿色专利占比的降低。

最后，考察不同性质的所有制企业的异质性。表 7 的第（5）列和第（6）列报告了试点政策对国有企业和非国有企业的实证结果，结果显示该政策至少在5%水平显著降低国有企业和非国有企业的绿色专利占比，抑制了企业绿色专利创新和申请的积极性，并且非国有企业对政策的抑制作用反应更加显著，下降比例约为国有企业的 2 倍。尽管现有研究大多认为国有企业的创新活动弱于私有企业（吴延兵，2012），但由于受到更强的环境规制，国有企业在节能减排领域的技术创新活动可能更强。其可能的解释是，国有企业是中央政府或地方政府投资或参与控制的企业，在资源分配特别是财政支持上具有很大优势，能较强地缓解减排压力。同时与非国有企业相比，国有企业研发部门和研发投入相对稳定，即使环境规制压力变大，其剧烈变动研发投入策略的可能性较低。再者，国有企业通常为大型企业，在生产规模、生产技术、生产的软硬件设施和劳动力素质等方面都具有较高水平，减排的能力较强，成本相对较低，有利于发挥规模效应实现减排目标。此外，林毅夫和谭国富（2000）认为国有企业在承担着战略性政策负担的同时在很大程度上承担着环境保护的责任，其绿色创新意识强于非国有企业。因此相比之下，非国有企业面临的减排成本压力更大，创新意识更弱，更有可能选择减少产量等短期手段进行减排，从而大量挤占企业进行绿色创新的资金，造成绿色专利占比更大程度的降低。

（3）不同区域的异质性分析。下面本文考察碳排放权交易政策对东部地区、中部地区、西部地区三个不同区域企业绿色创新活动的影响。由于历史制度、政府政策、人力资源和资源禀赋以及区位环境条件等方面的原因（王动和王国印，2011），在经济和社会发展过程中，中国不同区域呈现出较为明显的差异。近年来中国区域发展不平衡现象不断加剧，其中，环境规制政策与技术进步、经济发展的关系差异尤为突出，因此，本文有必要基于不同区域视角研究碳排放权交易政策对企业绿色创新活动的影响的差异性，回归结果如表 8 所示。

表 8　不同区域的异质性分析

变量	绿色专利占比		
	东部地区	中部地区	西部地区
	（1）	（2）	（3）
$Pilot_{ij} \times Affeci_{ir} \times Post_t$	−0.057 8***	−0.262 3**	0.028 6
	（0.015 9）	（0.099 7）	（0.063 1）
$Pilot_{ij} \times Affeci_{ir}$	0.011 1	0.284 0**	−0.078 4***
	（0.021 3）	（0.108 4）	（0.027 6）
$Pilot_{ij} \times Post_t$	0.001 4	−0.025 5	0.004 0
	（0.012 0）	（0.033 4）	（0.053 2）
$Affeci_{ir} \times Post_t$	0.021 8	0.009 1	0.046 8**
	（0.015 7）	（0.018 9）	（0.018 4）
样本量	10 057	2 488	1 592
R^2	0.090 8	0.218 6	0.082 4
控制变量	是	是	是
年份固定效应	是	是	是
地区固定效应	是	是	是
行业固定效应	是	是	是
地区×时间趋势固定效应	是	是	是
行业×时间趋势固定效应	是	是	是

***、**和*分别代表 1%、5%和 10%的显著性水平

从表 8 中可以看出，试点政策对东部地区和中部地区的企业绿色创新活动产

生显著的负向影响，尤其是中部地区企业的绿色专利占比降低程度最大，而与西部地区企业的绿色创新活动并无显著关系。具体而言，对于中部地区的企业，三次交互项系数在 5%显著性水平下为–0.2623，下降比例为东部地区企业的 4.5 倍左右，说明了碳交易政策对企业绿色创新活动的抑制效应主要见诸中部地区企业。其可能的解释是，由于东部地区、中部地区市场和利润空间竞争激烈以及专利创新的不确定性、高风险性和长周期性等，企业在面临减排压力时，更倾向于减少自身长期绿色创新活动的开展和研发投资等行为以减轻成本压力，选择在碳市场购买碳排放额或者减少产量等短期行为实现减排目标。同时东部地区与中部地区相比，经济发展质量较高，科技创新能力较强，我们发现东部地区无论是绿色发明专利还是绿色实用新型专利的授权数量平均值均高于中部地区①。然而，由于中部地区企业制度改革滞后、劳动者素质相对较低和产业结构不合理等因素，区域技术创新效率和科技成果转化效率较低，因此该政策对中部地区企业的绿色创新活动抑制作用更强。此外，相比而言，虽然西部地区企业获得授权的绿色专利数量平均值最低，但是与东部发达地区相比，西部地区企业的生产成本相对低廉，土地和劳动力等要素价格较低，并且存在各种政策优惠等优势条件。同时为推动区域协调发展，近年来国家实施西部大开发等战略，各级政府积极引进特色优势产业及重点发展产业，实施差别化的优势产业扶持政策，同时设立了西部地区鼓励类产业发展引导基金和中小企业融资担保基金，专门用于扶持西部地区发展潜力巨大、竞争力较强的优势骨干企业和产业集群，以推动西部地区优势产业发展壮大，促进当地经济社会协调发展。因此，在试点政策实施后，西部地区企业面临的减排成本压力相对较小，并未立刻变动其绿色创新的研发策略，绿色专利占比无显著变化。

3. 影响机制分析

以上研究结果表明，2014 年在 7 个省区实施的碳排放权交易政策显著抑制了企业的绿色创新活动，证实了企业并非通过绿色低碳技术创新实现减排，但是试点政策影响企业绿色创新的中间机制和传导过程是怎样呢？接下来本文梳理了现有文献，进行了有关的机制分析，主要从以下三个方面进行解释。

（1）部分企业倾向于采用购买清洁能源和环保设备的方式或者采取从其他单位引入低碳技术的投资策略实现短期内减排目标。张海军等（2019）对企业低碳技术创新情况进行了研究，结果发现相较于自主研发，企业更倾向于从其他单位引进低碳技术，同时作者发现中长期碳减排目标的政策压力对企业自主

---

① 本文分别按照东部地区、中部地区和西部地区计算各区域的企业绿色专利、绿色发明专利、绿色实用新型专利的平均值。其中，东部地区平均值分别为 2.227、0.994、1.233，中部地区平均值分别为 1.511、0.526、0.986，西部地区平均值分别为 1.160、0.365、0.795。

研发低碳技术有更为显著的促进作用。相比之下，中国 2011 年的碳排放权交易试点政策处于起始阶段，一方面试点地区碳交易市场管制较宽，配额分配也较为宽松，同时碳排放权交易法律政策仍不明确，政策执行力度不够，在市场监管方面缺乏约束，相关制度尚未完全规范碳排放权初始分配和交易操作。另一方面，在试点期间，碳排放权交易试点政策的前景不够明确，未能提供长久的、持续的、稳定的政策导向，企业对于绿色创新技术的投资持观望甚至消极态度。因而，面对碳交易政策和减排目标带来的压力，企业更倾向于采用购买清洁能源或环保设备的方式进行减排活动或者采取从其他单位引入低碳技术的投资策略。这不仅能够在短时间内起到明显的减排效果，也避免了进行自主研发的投资回收周期较长可能对企业产生的不利影响。虽然相关数据的获取可行性较低，本文无法直接通过实证检验这一作用机制，但是这也在一定程度上解释了碳排放权交易试点政策对企业绿色创新活动的抑制作用，接下来本文主要对以下作用机制进行检验。

（2）企业主要采取减少产量的短期行为来降低二氧化碳排放，而非通过绿色专利和低碳技术创新以实现清洁生产与减排目标。沈洪涛等（2017）实证检验了碳交易试点政策的实施有助于企业碳减排，但企业并非通过减排技术的投入实现清洁生产，而是主要采取降低产量的行为以达到减排目标。由于减排技术投入的成本相对较高，企业往往采取减产的行为以降低总生产过程中的碳排放量来实现减排。企业降低产量不仅损害了自身利益，也在一定程度上减少了企业的潜在利润，从而对企业绿色创新的研发资金产生负面影响。因此，本文试着从企业选择减少产量而不是投入减排技术实现清洁生产和长期减排目标的角度来说明碳排放权交易政策降低企业绿色创新活动的作用机制。

首先，将产量（Production）作为被解释变量，由于企业产量并未公开披露，本文借鉴彭韶兵等（2014）采用当期销售收入加上存货期末余额减期初余额作为产量的度量，即对企业生产产值采取一个简化的近似算法。其次，为了保证回归结果的稳健性，借鉴沈洪涛等（2017）选取企业主营业务成本占总资产比例（Cost）作为产量的替代变量，由于产量是直接影响主营业务成本占总资产比例的主要因素，故主营业务成本占总资产比例在一定程度上能作为产量的替代变量。表 9 中第（1）列和第（2）列分别报告了碳排放权交易政策对企业产量和主营业务成本占总资产比例的回归结果，从中可以看出，"$Pilot_{ij} \times Affeci_{ir} \times Post_t$"三次交互项估计系数分别在 1%水平上和 5%水平上显著为负，说明该政策显著降低了企业的产量和主营业务成本占总资产比例。这与本文的预期一致，验证了在碳交易市场下企业为应对减排压力，并不是通过绿色低碳技术创新实现清洁生产来减少碳排放量，而是选择减产这种短期行为。其中很大的一个可能是目前企业进行绿色创新的成本相对较高，周期长，风险大，甚至高于企业去市场上购买排放权配额的成本。减少产量完成减排目标是最消极的应对方式，这不仅会损害企业利益，也未达到真正意义上的节能减排。碳排放权交易政策并不鼓励企业购买配额完成任务，而是旨在通过市场手段倒逼企业开展绿色创新活动等实现低碳发展，因此碳排放权政策有待于进一步完善以引导和激励企业创新。

表9　影响机制分析

变量	Production	Cost	CF	REV	R&D
	（1）	（2）	（3）	（4）	（5）
$Pilot_{ij} \times Affeci_{ir} \times Post_t$	$-0.348\ 3^{***}$	$-0.237\ 0^{**}$	$-0.192\ 8^{***}$	$-0.312\ 1^{***}$	$-0.023\ 8^{*}$
	（0.105 1）	（0.094 4）	（0.070 5）	（0.089 6）	（0.013 1）
$Pilot_{ij} \times Affeci_{ir}$	$0.201\ 6^{**}$	$0.149\ 0^{*}$	$0.056\ 9$	$0.181\ 1^{**}$	$-0.014\ 9$
	（0.088 5）	（0.088 5）	（0.062 2）	（0.088 1）	（0.013 1）
$Pilot_{ij} \times Post_t$	$0.199\ 7^{***}$	$0.108\ 4^{***}$	$0.046\ 3$	$0.200\ 7^{***}$	$0.028\ 7^{**}$
	（0.044 5）	（0.030 4）	（0.053 3）	（0.043 9）	（0.012 7）
$Affeci_{ir} \times Post_t$	$0.239\ 0^{***}$	$0.180\ 3^{**}$	$0.067\ 6^{*}$	$0.239\ 9^{***}$	$0.017\ 2$
	（0.085 2）	（0.070 3）	（0.039 1）	（0.077 4）	（0.016 2）
样本量	10 622	14 137	11 220	14 137	12 489
R^2	0.897 7	0.235 4	0.697 6	0.897 8	0.297 0
控制变量	是	是	是	是	是
年份固定效应	是	是	是	是	是
地区固定效应	是	是	是	是	是
行业固定效应	是	是	是	是	是
地区×时间趋势固定效应	是	是	是	是	是
行业×时间趋势固定效应	是	是	是	是	是

***、**和*分别代表 1%、5%和10%的显著性水平

　　上述分析验证了企业采取减少产量的行为来达到减排标准的传导机制，由于产量的减少会在很大程度上影响企业的经营活动现金流量净额[①]（记为 CF）和销售收入[②]（记为 REV），因此接下来考察碳排放权交易政策对企业经营活动产生的现金流量净额和销售收入的影响，以再次验证本文的传导机制。表9 中第（3）列和第（4）列分别报告了碳排放权交易政策对企业经营活动现金流量净额和销售

[①] 经营活动产生的现金流量净额从 1998 年后开始使用。
[②] 企业的产量、现金流量净额与销售收入指标均采用自然对数形式。

收入的实证结果。实证结果显示三次交互项估计系数均在 1%水平上显著为负，说明试点政策实施后，企业受到产量减少的影响，其现金流量净额和销售收入出现了较大程度的下降，再次验证了本文的影响机制。以上结果表明中国 2014 年试点的碳排放权交易政策并未有效促进企业绿色创新，企业为达到减排目标选择了减少产量的短期行为，降低了企业的现金流量净额和销售收入，这在一定程度损害了自身利益，加剧了企业进行研发的资金压力，从而造成绿色专利占比的降低，抑制了企业绿色创新的积极性。

（3）碳交易市场下，企业现金流和预期收益的下降，对其研发资金的投入产生负面影响，从而抑制了企业绿色创新活动的开展，造成了绿色专利占比的降低。

环境规制对企业创新的影响主要包括"补偿效应"和"抵消效应"，"补偿效应"认为由于治污成本的加大，企业往往选择改进生产方法、工艺流程和治污技术等而获得环境与经济的双重红利；"抵消效应"则认为，污染成本增加会使得企业将原本用于具有良好发展前景的创新项目的资金转移到污染治理项目中，导致企业技术创新能力下降。企业现金流和创新潜在收益是影响企业是否加大研发投入的关键因素（Brown and Petersen，2011），如果试点政策使得企业的现金流和预期收益下降，那么该政策在很大程度上能够降低企业的研发投资。具体而言，在碳排放权交易政策下，企业面临的减排压力变大，一方面，由于创新的周期性和不确定性，若企业仅开展内部研发活动会面临更大的风险以及时间压缩不经济等问题，不会立即采取增加研发投入的策略。另一方面，由于现金流和销售收入减少，企业利润空间受限，研发资金的投入会受到一定的负面影响。因此，本文预计试点政策实施后，企业会进一步减少研发资金的投入，从而降低绿色创新活动。

考虑到不同行业的研发支出存在较大差异，本文使用行业层面进行标准化的企业研发投入指标[①]作为企业创新的替代变量，考察碳排放权交易政策对企业研发投入的影响，回归结果如表 9 中第（5）列所示，回归结果显示试点政策对企业标准化研发投入的回归系数在 10%水平上显著为–0.0238，说明试点政策显著降低了企业的研发创新活动。回归结果与预期保持一致，在一定程度上证实了碳交易政策降低企业绿色创新活动的可能机制，同时也再次验证了中国现阶段企业参与碳市场交易，尚不能达到"弱波特假说"的研发促进条件，需要政府与碳交易机构进一步完善市场机制。

---

① 研发投入数据来源于 Wind 数据库，以万元为单位；采用公式（RD_level – min RD_level）/（max RD_level – min RD_level）对研发投入进行标准化，其中 max RD_level 和 min RD_level 分别为相同行业内最大的研发投入水平和最小的研发投入水平，最后处理得到标准化的研发投入指标 RD_standard；样本期间为 2009 年至 2018 年。

七、结论与政策建议

"十四五"时期将是中国经济由高速增长转向高质量发展的攻坚期,亦是全国能源行业进入全面深化改革的关键期,为加快能源结构调整和促进低碳化改良,以创新为核心的高效型增长模式是实现经济高质量增长和环境保护"双赢"的最佳选择。其中,构建市场导向的绿色技术创新体系是促进产业、能源以及交通等绿色转型的关键支撑和持续动力,中国碳排放权交易体系是引入市场手段来减缓二氧化碳排放和促进低碳发展的重大创新,2014年中国在深圳等七个省区开展了碳排放权交易并出台了具体的政策文件,2017年国家发展和改革委员会启动了全国碳排放权交易市场,选择基础条件较好的行业作为重点率先启动,进一步加强碳排放权交易的基础支撑能力。随着政府、企业和社会各界对中国碳排放权交易市场关注度的提高,对该政策的相关实证研究显得尤为重要,而本文将2014年启动的碳交易试点视为准自然实验,构建三重差分识别框架控制潜在的内生性问题,实证检验了碳交易政策对企业层面绿色创新的影响。实证结果表明,"弱波特假说"在中国现阶段碳交易市场中未能实现,具体来看,①试点政策未能有效促进企业绿色创新,反而显著抑制了企业的绿色创新活动,使得企业绿色专利占比显著降低了9.26%。②试点政策对企业绿色创新的负向影响有较强的滞后效应,其中滞后二期的影响程度最大。③随着绿色专利类型创新性的提高,试点政策对绿色创新活动的负向影响程度随之增大。具体而言,企业的绿色发明专利占比下降程度为绿色实用新型专利占比的1.5倍左右。④从企业规模来看,该政策虽然未能显著影响大规模企业的绿色创新活动,但是却显著降低了小规模企业的绿色专利占比;从行业的类型看,制造业企业与非制造业企业相比,对政策的抑制作用反应更为敏感;从企业所有制类型看,与国有企业相比,非国有企业对试点政策的抑制作用反应更加显著;从不同区域来看,相比于西部地区,试点政策显著降低了东部地区、中部地区企业的绿色创新活动。⑤本文从企业产量和研发投入这两个角度验证了企业选择减少产量这种短期行为而不是通过绿色技术创新实现清洁生产和长期减排目标,并且由于现金流和预期收益的减少,企业进一步降低其研发资金的投入,从而对绿色创新活动产生负面影响,这进一步说明了碳排放权交易政策降低了企业绿色创新活动的作用机制。究其原因,可能是,一方面,2014年的试点政策前景不够明确,有关碳交易市场的相关管理条例和制度等尚未出台,未能提供长久的、持续的、稳定的政策导向;另一方面,顶层系统设计不够清晰,利益相关方责任不明确,同时由于碳交易市场管制较宽、法律政策不明确、政策执行力度不够等原因,企业对于绿色创新技术的投资持观望甚至消极态度。

因此,本文基于此项研究和中国基本国情,提出的政策建议如下。①中国现有试点虽然先后启动了碳排放权交易，但初步计划并不完善，制度设计等基础设施有待提高，由于数据缺失，管理者无法掌握最真实的排污量等信息，初始额度分配尚未完全规范，政府协调面临困难。与此同时，碳市场交易制度的建设发展涉及多部门、多行业、多区域的协同配合，由于缺乏良好的市场机制，其可能在短期内达不到良好的效果。所以各级政府应当健全市场法律体系，完善碳市场相关交易规则，并附加相关的配套政策作为引导，"十四五"时期可设立碳排放总量控制体系，提供明确和稳定的政策导向，调动企业整体参与积极性。②积极培育低碳生产要素以加强企业的核心竞争力，一方面构建以企业为主体和市场为导向的产学研相结合的开放式协同创新机制，尤其是针对中国中部地区应该加大低碳知识产权保护力度和低碳科技投入。另一方面适度增加研发技术创新补贴或者税收优惠。对于制造类企业来说，应根据制造业行业的特点制定不同的低碳突破性创新政策，增强低碳突破性创新的政策引导及资金支持。针对非国有中小型企业，应完善低碳融资体系，构建低碳金融机构和健全政策性投资基金，以促进中小型企业的融资。③本文发现 ETS 下企业主要通过诸如减少产量等短期措施实现节能和减排，因此建议未来的统一交易市场针对节能、减排、绿色与环保技术研发设计相应的碳金融产品，建立新型科技投融资和金融体系，引导企业加强绿色创新，促使企业加强节能减排和对环保技术的投资，实现长期减排，发挥"绿色创新后发优势"。此外，碳交易的实施效果在不同规模和不同类型的企业间存在差异，未来全国碳市场推行应统筹好效率与公平之间的关系，营造良好的公平竞争环境，在"十四五"期间，努力建成一个交易愈发活跃、制度基本完善、监管更加严格以及市场有效运行的全国碳市场。2017 年中国统一碳市场以电力生产和供应业为突破口率先启动，分阶段扩大行业的覆盖范围，并降低企业的准入门槛标准，这将会对未来绿色专利创新产生更强的政策冲击，因此未来的研究方向可进一步考察全国统一碳市场的创新激励效果以及环境效率影响。再者，碳市场的核心问题是碳配额的价格形成问题，一方面价格经常出现剧烈波动会影响市场参与者的信心，另一方面如果碳排放权维持低价，企业会缺乏动力进行碳减排和低碳技术创新，以后的研究可以深入考察碳价稳定机制和碳配额问题。

参 考 文 献

郭进. 2019. 环境规制对绿色技术创新的影响——"波特效应"的中国证据. 财贸经济，（3）：147-160.

金刚，沈坤荣. 2019. 中国企业对"一带一路"沿线国家的交通投资效应：发展效应还是债务陷阱. 中国工业经济，（9）：79-97.

李春涛，闫续文，宋敏，等. 2022. 金融科技与企业创新——新三板上市公司的证据. 中国工业经济，（1）：81-98.

李玲，陶锋. 2012. 中国制造业最优环境规制强度的选择——基于绿色全要素生产率的视角. 中国工业经济，（5）：70-82.

罗琦，肖文翀，夏新平. 2007. 融资约束抑或过度投资——中国上市企业投资一现金流敏感度的经验证据. 中国工业经济，（9）：103-110.

林毅夫，谭国富. 2000. 自生能力、政策性负担、责任归属和预算软约束. 经济社会体制比较，（4）：54-58.

刘晔，张训常. 2017. 碳排放交易制度与企业研发创新——基于三重差分模型的实证研究. 经济科学，（3）：102-114.

潘越，潘健平，戴亦一. 2015. 公司诉讼风险、司法地方保护主义与企业创新. 经济研究，（3）：131-145.

彭韶兵，郑伟宏，邱静. 2014. 地方 GDP 压力、地方国有企业产值操控与经济后果. 中国经济问题，（4）：38-48.

齐绍洲，林屾，崔静波. 2018. 环境权益交易市场能否诱发绿色创新?——基于我国上市公司绿色专利数据的证据. 经济研究，53（12）：129-143.

钱浩祺，吴力波，任飞州. 2019. 从"鞭打快牛"到效率驱动：中国区域间碳排放权分配机制研究. 经济研究，（3）：86-102.

任胜钢，郑晶晶，刘东华，等. 2019. 排污权交易机制是否提高了企业全要素生产率——来自中国上市公司的证据. 中国工业经济，（5）：5-23.

沈洪涛，黄楠，刘浪. 2017. 碳排放权交易的微观效果及机制研究. 厦门大学学报（哲学社会科学版），（1）：13-22.

孙晓华，王昀. 2014. 企业规模对生产率及其差异的影响——来自工业企业微观数据的实证研究. 中国工业经济，（5）：57-69.

涂正革，谌仁俊. 2015. 排污权交易机制在中国能否实现波特效应?. 经济研究，（7）：160-173.

王班班，齐绍洲. 2016. 市场型和命令型政策工具的节能减排技术创新效应——基于中国工业行业专利数据的实证. 中国工业经济，（6）：91-108.

王动，王国印. 2011. 环境规制对企业技术创新影响的实证研究. 中国经济问题，（1）：72-79.

王群伟，周鹏，周德群. 2010. 中国二氧化碳排放绩效的动态变化、区域差异及影响因素. 中国工业经济，（1）：45-54.

王玉泽，罗能生，刘文彬. 2019. 什么样的杠杆率有利于企业创新. 中国工业经济，（3）：138-155.

魏立佳，彭妍，刘潇. 2018. 碳市场的稳定机制：一项实验经济学研究. 中国工业经济，（4）：174-192.

吴延兵. 2012. 中国哪种所有制类型企业最具创新性. 世界经济，（6）：3-29.

张海军，段茂盛，李东雅. 2019. 中国试点碳排放权交易体系对低碳技术创新的影响——基于试点纳入企业的实证分析. 环境经济研究，4（2）：10-27.

张劲帆，李汉涯，何晖. 2017. 企业上市与企业创新——基于中国企业专利申请的研究. 金融研究，443（5）：160-175.

张小筠，刘戒骄. 2019. 新中国 70 年环境规制政策变迁与取向观察. 改革，38（10）：16-25.

周迪，刘奕淳. 2020. 中国碳交易试点政策对城市碳排放绩效的影响及机制. 中国环境科学，40

（1）：453-464.

Abadie A, Diamond A, Hainmueller J. 2010. Synthetic control methods for comparative case studies: estimating the effect of California's tobacco control program. Journal of the American Statistical Association, 105（490）：493-505.

Abadie A, Diamond A, Hainmueller J. 2015. Comparative politics and the synthetic control method. American Journal of Political Science, 59（2）：495-510.

Acemoglu D, Akcigit U, Hanley D, et al. 2016. Transition to clean technology. Journal of Political Economy, 124（1）：52-104.

Ambec S, Cohen M A, Elgie S, et al. 2013. The porter hypothesis at 20: can environmental regulation enhance innovation and competitiveness?. Review of Environmental Economics and Policy, 7（1）：2-22.

Anderson B, Convery F, di Maria C. 2010. Technological change and the EU ETS: the case of Ireland. SSRN Electronic Journal, 216（1）：233-238.

Borghesi S, Cainelli G, Mazzanti M. 2015. Linking emission trading to environmental innovation: evidence from the Italian manufacturing industry. Research Policy, 44（3）：669-683.

Brown J R, Petersen B C. 2011. Cash holdings and R&D smoothing. Journal of Corporate Finance, 17（3）：694-709.

Brunnermeier S B, Cohen M A. 2003. Determinants of environmental innovation in US manufacturing industries. Journal of Environmental Economics and Management, 45（2）：278-293.

Dales J H. 1968. Pollution, Property and Prices: An Essay in Policy-making and Economics. Toronto: University of Toronto Press.

Dechezleprêtre A, Nachtigall D, Venmans F. 2018. The joint impact of the European Union emissions trading system on carbon emissions and economic performance. OECD Economics Department Working Paper, No. 1515.

del Río González P. 2009. The empirical analysis of the determinants for environmental technological change: a research agenda. Ecological Economics, 68（3）：861-878.

Dong F, Dai Y, Zhang S, et al. 2019. Can a carbon emission trading scheme generate the Porter effect? Evidence from pilot areas in China. Science of the Total Environment, 653：565-577.

Fan H, Zivin J S G, Kou Z, et al. 2019. Going green in China: firms' responses to stricter environmental regulations. National Bureau of Economic Research Working Paper, No.w26540.

Gans J S. 2012. Innovation and climate change policy. American Economic Journal: Economic Policy, 4（4）：125-145.

Gutiérrez E, Teshima K. 2018. Abatement expenditures, technology choice, and environmental performance: evidence from firm responses to import competition in Mexico. Journal of Development Economics, 133：264-274.

Jaffe A B, Palmer K. 1997. Environmental regulation and innovation: a panel data study. Review of Economics and Statistics, 79（4）：610-619.

La Ferrara E, Chong A, Duryea S. 2012. Soap operas and fertility: evidence from Brazil. American

Economic Journal: Applied Economics, 4 (4): 1-31.

Leonard H J. 1998. Pollution and the Struggle for the World Product. Cambridge: Cambridge University Press.

Popp D. 2006. International innovation and diffusion of air pollution control technologies: the effects of NO_X and SO_2 regulation in the US, Japan and Germany. Journal of Environmental Economics and Management, 51 (1): 46-71.

Popp D, Newell R. 2012. Where does energy R&D come from? Examining crowding out from energy R&D. Energy Economics, 34 (4): 980-991.

Porter M E. 1991. America's green strategy. Scientific American, (264): 168.

Porter M E, van der Linde C. 1995. Toward a new conception of the environment- competitiveness relationship. Journal of Economic Perspectives, 9 (4): 97-118.

Stoever J, Weche J P. 2018. Environmental regulation and sustainable competitiveness: evaluating the role of firm-level green investments in the context of the porter hypothesis. Environmental and Resource Economics, 70 (2): 429-455.

Zhang W, Zhang N, Yu Y. 2019. Carbon mitigation effects and potential cost savings from carbon emissions trading in China's regional industry. Technological Forecasting and Social Change, 141: 1-11.

Zhou B, Zhang C, Song H, et al. 2019. How does emission trading reduce China's carbonintensity? An exploration using a decomposition and difference-in-differences approach. Science of the Total Environment, 676: 514-523.

附 录

附表 1　行业对照表

行业	证监会行业分类标准 一级行业名称	证监会行业分类标准三级行业名称	证监会行业分类 标准三级代码
石化	制造业	石油加工、炼焦及核燃料加工业	C25
化工		化学原料及化学制品制造业	C26
建材		非金属矿物制品业	C30
钢铁		黑色金属冶炼及压延加工业	C31
有色		有色金属冶炼及压延加工业	C32
造纸		造纸及纸制品业	C22
电力	电力、热力、燃气及水生产和供应业	电力、热力、燃气的生产和供应业	D44，D45
航空	交通运输、仓储和邮政业	航空运输业	G56

附表 2　碳排放权试点政策对企业绿色专利占比的影响

变量	绿色专利占比			
	（1）	（2）	（3）	（4）
$Pilot_{ij} \times Affeci_{ir} \times Post_t$	−0.0436	−0.0439	−0.0371	−0.0500
	（0.032）	（0.031）	（0.031）	（0.041）
$Pilot_{ij} \times Affeci_{ir}$	0.0713	0.0714*	0.0509*	0.0597*
	（0.044）	（0.043）	（0.026）	（0.033）
$Pilot_{ij} \times Post_t$	0.0142	0.0141	0.0033	−0.0077
	（0.009）	（0.009）	（0.012）	（0.014）
$Affeci_{ir} \times Post_t$	0.0343**	0.0293**	0.0339***	0.0303***
	（0.013）	（0.013）	（0.010）	（0.010）
样本量	6037	6037	6037	6037
R^2	0.0088	0.0168	0.0656	0.0888
控制变量		是	是	是
年份固定效应			是	是
地区固定效应			是	是
行业固定效应			是	是
地区×时间趋势固定效应				是
行业×时间趋势固定效应				是

***、**和*分别代表 1%、5%和 10%的显著性水平

交通管控

在前文中，我们探究了环境污染的生产性诱因，验证机场的建设对空气污染的负面影响，说明交通工具的过度繁荣不仅会给人民出行带来不便，而且会导致燃料的过度消耗和废气的超额排放，造成严重的资源浪费和空气污染。汽车尾气排放便是当前中国所面临的一个严重的由交通发展造成的环境问题。快速的机动车化带来了包括空气污染、油价上涨、交通拥堵和温室气体排放增加等后果。遏制过度的机动车化是非常有必要的。限行被视为是缓解空气污染和交通拥堵的重要交通管控措施之一。那么，限行究竟能否起到环境治理的效果呢？本部分将回答这一问题。

本部分展示两项与限行相关的实证研究。第一项研究利用COVID-19疫情暴发这一外生冲击前后的日度数据，分析了私家车限行政策对空气污染的影响；第二项研究立足于各个城市实施限行政策的时间差异，构建多期 DID 模型，考察限行政策对城市污染的影响。本部分结论突出了限行政策在环境治理中的作用，启示我国可以适当通过交通管控以达到节能减排效果。

限行措施是否改善了空气质量？
来自 COVID-19 的冲击

一、引　言

由于空气污染对经济发展和健康有显著的负面影响（Xu et al.，2013；Hao et al.，2018），学者开始关注控制空气污染的方法，而交通管制一直是控制空气污染的重要措施（Goddard，1997；Shahbazi et al.，2014）。

COVID-19 疫情暴发后，截至 2020 年 2 月 1 日，中国已有 44 672 例确诊病例（根据咽拭子样本的病毒核酸检测结果为阳性诊断）。可以观察到，COVID-19 疫情的暴发影响了各地正常限行政策的实施和效果。中国各个城市的政府不仅及时有效地采取了相应的医疗措施，而且还实施了如限制旅行和暂停公共交通等非药物干预措施。特殊时期的交通限行措施为研究限行政策的影响创造了机会（Zhou et al.，2012；Wang et al.，2016）。一方面，许多研究证实，大规模的城市封闭和交通出行限制有效地降低了 COVID-19 的传播速度和规模（Qiu et al.，2020；Chinazzi et al.，2020；Lau et al.，2020）。另一方面，地方政府在 COVID-19 疫情暴发后采取的各种交通管制政策也对空气污染产生了一定影响（Wang et al.，2020）。

为了研究私家车限行政策对空气污染的影响，并找到合理实施这一政策以改善空气质量的途径，本文使用 2019 年 8 月 1 日至 2020 年 2 月 7 日疫情最严重的四个省份的日度数据，估计了私家车限行与空气污染之间的因果效应。由于这四个省份是受 COVID-19 疫情影响最严重的省份，因此后续政策变化受其他内生因素的影响最小。COVID-19 疫情的影响是一个外生事件，这为本文研究私家车限行政策对空气污染的影响提供了一个很好的机会。本文综合考虑了六个不同的气象因素，全面地分析了私家车限行政策对空气污染的影响。本文利用 2019 年 11 月 1 日至 2020 年 2 月 7 日的子样本进行了稳健性检验。随后本文进行了包括不同的限行动机、不同的限行类别、不同省份的限行以及不同人口和经济状况的城市的限行在内的各种异质性分析。基于这些结果，本文建议在实施交通管制政策时也应该高度重视对大气污染的控制。

与现有文献相比，本文有以下三点贡献：首先，通过对不同类型的私家车限行政策的回归分析，本文找到了减少空气污染的最有效的限行政策种类。限行措施应该集中在燃油车和本地车辆上，且基于车牌号最后一位的限行政策也有较好的政策效果。这三种措施分别导致 AQI 显著下降了 25.6%、23.7%和 22.2%。其次，考虑到不同省份的异质性影响，本文发现私家车限行政策的效果取决于城市的人口规模和经济发展特征。私家车限行政策导致 GDP 低于 3.6 万亿元的城市的 $PM_{2.5}$ 浓度下降 32%，GDP 增速低于 7%的城市的 $PM_{2.5}$ 浓度下降 31.6%。最后，在疫情发生期间，政策的效果随着公共交通的停运和机动车的禁行而变化。这一观察结果表明，我们在鼓励公共交通出行和推广新能源汽车替代传统燃油汽车的同时，还要关注公共交通能源利用的优化。

本文的剩余部分安排如下：第二部分为文献综述，第三部分为数据及研究方法，第四部分为基准回归，第五部分为异质性分析，第六部分为结论。

二、文献综述

交通管制政策对空气污染的影响一直是一个富有争议的话题。政策的效果可能因不同国家或地区的实施情况或实施方法而异。

许多研究证实了中国私家车限行政策能够减少空气污染这一结论（Cai and Xie，2011；Viard and Fu，2015；Ho et al.，2015）。然而，另一些研究表明，其他国家的车辆限行政策未能成功减少空气污染（Davis，2008；Chowdhury et al.，2017）。可以看到，中国限行政策的效果与其他国家不同。Viard 和 Fu（2015）研究表明了这些政策在中国成功的可能原因。当政策实施时，居民的自觉遵守非常重要。同时，研究表明，限行的时间、政策的实施方式、气象因素以及城市特征都会影响空气质量改善的效果（Cheng et al.，2008；Lin et al.，2011）。在以往的研究中，一些学者还发现，交通污染指标的选取也会影响研究的结果。一些研究认为，常见的空气污染物指标，如颗粒污染物浓度或一氧化碳和二氧化氮，并不能代表空气污染。相反，这些研究使用黑碳测量值作为交通限行影响的指标（Wang et al.，2009；Westerdahl et al.，2009；Invernizzi et al.，2011）。Invernizzi 等（2011）发现，与没有交通限行的区域相比，黑碳水平在有交通限行的区域明显下降。然而，PM_{10}、$PM_{2.5}$ 和 PM_1 的浓度没有明显变化。

特殊事件引起的短期政策变化往往能带来政策实施方法上的启示。在估计 2008 年奥运会对空气质量影响的研究中，Chen 等（2013）发现，限行政策的效果还受到工厂关闭以及交通管制的时间和地点的影响。目前，已有文献对 COVID-19 疫情期间的限行政策进行了研究。通过比较 2019 年和 2020 年的空气质量，Cadotte（2020）发现，政府可以通过政策变化来改善空气质量。Fan 等（2020）利用卫星数据和地面观测数据，分别估计了春节和 COVID-19 疫情期间实施限行措施对大气成分的影响。然而，一些研究表明，在疫情期间空气污染并没有减少。Huang 等（2021）指出，由于 COVID-19 疫情期间二次污染加剧，使得封锁政策带来的一次排放的减少被抵消。

三、数据及研究方法

为了评估中国 COVID-19 疫情期间政府实施的限行政策对空气污染的影响，这里收集了 2019 年 8 月 1 日至 2020 年 2 月 7 日的数据。其中包括私家车限行的时间、公共交通停运的时间、不同的空气污染物浓度以及其他类型的交通限制政策和当地气象特征。本节将对本文使用的数据和计量方法进行介绍。

1. 私家车限行

本文从 COVID-19 疫情最严重的四个省份中挑选了 49 个城市。在 COVID-19 暴发之前，一些城市已经实施了对私家车的限行政策以改善交通结构，以缓解高峰时段的交通压力。其中一些城市会在春节（2020 年 1 月 24 日至 2020 年 2 月 2 日）等官方节假日期间取消限行。然而，私家车只在城市的一些街道和桥梁上受到限制，如珠海于 2018 年 10 月 24 日开始的针对港珠澳大桥的限制。因此，本文没有考虑这些政策的影响。

由于 COVID-19 疫情的暴发及其影响，一些城市取消了私家车限行以减少公共交通（其中一些城市在春节后延长了取消此类政策的时间）。然而，其他疫情严重的城市提前恢复了对私人车辆的限制，以减少人员流动。与此同时，一些城市从未实施过此类政策。

2. 公共交通停运

COVID-19 疫情暴发后，多个城市的地方政府纷纷出台公共交通停运政策，通过暂停公交车和地铁的运营，以减少人群的聚集，防止感染 COVID-19。本文中讨论的公交车和地铁位于地级市内，不包括从市区到县城的公交车。

剔除春节期间部分地区因节假日造成的公共交通停运的特殊情况，这里计算出在 49 个城市中有 19 个城市因疫情扩散决定实施公共交通停运政策。在疫情最严重的四个省份中，公共交通停运主要发生在湖北和河南。有 9 个城市采取了将公交和地铁班次减少一半的措施，但没有完全停止公共交通的运营。附表 1 列出了暂停公共交通的日期以及减少公交和地铁班次的日期。

3. 空气污染

研究表明，空气污染会增加居民患心血管疾病和呼吸系统疾病的风险（Matus et al.，2012；Chen et al.，2015；Ebenstein et al.，2017）。汽车使用过程中产生的废气含有数百种不同的化合物，包括固体悬浮颗粒、一氧化碳、二氧化碳、氮氧化物、铅和硫氧化物等。因此，本文根据 AQI 和六种不同的空气污染物浓度衡量每个城市从 2019 年 8 月 1 日到 2020 年 2 月 7 日的日空气污染情况。表 1 中列出了空气污染物浓度的描述性统计。AQI 是中国自 2012 年 3 月起发布的空气质量指标，包括对二氧化硫、二氧化氮、PM$_{10}$、PM$_{2.5}$、一氧化碳和臭氧六种污染物的监测，数据每小时更新一次。这里用 24 小时观测的平均值来表示每天每种空气污染物的浓度。

表 1　2019 年 8 月 1 日～2020 年 2 月 7 日空气污染与天气的描述性统计表

变量	样本量	均值	最小值	最大值	标准差
AQI	9 307	66.295	11.000	416.208	39.005
空气污染					
PM$_{2.5}$	9 307	41.897 微克/米^3	1.000 微克/米^3	385.000 微克/米^3	32.374 微克/米^3
PM$_{10}$	9 307	66.866 微克/米^3	3.333 微克/米^3	456.292 微克/米^3	40.311 微克/米^3
CO	9 307	0.824 微克/米^3	0.159 微克/米^3	3.509 微克/米^3	0.292 微克/米^3
NO$_2$	9 307	30.693 微克/米^3	2.435 微克/米^3	114.083 微克/米^3	16.517 微克/米^3
SO$_2$	9 307	8.910 微克/米^3	2.042 微克/米^3	36.000 微克/米^3	4.334 微克/米^3
O$_3$	9 307	116.864 微克/米^3	4.500 微克/米^3	365.696 微克/米^3	53.007 微克/米^3
天气					
平均风速	9 307	2.062 4 米/秒	0 米/秒	12.300 0 米/秒	1.047 3 米/秒
平均温度	9 307	17.845 5℃	−4.600 0℃	33.800 0℃	8.825 7℃
平均气压	9 307	10 061.990 帕	9 352.000 帕	10 378.000 帕	136.793 帕
平均湿度（1%）	9 307	73.597%	15.000%	100%	14.215%
降水量	9 307	3.146 0 毫米	0 毫米	289.100 0 毫米	12.125 6 毫米
私家车限行	9 307	0.475	0	1	0.499
公共交通管制	9 307	0.024	0	1	0.155

注：空气污染物浓度为每天 24 小时的平均值，天气为中国气象局统计数据。平均值是跨城市的（即未加权）。所有数据时间均为 2019 年 8 月 1 日至 2020 年 2 月 7 日

4. 控制变量

以往研究表明（Li et al., 2019），降水和温度对中国东北地区的颗粒污染物（如 $PM_{2.5}$）的分布有重要影响。从中国东南地区到中国西北地区，降水对一氧化碳浓度的影响逐渐减小。Cuhadaroglu 和 Demirci（1997）也表明，空气污染物浓度与气象因素有密切联系。因此，本文使用中国气象局记录的相关气象数据来控制每个城市随时间变化的气象条件。气象数据一共包括五个指标：降水量、大气压力、相对湿度、温度和平均风速。表 1 提供了气象指标的描述性统计。

5. 研究方法

参考 Viard 和 Fu（2015）的做法，这里将气象因素作为控制变量。考虑到政策发生时间的不一致性，本文使用多时点 DID 来估计私家车限行与空气污染的关系，并建立了回归模型（1）：

$$Y_{st} = \alpha + \beta D_{st} + \delta X_{st} + A_s + B_t + \varepsilon_{st} \ , \ s = 1, \cdots, 49 ,$$
$$t = Aug.1, 2019, \cdots, Feb.7, 2020 \tag{1}$$

其中，Y_{st} 表示城市 s 在第 t 天的空气污染情况；A_s 和 B_t 分别表示城市和日期的虚拟变量，即城市和日期的固定效应；X_{st} 表示一组随时间变化的城市级变量；ε_{st} 表示误差项。这里关注的变量是 D_{st}，D_{st} 是一个虚拟变量，其在私家车限行政策实施后的几天内等于 1，否则等于 0。若由于其他原因在政策实施后取消政策，则政策取消后的 D_{st} 取值为 0。因此，系数 β 表示私家车限行对空气污染的影响。若 β 正显著则表明私家车限行会增加空气污染程度，若 β 负显著则表明私家车限行会降低空气污染程度。本文共使用了 49 个城市的数据。在实证分析中，本文共有 9307 个城市日度观测值。

DID 的估计方法使我们能够控制遗漏的变量。本文通过使用日期的虚拟变量来控制随时间变化的空气污染程度趋势，如紫外线强度的变化、逆温层的形成和消失、大多数居民的工作时间以及当地居民的生活方式偏好。本文还通过使用城市的虚拟变量来控制不随时间改变的或未观察到的、影响城市空气污染的城市特征，如城市的地理特征。

四、基 准 回 归

这里的识别取决于空气污染不会导致交通限行这一前提。部分城市受到 COVID-19 疫情的影响，延长了春节期间不限行的政策。然而，其他城市在 2019 年 COVID-19 疫情暴发前甚至更早之前就实施了限制措施。这些政策的实施时间很难在统计学上观察到。因此，本文选择了疫情暴发后实施私家车限行政策的城市。附图 1

显示，限行的时间并不能用私家车限行前的 $PM_{2.5}$ 浓度水平和它们在限行前的变化率来解释。

1. 限行措施降低了 AQI 和空气污染物浓度

在表 2 中，本文用 AQI 和六种不同的空气污染物浓度这两种衡量指标来估计私家车限行对空气污染的影响。在面板 A 中，回归只是控制了城市和日期的固定效应。面板 B 进一步控制了随时间变化的城市特定气象特征：降水、大气压力、相对湿度、温度和平均风速。

表 2　私家车限行对空气污染的影响

变量	AQI	$PM_{2.5}$	PM_{10}	CO	NO_2	SO_2	O_3
	（1）	（2）	（3）	（4）	（5）	（6）	（7）
面板 A：无控制变量							
私家车限行	−0.280***	−0.393***	−0.314***	−0.102**	−0.100	−0.103*	−0.132**
	(0.093)	(0.117)	(0.103)	(0.440)	(0.062)	(0.053)	(0.060)
R^2	0.478	0.478	0.511	0.377	0.670	0.389	0.530
样本量	9307	9307	9307	9307	9307	9307	9307
面板 B：有控制变量							
私家车限行	−0.266***	−0.369***	−0.289***	−0.101**	−0.094	−0.096*	−0.114*
	(0.091)	(0.113)	(0.098)	(0.044)	(0.062)	(0.053)	(0.060)
平均风速	−0.009	0.012	0.030	0.027	0.014	0.052**	0.074*
	(0.023)	(0.036)	(0.022)	(0.053)	(0.040)	(0.026)	(0.041)
平均温度	−0.039	−0.300**	0.069	−0.077	0.057	0.176**	0.412
	(0.052)	(0.117)	(0.044)	(0.089)	(0.074)	(0.076)	(0.431)
大气压力均值	0.077	−0.113*	−0.045	−0.027	0.043	−0.042	−0.123*
	(0.047)	(0.064)	(0.036)	(0.057)	(0.067)	(0.046)	(0.068)
平均相对湿度	0.088	0.451**	0.001	0.113	−0.071	−0.176*	−0.367
	(0.079)	(0.183)	(0.035)	(0.167)	(0.093)	(0.461)	(0.429)
降水量	−5.034***	−8.807***	−9.561***	−0.409	−2.189***	−2.795***	−7.197***
	(0.779)	(0.718)	(1.159)	(0.311)	(0.452)	(0.461)	(0.752)
R^2	0.448	0.502	0.551	0.377	0.702	0.397	0.555
样本量	9307	9307	9307	9307	9307	9307	9307

注：为方便阅读，与气象特征有关的系数估计值和标准差乘以 10 000。所有回归都控制了城市和日期的固定效应。括号中报告了稳健的标准误

***、**和*分别代表 1%、5%和 10%的显著性水平

　　面板 A 的结果表明，私家车限行大大降低了空气污染的程度。在 AQI、$PM_{2.5}$ 和 PM_{10} 的回归中，私家车限行的虚拟变量在 1% 的水平上显著为负。此外，在 CO 和 O_3 浓度的回归中，私家车限行的虚拟变量在 5% 的水平负显著。然而，在 SO_2 浓度的回归中，私家车限行的虚拟变量在 10% 的水平上显著为负。限行措施对 NO_2 的浓度也产生了负向影响，尽管它并不显著。如面板 A 的结果所示，私家车限制导致 AQI 下降 28%，$PM_{2.5}$ 和 PM_{10} 的浓度分别下降 39.3% 和 31.4%。

　　面板 B 的结果表明，即使控制了气象因素，私家车限行也会降低空气污染水平。在控制了气象因素后，私家车限行系数的绝对值并没有急剧下降，且保持了与面板 A 相同的显著性水平。在以往的研究中，即使我们也可以看到限制政策实施后 AQI 有所下降，但其数值没有此情况下的大。在对北京单双号限行的研究中，限行期间的总 AQI 降低了 18%（Viard and Fu，2015）。然而，在本文中，AQI 降低了 26.6%。在 COVID-19 疫情期间，各地政府采取了鼓励当地社区保持社会距离、封锁城市和限制旅行等各种公共卫生措施，以避免进一步的感染和死亡（Qiu et al.，2020；Kraemer et al.，2020）。空气质量也随着生产活动和人类流动的减少而改善。同时，COVID-19 疫情期间的限制更加严格，居民的遵守情况也比平时好。因此，在此期间，私家车被限行后，AQI 下降更多。

　　由于基准回归结果可能会受到样本选择的影响，因此这里对称地选择了 COVID-19 出现（2019 年 12 月底）前后两个月的样本来检验结果的稳健性。本文选择 2019 年 11 月 1 日～2020 年 2 月 7 日的样本进行稳健性检验，结果见附表 3。表 2 和附表 3 的结果相似，这表明结果不是由正常时期的样本得到的。

2. 限行与空气污染物浓度的动态变化

　　接下来本文研究私家车限行与空气污染之间的动态关系。这里在标准回归中加入了一系列虚拟变量，以追踪私家车限行对空气污染物浓度对数的逐日影响。

$$\ln(\text{airpollutant}_{st}) = \alpha + \beta_1 D_{st}^{-5} + \beta_2 D_{st}^{-4} + \cdots + \beta_{15} D_{st}^{+10} + A_s + B_t + \varepsilon_{st} \qquad (2)$$

其中，airpollutant 表示污染物浓度；对于限行前第 j 天，D^{-j} 等于 1，而对于限行后第 j 天，D^{+j} 等于 1，其余的限行虚拟变量等于 0。本文剔除了私家车限行当天，从而估计私家车限行相对于限行日期对空气污染的动态影响。A_s 和 B_t 分别表示城市和日期虚拟变量。在端点处，D_{st}^{-5} 等于 1，表示限行前 5 天及以前，而 D_{st}^{+10} 等于 1，表示限行后 10 天及以后。因此，这些端点存在很大的方差，估计值的测量精度可能较低。在对限行日期（第 0 天）的估计值进行去趋势化和中心化后，图 1 分别列出了六类空气污染物的结果和 95% 置信区间。

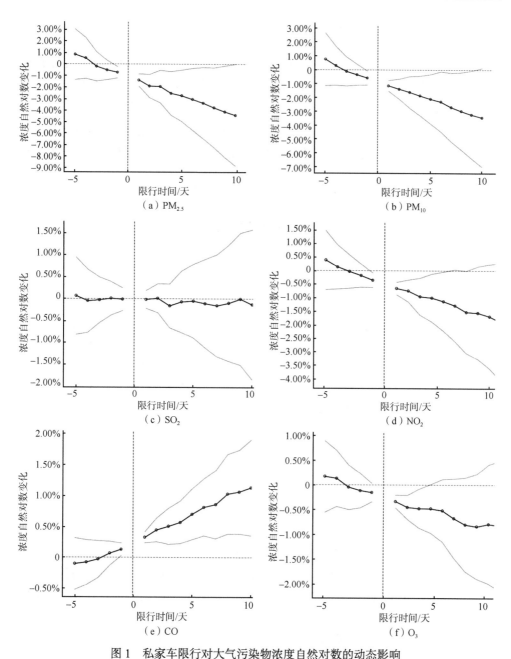

图1　私家车限行对大气污染物浓度自然对数的动态影响

本文考虑15天的窗口期，从政策实施前5天到政策实施后10天。浅灰色线条表示95%的置信区间

考虑到私家车限行政策可能会因为法定节假日、大型集会或各种社会活动而发生变化（临时取消），本文将研究范围定为限行前5天和限行后10天。这种方

法在一定程度上减少了其他政策变化和社会活动对私家车限行政策在较长时间内产生的动态效应的影响。

图 1 的结果表明，在私家车限行之前颗粒污染物 $PM_{2.5}$ 和 PM_{10} 就有了下降趋势。然而，对于其他空气污染物，私家车限行的影响并没有很快显现出来。限行政策实施后，$PM_{2.5}$ 的变化趋势比 PM_{10} 的变化趋势更明显。从图中可以看出，私家车限行的虚拟变量的系数在政策实施前都是不显著的。然而，我们有理由推测，私家车限行前污染物浓度的变化趋势表明这一政策的效果会受其他政策和居民生活变化的影响。

五、异质性分析

1. 常规限行和 COVID-19 疫情引起的限行

根据城市在 COVID-19 疫情期间是否严格限制居民的流动和大规模聚集（这些信息来自政府文件和新闻报道），本文将限行分为常规限行和 COVID-19 疫情造成的限行。如果同时满足禁止聚集和私家车限行这两个条件，即认为该政策受到了 COVID-19 疫情的影响。因 COVID-19 疫情而实施限行政策的城市包括信阳、驻马店、武汉、黄石、十堰、宜昌、襄阳、荆门、孝感、荆州、黄冈和温州。本文对其各自的政策效应做了进一步的回归分析，具体结果见附表 4。

从附表 4 中可以发现，COVID-19 疫情期间的限行政策对空气污染有显著影响。由 COVID-19 疫情造成的私家车限行导致 AQI 减少 22.4%，且这一结论在 5% 的水平上显著。与常规限行相比，COVID-19 疫情期间的限行政策受内生因素的影响较少，并具有严格的控制机制。

2. 不同类别限行的影响

各种私家车限行政策的实施，往往伴随着缓解交通压力、治理大气污染、减少疫情期间的出行等不同初衷。因此，本文从三个方面讨论了七个不同种类的私家车限行政策对空气污染的影响。附表 5 列出了所有回归结果以及几种不同私家车限行政策之间的差异。

与其他类别的限行措施相比，对本地车和燃油车的限行能在更大程度上减少空气污染，且结果更加显著。这两者对 $PM_{2.5}$ 浓度都有显著的影响，分别使得 $PM_{2.5}$ 浓度下降了 34.7% 和 36.0%。从附表 5 可以看出，与其他类别的限行政策相比，基于车牌号最后一位的本地车辆限行政策、燃油车限行政策和车辆禁令政策对空气污染的负向影响程度较大。并且，这三类限行政策都降低了 AQI。可以看到，与其他空气污染物相比，$PM_{2.5}$ 和 PM_{10} 的浓度都有显著的降低。在附表 5 中，需要特别注意的是，在 COVID-19 疫情期间，实施车辆禁令政策对除 O_3 外的五种污染物的浓度都有很大的负向影响。考虑到样本量的问题，鉴于实施时间较短，且数据主要从湖北省的几个城市获得，因此结果没有达到 5%的显著性水平。

接下来，本文比较了不同分类方法中不同类别限行政策的差异。对于基于私家车拥有权的限行，可以看到，本地车辆的限行对空气污染的影响显著大于外地车辆的限行对空气污染的影响。然而，对外地车辆的限行并没有对空气污染产生明显的负向影响，这种限行政策甚至对某些污染物的浓度有显著的正向影响。同时，通过对政策文件的观察，我们发现控制环境污染和节能减排的政策通常侧重在对本地车辆的限制上。然而，对于缓解交通压力和减少城市道路拥堵的政策，一些城市通常会将非本地车辆纳入限制范围。但在某些情况下，只有非本地车辆被限行。

在基于车牌尾号的限行政策中，被限制的车牌包括临时车牌，且尾号为字母的车辆则被视为尾号为 0。对于基于特定车牌号的限行，可以看到，基于车牌号最后一位限行的政策效果最好。基于偶数和奇数车牌的私家车限行政策对空气污染的影响并不显著。基于偶数和奇数车牌的私家车限行规则如下：在偶数日，只有车牌尾数为偶数的私家车可以上路行驶；在奇数日，只有车牌尾数为奇数的私家车可以上路。然而，另一种私家车限行政策通常只允许尾号为两个指定数字的私家车可以上路。可见，基于车牌号尾数的私家车限行政策限制了更多的车辆。回归结果也证实了基于车牌尾号的限行政策对空气污染的影响较强。

对于基于车辆使用的能源种类的限行政策，可以看到，燃油车限行、插电式混合动力和电动汽车限行相关的回归结果呈现出非常明显的两极分化。燃油私家车的限行对空气污染有显著的负面影响。相反，插电式混合动力和电动汽车的限行对空气污染程度有显著的正面影响。附表 5 的结果表明，对插电式混合动力和电动汽车的限行在 1%的显著水平上分别引起了 PM_{10}、NO_2 和 O_3 浓度的 28.7%、43.2%和 36.8%的增长。

3. 不同省份的异质性影响

根据表 2 中气象控制因素对空气污染影响的回归结果，我们可以得出结论：由于地理环境和气象因素的影响，沿海高降水城市（如浙江和广东）的空气污染程度低于内陆城市（如湖北和河南）。结合广州和深圳在私家车限行政策中采取的主要措施，我们可以推测广州和深圳的外来车辆流量较大，交通压力较大。

本文对四个省份的私家车限行政策对空气污染的影响进行了回归分析。回归以城市和日期固定效应为条件，包括了许多随时间变化的、特定城市的气象特征。回归结果见附表 6。除湖北省外，其他三个省份的私家车限行政策对空气污染有一定程度的积极影响。这一现象在广东和浙江这两个经济水平较高省份更为明显。广东省的私家车限行政策对空气污染的正向影响最大。车辆限行政策的实施使广东的 $PM_{2.5}$、PM_{10}、CO、NO_2 的浓度在1%的显著水平上分别增加了9.6%、11.1%、16.9%、31.1%。相比之下，湖北实施的私家车限行政策对空气污染有明显的负向影响。私家车限行政策的实施使湖北的 $PM_{2.5}$、PM_{10} 和 SO_2 的浓度分别下降了23.0%、17.1%和17%，且这些系数都是显著的。同时，AQI 也显著下降。

在这三个省份中，私家车限行政策对空气污染的正向影响与表2的回归结果不一致。表2表明这些政策的实施可以大大降低空气污染物的浓度。因此，本文进一步分析了 COVID-19 疫情期间实施的另一项交通管制政策——公共交通停运。在附表6中，本文还利用 AQI 和空气污染物浓度的六个不同指标评估了公共交通停运对空气污染的影响。

除广东省在 COVID-19 疫情期间没有实施公共交通停运政策外，其他省份因 COVID-19 疫情而采取的公共交通停运政策对空气污染都有一定程度的负面影响，这种影响在湖北省最为显著。其中，公共交通停运政策对 $PM_{2.5}$ 浓度变化的影响最为显著。公共交通停运政策的实施使湖北的 $PM_{2.5}$ 浓度在1%的显著性水平上下降了41.4%。在图2中，本文用与评估私家车限行政策动态相同的方法来研究公共交通停运和空气污染之间的动态关系。与图1类似，我们可以发现，这些政策对 $PM_{2.5}$ 和 PM_{10} 的影响比对其他空气污染物的影响更明显。然而，私家车限行和公共交通停运对 O_3 的影响不大。我们推测，这一结果是由于 O_3 及其各种前体污染物的形成过程十分复杂。公共交通停运的虚拟变量的系数在政策实施前大多是不显著的，且在公共交通停运前污染物的浓度没有明显的变化趋势。公共交通停运对空气污染的影响在政策实施后约5～6天内增大，然后趋于平缓。同时，我们可以发现，图1中污染物浓度的降低程度要比图2大。虽然公共交通停运政策对空气污染有影响，但私家车限行对空气污染的影响却不是由其驱动的。

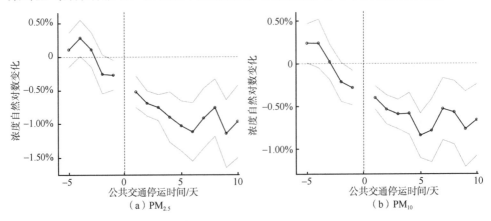

（a）$PM_{2.5}$　　　　　　　（b）PM_{10}

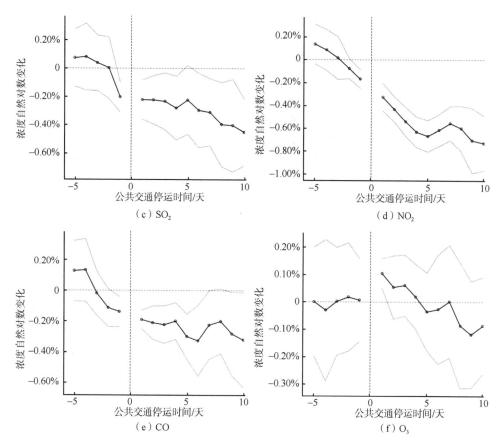

图 2　公共交通停运对空气污染物浓度自然对数的动态影响

本文考虑 15 天的窗口期，从政策实施前 5 天到政策实施后 10 天。浅灰色线条表示 95% 的置信区间。这里使用与图 1 相同的回归算法报告估计系数

4. 人口规模与经济发展的异质性分析

为探讨不同人口规模、不同经济发展水平的城市的私家车限行政策对空气污染的影响，本文根据年末总人口、地区生产总值、地区生产总值增长率对 49 个城市进行了不同的回归分析。回归结果见附表 7。

附表 7 表明，私家车限行政策的效果在不同人口规模的城市没有明显差异。相反，限行政策的效果在经济增长水平不同的城市存在明显差异，这体现在地区生产总值和地区生产总值增长率两个指标上。我们发现，在经济发展水平较低的城市，私家车限行政策对空气污染有显著影响。在地区生产总值低于 3.6 万亿元的城市，限行政策实施后，其 AQI、$PM_{2.5}$、PM_{10} 浓度分别在 5% 的水平上显著下

降了 23.6%、32.0% 和 26.0%。然而，对于地区生产总值超过 3.6 万亿元的城市，限行政策对其空气污染水平并没有显著的负向影响。从以往的研究中可以看到，地区生产总值和私家车是 $PM_{2.5}$ 的重要影响因素（Zhao et al.，2018）。然而，其他研究也表明，生产活动是造成中国污染问题的主要原因（Liang et al.，2017；Zhao et al.，2019）。

结合附表 1 中政策的具体实施情况，我们发现广东省不仅在 COVID-19 疫情期间实施了公共交通停运政策，而且还因为疫情采取了极少数城市实行的私家车限行政策。这一特点显然与其他三个省份不同。在这种情况下，广东省私家车限行政策的回归结果显示异常，这主要是受到在疫情暴发前已实施私家车限行政策的广州和深圳的影响。综上所述，结合附表 7 的回归结果，限行政策对经济水平高的城市影响不大。因此，私家车限行政策没有减少这一地区的空气污染的原因是显而易见的。此外，限行政策的实施还与严重的空气污染有关。与同省其他城市相比，广州和深圳的地区生产总值明显较高。可以推测，广州和深圳的人流、车流和交通压力比较大，这也造成了该地区的汽车尾气排放较多。即使实施了私家车限行政策，它们也未能使其空气污染程度低于其他城市，甚至其空气污染程度也远远高于同省的汕尾和汕头等其他城市。

六、结　　论

基于 2019 年 8 月 1 日～2020 年 2 月 7 日的日度数据，本文分析了 COVID-19 疫情暴发前后私家车限行政策的变化及其对空气污染的影响。我们发现，私家车限行是改善空气质量的可行政策。然而，其效果由城市的经济发展特点决定。不同类别的限行可能有不同的效果。回归结果显示，私家车限行政策对疫情期间的空气污染物浓度有显著的负影响。但是，这种影响也受到公共交通停运政策和这一时期人类流动和生产活动减少的影响。因此，我们不能盲目地认为这一时期的空气质量改善完全是由限行政策造成的。虽然这些变化和政策只是暂时的，未来可能不会继续影响空气污染，但这项研究对我们未来如何实施私家车限行政策仍有启示。

首先，在经济增长较为缓慢的地区，私家车限行产生了良好的政策效果。然而，就经济快速发展的城市而言，其交通流量大，交通压力严重，实施限行政策并不能显著降低空气污染的程度。相反，这些政策往往是为了缓解交通拥堵而推行的。政策的实施往往是该地区的交通流量和空气污染程度高于其他地区的标志。其次，我们侧重于对本地车辆和燃油车进行限制，并采取基于车牌号最后一位数字的私家车限行政策。如果私家车限行政策的实施主要是为了缓解城市交通压力，那么其对空气污染的影响往往不如最初为减少空气污染和改善环境质量而实施的政策那么显著。最后，为有效控制空气污染，我们应减少燃油车的使用，推广使用新能源车辆，以取代传统燃油车。在鼓励居民使用公共交通工具出行的同时，我们也应注意改善公共交通车辆的能源使用状况。

参 考 文 献

Cadotte M W. 2020. Early evidence that COVID-19 government policies reduce urban air pollution. https://eartharxiv.org/repository/view/345/[2023-06-19].

Cai H，Xie S. 2011. Traffic-related air pollution modeling during the 2008 Beijing Olympic Games：the effects of an odd-even day traffic restriction scheme. Science of the Total Environment，409（10）：1935-1948.

Chen G，Wan X，Yang G，et al. 2015. Traffic‐related air pollution and lung cancer：a meta‐analysis. Thoracic Cancer，6（3）：307-318.

Chen Y，Jin G Z，Kumar N，et al. 2013. The promise of Beijing：evaluating the impact of the 2008 Olympic Games on air quality. Journal of Environmental Economics and Management，66（3）：424-443.

Cheng Y F，Heintzenberg J，Wehner B，et al. 2008. Traffic restrictions in Beijing during the Sino-African Summit 2006：aerosol size distribution and visibility compared to long-term in situ observations. Atmospheric Chemistry and Physics，8（24）：7583-7594.

Chinazzi M，Davis J T，Ajelli M，et al. 2020. The effect of travel restrictions on the spread of the 2019 novel coronavirus（COVID-19）outbreak. Science，368（6489）：395-400.

Chowdhury S，Dey S，Tripathi S N，et al. 2017. "Traffic intervention" policy fails to mitigate air pollution in megacity Delhi. Environmental Science & Policy，74：8-13.

Cuhadaroglu B，Demirci E，1997. Influence of some meteorological factors on air pollution in Trabzon city. Energy and buildings，25（3）：179-184.

Davis L W. 2008. The effect of driving restrictions on air quality in Mexico City. Journal of Political Economy，116（1）：38-81.

Ebenstein A，Fan M，Greenstone M，et al. 2017. New evidence on the impact of sustained exposure to air pollution on life expectancy from China's Huai River policy. Proceedings of the National Academy of Sciences，114（39）：10384-10389.

Fan C，Li Y，Guang J，et al. 2020. The impact of the control measures during the COVID-19 outbreak on air pollution in China. Remote Sensing，12（10）：1613.

Goddard H C. 1997. Using tradeable permits to achieve sustainability in the world's large cities：policy design issues and efficiency conditions for controlling vehicle emissions，congestion and urban decentralization with an application to Mexico City. Environmental and Resource Economics，10（1）：63-99.

Hao Y，Peng H，Temulun T，et al. 2018. How harmful is air pollution to economic development? New evidence from PM$_{2.5}$ concentrations of Chinese cities. Journal of Cleaner Production，172：743-757.

Ho K F，Huang R J，Kawamura K，et al. 2015. Dicarboxylic acids，ketocarboxylic acids，α-dicarbonyls，fatty acids and benzoic acid in PM$_{2.5}$ aerosol collected during CAREBeijing-2007：an effect of traffic restriction on air quality. Atmospheric Chemistry and Physics，15（6）：3111-3123.

Huang X，Ding A，Gao J，et al. 2021. Enhanced secondary pollution offset reduction of primary emissions during COVID-19 lockdown in China. National Science Review，8（2）：nwaa137.

Invernizzi G，Ruprecht A，Mazza R，et al. 2011. Measurement of black carbon concentration as an indicator of air quality benefits of traffic restriction policies within the ecopass zone in Milan，Italy. Atmospheric Environment，45（21）：3522-3527.

Kraemer M U G，Yang C H，Gutierrez B，et al. 2020. The effect of human mobility and control measures on the COVID-19 epidemic in China. Science，368（6490）：493-497.

Lau H，Khosrawipour V，Kocbach P，et al. 2020. The positive impact of lockdown in Wuhan on containing the COVID-19 outbreak in China. Journal of Travel Medicine，27（3）：taaa037.

Li R，Wang Z，Cui L，et al. 2019. Air pollution characteristics in China during 2015–2016：spatiotemporal variations and key meteorological factors. Science of the Total Environment，648：902-915.

Liang P，Zhu T，Fang Y，et al. 2017. The role of meteorological conditions and pollution control strategies in reducing air pollution in Beijing during APEC 2014 and victory parade 2015. Atmospheric Chemistry and Physics，17（22）：13921-13940.

Lin C Y C，Zhang W，Umanskaya V I. 2011. The effects of driving restrictions on air quality：São Paulo，Bogotá，Beijing，and Tianjin. 2011 Annual Meeting，Pennsylvania.

Matus K，Nam K M，Selin N E，et al. 2012. Health damages from air pollution in China. Global Environmental Change，22（1）：55-66.

Novel Coronavirus Pneumonia Emergency Response Epidemiology Team. 2020. Vital surveillances：the epidemiological characteristics of an outbreak of 2019 novel coronavirus diseases （COVID-19）—China，2020. China CDC Weekly，2（8）：113-122.

Qiu Y，Chen X，Shi W. 2020. Impacts of social and economic factors on the transmission of coronavirus disease 2019（COVID-19）in China. Journal of Population Economics，33（4）：1127-1172.

Shahbazi H，Hosseini V，Hamedi M. 2014. Investigating the effect of odd-even day traffic restriction policy on Tehran air quality. Transportation Research Board 93 rd Annual Meeting.

Viard V B，Fu S. 2015. The effect of Beijing's driving restrictions on pollution and economic activity. Journal of Public Economics，125：98-115.

Wang P，Chen K，Zhu S，et al. 2020. Severe air pollution events not avoided by reduced anthropogenic activities during COVID-19 outbreak. Resources，Conservation and Recycling，158：104814.

Wang X，Westerdahl D，Chen L C，et al. 2009. Evaluating the air quality impacts of the 2008 Beijing

Olympic Games: on-road emission factors and black carbon profiles. Atmospheric Environment, 43 (30): 4535-4543.

Wang Y, Zhang Y, Schauer J J, et al. 2016. Relative impact of emissions controls and meteorology on air pollution mitigation associated with the Asia-Pacific Economic Cooperation (APEC) conference in Beijing, China. Science of the Total Environment, 571: 1467-1476.

Westerdahl D, Wang X, Pan X, et al. 2009. Characterization of on-road vehicle emission factors and microenvironmental air quality in Beijing, China. Atmospheric Environment, 43 (3): 697-705.

Xu P, Chen Y, Ye X. 2013. Haze, air pollution, and health in China. The Lancet, 382 (9910): 2067.

Zhao C, Wang Y, Shi X, et al. 2019. Estimating the contribution of local primary emissions to particulate pollution using high‐density station observations. Journal of Geophysical Research Atmospheres, 124 (3): 1648-1661.

Zhao D, Chen H, Li X, et al. 2018. Air pollution and its influential factors in China's hot spots. Journal of Cleaner Production, 185: 619-627.

Zhou Y, Cheng S Y, Liu L, et al. 2012. A Coupled MM5-CMAQ modeling system for assessing effects of restriction measures on PM_{10} pollution in Olympic city of Beijing, China. Journal of Environmental Informatics, 19 (2): 120-127.

附录

附表1 私家车限行和公共交通停运的时间

城市	省份	私家车限行		公共交通停运
		COVID-19 疫情暴发前	COVID-19 疫情暴发后	
郑州	河南	限行	2020 年 2 月 3 日取消	2020 年 1 月 27 日（减少）
开封	河南	限行	2020 年 2 月 3 日取消	2020 年 1 月 27 日
洛阳	河南	限行	2020 年 2 月 3 日取消	
安阳	河南	限行	2020 年 2 月 3 日限行	2020 年 1 月 27 日
新乡	河南	限行	2020 年 2 月 5 日取消	2020 年 1 月 28 日（减少）
许昌	河南	限行	2020 年 2 月 3 日取消	2020 年 1 月 26 日
三门峡	河南	部分限行	没有限行	2020 年 1 月 28 日
南阳	河南	部分限行	2020 年 2 月 1 日限行	2020 年 1 月 24 日
商丘	河南			2020 年 1 月 28 日
信阳	河南	部分限行	2020 年 2 月 3 日限行	2020 年 1 月 26 日
驻马店	河南	限行	2020 年 2 月 3 日限行	
武汉	湖北	限行	2020 年 1 月 26 日限行	2020 年 1 月 24 日

续表

城市	省份	私家车限行		公共交通停运
		COVID-19 疫情暴发前	COVID-19 疫情暴发后	
黄石	湖北		2020 年 1 月 27 日限行	2020 年 1 月 24 日
十堰	湖北		2020 年 1 月 27 日限行	2020 年 1 月 24 日
宜昌	湖北		2020 年 1 月 25 日限行	2020 年 1 月 24 日
襄阳	湖北		2020 年 1 月 31 日限行	2020 年 1 月 25 日（减少）
荆门	湖北		2020 年 2 月 2 日限行	2020 年 1 月 24 日
孝感	湖北		2020 年 1 月 30 日限行	2020 年 1 月 24 日
荆州	湖北		2020 年 2 月 3 日限行	2020 年 1 月 24 日
黄冈	湖北		2020 年 1 月 31 日限行	2020 年 1 月 24 日
随州	湖北		2020 年 2 月 4 日限行	2020 年 1 月 24 日
广州	广东	限行	2020 年 2 月 3 日取消	
韶关	广东			
深圳	广东	限行	2020 年 2 月 3 日取消	
珠海	广东	部分限行		
汕头	广东			
江门	广东	部分限行		
湛江	广东			
茂名	广东			
肇庆	广东		2020 年 2 月 7 日限行	
惠州	广东	部分限行		
梅州	广东			
汕尾	广东			
河远	广东			
阳江	广东			
清远	广东			
东莞	广东	部分限行		
中山	广东			
云浮	广东			
杭州	浙江	限行	2020 年 1 月 23 日取消	2020 年 2 月 3 日
宁波	浙江	限行	2020 年 1 月 17 日取消	2020 年 1 月 28 日（减少）

续表

城市	省份	私家车限行		公共交通停运
		COVID-19 疫情暴发前	COVID-19 疫情暴发后	
温州	浙江		2020 年 2 月 5 日限行	2020 年 1 月 29 日（减少）
嘉兴	浙江			2020 年 1 月 25 日（减少）
湖州	浙江			2020 年 2 月 6 日（减少）
绍兴	浙江			
金华	浙江		2020 年 2 月 3 日限行	2020 年 2 月 3 日（减少）
舟山	浙江			2020 年 1 月 30 日（减少）
台州	浙江		2020 年 2 月 5 日限行	2020 年 1 月 23 日
丽水	浙江			2020 年 2 月 5 日

注：表中列示了 COVID-19 疫情期间 4 个省份的 49 个城市的私家车限行和公共交通停运情况。各城市在春节假期期间（2020 年 1 月 24 日~2020 年 2 月 2 日）取消限制。受 COVID-19 疫情影响，部分城市决定取消私家车限行，以减少会选择公共交通的人数。部分疫情较严重的城市决定提前恢复私家车限行，以减少出行人数。至于停运，一些城市只是减少了部分公共交通。空白表示相关政策尚未实施

附表 2　不同城市的私家车限行类型

城市	省份	特定区域		特定车牌号码			车辆使用的能源	
		非本地车辆	本地车辆	偶数和奇数	车牌的最后一个数字	车辆禁令	燃油车	插电式混合动力和电动汽车
郑州	河南	Yes	Yes		Yes		Yes	Yes
开封	河南	Yes	Yes		Yes		Yes	
洛阳	河南	Yes	Yes		Yes		Yes	
安阳	河南	Yes	Yes		Yes		Yes	
新乡	河南	Yes	Yes		Yes		Yes	
许昌	河南	Yes			Yes	Yes	Yes	
三门峡	河南	Yes	Yes	Yes			Yes	
南阳	河南	Yes	Yes		Yes		Yes	Yes
商丘	河南							
信阳	河南	Yes	Yes	Yes		Yes	Yes	
驻马店	河南	Yes	Yes		Yes		Yes	
武汉	湖北	Yes	Yes	Yes				Yes
黄石	湖北	Yes	Yes	Yes			Yes	
十堰	湖北	Yes	Yes			Yes	Yes	

续表

城市	省份	特定区域		特定车牌号码			车辆使用的能源	
		非本地车辆	本地车辆	偶数和奇数	车牌的最后一个数字	车辆禁令	燃油车	插电式混合动力和电动汽车
宜昌	湖北	Yes	Yes			Yes	Yes	
襄阳	湖北	Yes	Yes			Yes	Yes	
京门	湖北	Yes	Yes			Yes	Yes	
孝感	湖北	Yes	Yes	Yes			Yes	Yes
洪洲	湖北	Yes	Yes			Yes	Yes	Yes
黄冈	湖北	Yes	Yes	Yes			Yes	
随州	湖北	Yes	Yes	Yes			Yes	
广州	广东	Yes					Yes	
韶关	广东							
深圳	广东	Yes					Yes	Yes
珠海	广东							
汕头	广东							
江门	广东							
湛江	广东							
茂名	广东							
肇庆	广东	Yes	Yes	Yes			Yes	
惠州	广东	Yes		Yes			Yes	
梅州	广东							
汕尾	广东							
河源	广东							
阳江	广东							
清源	广东							
东莞	广东							
中山	广东							
云浮	广东							
杭州	浙江	Yes	Yes		Yes		Yes	Yes
宁波	浙江	Yes	Yes	Yes			Yes	
温州	浙江							
嘉兴	浙江							

续表

城市	省份	特定区域		特定车牌号码			车辆使用的能源	
		非本地车辆	本地车辆	偶数和奇数	车牌的最后一个数字	车辆禁令	燃油车	插电式混合动力和电动汽车
湖州	浙江							
绍兴	浙江							
金华	浙江	Yes	Yes			Yes	Yes	
舟山	浙江							
台州	浙江	Yes	Yes			Yes	Yes	
丽水	浙江							

注：表中显示了 4 个省份 49 个城市不同的私家车限行类型。Yes 表示 COVID-19 疫情暴发间采取了车辆禁行措施。空白表示相关政策尚未实施。特别地，广州连续 4 天限行的政策和深圳对特定路段非本地车辆的交通限制在表中没有具体体现

附表 3　稳健性检验

变量	AQI	PM$_{2.5}$	PM$_{10}$	CO	NO$_2$	SO$_2$	O$_3$
	（1）	（2）	（3）	（4）	（5）	（6）	（7）
私家车限行	−0.120*	−0.186**	−0.149**	−0.044	−0.100*	−0.078*	−0.136
	(0.063)	(0.077)	(0.073)	(0.034)	(0.055)	(0.044)	(0.086)
R^2	0.352	0.372	0.512	0.315	0.759	0.439	0.506
样本量	4851	4851	4851	4851	4851	4851	4851
温度控制变量	是	是	是	是	是	是	是
城市固定效应	是	是	是	是	是	是	是
日期固定效应	是	是	是	是	是	是	是

注：本表为私家车限行对 AQI 的自然对数及不同空气污染物浓度的自然对数的影响。在 2019 年 11 月 1 日～2020 年 2 月 7 日，共有来自 49 个城市的 4851 组观测值。所有回归都控制了城市和日期固定效应。括号中报告了稳健标准误

**和*分别代表 5%和 10%的显著性水平

附表 4　常规限行和 COVID-19 疫情造成的限行

变量	AQI	PM$_{2.5}$	PM$_{10}$	CO	NO$_2$	SO$_2$	O$_3$
	（1）	（2）	（3）	（4）	（5）	（6）	（7）
常规限行	−0.044	−0.108	−0.089	−0.037	−0.038	−0.048	−0.046
	(0.086)	(0.110)	(0.092)	(0.041)	(0.067)	(0.062)	(0.068)
R^2	0.523	0.576	0.591	0.567	0.771	0.459	0.717
样本量	3228	3228	3228	3228	3228	3228	3228

续表

变量	AQI	PM$_{2.5}$	PM$_{10}$	CO	NO$_2$	SO$_2$	O$_3$
	（1）	（2）	（3）	（4）	（5）	（6）	（7）
新冠疫情引起的限制	−0.224**	−0.382*	−0.368**	−0.294**	−0.230*	−0.033	−0.021
	（0.091）	（0.178）	（0.152）	（0.130）	（0.121）	（0.063）	（0.065）
R^2	0.705	0.747	0.740	0.529	0.798	0.520	0.827
样本量	2090	2090	2090	2090	2090	2090	2090
温度控制变量	是	是	是	是	是	是	是
城市固定效应	是	是	是	是	是	是	是
日期固定效应	是	是	是	是	是	是	是

注：观测值不含控制组。所有回归都控制了城市和日期固定效应。括号中报告了稳健标准误
*、**分别代表 10%、5%的显著性水平

附表 5　不同私家车限行类别对空气污染的影响

变量	AQI	PM$_{2.5}$	PM$_{10}$	CO	NO$_2$	SO$_2$	O$_3$
	（1）	（2）	（3）	（4）	（5）	（6）	（7）
面板 A：特定区域							
外地车	0.001	−0.043	0.026	−0.008	0.127*	−0.024	0.093
	（0.119）	（0.106）	（0.132）	（0.053）	（0.073）	（0.064）	（0.085）
R^2	0.523	0.539	0.605	0.426	0.689	0.479	0.515
样本量	4369	4369	4369	4369	4369	4369	4369
本地车	−0.256***	−0.347***	−0.281***	−0.063	−0.071	−0.135**	−0.010
	（0.081）	（0.101）	（0.097）	（0.044）	（0.067）	（0.052）	（0.066）
R^2	0.434	0.505	0.510	0.373	0.701	0.394	0.528
样本量	8737	8737	8737	8737	8737	8737	8737
面板 B：特定车牌号码							
偶数和奇数车牌	−0.117	−0.185	−0.102	0.038	0.064	−0.019	0.007
	（0.108）	（0.120）	（0.126）	（0.042）	（0.083）	（0.050）	（0.109）
R^2	0.468	0.496	0.557	0.367	0.689	0.412	0.489
样本量	5623	5623	5623	5623	5623	5623	5623
车牌号的最后一位	−0.222**	−0.318**	−0.238**	−0.076	−0.006	−0.176**	−0.237**
	（0.104）	（0.139）	（0.110）	（0.053）	（0.068）	（0.066）	（0.097）

续表

变量	AQI	PM$_{2.5}$	PM$_{10}$	CO	NO$_2$	SO$_2$	O$_3$
	（1）	（2）	（3）	（4）	（5）	（6）	（7）
面板 B：特定车牌号码							
R^2	0.451	0.490	0.537	0.389	0.685	0.429	0.492
样本量	5660	5660	5660	5660	5660	5660	5660
车辆禁令	−0.212	−0.418*	−0.347*	−0.090	−0.181	−0.097	0.042
	(0.128)	(0.201)	(0.178)	(0.078)	(0.140)	(0.109)	(0.046)
R^2	0.586	0.613	0.618	0.555	0.805	0.512	0.695
样本量	1633	1633	1633	1633	1633	1633	1633
面板 C：车辆使用的能源							
燃油车	−0.237**	−0.360***	−0.270**	−0.080*	−0.058	−0.092*	−0.077
	(0.096)	(0.119)	(0.106)	(0.045)	(0.065)	(0.050)	(0.062)
R^2	0.430	0.475	0.507	0.373	0.700	0.385	0.509
样本量	7978	7978	7978	7978	7978	7978	7978
插电式混合动力和电动汽车	0.136	0.093	0.287***	0.117**	0.432***	0.083	0.368***
	(0.100)	(0.137)	(0.082)	(0.049)	(0.077)	(0.137)	(0.034)
R^2	0.523	0.535	0.600	0.421	0.689	0.479	0.515
样本量	3609	3609	3609	3609	3609	3609	3609

注：括号中报告了稳健标准误。所有回归都控制了城市和日期固定效应，没有包括其他控制变量
*、**和***分别表示 10%、5% 和 1% 的显著性水平

附表 6　各省份私家车限行和公共交通停运对空气污染的影响

变量	AQI	PM$_{2.5}$	PM$_{10}$	CO	NO$_2$	SO$_2$	O$_3$
	（1）	（2）	（3）	（4）	（5）	（6）	（7）
面板 A：湖北							
私家车限制	−0.135**	−0.230***	−0.171***	0.042	0.005	−0.170*	−0.030
	(0.063)	(0.077)	(0.059)	(0.048)	(0.079)	(0.091)	(0.057)
R^2	0.725	0.774	0.788	0.540	0.698	0.395	0.868
样本量	1710	1710	1710	1710	1710	1710	1710
公共交通停运	−0.359***	−0.414***	−0.270***	−0.141***	−0.240***	−0.411***	0.004
	(0.065)	(0.080)	(0.062)	(0.050)	(0.082)	(0.094)	(0.060)

续表

变量	AQI	PM$_{2.5}$	PM$_{10}$	CO	NO$_2$	SO$_2$	O$_3$
	（1）	（2）	（3）	（4）	（5）	（6）	（7）
面板 A：湖北							
R^2	0.729	0.776	0.781	0.542	0.700	0.401	0.868
样本量	1710	1710	1710	1710	1710	1710	1710
面板 B：河南							
私家车限制	−0.006	0.021	0.065***	0.051***	0.071***	−0.004	0.036***
	(0.015)	(0.019)	(0.018)	(0.017)	(0.016)	(0.024)	(0.012)
R^2	0.792	0.821	0.789	0.549	0.710	0.324	0.869
样本量	2278	2278	2278	2278	2278	2278	2278
公共交通停运	−0.044	−0.053	−0.057	−0.183***	−0.136***	−0.180***	−0.001
	(0.040)	(0.050)	(0.043)	(0.045)	(0.042)	(0.064)	(0.033)
R^2	0.792	0.821	0.781	0.583	0.709	0.327	0.869
样本量	2278	2278	2278	2278	2278	2278	2278
面板 C：广东							
私家车限制	0.047***	0.096***	0.111***	0.169***	0.311***	0.051**	−0.032**
	(0.014)	(0.018)	(0.016)	(0.010)	(0.024)	(0.020)	(0.014)
R^2	0.716	0.723	0.769	0.509	0.525	0.385	0.664
样本量	3420	3420	3420	3420	3420	3420	3420
面板 D：浙江							
私家车限制	0.043***	0.074***	0.029	0.080***	0.290***	0.168***	0.013
	(0.015)	(0.023)	(0.018)	(0.012)	(0.020)	(0.016)	(0.015)
R^2	0.730	0.703	0.770	0.590	0.738	0.495	0.799
样本量	1899	1899	1899	1899	1899	1899	1899
公共交通停运	−0.015	−0.026	0.016	−0.005	−0.400***	−0.369***	0.001
	(0.058)	(0.088)	(0.070)	(0.047)	(0.081)	(0.063)	(0.058)
R^2	0.729	0.702	0.757	0.547	0.710	0.474	0.798
样本量	1899	1899	1899	1899	1899	1899	1899

注：括号中报告了稳健标准误。所有回归都控制了城市和日期固定效应，没有包括其他控制变量

*、**和***分别表示 10%、5%和 1%的显著性水平

附表 7　不同人口规模和经济发展水平的城市的限行政策对大气污染的影响

变量	AQI	PM$_{2.5}$	PM$_{10}$	CO	NO$_2$	SO$_2$	O$_3$
	（1）	（2）	（3）	（4）	（5）	（6）	（7）
面板 A：年末总人口							
人口≥520 万人	−0.107	−0.175*	−0.147	−0.095	−0.015	−0.086	−0.120
	（0.071）	（0.096）	（0.097）	（0.060）	（0.075）	（0.051）	（0.080）
R^2	0.512	0.578	0.591	0.475	0.733	0.418	0.729
样本量	4368	4368	4368	4368	4368	4368	4368
人口<520 万人	−0.013	−0.053	−0.034	0.020	−0.017	−0.033	−0.040
	（0.087）	（0.106）	（0.097）	（0.037）	（0.072）	（0.054）	（0.145）
R^2	0.450	0.499	0.561	0.387	0.718	0.415	0.533
样本量	4939	4939	4939	4939	4939	4939	4939
面板 B：地区生产总值							
地区生产总值≥3.6 万亿元	−0.001	−0.089	−0.049	−0.109	−0.047	−0.020	0.118
	（0.081）	（0.112）	（0.105）	（0.070）	（0.092）	（0.067）	（0.084）
R^2	0.485	0.547	0.619	0.378	0.782	0.525	0.713
样本量	2848	2848	2848	2848	2848	2848	2848
地区生产总值<3.6 万亿元	−0.236**	−0.320**	−0.260**	−0.040	−0.081*	−0.067	−0.146*
	（0.099）	（0.123）	（0.098）	（0.044）	（0.043）	（0.058）	（0.081）
R^2	0.457	0.512	0.540	0.496	0.689	0.374	0.547
样本量	6459	6459	6459	6459	6459	6459	6459
面板 C：地区生产总值增长率							
地区生产总值增长率≥7%	−0.026	−0.072	−0.056	−0.005	−0.018	−0.020	−0.019
	（0.094）	（0.122）	（0.104）	（0.049）	（0.079）	（0.067）	（0.103）
R^2	0.454	0.509	0.564	0.359	0.706	0.525	0.577
样本量	5130	5130	5130	5130	5130	5130	5130
地区生产总值增长率<7%	−0.215*	−0.316**	−0.265**	−0.112*	−0.068	−0.067	−0.145
	（0.105）	（0.132）	（0.124）	（0.064）	（0.063）	（0.058）	（0.096）
R^2	0.459	0.521	0.550	0.491	0.734	0.374	0.663
样本量	4177	4177	4177	4177	4177	4177	4177

注：括号中报告了稳健标准误。气象因素是控制变量。在面板 A~C 中，观测值对应三个不同的类别：年末总人口、地区生产总值和地区生产总值增长率。断点通过参考每个指数的平均值来选择。所有回归都控制了城市和日期固定效应

*、**分别表示 10%、5%的显著性水平

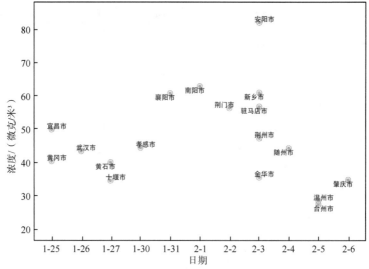

（a）私家车限行前空气污染的平均PM$_{2.5}$浓度与私家车限行日期的散点图

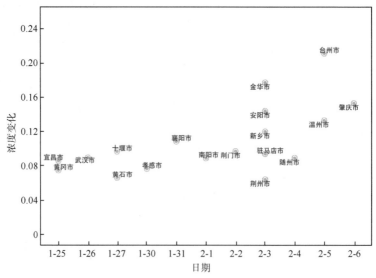

（b）私家车限行前空气污染的PM$_{2.5}$浓度的平均变化和私家车限制日期的散点图

附图1　私家车限行时间以及由PM$_{2.5}$浓度量度的过往污染情况

限行措施与空气污染
——来自中国地级市的经验证据

一、引　　言

　　汽车尾气排放是空气污染的主要来源之一，也是造成城市地区主要环境问题的重要原因（Zhang et al.，2017）。然而，能源消耗会造成巨大的碳排放（Meng et al.，2018；Chen et al.，2018）。生态环境部发布的《2017 中国生态环境状况公报》显示，全国环境空气质量超标的城市占城市总数的 70.7%。因此，汽车尾气排放所造成的空气污染是一个严重问题。快速的机动车化带来了包括空气污染、油价上涨、交通拥堵和温室气体排放增加等一系列问题（Sun et al.，2014），而空气质量的变化也将对生活质量产生影响（Darçın，2014）。限行被视为是缓解空气污染和交通拥堵的重要措施之一。然而，限行是否能够有效遏制中国的空气污染是亟待探究的问题。本文基于中国 173 个地级市的样本，采用 PSM 的 DID 法来研究限行对空气污染的影响。

　　限行对空气污染的影响一直是全球众多学者关注的焦点。然而，尽管有大量文献研究了限行对空气污染的影响，但结果却大相径庭。一些研究人员发现，交通限制显著改善了空气质量（Viard and Fu，2015；Mishra et al.，2019）。与此相反，一些研究人员认为，由于人们不遵守限行（Wang et al.，2014）或是补偿性反应的存在（如不受限制的驾驶时间或购买第二辆车）使得该政策对改善空气质量没有任何影响（Viard and Fu，2015）。中国的限行措施真的减少了空气污染吗？这是值得研究和讨论的问题。

　　本文旨在探究中国不同城市的限行措施和空气污染之间的因果关系。然而，不同城市实施政策的年份是不同的。也就是说，每个城市都有自己进行限行的时间表。限行对中国空气污染的影响值得进一步研究。本文基于 2006～2016 年中国 173 个地级市的样本，这里将 $PM_{2.5}$ 作为空气污染指标，以是否限行和开始限行时间的交乘项作为核心解释变量。由于政策的实施力度存在差异，本文的结果适合解释为各种限行措施的平均效果。这项研究也将为制定打赢"蓝天保卫战"计划的措施提供参考①。

本文主要有两个贡献。首先,本文是对现有文献的补充。此前大多数研究者关注的是政策实施时间相同的单个城市或国家(Davis,2008;Wang et al.,2014),但本文对中国 300 多个地级市进行分析以估计政策的平均效应。由于中国的政策是在不同的时间实施的,在此情况下断点回归并不适用,因此本文采用基于 PSM 的 DID 方法。匹配后的估计结果将更加可靠,且能借助 DID 方法解决内生性问题。另外,本文还在分析中加入了气象因素等控制变量,并采用各种方法进行稳健性检验,以保证政策效应是纯粹的。其次,本文考虑了限行措施对处于不同社会经济地位的地区和城市的异质性影响。

本文的其余部分组织如下:第 2 部分为文献综述;第 3 部分为方法、数据和假设;第 4 部分为实证结果;第 5 部分为进一步讨论;第 6 部分为结论。

二、文　献　综　述

智利首都圣地亚哥在 1986 年实施了限行政策。北京为了确保奥运会期间的交通畅通也在 2007 年实施了限行政策。发达国家的一些城市随后也实施了限行政策,如巴黎。关于限行对空气质量影响的研究陆续出现,但结果不一。

一方面,许多研究发现,限行并不能改善空气质量(Viard and Fu,2015;Davis,2008;Zhang et al.,2017;Davis,2017)。虽然结果不符合预期,但许多研究都提出了合理的解释。一些研究表明,不遵守限行或存在如不受限制的驾驶时间或购买第二辆车的补偿性反应(Viard and Fu,2015)会抵消限行对空气质量的影响。这种现象将导致该政策无法改善空气质量。Davis(2008)使用断点回归来分析墨西哥市工作日限行对空气质量的影响。结果显示,该政策并没有改善空气质量。因为人们并没有转向公共交通,而是购买了新的汽车。此后,Zhang 等(2017)进行了异质性分析,发现限行使 NO 显著减少,但使 NO_2、NO_x 和 O_3 显著增加。Davis(2017)在 2008 年丰富了自己对工作日限行的研究,开始关注周六的政策对空气质量的影响,所得结果与以往研究一致。Sun 等(2014)利用中国文化中对数字 4 的禁忌,定量研究了北京限行的影响,并首次引入数据来衡量交通状况。Huang 等(2017)采用了三种断点回归设计策略来区分空气质量的短期和长期影响,并将短期有效性与长期无效性联系起来。

另一方面,许多研究表明,一些国家的空气质量在实施限行后得到改善。Viard 和 Fu(2015)利用每天电视收视率的变化来识别因果效应,以研究北京限行的影

---

① 2017 年,中国政府提出"蓝天保卫战"以防止空气污染。为了进一步改善空气质量,中国政府已经从几个角度出发解决污染问题。其中一个措施是加强车辆尾气排放管理。

响。研究结果表明，单双号限行和固定尾号限行可以降低空气污染，而单双号限行效果更显著。Carrillo 等（2016）通过时间和空间的变化，采用 DID 和三重差分方法，首次对厄瓜多尔基多市的四年期限行政策进行研究，发现该政策降低了空气中的 CO 浓度。Ma 和 He（2016）发现，限行可以有效地减少特殊事件中的污染，而更严格的设计可以减少限行的发生，对空气质量有更好的影响。然而，从长远来看，更严格的政策可能会导致负面激励，使得政策效果更差。Liu 等（2016）加入了健康因素，发现限行大大降低了有害污染的风险，并带来了宝贵的健康效益。Mishra 等（2019）研究了印度首次实施的单双号限行政策，发现只有 15 天的短期政策不仅可以减少交通拥堵，还可以促进公共交通系统和拼车的使用。因此，这一政策减少了德里的空气污染。

以往文献采用了许多方法来研究限行对空气污染的影响。大多数学者基于断点回归（Davis，2008，2017；Huang et al.，2017）和 DID 方法（Carrillo et al.，2016；Chen et al.，2013）进行研究。同时，大多数研究选取政策实施时间相同的单一城市或国家，通过公共交通和车辆（包括新车和二手车）注册数量进行稳健性检验与机制分析。因此，在我国特殊的各地级城市"政策启动时间不一致"的情况下，并不适合使用现有文献中研究限行政策对空气质量影响所使用的方法。中国更适合基于 PSM-DID 的方法。目前，这种方法已经被广泛使用（Silva，2011；Wang et al.，2019；Hang et al.，2019；Zang et al.，2020）。在现有文献的基础上，本文采用中国地级市 2006～2016 年的数据，通过 PSM-DID 方法研究限行对空气污染的影响。

本文试图在以下几个方面进行创新。首先，现有文献主要是基于单一城市或政策启动时间一致的国家，而本文选取了中国 300 多个地级市进行准自然实验的比较。这是对现有研究对象的丰富，也有助于估计政策的平均效应。其次，多数学者采用了断点回归的方法。然而，这些方法只适用于政策起始时间相同的国家，并不适合本文的实证分析。因此，本文采用 PSM-DID 方法进行政策分析。匹配后的估计结果更加准确，且在一定程度上能够克服估计偏差的问题。然后，本文用各种方法进行稳健性检验和异质性分析。

三、方法、数据和假设

1. 方法

限行只是影响空气污染的重要因素之一。为了解决内生性问题，本文首先采用 DID 方法以有效识别政策处理效应，排除其他政策对大气污染的影响，消除大气污染对限行政策的不良因果影响。其次，本文还增加了如第二产业的比重、人口密度、汽车数量、风速、降水等控制变量来解决遗漏变量造成的偏差问题。再次，由于中国限行令的实施是一个渐进的过程，因此本文采用了 DID 方法。该方法在政策启动时间不一致的研究中被广泛使用（Silva，2011；Wang et al.，2019；Hang et al.，2019）。最后，中国实施限行的城市数量较少，使得处理组和控制组的城市数量差异较大。本文使用 PSM 方法来提高数据估计的准确性，找出处理组个体和尽可能相似的控制组个体的可观测变量，使群体的概率相似且具有可比性。本文将每个个体的处理效果取平均值得到匹配估计量，这避免了样本选择对政策效果的偏差问题。具体匹配方法如下所述。首先，本文根据政策实施的年份，逐年对城市样本进行匹配。其次，根据公式（1），本文用政策实施年份的分组变量和前一年的控制变量数据进行随机匹配。最后，参考 McGuinness（2008）的做法，本文采用了 k 近邻匹配方法（$k=4$）。匹配数据时平行匹配是不被允许的，因此当存在具有相同倾向得分的平行个体时，本文对数据进行排序和选择。

本文采用 PSM-DID 方法将地级市分为两组。一组为在 2006 年至 2016 年实施了限行的城市（记为处理组），另一组为从未实施限行的城市（记为控制组）。本文构建了一个二分虚拟变量 $D=\{0，1\}$，当城市实施限行时取 1，否则取 0。同时，这里以 9 个政策实施年份为界，将样本期分为政策之前和之后，构建二分虚拟变量 $T=\{0，1\}$。进入政策期后，T 取 1。交乘项 $D \times T$ 描述了城市实施限行的"政策处理效应"。本文主要考察实施限行的城市的空气污染状况在政策期前后是否与控制组的城市的空气污染状况有显著差异。本文关注的变量 PM_{it} 代表 i 城市在第 t 年的 $PM_{2.5}$ 年均值，本文设计了公式（1）：

$$\ln PM_{it} = \alpha_0 + \alpha_1 D \times T + \alpha_2 X_{it} + \theta_p + \eta_t + \varepsilon_{it} \tag{1}$$

其中，α_1 表示政策效果；X_{it} 表示可能影响空气污染的一组控制变量，主要包括第二产业、人口密度、风速、降水量、私家车数量；η_t 表示年份固定效应；θ_p 表示省固定效应；α_0 表示截距项；ε_{it} 表示误差项。由于与 $D \times T$ 的多重共线性的存在，这里没有设置城市固定效应。

2. 数据

自 2007 年中国首次实施限行以来，许多城市逐渐开始实行该项政策。截至 2016 年 1 月 1 日，实施限行的地级市主要包括北京、上海、南昌、哈尔滨、长春、杭州、贵阳、成都、天津、武汉、济南、石家庄、保定、兰州和深圳。这些城市主要采取单双号限行（根据尾号限行，每隔一天限行一次）或者固定尾号限行（根据尾号限行，每周限行一天）的方法。限行也分为本地汽车限行和外地汽车限行。本文不就限行类型进行区分，即只要满足一种类型的限行，则表明该市正在实施限行。在本文中，这里主要以 2006 年至 2016 年实施限行的地级市为处理组，考察限行的实施对空气质量的平均影响。表 1 列出了中国 2006 年至 2016 年地级市的面板数据。

表 1 样本期间存在限行的样本城市

城市	限行起始年份	城市	限行起始年份
保定	2015	兰州	2010
北京	2007	南昌	2009
长春	2010	上海	2002
成都	2012	深圳	2014
贵阳	2011	石家庄	2013
哈尔滨	2010	天津	2014
杭州	2011	武汉	2013
济南	2013		

1）空气污染

空气污染的变量有很多，如 CO 、 NO 、 NO_2、 PM_{10}、 O_3 和 $PM_{2.5}$ 等。2013 年 1 月，中国政府建设国家环境空气质量监测网。自此，我们能够从中国国家环境监测中心的网站上下载监测站所记录的每小时污染物浓度（Cao et al.，2019）。由于空气污染物之间高度相关（Deschenes et al.，2020），因此本文使用 $PM_{2.5}$ 作为空气污染的替代变量。虽然以前的研究主要使用 AQI 来衡量空气污染水平，但 AQI 直到 2013 年才被使用，因而本文选择基于卫星的 $PM_{2.5}$ 年均值衡量空气污染水平。Lee 等（2017）研究了在繁忙的车站限制公交车未熄火运行与 $PM_{2.5}$ 之间的关系。Cheng 和 Li（2010）分析了中国高速公路收费站的 PM_{10} 和 $PM_{2.5}$ 水平，发现交通排放的主要污染物是 $PM_{2.5}$。地级市的 $PM_{2.5}$ 浓度数据来源于哥伦比亚大学的国际地球科学信息网络中心（Center for International Earth Science Information Network，CIESIN）。

与地面污染数据相比，使用卫星数据有以下几个优势。首先，卫星数据开始于 1980 年，而地面污染数据直到 2000 年才出现（Fu et al.，2021）。此外，Chen 等（2022）比较了卫星数据和监测数据的差异，就中国空气污染对人口迁移的影响进行研究，发现两个数据之间没有差异，表明了使用卫星数据是可靠的。其次，卫星污染数据覆盖了全国所有城市，而地面污染数据在 2000 年只覆盖了 42 个城市，到 2010 年增加到 113 个（Fu et al.，2021）。但本文涉及 235 个地级市，所以使用卫星数据更全面。最后，地面污染数据可能是被操纵的（Andrews，2008；Ghanem and Zhang，2014），而卫星数据不受此影响。

2）气象

考虑到气象因素对空气污染的影响（Davis，2008），本文将年平均风速和年平均降水量纳入控制变量中。一般来说，风速和降水量越大，空气污染扩散的速度就越快，空气污染程度就会下降。气象数据来源于国家气象信息中心。

3）控制变量

工业排放造成的污染也是空气污染的一个重要来源（Afroz et al.，2003）。因此，本文将第二产业的比例纳入控制变量。一般来说，第二产业的比例越大，空气污染就越严重。同样，Han 等（2014）发现，随着城市化进程的推进，城市人口的增加也会导致 PM$_{2.5}$ 浓度的增加。因此，本文使用人口密度作为控制变量。一般而言，人口密度越大，空气污染程度就越高。此外，汽车尾气是空气污染的重要来源之一（Davis，2008），因此本文使用私家车的数量作为控制变量。汽车越多，空气污染就越严重。这些控制变量的数据均来自《中国城市统计年鉴》。

4）核心解释变量

这里使用是否限行和开始限行时间的交乘项作为核心解释变量。限行信息来源于当地交通部门的网站。

5）公共交通工具

公共交通的发展会对空气污染产生影响（Gómez-Perales et al.，2007）。在补充证据的分析中，本文加入了公共客运汽车（电动）总量、年末出租车数量和城市是否开通地铁的虚拟变量进行分析。这些数据均来自《中国城市统计年鉴》。

在进行回归分析之前，本文对未匹配的数据进行描述性统计。首先，本文用 PM$_{2.5}$ 的平均值作为被解释变量。其次，对于解释变量的选择，本文采用如风速和降水量（Huang et al.，2017）等气象数据作为控制变量。本文还考虑了其他可能影响城市空气质量的因素，如第二产业比重、人口密度和私家车保有量。合并所有数据文件后，共得到 2006 年至 2016 年 2577 个城市级的样本。表 2 报告了相关数据的描述性统计结果。

表 2　描述性统计

变量	定义	单位	样本量	平均值	标准差	最小值	最大值
secindustry	第二产业比重		2 577	48.528%	10.677%	14.950%	90.970%
popdensity	人口密度	每平方公里人数	2 577	395.642	328.455	4.700	2 648.110
speed	年平均风速	米/秒	2 577	2.150	0.708	0.625	6.792
precipitation	年降水量	毫升	2 577	2 174.583	1 939.234	64.100	15 655.100
car	私家车保有量	100 万辆	2 577	338.457	320.163	9.530	1 550.650

变量	定义	单位	样本量	平均值	标准差	最小值	最大值
sum	$PM_{2.5}$ 总数据	微克/米^3	2 577	514 885.700	354 720.400	26 513.900	3 900 000.000
std	$PM_{2.5}$ 的方差	——	2 577	3.979	2.650	0.792	24.752
pm	$PM_{2.5}$ 的均值	微克/米^3	2 577	36.244	16.712	4.707	90.897
bus	公共客运汽车（电动）总量	千人/次	2 577	201 414.770	47 242.100	18.000	516 517.000
taxi	年末出租车数量	——	2 577	5 101.146	17 617.460	0.702	503 272

注：人口密度是每单位土地面积的人口数量。它是衡量一个国家或地区人口分布的重要指标。本文计算人口密度的陆地面积是指境内的陆地面积和内河水域而不包括领海。$PM_{2.5}$ 总数据是网格数据，它将空间划分为规则的网格，每个网格被称为一个单元。每个城市被划分为许多单元，而每个单元都有一个衡量 $PM_{2.5}$ 浓度的标准。一个城市的 $PM_{2.5}$ 总数据是该城市所有网格的 $PM_{2.5}$ 数值之和

3. 假设

假设 1：在一定程度上，限行并不能减少空气污染。

汽车尾气排放是空气污染的主要来源之一（Zhang et al.，2017）。空气中的一氧化碳主要来自汽车尾气排放（Yang et al.，2018）。汽车尾气排放还导致空气中 SO_2 和 PM_{10} 的浓度增加（Dockery et al.，1993）。理论上，实施限行将限制驾驶行程，减少车辆的尾气排放，并改善空气质量。然而，不遵守限行（如在非限制的驾驶时间驾驶）或产生补偿性反应（如购买第二辆车）（Dockery et al.，1993）将抵消限行的效果，增加空气污染水平。大多数研究结果表明，限行不能改善空气质量。在进行机制分析时，本文使用了汽车销售、汽油销售、新车和二手车注册以及公共交通乘客等数据来证明研究结论的稳健性。

假设 2：区域和城市层面的限行效果存在差异。

国家发展和改革委员会规定，中国东部、中部和西部城市的划分依据主要是经济发展水平和地理位置。东部城市是指最早实施沿海开放政策的省市和经济发展水平高的地方。中部和西部城市分别指经济不发达的中部和西部地区城市。Zhang 等（2017）在研究城市问题时考虑了污染物的异质性，并解释了限行对不同污染物的影响不同。Zhang 等（2019）对不同类型的实施限行政策的城市进行了比较。在讨论北京车牌抽签政策对居民出行行为的影响时，Yang 等（2020）考虑了样本年龄和抽签顺序的异质性。同样，限行对空气污染的影响在不同级别和规模的城市之间是否存在差异是有待进一步研究的问题。中国东、中、西部城市的不同经济发展政策导致其不平衡的发展速度，使得人们的购买力具有很大差异，进而导致私家车的消费数量在城市之间存在巨大差异。因此，实施政策的效果也

不尽相同。总体而言，东部城市的经济发展水平较高，民众购买力较强。人们可以通过购买第二辆汽车来避免限行，这将增加空气污染。在西部城市，地广人稀，人们的经济能力有限，私家车比东部城市少，使得实施限行措施的效果会比东部城市好，这将在一定程度上减少空气污染。同样，城市的经济发展水平越高，发展速度就越快，限行政策的抵消作用就越强，对空气质量的改善效果就会越小。

四、实 证 结 果

1. 空气污染的趋势

使用 DID 法的重要假设是平行趋势得到满足，这意味着两组样本在政策发生前必须具有可比性，因为控制组的表现被假设为与处理组相反。因此，本文根据政策实施前后处理组和控制组的 $PM_{2.5}$ 绘制了图1。

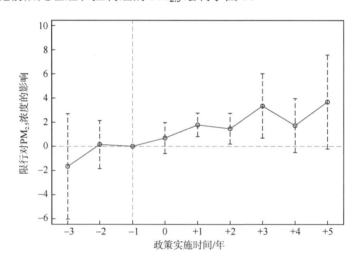

图 1　政策实施前后 $PM_{2.5}$ 的变化

图1显示了平行趋势检验的结果。一组为2006～2016年实施限行的地级市（记为处理组），另一组为从未实施限行的地级市（记为控制组）。这一数据库包含了处理组和控制组共 235 个地级市的数据。本文以处理组开始实施限行的时间作为分界点。y 轴表示限行对 $PM_{2.5}$ 浓度的影响，x 轴表示政策实施的时间。我们在图中绘制了 95% 的置信区间。可以看到，在政策实施前，处理组和控制组的 $PM_{2.5}$ 都在 0 左右。在政策实施后，处理组和控制组 $PM_{2.5}$ 浓度的变化趋势并不平行，而且差距越来越大。为了保证处理组和控制组的相似性，本文还进行了 PSM。

2. PSM

本文采用 PSM 方法，对相似的处理组和控制组进行匹配，并对匹配结果进行平衡检验以确保其可靠性。结果报告在表 3 中。匹配结果的有效性可以通过匹配前后偏差的变化和 t 值的变化来评估。如表 3 所示，匹配后各变量的偏差绝对值都在 12% 以内，年平均风速偏差的绝对值为 11.1%，也在 20% 的有效范围内。第二产业、人口、汽车的结果由显著变为不显著，而降水和风速的结果仍然不显著。因此，PSM 方法是有效的，匹配后的变量选择是合适的且估计是可靠的。最终本文匹配得到了处理组的 13 个城市和控制组的 160 个城市。

表 3　特征变量的平衡检验

变量	匹配状态	均值		偏差	偏差绝对值	t	$p > \|t\|$	$V(T)/V(C)$
		处理组	控制组					
lnsecindustry	U	3.695	3.861	−66.400%		−6.230	0.000	1.180
	M	3.728	3.727	0.200%	99.800%	0.010	0.993	0.510*
lnpopdensity	U	6.468	5.601	104.800%		8.510	0.000	0.600*
	M	6.427	6.430	−0.400%	99.600%	−0.030	0.975	1.480
lnspeed	U	0.702	0.718	−6.300%		−0.490	0.622	0.480*
	M	0.715	0.745	−11.100%	−75.900%	−0.680	0.499	0.440*
lnprecipitation	U	7.373	7.368	0.700%		0.060	0.956	0.340*
	M	7.353	7.366	−1.900%	−148.800%	−0.140	0.892	0.520*
lncar	U	5.621	5.381	25.900%		2.180	0.029	0.720
	M	5.608	5.640	−3.400%	86.800%	−0.200	0.842	0.620*

注：U 表示匹配前，M 表示匹配后。$V(C)$ 代表控制组的方差，$V(T)$ 代表处理组的方差
*表示 U 的方差比在 [0.65；1.54] 之外，M 的方差比在 [0.64；1.56] 之外

3. 限行对空气污染的影响

表 4 显示了通过匹配数据回归得到的估计结果。第（1）列的回归将是否实施限行和实施限行的年份的交乘项作为核心解释变量，没有加入控制变量和固定效应，其回归结果并不显著。为了消除不随时间变化的地区差异的影响，第（2）列在第（1）列的基础上额外控制了年份固定效应和省份固定效应。由于城市数量众多，加上城市固定效应会扭曲结果，因而这里选择省份固定效应。回归结果显示 $D \times T$ 的系数在 1% 的水平上显著为正。第（3）列在第（2）列的基础上增加了包括气象因素在内的相关控制变量。结果表明，限行对空气污染的影响在 1% 的水

平上显著为正。总体而言，在控制了年份固定效应和省份固定效应以及增加控制变量后，结果由不显著变为显著。具体分析结果如下：在控制了其他因素的影响后，变量 $D \times T$ 的系数在 1%的水平上显著且为正，说明限行措施并没有起到减少空气污染的作用。不管是风速和降水量对空气污染水平的影响显著为负，还是人口密度对空气污染的影响在 1%的水平上显著为正，都与理论假设一致。限行对空气污染的影响也与理论假设以及大多数研究的结论一致。一些学者表明，限行并不能改善空气质量（Viard and Fu，2015；Davis，2008；Zhang et al.，2017；Davis，2017）。Wang 等（2014）发现，在现实中，对限行的违背或补偿性反应的存在（如在不受限制的时间驾驶或购买第二辆车）会抵消限行的效果，增加空气污染水平。随着公共交通的快速发展，人们可以在实施限行后选择乘坐出租车或公交车出行，或通过购买第二辆车（多为二手车）来避免限行。然而，过去的二手车多为高排放车辆（Davis，2008），这会在一定程度上抵消限行对空气污染的影响。de Grange 和 Troncoso（2011）发现，限行措施并没有减少交通拥堵。因为限行只影响了圣地亚哥 4%的汽车，且在大多数情况下，政策只影响低收入者。本文还进行了机制分析以证实回归结果。

表 4　2006～2016 年限行与空气污染之间的基准回归

变量	lnpm		
	（1）	（2）	（3）
$D \times T$	0.054	0.161***	0.101***
	（1.40）	（6.79）	（4.01）
lnsecindustry			0.025
			（0.84）
lnpopdensity			0.151***
			（8.71）
lnspeed			−0.056**
			（−2.93）
lnprecipitation			−0.035***
			（−3.90）
lncar			−0.003
			（−0.06）
常数项	3.701***	3.735***	3.023***
	（345.60）	（88.35）	（12.09）

变量	lnpm		
	(1)	(2)	(3)
气象控制			是
年份固定效应		是	是
省份固定效应		是	是
样本量	1482	1482	1482
调整 R^2	0.000	0.808	0.832

注：括号内为稳健标准误下的 t 值

***、**分别代表 1%、5%的显著性水平

4. 稳健性检验

上述分析主要是基于 PSM-DID 的方法。为保证分析结果的稳健性，本文额外采用四种方法来对上述结果进行检验。具体方法包括使用其他被解释变量指标、改变政策时间、改变 PSM-DID 的匹配方法和改变时间间隔。

在之前的回归估计中，本文用 $PM_{2.5}$ 的年平均值来代表空气污染水平。这里本文采用 $PM_{2.5}$ 的年度总污染值和方差进行代替。为了与前面提到的分析方法一致，这里对变化后的变量进行 PSM，并使用 PSM-DID 方法进行回归。结果报告在附表 1 中。附表 1 第（1）列中的变量为 $PM_{2.5}$ 的总值，使用是否实施限行和政策实施年份的交互项作为核心解释变量，并控制了年份固定效应和省份固定效应。第（2）列在第（1）列的基础上增加了控制变量。第（3）列用 $PM_{2.5}$ 的方差衡量空气污染水平。第（4）列在第（3）列的基础上增加了控制变量。除了第（1）列在 5%的水平上显著为正外，其余三个模型的结果均在 1%的水平上显著为正。因此，当被解释变量发生变化时，核心被解释变量的回归结果仍然显著为正。这证明了回归结果的稳健性，表明限行并没有减少空气污染。

空气污染的指标有很多，如 CO、NO_2、PM_{10}、AQI 等，这些也是汽车尾气排放的主要污染物。由于 AQI 直到 2013 年才使用，因此本文选取基于卫星的 $PM_{2.5}$ 的年平均值作为解释变量来测量空气污染程度。然而，2013 年之前的污染物数据无法获得，因而本文使用 2014～2016 年的数据进行分析。不幸的是，获得的样本量很小。为了避免样本量的损失，本文没有使用 PSM 方法进行样本匹配，而是直接使用 DID 方法进行分析。如果回归结果仍然为正，那么限行没有减少空气污染的结论就是稳健的。在附表 2 中，第（1）列表示使用 2006～2016 年的 $PM_{2.5}$ 值作为空气污染的指标的基准回归结果。在添加了控制变量、年份固定效应和省份固定效应后，回归结果仍然是正值且是显著的。在第（2）～（5）列中，本文使

用 CO、NO$_2$、AQI 和 PM$_{10}$ 作为空气污染的代理变量，并利用 2014～2016 年的数据进行回归分析。从结果可以看出，限行并没有减少空气污染。这证明了回归结果的稳健性。

本文还通过改变政策时间来检验结果的稳健性。鉴于 64.3% 的城市在 2010～2013 年实施了限行政策，本文选择 2010～2013 年的数据作为研究期进行稳健性检验。如果回归结果仍然显著为正，则表明限行并未减少空气污染的结论是稳健的。附表 3 的第（1）列表示使用匹配后的 2010～2013 年的面板数据，并对是否实施限行和实施限行年份的交互项进行回归后的结果。从年份固定效应和省份固定效应来看，结果不显著。但是，第（2）列在第（1）列的基础上添加了控制变量之后，回归结果在 1% 的水平上显著且为正。因此，本文核心解释变量的结果没有发生实质性变化。

目前学界存在许多不同的分数匹配方法。本文用核匹配法和卡尺匹配法替代之前的 k 最邻近法（$k=4$），以检验回归结果的稳健性。核匹配法通过构建一个虚拟对象来匹配处理结果，并对现有的控制变量进行平均。在附表 3 中，第（3）列使用了核匹配法。在新的匹配数据的基础上，本文重新对交互项进行回归，并控制了年份固定效应和省份固定效应。同样地，第（4）列在第（3）列的基础上加入了控制变量。第（6）列采用了卡尺匹配法。本文在新的匹配数据的基础上重新进行回归，并对年份固定效应和省份固定效应进行控制。这四个模型都在 1% 的水平上都显著为正。结果表明，上述回归结果是稳健的。

为了确定限行的污染减排效果是否会随着样本时间的变化而变化，本文通过改变回归的时间间隔来确定政策对时间变化的敏感性。具体方法如下：以 2013 年政策发生时的时间为中点，选择政策实施前后各 1 年、2 年、3 年的样本进行回归。在附表 4 中，第（1）～（3）列分别表明 1 年、2 年、3 年的时间间隔。在加入控制变量、年份固定效应和省份固定效应后，回归结果在 1% 的水平上显著为正。表明上述的回归结果是稳健的。

五、进一步讨论

1. 机制分析

根据前面提到的实证分析，限行在减少空气污染方面是无效的。在研究限行对民众出行方式的影响时，Liu 等（2016）发现，公共交通的发展使得人们的出行方式可能会从私家车转向公交车、出租车或地铁。因此，本文合并了公交车、出租车和地铁的数据，并进行了调查分析。

一般来说，限行使人们不方便通过私家车的方式出行，所以个人可能会转向如地铁、公交车和出租车等公共交通。Zhao 等（2019）发现，当郑州实施限行时，大多数通勤者从私家车转向如个人电动自行车、自行车、公交车或地铁等公共交通。Chalak 等（2016）发现，提升公共交通服务将减少私家车的排放量。因此，限行可能会增加个人使用公共汽车和地铁的概率，从而减少空气污染。

另外，如果个人在实施限行后选择乘坐出租车或是购买新车或二手车，就无法有效减少空气污染。出租车和二手车的老化将使空气污染更加严重，特别是造成 CO 的排放增加（Yang et al.，2018）。因此，新注册的二手车和出租车的数量也有助于验证潜在机制。我们收集了公交车、出租车和地铁的数据。但由于难以获得二手车交易数据，因而本文使用包括公共汽车客运量、出租车数量和表示地铁是否开通的虚拟变量等替代变量进行回归分析。在公式（1）的基础上，本文加入了 public，代表公交车、出租车或地铁。我们建立了方程（2）。附表 5 列出了回归结果。

$$\ln \mathrm{PM}_{it} = \alpha_0 + \alpha_1 \mathrm{public}_{it} + \alpha_2 D \times T + \alpha_3 D \times T \times \mathrm{public}_{it} + \alpha_4 X_{it} + \theta_p + \eta_t + \varepsilon_{it} \quad （2）$$

其中，交互项系数 α_3 表示相对于控制组，处理组中更多的公共汽车、出租车或地铁对污染的影响。变量 public_{it} 代表公交车、出租车或地铁。其他变量与基准回归相同。

附表 5 的结果显示，第（2）列、第（4）列、第（6）列中限行的系数并不显著。因此，没有明确的证据表明公交车、出租车和地铁的发展使人们从私家车转向这些交通方式。当排除了公共交通的可能性后，我们可以推断出限行可能会增加包括新车和二手车在内的额外汽车的使用。Davis（2008）发现，限行导致墨西哥的二手车注册量增加，进而引发更严重的问题。因为大多数二手车是高污染和高排放的旧车。由于缺乏数据，我们无法开展进一步分析。但考虑到城市规模和地方经济水平可能会对公众购买额外私家车的能力产生影响，从而导致不同的限行效果，本文进行了异质性分析。

2. 异质性分析

在中国，城市经济的发展是不平衡的，各地区购买力差异很大。显然，省会城市或沿海城市的经济发展要比其他地区高得多。因此，居住在这些城市的民众更有能力购买额外的汽车来缓冲限行带来的出行影响。Davis（2008）和 Zhang 等（2017）发现，限行会导致补偿性行为，如购买第二辆车或在不受限制的时间内驾驶。Zhang 等（2019）对实施不同类型的限行政策的城市进行了比较。在讨论北京车牌抽签政策对居民出行行为的影响时，Yang 等（2020）考虑了样本年龄和抽签顺序的异质性。同样，在不同级别和规模的城市之间，限行对空气污染的影响也可能存在一定的差异。因此，本文从区域和城市层面的差异角度来分析异质性。

首先，每个城市在中国的位置不同，因此限行的实施会对空气污染产生不同的影响。本文将中国划分为东部、中部和西部城市进行分析。根据国家发展和改革委员会的说法，中国东部、中部和西部城市的划分标准主要是经济发展水平。东部是指最早实施沿海开放政策且经济发展迅速的省市。中部和西部城市分别指经济欠发达的中部和西部地区城市。本文参考了 Shuai 等（2017）的方法，基于公式（1）对东、中、西部城市进行区分，以探讨限行对空气污染影响的异质性。交互项系数表示不同城市的限行对空气污染的影响。表 5 报告了结果。

表 5　不同地区、不同社会经济地位城市限行政策的异质性效应

变量	东部	中部	西部	非省会城市	省会城市
	（1）	（2）	（3）	（4）	（5）
$D \times T$	0.090**	0.112***	−0.007	−0.114**	0.014
	(2.34)	(2.78)	(−0.23)	(−2.36)	(0.54)
lnsecindustry	0.111	−0.056	0.006	0.044	0.078
	(1.55)	(−1.60)	(0.12)	(1.30)	(0.52)
lnpopdensity	0.014	0.299***	0.264***	0.136***	−0.144*
	(0.59)	(14.83)	(11.53)	(6.90)	(−1.71)
lnspeed	−0.085***	−0.009	−0.020	−0.052***	0.008
	(−3.21)	(−0.30)	(−0.55)	(−2.61)	(0.09)
lnprecipitation	−0.087***	0.012	0.018	−0.043***	−0.001
	(−6.62)	(0.84)	(1.22)	(−4.55)	(−0.03)
lncar	0.179**	−0.315***	0.063	0.003	−0.126
	(2.11)	(−2.96)	(0.78)	(0.05)	(−1.49)
常数项	3.162***	3.178***	1.398***	3.499***	5.171***
	(6.11)	(7.74)	(3.47)	(11.83)	(7.16)
气象控制	是	是	是	是	是
年份固定效应	是	是	是	是	是
省份固定效应	是	是	是	是	是
样本量	640	534	308	1227	255
调整 R^2	0.846	0.736	0.859	0.812	0.938

注：括号内为稳健标准误下的 t 值

***、**和*分别代表 1%、5%和 10%的显著性水平

在表 5 中，第（1）～（3）列分别代表了限行对东部、中部和西部城市空气

污染的影响。结果显示，东部和中部城市的限行对空气污染的影响在 1%的水平上显著为正。西部城市的限行对空气污染的影响是不显著的。这些估计值表明，西部地区限行政策的实施降低了空气污染水平，但不显著。然而，东部和中部地区限行政策的实施则导致了空气质量的恶化。这可能是因为东部和中部地区的人们有能力购买汽车，并通过购买第二辆汽车（只需要与第一辆汽车的尾号不同）来避免对驾驶的限制。这种现象导致了汽车数量的增加，而这又加剧了空气污染。

其次，鉴于城市的经济发展水平不同，其发展政策也不同。一般来说，省会城市的经济发展水平最高，其居民有更高的收入来购买汽车（Söderlund and Tingvall，2017）。Huang 和 Qian（2018）在分析消费者对电动汽车的偏好时，考虑了二线和三线城市的异质性，发现三线城市的消费者对购买价格更加敏感。限行对抵消空气污染的效果是显而易见的。因此，对于不同级别的城市，限行政策的效果会有所不同。接下来，我们根据公式（1）考虑限行对省会城市和非省会城市的空气污染的影响。交互项系数表示限行对不同城市空气污染的影响。表 5 的第（4）列和第（5）列显示了结果。

表 5 的第（4）列是非省会城市的限行政策对空气污染影响的结果，第（5）列是省会城市的回归结果。结果显示，在省会城市实施限行政策的效果并不显著，而非省会城市的限行使空气污染减少了 11.4%。省会城市的限行并没有显著减少空气污染，其原因可能是省会城市的经济发展水平较高且居民的可支配收入也较高。居民有足够的资金来采取补偿性的应对措施，如在不受限制的时间开车或购买第二辆车。这将抵消限行对空气污染的影响。

本文的估计表明，经济发展水平与限行的影响密切相关。因此，本文的基准结果即"限行会恶化空气质量"可以解释为限行政策主要在省会城市和经济发展水平较高的城市实施，正如表 4 所示。

六、结　　论

自 2007 年以来，北京开始实施限行政策。此后，许多城市开始逐步实施此类政策。对比现有的只选择一个城市或地区进行限行效果研究的文献，本文选择了中国 300 多个地级市进行准自然实验以估计政策的平均效果，这是对相关研究的补充。在实证方法上，本文采用 PSM-DID 方法对特殊的"政策启动时间不一致"的情况进行讨论。通过使用 2006～2016 年的相关面板数据，本文讨论了限行对空气污染的影响，并进行了稳健性检验和异质性分析。

本文的结果如下。首先，从平均处理效应来看，限行并没有改善中国的空气质量，因为没有明确的证据表明人们正在从私家车转向公交车、出租车或地铁。其次，限行政策对空气污染的影响存在地区差异。在东部和中部城市实施限行会对空气污染产生显著的正向影响，而在西部地区则存在不显著的负向影响。最后，限行政策对空气污染的影响存在城市层面的差异。省会城市实施限行措施并没有使空气污染减少，而非省会城市的空气污染则显著下降了 11.4%。

在上述讨论和分析的基础上，本文的政策建议如下：首先，政府应通过对新能源汽车采取一定的补贴措施等方式鼓励富人购买和使用新能源汽车。政府还应该严格控制二手车市场，尝试控制高排放汽车的销售和使用。其次，政府可以发展地铁等公共交通，改善基础设施建设水平。政府还应该鼓励人们使用节能减排的出行方式，倡导全体人民为"蓝天保卫战"做出贡献。

本文研究仍有局限性，这也是未来研究的一个重要方向。首先，鉴于微观数据的缺乏，本文对污染物的分析存在不足。进一步的研究需要获得如其他污染物、地级市的私家车销售、二手车登记、新车登记、汽油销售和地铁乘客等详细而具体的微观数据。其次，实施限行的地级市的数量较少，且本文没有区分固定尾号限行和单双号限行。未来的研究可以细化限行的类型，或者使用更具体的县级城市数据来分析不同类型的限行政策。研究的时间跨度也可以更长。此外，本文的结论是：限行并不能减少空气污染。如今，一些城市已经出台了限购政策。进一步的研究可以把限行和限购结合起来，研究它们对空气污染的影响，这也将为"蓝天保卫战"提供有力的实证支持。

参 考 文 献

Afroz R，Hassan M N，Ibrahim N A. 2003. Review of air pollution and health impacts in Malaysia. Environmental Research，92（2）：71-77.

Andrews S Q. 2008. Inconsistencies in air quality metrics："blue sky" days and PM_{10} concentrations in Beijing. Environmental Research Letters，3（3）：034009.

Cao K，Zhang W，Liu S，et al. 2019. Pareto law-based regional inequality analysis of $PM_{2.5}$ air pollution and economic development in China. Journal of Environmental Management，252：109635.

Carrillo P E，Malik A S，Yoo Y. 2016. Driving restrictions that work? Quito's Picoy Placa Program. Canadian Journal of Economics/Revue Canadienne d'économique，49（4）：1536-1568.

Chalak A，Al-Naghi H，Irani A，et al. 2016. Commuters' behavior towards upgraded bus services in Greater Beirut：implications for greenhouse gas emissions，social welfare and transport policy. Transportation Research Part A：Policy and Practice，88：265-285.

Chen B，Li J S，Wu X F，et al. 2018. Global energy flows embodied in international trade：a combination of environmentally extended input–output analysis and complex network analysis. Applied Energy，210：98-107.

Chen S，Oliva P，Zhang P. 2022. The effect of air pollution on migration：evidence from China. Journal of Development Economics，156：102833.

Chen Y, Jin G Z, Kumar N, et al. 2013. The promise of Beijing: evaluating the impact of the 2008 Olympic Games on air quality. Journal of Environmental Economics and Management, 66 (3): 424-443.

Cheng Y H, Li Y S. 2010. Influences of traffic emissions and meteorological conditions on ambient PM_{10} and $PM_{2.5}$ levels at a highway toll station. Aerosol and Air Quality Research, 10 (5): 456-462.

Darçın M. 2014. Association between air quality and quality of life. Environmental Science and Pollution Research, 21 (3): 1954-1959.

Davis L W. 2008. The effect of driving restrictions on air quality in Mexico City. Journal of Political Economy, 116 (1): 38-81.

Davis L W. 2017. Saturday driving restrictions fail to improve air quality in Mexico City. Scientific Reports, 7 (1): 1-9.

de Grange L, Troncoso R. 2011. Impacts of vehicle restrictions on urban transport flows: the case of Santiago, Chile. Transport Policy, 18 (6): 862-869.

Deschenes O, Wang H, Wang S, et al. 2020. The effect of air pollution on body weight and obesity: evidence from China. Journal of Development Economics, 145: 102461.

Dockery D W, Pope C A, Xu X, et al.1993. An association between air pollution and mortality in six US cities. New England Journal of Medicine, 329 (24): 1753-1759.

Fu S, Viard V B, Zhang P. 2021. Air pollution and manufacturing firm productivity: nationwide estimates for China. The Economic Journal, 131 (640): 3241-3273.

Ghanem D, Zhang J. 2014. "Effortless perfection:" do Chinese cities manipulate air pollution data? . Journal of Environmental Economics and Management, 68 (2): 203-225.

Gómez-Perales J E, Colvile R N, Fernández-Bremauntz A A, et al. 2007. Bus, minibus, metro inter-comparison of commuters' exposure to air pollution in Mexico City. Atmospheric Environment, 41 (4): 890-901.

Han L, Zhou W, Li W, et al. 2014. Impact of urbanization level on urban air quality: a case of fine particles ($PM_{2.5}$) in Chinese cities. Environmental Pollution, 194: 163-170.

Hang C, Liu Z, Wang Y, et al. 2019. Sharing diseconomy: impact of the subsidy war of ride-sharing companies on urban congestion. International Journal of Logistics Research and Applications, 22 (5): 491-500.

Huang H, Fu D, Qi W. 2017. Effect of driving restrictions on air quality in Lanzhou, China: analysis integrated with internet data source. Journal of Cleaner Production, 142: 1013-1020.

Huang Y, Qian L. 2018. Consumer preferences for electric vehicles in lower tier cities of China: evidences from South Jiangsu region. Transportation Research Part D: Transport and Environment, 63: 482-497.

Lee Y Y, Lin S L, Aniza R, et al. 2017. Reduction of atmospheric $PM_{2.5}$ level by restricting the idling operation of buses in a busy station. Aerosol and Air Quality Research, 17 (10): 2424-2437.

Liu Y, Hong Z, Liu Y. 2016. Do driving restriction policies effectively motivate commuters to use public transportation?. Energy Policy, 90: 253-261.

Liu Y, Yan Z, Dong C. 2016. Health implications of improved air quality from Beijing's driving restriction policy. Environmental Pollution, 219: 323-328.

Ma H, He G. 2016. Effects of the post-olympics driving restrictions on air quality in Beijing. Sustainability, 8 (9): 902.

McGuinness S. 2008. How biased are the estimated wage impacts of overeducation? A propensity score matching approach. Applied Economics Letters, 15 (2): 145-149.

Meng J, Mi Z, Guan D, et al. 2018. The rise of South–South trade and its effect on global CO_2 emissions. Nature communications, 9 (1): 1871.

Mishra R K, Pandey A, Pandey G, et al. 2019. The effect of odd-even driving scheme on $PM_{2.5}$ and $PM_{1.0}$ emissio. Transportation Research Part D: Transport and Environment, 67: 541-552.

Shuai C, Chen X, Shen L, et al. 2017. The turning points of carbon Kuznets curve: evidences from panel and time-series data of 164 countries. Journal of Cleaner Production, 162: 1031-1047.

Silva A J. 2011. Financial constraints and exports: evidence from Portuguese manufacturing firms. International Journal of Economic Sciences and Applied Research, 4 (3): 7-19.

Söderlund B, Tingvall P G. 2017. Capital freedom, financial development and provincial economic growth in China. The World Economy, 40 (4): 764-787.

Sun C, Zheng S, Wang R. 2014. Restricting driving for better traffic and clearer skies: did it work in Beijing?. Transport Policy, 32: 34-41.

Viard V B, Fu S. 2015. The effect of Beijing's driving restrictions on pollution and economic activity. Journal of Public Economics, 125: 98-115.

Wang H, Chen Z, Wu X, et al. 2019. Can a carbon trading system promote the transformation of a low-carbon economy under the framework of the porter hypothesis?—empirical analysis based on the PSM-DID method. Energy Policy, 129: 930-938.

Wang L, Xu J, Qin P. 2014. Will a driving restriction policy reduce car trips?—the case study of Beijing, China. Transportation Research Part A: Policy and Practice, 67: 279-290.

Yang J, Liu A A, Qin P, et al. 2020. The effect of vehicle ownership restrictions on travel behavior: evidence from the Beijing license plate lottery. Journal of Environmental Economics and Management, 99: 102269.

Yang W H, Wong R C P, Szeto W Y. 2018. Modeling the acceptance of taxi owners and drivers to operate premium electric taxis: policy insights into improving taxi service quality and reducing air pollution. Transportation Research Part A: Policy and Practice, 118: 581-593.

Zang J, Wan L, Li Z, et al. 2020. Does emission trading scheme have spillover effect on industrial structure upgrading? Evidence from the EU based on a PSM-DID approach. Environmental Science and Pollution Research, 27 (11): 12345-12357.

Zhang L, Long R, Chen H. 2019. Do car restriction policies effectively promote the development of public transport?. World Development, 119: 100-110.

Zhang W, Lawell C Y C L, Umanskaya V I. 2017. The effects of license plate-based driving restrictions on air quality: theory and empirical evidence. Journal of Environmental Economics and Management, 82: 181-220.

Zhao P, Zhao X, Qian Y, et al. 2019. Change in commuters' trip characteristics under driving restriction policies//Qu X，Zhen L，Howlett R，et al. Smart Transportation Systems 2019. Singapore：Springer：183-192.

Zheng S，Zhang X，Sun W，et al. 2019. The effect of a new subway line on local air quality：a case study in Changsha. Transportation Research Part D：Transport and Environment，68：26-38.

附录

附表 1　稳健性检验：改变被解释变量

变量	lnsum		lnstd	
	（1）	（2）	（3）	（4）
$D \times T$	0.185**	0.380***	0.223***	0.187***
	(2.51)	(6.04)	(3.99)	(3.14)
lnsecindustry		−0.440***		0.378***
		(−4.30)		(4.86)
lnpopdensity		−0.407***		0.084**
		(−10.86)		(2.30)
lnspeed		−0.384***		−0.064
		(−5.73)		(−1.15)
lnprecipitation		0.324***		0.089***
		(13.72)		(3.37)
lncar		0.071		−0.078
		(0.54)		(−0.72)
常数项	13.47***	14.91***	2.695***	0.760
	(157.06)	(20.51)	(34.37)	(1.25)
气象控制		是		是
年份固定效应	是	是	是	是
省份固定效应	是	是	是	是
样本量	1482	1482	1482	1482
调整 R^2	0.533	0.667	0.398	0.417

注：括号内为稳健标准误下的 t 值

***、**分别代表 1%、5%的显著性水平

附表 2　稳健性检验：使用其他污染物

变量	$\ln PM_{2.5}$	$\ln CO$	$\ln NO_2$	$\ln AQI$	$\ln PM_{10}$
	（1）	（2）	（3）	（4）	（5）
$D \times T$	0.101***	0.022	0.320***	0.069**	0.109***
	（−4.01）	（0.62）	（8.83）	（2.27）	（2.94）
lnsecindustry	0.025	0.120*	0.112**	0.0961***	0.101**
	（−0.84）	（1.87）	（2.05）	（3.06）	（2.38）
lnpopdensity	0.151***	0.061***	0.140***	0.080***	0.089***
	（−8.71）	（2.93）	（5.71）	（5.39）	（4.32）
lnspeed	−0.056**	−0.197***	−0.092**	−0.101***	−0.132***
	（−2.93）	（−4.39）	（−2.04）	（−4.09）	（−3.82）
lnprecipitation	−0.035***	−0.048**	0.007	−0.034***	−0.049***
	（−3.90）	（−2.30）	（0.36）	（−2.88）	（−3.08）
lncar	−0.003	0.0415	0.580	−0.137	−0.197
	（−0.06）	（0.12）	（1.52）	（−0.68）	（−0.72）
常数项	3.023***	−0.402	−1.144	4.953***	5.300***
	−12.09	（−0.19）	（−0.49）	（4.05）	（3.22）
气象控制	是	是	是	是	是
年份固定效应	是	是	是	是	是
省份固定效应	是	是	是	是	是
样本量	1482	601	601	601	601
调整 R^2	0.832	0.454	0.560	0.783	0.776

注：括号内为稳健标准误下的 t 值

***、**和*分别代表 1%、5%和 10%的显著性水平

附表 3　稳健性检验：更改政策周期和匹配方式

变量	更改政策周期		更改匹配方式			
			核匹配		卡尺匹配	
	（1）	（2）	（3）	（4）	（5）	（6）
$D \times T$	−0.003	0.110***	0.161***	0.101***	0.164***	0.097***
	（−0.05）	（3.61）	（6.79）	（4.01）	（6.88）	（3.80）
lnsecindustry		0.023		0.025		0.021
		（0.41）		（0.84）		（0.68）

续表

变量	更改政策周期		更改匹配方式			
			核匹配		卡尺匹配	
	（1）	（2）	（3）	（4）	（5）	（6）
lnpopdensity		0.113***		0.151***		0.165***
		(3.67)		(8.71)		(9.36)
lnspeed		−0.079**		−0.056***		−0.055***
		(−2.13)		(−2.93)		(−2.88)
lnprecipitation		−0.054***		−0.035***		−0.034***
		(−3.66)		(−3.90)		(−3.71)
lncar		0.109		−0.003		−0.009
		(0.53)		(−0.06)		(−0.17)
常数项	3.721***	2.761**	3.735***	3.023***	3.683***	2.922***
	(107.84)	(2.31)	(88.35)	(12.09)	(114.11)	(10.89)
气象控制		是		是		是
年份固定效应	是	是	是	是	是	是
省份固定效应	是	是	是	是	是	是
样本量	514	514	1482	1482	1444	1444
调整 R^2	0.004	0.842	0.808	0.832	0.805	0.831

注：括号内为稳健标准误下的 t 值
***、**分别代表1%、5%的显著性水平

附表4　稳健性检验：更改时间间隔

变量	更改时间间隔		
	（1）	（2）	（3）
$D \times T$	0.140***	0.109***	0.104***
	(3.84)	(3.26)	(3.93)
lnsecindustry	0.117	0.058	0.039
	(1.55)	(1.06)	(0.91)
lnpopdensity	0.119***	0.129***	0.131***
	(3.08)	(4.68)	(5.94)

续表

变量	更改时间间隔		
	（1）	（2）	（3）
lnspeed	−0.118***	−0.099***	−0.081***
	（−2.70）	（−3.05）	（−3.05）
lnprecipitation	−0.052***	−0.034***	−0.037***
	（−2.96）	（−2.64）	（−3.32）
lncar	0.148	−0.073	−0.129
	（0.53）	（−0.48）	（−1.41）
常数项	2.039	3.420***	3.817***
	（1.23）	（3.91）	（7.27）
气象控制	是	是	是
年份固定效应	是	是	是
省份固定效应	是	是	是
样本量	391	664	950
调整 R^2	0.823	0.823	0.829

注：括号内为稳健标准误下的 t 值

***代表 1%的显著性水平

附表 5 使用公交车、出租车和地铁提供额外的证据

变量	公交车		出租车		地铁	
	（1）	（2）	（3）	（4）	（5）	（6）
$D \times T \times \text{Public}_{it}$	0.025***	0.023	0.016***	−0.034	0.235***	0.075
	（9.68）	（0.54）	（3.73）	（−0.56）	（5.34）	（1.41）
$D \times T$		−0.118		0.365		0.063**
		（−0.26）		（0.66）		（2.06）
lnbus		−0.037***				
		（−6.29）				
lntaxi				−0.063***		
				（−3.16）		
subway						0.008
						（0.41）

续表

变量	公交车		出租车		地铁	
	（1）	（2）	（3）	（4）	（5）	（6）
lnsecindustry		−0.027		0.136***		−0.012
		（−1.00）		（2.83）		（−0.36）
lnpopdensity		0.318***		0.412***		0.226***
		（21.90）		（16.12）		（10.34）
lnspeed		−0.131***		−0.129***		−0.05**
		（−6.85）		（−2.85）		（−2.30）
lnprecipitation		0.005		−0.002		−0.017*
		（0.66）		（−0.13）		（−1.70）
lncar		−0.137**		−0.398***		−0.035
		（−2.43）		（−4.27）		（−0.60）
气象控制		是		是		是
年份固定效应	是	是	是	是	是	是
省份固定效应	是	是	是	是	是	是
样本量	1940	1940	689	689	1404	1404
调整 R^2	0.722	0.838	0.757	0.865	0.805	0.847

注：括号内为稳健标准误差下的 t 值

***、**和*分别代表 1%、5%和 10%的显著性水平

绿 色 金 融

　　前面研究已就环境规制、制度建设、交通管控等治理手段做了详细阐述。上述研究大多关注的是行政手段，本部分将进一步讨论环境治理的市场化机制——绿色金融。绿色金融是指为支持环境改善、应对气候变化和节约资源的经济活动所提供的金融服务。绿色金融的服务对象可包括环保、节能、清洁能源、绿色交通、绿色建筑等领域的投资项目。绿色金融实为一种环境治理的市场化机制，引导社会资金从高污染、高能耗产业流向绿色发展的部门，不仅为节约资源技术开发和生态环境保护产业发展提供宝贵的资金支持，而且有助于引导企业生产注重绿色环保和消费者形成绿色消费理念。在众多绿色金融服务中，绿色债券逐渐被用于支持中国企业的环保项目。截止到2021年，中国已经发行了313亿美元的绿色债券，在全球绿色债券发行规模中排名第二。绿色债券的发行满足了保护环境、应对气候变化和能源节流等绿色可持续发展的资金需求，也成为企业绿色转型的重要助推力。

　　本文将探究绿色债券的价值效应，侧面肯定基于金融手段的环境治理措施对企业的积极影响。本文利用不同企业发行绿色债券时间的差异，构建多期 DID 模型，探究绿色债券对企业价值的驱动作用，进一步验证政府扶持和绿色投资的渠道机制。本文说明了绿色金融的资金引导机制，启示了政府发展绿色金融的重要性。

绿色创造价值：来自中国的证据

一、引　　言

近年来，环境、社会、治理等理念在公司管理中日益突出，其中发行绿色债券是改善环境的重要手段之一。广义上，绿色债券为环境友好型项目融资，如可再生能源、可持续水资源管理、污染预防和气候变化适应等项目（Tang and Zhang，2020）。2007 年，欧洲投资银行发行了全球首只绿色债券，金额为 6 亿欧元。此后，绿色债券的规模和地域范围逐渐扩大。2016 年以来，绿色债券逐渐被用于支持中国企业的环保项目。截止到 2021 年，中国已经发行了 313 亿美元的绿色债券，在全球绿色债券发行规模中排名第二（Gao et al.，2021）。因此，研究中国绿色债券的经济和环境效应是必要的。此前的研究考察了绿色债券溢价现象（Ehlers and Packer，2017；Karpf and Mandel，2018；Baker et al.，2018；Febi et al.，2018；Zerbib，2019；Hyun et al.，2020；Wang et al.，2020）和股市对绿色债券发行的反应（Roslen et al.，2017；Baulkaran，2019；Tang and Zhang，2020；Flammer，2021）。然而，很少有研究从中国的视角全面考察绿色债券发行如何影响企业价值。

本文着眼于中国绿色债券发行对公司价值的影响，原因有以下几个。一方面，中国作为世界上第二大经济体和最大的碳排放国，是发展中国家的代表。具体来说，虽然中国绿色债券市场起步较晚，但其发行规模位居世界第二。绿色债券快速增长的驱动因素和经济效应值得研究。另一方面，由于公众的环境意识、工业化进程以及政府的产业政策等因素，中国绿色债券的经济效应可能与发达国家不同（Wang et al.，2020）。本文研究有助于为绿色债券市场的发展，特别是发展中国家的绿色债券市场的发展提供启示。此外，绿色债券可以帮助发行人实现债务融资，将企业贴上"绿色企业"的标签，可以对企业的融资状况造成一定的影响。因此，绿色债券发行可能不可避免地影响社会投资者对发行人前景的判断，即企业价值对绿色债券发行的响应。通过考察企业价值的变化，我们可以准确识别绿色债券的经济效应。

本文提供了系统的实证分析，以解决如下几个研究问题。首先，我们考察了绿色债券发行对企业价值的平均效应和动态效应。其次，我们考察了这一关系在不同公司中是否具有异质性。具体来说，我们关注所有权、公司规模、政府政策和企业地理位置的作用。再次，我们进行潜在机制分析。如前文所述，绿色债券将发行人标注为"绿色企业"。因此，我们考察了这一"绿色"市场信号的好处，即绿色债券发行是否改善了发行人的融资条件和政府支持度。此外，由于绿色债券发行代表着发行人对绿色项目的参与，我们探索了绿色债券发行后的绿色投资表现。最后，我们从量的角度评估绿色债券对企业价值的影响。

本文研究有以下几个贡献。

首先，本文工作扩展了之前的研究，主要集中在绿色债券溢价现象（Ehlers and Packer，2017；Karpf and Mandel，2018；Baker et al.，2018；Febi et al.，2018；Zerbib，2019；Hyun et al.，2020；Wang et al.，2020）和股市对绿色债券发行的反应（Roslen et al.，2017；Baulkaran，2019；Tang and Zhang，2020；Flammer，2021）。此外，Wang 等（2020）基于中国上市企业的面板数据，采用事件研究法研究债券发行公告后的异常收益。我们使用 PSM 差异中的差异（PSM-DID）实证规范来进行分析。多期 DID 模型可以缓解内生性问题，而 PSM 有利于匹配控制组公司样本。在这种情况下，我们的研究设计减轻了样本选择偏差带来的影响（Larcker and Watts，2020）。我们观察到绿色债券发行对公司价值的正向促进作用。但这种驱动效应不可持续，且逐渐减弱。

其次，我们考察了不同企业绿色债券发行与企业价值之间关系的异质性。如所有权、公司规模、政府政策和区位在绿色债券发行对公司价值的影响中的作用。

再次，我们探讨了绿色债券发行对企业价值的影响。与之前的研究（Roslen et al.，2017；Baulkaran，2019；Tang and Zhang，2020；Flammer，2021；Wang et al.，2020）相比，我们的研究涉及融资条件、政府支持、绿色投资绩效视角下的机制分析。具体而言，我们建立了投资敏感性模型，考察绿色投资是否提高了企业价值和盈利能力。我们系统地解释了为什么绿色债券发行对公司价值的驱动效应会逐渐减弱。

最后，我们的研究拓展了环境投资与企业价值的相关文献。我们探索了政府支持在改善股票投资者环保投资态度中的作用。此外，我们考察了绿色金融试验区企业发行绿色债券的驱动效应是否高度显著，并考察了绿色债券发行与发行人税收水平和财政补贴的关系。我们的研究结论表明，政府对绿色企业的支持可能是股票投资者青睐绿色债券发行企业的原因，这在之前的研究中并未得到验证（Roslen et al.，2017；Baulkaran，2019；Tang and Zhang，2020；Flammer，2021；Wang et al.，2020）。

本文其余部分组织如下。第二部分为文献综述、中国绿色债券的背景和理论分析。第三部分为模型设置、变量与数据匹配，概述了实证模型，介绍了变量、数据集和匹配方法。第四部分为实证结果分析，报告了实证结果，包括基准结果分析、平行趋势检验和动态效应分析、安慰剂检验、稳健性检验。第五部分为绿色债券发行与公司价值：异质性分析。第六部分为机制分析，讨论了潜在的机制，分析绿色债券发行对企业融资条件、政府支持和绿色投资的影响。第七部分为绿色债券量和企业价值，考察绿色债券数量与企业价值之间的关系。第八部分为结论，对研究进行了总结。

二、文献综述、中国绿色债券的背景和理论分析

1. 文献综述

绿色金融主要是利用金融手段减少企业排放，应对气候变化。发行绿色债券是绿色金融的重要措施之一（Karpf and Mandel，2018）。学术界近期对绿色债券的研究主要集中在绿色债券的定价和发行人对绿色债券的反应上。

在绿色债券定价方面，现有文献证明了绿色债券溢价现象（Ehlers and Packer，2017；Karpf and Mandel，2018；Baker et al.，2018；Febi et al.，2018；Zerbib，2019；Hyun et al.，2020；Wang et al.，2020）。例如，Ehlers 和 Packer（2017）分析了众多国家绿色债券的发行情况，发现绿色债券在发行时比普通债券获得更高溢价。但是，绿色债券在二级市场的表现与普通债券几乎相同。Karpf 和 Mandel（2018）关注了美国债券市场，提供了美国绿色债券收益率低于美国市政债券的实证证据。Zerbib（2019）基于 2013 年 7 月至 2017 年 12 月期间 12 个国家的债券数据发现，绿色债券的收益率普遍低于普通债券。也有多项研究探讨了绿色债券溢价的原因。Baker 等（2018）认为，投资者的环境偏好是绿色债券溢价的原因之一。Zerbib（2019）得到了不同的发现，认为溢价的主要原因不是投资者的环境偏好，而是债券评级和发行人类型。Febi 等（2018）确定流动性风险不是绿色债券溢价的原因。同时，Wang 等（2020）观察到发行人的社会声誉可能会扩大绿色债券溢价，这与 Kapraun 等（2021）的研究结果类似。Hyun 等（2020）断言，如果发行人拥有独立的审核员和特许银行文凭（chartered banker diploma）证书，那么绿色债券溢价将显著降低。虽然很多研究都对绿色债券溢价进行了讨论，但一些研究者提出了不同的观点（Tang and Zhang，2020；Larcker and Watts，2020；Flammer，2021）。Tang 和 Zhang（2020）基于 2007～2017 年 28 个国家的绿色债券数据发现，绿色债券不存在溢价。Larcker 和 Watts（2020）认为，绿色债券溢价的发现可能是由于方法设计错误规范，并表明当使用严格匹配方法寻找相同的控制发行人时，绿色债券溢价消失。Flammer（2021）利用最近邻匹配法获得了最佳的对照组企业的棕色债券发行人，发现企业绿色债券不存在溢价。Larcker

和 Watts（2020）认为企业绿色债券不存在溢价的原因是，绿色投资可以实现相当理想的业绩水平。

考虑到发行人对绿色债券的反应，大多数研究集中在股价对绿色债券发行的反应（Roslen et al.，2017；Baulkaran，2019；Tang and Zhang，2020；Flammer，2021）。Roslen 等（2017）观察到，一家公司在发行绿色债券后的第一天，股价会上涨。然而，这种上涨是不可持续的。Tang 和 Zhang（2020）首次考察了股市对绿色债券发行的反应，提供了绿色债券发行后股票收益为正的证据。Baulkaran（2019）利用事件研究法发现，绿色债券发行后，发行人股票的累计超额收益为正。Wang 等（2020）也使用事件研究方法考察了中国股市对绿色债券发行的反应，并得出了与 Baulkaran（2019）类似的结论。有研究关注绿色债券发行后公司特征的变化（Tang and Zhang，2020；Flammer，2021）。具体而言，Tang 和 Zhang（2020）揭示，机构投资者持股比例和发行人股票流动性在绿色债券发行后增加。Flammer（2021）采用近邻匹配法考察了发行人的环境绩效，提供了绿色债券发行对发行人的环境评级产生显著正向影响并降低其 CO_2 排放的实证证据。然而，很少有研究考察绿色债券发行如何影响中国企业的价值。

绿色债券的发行展示了企业社会责任的前景。因此，本文进一步回顾了研究企业社会责任或环保投资对企业价值或企业绩效影响的文献。文献表达了两种不同的观点。一些研究认为，企业社会责任或环保投资与企业绩效或企业价值正相关。el Ghoul 等（2011）研究了众多美国公司，发现企业社会责任得分与公司权益成本负相关，这与 Dhaliwal 等（2011）和 Ding 等（2016）得出的结论相似。Davis 等（2016）提出了企业社会责任与纳税之间负相关的证据。Chava（2014）发现企业的环境概况与融资成本之间存在负相关关系。Tang 和 Zhang（2020）提供了具有绿色投资机会的企业受到机构投资者青睐的证据。但也有研究持相反观点，认为绿色项目或企业社会责任会降低企业利润，不受短视投资者的支持（Krüger，2015；Ferrell et al.，2016）。

2. 中国发行绿色债券的背景

国际资本市场协会发行的《绿色债券原则》将绿色债券定义为专门用于符合条件的绿色项目融资或再融资的各种类型的债券工具①。中国发行绿色债券的主要目的是为改善气候的各种项目融资，包括减少温室气体排放、提供清洁能源等。2015 年 7 月 16 日，新疆金丰科技股份有限公司在香港发行了中国首只绿色债券。2016 年，中国七部门联合发布了《关于构建绿色金融体系的指导意见》。该意见

---

① Green Bond Principles（GBP），https://www.icmagroup.org/sustainable-finance/the-principles-guidelines-and-handbooks/green-bond-principles-gbp/[2023-02-28]。

提出，我国将"建立健全绿色金融体系""推动证券市场支持绿色投资"，这标志着我国绿色债券市场正式启动。2019年，我国发行境内外绿色债券214只，金额3390.62亿元，分别比2018年增长26%和48%，占同期全球绿色债券发行总量的21.3%。中国绿色债券市场逐步与国际市场接轨。2019年4月，中国工商银行发行了首批22亿美元的绿色"一带一路"银行间常态化合作债券，发行币种为人民币、美元、欧元。在发行规模和国际化程度不断提升的同时，中国绿色债券市场治理水平稳步提升。2020年，中国人民银行等发布了《绿色债券支持项目目录（2020年版）》，明确了绿色债券支持项目的范围。该文件规范了国内绿色债券的认证标准，并与国际标准接轨。目前，我国绿色债券包括绿色金融债券、绿色企业债券、绿色资产支持证券、绿色中期票据等。绿色债券基金主要投资于清洁交通、清洁能源、污染防治等领域。

中国政府对绿色企业的发展相当重视。为减轻税收负担，为绿色企业营造良好的生存环境，中国政府在2017年出台了《节能节水专用设备企业所得税优惠目录（2017年版）》《环境保护专用设备企业所得税优惠目录（2017年版）》等多项税收优惠政策。此外，各级地方政府还制定了自己的绿色制造实施方案，对符合规定的绿色企业提供财政补贴。

3. 理论分析

通过梳理已有研究，我们发现绿色债券发行通过融资条件、政府支持、绿色投资三个渠道影响企业价值。

（1）融资条件渠道意味着绿色债券发行有助于改善发行人的融资条件。

第一，绿色债券的发行可以为发行人筹集长期资金。从本质上讲，绿色债券是直接融资工具。中国绿色债券的期限较长，至少为三年（Wang et al.，2020）。在这种情况下，绿色债券提供长期资金，降低展期成本，解决债务期限错配，降低企业业绩波动（Glaessner and Ladekarl，2001；Adachi-Sato and Vithessonthi，2019；Jungherr and Schott，2020）。第二，绿色债券可以降低发行人的融资成本。一方面，发行绿色债券是直接融资的一种，债券融资可以有效降低企业的融资成本（Rajan，1992；Santos and Winton，2008）。具体而言，中国绿色债券市场存在定价溢价（Wang et al.，2020），表明绿色债券发行人受益于较低的资金成本（Tang and Zhang，2020）。另一方面，绿色债券发行给发行人贴上了"绿色企业"的标签，这可以帮助它们享受政府的折扣政策。在中国，部分地方政府对绿色企业实行优惠政策。例如，2016年6月，北京市发布《北京绿色制造实施方案》，提出政府将通过贷款折扣支持绿色企业发展。第三，发行绿色债券代表着发行人参与绿色项目，从而有可能提升其绿色声誉。向污染企业发放贷款的金融机构，可能会遇到两个风险。首先，环保部门可能会对污染企业处以罚款或要求停产整改。

污染企业净利润的下降，会给企业的本息支付带来困难。其次，一旦发生重大污染事故，向污染项目发放贷款的金融机构将遭受声誉损害（Thompson and Cowton，2004）。因此，作为一种重要的软信息，绿色信誉可能会提高企业的信贷可得性（Aintablian et al.，2007；Chava，2014）。第四，绿色债券的发行有助于减少发行人的信息不对称。在中国，绿色债券发行人必须按照证监会的要求，及时披露相关信息。部分绿色债券由第三方机构认证，债券评级高于主体。信息不对称的减少有助于缓解企业的融资约束（Fazzari et al.，1987）。总的来说，我们认为绿色债券的发行有助于提高长期融资可获得性，降低融资成本。

（2）政府支持渠道意味着绿色债券发行有助于发行人从政府获得税收优惠和财政补贴。如前文所述，绿色债券发行给发行人贴上了"绿色企业"的标签。中国政府对绿色企业的发展相当重视。早在 2017 年，众多省份就相继出台了当地的《绿色制造体系实施方案》，规定了对绿色企业的税收优惠和财政补贴。

（3）绿色债券发行影响企业价值的其中一个重要渠道是绿色投资。绿色投资能否提升企业盈利能力，取决于环保技术发展水平、环保产品在政府与公众之间的购买意愿、政府补贴规模等因素。

与绿色投资渠道相比，融资条件渠道和政府支持渠道对企业价值的影响对于股票投资者来说是毋庸置疑的。因此，股票投资者在短期内立即对绿色债券发行做出积极反应，从而推高了发行方的股价。由于绿色投资业绩体现在财务报表中，投资者进一步对财务信息做出反应。因此，我们观察到绿色债券对公司价值的正向效应。而且，这种驱动效应是否可持续取决于绿色投资业绩。从这个角度来看，考察绿色债券发行对企业价值的动态影响是必要的。

三、模型设置、变量与数据匹配

1. 模型设置

本文采用 DID 模型和 PSM 研究了绿色债券发行与企业价值之间的关系。一方面，中国发行绿色债券的公司较少，PSM 有利于纠正样本选择偏差，从而使我们获得与发行绿色债券的公司类似的控制组公司（Flammer，2021）。另一方面，使用 DID 模型可以帮助我们缓解内生性问题的干扰，并估计"政策处理效应"。我们将 2018 年之前所有发行绿色债券的公司都设置为处理组。这样设置的两个原因如下。第一，本文的样本期为 2015 年 1 月至 2020 年 9 月，具体来说，共 23 个季度。这一设置保证了发行时间点前后时间段充足，得以进行平行趋势检验，精准考察绿色债券发行对企业价值的动态影响。第二，企业经营活动往往滞后于股市的变化。这种设置让我们在发行时间点前后有较长的一段时间，可以有效探索绿色债券发行对企业融资条件、政府支持和投资业绩的影响。由于不同的债券在不同的时间发行，继 Beck 等（2010）和 Flammer（2021）之后，我们使用多期 DID 模型来实现研究目标。基准回归方程如式（1）所示：

$$TobinQ_{i,t} = \beta_0 + \beta_1 Multi\_DID_{i,t} + \beta_2 Green_i + \gamma X_{i,t} + \lambda_t + \delta_i + \varepsilon_{i,t} \tag{1}$$

其中，i 和 t 分别表示公司指数和季度指数，因变量 $TobinQ_{i,t}$ 表示 i 公司 t 季度的市场价值（Hadian and Adaoglu，2020）。参考 Pan 和 Tian（2020），我们定义 $TobinQ_{i,t}$ 为当季股票市值与债务账面价值之和与总资产之比。稳健性检验中，我们用 $TobinQ2_{i,t}$ 替换 $TobinQ_{i,t}$ 并重新估计公式（1），$TobinQ2_{i,t}$ 具体定义为（股票市值+债务账面价值）/（总资产–净无形资产–净商誉）。此外，$Multi\_DID_{i,t}$ 是一个虚拟变量，如果公司 i 在当季 t 发行绿色债券，则等于 1，否则等于 0。$Green_i$ 是一个虚拟变量，如果公司 i 属于处理组，则等于 1，如果公司 i 属于控制组，则等于 0。我们将 2018 年之前所有发行绿色债券的公司设为处理组，将 2018 年之后发行绿色债券的公司排除在控制组之外。由于多重共线性，我们从回归中剔除 $Green_i$。此外，$X_{i,t}$ 表示影响公司价值的控制变量，这将在以下文章中详细描述。λ_t 和 δ_i 分别表示季度固定效应和企业固定效应。$\varepsilon_{i,t}$ 表示误差项。我们感兴趣的是系数 β_1 的符号和意义，它反映绿色债券发行对企业价值的影响。因此，如果 β_1 显著为正，则绿色债券发行增加企业价值。

2. 绿色债券

中国绿色债券市场近年来开始发展。我们重点关注三种类型的绿色债券，分别是公司债、企业债和绿色中期票据。我们从 Wind 数据库中获取所有关于绿色债券的信息，对所有发行过绿色债券的上市公司进行排序。截至 2019 年，共有 39 家上市公司发行了绿色债券，而在 2018 年之前，只有 16 家上市公司发行了绿色债券，表明处理组的公司数量远小于控制组。我们必须建立一个匹配的控制组，否则实证结果可能会失之偏颇。为了准确考察绿色债券发行对公司价值的动态影响以及三种潜在机制，我们主要使用了 2018 年之前发行绿色债券的上市公司的信息。我们将 2018 年以后发行绿色债券的公司排除在控制组之外，这可以帮助我们获得一个理想匹配的控制组。然而，处理组的不完全性可能会导致基准结果的偏差。为了解决这个问题，我们修改了回归模型的设置，并将所有绿色债券公司纳入稳健性检查，如下文详细描述。

3. 控制变量

式（1）中的控制变量 X 包括 Size、Age、ROE、Cash、Lev、Growth、Turnover、

Tangibility 和 Fin。Size 为总资产的自然对数。Age 为企业年龄的自然对数，虽然企业的规模和年龄是改善融资条件的重要因素（Kadapakkam et al.，1998；Hadlock and Pierce，2010），但是年轻公司和小公司具有相当大的增长潜力。ROE 为净利润除以净资产，代表公司的盈利能力。Cash 为现金和有价证券除以流动负债，内部现金流的积累有利于减少公司对外部资金的依赖，平滑投资（Kadapakkam et al.，1998；Hirth and Viswanatha，2011），增加公司价值。Lev 为总债务除以总资产。Growth 为收入增长率。Turnover 为总资产周转率。Tangibility 为有形资产除以总资产，我们认为有形资产有助于企业获得抵押贷款以缓解融资约束（Almeida and Campello，2007；Aivazian et al.，2015）。Fin 为金融活动的利润占比，代表企业金融化，文献表明，金融化对企业的投资效率和价值产生显著影响（Stockhammer，2004；Demir，2009；Biddle et al.，2009）。附表 1 给出了所有变量的定义。

4. 数据来源及匹配

公司层面特定变量的数据，包括债券发行信息，均来自 CSMAR、Wind 和 Choice 数据库。本文使用季度数据来检验绿色债券发行对公司价值的影响，样本时段为 2015 年 1 月至 2020 年 9 月，共 23 个季度。样本排除了金融和房地产公司及被标记为*ST 或 ST 的公司，并排除了研究期间上市或退市的公司。 本文还将样本调整为平衡面板，以确保回归中包含的每一家企业在时间维度上都是连续的，并参考 Flammer（2021）的做法建立匹配的控制组。首先，我们剔除了控制组公司中，与处理组公司不在同一二级行业的公司。其次，我们只保留作为债券发行方的控制公司。再次，我们将 2018 年后发行绿色债券的公司排除在控制组之外。最后，我们将剩余的样本记为"Before_PSM"，共包含 11 个被处理公司和 2484 个观测值。

然而，研究绿色债券发行与公司价值之间的关系时，Before_PSM 并非合适的样本，因为控制组公司的数量仍然大于处理组公司的数量。我们进一步使用 PSM 方法来寻找控制公司。我们基于 Size、Age、ROE、Cash、Lev、Growth、Turnover、Tangibility 和 Fin 进行 1：2 的近邻匹配。其中，为了排除发行绿色债券的公司具有优越的偿债能力的可能性，我们选择 Size、Cash、Tangibility 和 Lev 作为倾向匹配中的协变量；为了排除发行绿色债券的公司可能拥有优越经营条件的可能性，我们选择 Turnover 和 Growth 作为倾向匹配中的协变量。我们进一步使用 Age 和 Fin 作为协变量，以排除被处理的公司具有丰富的金融活动经验的可能性。此外，我们参考 Shipman 等（2017）的做法，在 logit 回归中加入行业虚拟变量和时间虚拟变量。在稳健性检验中，我们基于 Before_PSM 样本采用了不同的匹配方法，获得了一个 415 个观察数据的样本，将其记为"After_PSM"，其中包括 165 个来自处理组的观测值和 250 个来自控制组的观测值。

表 1 报告了 PSM 平衡测试的结果。根据表 1 所示，在协变量匹配后，控制组企业和处理组企业之间不存在显著的偏差。除了 Size 以外，控制组和处理组之间的协变量偏差很小。图 1 给出了近邻匹配前后控制组和处理组的倾向评分的核密度曲线。在近邻匹配之前，处理组的倾向评分分布较为松散，而控制组的倾向评分分布偏左且集中，从而表明两组的倾向评分的概率密度分布存在显著差异。经过近邻匹配后，两组的概率密度分布明显一致，从而表明匹配后的控制组公司和处理组公司的特征非常接近，样本中的选择性偏差基本消除。表 2 报告了变量的描述性统计。

表 1   PSM 平衡测试

变量	状态	处理组	控制组	标准化偏差	t 统计量	p 值
Turnover	U	0.257	0.316	−18.5%	−2.27	0.023
	M	0.269	0.294	−7.0%	−0.73	0.467
Growth	U	0.137	0.103	6.4%	0.92	0.359
	M	0.127	0.115	2.2%	0.20	0.842
Age	U	17.391	20.859	−69.1%	−8.59	0.000
	M	17.719	18.143	−8.5%	−0.73	0.467
Fin	U	0.129	0.273	−30.4%	−3.03	0.002
	M	0.140	0.176	−7.6%	−0.81	0.419
Size	U	23.982	24.033	−4.5%	−0.52	0.600
	M	24.012	23.843	14.9%	1.37	0.172
Lev	U	0.614	0.635	−14.7%	−1.56	0.119
	M	0.609	0.610	5.9%	0.58	0.563
Cash	U	0.324	0.355	−7.6%	−0.77	0.439
	M	0.325	0.287	9.5%	1.21	0.226
Tangibility	U	0.916	0.928	−11.7%	−1.53	0.126
	M	0.910	0.913	−3.0%	−0.28	0.779

注：U 表示匹配前；M 表示匹配后

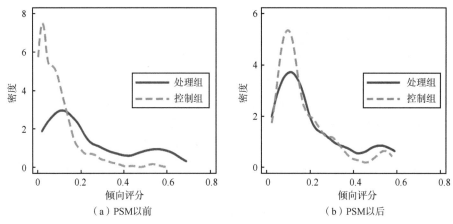

（a）PSM以前　　　　　（b）PSM以后

图1　核密度分布曲线

表2　描述性统计

变量符号	样本量	均值	标准差	最小值	25%分位数	中位数	75%分位数	最大值
面板A：匹配前								
TobinQ	2484	1.397	0.7009	0.8431	1.0156	1.1905	1.5047	10.0685
TobinQ2	2484	1.5323	0.8043	0.7587	1.0772	1.283	1.6741	10.9327
Green	2484	0.0833	0.2764	0	0	0	0	1
Age	2484	19.905	5.4922	8	16	21	24	32
Size	2484	23.7781	1.1996	20.5739	22.9547	23.7037	24.4561	26.2313
Cash	2484	0.3293	0.4379	0.0111	0.1272	0.2275	0.3621	5.4453
Lev	2484	0.5963	0.1775	0.1216	0.4843	0.6201	0.7264	0.9594
Turnover	2484	0.3308	0.3146	0.0167	0.125	0.2319	0.425	1.7929
Fin	2484	0.2114	0.5594	−1.3639	0.0006	0.051	0.1991	4.0511
Tangibility	2484	0.929	0.0922	0.4957	0.9255	0.9573	0.9773	0.9999
Growth	2484	0.1015	0.4676	−0.7847	−0.141	0.0409	0.2432	3.0787
ROE	2484	0.0436	0.066	−0.4247	0.0162	0.0385	0.0696	0.2432
面板B：匹配后								
TobinQ	415	1.3198	0.5192	0.8431	0.9968	1.1663	1.4589	4.5606
TobinQ2	415	1.4592	0.6051	0.7864	1.0843	1.2652	1.5824	4.6825
Green	415	0.3976	0.49	0	0	0	1	1
Age	415	18.612	5.5588	8	15	19	23	31
Size	415	23.951	1.2353	20.8481	23.0033	23.947	24.7766	26.2313
Cash	415	0.3034	0.2924	0.0111	0.1231	0.2453	0.3603	2.4615

续表

变量符号	样本量	均值	标准差	最小值	25%分位数	中位数	75%分位数	最大值
				面板B：匹配后				
Lev	415	0.6089	0.1486	0.1379	0.5145	0.6451	0.6928	0.9326
Turnover	415	0.2784	0.2787	0.0167	0.1019	0.1917	0.3487	1.7929
Fin	415	0.1769	0.493	−1.3639	0.0021	0.0811	0.2015	4.0511
Tangibility	415	0.9191	0.1006	0.4957	0.9066	0.9571	0.9751	0.9999
Growth	415	0.1221	0.5491	−0.7847	−0.1391	0.0341	0.2527	3.0787
ROE	415	0.0415	0.0527	−0.2544	0.0145	0.0364	0.0665	0.1653

注：所有连续变量均在 1%水平上进行缩尾；面板 A 报告样本 Before_PSM 变量的描述性统计；面板 B 报告样本 After_PSM 变量的描述性统计

四、实证结果分析

1. 绿色债券发行与公司价值：基准结果

表 3 报告了基于式（1）的绿色债券发行对公司价值影响的估计结果，第（1）列报告的回归结果基于 Before_PSM 样本。我们对样本进行了初步的筛选，从行业、时间和债券发行方的角度，排除了与处理组公司不同的控制组公司，但不进行近邻匹配。如第（1）列所示，绿色债券发行对企业价值产生显著的正向影响。Multi_DID 的估计系数 β_1 在统计上显著，且在 5%的水平上为正。与控制组公司相比，绿色债券发行后，处理组公司价值增长 18.3%。然而，由于样本偏倚，这一结果可能并不稳健。我们以 1:2 近邻匹配法来寻找控制组公司，并根据 After_PSM 样本重新估计式（1），估计结果如第（2）列所示。Multi_DID 的估计系数 β_1 在统计上仍然显著，并且在 10%的水平上为正。与控制组公司相比，绿色债券发行后，处理组公司价值增长了 24.5%。总体而言，基准结果显示，绿色债券发行增加了公司价值，股票投资者对绿色债券发行积极响应，这与 Wang 等（2020）的研究结果一致。

表 3 绿色债券发行与公司价值的基准回归结果

变量	（1）	（2）
	Before_PSM	After_PSM
Multi_DID	0.183**	0.245*
	(2.382)	(1.891)

续表

变量	（1）	（2）
	Before_PSM	After_PSM
Size	−0.594***	−0.851***
	（−5.568）	（−2.705）
Age	0.038	0.305
	（0.364）	（0.927）
Lev	0.080	1.009
	（0.146）	（1.574）
Cash	−0.014	0.312***
	（−0.207）	（2.799）
Turnover	0.198**	0.065
	（2.425）	（0.683）
Fin	−0.032*	−0.040*
	（−1.976）	（−1.845）
Tangibility	0.885	−0.177
	（0.883）	（−0.109）
Growth	0.015	0.008
	（0.762）	（0.309）
ROE	1.079***	0.503
	（3.014）	（1.251）
常数项	13.788***	15.421
	（4.691）	（1.675）
季度固定效应	是	是
企业固定效应	是	是
企业聚类标准误	是	是
R^2	0.706	0.804
样本量	2476	408

注：括号内为 t 统计量；回归中的标准误在公司层面聚类（Petersen，2009）。所有变量的定义见附表 1
***、**和*分别代表 1%、5%和 10%的显著性水平

对于控制变量，在第（1）列和第（2）列的 1%水平下 Size 的估计系数显著为负，从而说明小企业具有较高的价值。这一发现符合我们的预期，因为小企业具有相当大的增长潜力。Cash 的估计系数在第（2）列的 1%水平下显著为正，表明负债能力高的公司具有较高的价值。Fin 的估计系数在第（1）列和第（2）列

的 10%水平上显著为负，表明企业的财务行为很可能损害公司的价值。此外，在 1%水平下，第（1）列 ROE 的估计系数显著为正，表明业绩的改善有助于企业价值的增加。

2. 平行趋势检验和动态效应分析

DID 模型依赖于平行趋势假设。平行趋势假设要求，如果没有绿色债券发行发生，那么处理组和控制组之间的价值水平不会发生变化。因此，如果在绿色债券发行前，处理组和控制组之间的价值水平没有显著差异，则本文中的 DID 模型满足平行趋势假设。我们构建了一个新的变量，即 $\text{Diff}_{i,t} = \text{time}_t - \text{Issue\_time}_i$。其中，$\text{time}_t$ 表示样本期内当季的序号；Issue_time_i 表示样本期内绿色债券发行时当季的序号。对于控制组公司来说，$\text{Diff}_{i,t}$ 是一个缺失的值。$\text{Diff}_{i,t}$ 的值在 –11 和 17 之间。我们参考 Zhou 等（2020）建立公式（2）来检验我们的 DID 分析是否满足平行趋势假设。

$$\text{TobinQ}_{i,t} = \alpha_t + \beta_t \sum_{t=-4}^{4} D^t \times \text{Green}_i + \tau_1 D^{-11\sim-9} \times \text{Green}_i + \tau_2 D^{-8\sim-5} \times \text{Green}_i \\ + \tau_3 D^{5\sim8} \times \text{Green}_i + \tau_4 D^{9\sim17} \times \text{Green}_i + \gamma X_{i,t} + \lambda_t + \delta_i + \varepsilon_{i,t} \tag{2}$$

其中，$D^t, D^{-11\sim-9}, D^{-8\sim-5}, D^{5\sim8}$ 和 $D^{9\sim17}$ 表示相对于绿色债券发行的季节虚拟变量。当 $\text{Diff}_{i,t}$ 等于 t 时，D^t 等于 1，否则为 0。当 $\text{Diff}_{i,t}$ 的值在 –11 到 –9 之间时，$D^{-11\sim-9}$ 等于 1，否则为 0，以此类推。其他设计与基准模型公式（1）一致，我们根据 After_PSM 样本估算公式（2）。我们感兴趣的是系数 β_t 的符号和显著性，平行趋势假设要求 β_t 在 t 小于 0 时在统计上不显著。图 2 描绘了 $D^t \times \text{Green}_i (-4 < t < 4, t \neq 0)$ 这 8 个解释变量的估计系数 β_t 所描述的时间趋势。附图 1 表示的是包括 $D^t \times \text{Green}_i$（$-4 < t < 4, t \neq 0$）、$D^{-11\sim-9} \times \text{Green}_i$、$D^{5\sim8} \times \text{Green}_i$、$D^{-8\sim-5} \times \text{Green}_i$、$D^{9\sim17} \times \text{Green}_i$ 在内的所有解释变量的估计系数所描述的时间趋势。如图 2 和附图 1 所示，在绿色债券发行之前，$D^t \times \text{Green}_i (-4 \leqslant t < 0, t \neq 0)$ 的估计系数接近于 0，且不具有统计学意义，从而表明在绿色债券发行之前，处理组和控制组之间不存在显著性差异。然而，$D^t \times \text{Green}_i (0 < t \leqslant 3)$ 的估计系数在统计上显著且为正，从而说明发行绿色债券增加了被处理公司的价值。因此，我们的 DID 模型满足平行趋势假设。

本文还考察了绿色债券发行对公司价值的动态影响。如图 2 和附图 1 所示，虽然 $D^t \times \text{Green}_i (0 < t \leqslant 3)$ 的估计系数都是统计显著且为正的，但系数值呈现下降趋势。$D^4 \times \text{Green}_i$ 的估计系数在统计上不显著表明，绿色债券对企业价值的促进作用是不可持续的，这有助于我们充分理解绿色债券如何影响企

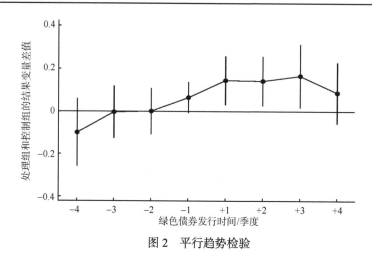

图 2　平行趋势检验

业价值。本文在机理分析中提供了理论解释和实证证据。

3. 安慰剂检验

本文的实证结果不能完全排除未观察变量的干扰。除了平行趋势检验，我们还进行了安慰剂检验。绿色债券发行与公司价值之间的关系可能会因遗漏可能影响分组或公司价值的变量而产生偏差。为了解决这一问题，我们参考 Abadie 等（2010）的做法随机分配处理组公司进行安慰剂检验。在绿色债券发行的那个季度，我们随机选取上市公司作为处理组公司，其中 NN 表示该季度发行绿色债券的公司数量。例如，2017 年第四季度共有 7 家上市公司发行了绿色债券。因此，我们从 2017 年第四季度的 Before_PSM 样本中随机选取了 7 家上市公司作为安慰剂检验的处理组公司。为了解决样本选择偏差问题，我们还使用 PSM 方法来获得控制公司和匹配方法。logit 回归中的协变量与上述的协变量一致。我们根据伪处理组重新估计 1000 次获取式（1）中 Multi_DID 的系数。图 3 描绘了所有反事实回归的估计系数 Multi_DID 的分布和 p 值，发现具有以下三个特征。第一，系数的分布接近正态分布。第二，大部分估计系数的 p 值都大于 0.1。第三，估计系数的均值接近于 0，这与基准回归中估计系数的均值（0.193）有显著的差距。这些结果表明，与非绿色债券发行方相比，随机建立的绿色债券发行方并未实现显著的价值提升，从而表明没有其他随机因素影响本文的基准结论，即绿色债券发行对企业价值的驱动效应不受不可观察的遗漏变量的影响。

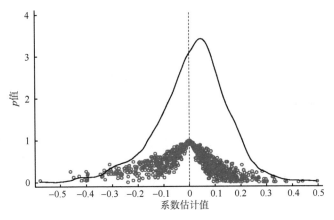

图 3　安慰剂检验

图中实线表示拟合线，圆圈表示估计点

4. 稳健性检验

1）替换匹配方法

上述匹配方法为近邻匹配，匹配比例为 1：2。在本节中，我们采用不同的匹配方法来获得不同的控制组公司，然后重新估计公式（1）。首先，我们使用最近邻匹配方法，但将匹配比例改为 1：1。估计结果如表 4 的第（1）列中所示。其次，我们使用半径匹配，并将卡尺设置为 0.01。估计结果如表 4 第（2）列中所示。最后，我们采用核匹配，设置带宽为 0.01。估计结果如表 4 第（3）列中所示。如表 4 所示，Multi_DID 的所有估计系数 β_1 都在 10%的水平上统计显著且为正，从而表明绿色债券发行对公司价值产生了显著的正影响。在使用替代匹配方法后，我们确认基准结论是稳健的。

表 4　稳健性检验：替换匹配方法

变量	（1）	（2）	（3）
	最近邻匹配	半径匹配	核匹配
Multi_DID	0.195*	0.166*	0.173*
	(1.771)	(1.849)	(1.928)
Size	−0.417**	−0.697***	−0.695***
	(−2.229)	(−4.914)	(−4.875)
Age	−0.152**	0.003	0.019
	(−2.044)	(0.021)	(0.114)
Lev	1.108**	−0.134	−0.123
	(2.509)	(−0.177)	(−0.166)

续表

变量	（1）最近邻匹配	（2）半径匹配	（3）核匹配
Cash	0.256**	0.184	0.184
	（2.263）	（1.518）	（1.536）
Turnover	0.029	0.120	0.122
	（0.278）	（1.265）	（1.283）
Fin	0.006	−0.014	−0.014
	（0.164）	（−1.093）	（−1.100）
Tangibility	−1.126	0.235	0.214
	（−1.031）	（0.310）	（0.279）
Growth	0.037	0.011	0.009
	（0.820）	（0.458）	（0.407）
ROE	0.666	0.372	0.360
	（1.217）	（1.524）	（1.505）
常数项	14.187***	17.788***	17.436***
	（3.311）	（4.548）	（4.313）
季度固定效应	是	是	是
企业固定效应	是	是	是
企业聚类标准误	是	是	是
R^2	0.869	0.723	0.723
样本量	273	1319	1327

注：括号内为 t 统计量。回归中的标准误在公司层面聚类（Petersen，2009）。所有变量的定义见附表1
***、**和*分别代表 1%、5%和 10%的显著性水平

2）替换企业价值指标

基准回归中的因变量是 TobinQ，它被定义为股票的市场价值和债务的账面价值之和与总资产之比。总资产包括无形资产和商誉，无形资产和商誉的估值是不稳定的，这可能会增加企业价值的波动性，并导致结果产生偏差。为了解决这一问题，我们生成了一个新的变量，即 TobinQ2，具体定义为（股票市值+债务账面价值）/（总资产−净无形资产−净商誉）。替换企业价值变量后的估计结果如表5所示，结果表明无论是否使用 PSM 方法来获得的控制组，所有的估计系数都是统计显著且为正的，从而表明绿色债券发行与公司价值之间的关系显著为正，即证明基准结论的稳健性。

表5　稳健性检验：替换企业价值指标

变量	(1)	(2)
	Before_PSM	After_PSM
	TobinQ2	TobinQ2
Multi_DID	0.201**	0.261*
	(2.457)	(1.897)
Size	−0.685***	−0.943***
	(−5.240)	(−2.845)
Age	0.074	0.390
	(0.690)	(1.040)
Lev	0.222	1.085
	(0.365)	(1.650)
Cash	−0.032	0.316**
	(−0.459)	(2.658)
Turnover	0.224**	0.084
	(2.581)	(0.827)
Fin	−0.033*	−0.040*
	(−1.942)	(−1.708)
Tangibility	−1.467	−1.908
	(−1.248)	(−1.087)
Growth	0.014	0.009
	(0.663)	(0.318)
ROE	1.150***	0.521
	(3.039)	(1.259)
常数项	17.473***	17.714*
	(4.886)	(1.787)
季度固定效应	是	是
企业固定效应	是	是
企业聚类标准误	是	是
R^2	0.738	0.832
样本量	2476	408

注：括号内为 t 统计量；回归中的标准误在公司层面聚类（Petersen，2009）。所有变量的定义见附表1
***、**和*分别代表1%、5%和10%的显著性水平

3）关注所有绿色债券发行人

如前所述，为了准确考察绿色债券发行对公司价值的动态影响以及三种潜在机制，文章主要使用了 2018 年之前发行绿色债券的上市公司的信息。然而，这种设置会损失部分绿色债券发行人提供的信息，可能会使基准结论产生偏差。为解决这一问题，我们在稳健性检验中关注所有绿色债券发行人，并使用多期 DID 模型来检验我们的基准结论（Beck et al.，2010；Flammer，2021）。

样本期依旧为 2015 年 1 月至 2020 年 9 月，共 23 个季度。我们排除了金融和房地产公司，被标记为 *ST 或 ST 的公司，以及研究期间上市或退市的公司。此外，我们剔除了控制组公司中，与处理组公司不在同一二级行业的公司，以及非债券发行人。样本调整为平衡面板，以确保进入回归的公司在时间维度上是连续的。我们总共获得了 5640 个观察结果，但只有 22 个处理组公司。同样，在上述清洗操作之后，我们将剩余的样本记为 Before_PSM。由于控制组公司的数量大于处理组公司的数量，这并非考察绿色债券发行与公司价值关系的完美样本。我们进一步使用 PSM 方法来寻找控制组公司。logit 回归中使用的协变量与前文一致。最后，我们获得了 1101 个观测的样本，我们将其记为 After_PSM 并重新估计公式（1），相应的估计结果报告在表 6 中。如表 6 第（2）列所示，Multi_DID 的估计系数 β_1 在 10% 的水平上具有统计显著性且为正，从而表明无论我们是否将所有绿色债券发行人都纳入其中，我们关于绿色债券发行增加企业价值的结论都是成立的。

表 6　稳健性检验：关注所有绿色债券发行人

变量	（1）	（2）
	Before_PSM	After_PSM
Multi_DID	0.124***	0.096*
	(2.913)	(1.865)
Size	−0.507***	−0.564***
	(−7.446)	(−4.791)
Age	0.006	0.138*
	(0.124)	(1.686)
Lev	0.288	0.361
	(1.329)	(1.088)
Cash	0.122**	0.094
	(2.190)	(1.257)
Turnover	0.080*	0.054
	(1.843)	(0.935)

续表

变量	（1）	（2）
	Before_PSM	After_PSM
Fin	−0.013*	−0.016
	(−1.860)	(−1.559)
Tangibility	0.056	−0.005
	(0.145)	(−0.011)
Growth	0.002	−0.004
	(0.160)	(−0.136)
ROE	1.444***	0.769***
	(6.118)	(3.148)
常数项	13.014***	11.942***
	(6.877)	(3.853)
季度固定效应	是	是
企业固定效应	是	是
企业聚类标准误	是	是
R^2	0.793	0.808
样本量	5640	1101

注：括号内为 t 统计量；回归中的标准误在公司层面聚类（Petersen，2009）。所有变量的定义见附表1
***、**和*分别代表 1%、5%和 10%的显著性水平

4）排除同时期其他事件的影响

除了绿色债券的发行，一些同期事件可能会对公司的股票价值产生影响，这也可能会导致基准结论存在偏差。为了解决这个问题，我们在公式（1）中加入了几个代表同期事件发生的变量。我们关注以下同期事件：增资股票发行（New_stock）、支付股息（Bonus）、并购（Merge）和违规处罚（Violate）。New_stock 是一个虚拟变量，如果公司 i 在季度 t 进行了股权增发，则等于 1，否则等于 0。Bonus 表示每个季度的每股税前股息。Merge 是一个虚拟变量，如果公司 i 在季度 t 进行并购，则等于 1，否则为 0。Violate 也是一个虚拟变量，如果企业 i 在季度 t 被证监会处罚，则等于 1，否则等于 0。以上数据均来自 CSMAR。我们根据 After_PSM 样本重新估计公式（1），相应的结果见表 7。如表 7 所示，Multi_DID 的估计系数 β_1 在 10%的水平上统计显著且为正，从而表明在控制了一些同期事件对股票价值的影响后，并不影响绿色债券发行增加企业价值的结论。此外，表 7 中的系数值与表 3 中的系数值相似，从而表明同时期事件的干扰对基准结论的影响较小。

表 7　稳健性检验：排除同时期其他事件的影响

变量	（1）	（2）	（3）	（4）	（5）
Multi_DID	0.233*	0.246*	0.247*	0.245*	0.238*
	(1.883)	(1.889)	(1.939)	(1.876)	(1.954)
Size	−0.795***	−0.852***	−0.822***	−0.853**	−0.776***
	(−2.782)	(−2.701)	(−2.796)	(−2.590)	(−2.808)
Age	0.283	0.304	0.293	0.304	0.261
	(0.830)	(0.926)	(0.881)	(0.933)	(0.763)
Lev	0.787	1.012	0.976	1.011	0.775
	(1.468)	(1.576)	(1.587)	(1.550)	(1.475)
Cash	0.322***	0.313***	0.306***	0.312***	0.317***
	(2.849)	(2.801)	(2.740)	(2.797)	(2.683)
Turnover	0.061	0.066	0.086	0.065	0.081
	(0.685)	(0.691)	(0.812)	(0.671)	(0.809)
Fin	−0.035*	−0.040*	−0.044**	−0.040*	−0.037*
	(−1.729)	(−1.839)	(−2.078)	(−1.878)	(−1.998)
Tangibility	0.059	−0.183	−0.041	−0.182	0.135
	(0.035)	(−0.113)	(−0.026)	(−0.110)	(0.082)
Growth	0.007	0.009	0.008	0.008	0.008
	(0.289)	(0.315)	(0.297)	(0.306)	(0.306)
ROE	0.475	0.484	0.401	0.502	0.302
	(1.184)	(1.122)	(1.116)	(1.218)	(0.723)
New_stock	−0.112				−0.117
	(−1.021)				(−0.979)
Bonus		0.057			0.151
		(0.257)			(0.648)
Merge			0.126		0.125
			(1.080)		(1.086)
Violate				0.005	0.061
				(0.054)	(0.518)
常数项	14.441	15.436	14.718*	15.464	14.230
	(1.652)	(1.674)	(1.699)	(1.612)	(1.640)
季度固定效应	是	是	是	是	是

续表

变量	（1）	（2）	（3）	（4）	（5）
企业固定效应	是	是	是	是	是
企业聚类标准误	是	是	是	是	是
R^2	0.805	0.804	0.806	0.804	0.808
样本量	408	408	408	408	408

注：括号内为 t 统计量；回归中的标准误在公司层面聚类（Petersen，2009）。所有变量的定义见附表 1
***、**和*分别代表 1%、5%和 10%的显著性水平

5）控制区域层面变量

发行绿色债券的企业可能多位于经济发展水平较高的地区。经济繁荣程度高，企业盈利能力强，提升企业价值。为减轻区域发展程度对企业价值的影响，我们在公式（1）中进一步加入了区域层面的控制变量，考虑到数据的可得性，我们加入了三个区域层面的控制变量，即 GDPGrowth、PerIncome 和 PerConsume。其中，GDPGrowth 表示省级地区生产总值季度增长率；PerIncome 表示省级人均可支配收入的自然对数；PerConsume 表示省级人均消费支出的自然对数。相关数据来自国家统计局。我们根据 After_PSM 样本重新估计公式（1），相应的结果见表 8。如表 8 所示，Multi_DID 的估计系数 β_1 在 10%水平上统计显著为正，从而表明在控制了区域层面因素对股票价值的影响后，基准结论稳健不变。

表 8　稳健性检验：控制区域层面变量

变量	（1）	（2）	（3）	（4）
Multi_DID	0.265*	0.266*	0.265*	0.267**
	(1.962)	(1.964)	(1.993)	(2.018)
Size	−0.861**	−0.861**	−0.862**	−0.856**
	(−2.545)	(−2.552)	(−2.477)	(−2.444)
Age	0.283	0.283	0.285	0.278
	(0.879)	(0.877)	(0.879)	(0.853)
Lev	1.093	1.091	1.087	1.085
	(1.387)	(1.390)	(1.314)	(1.302)
Cash	0.327***	0.326***	0.326***	0.326***
	(2.792)	(2.747)	(2.785)	(2.820)
Turnover	0.160	0.157	0.159	0.161
	(1.103)	(1.092)	(1.131)	(1.148)

续表

变量	（1）	（2）	（3）	（4）
Fin	−0.045*	−0.040*	−0.040*	−0.045*
	(−1.774)	(−1.799)	(−1.774)	(−1.827)
Tangibility	−0.175	−0.207	−0.189	−0.198
	(−0.105)	(−0.124)	(−0.113)	(−0.119)
Growth	0.009	0.008	0.009	0.007
	(0.342)	(0.314)	(0.354)	(0.290)
ROE	0.515	0.520	0.506	0.528
	(1.189)	(1.238)	(1.186)	(1.216)
GDPGrowth	−0.017			0.000
	(−0.035)			(0.000)
PerIncome		−0.126		−0.164
		(−0.738)		(−0.766)
PerConsume			−0.016	0.098
			(−0.025)	(0.138)
常数项	16.029	17.298*	16.186	16.717
	(1.664)	(1.685)	(1.285)	(1.344)
季度固定效应	是	是	是	是
企业固定效应	是	是	是	是
企业聚类标准误	是	是	是	是
R^2	0.804	0.804	0.804	0.804
样本量	371	372	372	371

注：括号内为 t 统计量；回归中的标准误在公司层面聚类（Petersen，2009）。所有变量的定义见附表 1
***、**和*分别代表 1%、5%和 10%的显著性水平

五、绿色债券发行与公司价值：异质性分析

在本节中，我们进一步考察了绿色债券发行对企业价值的影响在不同公司之间是否存在异质性。首先，我们关注公司所有权和规模的作用。不同股权类型和规模的企业发行绿色债券对企业价值影响的改善空间可能会出现差异，因为股权和规模会影响企业的融资状况以及其与政府的关系。其次，设立绿色金融试验区的政策必然会引起地方政府对参与绿色金融的企业的关注，从而有可能帮助绿色债券发行人从地方政府获得更多的收益，增强绿色债券发行对企业价值的驱动效

应。最后，我们考察了绿色债券发行对企业价值的驱动效应在不同地区（包括东部地区和非东部地区）的企业之间是否存在异质性。不同地区的经济发展水平存在差异，这可能会改变绿色债券发行与企业价值的关系。实证结果表明，绿色债券发行对企业价值的驱动作用在非国有企业、小型企业、绿色金融试验区企业和东部地区企业中更为显著。

1. 所有权

在本节中，我们研究了绿色债券发行对非国有企业价值的影响是否显著。在中国，与非国有企业相比，国有企业拥有更好的融资环境（Cull and Xu，2003；Brandt and Li，2003；Tang，2021），享受政府带来的更多资源（Pan and Tian，2020）。如前所述，发行绿色债券可以帮助发行人获得资金和政治上的援助。这样的好处对于非国有企业来说是必不可少的。因此，我们认为绿色债券发行对公司价值的驱动作用在非国有企业中比在国有企业中更明显。我们根据企业所有权将样本 After_PSM 分为两组。表 9 报告了子样本回归结果，表明 Multi_DID 的估计系数 β_1 是正的，但在国有企业中不显著。在非国有企业中，Multi_DID 的估计系数 β_1 在 10%的水平上显著为正，其值为 0.413，大于表 3 第（2）列中的值，从而表明绿色债券发行对企业价值的影响在非国有企业中要强于在国有企业中。

表 9 异质性分析：所有权

变量	（1）国有企业	（2）非国有企业
Multi_DID	0.031	0.413*
	(0.534)	(2.005)
Size	−0.314***	−0.453
	(−3.883)	(−1.121)
Age	−0.204***	0.686***
	(−2.939)	(4.681)
Lev	0.832***	0.635
	(3.648)	(0.724)
Cash	0.278***	−0.092
	(3.295)	(−0.378)
Turnover	−0.012	−0.017
	(−0.219)	(−0.141)

续表

变量	(1)	(2)
	国有企业	非国有企业
Fin	−0.022	0.070
	(−1.391)	(0.836)
Tangibility	2.264**	−0.122
	(2.343)	(−0.086)
Growth	−0.014	0.043
	(−0.970)	(0.743)
ROE	0.510**	0.877
	(2.260)	(0.823)
常数项	10.357***	1.171
	(4.953)	(0.103)
季度固定效应	是	是
企业固定效应	是	是
企业聚类标准误	是	是
R^2	0.867	0.787
样本量	240	167

注：括号内为 t 统计量；回归中的标准误在公司层面聚类（Petersen，2009）。所有变量的定义见附表 1
***、**和*分别代表 1%、5%和 10%的显著性水平

2. 公司规模

在本节中，我们研究了绿色债券发行与公司价值之间的正向关系是否在小型公司中更为显著。中国的银行体系以大型国有银行为主。受制于组织结构、信息传递链、决策过程的特点，国有大型银行在识别和处理"软"信息方面不具备比较优势。因此，大型银行适合服务于大型企业（Berger et al.，2005）。在中国，缺乏抵押资产的小型企业通常面临融资约束。如前所述，发行绿色债券可以帮助发行人获得资金援助。这样的好处对于小型企业来说是必不可少的。因此，我们认为绿色债券发行对企业价值的驱动作用对小型企业影响更加显著。我们根据公司规模将样本 After_PSM 分为两组。表 10 报告了回归结果，表明在大型企业中估计系数 β_1 是负的，但不显著。在小型企业中，估计系数 β_1 在 5%的水平上显著为正，其值为 0.341，大于表 3 中第（2）列中的值，从而表明绿色债券发行对公司价值的影响在小公司中比在大公司中更强。

表 10　异质性分析：公司规模

变量	(1)	(2)
	大型企业	小型企业
Multi_DID	−0.020	0.341**
	(−0.344)	(2.091)
Size	−0.345***	−0.980**
	(−3.403)	(−2.286)
Age	−0.123**	0.791***
	(−2.365)	(5.953)
Lev	0.651	1.643**
	(1.676)	(2.128)
Cash	−0.068	0.186
	(−0.652)	(1.465)
Turnover	0.009	0.076
	(0.230)	(0.442)
Fin	0.009	−0.108***
	(0.625)	(−3.644)
Tangibility	1.228*	1.446
	(1.989)	(0.455)
Growth	−0.019*	0.060
	(−1.870)	(1.102)
ROE	0.339	0.159
	(1.706)	(0.240)
常数项	10.689***	8.555
	(4.459)	(0.790)
季度固定效应	是	是
企业固定效应	是	是
企业聚类标准误	是	是
R^2	0.875	0.830
样本量	203	200

注：括号内为 t 统计量；回归中的标准误在公司层面聚类（Petersen，2009）。所有变量的定义见附表 1
***、**和*分别代表 1%、5%和 10%的显著性水平

3. 绿色金融试验区

在本节中，我们考察了绿色金融试验区企业发行绿色债券对企业价值的促进效应是否高度显著。中央政府对环境问题的重视将提升地方政府的环境污染治理水平（Wang and Di，2002）。绿色金融试验区的设立无疑会增加地方政府对从事绿色金融企业的重视。在绿色金融试验区，绿色债券发行企业很可能从政府支持中获得收益。因此，我们认为绿色债券发行对企业价值的促进作用在绿色金融试验区的企业中更加显著。2017 年 6 月 14 日，中国政府在浙江、江西、广东、贵州、新疆等省区设立了绿色金融试验区。我们根据一家公司是否位于绿色金融试验区，对公式（1）进行子样本回归。估计结果如表 11 所示。表 11 第（1）列显示，在绿色金融试验区企业中，Multi_DID 的估计系数 β_1 在 5% 水平上显著为正；在第（2）列中，估计系数为负且不显著。

表 11　异质性分析：绿色金融试验区

变量	（1） 绿色金融试验区企业	（2） 非绿色金融试验区企业
Multi_DID	0.455** （2.479）	−0.002 （−0.022）
Size	−1.792*** （−3.201）	−0.332*** （−3.178）
Age	0.770*** （3.680）	−0.112 （−1.538）
Lev	2.202** （2.388）	0.068 （0.137）
Cash	0.084 （0.550）	0.367*** （3.567）
Turnover	−0.475 （−1.060）	0.063 （0.610）
Fin	0.015 （0.232）	0.003 （0.218）
Tangibility	2.316 （0.470）	0.683 （0.785）
Growth	0.148* （1.971）	−0.009 （−0.588）
ROE	0.349 （0.405）	0.448 （1.116）

续表

变量	（1） 绿色金融试验区企业	（2） 非绿色金融试验区企业
常数项	26.678* （1.830）	10.551*** （4.899）
季度固定效应	是	是
企业固定效应	是	是
企业聚类标准误	是	是
R^2	0.879	0.878
样本量	135	237

注：括号内为 t 统计量；回归中的标准误在公司层面聚类（Petersen，2009）。所有变量的定义见附表1
***、**和*分别代表 1%、5%和 10%的显著性水平

4. 地理位置差异

在本节中，我们探讨了绿色债券发行对企业价值的影响在不同地区（包括东部地区和非东部地区）的不同企业之间是否存在异质性。与非东部地区相比，东部地区的经济发展水平更高。一方面，经济繁荣程度越高，绿色债券发行人的预期投资回报率越高。另一方面，在经济发展水平较高的地区，地方政府财政状况较好，绿色债券发行人很可能得到地方政府的支持。此外，经济日益繁荣可以提高企业绩效，进而降低企业的违约风险。因此，在经济高度发展的地区，企业融资更为容易。融资条件渠道很可能通过发行绿色债券来建立。总体而言，我们认为绿色债券发行对企业价值的驱动作用在东部地区的企业中更加明显。我们根据企业区位将样本 After_PSM 分为两组。表 12 报告了子样本回归结果。表 12 的第（1）列显示，位于东部地区的公司的估计系数在 5%的水平上显著为正。在第（2）列中，估计系数为负且不显著。

表 12　异质性分析：地理位置差异

变量	（1） 东部地区	（2） 非东部地区
Multi_DID	0.343** （2.369）	−0.087 （−1.078）
Size	−1.261*** （−2.952）	−0.300*** （−2.998）
Age	0.243 （0.963）	

续表

变量	(1)	(2)
	东部地区	非东部地区
Lev	1.287	1.052***
	(1.179)	(3.780)
Cash	0.373**	0.295***
	(2.208)	(5.006)
Turnover	0.235	0.052
	(1.133)	(0.470)
Fin	−0.060**	0.194**
	(−2.718)	(2.779)
Tangibility	−0.897	0.533
	(−0.617)	(0.259)
Growth	0.053	−0.020
	(1.009)	(−1.499)
ROE	−0.139	0.653*
	(−0.264)	(1.791)
常数项	27.008**	7.139**
	(2.530)	(2.615)
季度固定效应	是	是
企业固定效应	是	是
企业聚类标准误	是	是
R^2	0.846	0.854
样本量	257	151

注：括号内为 t 统计量；回归中的标准误在公司层面聚类（Petersen，2009）。所有变量的定义见附表 1
***、**和*分别代表 1%、5%和 10%的显著性水平

六、机　制　分　析

在上一节中，我们得到绿色债券发行促进企业价值的结果，并将这种驱动效应归因于融资条件、政府支持和绿色投资三个潜在渠道。在本节中，我们通过合理的实证设计来考察这三个渠道。一方面，我们通过潜在机制分析，为前文的理论分析提供有效的实证证据。具体来说，我们解释了绿色债券发行对企业价值的驱动效应为何不可持续。另一方面，力求对绿色债券的相关研究有所贡献。据我

们所知，这项研究首次考察了绿色债券发行对融资条件、政府支持、绿色投资的影响。

1. 融资条件

在本节中，我们提供了绿色债券发行改善发行人融资条件的实证证据。我们用 $Longloan_{i,t}$ 来衡量企业 i 在 t 季度的融资结构，这里 $Longloan_{i,t}$ 为长期负债占比。由于数据的可得性，我们用 $Longcost_{i,t}$ 来衡量企业 i 在 t 季度的长期融资成本，这里 $Longcost_{i,t}$ 是财务费用与长期负债的比率。由于绿色债券是长期债务，因而我们关注长期债务的成本，而非短期债务的成本。我们用 $Longloan_{i,t}$ 和 $Longcost_{i,t}$ 替换公式（1）中的 $TobinQ_{i,t}$，并用样本 After_PSM 重新估计。相关数据来自 CSMAR 数据库。表 13 报告了估计结果，第（1）列显示，Multi_DID 的估计系数 β_1 在 10% 水平上统计显著为负。与控制组公司相比，绿色债券发行后，被处理的集团公司长期融资成本下降 1.5%。在第（2）列中，Multi_DID 的估计系数 β_1 在 5% 水平上具有统计学显著性且为正。与控制组公司相比，绿色债券发行后，处理组公司长期债务占比增加 7.5%。这些实证结果表明，发行绿色债券提高了发行人的长期债务能力，降低了发行人的长期融资成本。

表 13 机制分析：融资条件

变量	（1） Longcost	（2） Longloan
Multi_DID	−0.015[*]	0.075[**]
	(−1.843)	(2.083)
Size	0.000	0.005
	(0.022)	(0.097)
Age	−0.028	0.084
	(−1.006)	(1.053)
Lev	−0.113[**]	0.635[***]
	(−2.398)	(2.873)
Cash	−0.038[***]	0.240[***]
	(−3.103)	(5.170)
Turnover	0.031	−0.045
	(1.422)	(−1.198)
Fin	0.008[**]	−0.008
	(2.381)	(−1.172)

变量	（1）	（2）
	Longcost	Longloan
Tangibility	−0.016	−0.396
	（−0.104）	（−0.795）
Growth	−0.008*	0.003
	（−1.932）	（0.568）
ROE	−0.172**	0.117
	（−2.206）	（0.923）
常数项	0.665	−1.446
	（1.042）	（−0.897）
季度固定效应	是	是
企业固定效应	是	是
企业聚类标准误	是	是
R^2	0.592	0.870
样本量	393	397

注：括号内为 t 统计量；回归中的标准误在公司层面聚类（Petersen，2009）。所有变量的定义见附表 1

***、**和*分别代表 1%、5%和 10%的显著性水平

2. 政府支持

为了检验绿色债券发行人是否得到了政府的大力支持，我们分别使用 $Taxrate_{i,t}$ 和 $Taxreturn_{i,t}$ 衡量企业 i 的 t 季度税收水平和补贴水平。具体来说，$Taxrate_{i,t}$ 代表企业税率，是所得税与总利润的比率；$Taxreturn_{i,t}$ 代表政府补贴，是企业收到的纳税申报表的自然对数。我们用 $Taxrate_{i,t}$ 和 $Taxreturn_{i,t}$ 替换 $TobinQ_{i,t}$，并使用样本 After_PSM 重新估计公式（1）。相关数据来自 CSMAR 数据库。表 14 报告了估计结果，第（1）列显示，Multi_DID 的估计系数 β_1 在 5%水平上统计显著为负，从而表明发行绿色债券降低了发行人的所得税税率。与控制组公司相比，绿色债券发行后，处理组公司所得税税率下降 5.8%。在第（2）列中，Multi_DID 的估计系数 β_1 在统计上显著且在 5%水平上为正，从而表明发行绿色债券增加了发行人获得的政府补贴。与控制组公司相比，发行绿色债券后，处理组公司的纳税申报额增加了 2.726 倍。这些实证结果表明，发行绿色债券有助于发行人获得政府支持。

表 14　机制分析：政府支持

变量	(1)	(2)
	Taxrate	Taxreturn
Multi_DID	−0.058**	2.726**
	(−2.422)	(2.159)
Size	0.032	5.503***
	(0.505)	(2.875)
Age	−0.003	−0.018
	(−0.099)	(−0.020)
Lev	0.044	−18.366*
	(0.189)	(−1.902)
Cash	−0.082	−0.034
	(−1.304)	(−0.020)
Turnover	−0.080	2.462
	(−1.310)	(0.833)
Fin	0.072**	0.230
	(2.532)	(0.369)
Tangibility	−0.029	−20.195*
	(−0.091)	(−1.866)
Growth	−0.024	0.309
	(−1.604)	(1.148)
ROE	0.455	−5.940
	(1.280)	(−0.978)
常数项	−0.464	−89.246**
	(−0.371)	(−2.465)
季度固定效应	是	是
企业固定效应	是	是
企业聚类标准误	是	是
R^2	0.383	0.797
样本量	408	408

注：括号内为 t 统计量；回归中的标准误在公司层面聚类（Petersen，2009）。所有变量的定义见附表 1
***、**和*分别代表 1%、5%和 10%的显著性水平

3. 绿色投资

首先需判定绿色投资是否促进了企业价值的提升，为此先解决两个关键问题。第一个问题涉及如何衡量投资与企业价值之间的关系，第二个问题是如何衡量绿色投资。由于无法获得绿色项目的现金流数据，我们参考 Pan 和 Tian（2020）的做法，利用投资支出对企业价值的敏感性来检验投资与企业价值之间的关系。如果投资对企业价值的敏感性显著为负，那么我们可以得出投资项目并未促进企业价值的提升的结论。为了解决第二个问题，我们构建了回归模型（3）：

$$\Delta \text{Invest}_{i,t} = \rho_0 + \rho_1 \, \text{Multi\_DID}_{i,t} \times \text{TobinQ}_{i,t} + \rho_2 \, \text{Multi\_DID}_{i,t}$$
$$+ \rho_3 \, \text{TobinQ}_{i,t} + \rho_4 \, \text{Green}_i + \gamma X_{i,t} + \lambda_t + \delta_i + \varepsilon_{i,t} \tag{3}$$

其中，因变量 $\Delta \text{Invest}_{i,t}$ 表示 i 企业 t 季度投资的变化。我们定义 $\Delta \text{Invest}_{i,t}$ 为 i 企业 t 季度净资本支出的自然对数。其他设计与公式（1）一致。在本文中，我们不要求 $\Delta \text{Invest}_{i,t}$ 准确测量绿色投资规模，而是要求 $\Delta \text{Invest}_{i,t}$ 将绿色债券发行人发行绿色债券后产生的绿色投资纳入其中，由于证监会要求发行绿色债券产生的资金大部分用于投资环保项目，我们认为，在绿色债券发行后，处理组公司相对于控制组公司的投资增量来源于绿色投资。因此，$\text{Multi\_DID}_{i,t}$ 的系数 ρ_2 可能指的是绿色债券发行方绿色投资的变化情况。$\text{TobinQ}_{i,t}$ 的系数 ρ_3 代表投资支出对企业价值的敏感性。如果系数为正，则投资与企业价值正相关，投资增长会促进企业价值的增加。但是，我们并没有考察所有投资的绩效，而是只考察绿色投资的绩效。具体来说，我们考察的是绿色债券发行人发行债券后的投资绩效。我们重点考察 $\text{Multi\_DID}_{i,t} \times \text{TobinQ}_{i,t}$ 的系数 ρ_1。如果系数 ρ_1 显著为正，则绿色投资促进企业价值的提升。否则，我们得出相反的结论。

表 15 报告了公式（3）的估计结果，如第（1）列所示，$\text{Multi\_DID}_{i,t}$ 的系数 ρ_2 为正，符合我们的预期。$\text{Multi\_DID}_{i,t} \times \text{TobinQ}_{i,t}$ 的系数 ρ_1 显著为负，从而说明发行绿色债券后发行人的投资业绩下降，即绿色投资降低了企业价值。

表 15　机制分析：绿色投资 I

变量	（1）	（2）	（3）
	所有样本	绿色金融试验区	非绿色金融试验区
Multi_DID×TobinQ	−0.933*	−0.276	−1.299**
	（−1.718）	（−0.701）	（−2.122）
Multi_DID	0.716	−0.087	1.358*
	（1.118）	（−0.182）	（1.784）

续表

变量	（1）	（2）	（3）
	所有样本	绿色金融试验区	非绿色金融试验区
TobinQ	0.204	0.035	0.822**
	(1.556)	(0.368)	(2.380)
Size	0.373	0.419	0.370
	(0.657)	(0.626)	(0.700)
Age	0.166	0.586**	0.507**
	(0.884)	(3.051)	(2.093)
Lev	0.449	3.934*	−2.776**
	(0.333)	(2.053)	(−2.555)
Cash	0.515	0.947***	0.247
	(1.530)	(4.054)	(0.579)
Turnover	−0.106	−0.319	0.510
	(−0.327)	(−0.681)	(1.247)
Fin	−0.009	0.060	−0.021
	(−0.186)	(0.552)	(−0.353)
Tangibility	−9.493***	−9.100**	−10.689***
	(−5.101)	(−2.798)	(−5.017)
Growth	−0.215	−0.015	−0.238*
	(−1.542)	(−0.142)	(−1.744)
ROE	−0.567	2.739	−1.578**
	(−0.682)	(1.501)	(−2.058)
常数项	16.300	5.694	12.109
	(1.291)	(0.325)	(1.050)
季度固定效应	是	是	是
企业固定效应	是	是	是
企业聚类标准误	是	是	是
R^2	0.933	0.948	0.954
样本量	365	121	215

注：括号内为 t 统计量；回归中的标准误在公司层面聚类（Petersen，2009）。所有变量的定义见附表 1
***、**和*分别代表 1%、5%和 10%的显著性水平

　　由于我们的模型不能完全排除其他投资类型的干扰，所以我们根据某家公司是否位于绿色金融试验区，对公式（3）进行子样本回归，进一步验证我们的结论。如上所述，绿色金融试验区的设立无疑会增加地方政府对从事绿色金融企业的重视程度。地方政府加大对绿色债券发行企业的支持力度，要求企业购买环保产品，并对绿色项目给予大量补贴。因此，我们认为，绿色金融试验区的绿色投资绩效可能会得到提升。公式（3）的子样本回归结果报告在表 15 的第（2）列和第（3）列中。我们发现，只有在非绿色金融试验区，绿色投资才会降低企业价值。因此，将 $Multi\_DID_{i,t} \times TobinQ_{i,t}$ 的系数 ρ_1 视作绿色投资对企业价值的效应大小是合理的。

　　我们进一步进行稳健性检验。考虑到公司规模的异质性，我们定义投资为上季度资本支出净额除以总资产（Pan and Tian，2020；Jiang et al.，2021）。我们用 $Invest_{i,t}$ 替换 $\Delta Invest_{i,t}$，结果见附表 2。在附表 2 中，改变公司投资测算后，我们发现 $Multi\_DID_{i,t}$ 的系数 ρ_2 为正，而 $Multi\_DID_{i,t} \times TobinQ_{i,t}$ 的系数 ρ_1 显著为负，从而进一步支持了我们的结论。

　　我们认为，绿色投资不能增加企业价值，可能是因为环保投资侵蚀企业利润。我们用 $ROE_{i,t}$ 替换 $TobinQ_{i,t}$ 并重新估计公式（3）来验证我们的论点。结果报告在表 16 的第（1）列中，其中 $Multi\_DID_{i,t} \times ROE_{i,t}$ 的系数 ρ_1 显著为负，从而表明发行绿色债券后发行人的投资业绩下降，即绿色投资降低了企业的盈利能力。同样，我们的模型也不能完全排除其他类型投资的干扰。我们根据某家公司是否处于绿色金融试验区，对公式（3）进行子样本回归，进一步验证我们的结论。我们认为，政府支持可能会提高绿色投资绩效。我们根据公司是否位于绿色金融试验区，对公式（3）进行子样本回归，结果见表 16 第（2）列和第（3）列。$Multi\_DID_{i,t} \times ROE_{i,t}$ 的系数 ρ_1 仅在位于非绿色金融试验区的公司中显著为负，这进一步支持了我们之前的结论。

表 16　机制分析：绿色投资 II

变量	（1）	（2）	（3）
	所有样本	绿色金融试验区	非绿色金融试验区
Multi_DID×ROE	−3.407**	−3.845	−3.979**
	（−2.038）	（−1.030）	（−2.396）
Multi_DID	−0.115	−0.170	−0.058
	（−0.523）	（−0.692）	（−0.228）
ROE	0.198	4.698	−0.649
	（0.286）	（1.362）	（−0.768）

续表

变量	（1） 所有样本	（2） 绿色金融试验区	（3） 非绿色金融试验区
Size	0.223	0.406	0.263
	(0.410)	(0.685)	(0.481)
Age	0.247	0.715**	0.426*
	(1.633)	(2.438)	(1.790)
Lev	0.516	3.859*	−3.387**
	(0.365)	(2.046)	(−2.271)
Cash	0.651**	0.984***	0.531
	(2.084)	(4.824)	(1.171)
Turnover	−0.052	−0.504	0.520
	(−0.171)	(−1.122)	(1.246)
Fin	−0.017	0.061	−0.021
	(−0.351)	(0.515)	(−0.334)
Tangibility	−10.058***	−9.259**	−9.931***
	(−4.808)	(−3.002)	(−5.083)
Growth	−0.203	−0.002	−0.238*
	(−1.478)	(−0.017)	(−1.753)
常数项	19.076	3.833	16.801
	(1.573)	(0.214)	(1.415)
季度固定效应	是	是	是
企业固定效应	是	是	是
企业聚类标准误	是	是	是
R^2	0.932	0.949	0.952
样本量	365	121	215

注：括号内为 t 统计量；回归中的标准误在公司层面聚类（Petersen，2009）。所有变量的定义见附表 1

***、**和*分别代表 1%、5%和 10%的显著性水平

我们提出了绿色投资降低企业盈利能力的可能原因。一方面，中国的环保技术不够发达，企业引进环保技术的成本过高。另一方面，政府和公众对环保产品的购买力较低。此外，虽然以往的实证结果显示政府支持渠道已经建立，但在绿色投资成本较高的情况下，政府对绿色企业的支持不足。

4. 补充说明

基于机制分析的实证结果，我们从理论上解释了绿色债券发行对企业价值的动态影响。基准结果显示，总体而言，绿色债券发行提高了企业价值。我们将这一效应归因于融资条件的改善和政府支持，并在机制分析中实证验证了这一点。对于投资者而言，融资条件渠道和政府支持渠道对企业价值的影响是确定的，我们观察到投资者对绿色债券发行的积极反应。但是，如图2和附图1所示，绿色债券发行与企业价值之间的关系逐渐减弱，且不可持续。我们认为，这种不可持续的驱动效应可能源于以下两个原因。第一个原因在于长期债务的期限。我国上市公司发行的绿色债券，期限大多为3~5年。在发行后的第9个季度，3年期绿色债券进入最后一年的存续期。绿色债券发行人开始遭遇偿债压力，由此可见，绿色债券发行对企业价值的驱动效应从发行后的第9个季度开始就不显著。第二个原因涉及绿色投资。如表16所示，绿色投资对盈利能力的敏感性显著为负，从而说明绿色债券发行后的绿色投资侵蚀了发行人的利润。因此，绿色债券发行对企业价值的驱动作用逐渐减弱，不可持续。

七、绿色债券量和企业价值

本文遇到两个问题。第一，本文没有考虑绿色债券重复发行的情况。第二，本文没有量化绿色债券对企业价值的边际影响。在本节中，我们考察了绿色债券数量对公司价值的影响。回归模型如式（4）所示：

$$\text{Tobin Q}_{i,t} = \omega_0 + \omega_1 \text{Volume}_{i,t} + \gamma X_{i,t} + \lambda_t + \delta_i + \varepsilon_{i,t} \tag{4}$$

其中，$\text{Volume}_{i,t}$ 表示 i 企业 t 季度持有绿色债券的数量，定义为企业现有绿色债务的自然对数。其他设计与公式（1）一致，我们对上市公司绿色债券发行规模和期限进行排序，如果企业有一笔未到期的绿色债务，$\text{Volume}_{i,t}$ 则按季度 t 记录企业 i 持有的绿色债务。对 $\text{Volume}_{i,t}$ 进行标准化处理。如果 i 企业在样本期内多次发行绿色债券，则将新发行的绿色债券与未到期的绿色债券叠加。我们只保留发行绿色债券的企业，样本期为2015年1月至2020年9月。估算结果见表17第（1）列。$\text{Volume}_{i,t}$ 的系数 ω_1 显著为正，从而表明发行绿色债券有利于提高发行人的价值，这与我们之前的基准结论一致。具体来说，当企业发行绿色债券的数量增加一个标准差时，企业价值平均增加0.032个单位。

表 17　绿色债券量和企业价值

变量	（1）FE	（2）FE	（3）IV
Volume	0.032*		0.050**
	(1.767)		(2.640)
L1_Volume		0.038**	
		(2.323)	
Size	−0.430***	−0.308**	−0.474**
	(−2.967)	(−2.641)	(−2.519)
Age	−0.125**	−0.146***	−0.157***
	(−2.103)	(−2.855)	(−2.998)
Lev	0.290	0.051	0.725
	(0.545)	(0.099)	(1.187)
Cash	0.012	0.033	−0.046
	(0.091)	(0.264)	(−0.359)
Turnover	0.137	0.135	0.268*
	(1.521)	(1.393)	(1.737)
Fin	0.044	0.073	0.028
	(1.283)	(1.285)	(1.577)
Tangibility	0.019	−0.040	−0.017
	(0.033)	(−0.078)	(−0.028)
Growth	−0.015	−0.011	−0.032
	(−0.600)	(−0.618)	(−1.210)
常数项	13.681***	11.322***	14.894***
	(3.655)	(3.877)	(3.782)
季度固定效应	是	是	是
企业固定效应	是	是	是
企业聚类标准误	是	是	是
R^2	0.730	0.722	0.168
样本量	700	659	486

注：括号内为 t 统计量；回归中的标准误在公司层面聚类（Petersen，2009）。所有变量的定义见附表1。由于解释变量作了变更，作者在此进行模型设定，为了避免回归中解释变量之间的共线性问题，暂未纳入 ROE

***、**和*分别代表 1%、5%和 10%的显著性水平

在公式（4）的模型中出现了内生性问题，我们认为解释变量 Volume 可能是

一个内生变量，与误差项 ε 相关。内生性问题可能是由同时性或遗漏变量引起的（Wooldridge，2010；Hill et al.，2021）。为了解决这一问题，我们将采用如下方式减轻内生性干扰。

首先，我们解决同时性引起的内生性问题。我们用 L1_Volume 替换式（4）中的解释变量 Volume，L1_Volume 指解释变量的滞后一期，然后重新估计回归模型。表 17 的第（2）列报告了实证结果。我们发现，L1_Volume$_{i,t}$ 的系数 ω_1 保持显著为正，系数的值基本保持不变。

其次，我们引入工具变量法。我们参考 Fisman 和 Svensson（2007）的做法，使用排除本公司之外的其他同行业企业 Volume 的平均值作为工具变量 IV，见表 17 第（3）列结果。一方面，同行效应发生在企业的资本结构决策行为中（Leary and Roberts，2014；Kaustia and Rantala，2015）。企业的融资行为可能会受到同行业其他公司行为的影响。在回归的第一阶段，KPF 统计量大于 16.38，排除弱工具变量假设。另一方面，行业内企业发行绿色债券并不直接影响企业价值。因此，我们的工具变量是合格的，满足相关性和外生性条件。如第（3）列所示，Volume 的估计系数 ω_1 为 0.050，在 5%水平上显著为正。这一结果支持前文结论，即发行绿色债券有利于提高发行人的价值。我们还发现，估计系数 ω_1 的值大于第（1）列中的值，从而符合工具变量回归的惯例。

综上所述，我们在考虑了绿色债券的重复发行并量化了绿色债券对公司价值的边际影响后，进一步从量的角度确认了绿色债券增加了公司价值。具体而言，当企业发行绿色债券的数量增加一个标准差时，企业价值平均增加 0.032 个单位。

八、结　　论

绿色债券帮助发行人实现债务融资，为企业贴上"绿色企业"的标签。在这种情况下，企业价值对绿色债券的发行是有响应的。考虑到发达国家公众环境意识、工业化进程和政府产业政策的差异，我们首先通过手工梳理发行绿色债券的中国上市公司，考察了绿色债券发行对公司价值的影响，然后采用多期 DID 模型和 PSM 进行分析。

研究发现，绿色债券发行后企业价值增加，且绿色债券对企业价值的促进作用不可持续并逐渐减弱。具体来说，这一关系在发行后的第四个季度时不再显著。平行趋势检验和安慰剂检验的结果支持了我们的基准结论。此外，我们还进行了其他稳健性检查，如采用替代匹配方法，使用企业价值的替代指标，关注所有绿色债券发行人，控制一些同期事件的干扰，并控制区域水平的因素，发现我们的基本结论仍然不变。接下来，我们进行了异质性分析，观察到绿色债券的驱动效应在非国有企业、小型企业、绿色金融试验区企业和东部地区企业中较强。为了探究绿色债券如何影响企业价值，我们考察了融资条件、政府支持和绿色投资三种潜在机制。我们发现，绿色债券的发行改善了融资条件，增加了发行人获得的政府支持。但是，我们发现绿色投资对公司价值和公司盈利能力的敏感性显著为负，从而表明绿色投资并不促进公司价值和盈利能力的提升。最后，利用工具变量回归，我们发现当企业发行的绿色债券数量增加一个标准差时，企业价值平均增加 0.032 个单位。

本文研究对理解中国绿色债券的经济效应具有重要意义。第一，政府应考虑绿色债券对企业价值的促进作用，鼓励企业发行绿色债券筹集绿色基金。在保障投资者权益的前提下，政府可以适当降低绿色债券的发行门槛。第二，考虑异质性分析结果，政府应重视绿色金融发展，增设绿色金融试验区，引导地方政府支持绿色债券公司发展。第三，机制分析的结果表明，绿色债券发行改善了发行人的融资条件，降低了发行人的税收水平。中国绿色债券市场的快速发展，很大程度上得益于政府的政策支持。因此，政府可以适当制定针对绿色企业的利率贴息和税收优惠政策。第四，机制分析表明，绿色投资侵蚀了中国企业利润，这无疑不利于绿色企业的发展。因此，政府应该宣传绿色理念，提高绿色产品的购买力。第五，其他发展中国家可能存在工业化进程缓慢，环保产业不发达，公众环保意识不强的情况，我们的结论和启示同样适用于其他经济体，尤其是发展中国家。政府支持可以帮助重点绿色产业实现快速增长。

参 考 文 献

Abadie A，Diamond A，Hainmueller J. 2010. Synthetic control methods for comparative case studies：estimating the effect of California's tobacco control program. Journal of the American Statistical Association，105（490）：493-505.

Adachi-Sato M，Vithessonthi C. 2019. Corporate debt maturity and future firm performance volatility. International Review of Economics & Finance，60：216-237.

Aintablian S，Mcgraw P A，Roberts G S. 2007. Bank monitoring and environmental risk. Journal of Business Finance & Accounting，34（1/2）：389-401.

Aivazian V，Gu X，Qiu J，et al. 2015. Loan collateral，corporate investment，and business cycle. Journal of Banking & Finance，55：380-392.

Almeida H，Campello M. 2007. Financial constraints，asset tangibility，and corporate investment. The Review of Financial Studies，20（5）：1429-1460.

Baker M，Bergstresser D，Serafeim G，et al. 2018. Financing the response to climate change：the pricing and ownership of US green bonds. National Bureau of Economic Research.

Baulkaran V. 2019. Stock market reaction to green bond issuance. Journal of Asset Management，20

（5）：331-340.

Beck T，Levine R，Levkov A. 2010. Big bad banks? The winners and losers from bank deregulation in the United States. The Journal of Finance，65（5）：1637-1667.

Berger A N，Miller N H，Petersen M A，et al. 2005. Does function follow organizational form? Evidence from the lending practices of large and small banks. Journal of Financial Economics，76（2）：237-269.

Biddle G C，Hilary G，Verdi R S. 2009. How does financial reporting quality relate to investment efficiency?. Journal of Accounting and Economics，48（2/3）：112-131.

Brandt L，Li H. 2003. Bank discrimination in transition economies：ideology，information，or incentives?. Journal of Comparative Economics，31（3）：387-413.

Chava S. 2014. Environmental externalities and cost of capital. Management Science，60（9）：2111-2380.

Cull R，Xu L C. 2003. Who gets credit? The behavior of bureaucrats and state banks in allocating credit to Chinese state-owned enterprises. Journal of Development Economics，71（2）：533-559.

Davis A K，Guenther D A，Krull L K，et al. 2016. Do socially responsible firms pay more taxes?. The Accounting Review，91（1）：47-68.

Demir F. 2009. Financial liberalization，private investment and portfolio choice：financialization of real sectors in emerging markets. Journal of Development Economics，88（2）：314-324.

Dhaliwal D S，Li O Z，Tsang A，et al. 2011. Voluntary nonfinancial disclosure and the cost of equity capital：the initiation of corporate social responsibility reporting. The Accounting Review，86（1）：59-100.

Ding D K，Ferreira C，Wongchoti U. 2016. Does it pay to be different? Relative CSR and its impact on firm value. International Review of Financial Analysis，47：86-98.

Ehlers T，Packer F. 2017. Green bond finance and certification. BIS Quarterly Review September.

el Ghoul S，Guedhami O，Kwok C C Y，et al. 2011. Does corporate social responsibility affect the cost of capital?. Journal of Banking & Finance，35（9）：2388-2406.

Fazzari S，Hubbard R G，Petersen B C. 1987. Financing constraints and corporate investment. National Bureau of Economic Research Working Papers.

Febi W，Schäfer D，Stephan A，et al. 2018. The impact of liquidity risk on the yield spread of green bonds. Finance Research Letters，27：53-59.

Ferrell A，Hao L，Renneboog L. 2016. Socially responsible firms. Journal of Financial Economics，122（3）：585-606.

Fisman R，Svensson J. 2007. Are corruption and taxation really harmful to growth? Firm level evidence. Journal of Development Economics，83（1）：63-75.

Flammer C. 2021. Corporate green bonds. Journal of Financial Economics，142（2）：499-516.

Gao Y，Li Y，Wang Y. 2021. Risk spillover and network connectedness analysis of China's green bond and financial markets：evidence from financial events of 2015–2020. The North American Journal of Economics and Finance，57：101386.

Glaessner T，Ladekarl J. 2001. Issues in development of government bond markets. SSRN 882875.

Hadian A, Adaoglu C. 2020. The effects of financial and operational hedging on company value: the case of Malaysian multinationals. Journal of Asian Economics, 70: 101232.

Hadlock C J, Pierce J R. 2010. New evidence on measuring financial constraints: moving beyond the KZ index. The Review of Financial Studies, 23 (5): 1909-1940.

Hill A D, Johnson S G, Greco L M, et al. 2021. Endogeneity: a review and agenda for the methodology-practice divide affecting micro and macro research. Journal of Management, 47 (1): 105-143.

Hirth S, Viswanatha M. 2011. Financing constraints, cash-flow risk, and corporate investment. Journal of Corporate Finance, 17 (5): 1496-1509.

Hyun S, Park D, Tian S. 2020. The price of going green: the role of greenness in green bond markets. Accounting & Finance, 60 (1): 73-95.

Jiang J, Hou J, Wang C, et al. 2021. COVID-19 impact on firm investment—evidence from Chinese publicly listed firms. Journal of Asian Economics, 75: 101320.

Jungherr J, Schott I. 2020. Optimal debt maturity and firm investment. Review of Economic Dynamics, 42: 110-132.

Kadapakkam P R, Kumar P C, Riddick L A. 1998. The impact of cash flows and firm size on investment: the international evidence. Journal of Aanking & Finance, 22 (3): 293-320.

Kapraun J, Latino C, Scheins C, et al. 2021. (In)-credibly green: which bonds trade at a green bond premium?. Paris December 2019 Finance Meeting.

Karpf A, Mandel A. 2018. The changing value of the "green" label on the US municipal bond market. Nature Climate Change, 8 (2): 161-165.

Kaustia M, Rantala V. 2015. Social learning and corporate peer effects. Journal of Financial Economics, 117 (3): 653-669.

Krüger P. 2015. Corporate goodness and shareholder wealth. Journal of Financial Economics, 115 (2): 304-329.

Larcker D F, Watts E M. 2020. Where's the greenium?. Journal of Accounting and Economics, 69 (2/3): 101312.

Leary M T, Roberts M R. 2014. Do peer firms affect corporate financial policy?. The Journal of Finance, 69 (1): 139-178.

Pan X, Tian G G. 2020. Political connections and corporate investments: evidence from the recent anti-corruption campaign in China. Journal of Banking & Finance, 119: 105108.

Petersen M A. 2009. Estimating standard errors in finance panel data sets: comparing approaches. The Review of Financial Studies, 22 (1): 435-480.

Rajan R G. 1992. Insiders and outsiders: the choice between informed and arm's - length debt. The Journal of Finance, 47 (4): 1367-1400.

Roslen S N M, Yee L S, Ibrahim S A B. 2017. Green bond and shareholders' wealth: a multi-country event study. International Journal of Globalisation and Small Business, 9 (1): 61-69.

Santos J A C, Winton A. 2008. Bank loans, bonds, and information monopolies across the business cycle. The Journal of Finance, 63 (3): 1315-1359.

Shipman J E，Swanquist Q T，Whited R L. 2017. Propensity score matching in accounting research. The Accounting Review，92（1）：213-244.

Stockhammer E. 2004. Financialisation and the slowdown of accumulation. Cambridge Journal of Economics，28（5）：719-741.

Tang D Y，Zhang Y. 2020. Do shareholders benefit from green bonds?. Journal of Corporate Finance，61：101427.

Tang L. 2021. Investment dynamics and capital distortion：state and non-state firms in China. Journal of Asian Economics，73：101274.

Thompson P，Cowton C J. 2004. Bringing the environment into bank lending：implications for environmental reporting. The British Accounting Review，36（2）：197-218.

Wang H，Di W. 2002. The determinants of government environmental performance：an empirical analysis of Chinese townships. Policy Research Working Paper，NO.2937.

Wang J，Chen X，Li X，et al. 2020. The market reaction to green bond issuance：evidence from China. Pacific-Basin Finance Journal，60：101294.

Wooldridge J M. 2010. Econometric Analysis of Cross Section and Panel Data. Cambridge：MIT Press.

Zerbib O D. 2019. The effect of pro-environmental preferences on bond prices：evidence from green bonds. Journal of Banking & Finance，98：39-60.

Zhou M，Wang B，Chen Z. 2020. Has the anti-corruption campaign decreased air pollution in China?. Energy Economics，91：104878.

附录

附表 1 变量的定义

变量	定义
TobinQ	当季股票的市场价值与债务账面价值之和与总资产之比
TobinQ2	（股票市值+债务账面价值）/（总资产–净无形资产–净商誉）
Green	一个虚拟变量，如果公司 i 属于被处理的集团，则 Green 等于 1，对于控制公司，Green 等于 0
Multi_DID	一个虚拟变量，如果公司在当季发行绿色债券，Multi_DID 等于 1，否则 Multi_DID 等于 0
Size	总资产的自然对数
Age	企业年龄的自然对数
ROE	净利润除以净资产
Cash	现金和有价证券除以流动负债
Lev	总债务除以总资产
Growth	收入增长率
Turnover	总资产周转率

变量	定义
Tangibility	有形资产除以总资产
Fin	金融活动的利润占比
time	样本期内当季的流水号
Issue_time	样本期内绿色债券发行所在季度的流水号
Diff	变量之间的差异，即 time - Issue_time
D^t	四分之一哑变量，当时间等于 t 时，D^t 等于 1，否则 D^t 等于 0
$D^{-11\sim-9}$	当政策取值在-11 到-9 之间时，$D^{-11\sim-9}$ 等于哑变量 1Diff，否则 $D^{-11\sim-9}$ 为 0
$D^{-8\sim-5}$	当政策取值在-8 到-5 之间时，$D^{-8\sim-5}$ 等于哑变量 1 Diff，否则 $D^{-8\sim-5}$ 等于 0
$D^{5\sim8}$	当政策取值在 5 到 8 之间时，$D^{5\sim8}$ 等于哑变量 1Diff，否则 $D^{5\sim8}$ 等于 0
$D^{9\sim17}$	当政策取值在 9 到 17 之间时，$D^{9\sim17}$ 等于哑变量 1Diff，否则 $D^{9\sim17}$ 等于 0
Bonus	每个季度的每股税前股息
New_stock	一种虚拟变量，如果公司按季度进行股权增发，New_stock 等于 1，否则 New_stock 等于 0
Merge	一种虚拟变量，如果公司按季度进行并购，则 Merge 等于 1，否则 Merge 等于 0
Violate	一种虚拟变量，如果公司被证监会按季度处罚，则为 1，否则等于 0
GDPGrowth	省级地区生产总值季度增长率
PerIncome	省级人均可支配收入的自然对数
PerComsume	省级人均消费支出的自然对数
Longloan	长期负债占比
Longcost	财务费用与长期负债的比率
Taxrate	所得税与利润总额的比率
Taxreturn	企业收到的纳税申报表的自然对数
Invest	资本支出净额除以上季度总资产
Δ Invest	净资本支出的自然对数
Volume	企业持有的绿色债券量
L1_Volume	Volume 的滞后一期
IV	不包括企业自身的行业的均值 Volume

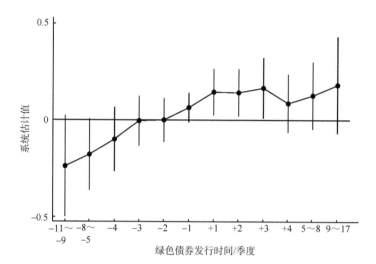

附图 1　平行趋势

附表 2　机制分析：绿色投资业绩

变量	（1）	（2）	（3）
	所有样本	绿色金融试验区	非绿色金融试验区
Multi_DID×TobinQ	−0.036*	−0.033	−0.028*
	（−1.983）	（−1.338）	（−1.811）
Multi_DID	0.038*	0.021	0.042*
	（1.735）	（0.751）	（1.768）
TobinQ	0.005	−0.001	0.004
	（0.904）	（−0.103）	（0.299）
常数项	0.195	0.619	0.217
	（0.736）	（1.220）	（0.727）
季度固定效应	是	是	是
企业固定效应	是	是	是
企业聚类标准误	是	是	是
R^2	0.751	0.845	0.813
样本量	365	121	215

注：括号内为 t 统计量；回归中的标准误在公司层面聚类（Petersen，2009）。所有变量的定义见附表 1
*代表 10% 的显著性水平

实 践 应 用

　　环境问题的治理需要多方共同的努力，不仅需要政府进行环境规制，还需要企业自觉进行环境友好型生产活动。其中政府为治理环境问题、改善环境状况所制定的政策，如前文所述，的确有利于环境质量的改善，那么这些环境政策又会对企业的生产经营活动造成什么样的影响呢。事实上，伴随着环境法规的日益规范和严格，许多企业由于违反法规而处于政府的监管之下。同时，银行和其他金融机构逐渐将"绿色"评估纳入其贷款评估中，这将不可避免地影响企业的债务融资，增加企业当前和未来现金流的不确定性。因此，有必要探讨环境监管压力究竟会对企业债务融资带来什么样的影响，以及企业应做出何决策来应对这一趋势。

　　本部分给出了来自中国广东省的一个案例研究。这项研究主要针对广东省的上市公司，探讨了环境监管压力是否以及如何影响该省企业的债务融资。这一研究有利于为今后政府新的环境保护政策的制定和实施提供理论依据，也可以为银行和其他金融机构的贷款决策提供参考，为企业的环境保护决策提供有见地的参考和建议。

环境监管压力是否影响企业债务融资？

一、引　言

近几十年来，中国在经济上取得了举世瞩目的成就，但也造成了一定程度的环境破坏（Wu et al.，2020）。解决环境问题是实现经济可持续发展的关键，因为环境问题是 21 世纪世界面临的最严重的挑战之一，威胁着健康、福利和生存（Greenstone and Hanna，2014）。中国是世界上最大的发展中国家之一，正面临着在保护环境的同时实现经济繁荣的压力。鉴于这种情况的加剧，中国政府提出企业的发展应适应当前环境污染程度的严重性。此外，中国政府采取了相关的环境监管政策和保护措施，实施约束和监督机制。例如，中国在 2007 年提出了绿色信贷政策，并在 2012 年对该政策进行了完善，出台了《绿色信贷指引》。此外，政府在 2014 年制定了新的环境法，该政策于 2015 年 1 月 1 日正式生效。环境政策的不断出台表明了国家对环境和环境法规的重视。伴随着环境法规的日益规范和严格，许多企业由于违反法规而处于政府的监管之下（Fan et al.，2021；Zhu et al.，2022）。因此，研究环境法规对企业的影响已成为一种趋势。

该领域的学者对环境法规与企业行为之间的关系进行了研究（Du et al.，2021；Zhou and Du，2021）。一些研究发现，政府的环境法规首先影响企业的环境意识和污染行为（Heflin et al.，2003；Leiter et al.，2011；Chen et al.，2021），其次是企业的区位选择（Wang et al.，2019）、创新（Ambec et al.，2020；Chen et al.，2021；Du et al.，2021）、绩效（Yang et al.，2020；Wang et al.，2021），以及当地资本的流出然后是企业发展（Fan et al.，2021）。此外，环境监管政策的出台无疑会增加企业的环境风险，从而可能增加企业的信贷风险（Raimo et al.，2021）。随着金融环境监管政策的不断出台，越来越多的学者开始关注环境监管对企业融资的影响。债务融资是企业必不可少的外部资本来源（Denis and Mihov，2003），对企业的发展、竞争力和生存至关重要（López-Delgado and Diéguez-Soto，2020）。一些研究发现，环境法规对企业融资的影响主要是在信贷分配效率上（Streimikiene et al.，2009；Wen et al.，2021）。其他研究则关注在绿色信贷环境政策下，不同污染强度水平的企业所面临的融资约束的变化。例如，Fan 等（2021）

研究了绿色信贷法规对企业贷款条件的影响，认为绿色信贷政策将导致不合规企业的贷款利率上升。在这种情况下，本文提出以下问题。企业融资规模将如何变化，是否会出现大幅下降？从长远来看，企业的融资规模是否会增长？企业的融资结构将如何变化，是否会从债务融资转向资本融资？企业是否会减少对外部融资的依赖而转向内部融资？这些融资后果值得深入讨论。尽管这一领域的研究激增，但关于环境法规对企业融资影响的深入研究仍然相对有限。具体来说，关于连续环境监管政策带来的整体压力对企业融资成本和融资规模影响的研究非常少。

在环境规制规范领域，以往的研究通常采用公众关注（Zhang et al.，2018）、政策颁布（Wen et al.，2021）和企业环境信息披露（Jiang et al.，2020）的方法。在各类环境法规中，环境监测和执法是其他环境政策的先决条件，因为大多数环境政策的有效实施可以通过其威慑力来保证。此外，威慑效果取决于理性企业考虑违法或守法的成本和收益的测量。其逻辑是，企业预测非法行为的可能成本和收益。如果成本大于收益，那么企业会选择守法，避免监管部门的违法处罚。与以往使用威慑性政策的研究相比，本文使用了更能反映环境法规影响的指标，因为这些指标是强制性的（Luo et al.，2019）。自 1998 年以来，中国的环境行政处罚数量呈现出整体上升的趋势。北京大学法律数据库报告称，2020 年查处的环境违法案件近 47 151 件。北京大学法律数据库是一个智能的一站式法律信息检索平台，是中国最发达、最专业的综合法律信息检索系统（Chen et al.，2021）。因此，本文从环境处罚的角度来衡量政府的环境监管政策，探讨其对企业债务融资行为的影响。

一项相关研究（Fan et al.，2021）利用中国 2012 年发布的《绿色信贷指引》进行了一个准自然实验。作者根据企业的环境违法记录将其分为两类，将有环境违法记录的企业设为处理组，无环境违法记录的企业设为控制组，并采用 DID 模型来考察环境法规对企业贷款成本的影响。然而，在现实中，很少有企业提供环境违法记录的信息（在 CSMAR 数据库中，只有 0.468% 的企业披露了环境违法记录），并且愿意披露具体的违法案件信息。因此，此类研究存在样本不足的问题。因此，本文使用区域层面的环境处罚数量作为环境监管压力的指标。与 Fan 等（2021）的虚拟变量设置相比，本文明确考察了环境处罚强度对企业债务融资的影响。Xu 和 Li（2020）利用中国有企业探讨了绿色信贷法规和发展对融资成本的不对称影响。他们发现，环境政策降低了绿色企业的债务融资成本，但增加了高污染和高排放企业的债务融资成本。遗憾的是，他们只对不同地区的经济发展程度进行了异质性分析，没有讨论来自其他层面的异质性影响。He 等（2019）证实了金融发展的影响，认为金融发展可以缓解企业融资限制，影响企业融资。此外，他们没有提供关于金融发展的客观贡献的证据。因此，环境法规对企业债务融资的影响是一个值得探索的话题。

本文以中国的广东省为研究对象,有以下几个原因。首先,华南地区是国内贷款需求较大、需求连续性较好的地区。此外,根据中国人民银行发布的 2020 年前三季度区域社会融资规模增量数据,广东、江苏、浙江三省的社会融资规模增量位居各省市前列,是中国最重要的设备和器械生产地区。此外,这三个省的国内企业密度也是全国最高的。具体而言,2020 年前三季度,广东社会融资规模增量为 542 亿美元。此外,广东的融资总规模在全国排名第二。广东有深圳证券交易所,研究表明,证券交易所所在城市的投资者更愿意投资于在证券交易所上市的企业(Liao et al.,2012)。因此,研究广东省的环境监管压力与企业债务融资之间的关系将具有参考意义。其次,广东省是中国最发达的省份之一(Yao and Zang,2021)。近年来,通过"一带一路"倡议,广东省与香港特别行政区、澳门特别行政区合作,打造世界级的产业集群和经济湾区。此外,作为粤港澳大湾区的重要组成部分,广东省计划在未来发展成为一流的湾区和宏伟的城市群(Xu et al.,2021;Zhou et al.,2021)。在此背景下,广东省的环境保护就显得十分重要。广东省是低碳试点省份之一,也是碳配额的试点地区(Luo et al.,2021)。因此,研究广东省的经济和环境保护之间的联系是必要的。

本文的意义主要体现在以下几个方面。首先,本文可以填补文献中的空白。以往的研究考察了特定环境政策与债务融资之间的关系,而本文的研究则是在各种环境监管政策的综合影响下考察这种关系。其次,随着严格的环境法规和政策的实施,银行和其他金融机构逐渐将"绿色"评估纳入其贷款评估中,这将不可避免地影响企业的债务融资,增加企业当前和未来现金流的不确定性。因此,研究环境监管压力对企业债务融资的影响是必要的。最后,本文的研究可以为政府新的环境保护政策的制定和实施提供理论依据,也可以为银行和其他金融机构的贷款决策提供参考,为企业的环境保护决策提供有见地的参考和建议。

本文使用城市层面的指标 Vio_number 来表示当地的环境监管压力,该指标是 2010～2018 年各城市的累计处罚次数,数据来自"开放广东"数据库。在传统意义上,环境监管通常是指一项或一系列的环境法规。然而,本文以环境处罚来衡量环境监管压力,环境处罚是指企业因违反环境法规而受到的处罚。因此,本文中的环境监管压力与一般的环境监管概念的区别在于,前者不是具体的监管政策,而是涉及对不符合环境要求的企业执行监管政策(要求采取纠正措施或罚款)。后续研究还使用了环境处罚的金额和媒体报道来衡量环境监管压力。此外,本文主要用银行贷款来表示企业的债务融资,这是企业的主要外部融资来源(Fard et al.,2020)。本文从 CSMAR 数据库中获得企业层面的债务融资数据,该数据库是经济和金融领域使用的精确研究型数据库。通过分析,获得了包括 2010～2018 年的 2359 个观测值的面板数据。

为了验证结果，本文进行了一系列稳健性检验，并使用了其他环境监管压力指标，即环境处罚金额和媒体报道。本文还排除了同期环境监管政策的干扰，并补充了遗漏变量和工具变量以解决潜在的内生性问题。进行检验后，本文发现之前的结果仍然稳健。为了进一步检验环境监管压力对企业债务融资的影响是否具有异质性或典型性，本文从所有权、污染强度、企业规模、财务约束、固定资产比例等方面考察其异质性。

为了探讨环境监管压力如何减少企业的债务融资，本文从企业和债务出资人的环境意识角度分析其机制。首先，环境监管会影响企业的社会责任意识，提高企业的环境保护意识（Caragnano et al.，2020）。Sun 和 Cui（2014）的研究表明，企业社会责任可以通过四种方式为企业带来现金流。政府通过环境法规或知名机构的环境评级进行干预，可以刺激企业承担企业社会责任（Chatterji and Toffel，2010）。因此，本文认为企业社会责任是环境监管压力和企业债务融资之间联系的可能机制。此外，许多关于银行商业模式的研究关注环境和社会问题，银行在决策过程中对企业社会责任问题的关注，特别是对贷款决策的关注，是由来自不同利益相关者的压力推动的（Houston and Shan，2022）。自 2012 年政府出台绿色信贷政策以来，银行在决定是否和如何向企业发放贷款时，都会考虑企业的环境风险（Fan et al.，2021）。作为社会上最重要的贷款人和市场经济的参与者，银行逐渐重视其环境责任，关注投资者的环境表现，改变基金贷款。从这个角度看，环境罚款高的地区意味着该地区企业的环境风险高，使得银行不愿意放贷，从而导致该地区贷款余额增长缓慢。因此，企业获得的债务融资减少。理解环境法规如何影响贷款人的关键是认识到严格的法规提高了企业的环境责任（Fard et al.，2020）。

本文研究在几个方面具有创新性。首先，本文从环境监管压力的角度对环境监管的财务影响做出了贡献。本文采用环境处罚作为衡量标准，并提供了环境压力的债务融资效应的证据。具体来说，本文从"开放广东"网站（https：//gddata.gd.gov.cn）手动收集环境处罚信息。本文是第一个使用环境处罚次数来衡量环境监管压力，并探讨环境监管对企业融资的影响的研究。尽管 Zhu 等（2022）使用了与环境罚款有关的类似变量作为解释变量，但他们使用的是环境罚款总额，本文认为该指标与地方经济水平密切相关，作为解释变量不够严谨。然而，本文在稳健性检验中采用环境罚款总额作为替代解释变量后，研究结果仍然是稳健的，从而说明本文的改变是合理的，有意义的。其次，与其他研究相比（Zhang et al.，2021），本文不仅考察了环境罚款对债务融资的直接影响，还从企业和债务出资人的环境意识角度考察了可能的机制。本文还发现了企业异质性在债务融资约束对环境惩罚的影响中的作用。最后，与以往聚焦于中国整体的研究相比（Zhang et al.，2021），本文以广东省为研究对象，为环境监管压力的财务影响提供微观证据。

本文的其余部分组织如下。第二部分为数据和研究方法，介绍了变量规范、数据来源和实证设计。第三部分为实证结果，介绍和讨论了实证结果。第四部分为讨论，讨论了异质性和机制。第五部分为结论，给出了结论和政策含义。

二、数据和研究方法

1. 研究样本

广东省位于中国最南端，面积为 17.98 万平方公里，占全国土地总面积的 1.87%。截至 2022 年 10 月，广东省由 21 个地级市组成，按行政区划可分为 4 个地区，即珠三角、粤西、粤北和粤东。广东是中国最发达的地区之一，也是最开放和经济实力最强的地区之一。2020 年，广东的地区生产总值达到 1740 亿美元，与 2019 年的数字相比，增长了 2.3%。此外，广东省也是粤港澳大湾区的重要成员和区域发展的核心引擎。目前，粤港澳大湾区正着力打造创新能力突出、产业结构优化、要素流动顺畅、生态环境优美的世界级湾区和城市群框架。因此，研究广东省经济与环境之间的关系具有重要意义。

基于多重筛选过程，本文从 CSMAR 数据库中收集了大部分财务数据，该数据库由中国上市企业的财务和经济信息组成，在中国企业研究中被广泛使用（Luo et al.，2019；Wang et al.，2021）。本文选择广东省的上市企业作为研究对象。考虑到数据的可得性，本文的样本期为 2010～2018 年。为了尽量减少离群值的影响，本文对所有连续变量进行了缩尾处理。本文的最终样本包括来自 64 个行业的 430 个独立企业。根据环境保护部 2010 年发布的《上市公司环境信息披露指南》中的行业分类标准，样本中属于重污染行业[①]的企业占总数的 79.9%，而属于非重污染行业的企业占 20.1%。

2. 企业债务融资

本文研究的主要对象是 2010 年至 2018 年广东省上市企业的债务融资规模。由于企业的债务融资规模可能与企业的规模有关，大型企业往往借入相当大的金额。效仿 Fard 等（2020）的研究，本文用债务融资额与总资产的比率（记为 Scale）来评估企业的债务融资。在随后的稳健性检验中，本文采用企业债务融资规模的对数作为替代解释变量。此外，根据 Xu 等（2021）的研究，本文排除了金融业[②]、

---

① 污染行业包括火电、钢铁、水泥、电解铝、煤炭、冶金、化工、石化、建材、造纸、酿造、制药、发酵、纺织、皮革、采矿等 16 个行业。非重污染行业是指重污染行业以外的行业。

② 金融业的定义主要依据国家统计局 2017 年修订的《国民经济行业分类》，包括货币金融服务业、非货币银行服务业、资本市场服务业、证券市场服务业、期货市场服务业、保险、人寿保险、保险监管服务业等金融行业。

*ST 和 ST 企业以及数据缺失的样本。通过这个过程，本文得到了 2359 笔银行贷款数据。

3. 环境监管压力

借鉴 Gong 等（2021）的研究，本文使用对当地企业的环境处罚总数作为环境监管压力的衡量标准，并从"开放广东"网站（https：//gddata.gd.gov.cn/）收集信息。该网站由广东省政府办公厅运营，提供了 2010～2018 年广东省的执法概况，该网站还旨在准确描述广东省在执行环境法方面的做法。现场检查是监督被监管企业的方法之一，为了确定实体企业的合规状况，政府会进行各种类型的检查。该网站提供了每年在广东每个城市进行检查的完整清单，本文将其作为计算监管压力的核心变量。"开放广东"网站还提供了对每个企业的行政处罚的详细信息。这些信息包括涉案单位名称和统一社会信用代码、违反的环境法规、被处罚情况、处罚金额、处罚日期等。有了广东省各市的环境行政处罚信息，本文计算出各市的环境处罚数量，得到广东省的城市级监管压力指标（Vio_number，每个城市每年累计罚款次数的对数）。此外，本文的研究是第一次使用地级市的环境处罚数量作为环境监管压力的衡量标准。本文的研究与以往的研究不同，如 Liu 等（2018），他们关注的是 2014 年新环保法的影响，将新环保法的实施作为政策变量，并采用 DID 方法进行分析研究。虽然本文是第一次使用这样的解释变量，但这样的设置并不是没有依据的，主要是借鉴了 Zhu 等（2022）的研究，他们用环境处罚的总金额和处罚类型来衡量环境执法自由裁量权。本文用处罚的总频率而不是罚款的总金额作为解释变量的指标。本文做出这一决定的原因是：第一，考虑自由裁量权是否能在一定程度上代表地方的环境执法水平，即本文中的环境监管压力。第二，环境处罚的金额也可能因地区经济发展程度的不同而有很大的差异。

在稳健性检验中，本文用环境处罚的总金额（Vio_penalty，每个城市每年累计罚款金额的对数）来衡量环境监管压力。罚款总额也能在一定程度上说明执法的严厉程度。多年来各城市环境罚款总额呈现出整体上升的趋势，表明环境监管压力趋于增大。在特定年份中，罚款高、处罚多的地区的企业比罚款低、处罚少的地区的企业面临更大的监管压力（Fan et al.，2021）。继 Luo 等（2019）之后，本文还使用了关于上市企业的媒体报道（Media，关于环境的新闻总数的对数）和负面媒体报道（Neg_media，关于环境的负面新闻总数的对数）作为本文对非正式环境监管压力的衡量。本文从中国研究数据服务平台（Chinese Research Data Services Platform，CNRDS）获得此类报道的数据，该平台是一个高质量、开放、详尽的中国经济、金融和商业研究数据平台。

4. 其他变量

本文考虑将一些企业的具体特征作为贷款规模的决定因素（Santos and Winton，2019），如年龄（Age，上市年限的对数）和规模（Size，年末总销售额的对数）。这两个变量应该与贷款规模正相关，因为老牌大型企业通常是成熟和多样化的，往往被认为不太容易变化（Chang et al.，2021）。在本文中，我们使用上市年限的对数来代表年龄。对规模的控制也是很重要的。一方面，大型企业在获得外部融资方面困难较少，信息不对称问题也较少。因此，它们很可能拥有大规模的银行贷款。另一方面，大型企业因其规模而面临较低的诉讼和声誉风险，这可能使其更容易从银行筹集到资金。此外，本文使用政治关系（political connection，PC）作为控制变量，因为政治关系可能促使企业更容易获得债务融资，预计会对贷款规模产生有利影响（Boubakri et al.，2012）。根据 Fard 等（2020）的研究，有形资产在违约情况下为债权人的财富提供更好的保护，因此对贷款规模有积极影响。本文引入有形资产的比例（Tang）作为一个控制变量。与私营企业相比，国有企业的融资约束较小，在环境成本增加的情况下，国有企业更有能力继续生产（Yao et al.，2021）。因此，本文增加了企业的产权性质变量（SOE）。参照 Gong 等（2021），本文还选择了几个城市层面的变量，如 Growth、Bal 和 Sec。Growth 指的是地级市的地区生产总值增长率，用来衡量该地区的经济发展水平。Bal 指的是当地银行的信贷余额。Sec 指的是该地区第二产业增加值的比例。

按照 Hering 和 Poncet（2014）的做法，本文还采用了通风系数（Ventilation）作为工具变量，以保证稳健性。通风系数被定义为风速和混合高度的乘积。由于通风系数受大尺度天气系统的影响，它可以被视为当地经济活动的外生因素，因此是处理内生性问题的有效方法。理论上，空气流通系数低的城市有严格的环境法规（Broner et al.，2012）。同时，由于广东省的空气污染可能并不严重，每个城市的空气流通系数可能都比较理想，因此本文使用每个城市的降水量（Precipitation）作为工具变量来检验结果的稳健性。此外，本文使用地级市金融机构的贷款余额增长速度（Loan_g）和企业的环境意识（CSR）来进行机制分析（Foos et al.，2010；Feng et al.，2015）。为了进一步证明本文的结论，本文在稳健性分析中加入了变量 Shrcr1（第一大股东的持股比例）、ROA（资产回报率）和 Tobinq（资产的市场价值与重置价值的比率）。本文还将环境监管政策引入模型，以处理同期政策的影响。具体来说，HERE 是一个虚拟变量，如果企业是政府规定的强制性环境污染责任保险的试点企业，其值为 1，否则为 0。所有变量的定义见表 1。

表1 变量定义

变量	定义	数据来源	单位
Scale	债务融资额/（公司总资产×100）	CSMAR	%
Vio_number	每个城市每年累计罚款次数的对数	https://gddata.gd.gov.cn	
Vio_penalty	每个城市每年累计罚款金额的对数	https://gddata.gd.gov.cn	
Media	关于环境的新闻总数的对数	CNRDS	
Neg_media	关于环境的负面新闻总数的对数	CNRDS	
SOE	产权性质虚拟变量，当企业为国有控股企业时，SOE 为 1，否则为 0	CSMAR	
Size	企业规模，年末总销售额的对数	CSMAR	
Age	企业年龄，上市年限的对数	CSMAR	
Tang	有形资产比例，年末固定资产净值/账面资产总额	CSMAR	%
PC	政治关系，如果上市企业的高管有在政府及相关部门工作的经历，则 PC 为 1，否则为 0	CSMAR	
SA	$-0.737 \times \ln（资产）+ 0.043 \times \ln（资产）2 - 0.040 \times 年龄$	CSMAR	
Growth	地区生产总值增长率	中国城市统计年鉴	%
Sec	第二产业增加值比例	中国城市统计年鉴	%
Bal	年末地市级城市金融机构存款/贷款余额	城市统计数据库	%
Shrcr1	第一大股东的持股比例	CSMAR	%
Tobinq	资产的市场价值与其重置价值的比率	CSMAR	%
HERE	虚拟变量。如果企业属于政府规定的环境污染责任强制保险的试点企业范围，则为 1，否则为 0	https://www.mee.gov.cn	
Ventilation	风速与混合高度的乘积	ERA-Interim	
Precipitation	各城市年降水量数据	国家气象科学数据共享服务平台	mm
CSR	企业的环境意识，它包括五个方面：股东责任、员工责任、供应商、客户和消费者责任、环境责任和社会责任。总分为 5 项指标的加权总和，最高为 100	Hexun.com	分
Loan_g	地级市金融机构的贷款余额增长速度	城市统计数据库	%
Subsidy	上市企业政府补贴/100 000 000	上市企业年报数据	10 亿元
CF	企业经营活动产生的现金流净额/ 100 000 000	CSMAR	10 亿元

5. 实证设计

为了考察环境监管压力对银行贷款规模的影响，本文在以往研究的基础上采用以下回归模型作为基准模型（Fard et al.，2020）。

$$Scale_{i,t} = \alpha_i + \beta_i Vio\_number_{c,t} + \gamma_i Controls + Ind + Year + \varepsilon_{i,t} \tag{1}$$

其中，$Scale_{i,t}$ 表示指企业 i 在时间 t 的债务融资规模，即债务融资额/（企业总资产×100）。解释变量 $Vio\_number_{c,t}$ 衡量的是某企业在 t 时刻被 c 市环境监管部门罚款的次数。此外，Controls 代表企业层面的控制变量，即产权性质（SOE）、企业规模（Size）、企业年龄（Age）、政治关系（PC）和有形资产比例（Tang）。本文还包括了城市层面的控制变量，即城市的地区生产总值增长率（Growth），城市第二产业增加值比例（Sec），以及年末地市级城市金融机构存款/贷款余额（Bal）。所有的控制变量均为财政年度末衡量计算得到，时间固定效应也可能对贷款规模产生影响，一些未观察到的因素可能对企业在特定时间的贷款规模有系统的影响。为了解决这个问题，本文用一个年份虚拟变量（Year）来估计模型。本文还在模型中加入一个行业虚拟变量（Industry）。最后，本文在城市层面对所有模型进行聚类标准误估计。图 1 显示了重污染行业和非重污染行业的平均年贷款量。在该图中，本文可以看到，重污染行业的年平均贷款规模一直低于非重污染行业。这一发现表明，债务融资规模可能受到重污染企业性质的影响。此外，本文观察到，尽管环境监管压力增加，但近年来重污染企业的债务融资仍在上升。之所以观察到这种结果，也许是因为环境监管压力迫使重污染企业立即减少排放，实施绿色创新。这类项目需要大笔资金的支持，因此融资需求增加，债务融资规模呈现出整体上升的趋势。

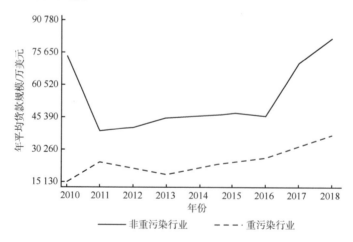

图 1　重污染行业与非重污染行业的贷款规模

三、实 证 结 果

1. 描述性统计分析

表 2 显示了相关变量的描述性统计分析。样本中债务融资的平均规模为 16.511。最小值为 0.002，最大值为 388.608。本文观察到样本企业之间的债务融资规模存在较大差异。解释变量的平均值为 6.182，最大值和最小值分别为 8.356 和 0。因此，不同城市的环境监管压力存在明显差异。对于控制变量，Tang 的平均值为 18.605，标准差为 15.171，说明存在较大波动。Size 的平均值为 22.189，标准差为 1.343，而 Age 的平均值为 2.824。此外，SOE 的平均值为 0.251，这意味着样本中大约 25%的企业是国有企业。

表 2　描述性统计

变量	样本量	平均值	标准差	最小值	最大值
Scale	2 359	16.511	15.202	0.002	388.608
Vio_number	2 359	6.182	1.530	0	8.356
Growth	1 980	9.834	8.872	2.400	109
Sec	1 980	43.751	7.858	27.270	63.620
SOE	2 359	0.251	0.434	0	1
Size	2 359	22.189	1.343	19.081	29.597
Age	2 359	2.824	0.404	1.447	3.964
PC	2 359	0.720	0.449	0	1
Bal	2 359	18.663	1.270	15.090	19.995
Tang	2 359	18.605	15.171	0.016	83.154
Shrcr1	2 359	33.863	14.861	0.286	81.851
ROA	2 359	3.310	12.749	−494.645	38.403
Tobinq	2 359	2.093	1.560	0.745	27.338
HERE	2 359	0.032	0.177	0	1
Polluted	2 359	0.032	0.177	0	1
Ventilation	2 359	1 606.077	216.533	1 072.984	2 221.055
Precipitation	2 359	18 307.55	3 041.218	10 477.83	26 031.82
Media	2 359	3.342	1.434	0.000	8.974
Neg_media	2 160	1.917	1.384	0.000	7.708
Vio_penalty	2 359	7.929	1.799	−1.204	11.019

变量	样本量	平均值	标准差	最小值	最大值
Loan_g	1 863	15.114	8.596	0.129	56.295
CSR	2 359	25.058	17.191	−18.450	90.010
Subsidy	1 691	0.236	1.510	0.000	28.840
CF	2 359	7.075	67.414	−1040	2060

2. 基准结果

本文分析了环境监管压力对企业融资规模的主要影响。监管压力对企业的融资规模存在负的影响。在控制了城市、年份和行业层面的因素后，本文对贷款规模进行了回归（表 3）。在第（1）列和第（2）列中，估计系数明显为负，这表明区域环境罚款对广东省上市企业的债务融资规模有明显的负面影响。银行对面临严厉环保要求的企业收取高额利息，并调整其他贷款合同特征（Fard et al.，2020）。

表 3　基准回归结果

变量	（1）	（2）	（3）
	Scale	Scale	Scale
Vio_number	−0.721*	−1.116***	
	（0.340）	（0.292）	
Vio_number$_{-1}$			−0.945***
			（0.271）
Growth		0.032**	0.036***
		（0.011）	（0.012）
Sec		0.063	0.069
		（0.060）	（0.058）
SOE		−2.166	−2.475*
		（1.500）	（1.338）
Size		1.518***	1.099***
		（0.221）	（0.215）
Age		3.658***	3.257***
		（0.885）	（0.867）
PC		0.316	0.368
		（0.831）	（0.964）

变量	（1）	（2）	（3）
	Scale	Scale	Scale
Bal		1.197***	1.129***
		(0.336)	(0.364)
Tang		0.164***	0.133**
		(0.042)	(0.051)
常数项	15.504***	−54.184***	−40.778***
	(1.296)	(12.743)	(12.209)
年份固定效应	是	是	是
行业固定效应	是	是	是
样本量	2359	1980	1556
R^2	0.192	0.221	0.205

注：①本表的稳健标准误差聚类到城市一级，并报告在括号中。②因变量是贷款规模，即债务融资额/（企业总资产×100）。表 1 提供了所有控制变量的定义。③样本期为 2010～2018 年。本表在 1%的水平上对所有连续变量进行缩尾处理

***、**和*分别代表 1%、5%和 10%的显著性水平

表 3 第（1）列显示，环境监管压力（Vio_number）的系数显著且为负。这一发现表明，当地生态环境局的处罚对当地企业的债务融资显著为负（−0.721）。当控制了控制变量后，本文观察到环境监管压力（Vio_number）的系数在 1%的水平上是显著为负的，如表 3 第（2）列所示。具体来说，监管压力的增加预计会使债务融资规模减少 111.6%，这大约是样本平均值的 6.75%。第（2）列中 Size 和 Age 的系数在 1%的水平上显著为正，表明大型企业和老牌企业的债务融资规模较大。这一发现与假设相吻合，因为大型企业和老牌企业有相当大的增长潜力。在第（2）列中，Tang 的估计系数在 1%的水平上为正。这一结果表明，有形资产比例高的企业有较大的债务融资规模，这是因为国内银行对抵押贷款的重视程度高于其他类型的贷款。

3. 稳健性检验

为了结果的稳健性，本文进行了各种检验。按照 Fan 等（2021）的做法，本文验证了当使用因变量的多种测量方法时，其影响仍然稳健。当本文使用环境罚款金额、关于环境的新闻报道总数或关于环境的负面新闻报道数量，而不是环境处罚的次数时，研究结果保持不变。本文进一步验证，当使用企业融资规模的对数，也就是使用被解释变量的替代措施时，结果在质量上仍然不受影响。关于基

准规范的另一个问题是，交互项可能会捕捉到随时间变化的行业效应。为了克服这个问题，本文在基准规范中加入了行业和年份固定效应。基本结果不受影响。如上所述，本文对解释变量进行了滞后处理，令人欣慰的是，进行滞后一年的处理之后，仍得到了类似的定性结果。

（1）滞后效应。为了评估前面估计结果的稳健性，本文进行了额外的稳健性分析。首先，按照 Fard 等（2020）的做法，本文用上一期的环境罚款数值（$Vio\_number_{i,(t-1)}$）代替本期的相应数据，以确定环境罚款的影响与广东省上市企业的债务融资规模之间是否存在滞后。广东省上市企业的债务融资规模仍为现值，滞后回归模型如式（2）所示。

$$Scale_{i,t} = \alpha_1 + \beta_1 Vio\_number_{i,(t-1)} + \gamma_1 Controls_{i,t} + Ind + Year + \varepsilon_{i,t} \qquad (2)$$

表 3 的第（3）列显示了实证结果。可以看到，Vio_number_{-1} 的系数为–0.945，显著为负，与之前的基准结果一致。β_1 的绝对值小于基准回归的绝对值，可能是因为惩罚的威慑作用在当期很强。在随后的时期，威慑效果会随着时间的推移而减弱，所以对债务融资的影响也会减小。

（2）环境监管压力的替代指标。作为环境监管压力的替代变量，首先，本文使用广东省生态环境厅的环境处罚数量（Vio_number）。然后，根据 Gong 等（2021）的研究，本文构建了几个替代变量，如每个城市的环境罚款金额（Vio_penalty），关于环境的新闻报道总数（Media），或关于环境的负面新闻报道数量（Neg_media）。本文从"开放广东"网站（https://gddata.gd.gov.cn）上获得关于处罚金额的数据，从 CNRDS 获得媒体报道的信息。表 4 显示，所有代理变量的结果都与表 3 的结果一致，即环境监管压力与企业债务融资之间存在负相关关系。无论如何衡量区域环境监管压力，它对广东省上市企业的债务融资规模都有相当大的负向影响。这一结果意味着环境监管压力与债务融资规模之间的关系是显著为负的。此外，表 4 中的系数值与表 3 中的系数值方向相同。表明尽管本文使用了环境监管压力的替代指标，但基准结论仍然是稳健的。

表 4　采用环境监管压力的替代变量

变量	（1）	（2）	（3）	（4）
	Scale	Scale	Scale	Scale
Vio_number	−1.116***			
	(0.292)			
Media		−0.836**		
		(0.316)		

续表

变量	（1）	（2）	（3）	（4）
	Scale	Scale	Scale	Scale
Neg_media			−0.885**	
			(0.308)	
Vio_penalty				−0.747**
				(0.307)
Growth	0.032**	0.034**	0.046***	0.034***
	(0.011)	(0.012)	(0.015)	(0.011)
Sec	0.063	0.070	0.082	0.086
	(0.060)	(0.089)	(0.094)	(0.070)
SOE	−2.166	−2.172	−2.219	−2.111
	(1.500)	(1.562)	(1.346)	(1.515)
Size	1.518***	2.073***	2.078***	1.519***
	(0.221)	(0.331)	(0.286)	(0.219)
Age	3.658***	3.613***	3.767***	3.686***
	(0.885)	(0.914)	(0.947)	(0.893)
PC	0.316	0.333	0.479	0.354
	(0.831)	(0.842)	(0.826)	(0.835)
Bal	1.197***	0.573	0.653	1.133**
	(0.336)	(0.417)	(0.442)	(0.449)
Tang	0.164***	0.166***	0.170***	0.165***
	(0.042)	(0.043)	(0.040)	(0.042)
常数项	−54.184***	−53.251***	−57.074***	−53.513***
	(12.743)	(16.149)	(15.758)	(14.463)
年份固定效应	是	是	是	是
行业固定效应	是	是	是	是
样本量	1980	1980	1831	1980
R^2	0.221	0.221	0.227	0.220

注：①本表的稳健标准误聚类到城市一级，并报告在括号中。②因变量是贷款规模，即债务融资额/（企业总资产×100）。表 1 提供了所有控制变量的定义。③样本期为 2010～2018 年。本表在 1%的水平上对所有连续变量进行缩尾处理

***、**和*分别代表 1%、5%和 10%的显著性水平

（3）排除其他环境监管政策的干扰。仿效 Li 等（2016）的做法，本文对 2010

年至 2018 年出台的相关政策进行评估,发现以下政策与同期广东省的环境罚款有很强的关联性:《国务院办公厅关于推进海绵城市建设的指导意见》和《环境保护部 保监会关于开展环境污染强制责任保险试点工作的指导意见》。对于第一项政策,本文在基准模型中排除了被推为海绵城市试点的城市,只对未受海绵城市政策影响的城市进行回归。对于第二项政策,本文在基准模型中引入 HERE 变量,如果企业属于政府规定的强制环境污染责任保险的试点企业范围,该变量等于 1,否则等于 0。表 5 的第(1)列和第(2)列提供了两种处理政策的估计结果。结果在 5% 和 1% 的水平上仍然显著为负。检验结果与基准回归结果相似,再次表明环境监管压力降低了企业的债务融资规模。

表 5　其他环境管制政策

变量	(1)	(2)
	Scale	Scale
Vio_number	−0.911**	−1.108***
	(0.318)	(0.295)
Growth	0.025**	0.031**
	(0.010)	(0.012)
Sec	0.018	0.064
	(0.036)	(0.060)
SOE	−2.114	−2.206
	(1.765)	(1.466)
Size	2.194***	1.513***
	(0.480)	(0.222)
Age	3.292**	3.658***
	(1.333)	(0.884)
PC		0.351
		(0.830)
Bal	0.699	1.210***
	(1.035)	(0.343)
Tang	0.619**	0.164***
	(0.261)	(0.042)
HERE		2.378
		(3.083)

续表

变量	(1)	(2)
	Scale	Scale
常数项	−56.372***	−54.305***
	(12.680)	(12.756)
年份固定效应	是	是
行业固定效应	是	是
样本量	1582	1980
R^2	0.306	0.221

注：①本表的稳健标准误聚类到城市一级，并报告在括号中。②因变量是贷款规模，即债务融资额/（企业总资产×100）。表 1 提供了所有控制变量的定义。③样本期为 2010～2018 年。本表在 1%的水平上对所有连续变量进行缩尾处理

***、**和*分别代表 1%、5%和 10%的显著性水平

（4）其他混杂因素。在基本回归分析中，控制时间和行业固定效应不足以控制正式政策或其他影响企业的因素。考虑到这种情况，本文效仿 Wang（2013）对中国开发区经济效应的研究，在基准模型中对地区、年份和行业固定效应进行综合处理。表 6 显示了结果。具体来说，根据广东省的行政区划，本文将广东省划分为珠江三角洲、粤东、粤西和粤北。控制固定效应的好处是，本文用来识别关键解释变量系数的变化是在同一地区不同地级市之间的同一年度内，或在同一行业的同一年度内，或在同一行业的同一地区内。本文在这个过程中确定的系数比不控制这组固定效应的系数更准确。表 6 的第（1）列显示了加入地区固定效应后的结果。Vio_number 这个主要解释变量的系数是−0.934，显著为负，几乎没有变化。第（2）列显示了年份和行业固定效应的交乘项。可以看到系数 β_1 仍然是显著为负。第（3）列显示了对地区和年份固定效应进行交乘后的结果。系数 β_1 仍然是负的。第（4）列显示，在对地区和行业固定效应进行交乘后，回归结果与基准回归的结果保持一致。综上所述，在考虑了其他固定效应水平后，环境监管压力对企业债务融资的影响仍然显著。

表 6　其他混杂因素的干扰

变量	(1)	(2)	(3)	(4)
	Scale	Scale	Scale	Scale
Vio_number	−0.934***	−1.143***	−0.974***	−1.085***
	(0.267)	(0.312)	(0.266)	(0.262)
Growth	0.027***	0.023	0.082	0.033**
	(0.009)	(0.017)	(0.053)	(0.013)

续表

变量	（1）	（2）	（3）	（4）
	Scale	Scale	Scale	Scale
Sec	0.106	0.100*	0.100	0.098
	（0.061）	（0.051）	（0.059）	（0.057）
SOE	−2.054	−2.005	−2.077	−2.434
	（1.472）	（1.427）	（1.489）	（1.546）
Size	1.513***	1.540***	1.505***	1.516***
	（0.219）	（0.253）	（0.220）	（0.227）
Age	3.623***	3.757***	3.636***	3.772***
	（0.898）	（0.944）	（0.897）	（0.875）
PC	0.304	0.270	0.241	0.315
	（0.837）	（1.061）	（0.848）	（0.882）
Bal	1.677***	1.995***	1.661***	1.681***
	（0.370）	（0.366）	（0.357）	（0.371）
Tang	0.167***	0.174***	0.165***	0.175***
	（0.043）	（0.054）	（0.043）	（0.044）
常数项	−62.194***	−48.196**	−59.655***	−60.820***
	（13.718）	（19.589）	（15.116）	（14.082）
地区固定效应	是	是		
行业固定效应	是		是	
年份固定效应	是			是
年份行业联合固定效应		是		
年份地区联合固定效应			是	
地区行业联合固定效应				是
样本量	1980	1980	1980	1980
R^2	0.223	0.289	0.225	0.235

注：①本表的稳健标准误聚类到城市一级，并报告在括号中。②因变量是贷款规模，即债务融资额/（企业总资产×100）。表 1 提供了所有控制变量的定义。③样本期为 2010～2018 年。本表在 1%的水平上对所有连续变量进行缩尾处理

***、**和*分别代表 1%、5%和 10%的显著性水平

（5）内生性检验。遗漏变量和同期性会造成内生性的问题（Wooldridge，2010）。本文通过减少内生性干扰以解决内生性问题。

首先，为了解决内生性问题，本文采用了工具变量法。本文假设重度污染的城市会执行严格的环境法规。在空气污染的标准箱体模型中，通风系数被认为是空气污染物扩散速度的决定因素（Jacobson，2002）。本文使用风速和混合高度的乘积来计算这个系数。前者决定了污染的水平扩散，而后者决定了污染物在大气中的垂直分布。通风系数大的地方比相同排放水平的地方的空气污染物浓度要小。由于通风系数取决于大规模的天气系统，它可以被视为当地经济活动的外生因素。本文遵循 Broner 等（2012）的观点，他们用通风系数来代表环境政策。数据来自欧洲中期天气预报中心。其中的 ERA-Interim 数据提供了全球 75°×75° 单元（约 83 平方公里）网格的 10 米高度和混合高度的风速。在这项研究中，首先计算每个网格在相应年份的通风量。然后根据经纬度信息将每个网格与样本中的城市相匹配，得到每个城市每年的通风系数。

此外，由于广东省的空气污染相对较轻，本文将降水量作为环境监管压力的另一个工具变量。本文使用 2SLS 来估计工具变量。表 7 显示了第一阶段的估计结果。表 7 的下半部分列出了弱工具变量检验，这相当于对第一步回归中遗漏的工具变量进行 F 检验。

表 7　内生性检验：IV

变量	(1)	(2)	(3)	(4)
	Vio_number	Scale	Vio_number	Scale
Ventilation	−0.002***			
	(0.000)			
Precipitation			0.000***	
			(0.000)	
Vio_number		−1.993***		−4.246***
		(0.606)		(1.485)
Growth	0.003***	0.028	−0.002	0.017
	(0.001)	(0.024)	(0.001)	(0.026)
Sec	0.018***	0.058	0.000	0.047
	(0.003)	(0.049)	(0.004)	(0.050)
SOE	−0.095**	−2.211***	−0.071	−2.316***
	(0.042)	(0.844)	(0.052)	(0.856)
Size	−0.013	1.506**	−0.014	1.511**
	(0.013)	(0.662)	(0.017)	(0.667)

续表

变量	(1)	(2)	(3)	(4)
	Scale	Scale	Scale	Scale
Age	0.015	3.710***	0.034	3.839***
	(0.047)	(0.798)	(0.055)	(0.804)
PC	0.041	0.349	0.056	0.439
	(0.059)	(0.766)	(0.067)	(0.798)
Bal	0.673***	1.711***	0.565***	3.039***
	(0.027)	(0.515)	(0.026)	(0.960)
Tang	−0.004***	0.164***	−0.001	0.162***
	(0.002)	(0.023)	(0.002)	(0.024)
常数项	−8.045***	−61.893***		−82.567***
	(0.689)	(12.690)		(17.962)
年份固定效应	是	是	是	是
行业固定效应	是	是	是	是
样本量	1980	1980	1980	1980
R^2	0.836	0.219	0.777	0.198
弱工具变量检验		619.900		41.660

注：①本表的稳健标准误聚类到城市一级，并报告在括号中。②因变量是贷款规模，即债务融资额/（企业总资产×100）。表 1 提供了所有控制变量的定义。③样本期为 2010~2018 年。本表在 1%的水平上对所有连续变量进行缩尾处理

***、**分别代表 1%、5%的显著性水平

第（1）列和第（3）列两个系数都在 1%的水平上显著，这与理论上的预期一致。两个 F 值都显著大于 10，从而表明本文对工具变量的选择是合理的，解决了"弱工具变量"的问题。表 7 的第（2）列和第（4）列是第二阶段的估计结果。Vio_number 的两个估计系数都是显著负的，这与前面的结果一致。这一发现表明，环境监管压力对企业的债务融资有很大的影响，即使在解决了内生性问题之后，这一结论仍然成立。

其次，本文考虑了企业层面的各种变量。与因变量和自变量相关的一些因素可能存在缺失。按照 Gong 等（2021）的做法，本文将 Shrcr1、Tobinq 和 ROA 逐一加入到公式（1）中，以检查结论的稳健性。表 8 列出了结果。第（1）列显示了加入 Shrcr1（第一大股东的持股比例）之后的模型回归结果，第（2）列提供了加入 Tobinq 之后的模型回归结果。此外，第（3）列给出了加入 ROA 后的模型回归结果，第（4）列是加入所有三个变量后的模型回归结果。结果表明，Vio_number 的系数在 1%的水平上是显著为负的。因此，加入上述变量对前面的研究结果没有影响，这再次证明了环境监管压力会对企业的债务融资规模产生不利影响。

表8 遗漏变量

变量	（1）	（2）	（3）	（4）
	Scale	Scale	Scale	Scale
Vio_number	−1.012***	−1.091***	−1.194***	−1.105***
	(0.267)	(0.287)	(0.264)	(0.244)
Growth	0.035***	0.032***	0.030***	0.033***
	(0.011)	(0.010)	(0.009)	(0.009)
Sec	0.057	0.069	0.020	0.020
	(0.070)	(0.057)	(0.044)	(0.050)
SOE	−1.884	−2.289	−1.887	−1.751
	(1.641)	(1.579)	(1.585)	(1.710)
Size	1.513***	1.858***	1.783***	1.930***
	(0.233)	(0.195)	(0.196)	(0.216)
Age	3.510***	3.549***	3.024***	2.887***
	(0.827)	(0.885)	(0.794)	(0.755)
PC	0.207	0.383	0.227	0.183
	(0.839)	(0.784)	(0.737)	(0.722)
Bal	1.285***	1.113***	1.065***	1.093***
	(0.342)	(0.332)	(0.277)	(0.279)
Tang	0.159***	0.162***	0.154***	0.150***
	(0.046)	(0.043)	(0.047)	(0.050)
Shrcr1	−0.114***			−0.081***
	(0.016)			(0.026)
Tobinq		0.686***		0.319***
		(0.166)		(0.077)
ROA			−0.349	−0.338
			(0.212)	(0.209)
常数项	−50.593***	−60.891***	−55.486***	−56.006***
	(14.934)	(11.661)	(11.228)	(13.080)
年份固定效应	是	是	是	是
行业固定效应	是	是	是	是

续表

变量	（1）	（2）	（3）	（4）
	Scale	Scale	Scale	Scale
样本量	1980	1980	1980	1980
R^2	0.230	0.224	0.302	0.307

注：①本表的稳健标准误聚类到城市一级，并报告在括号中。②因变量是贷款规模，即债务融资额／（企业总资产×100）。表1提供了所有控制变量的定义。③样本期为2010～2018年。本表在1%的水平上对所有连续变量进行缩尾处理
　　　***代表1%的显著性水平

四、讨　　论

1. 影响是否因企业规模而异？

由于小型和大型企业采用不同的制造技术，环境监管压力可能对它们产生不同的影响。Cole等（2005）使用英国的数据进行研究，发现污染强度与一个行业的平均企业规模有不利的联系。由于污染减排的规模经济，大型企业的边际减排成本可能低于小型企业（Dasgupta et al.，2001）。因此，大企业可能比小企业有更好的环境合规记录（Becker et al.，2013），使它们不容易受到环境监管压力的负面影响。为了探索企业规模的影响，按照Yao等（2021）的做法，如果一家企业的市场价值超过了样本的平均值，则将其归为大型企业；否则，将其归为小型企业。接下来，本文进行重复回归。

表9的第（1）列和第（2）列揭示了不同企业规模下环境罚款对企业融资的影响。小型企业的债务融资规模受到很大影响，估计系数在1%的水平上为–1.311。大型企业的债务融资规模的结果虽然为负但并不显著。实证研究结果显示环境监管压力的潜在影响机制随企业规模的变化而变化（Fan et al.，2021），也与本文之前的假设一致。这一结果表明，环境监管压力对企业的债务融资规模有负面影响。

2. 不同企业固定资产比例的影响是否不同？

企业的财务约束在资产结构特征的维度上表现出明显的差异（Chang et al.，2019）。在中国的经济实践中，由于风险控制，银行信贷相当重视抵押物（尤其是固定资产，如土地、厂房、机器设备）。与固定资产比例高的企业相比，固定资产比例低的企业通常缺乏抵押品，难以获得银行贷款支持（Almeida and Campello，2007）。

表9 异质性分析

变量	(1) 小型	(2) 大型	(3) 低固定资产比例	(4) 高固定资产比例	(5) 低融资约束	(6) 高融资约束	(7) 私有	(8) 国有	(9) 非重污染	(10) 重污染
Vio_number	-1.311***	-0.832**	-1.645***	-0.818*	-0.904**	-1.541***	-0.952**	-0.326	-0.991***	-1.895***
	(0.417)	(0.511)	(0.411)	(0.413)	(0.380)	(0.334)	(0.353)	(0.623)	(0.302)	(0.549)
Growth	0.024***	0.054	0.089***	0.018	0.004	0.079***	0.020**	0.009	0.038***	0.011
	(0.008)	(0.045)	(0.017)	(0.014)	(0.018)	(0.025)	(0.007)	(0.060)	(0.012)	(0.020)
Sec	0.094	-0.002	0.169*	0.011	0.034	0.052	0.022	0.013	0.112	-0.001
	(0.061)	(0.088)	(0.095)	(0.049)	(0.076)	(0.077)	(0.051)	(0.149)	(0.086)	(0.098)
SOE	-1.709	-2.908*	-1.867	-1.808	-2.754*	-1.154			-3.584	2.875
	(1.984)	(1.629)	(1.627)	(1.484)	(1.536)	(0.877)			(2.452)	(2.003)
Size	1.291	1.160***	0.985**	2.401***	0.498	3.063***	1.695***	0.066	1.571***	1.546***
	(1.075)	(0.308)	(0.326)	(0.371)	(0.340)	(0.627)	(0.319)	(0.663)	(0.311)	(0.369)
Age	2.196	5.021**	3.300	3.726	4.486	2.086	4.043*	7.811*	4.345***	2.198
	(2.151)	(2.164)	(2.107)	(2.267)	(4.010)	(3.561)	(2.055)	(3.871)	(1.051)	(1.495)
PC	0.066	-0.819	-0.750	1.273	0.322	1.192	-0.243	3.432*	0.095	1.294
	(1.098)	(0.779)	(0.753)	(1.621)	(0.659)	(1.389)	(0.850)	(1.623)	(0.957)	(1.487)
Bal	1.341**	0.965*	2.773***	0.501*	0.366	2.302***	0.940**	1.328	1.240**	1.020
	(0.467)	(0.504)	(0.760)	(0.257)	(0.559)	(0.565)	(0.415)	(0.842)	(0.549)	(0.686)
Tang	0.192***	0.112***	0.179	0.159***	0.231***	0.057	0.159***	0.159*	0.196***	0.036
	(0.032)	(0.032)	(0.122)	(0.040)	(0.025)	(0.075)	(0.020)	(0.078)	(0.045)	(0.091)

续表

变量	（1）小型	（2）大型	（3）低固定资产比例	（4）高固定资产比例	（5）低融资约束	（6）高融资约束	（7）私有	（8）国有	（9）非重污染	（10）重污染
常数项	−55.773*	−30.336*	−74.640***	−59.141***	−19.334	−105.878***	−49.135***	−52.659***	−61.502***	−57.679***
	（30.810）	（15.986）	（21.482）	（11.259）	（21.402）	（29.716）	（16.742）	（15.316）	（18.646）	（18.127）
年份固定效应	是	是	是	是	是	是	是	是	是	是
行业固定效应	是	是	是	是	是	是	是	是	是	是
样本量	1106	874	967	1013	1105	875	1464	516	1572	408
R^2	0.163	0.387	0.206	0.370	0.288	0.282	0.207	0.456	0.209	0.411

注：①本表的稳健标准差聚类到城市一级，并报告在括号中。②因变量是贷款规模，即债务融资额（企业总资产×100）。③样本期为2010～2018年。本表在1%的水平上对所有连续变量进行缩尾处理。

****、**和*分别代表1%、5%和10%的显著性水平

表 9 第（3）列和第（4）列揭示了环境监管压力对不同固定资产比例的企业融资的影响。对于低固定资产比例的企业，高环境监管压力对其债务融资有很大影响，在 1% 的水平上为–1.645。然而，高固定资产比例的企业的系数是–0.818。因此，这些企业受环境监管压力的影响要比固定资产比例低的企业小得多。本文的实证研究结果支持了之前的预期以及 Ayyagari 等（2010）的研究结果。

3. 效果是否因财务约束而不同？

Chang 等（2021）的研究表明，当企业具有较强的债务能力并有可能获得银行贷款时，企业在环境中的表现会更好。因此，本文预期，对于资金紧张的企业来说，高环境监管压力的负面后果更显著。

为了探讨企业融资约束异质性的影响，本文采用 Hadlock 和 Pierce（2010）构建的 SA 指数来衡量企业的财务约束水平。其计算公式如下。

$$SA = -0.737 \times \ln asset + 0.043 \times (\ln asset)^2 - 0.040 \times age \qquad (3)$$

其中，asset 表示总资产的账面价值（单位：百万元）；age 表示企业上市的年限。SA 指数的绝对值越大，意味着财务约束越大。按照 Fard 等（2020）的做法，本文用平均 SA 指数值来衡量财务约束，将样本分为高、低财务约束的企业。本文发现，财务紧张的企业推动了结果。在资金紧张的企业子样本中，在标 9 第（5）列和第（6）列中，Vio_number 系数在统计上为负值，表明环境监管压力对企业债务融资规模有负作用。然而，对于低融资约束的企业来说，这种影响非常小，而且两个系数之间的区别在经济上是显著的。造成这种结果的原因是，低融资约束企业对金融环境的变化不太敏感（Korajczyk and Levy，2003）。

4. 影响是否因所有权而异？

中国主要存在两种企业所有权类型，即国有企业和私有企业。此外，所有权预计会影响企业行为（Yao et al.，2021）。中国特有的国有企业的产权性质为识别企业的行为提供了一个有趣的环境。具体来说，国有企业负责确保社会稳定和促进就业（Matuszak and Kabaciński，2021）。因此，国有企业可能较容易获得由国有银行提供的外部融资。

为了研究环境罚款对具有不同所有权的企业是否有效，按照 Fan 等（2021）的做法，本文增加了一个虚拟变量国有企业（state-owned enterprise，SOE），如果企业是国有企业，则该变量值等于 1，否则等于 0。根据表 9 第（7）列和第（8）列的结果，在 5% 的水平上，私有企业的 Vio_number 的系数为–0.952，而国有企业的 Vio_number 的系数不显著。因此，本文认为环境监管压力对债务融资的影响在私有企业中比在国有企业中更有效。

5. 影响是否因企业污染强度而异?

重污染企业承担着环境监管的高成本,本文预计高环境监管压力会对它们获得银行贷款产生相当大的不利影响。产生这种预期的原因是,重污染企业容易受到公众的批评和环境诉讼。中国不同地区的金融发展水平和经济增长存在明显的差异。在金融生态较差的地区,商业银行的自由度较低,贷款质量管理较差,并存在较多的政府干预(Liu et al.,2019)。因此,在环保处罚频繁的地区,商业银行为降低经营风险,必然会减少对重污染企业的贷款,从而降低这类企业的融资能力。因此,本文实证研究了企业污染强度的重要性。

表 9 的第(9)列和第(10)列揭示了环境监管压力对重污染企业和非重污染企业债务融资的影响。对于重污染企业来说,随着本地区环境处罚数量的增加,对其融资规模的影响也在增加, Vio_number 系数在 1%的显著性水平上为−1.895。换言之,环境监管压力会明显抑制其融资行为。对于非重度污染企业, Vio_number 系数为−0.991;因此,它们受环境监管压力的影响相对较小,这与 Zhang 等(2021)的结论一致。

6. 机制分析

前文研究确定了区域环境处罚的数量会影响企业的债务融资,并且受到企业异质性的影响。在本节中主要探讨这种影响是如何实现的。由于数据的限制,无法探索所有的潜在机制。本节试图确定企业和债务出资人的环境意识的作用。效仿 Gong 等(2021)和 Foos 等(2010),这里采用 CSR 和 Loan_g 作为机制,并通过合理的实证设计来研究它们的潜在逻辑。结果为之前提出的理论分析提供了强有力的经验支持。

(1)企业的环境意识。本文认为,企业的环境意识有助于解释环境监管压力与企业债务融资之间的联系。为了检验这一机制,本文使用和讯网企业社会责任得分(CSR)来衡量企业对其企业社会责任的重视程度(Gong et al.,2021)。和讯网是一家为中国上市企业提供社会责任体系的专业评估机构。具体来说,重视企业社会责任的企业有较高的企业社会责任得分。本文使用基准模型中的控制变量来分析环境监管压力与企业社会责任之间的关系,表 10 列出了检验结果。表10 的第(1)列表明,企业社会责任与环境监管压力有显著正相关关系,即监管压力迫使企业改善其企业社会责任。这一发现与之前的研究一致。例如,Fan 等(2021)评估了绿色信贷法规对企业环境绩效的影响,认为环境法规可以鼓励企业减少污染排放,提高企业社会责任。

表 10　机制分析

变量	(1)	(2)
	CSR	Loan_g
Vio_number	0.795**	−3.248***
	(0.354)	(1.054)
Growth	−0.003	−0.026**
	(0.014)	(0.012)
Second_ratio	0.192***	−0.032
	(0.050)	(0.062)
SOE	7.475***	−0.707**
	(1.93)	(0.323)
Size	5.904***	−0.045
	(0.384)	(0.076)
Age	−2.442	−0.408
	(1.582)	(0.424)
Loan_balance	0.534	2.793***
	(0.376)	(0.643)
PC	−1.396	−0.990
	(1.088)	(0.675)
Tang	−0.064*	−0.001
	(0.032)	(0.016)
常数项	−123.074***	25.407**
	(11.196)	(9.660)
年份固定效应	是	是
行业固定效应	是	是
样本量	1980	1556
R^2	0.393	0.573

注：①本表的稳健标准误聚类到城市一级，并报告在括号中。②因变量是贷款规模，即债务融资额/（企业总资产×100）。表 1 提供了所有控制变量的定义。③样本期为 2010～2018 年。本表在 1%的水平上对所有连续变量进行缩尾处理

***、**和*分别代表 1%、5%和 10%的显著性水平

　　企业社会责任的改善究竟如何导致企业债务融资的减少？一方面，Goss 和 Roberts（2011）认为，企业对社会责任的投资是一种资源的浪费，是一种过度投资。此外，从委托代理的角度来看，高级管理层可能会通过投资企业社会责任来提高自己

的声誉，从而损害股东的利益（Barnea and Rubin，2010）。这样的管理层会通过降低企业的盈利能力来增加企业的违约风险，从而减少其债务融资（Goss and Roberts，2011）。另一方面，一些学者解释了企业社会责任的积极作用。企业社会责任的改善将润滑企业活动，以产生现金流（Sun and Cui，2014），并赢得政府的青睐以获得补贴（Branco and Rodrigues，2006）。当企业社会责任得到加强时，由于公众越来越关注环境问题，消费者更愿意为企业社会责任高的企业的"绿色"物品支付额外费用。因此，企业活动的现金流会增加，这将减少企业对债务融资的依赖和规模。同时，政府希望建立一个和谐、稳定、可持续的社会。因此，政府会大力扶持企业社会责任高的企业，提供补贴以丰富其资本来源。因此，本文推测，高企业社会责任可以减少企业对债务融资的依赖，从而降低企业的债务融资规模。本文进一步考察企业活动产生的现金流和政府补贴这两个变量，以验证企业社会责任是否能从其他渠道产生资金。表 11 列出了结果。环境监管压力的债务融资减少效应可能是通过加强企业社会责任来实现的。

表 11　潜在机制分析

变量	（1） subsidy	（2） CF
CSR	0.005* （0.003）	0.091* （0.043）
Growth	−0.002 （0.001）	−0.030 （0.019）
Second_ratio	−0.008 （0.006）	0.003 （0.098）
SOE	−0.264** （0.118）	0.165 （3.624）
Size	0.412*** （0.084）	11.216*** （2.214）
Age	0.149* （0.083）	−1.681 （2.133）
PC	0.132** （0.057）	2.466*** （0.557）
Loan_balance	−0.059 （0.042）	−0.607 （1.047）

变量	(1)	(2)
	subsidy	CF
Tang	0.000	0.081
	(0.003)	(0.050)
常数项	−7.748***	−231.579***
	(1.943)	(42.391)
年份固定效应	是	是
行业固定效应	是	是
样本量	1459	1980
R^2	0.297	0.723

注：①本表的稳健标准误聚类到城市一级，并报告在括号中。②因变量是贷款规模，即债务融资额/（企业总资产×100）。表 1 提供了所有控制变量的定义。③样本期为 2010～2018 年。本表在 1%的水平上对所有连续变量进行缩尾处理

***、**和*分别代表 1%、5%和 10%的显著性水平

　　（2）债务出资人的环保意识。由于企业有可能在严格的环境监管下被罚款，这种情况对企业的经营产生了一定的压力。此外，偿还债务对企业来说是很困难的，这意味着债权人可能产生大量的坏账。银行作为主要的债务出资人，会考虑企业的环境信用风险。银行是以盈利为目的的企业，大量的坏账会影响其盈利能力。因此，在环境监管压力较大的地区，银行预计会减少或重新考虑对企业的出资。此外，银行是市场经济的参与者，也受环境保护法规的约束。如图 1 所示，重污染行业的年平均贷款规模一直低于非重污染行业。在中国，为了刺激金融机构配置金融资源，将投资引向绿色产业，政府在 2007 年推出了绿色信贷政策（Xu and Li，2020）。该条例敦促金融机构停止向产生大量污染和使用大量能源的项目发放新的贷款（Zhang et al.，2021）。2012 年，政府发布了《绿色信贷指引》，以加强对银行施加的额外监管权力，银行可以因违反绿色贷款规则而受到惩罚（Fan et al.，2021）。在这种情况下，银行在决定是否发放贷款时，会考虑企业的环境保护水平（Fan et al.，2021）。

　　从这个角度看，环保处罚较多的地区意味着企业的环境风险水平较高，使银行不愿意放贷，从而降低了该地区的贷款余额增长。按照 Foos 等（2010）的做法，本文在机制分析中使用贷款余额增长（Loan_g），并使用与基准相同的控制规格研究贷款余额增长与环境监管压力之间的关系。表 10 的第（2）列显示了机制检验的结果。本文发现，在 1%的显著性水平上，贷款余额的增长与处罚的数量呈负相关。环境监管压力的增加预计会使贷款余额增长减少 324.8%，这大约是样本平均值的 21.5%。在这种情况下，企业可获得的贷款额的减少会导致

企业债务融资的减少，从而支持环境监管具有"惩罚效应"的观点（Yao et al.，2021）。

五、结　　论

随着经济的快速发展，环境问题已经成为制约可持续发展的瓶颈。中国实施了多项环境保护政策和绿色发展规划，有效帮助政府根据企业、行业、地区的多样性优化环境法规实施，营造良好的制度环境。通过整合政府对企业的环境罚款，本文发现区域环境监管压力会给当地企业带来一定的市场风险，从而显著影响其债务融资规模。具体来说，环境监管压力每增加一个标准差，该地区企业的债务融资规模将减少111.6%。当本文用通风系数和年降水量作为工具变量来解决内生性问题，并进行一系列稳健性检验时，本文的结果仍然不变。子样本分析的结果也是一样的。政府环境监管压力对企业债务融资的影响随企业特征的不同而不同。此外，环境监管压力对大型企业的负面影响很小，对大型企业的显著性也很低。鉴于国有企业的特殊性，私营企业的债务融资比国有企业更容易受到环境监管压力的负面影响。环境监管压力对企业融资规模的负面影响主要体现在重污染企业。本文还从借款人（CSR）和贷款人（Loan_g）环境意识的角度探讨了环境监管压力与债务融资之间的可能机制。本文观察到，两者都与环境监管压力负相关。总体而言，本文的研究结果表明，环境监管压力对银行贷款规模的不利影响是银行严格执行环境监管造成的结果。

本文的研究结果有助于相关政策的制定，并提供了几点启示。首先，对于政府来说，应该重塑环境监管政策，特别是改善环境处罚政策的威慑机制。环境监管政策，特别是环境处罚，是实施环境治理的前提条件。需要有明确的目标和灵活的方法。在异质企业类型的背景下，逐步取消命令型的环境规制，而采用基于市场的激励措施，如环境保护费和碳交易计划，将是理想的选择。此外，环境监管机构可以采取积极主动的方式来确保企业的主动性。其次，应建立环境处罚和其他环境政策手段的协同治理体系，放大环境处罚的威慑力和制约力。依靠绿色金融政策，加强对重污染上市企业的融资约束。在绿色金融政策中增加"声誉机制"，对污染企业的政府补贴进行有效筛选，并加强对政府补贴的减排绩效评估。同时，政府应实质性地推动企业环境信息公开，支持合理的公众环境集体行动，并充分发挥舆论监督在环境治理中的重要作用。

对于企业来说，本文的研究结果表明，企业社会责任可以通过提高上市企业的声誉来降低环境罚款对债务融资规模的负面影响。因此，企业应积极承担社会责任。这种活动不仅对社会有贡献，而且对企业也有贡献，可以降低企业的融资成本，扩大企业的融资规模。从另一个角度看，企业管理者应该考虑增加对企业社会责任相关活动的投资，特别是在环境政策方面。此外，股票分析师和媒体往往会花相当多的时间来分析和报道企业的"正面"消息。因此，企业应积极向公众披露有关其环境活动和遵守环境法规的信息。通过向利益相关者展示负责任的企业正面形象，企业可以吸引有社会责任感的投资者，扩大投资者基础和融资规模。此外，企业应将环境战略纳入其日常管理，改进污染测量和评估方法，了解环境成本，并积极提出基于绿色创新的解决方案，以绿色健康的方式成长和发展。

　　本文也存在几个局限性。在空间维度上，本文选择了广东省 2010 年至 2018 年上市企业的数据。考虑到环境监管压力方面的数据限制，本文只考察了广东省企业债务融资的变化。未来的研究可以将样本扩大到全国的上市企业进行进一步分析。同期环境政策的干扰则是本文研究的另一个局限性所在。因为在样本期间，国内政府实施了一系列的环境政策。尽管本文进行了一系列的稳健性测试，但是要完全消除同期政策干扰是很困难的。由于环境违法而遭受环境处罚的广东省上市企业数量并不多。因此，本文使用的是区域性的环境处罚数据，这可能忽略了单个企业环境处罚数量的差异性。未来的研究可以在企业层面进一步探讨这个问题。

参 考 文 献

Almeida H，Campello M. 2007. Financial constraints，asset tangibility，and corporate investment. The Review of Financial Studies，20（5）：1429-1460.

Ambec S，Cohen M A，Elgie S，et al. 2020. The porter hypothesis at 20：can environmental regulation enhance innovation and competitiveness?. Review of Environmental Economics and Policy.

Ayyagari M，Demirgüç-Kunt A，Maksimovic V. 2010. Formal versus informal finance：evidence from China. The Review of Financial Studies，23（8）：3048-3097.

Barnea A，Rubin A. 2010. Corporate social responsibility as a conflict between shareholders. Journal of Business Ethics，97（1）：71-86.

Becker R A，Pasurka C Jr，Shadbegian R J. 2013. Do environmental regulations disproportionately affect small businesses? Evidence from the pollution abatement costs and expenditures survey. Journal of Environmental Economics and Management，66（3）：523-538.

Boubakri N，Guedhami O，Mishra D，et al. 2012. Political connections and the cost of equity capital. Journal of Corporate Finance，18（3）：541-559.

Branco M C，Rodrigues L L. 2006. Corporate social responsibility and resource-based perspectives. Journal of Business Ethics，69（2）：111-132.

Broner F，Bustos P，Carvalho V M. 2012. Sources of comparative advantage in polluting industries. National Bureau of Economic Research Working Paper，No.w18337.

Caragnano A, Mariani M, Pizzutilo F, et al. 2020. Is it worth reducing GHG emissions? Exploring the effect on the cost of debt financing. Journal of Environmental Management, 270: 110860.

Chang K, Zeng Y, Wang W, et al. 2019. The effects of credit policy and financial constraints on tangible and research & development investment: firm-level evidence from China's renewable energy industry. Energy Policy, 130: 438-447.

Chang X, Fu K, Li T, et al. 2021. Corporate environmental liabilities and capital structure. Available at SSRN 3200991.

Chatterji A K, Toffel M W. 2010. How firms respond to being rated. Strategic Management Journal, 31 (9): 917-945.

Chen L, Zhou R, Chang Y, et al. 2021. Does green industrial policy promote the sustainable growth of polluting firms? Evidences from China. Science of the Total Environment, 764: 142927.

Cole M A, Elliott R J R, Shimamoto K. 2005. Industrial characteristics, environmental regulations and air pollution: an analysis of the UK manufacturing sector. Journal of Environmental Economics and Management, 50 (1): 121-143.

Dasgupta S, Laplante B, Mamingi N, et al. 2001. Inspections, pollution prices, and environmental performance: evidence from China. Ecological Economics, 36 (3): 487-498.

Denis D J, Mihov V T. 2003. The choice among bank debt, non-bank private debt, and public debt: evidence from new corporate borrowings. Journal of financial Economics, 70 (1): 3-28.

Du K, Cheng Y, Yao X. 2021. Environmental regulation, green technology innovation, and industrial structure upgrading: the road to the green transformation of Chinese cities. Energy Economics, 98: 105247.

Fan H, Peng Y, Wang H, et al. 2021. Greening through finance?. Journal of Development Economics, 152: 102683.

Fard A, Javadi S, Kim I. 2020. Environmental regulation and the cost of bank loans: international evidence. Journal of Financial Stability, 51: 100797.

Feng Z Y, Wang M L, Huang H W. 2015. Equity financing and social responsibility: further international evidence. The International Journal of Accounting, 50 (3): 247-280.

Foos D, Norden L, Weber M. 2010. Loan growth and riskiness of banks. Journal of Banking & Finance, 34 (12): 2929-2940.

Gong G, Huang X, Wu S, et al. 2021. Punishment by securities regulators, corporate social responsibility and the cost of debt. Journal of Business Ethics, 171 (2): 337-356.

Goss A, Roberts G S. 2011. The impact of corporate social responsibility on the cost of bank loans. Journal of Banking & Finance, 35 (7): 1794-1810.

Greenstone M, Hanna R. 2014. Environmental regulations, air and water pollution, and infant mortality in India. American Economic Review, 104 (10): 3038-3072.

Hadlock C J, Pierce J R. 2010. New evidence on measuring financial constraints: moving beyond the KZ index. The Review of Financial Studies, 23 (5): 1909-1940.

He L, Liu R, Zhong Z, et al. 2019. Can green financial development promote renewable energy investment efficiency? A consideration of bank credit. Renewable Energy, 143: 974-984.

Heflin F, Subramanyam K R, Zhang Y. 2003. Regulation FD and the financial information environment: early evidence. The Accounting Review, 78 (1): 1-37.

Hering L, Poncet S. 2014, Environmental policy and exports: evidence from Chinese cities. Journal of Environmental Economics and Management, 68 (2): 296-318.

Houston J F, Shan H. 2022. Corporate ESG profiles and banking relationships. The Review of Financial Studies, 35 (7): 3373-3417.

Jacobson M Z. 2002. Atmospheric Pollution: History, Science, and Regulation. Cambridge: Cambridge University Press.

Jiang Z, Wang Z, Zeng Y. 2020. Can voluntary environmental regulation promote corporate technological innovation?. Business Strategy and the Environment, 29 (2): 390-406.

Korajczyk R A, Levy A. 2003. Capital structure choice: macroeconomic conditions and financial constraints. Journal of Financial Economics, 68 (1): 75-109.

Leiter A M, Parolini A, Winner H. 2011. Environmental regulation and investment: evidence from European industry data. Ecological Economics, 70 (4): 759-770.

Li P, Lu Y, Wang J. 2016. Does flattening government improve economic performance? Evidence from China. Journal of Development Economics, 123: 18-37.

Liao L, Li Z, Zhang W, et al. 2012. Does the location of stock exchange matter? A within-country analysis. Pacific-Basin Finance Journal, 20 (4): 561-582.

Liu X, Wang E, Cai D. 2018. Environmental regulation and corporate financing—quasi-natural experiment evidence from China. Sustainability, 10 (11): 4028.

Liu X, Wang E, Cai D. 2019. Green credit policy, property rights and debt financing: quasi-natural experimental evidence from China. Finance Research Letters, 29: 129-135.

López-Delgado P, Diéguez-Soto J. 2020. Indebtedness in family-managed firms: the moderating role of female directors on the board. Review of Managerial Science, 14 (4): 727-762.

Luo W, Guo X, Zhong S, et al. 2019. Environmental information disclosure quality, media attention and debt financing costs: evidence from Chinese heavy polluting listed companies. Journal of Cleaner Production, 231: 268-277.

Luo Y, Li X, Qi X, et al. 2021. The impact of emission trading schemes on firm competitiveness: evidence of the mediating effects of firm behaviors from the guangdong ETS. Journal of Environmental Management, 290: 112633.

Matuszak P, Kabaciński B. 2021. Non-commercial goals and financial performance of state-owned enterprises – some evidence from the electricity sector in the EU countries. Journal of Comparative Economics, 49 (4): 1068-1087.

Raimo N, Caragnano A, Zito M, et al. 2021. Extending the benefits of ESG disclosure: the effect on the cost of debt financing. Corporate Social Responsibility and Environmental Management, 28 (4): 1412-1421.

Santos J A C, Winton A. 2019. Bank capital, borrower power, and loan rates. The Review of Financial Studies, 32 (11): 4501-4541.

Streimikiene D, Simanaviciene Z, Kovaliov R. 2009. Corporate social responsibility for implementation of sustainable energy development in Baltic States. Renewable and Sustainable Energy Reviews, 13 (4): 813-824.

Sun W, Cui K. 2014. Linking corporate social responsibility to firm default risk. European Management Journal, 32 (2): 275-287.

Wang J. 2013. The economic impact of special economic zones: evidence from Chinese municipalities. Journal of Development Economics, 101: 133-147.

Wang Q, Xu X, Liang K. 2021. The impact of environmental regulation on firm performance: evidence from the Chinese cement industry. Journal of Environmental Management, 299: 113596.

Wang X, Zhang C, Zhang Z. 2019. Pollution haven or porter? The impact of environmental regulation on location choices of pollution-intensive firms in China. Journal of Environmental Management, 248: 109248.

Wen H, Lee C C, Zhou F. 2021. Green credit policy, credit allocation efficiency and upgrade of energy-intensive enterprises. Energy Economics, 94: 105099.

Wooldridge J M. 2010. Econometric Analysis of Cross Section and Panel Data. 2nd ed. Cambridge: MIT press.

Wu H, Hao Y, Ren S. 2020. How do environmental regulation and environmental decentralization affect green total factor energy efficiency: evidence from China. Energy Economics, 91: 104880.

Xu W, Xie Y, Xia D, et al. 2021. A multi-sectoral decomposition and decoupling analysis of carbon emissions in Guangdong province, China. Journal of Environmental Management, 298: 113485.

Xu X, Li J. 2020. Asymmetric impacts of the policy and development of green credit on the debt financing cost and maturity of different types of enterprises in China. Journal of Cleaner Production, 264: 121574.

Xu Y, Xuan Y, Zheng G. 2021. Internet searching and stock price crash risk: evidence from a quasi-natural experiment. Journal of Financial Economics, 141 (1): 255-275.

Yang M, Yang L, Sun M, et al. 2020. Economic impact of more stringent environmental standard in China: evidence from a regional policy experimentation in pulp and paper industry. Resources, Conservation and Recycling, 158: 104831.

Yao H, Zang C. 2021. The spatiotemporal characteristics of electrical energy supply-demand and the green economy outlook of Guangdong Province, China. Energy, 214: 118891.

Yao S, Pan Y, Sensoy A, et al. 2021. Green credit policy and firm performance: what we learn from China. Energy Economics, 101: 105415.

Zhang S, Li Y, Hao Y, et al. 2018. Does public opinion affect air quality? Evidence based on the monthly data of 109 prefecture-level cities in China. Energy Policy, 116: 299-311.

Zhang S, Wu Z, Wang Y, et al. 2021. Fostering green development with green finance: an empirical study on the environmental effect of green credit policy in China. Journal of Environmental Management, 296: 113159.

Zhou X, Du J. 2021. Does environmental regulation induce improved financial development for green technological innovation in China?. Journal of Environmental Management, 300: 113685.

Zhou Y，Wei T，Chen S，et al. 2021. Pathways to a more efficient and cleaner energy system in Guangdong-Hong Kong-Macao Greater Bay Area：a system-based simulation during 2015-2035. Resources，Conservation and Recycling，174：105835.

Zhu X，Ding L，Li H，et al. 2022. A new national environmental law with harsh penalties and regulated discretion：experiences and lessons from China. Resources，Conservation and Recycling，181：106245.

治理经验与展望

　　碳达峰和碳中和于 2021 年全国两会首次被写进政府工作报告,中央财经委员会第九次会议强调要"如期实现 2030 年前碳达峰、2060 年前碳中和的目标""坚定不移走生态优先、绿色低碳的高质量发展道路"[①]。在"十四五"这一落实碳达峰行动方案和推进生态文明建设的关键时期,我国亟须探索和构建一个具有中国特色、遵循人与自然和谐共生理念、适应中国国情和助推生态文明建设的环境治理体系。

　　全方位构建以碳排放等污染物防治为核心的法规体系。有法可依、依法治理是构建现代环境治理体系的基础。目前,我国针对生态环境保护与治理已然形成了较为健全的法律法规政策体系,从不同的效力级别上看,主要包括法律、行政法规、地方性法规和规章等。在环境保护与治理法律方面[②],全国人民代表大会常务委员会从 1979 年开始依次颁布了《中华人民共和国环境保护法》(1979 年原则通过,1989 年通过,经历 3 次修订或修正)、《中华人民共和国海洋环境保护法》(1982 年通过,经历 4 次修正或修订)、《中华人民共和国水污染防治法》(1984 年通过,经历 3 次修正或修订)、《中华人民共和国大气污染防治法》(1987 年通过,经历 4 次修正或修订)、《中华人民共和国固体废物污染环境防治法》(1995 年通过,经历 5 次修正或修订)、《中华人民共和国环境噪声污染防治法》(1996 年通过,经历 1 次修正)、《中华人民共和国节约能源法》(1997 年通过,经历 3 次修正或修订)、《中华人民共和国清洁生产促进法》(2002 年通过,经历 1 次修正)、《中华人民共和国循环经济促进法》(2008 年通过,经历 1 次修正)、《中华人民共和国环境保护税法》(2016 年通过,经历 1 次修正)、《中华人民共和国土壤污染防治法》(2018 年通过)、《中华人民共和国长江保护法》(2020 年通过)。可以看到,上述法律中修正或修订次数较多的主要涉及固体废

[①] 《习近平主持召开中央财经委员会第九次会议强调推动平台经济规范健康持续发展 把碳达峰碳中和纳入生态文明建设整体布局》,http://jhsjk.people.cn/article/32052161[2023-06-19]。

[②] 此处为截至 2023 年 6 月数据。

物污染、大气污染和水污染等，这不仅凸显出国家对这些污染物治理的重视程度和治理力度与决心，也反映出在经济发展中降低污染物排放等问题的严峻性。然而，当前尤为重要的是针对碳达峰和碳中和的目标优化大气污染防治和清洁生产等法律的行动方案。

党的十八大以来，以习近平同志为核心的党中央把生态环境治理与生态文明建设作为统筹推进"五位一体"总体布局和协调推进"四个全面"战略布局的重要工作，中共中央、国务院等印发了一系列关于生态环境治理的指导意见、工作规定、行动方案或改革方案等。自2015年以来，对生态治理影响较为深远的法规主要有《生态环境损害赔偿制度改革试点方案》《生态文明体制改革总体方案》《党政领导干部生态环境损害责任追究办法（试行）》《中共中央 国务院关于全面加强生态环境保护 坚决打好污染防治攻坚战的意见》《中央生态环境保护督察工作规定》《关于构建现代环境治理体系的指导意见》《关于建立健全生态产品价值实现机制的意见》等。行政法规主要是国务院制定的一些管理条例或实施条例等，涉及大气污染防治法实施细则、全国污染源普查条例、排污费征收使用管理条例、环境保护税法实施条例、排污许可管理条例等。部门规章主要是生态环境部（原环境保护部）制定的一些管理规定或管理办法等，包括《碳排放权交易管理办法（试行）》《生态环境标准管理办法》《突发环境事件应急管理办法》《环境监察办法》《环保举报热线工作管理办法》等。司法解释则是最高人民法院和最高人民检察院针对环境污染赔偿或纠纷事件等典型案例发布的司法解释性质文件或工作规定。总之，通过构建全方位的环境治理法规体系，并严格执法、强化监督，既在一定程度上化解了碳排放等污染防治与经济发展之间的矛盾，也尽可能地填补了环境治理体系的短板，为实现碳达峰和碳中和、加快生态文明建设提供了强有力的制度保障。

协同推进碳排放权交易和用能权交易等生态资源环境权益市场交易。我国生态环境保护与治理经历了行政命令控制型、税费机制约束型、资源环境权益交易市场化机制等多种治理形态，如今逐渐形成了市场化机制与多种主体治理机制相结合的环境治理机制，以充分发挥市场在配置生态资源、改善生态环境中的决定性作用。在行政命令控制型的环境治理中，我国对过度消耗资源、污染环境等行为主要通过法律法规等形式进行直接的行政控制，其中成效较为明显的是针对三大污染物（污水、大气和固体废物）的防治攻坚保卫战。具体而言，通过探索建立污染物排放许可制度、关停小火电厂、北方地区冬季不得燃烧散煤等举措，直接从生产末端对污染物排放进行了总量控制，同时对污染物的排放浓度等标准进行了限定，当然，国家五年规划也对这些污染物排放降低强度进行了约束。另外，根据节约优先的方针，对生态资源消耗总量和强度进行控制也间接促成了对生态环境的保护。例如，通过建立资源循环利用制度、用水总量和强度控制制度、能源消费总量与强度控制制度，以及建立健全生态产品价值实现机制等，严格控制了水资源和能源等生态资源的消耗，进而达到低污染、低排放的标准。但是，以行政命令为主的环境治理手段难免会对生产活动产生较大的影响。鉴于此，我国推出了资源环境税费征收、资源有偿使用和生态补偿制度，坚持谁污染谁付费的原则，激励与约束并举；环境保护税法明确了大气污染物、水污染物、固体废物和噪声为应税污染物，确定了计税依据和应纳税额，以及税收减免情形；开展生态综合补偿试点工作，推进了跨区域和重点生态功能区的多元化补偿机制，最大限度地发挥生态资金转移支付对生态治理的激励效应；依据市场的成本效益原则，探索建立生态产品价格形成机制，推行差别化的垃圾费、水价和电价，把生态环境损害纳入产品价格之中。

对生态环境进行末端治理并非长久之计，以市场化手段为内生动力的源头治理已势在必行。建设市场主导、政府培育的资源环境权益市场交易机制是我国生态环境保护与治理的制度创新，是生态文明建设的重要内容。目前我国已推行的排污权交易有二氧化硫排放权交易和碳排放权交易，生态资源权益交易主要有用能权交易和水权交易，这些资源环境权益交易大多是通过个别地区先行试点，然后逐步走向全国的路径进行的。二氧化硫排放权交易是我国最先开展的排放权交易实践，从 2002 年的 6 个试点城市到 2007 年扩大试点。碳排放权交易是国家发展和改革委员会在 2011 年批准北京、上海、天津、重庆、湖北、广东和深圳等七省市率先开展试点的，目前已形成了较为完善的碳排放交易系统，这对推动碳达峰和碳中和目标的实现具有深远意义。2016 年国家发展和改革委员会提出在浙江、福建、河南、四川开展用能权交易试点，以较低成本实现"十三五"能耗总量和强度"双控"目标任务，推进绿色发展。总体而言，资源环境权益市场交易是基于有利于环境质量改善和环境资源配置优化的原则，交易价格由市场决定，在市场中进行自由、公平的交易，旨在倒逼企业加快技术改造、技术创新、清洁生产，强化对生产资源的利用与环境污染的治理。在这一过程中，政府的关键作用是公平合理地分配初始的排污权或者资源使用权。除此之外，我国还积极探索建立绿色发展基金、绿色信贷、绿色债券等绿色金融体系，实行市场化运作机制，完善绿色低碳的配套政策和市场体系。未来，要进一步加快发展绿色金融，重点扶持绿色低碳技术的研发与应用，大力提升生态碳汇能力，以碳达峰和碳中和为阶段性目标导向，持续推进生态文明建设。

强化党政领导干部的考核评价与督察问责体系。过往的环境治理体系一般只强调企业责任体系，一旦出现环境污染问题，政府部门往往只会根据相关法律法规对排污企业采取罚款、停业整顿等措施，而忽略了党政领导责任体系在生态治理中的作用。强化党政同责，中央统筹、省负总责、市县落实的工作责任体系，严格环境治理的目标考核与强化问责机制，增强各级政府部门对生态文明建设的使命感和责任感在当前尤为重要。建立健全这种以党政领导负责制为核心的责任体系主要有以下两方面的工作。

一方面，健全该责任体系需要明确生态环境治理的考核评价办法。中共中央、国务院在 2015 年出台《生态文明体制改革总体方案》后，于 2016 年制定了《生态文明建设目标评价考核办法》，主要是在资源利用、环境质量、生态保护、增长质量、绿色生活、公众满意程度等方面进行目标考核并评定等级，实行年度评价与五年考核相结合的方式。然而，后中共中央、国务院接连在 2016 年、2018 年、2021 年发布关于全面推行河长制、湖长制和林长制的意见，明确了河、湖、森林草原的责任主体，进一步强化了属地管理的责任体系，有助于开展水资源和森林草原资源的生态保护与生态修复工作，强化生态环境治理，切实践行"绿水青山就是金山银山"的理念。2020 年，中共中央、国务院出台了《省（自治区、直辖市）污染防治攻坚战成效考核措施》，强调"坚持结果导向、注重实效"，制定了对各省（自治区、直辖市）党委、人大、政府污染防治攻坚战成效的考核措施。今后，我国还需强化碳排放治理成效的考核评价结果在领导干部综合评价和奖惩任免中的重要性。

另一方面，完善该责任体系需要压实生态环境治理的责任追究机制。首先，以往各地对大气污染等的治理都是独立进行的，仅为当地生态效益着想，而现在需要在重点区域建立大气污染（尤其是碳排放）联防联控协作机制，各地政府部门不能各自为政，要主动承担联防联控的主体责任。其次，目前我国对领导干部实行自然资源资产离任审计和环境保护责任离任审计的"双审"管理体制，在一定程度上压实了领导干部在任期内对生态资源利用与生态环境治理的全局责任。此外，为了进一步夯实生态环境保护与治理的政治责任，需要强化督察问责和责任追究机制，对此，我国分别在 2015 年和 2019 年制定了《党政领导干部生态环境损害责任追究办法（试行）》和《中央生态环境保护督察工作规定》。中央生态环境保护督察工作领导小组采取例行督察、专项督察和"回头看"等方式对党政领导干部在生态环境保护和生态文明建设等方面的工作情况进行督察，坚定落实党政同责，一旦出现生态环境损害问题，依法依规追究相关党政领导干部责任，促使领导干部以"功成不必在我"的精神境界和"功成必定有我"的历史担当严格落实生态环境治理工作。

优化环境信息监测、公众监督与举报机制。除了明晰政府主体的领导责任外，生态环境治理还需强化企业的环境信息公开等社会责任，健全公众参与环境治理监督举报等制度。目前，我国生态环境治理与保护的公众监督有效性主要体现在环境信息监测与公开机制、公众参与监督与举报机制，以及生态环境损害赔偿与处罚机制上。在环境信息监测与公开机制中，我国一方面需要强化生态环境信息监测能力，尤其是针对二氧化碳排放的测算与监测。2005 年国家环境保护总局施行的《污染源自动监控管理办法》就要求对重点污染源自动监控系统进行监督管理，接着在 2016 年和 2017 年中共中央、国务院出台了《关于省以下环保机构监测监察执法垂直管理制度改革试点工作的指导意见》《关于建立资源环境承载能力监测预警长效机制的若干意见》《关于深化环境监测改革提高环境监测数据质量的意见》，进一步增强环境信息监测执法权威、规范信息监测预警机制和提高环境信息监测数据质量。另一方面，我国还要建立健全环境信息公开制度，探索二氧化碳排放信息的公开机制。在 2007 年国家环境保护总局发布的《环境信息公开办法（试行）》的基础上，环境保护部在 2014 年和 2015 年分别制定了《企业事业单位环境信息公开办法》《建设项目环境影响评价信息公开机制方案》，不断推动生态环境治理信息的全过程依法公开，为社会公众依法行使环境治理与保护的知情权提供了保障。

在环境信息监测和公开后的公众参与监督与举报机制中，一方面，要根据《环境保护公众参与办法》和《环境影响评价公众参与办法》，依法畅通公众参与和社会监督渠道，规范公众参与的范围、时间、程序和方式等。另一方面，要依据《环境信访办法》和《环保举报热线工作管理办法》，加强舆论引导，优化环境信息举报反馈机制，促使环境主管部门通过官方网站、微信公众号等形式及时反馈和妥善解决公众反映的环境治理问题。

在生态环境损害赔偿与处罚机制方面，2015 年中共中央、国务院印发了《生态环境损害赔偿制度改革试点方案》，明确了生态环境损害的修复和赔偿范围、责任主体和解决途径，2016 年吉林等七省市开始试点生态环境损害赔偿制度，而后 2018 年在全国范围内试行该制度。同时，我国还需要推进排污企业信用建设，建立环境治理政务失信记录，适时在环境保护平台等网站公开生态环境损害信息，进一步巩固社会公众参与监督环境治理的成果，在全社会倡导绿色低碳的生活方式，倒逼多方责任主体更好地服务生态文明建设工作。

我国生态环境治理与生态文明建设的实践表明，只有在党的领导下打造出一个符合中国特色社会主义制度的现代环境治理体系，不断推进法治保障、多方共治、督查问责，才能牢牢守住绿水青山，打造金山银山，才能更好地助力实现碳达峰和碳中和，才能为新时代的中国特色社会主义建设铺设出一条生态文明的康庄大道。